普通高等教育土建类融媒体新形态系列教材

# 建筑设备工程

## （MOOC 教材）

主　编　唐　兰　王　欢　刘燕妮

副主编　王云鹤　郝海青

主　审　丁云飞

机械工业出版社

本书系统介绍了现代建筑物中的给水排水、供暖、通风与防烟排烟、空调、燃气供应、建筑供配电、建筑照明、安全用电与建筑防雷、建筑智能化等系统形式和设备的工作原理，在建筑中的设置和应用情况，工程图识读以及国内外在建筑设备技术方面的新进展等。

本书每章节均配有相应的 MOOC 教学视频，包括重点、难点讲解，示例分析等，方便读者充分利用 MOOC 碎片化、模块化和系统化的优势，根据时间灵活进行课前预习、课后复习或自学，提高学习效率。

教师可以充分利用线上 MOOC 视频等教学资源，有效利用线下课堂教学时间进行重要知识点回顾、作业讲解、案例分析、互动交流和个性化教学，通过建设"MOOC+翻转课堂"进行教学改革，以期获得更好的教学效果。

本书可作为高等院校建筑学、工程管理、工程造价、房地产开发与管理、物业管理等土建类专业的教材，也可供相关工程技术人员以及参加注册建筑师、注册造价工程师、注册建造师等执业资格考试的考生学习和参考。

手机扫描封面二维码，可观看与本书配套的教学视频。

选用本书作为教材的教师和学生，可登录"广州大学 MOOC 平台"或"好大学在线"，搜索"建筑设备工程"，获取相关教学资源或在线学习。

选用本书作为教材的授课教师，还可登录机械工业出版社教育服务网（www.cmpedu.com）注册后下载 PPT 课件及章后习题参考答案等。

**图书在版编目（CIP）数据**

建筑设备工程：MOOC 教材/唐兰，王欢，刘燕妮主编. —北京：机械工业出版社，2021.12（2025.1 重印）
普通高等教育土建类融媒体新形态系列教材
ISBN 978-7-111-69559-2

Ⅰ. ①建…　Ⅱ. ①唐…②王…③刘…　Ⅲ. ①房屋建筑设备-高等学校-教材　Ⅳ. ①TU8

中国版本图书馆 CIP 数据核字（2021）第 225153 号

机械工业出版社（北京市百万庄大街 22 号　邮政编码 100037）
策划编辑：刘　涛　　　　　责任编辑：刘　涛　舒　宜
责任校对：樊钟英　王明欣　封面设计：马精明
责任印制：单爱军
保定市中画美凯印刷有限公司印刷
2025 年 1 月第 1 版第 9 次印刷
184mm×260mm·22.5 印张·3 插页·568 千字
标准书号：ISBN 978-7-111-69559-2
定价：69.80 元

电话服务　　　　　　　　　网络服务
客服电话：010-88361066　　机　工　官　网：www.cmpbook.com
　　　　　010-88379833　　机　工　官　博：weibo.com/cmp1952
　　　　　010-68326294　　金　书　网：www.golden-book.com
**封底无防伪标均为盗版**　　机工教育服务网：www.cmpedu.com

# 前　言

在现代社会，人们大约有五分之四的时间是在建筑物中度过的。人们在建筑物中的生活与工作都离不开水、电和良好的室内环境。提供这些服务的设备称为建筑设备，主要包括给水排水、供暖通风与空气调节、燃气供应、建筑电气以及消防系统等。正是由于这些建筑设备的运行，才能够保证现代建筑室内环境的舒适、健康和安全。

本书在广州大学建筑设备工程系退休教师万建武主编的《建筑设备工程》（第3版）基础上，对部分内容进行了删减和调整，并根据最新专业规范和术语标准做了更新或修订，同时补充了近年来出现的新技术、新设备和新系统，以满足教学需求。

2019年初，《中国教育现代化2035》和《加快推进教育现代化实施方案（2018—2022年）》颁布。面向教育现代化的战略任务之一是加快信息化时代教育变革。推进教育现代化的重点任务之一是大力推进教育信息化。本书基于当前信息时代教育大变革的背景，开发成为MOOC教材的形式，充分利用MOOC碎片化、模块化和系统化的优势，结合各学科专业本科指导性专业规范，适用于建筑学、工程管理、房地产开发与管理、工程造价和物业管理等专业本科生和研究生的课程学习，也可供其他土建类相关专业本科生、高职高专学生及工程技术人员学习和参考。

本书包括绪论和13章内容。绪论从总体上介绍了建筑设备的分类及主要内容、本课程的任务与地位、课程学习的目的和方法、建筑设备与建筑节能等。第1~13章分别讲述建筑给水、建筑排水、室内消防给水、室内热水及饮水供应、室内供暖、建筑通风、建筑防烟排烟、空气调节、室内燃气供应、建筑供配电、建筑照明、安全用电与建筑防雷、建筑智能化系统等内容。

本书由广州大学唐兰、王欢、刘燕妮任主编，王云鹤、郝海青任副主编，丁云飞任主审，全书由唐兰统稿。本书各章节的编写及MOOC授课教师为：王欢，绪论、第8章、第10章10.1~10.5节；刘燕妮，第1~4章；唐兰，第5章、第6章；王云鹤，第7章、第9章、第12章；郝海青，第10章10.6节、第11章、第13章。另外，朱赤晖、赵矿美及游秀华老师也参与了本书的部分内容编写工作，并为MOOC制作提供了丰富的教学素材。本书受广州大学教材出版基金资助。

当然，正是因为前辈们坚持不懈的辛勤努力和付出，打下了良好的基础、树立了良好的榜样，加之基于本课程多年的教学经验，才使得本书编者有信心和决心在现代信息化教学技术的支持下开发MOOC教材，能够站在"互联网+教育"的起跑线上，重新出发，并且一直在路上。

本书在编写过程中得到了广州大学建筑学专业李丽老师的大力支持，并得到了机械工业出版社刘涛主任编辑的热情帮助，在此向各位表示衷心的感谢。

由于编者水平有限，书中难免有不妥之处，恳请各位读者批评指正。

编　者

2021年8月

# 目　　录

# 0

# 绪论

## 0.1 建筑设备的分类及主要内容

传统的分类方法一般将建筑设备分为三大部分：水、暖和电。本书在此基础上将建筑设备分为六类系统，共 13 章内容。

### 0.1.1 建筑给水排水系统

建筑给水排水系统满足建筑内生活、生产用冷水、热水及排水要求，以及对排放的污、废水进行处理和综合利用，包括建筑给水系统和建筑排水系统。

1) 建筑给水系统包括生活、生产和消防冷水给水系统，热水以及饮水供应系统。通常所说的建筑给水系统是将城镇给水管网或自备水源给水管网的水引入室内，经配水管安全供水至生活、生产和消防用水设备，并满足各用水点对水质、水量和水压要求的冷水供应系统。建筑给水在第 1 章讲述。

另外，热水供应系统是对水的加热、储存和输配的总称，应保证用户可以得到符合要求的水量、水质、水温和水压。近年来随着经济的发展和生活水平的提高，人们对饮用水品质要求也不断提高，在某些城市、地区或高档住宅小区、综合楼等实施分质供水，直饮水给水系统已进入住宅。室内热水及饮水供应在第 4 章讲述。

2) 建筑排水系统将生活和生产过程中所产生的污水、废水及房屋顶的雨（雪）水，用经济合理的方式迅速排到室外，防止室外排水管道中有毒或有害气体进入室内，为室外污水的处理和综合利用提供条件。建筑排水系统主要包括生活排水系统，工业废水排水系统和屋面雨（雪）水排除系统，还包括为了节约水资源，实现污水、废水资源化利用，将民用建筑或建筑小区使用后的各种排水（生活污水、盥洗排水等），经适当处理后回用于建筑和建筑小区作为杂用的建筑中水系统。建筑排水在第 2 章讲述。

### 0.1.2 暖通空调系统

暖通空调是供暖、通风与空气调节的简称。暖通空调系统是指采用供暖、通风和空气调节技术控制室内空气环境状态的所有设备、管道及附件的总和。其具体可划分为以下三个分支：

1) 供暖是使室内获得热量并保持一定温度，以达到适宜的生活条件或工作条件的技术；相应的，供暖系统是为使建筑物达到供暖目的，而由热源或供热装置、散热设备和管道等组成的系统。室内供暖在第 5 章讲述。

2）通风是采用自然或机械方法对封闭空间进行换气，以获得安全、健康、适宜的空气环境的技术。通风系统从是否采用通风机械设备的角度来看，包括机械通风系统和自然通风系统。机械通风系统是为实现通风换气而设置的由通风机和通风管道等组成的系统。自然通风系统是不用通风机械，由热压、风压作用实现室内换气通风方式的系统。建筑通风在第 6 章讲述。

3）空气调节是使服务空间内的空气温度、湿度、清洁度、气流速度和空气压力梯度等参数达到给定要求的技术，简称空调。空气调节系统是以空调为目的而对空气进行处理、输送、分配，并控制其参数的所有设备、管道及附件、仪器仪表的总和，简称空调系统。空气调节在第 8 章讲述。

## 0.1.3 燃气供应系统

燃气供应系统是将符合城镇燃气质量要求的气体燃料供给居民生活、商业、建筑供暖制冷以及工业企业生产的系统。它不仅提供生活生产用燃气，还可作为空调系统冷热源的能量来源。城镇燃气包括天然气、人工煤气、液化石油气等。室内燃气供应在第 9 章讲述。

## 0.1.4 建筑消防系统

建筑消防是指利用各种消防设备与设施进行火灾扑救，防止建筑火灾和烟气的扩散，保证人员疏散安全的技术措施。建筑消防系统是建筑设备的重要组成部分，是充分保障人员生命和财产安全的必要措施。由于消防的重要性，建筑消防系统一般被单独列出，包括室内消防给水系统、建筑防烟排烟系统和火灾自动报警及消防联动控制系统等。

1）室内消防给水系统包括室内消火栓给水系统，自动喷水灭火系统及其他灭火系统等，在第 3 章讲述。

2）防烟特指火灾发生时，为防止烟气侵入作为疏散通道的走道、楼梯间及其前室等所采取的措施。建筑防烟系统是指通过采用自然通风方式，防止火灾烟气在楼梯间、前室、避难层（间）等空间内积聚，或通过采用机械加压送风方式阻止火灾烟气侵入楼梯间、前室、避难层（间）等空间的系统。防烟系统分为自然通风系统和机械加压送风系统。

排烟特指将火灾时产生的烟气和有毒气体排出，防止烟气扩散的措施。建筑排烟系统是指采用自然排烟或机械排烟的方式，将房间、走道等空间的火灾烟气排至建筑物外的系统，分为自然排烟系统和机械排烟系统。

本书将建筑防烟排烟单独安排在第 7 章讲述。

3）火灾自动报警系统是实现火灾早期探测、发出火灾报警信号、并向各类消防设备发出控制信号完成各项消防功能的系统，一般由火灾触发器件、火灾警报装置、火灾报警控制器、消防联动控制系统等组成。其中，消防联动控制系统是火灾自动报警系统中接收火灾报警控制器发出的火灾报警信号，完成各项消防功能的控制系统。

火灾自动报警及消防联动控制系统是现代建筑消防中必不可少的设备，相关内容在 13.2 节中讲述。

### 0.1.5 建筑强电系统

建筑电气系统涵盖建筑内部所有用电设备的供电以及设备运行控制等内容，是现代建筑非常重要的组成部分。在工程中，习惯上将建筑电气系统分为建筑强电系统和建筑弱电系统两类。

建筑强电系统一般包括建筑供配电、电梯、照明和建筑防雷等系统。由于建筑强电系统电压高、电流大，能耗高，不仅需要考虑供配电系统的功能，还需要考虑供配电系统的运行安全和运行节能。

1）建筑供配电系统在电力系统中属于建筑楼（群）内部供配电系统，由高压供电（电源系统）、变配电所、低压配电线路和用电设备组成，为建筑内用电设备提供电能。相关内容在第 10.1~10.5 节中讲述。

2）电梯是以电动机为动力的固定式升降设备，服务于建筑物内若干特定的楼层。常用于多层、高层建筑人员乘坐或载运货物。相关内容在 10.6 节讲述。

3）建筑照明应该满足建筑功能需要，有利于生产、工作、学习、生活和身心健康，主要包括照明质量、照明方式与种类、照明光源与灯具和照明设计等内容。建筑照明在第 11 章讲述。

4）建筑防雷是因地制宜地采取防雷措施，防止或减少雷击建（构）筑物所发生的人身伤亡和文物、财产损失，以及雷击电磁脉冲引发的电气和电子系统损坏或错误运行。防雷装置由外部防雷装置和内部防雷装置组成。安全用电与建筑防雷在第 12 章讲述。

### 0.1.6 建筑弱电系统

除了上述的建筑强电系统外，建筑中还有建筑设备管理、公共安全、信息设施、信息化应用及智能化集成等电气系统，这些系统供电电压较低，电流较小，称为建筑弱电系统。建筑弱电系统主要考虑信息传输和信息处理等问题，为建筑智能化提供网络布线及设备，保证建筑设备的智能管理，提供建筑与外界的信息通道，所以也统称为建筑智能化系统。其在第 13 章讲述。

## 0.2 本课程的任务与地位

建筑设备工程的任务是使建筑的功能得以实现和保证，为用户提供便捷、舒适、健康和安全的室内环境，大致可以概括为以下几个方面：

1）为建筑的居住者和使用者提供生活和工作的便捷条件，如给水排水系统、燃气供应系统、建筑供配电系统、电梯、信息设施系统、信息化应用系统等。

2）为建筑创造舒适健康的室内环境，如控制建筑热湿环境、室内空气质量和气流环境的暖通空调系统，创造室内光环境的建筑照明系统等。

3）增强建筑物自身以及建筑物内人员和设备的安全性，如室内消防给水系统、建筑防烟排烟系统、建筑防雷系统、公共安全系统等。

4）提高对建筑的综合管理和控制性能，如建筑设备管理系统、智能化集成系统等。

现代建筑工程的规划、设计、施工和管理各阶段都离不开对建筑设备的分析和考量。建筑设备是现代建筑工程的三大组成部分（建筑与结构、建筑设备和建筑装饰）之一，因此，"建筑设备工程"是土建系列相关专业的一门多学科、综合性和实践性很强的课程，对于建筑的规划设计、施工安装和运行管理都具有非常重要的意义。

正是因为建筑设备在现代建筑工程中不可或缺且日益重要的地位，在土建类相关专业的本科指导性专业规范中，都对建筑设备相关课程的学习要求做了具体的说明和规定。在《高等学校建筑学本科指导性专业规范》中，"建筑设备"属于专业知识领域的必修核心知识，共有 17 个知识单元 55 个知识点，并标明了各个知识点的学习要求及参考学时，要求熟悉建筑设备（水、暖、电）各系统的任务、组成、分类、设备布置及工程识图等基本知识。这些知识点完全涵盖了注册建筑师考试"建筑设备"科目的有关内容。

另外，在《高等学校工程管理本科指导性专业规范》《高等学校工程造价本科指导性专业规范》和《高等学校房地产开发与管理本科指导性专业规范》中，对"建筑设备"课程的学习内容要求是一致的。将"建筑设备"作为相关的建设工程技术基础知识领域的推荐课程，共有 8 个知识单元 25 个知识点，学习要求主要偏重于各类建筑设备系统的管道布置及设备安装。而按照《高等学校物业管理本科指导性专业规范》的规定，与建筑设备相关的"物业设施设备工程"推荐课程共有 12 个知识单元 40 个知识点，要求熟悉建筑设备（水、暖、电）的基本知识，与建筑学专业的学习内容和要求基本一致。

所以，对于土建类相关专业来说，需要学习建筑设备的基本知识，了解建筑设备的工作原理，识读建筑设备的施工图，综合考虑和合理处理各种建筑设备与建筑主体之间的关系，认识将建筑设备工程作为有机整体考虑的趋势等。

## 0.3 课程学习的目的和方法

### 0.3.1 课程学习的目的

#### 1. 建筑相关各专业协同工作的基本要求

一项完整的建筑工程需要建筑、结构、设备、管理等多个相关专业的协同工作。要想顺利地建造并运营一项建筑工程，就离不开各专业的协作与配合；而为了实现各专业之间良好的沟通与协调，就离不开对相关专业必要基本知识的理解和掌握。在现代建筑工程中，上述六类建筑设备系统都是其重要的组成部分，缺一不可。而且建筑标准越高、建筑功能越复杂，所需要的建筑设备种类就越多，涉及的设计、安装、施工和管理工作量和难度也越大。所以，在现代建筑工程建设中能够良好地协同工作是各专业学生学习"建筑设备工程"课程的首要目的，也是对从事土建类相关专业人员最基本的要求。

#### 2. 适应时代发展对建筑工程的新需求

经济的发展和科技的进步，反映在建筑设备工程领域，是不断引入新技术、新设备和新系统。同时，节能、环保、可持续发展、生态建筑、绿色建筑等新名词、新观念层出不穷，这些与建筑有关的发展趋势也与建筑设备有关。为了更好地满足人们在建筑中生活与工作时对用水、用电和良好室内环境的需求，就需要各专业人员适应时代发展带来的知识拓展要求和学科交叉趋势。通过对建筑设备知识的学习，可以知道应该如何科学节约用水，如分质供水、中水利用等；知道应该采用哪些建筑设备可以实现建筑节能，如热泵技术等；知道怎样对建筑设备进行运行管理才能真正节能减排……只有掌握了这些基本知识，才有利于各专业人员在实际工作中具有共同语言，达成共识，才能让建筑节能和绿色建筑真正落地和实现。

### 0.3.2 课程学习的方法

由建筑给水排水、暖通空调、燃气供应、建筑消防、建筑电气（包括强电和弱电）等系统及其包括的主要内容可知，建筑设备涉及的理论知识和专业内容很多，看似纷繁复杂，但从宏观上来看，可以找出这些系统之间的共性。

#### 1. 系统的概念

这些系统均具有以下两个显著特点：

（1）完整性　每个系统都是有头有尾的完整体系，各环节缺一不可。

（2）独立性　每个系统又是相对独立的，一般和其他系统没有直接关联。

系统的概念体现在建筑设备系统主要设计成果——平面图和系统图中。系统图展示的是整个系统的来龙去脉，体现了完整性；而平面图则展示了设备及管道（线）在各楼层中的位置，体现了相对独立性。

#### 2. 系统的组成

每个建筑设备系统大致由源、输配管道（线）和末端设备三部分组成。

（1）源　例如给水系统的水源（城镇给水管网或自备水源给水管网）、排水系统的污水或废水源、供暖系统的热源、空气调节系统的冷热源、通风及排烟系统的空气污染源、燃气供应系统的气源、建筑电气系统的电源等，它们为人们在建筑中的生活与工作用水、用电和良好室内环境需求提供各种资源或能源。建筑工程类相关专业人员均应该了解这些源的种类及特点，在建筑中的布置及安装，所需设备用房的位置、层高及面积等知识内容。

（2）输配管道（线）　例如给水排水系统的给水排水管道、供暖系统的热媒管道、空气调节系统的冷热水管及风管、通风及防烟排烟系统的通风排烟管道、燃气供应系统的燃气管道、建筑电气系统的电缆（线）等，它们负责将供给的或者需要排放的介质输送和分配到各末端设备。建筑工程类相关专业人员均应该了解这些管道（线）的布置形式、敷设方式及管径估算等知识内容。

（3）末端设备　例如给水系统的卫生器具，排水系统的局部污水处理设施，供暖系统的散热设备，空气调节系统的空气处理设备及送回风口、通风及防烟排烟系统的通风及防烟排烟口，燃气供应系统的燃气用具，建筑电气系统的用电设备等，建筑工程类相关专业人员均应该了解这些末端设备的类型及特点、布置方式及要求等知识内容。

当然，各类建筑设备系统中还包括各种不同的工作介质，它们的特性也会影响设备的选型、布置、安装和使用。例如给水系统的水质，热水供应系统的水温，排水系统中污水、废水特性，供暖系统的热媒性质，空气调节系统的水及空气物理性质，通风系统的空气污染物及防烟排烟系统的烟气流动、燃气供应系统的燃气性质、建筑电气系统的电线电缆种类等。最重要的是，只有抓住了系统这条主线，才能逐步理解和掌握建筑设备的基本知识，并学会如何综合考虑和合理处理各种建筑设备与建筑主体之间的关系。

## 0.4　建筑设备与建筑节能

　　建筑设备在为人们提供便捷、舒适、健康和安全的室内环境的同时，消耗了大量的能源资源。建筑能耗是指建筑在使用过程中由外部输入的能源总量。这里讨论的建筑能耗，指的是民用建筑的运行能耗，是为居住者或使用者提供供暖、通风、空调、照明、热水、炊事、家电、电梯以及其他为了实现建筑的各项服务功能所使用的能耗。显而易见，建筑能耗主要是和建筑设备相关的能耗，由外部输入给建筑的能源绝大部分被建筑设备系统消耗。目前，我国建筑能耗（不包括农村生物质燃料能耗）占社会总能耗的 20%～25%。随着经济发展和人们生活水平的不断提高，可以预见建筑能耗总量会呈现不断上升的趋势。

　　在全球能源紧缺、环境问题日益严峻的形势下，节能与环保已成为当今世界备受关注的两大主题，可持续发展理念逐渐深入人心。绿色建筑就是建筑界响应可持续发展原则而发展起来的分支概念，旨在从可持续发展的角度指导现代建筑工程活动。由于建筑能耗在社会总能耗中占了很大的比例，建筑节能在绿色建筑的发展中自然日益受到人们的重视。建筑节能是指建筑规划、设计、施工和使用维护过程中，在满足规定的建筑功能要求和室内环境质量的前提下，通过采取技术措施和管理手段，实现提高能源利用效率、降低运行能耗的活动。在我国《绿色建筑评价标准》（GB/T 50378）中，绿色建筑评价指标体系由安全耐久、健康舒适、生活便利、资源节约、环境宜居 5 类指标组成，每类指标所包含的具体评价内容均与建筑设备相关。而且"资源节约（节地、节能、节水、节材）"在 5 类评价指标评分项中分值占比最大，表明资源节约在绿色建筑评价中占有重要地位。

　　综上所述，建筑设备与建筑节能、绿色建筑有着直接且密切的关系。在建筑设备工程领域，不断提高建筑设备的资源和能源利用效率、实现节能减排已经成为共识。本书会介绍一些相关的技术和设备，例如建筑中水利用、自然通风技术、热泵技术应用、照明节能、建筑智能化系统等。

# 第 1 章

# 建筑给水

建筑给水系统的任务是将城镇给水管网或自备水源的水引入，按照建筑物对水质、水压、水量、水温的要求，选用安全可靠、经济合理的供水方式，将水经配水管道和辅助设备有组织地输送至用水点。建筑给水系统按照其供应范围的不同，分为室内给水系统和居住小区给水系统。

## 1.1 室内给水系统的分类与组成

### 1.1.1 室内给水系统的分类

根据用户对水质、水压、水量、水温的要求和外部给水系统情况，室内给水系统可以分成三种基本形式：生活给水系统、生产给水系统和消防给水系统。由两种或两种以上基本形式组成共用给水系统。

#### 1. 生活给水系统

生活给水系统是供人们日常生活中饮用、烹饪、盥洗、沐浴、洗涤、冲厕、清洗地面和其他生活用途用水的系统。近年来，随着人们对饮用水品质要求的不断提高，在部分城市、地区或高档场所等实施了分质供水。其是指以自来水为原水，将自来水中的生活用水和直接饮用水分开，另设管网，实现饮用水和生活用水分质，以满足优质优用、低质低用的要求。

按照供水水质的不同，生活给水系统可分为生活饮用水给水系统、直饮水给水系统和杂用水给水系统。生活饮用水是指水质符合国家生活饮用水卫生标准的用于日常饮用、洗涤等的生活用水，应符合现行国家标准《生活饮用水卫生标准》（GB 5749）的规定；直饮水包括纯净水、矿泉水等用水；生活杂用水是指用于冲厕、洗车、浇洒道路、浇灌绿化、补充空调循环用水及景观水体等的非生活饮用水，应符合现行国家标准《城市污水再生利用 城市杂用水水质》（GB/T 18920）的要求。

按照供水水温的不同，生活给水系统可分为生活饮用水给水系统，热水供应系统和开水供应系统。

#### 2. 生产给水系统

生产给水系统是供生产过程中工艺用水、清洗用水、冷却用水、空调用水、锅炉用水、稀释用水、除尘用水、建筑施工用水和其他生产用途用水的系统。生产用水的水质、水压、水量和水温要求与生产工艺有关，随生产工艺要求的不同而不同。

目前对生产给水的定义范围有所扩大。城市自来水公司将饮食业、游泳池、宾馆等带有生产经营服务性质的商业用水也纳入生产用水范围，相应提高生产用水的费用，这对于保护和合理利用水资源具有重要意义。

### 3. 消防给水系统

消防给水系统是给以水作为灭火剂的消火栓、消防卷盘和自动喷水灭火系统等消防设施供水的系统。消防给水系统对水质要求不高，但是其水压和水量必须符合《建筑设计防火规范》（GB 50016）的要求。

### 4. 共用给水系统

上述各种给水系统在同一建筑物内不一定全部具有或单独设置，可以根据生活、生产、消防等各类用水对水质、水压、水量、水温的要求，结合室外给水系统的实际情况，通过技术、经济、安全等方面的综合分析，组成共用系统，如生活-生产-消防共用系统、生活-消防共用系统、生产-消防共用系统等。共用方式包括共用贮水池、共用水箱、共用水泵、共用管路系统等。

## 1.1.2　室内给水系统的组成

室内给水系统一般由引入管、水表节点、给水管道、给水附件、升压设备、贮水和水量调节构筑物、室内消防设备、水处理设备组成，如图 1-1 所示。

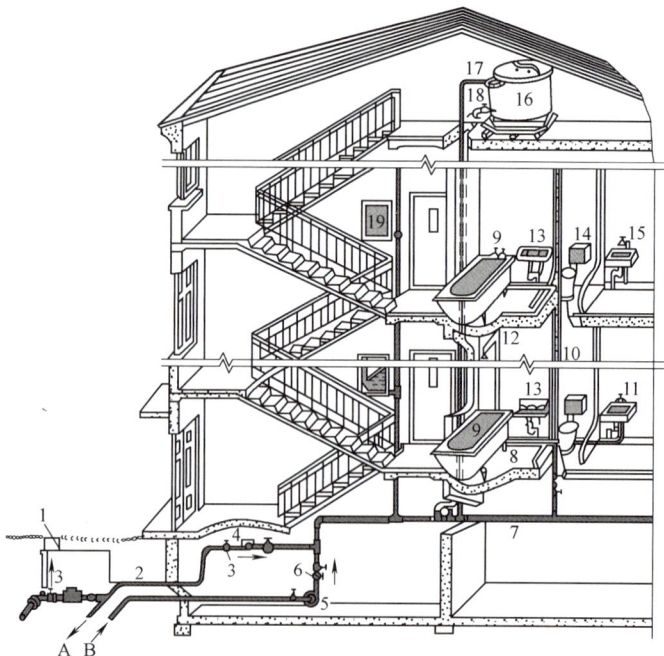

**图 1-1　室内给水系统的组成**

A—注入贮水池　B—来自贮水池　1—阀门井　2—引入管　3—闸阀　4—水表　5—水泵　6—止回阀
7—干管　8—支管　9—浴盆　10—立管　11—水嘴　12—淋浴器　13—洗脸盆　14—大便器
15—洗涤盆　16—水箱　17—进水管　18—出水管　19—消火栓

#### 1. 引入管

引入管又称入户管或进户管，是指由市政管道引入至小区给水管网的管段，或由小区给水接户管引入建筑物的管段。引入管段上一般设有水表、阀门等附件。

#### 2. 水表节点

水表节点是安装在引入管上的水表及其前后设置的阀门和泄水装置的总称。水表用于计量建筑物的用水量，水表前后设置的阀门用于检修、拆换水表时关闭管路，泄水口用于检修时排掉管道系统中的水，也可用来检测水表精度和测定管道进户时的水压。

#### 3. 给水管道

给水管道是指室内给水干管、立管、支管等组成的管道系统。它用于把引入管引入建筑物内的水输送和分配至各个用水点。

#### 4. 给水附件

给水附件是设置在给水管道上的各种配水龙头、阀门等装置。在给水系统中控制流量大小、限制流动方向、调节压力变化、保障系统正常运行。常用的给水附件有水嘴、闸阀、止回阀、减压阀、安全阀、排气阀、水锤消除器等。给水附件应符合国家现行有关标准的节水型生活用水器具的规定。

#### 5. 升压设备

升压设备是为给水系统提供水压的设备。常用的升压设备有水泵、气压给水设备、变频调速给水设备等。

#### 6. 贮水和水量调节构筑物

贮水和水量调节构筑物是给水系统中贮存和调节水量的装置，如贮水池和水箱。它们在系统中用于调节流量，贮存生活用水、消防用水和事故备用水，水箱还具有稳定水压和容纳管道中的水因热胀冷缩体积发生变化的膨胀水量的功能。

#### 7. 室内消防设备

室内消防设备是根据《建筑设计防火规范》（GB 50016）、《消防给水及消火栓系统技术规范》（GB 50974）、《自动喷水灭火系统设计规范》（GB 50084）等规范的要求，在建筑物内设置的消火栓系统、自动喷水灭火系统、气体/干粉灭火系统的各种设备。

#### 8. 水处理设备

用于在对给水水质有特殊要求的生产、生活用水场合，对市政管网给水进一步处理的设备，如锅炉给水的软化水处理设备。

## 1.2　室内给水系统的给水方式及常用设备

室内给水方式的选择应当根据用户对水质、水压和水量的要求，室外管网所能提供的水质、水量和水压情况，卫生器具、消防设备等用水点在建筑物内的分布，用户对供水安全可靠性的要求等，经技术经济比较确定。室内给水系统的选择应符合下列规定：

1）应充分利用城镇给水管网的水压直接给水。

2）当城镇给水管网的水压和（或）水量不足时，应根据卫生安全、经济节能的原则选用贮水调节和加压供水方式。

3）当城镇给水管网水压不足，采用叠压供水系统时，应经当地供水行政主管部门及供水部门批准认可。

4）给水系统的分区应根据建筑物用途、层数、使用要求、材料设备性能、维护管理、节约用水、能耗等因素综合确定。

5）不同使用性质或计费的给水系统，应在引入管后分成各自独立的给水管网。

卫生器具给水配件承受的最大工作压力不得大于0.60MPa。当生活给水系统分区供水时，各分区的静水压力不宜大于0.45MPa；当设有集中热水供应系统时，分区静水压力不宜大于0.55MPa；生活给水系统用水点处供水压力不宜大于0.20MPa，并应满足卫生器具工作压力的要求；住宅入户管供水压力不应大于0.35MPa，非住宅类建筑入户管供水压力不宜大于0.35MPa。

### 1.2.1 室内给水系统的给水方式

常见的室内生活给水系统的给水方式有以下几种。

#### 1. 直接给水方式

直接给水方式是指在建筑物内部只设置与室外供水管网直接相连的给水管道、利用室外管网的压力直接向室内用水设备供水。直接给水方式是最简单、经济的给水方式，如图1-2所示。

直接给水方式适用于室外管网的水量和水压在一天内的任何时间都能保证室内用户用水要求的地区。直接给水方式的优点是给水系统简单，投资少，安装维修方便，可充分利用室外管网水压节省运行能耗。缺点是给水系统没有贮备水量，当室外管网停水时，室内系统会立即断水。

#### 2. 单设水箱给水方式

当室外管网压力在一天内的大部分时间能满足要求，仅在用水高峰时刻，由于用水量的增加，室外管网的水压降低而不能保证建筑物上部楼层用水时，可采用单设水箱的给水方式（图1-3）。在室外给水管网水压升高时（一般在夜间）向水箱充水；室外管网压力不足时（一般在白天）由水箱供水。采用这种方式要确定水箱容积，必须掌握室外管网一天内流量、压力的逐时变化资料，需要时要做调查或进行实测。一般建筑物内水箱容积不大于

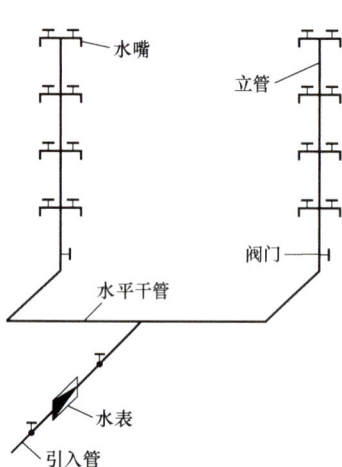

图1-2 直接给水方式

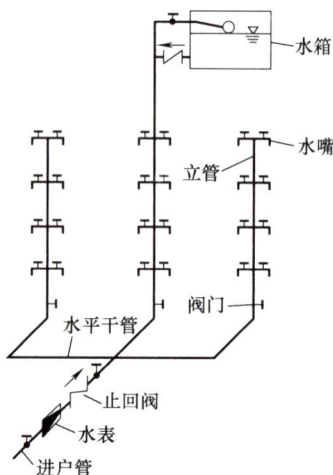

图1-3 单设水箱的给水方式

$20m^3$，故单设水箱方式仅在日用水量不大的建筑物中采用。为了防止水箱中的水回流至室外管网，在引入管上要设置止回阀。

在室外管网水压周期性不足的多层建筑中，也可以采用图 1-4 所示的给水方式，即建筑物下面几层由室外管网直接供水、上面几层采用水箱给水的分区给水方式。这样可以减小屋顶水箱的容积。为了防止水箱中的水回流至室外管网和影响下部楼层由室外管网直接供水，在上部楼层的进水管上要设置止回阀。

### 3. 水泵、水箱联合给水方式

当室外给水管网的水压经常性不足、室内用水不均匀、室外管网不允许水泵直接吸水而且建筑物允许设置水箱时，可采用图 1-5 所示的水泵、水箱联合给水方式。

这种给水方式中，水泵从贮水池吸水，经加压后送入水箱。因水泵供水量大于系统用水量，水箱水位上升，

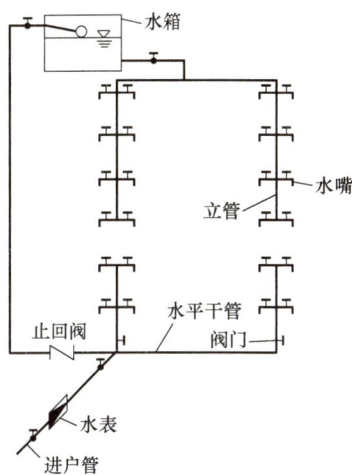

图 1-4 下层直接给水、上层单设水箱的给水方式

到最高水位时停泵。此后由水箱向系统供水，当水箱水位下降到最低水位时水泵重新启动。这种给水方式由于水泵可及时向水箱补水，可减小水箱容积。同时，在水箱的调节下，水泵能稳定在高效率点工作，节省运行费用。在高位水箱上采用水位继电器控制水泵启动，易于实现管理自动化。贮水池和水箱能够贮备一定水量，增强供水的安全可靠性。

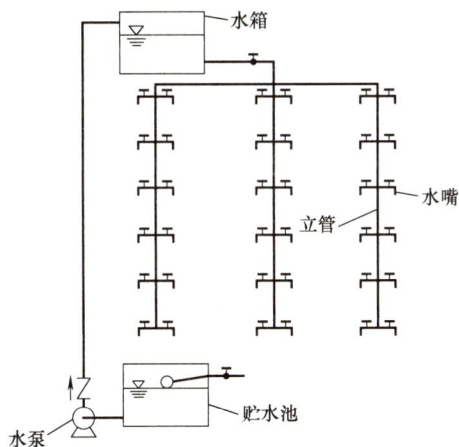

图 1-5 水泵、水箱联合给水方式

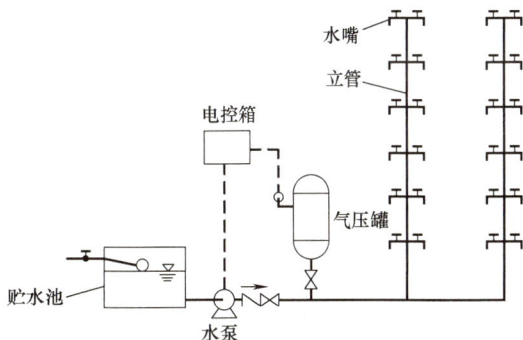

图 1-6 气压罐给水方式

### 4. 气压罐给水方式

这种给水方式是利用密闭压力水罐取代水泵、水箱联合给水方式中的高位水箱进行供水，如图 1-6 所示。

这时，水泵从贮水池吸水，送入给水管网的同时，多余的水进入气压水罐，将罐内的气体压缩。当罐内压力上升到最大工作压力时，水泵停止工作。此后，利用罐内气体的压力将水送给配水点。罐内压力随着水量的减少逐渐下降，当下降到最小工作压力时，水泵重新启动供水。

这种给水方式适用于室外管网的水压经常性不足，不宜设置高位水箱的建筑，如地震区建筑、高度有限制的飞机场附近的建筑等场所。它的优点是设备可设在建筑物的任何高度上，便于隐蔽，安装方便，水质不易受污染，投资省，建设周期短，便于实现自动化等。缺点是给水压力波动较大，运行能耗大。

气压水罐内的最低工作压力应满足管网最不利处的配水点所需水压，气压水罐内的最高工作压力不得使管网最大水压配水点的水压大于 0.55MPa。

### 5. 水泵给水方式

如果室外管网压力在一天内的大部分时间不能满足室内给水要求，且室内用水量较大又较均匀时，可单设水泵供水。此时由于出水量均匀，水泵工作稳定，电能消耗比较少，这种给水方式适用于生产车间给水。对于用水量较大、用水不均匀性比较突出的建筑物，当用水量减少时，由于管路阻力损失随流量减少而减少，水泵仍然恒速运行会造成能量浪费。为了减少水泵的运行耗电，可采用图 1-7 所示的变频调速水泵给水方式。

变频调速水泵的工作原理是：当给水系统中流量发生变化时，扬程也随之发生变化，压力传感器向微机控制器输入水泵出水管压力的信号，当测得的压力值大于设计给水量对应的压力值时，微机控制器向变频调速器发出降低电流频率的信号，使水泵转速降低，水泵出水量减少，水泵出水管压力下降，反之亦然。

当采用从室外市政给水管网直接吸水的叠压供水时，应经当地供水行政主管部门及供水部门批准认可。当不允许水泵直接从室外市政给水管网吸水时，必须设置断流水池。

### 6. 分区给水方式

在多层建筑物中，当室外给水管网的压力只能满足建筑物下面几层供水要求时，为了充分利用室外管网水压，可将建筑物供水系统划分为上、下两区。下区由城市管网压力直接供水，上区由升压、贮水设备供水。可将两区的一根或几根立管相互连通，在连接处装设阀门，以便在下区进水管发生故障或室外给水管网水压不足时，打开阀门由高区水箱向低区用户供水（图 1-8）。这种给水方式特别适用于建筑物低层设有洗衣房、浴室、大型餐厅等用水量大的场所。

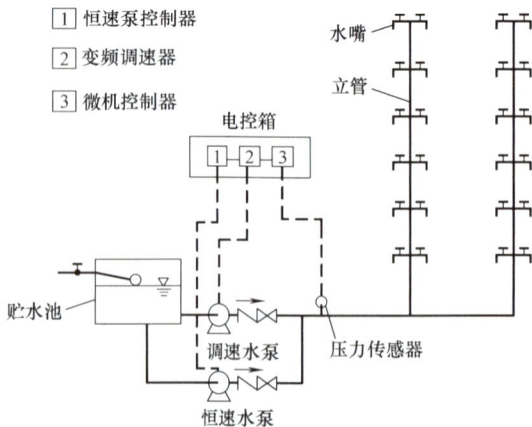

图 1-7 变频调速水泵给水方式

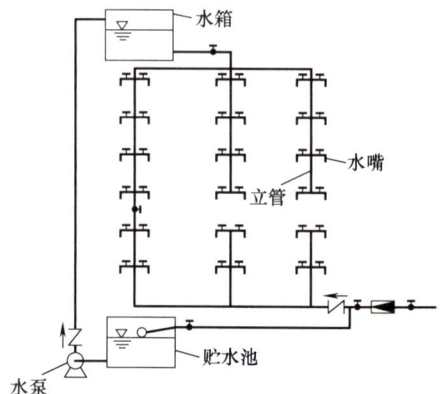

图 1-8 多层建筑分区给水方式

建筑高度不超过 100m 的建筑的生活给水系统宜采用垂直分区并联供水或分区减压的供

水方式；建筑高度超过 100m 的建筑宜采用垂直串联供水方式。

## 1.2.2 室内给水系统的常用设备

室内给水系统的常用设备包括增压设备、消防水泵、给水系统的贮水设备、高位生活水箱和消防水箱。

### 1. 增压设备

水泵是给水系统中的主要增压设备。离心式水泵具有结构简单、体积小、效率高、运转平稳等特点，广泛应用于建筑给水系统中。

1) 生活给水系统加压水泵的选择应符合下列规定：

① 水泵效率应符合现行国家标准的规定。

② 水泵的 $Q$-$H$ 特性曲线应是随流量增大，扬程逐渐下降的曲线。

③ 水泵效率应根据管网水力计算进行选择，水泵应在其高效区内运行。

④ 生活加压给水系统的水泵机组应设备用泵，备用泵的供水能力不应小于最大一台运行水泵的供水能力；水泵宜自动切换，交替运行。

⑤ 水泵噪声和振动应符合国家现行的有关标准的规定。

建筑物内采用高位水箱调节的生活给水系统时，水泵的供水能力不应小于最大时用水量。

2) 生活给水系统采用变频调速泵组供水时，还应符合下列规定：

① 工作水泵组供水能力应满足系统设计秒流量。

② 工作水泵的数量应根据系统设计流量和水泵高效区段流量的变化曲线经计算确定。

③ 变频调速泵在额定转速时的工作点应位于水泵高效区的末端。

④ 变频调速泵组应配置气压罐。

⑤ 在生活给水系统供水压力要求稳定的场合，且工作水泵大于或等于 2 台时，配置变频器的水泵数量不宜小于 2 台。

⑥ 变频调速泵组电源应可靠，满足连续、安全运行的要求。

3) 选择水泵应以节能为原则，使水泵在给水系统中大部分时间保持高效运行。水泵的流量和扬程依据给水系统所需要的水量和水压选择确定，由流量、扬程查水泵性能表（或曲线）即可确定其型号。

① 水泵流量。在生活和生产给水系统中，无水箱调节时，水泵出水量要满足系统高峰用水要求，水泵流量以系统的高峰用水量即设计秒流量确定。有水箱调节时，水泵流量可按最大时用水量确定。若水箱容积大，并且用水量均匀，水泵流量也可按平均小时流量来确定。

在消防给水系统中，消防水泵流量应以室内消防设计水量确定。生活、生产和消防共用调速水泵在消防时其流量除保证消防用水总量外，还应保证生活、生产用水量的要求。

对于用水量变化较大的系统，应采用水泵并联、大小泵交替工作等方式适应用水量的变化，实现系统的节能运行。

② 水泵扬程。水泵扬程应满足最不利用水点或消火栓所需水压，具体分两种情况：

水泵直接由室外管网吸水。水泵的扬程由式（1-1）确定

$$H_b = H_1 + H_2 + H_3 + H_4 - H_0 \tag{1-1}$$

式中　$H_b$——水泵扬程，单位为 kPa；

$H_1$——最不利配水点与引入管起点之间的静压差，单位为 kPa；

$H_2$——设计流量下计算管路的总阻力损失，单位为 kPa；

$H_3$——最不利用水点配水附件的最低工作压力，单位为 kPa；

$H_4$——水表的阻力损失，单位为 kPa；

$H_0$——室外给水管网所能提供的最小压力，单位为 kPa。

水泵从贮水池吸水。水泵的扬程按式（1-2）确定

$$H_b = H_1 + H_2 + H_3 \tag{1-2}$$

式中　$H_1$——最不利配水点与贮水池最低工作水位之间的静压差，单位为 kPa。

$H_2$ 和 $H_3$ 含义同上式。

对于居住建筑的生活给水系统，在进行方案的初步设计时，可根据建筑层数估算自室外地面算起，系统所需要的水压。一般 1 层建筑物为 100kPa；2 层建筑物为 120kPa；3 层或 3 层以上建筑物，每增加 1 层水压增加 40kPa。采用竖向分区供水方案的建筑，也可以根据已知的市政管网能够保证的最低水压，按上述标准初步确定市政管网直接供水的范围。

**2. 消防水泵**

消防水泵包括消防主泵和稳压泵。消防主泵在火灾发生后由消火栓箱内的按钮或消防控制中心远程启动，也可在泵房现场启动。消防水泵的性能应满足消防给水系统灭火所需的水量和水压要求。多台消防水泵并联时，应校核流量叠加对消防水泵出口压力的影响。

**3. 给水系统的贮水设备**

对于采用水箱-水泵联合给水方式、气压给水方式或变频调速给水方式的建筑给水系统，在水量能够得到保证的前提下，水泵宜直接从市政管网吸水，以充分利用市政管网的水压，减小给水的运行能耗。但是，供水管理部门通常不允许建筑内部给水系统的水泵直接从市政管网吸水，以免管网压力剧烈波动或大幅度下降，影响其他用户的使用。为了提高供水可靠性和减少因市政管网或引入管检修造成的停水影响，建筑给水系统需设置贮水池。

此外，为了保证火灾发生时消防供水的可靠性，需要设置消防水池。《消防给水及消火栓系统技术规范》（GB 50974）、《自动喷水灭火系统设计规范》（GB 50084）等防火规范对需要设置消防水池的场合做出了具体的规定。为了防止消防水池中的水长期不用而变质，消防水池通常与生产、生活水池合用，但需要采取确保消防用水量不作他用的技术措施。对于居住小区生活用水贮水池与消防用水贮水池的合并设置，还应符合《建筑给水排水设计标准》（GB 50015）的有关规定。

合用水池的有效容积与水源供水能力和用水量变化情况以及用水可靠性要求有关，包括调节水量、生产事故备用水量和消防贮备水量三部分，用式（1-3）计算

$$V = (Q_b - Q_g)T_b + V_s + V_f \tag{1-3}$$

式中　$V$——贮水池的有效容积，单位为 $m^3$；

$Q_b$——水泵出水量，单位为 $m^3/h$；

$Q_g$——水源供水能力（水池进水量），单位为 $m^3/h$；

$T_b$——水泵最长连续运行时间，单位为 h；

$V_s$——生产事故备用水量，单位为 $m^3$；

$V_f$——消防贮备水量，单位为 $m^3$。

消防贮备水量用式（1-4）确定

$$V_f = 3.6(Q_1 + Q_2 + Q_3 - Q_4)T \tag{1-4}$$

式中　$Q_1$——自动喷水灭火系统消防用水量，单位为 L/s；

$Q_2$——室内消火栓系统消防用水量，单位为 L/s；

$Q_3$——室外消火栓系统消防用水量，单位为 L/s；

$Q_4$——发生火灾时，室外管网能够保证的消防用水量，单位为 L/s；

$T$——火灾延续时间，单位为 h。

各类消防设备的用水量标准和建筑物的火灾延续时间应按照现行的《建筑设计防火规范》《消防给水及消火栓系统技术规范》《自动喷水灭火系统设计规范》等规范的要求确定。

生产事故备用水量主要在进水管路发生故障进行检修期间，满足室内生产、生活用水的需要，可根据建筑物的重要性，取 2~3 倍每小时最大用水量。

**4. 高位生活水箱和消防水箱**

高位水箱在建筑给水系统中具有稳定水压、贮存生活用水、调节水量的作用。对于临时高压给水系统，应当设置消防水箱。为了防止消防水箱中的水长期不用而变质，消防水箱通常与生活水箱合用。

（1）合用水箱的有效容积　合用水箱的有效容积应根据水箱的调节容积、生产事故备用水量及消防贮备水量之和，用下式计算

$$V = V_t + V_s + V_f \tag{1-5}$$

式中　$V$——合用水箱的有效容积，单位为 $m^3$；

$V_t$——水箱的调节容积，单位为 $m^3$；

$V_s$——生产事故备用水量，单位为 $m^3$；

$V_f$——消防贮备水量，单位为 $m^3$，根据《消防给水及消火栓系统技术规范》（GB 50974）、《自动喷水灭火系统设计规范》（GB 50084）等规范计算确定。

根据水箱补水方式的不同，水箱的调节容积有以下几种确定方法：

1）由室外给水管网供水。这时水箱的调节容积用式（1-6）计算

$$V_t = QT \tag{1-6}$$

式中　$V_t$——水箱的有效容积；

$Q$——水箱连续供水的平均小时用水量，单位为 $m^3/h$；

$T$——水箱连续供水的最长时间，单位为 h。

2）由人工启动水泵进水。这时水箱的调节容积用式（1-7）计算

$$V_t = \frac{Q_d}{N} - T_b Q_p \tag{1-7}$$

式中　$Q_d$——最高日用水量，单位为 $m^3$；

$N$——水泵每天启动次数；

$T_b$——水泵启动 1 次的最短运行时间，单位为 h；

$Q_p$——水泵运行时间内的平均时用水量，单位为 $m^3/h$。

3）水泵自动启动进水。这时水箱的调节容积用式（1-8）计算

$$V_t = C\frac{Q_b}{4n} \tag{1-8}$$

式中　$C$——安全系数，可取 $1.5 \sim 2.0$；

　　　$Q_b$——水泵供水量，单位为 $m^3/h$；

　　　$n$——水泵在 1h 内最大启动次数，一般选用 $4 \sim 8$ 次/h。

水泵为自动控制时，水箱调节容积不宜小于最大小时用水量的 50%。

（2）生产事故备用水量和消防贮备水量　生产事故备用水量按工艺要求，从有关的设计规范、手册查取。消防贮备水量用以扑救初期火灾。根据《消防给水及消火栓系统技术规范》（GB 50974），对于临时高压给水系统的高位消防水箱，应满足初期火灾消防用水量的要求，消防水箱的有效容积应符合下列规定：

1）一类高层公共建筑，不应小于 $36m^3$，但是当建筑高度大于 100m 时，不应小于 $50m^3$，当建筑高度大于 150m 时，不应小于 $100m^3$。

2）多层公共建筑、二类高层公共建筑和一类高层住宅，不应小于 $18m^3$，当一类高层住宅建筑高度大于 100m 时，不应小于 $36m^3$。

3）二类高层住宅建筑，不应小于 $12m^3$。

4）建筑高度大于 21m 的多层住宅建筑，不应小于 $6m^3$。

5）工业建筑室内消防给水设计流量小于或等于 25L/s 时，不应小于 $12m^3$；大于 25L/s 时，不应小于 $18m^3$。

6）总建筑面积大于 $10000m^2$ 且小于 $30000m^2$ 的商店建筑，不应小于 $36m^3$；总建筑面积大于 $30000m^2$ 的商店，不应小于 $50m^3$。当与 1）的规定不一致时应取其中的较大值。

## **1.3**　**室内给水系统的管道材料和附件**

给水系统采用的管材和附件应符合现行产品标准的要求。管道和管材的工作压力不得大于产品标准标称的允许工作压力。

选用给水系统的管材时，首先应充分了解各种管道材料的特性指标，如耐压性、耐腐蚀性、抗冲击能力、卫生性能等，再根据建筑装饰标准、输送水的温度范围和水质要求、使用场合、敷设方式等进行技术经济比较后确定，遵循安全可靠、卫生环保、经济合理、水力条件好、施工维护方便等原则。

### 1.3.1　室内给水系统的管道材料

室内给水系统采用的管道材料和管件及连接方式，应符合国家现行标准的有关规定。管材和管件及连接方式的工作压力不得大于国家现行标准中公称压力或标称的允许工作压力。

根据制造工艺和材质的不同，管材有很多种。管材按照材质可以分为黑色金属管（钢管、铸铁管）、有色金属管（铜管、铝管）、非金属管（混凝土管、钢筋混凝土管、塑料管）、复合管（钢塑管、铝塑管）等。其中，钢管按照制造方法可以分为无缝钢管、有缝钢管、铸造管等，塑料管按照材质可以分为聚丙烯管（PP）、硬聚氯乙烯管（UPVC）、聚乙烯管（PE）、交联聚乙烯管（PEX）、聚丁烯管（PB）、丙烯腈-丁二烯-苯乙烯管（ABS）等。

#### 1.　铸铁管

铸铁管常用于埋地给水管道，具有耐腐蚀性好、价格低、寿命长等优点，但是不耐振动和冲击，壁厚较大，质量重。通常采用承插、法兰或异口橡胶圈接口等连接方式。耐压范围为 0.3~1.0MPa。

### 2. 钢管

钢管具有强度高、耐振动、壁薄质轻等优点，但是耐腐蚀性差、易生锈、造价高。通常采用法兰、焊接、螺纹等连接方式。普通钢管耐压范围≤1.0MPa，加强钢管耐压范围≤1.5MPa。

钢管按照制造方法可以分为无缝钢管、有缝钢管、铸造管等。

无缝钢管强度大，品种和规格较多，广泛用于压力较高的工业管道工程，如热力管道、各种化工管道等。无缝钢管一般用于采暖主干管道和煤气主干管道等，在给水工程中使用较少。

有缝钢管又称焊接钢管，其中镀锌焊接钢管强度高，抗振动性好，曾经是我国生活饮用水采用的主要管材，但是长期使用过程中容易出现内壁生锈，结垢，滋生细菌、微生物等有害物质，造成自来水运输过程中的"二次污染"。我国从2000年6月1日起城镇新建住宅生活给水系统禁用冷镀锌钢管，并根据当地实际情况逐步限时禁止使用热镀锌钢管。目前镀锌钢管主要用于消防给水系统。

不锈钢管是指耐空气、蒸汽、水等弱酸性物质和酸、碱、盐等介质腐蚀的钢管，又称不锈耐酸钢。不锈钢管具有化学稳定性好、机械强度高、坚固、韧性好、耐腐蚀、卫生性能好、可回收利用、经久耐用等优点，适用于建筑给水系统特别是管道直饮水及热水系统。不锈钢管道可采用焊接、螺纹连接以及卡压式、卡套式等多种连接方式。

### 3. 铜管

铜管是传统的给水管材，具有耐温、延展性好、承压能力强、化学稳定性好等优点，管道公称压力2.0MPa，冷、热水系统均适用，但因为初投资较高，故一般仅在中高档建筑中采用。铜管可采用螺纹连接、焊接及法兰连接。

### 4. 塑料管材

聚丙烯管（PP）具有强度高、韧性好、无毒、温度适应范围广（5~95℃）、耐腐蚀、抗老化、施工安装方便等优点，广泛应用于冷水、热水、纯净饮用水系统。管道之间采用热熔连接，管道与金属管件通过带金属嵌件的聚丙烯管件采用丝扣或法兰连接。

硬聚氯乙烯管（UPVC）具有耐腐蚀性好、连接方便、价格低、质地坚脆等优点，但是无韧性，使用温度为5~45℃，不适用于热水输送。该管材现已不推广使用。

聚乙烯管（PE）具有质量轻、韧性好、耐腐蚀、耐低温性能好、施工安装方便等优点，广泛应用于建筑给水系统中。聚乙烯管可采用电熔、热熔、橡胶圈柔性连接等连接方式，工程上主要采用熔接。

交联聚乙烯管（PEX）具有强度高、韧性好、抗老化（使用寿命在50年以上）、温度适应范围广（-70~110℃）、无毒、安装维修方便、价格适中等优点，主要用于建筑室内热水系统。

聚丁烯管（PB）具有管材质软、耐磨、耐热、抗冻、无毒无害、质量轻、施工安装简单等特点，温度适应范围为-20~90℃，冷水管工作压力为1.6~2.5MPa，热水管工作压力为1.0MPa，适用于冷、热水系统。通常采用钢接头夹紧式连接、热熔插接和电熔连接等连接方式。

丙烯腈-丁二烯-苯乙烯管（ABS）具有强度大、韧性高、耐冲击等优点，工作压力为

1.6MPa，使用温度为–40~60℃，热水管的使用温度为–40~95℃。管材连接方式为粘接。

钢塑复合管兼备了金属管材的强度高、耐高压、抗冲击和塑料管的耐腐蚀、不结垢、导热系数低等优点。钢塑复合管通常采用沟槽式、法兰式或螺纹式等连接方式，应用方便，但需在工厂预制，不宜在施工现场切割。

铝塑复合管由聚乙烯层-胶合层-铝合金层-胶合层-聚乙烯层五层结构构成，管件连接主要采用厂家专用夹紧式铜接头和部分专用工具，安装方便。

室内的给水管道应选用耐腐蚀和安装连接方便可靠的管材，可采用不锈钢管、铜管、塑料给水管和金属塑料复合管及经防腐处理的钢管。高层建筑给水立管不宜采用塑料管。

### 1.3.2　室内给水系统的附件

室内给水系统的附件包括配水附件、控制附件和其他附件。

#### 1. 配水附件

配水附件是指为各类卫生器具或受水器分配或调节水流的各式水龙头（或阀件），是使用最频繁的管道附件，产品应符合节水、耐用、美观等要求。常用的配水附件有旋启式水龙头、陶瓷芯片水龙头、旋塞式水龙头、混合水龙头、延时自闭水龙头、自动控制水龙头等。

#### 2. 控制附件

控制附件是用于调节水量、水压，关断水流，控制水流方向、水位的各式阀门。控制附件应符合性能稳定、操作方便、便于自动控制、精度高等要求。常用的控制附件有闸阀、截止阀、蝶阀、球阀、止回阀、减压阀、安全阀、泄压阀、浮球阀、多功能阀等。

室内给水管道的下列部位应设置阀门：

1）从给水干管上接出的支管起端。

2）入户管、水表前和各分支立管。

3）室内给水管道向住户、公用卫生间等接出的配水管起端。

4）水池（箱）、加压泵房、水加热器、减压阀、倒流防止器等处应按安装要求配置。

给水管道上使用的阀门应根据使用要求按照下列原则确定：

1）需要调节流量、水压时，宜采用调节阀、截止阀。

2）要求水流阻力小的部位宜采用闸阀、球阀、半球阀。

3）安装空间小的场所宜采用蝶阀、球阀。

4）水流需要双向流动的管段上不得使用截止阀。

5）口径大于或等于 DN150 的水泵出水管上可采用多功能水泵控制阀。

给水管道的下列管段上应设置止回阀，装有倒流防止器的管段处可不再设置止回阀：

1）直接从城镇给水管网接入小区或建筑物的引入管上。

2）密闭的水加热器或用水设备的进水管上。

3）每台水泵的出水管上。

安全阀阀前、阀后不得设置阀门，泄压口应连接管道将泄压水（气）引至安全地点排放。

#### 3. 其他附件

在给水系统中通常要安装一些保障系统正常运行、延长设备使用寿命和改善系统工作性能的附件，如管道过滤器、倒流防止器、水锤消除器、排气阀、橡胶接头等。

#### 4. 水表

水表是用于计量建筑物用水量的仪表。建筑物水表的设置位置应符合下列规定：

1）建筑物的引入管、住宅的入户管。

2）公用建筑物内按用途和管理要求需计量水量的水管。

3）根据水平衡测试的要求进行分级计量的管段。

4）根据分区计量管理需计量的管段。

住宅的分户水表宜相对集中读数，且宜设置于户外；对设在户内的水表，宜采用远传水表或 IC 卡水表等智能化水表。水表应装设在观察方便、不冻结、不被任何液体及杂质所淹没和不易受到损坏处。

水表根据工作原理分为容积式水表和流速式水表两类。容积式水表要求通过的水质良好，其精密度高，但构造复杂，我国很少使用，在建筑给水系统中普遍使用的是流速式水表。流速式水表是根据管径一定时，通过水表的水流速度与流量成正比的原理制成的。水流通过水表时推动翼轮旋转，翼片轮轴传动一系列联动齿轮（减速装置），再传递到记录装置，在标度盘指针指示下便可读到流量的累积值。

水表口径确定应符合下列规定：

1）用水量均匀的生活给水系统的水表应以给水设计流量选定水表的常用流量。

2）用水量不均匀的生活给水系统的水表应以给水设计流量选定水表的过载流量。

3）在消防时除生活用水外尚需通过消防流量的水表，应以生活用水的设计流量叠加消防流量进行校核，校核流量不应大于水表的过载流量。

4）水表规格应满足当地供水主管部门的要求。

## 1.4　室内给水系统的管路布置与设备安装

给水管路的布置除受建筑结构、用水要求、配水点和室外给水管道的位置等因素的影响，还应注意与建筑、结构、暖通及电气等专业的配合，以及供暖、通风、空调和供电等其他建筑设备工程管线布置等因素的影响。

### 1.4.1　室内给水系统的管路布置

#### 1. 基本要求

室内生活给水管道布置时，应符合下列规定：

1）不得穿越变配电房、电梯机房、通信机房、大中型计算机房、计算机网络中心、音像库房等遇水会损坏设备或引发事故的房间。

2）室内给水管道不得布置在遇水会引起燃烧、爆炸的原料、产品和设备的上面。

3）不得在生产设备、配电柜上方通过。

4）不得妨碍生产操作、交通运输和建筑物的使用。

#### 2. 给水管道布置

给水管道的布置按照供水可靠性要求可分为枝状和环状两种形式。枝状式给水管道单向供水，供水可靠性差，但节省管材，造价低；环状式给水管道双向供水，相互连通，供水可靠性高，但管线较长，造价高。一般建筑内部给水系统宜采用枝状布置。

给水管道的布置按照水平干管的敷设位置可以分为上行下给、下行上给和中分式三种形式。干管设在顶层顶棚下、吊顶内或技术夹层中，由上向下供水的方式为上行下给式，适用于设置高位水箱的居住与公共建筑和地下管线较多的工业厂房；干管埋地、设在底层或地下室中，由下向上供水的方式为下行上给式，适用于利用室外给水管网水压直接供水的工业与民用建筑；水平干管设置在中间技术夹层内或某层吊顶内，由中间向上、下两个方向供水的方式为中分式，适用于屋顶用作露天茶座、舞厅或设有中间技术层的高层建筑。

### 3. 给水管道敷设

给水管道敷设有明装、暗装两种形式。

明装即管道外露，优点是安装和维修方便，造价低，但是影响美观，表面易结露、积灰尘。其一般用于对卫生、美观没有特殊要求的建筑，如普通住宅、旅馆、办公楼等。对建筑装修无特殊要求的高层建筑，为降低造价，便于安装和维修，可以采用主要房间暗装，或主干管暗装，支管采用明装等敷设方式。

暗装即管道隐蔽，室内管道通常布置在墙体管槽、管道井或管沟等内，或者由建筑装饰隐蔽的敷设方法，优点是管道不影响室内的美观、整洁，缺点是施工复杂，维修困难，造价高。其适用于对室内卫生、美观要求较高的建筑。

给水管网敷设时应根据建筑的总体布局、建筑装修要求、卫生设备分布情况、给水管网及其他管道的布置情况灵活处理，做到既满足建筑装修和隔声、防振和结露要求，又便于管道的施工、安装和维修。

在室外明装的给水管道，应避免受阳光直接照射，塑料给水管还应采取有效保护措施；在结冻地区应做绝热层，绝热层的外壳应密封防渗。

给水管道暗装时，应符合下列规定：

1）不得直接敷设在建筑物结构层内。

2）干管和立管应敷设在吊顶、管井、管窿内，支管可敷设在吊顶、楼（地）面的垫层内或沿墙敷设在管槽内。

3）敷设在垫层或墙体管槽内的给水支管的外径不宜大于 25mm。

4）敷设在垫层或墙体管槽内的给水管管材宜采用塑料、金属与塑料复合管材或耐腐蚀的金属管材。

5）敷设在垫层或墙体管槽内的管材不得采用可拆卸的连接方式；柔性管材宜采用分水器向各卫生器具配水，中途不得有连接配件，两端接口应明露。

埋地敷设的给水管道不应布置在可能受重物挤压处。管道不得穿越生产设备基础，在特殊情况下必须穿越时，应采取有效的保护措施。

塑料给水管道在室内宜暗装。明装时立管应布置在不易受撞击处。当不能避免时，应在管道采取有效保护措施。

给水管道不宜穿过伸缩缝、沉降缝和变形缝，必须穿过时应采取相关措施。给水横管穿承重墙或基础、立管穿楼板时均应预留孔洞，暗装管道在墙中敷设时，也应预留墙槽，以免临时打洞、刨槽影响建筑结构的强度。给水管道预留孔洞、墙槽尺寸见表 1-1。管道穿越楼板、屋面、（内）墙预留孔洞（或套管）尺寸见表 1-2。

表 1-1　给水管道预留孔洞、墙槽尺寸

| 管道名称 | 管径/mm | 明管留孔尺寸/(mm×mm)<br>长(高)×宽 | 暗管墙槽尺寸/(mm×mm)<br>宽×深 |
|---|---|---|---|
| 立管 | ≤25 | 100×100 | 130×130 |
| | 32~50 | 150×150 | 150×130 |
| | 70~100 | 200×200 | 200×200 |
| 2 根立管 | ≤32 | 150×100 | 200×130 |
| 横支管 | ≤25 | 100×100 | 60×60 |
| | 32~40 | 150×130 | 150×100 |
| 引入管 | ≤100 | 300×200 | |

表 1-2　管道穿越楼板、屋面、（内）墙预留孔洞（或套管）尺寸

| 管道名称 | 穿楼板 | 穿屋面 | 穿(内)墙 | 备注 |
|---|---|---|---|---|
| PVC-U 管 | 孔洞大于管外径 50~100mm | | 与楼板同 | |
| PVC-C 管 | 套管内径比管外径大 50mm | | 与楼板同 | 为热水管 |
| PP-R 管 | | | 孔洞比管外径大 50mm | |
| PEX 管 | 孔洞宜大于管外径 70mm，套管内径<br>不宜大于管外径 50mm | 与楼板同 | 与楼板同 | |
| 铝塑复合管 | 孔洞或套管的内径比管外径大 30~40mm | 与楼板同 | 与楼板同 | |
| 铜管 | 孔洞比管外径大 50~100mm | | 与楼板同 | |
| 薄壁不锈钢管 | （可用塑料套管） | （须用金属套管） | 孔洞比管外径大 50~100mm | |
| 钢塑复合管 | 孔洞尺寸为管道外径加 40mm | 与楼板同 | | |

　　给水管采用软质的交联聚乙烯管或聚丁烯管埋地敷设时，宜采用分水器配水，并将给水管道敷设在套管内。

　　引入管进入建筑物有两种情况，一种是从建筑物的浅基础下通过，另一种是穿越建筑物基础或地下室墙壁，如图 1-9 所示。在地下水位高的地区，引入管穿过地下室外墙或基础

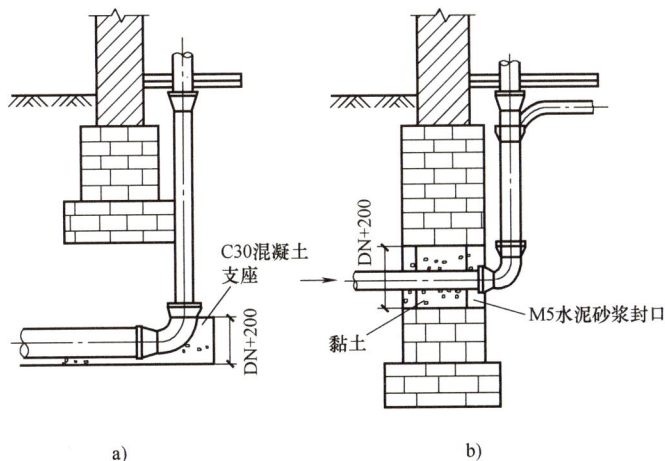

a)　　　　　　　　　　　　　b)

图 1-9　引入管进入建筑物

a）从浅基础下通过　b）穿越建筑物基础或地下室墙壁

时，应采取防水措施，如设防水套管。室外埋地引入管要防止地面活荷载和冰冻的破坏，其管顶覆土厚度不宜小于 0.7m，并应敷设在冰冻线以下 0.15m 处。建筑内埋地管在无活荷载和冰冻影响时，其管顶离地面高度不宜小于 0.3m。

管道在空间敷设时，必须采用固定措施，以保证施工方便和安全供水。固定管道常用的支、托架如图 1-10 所示。

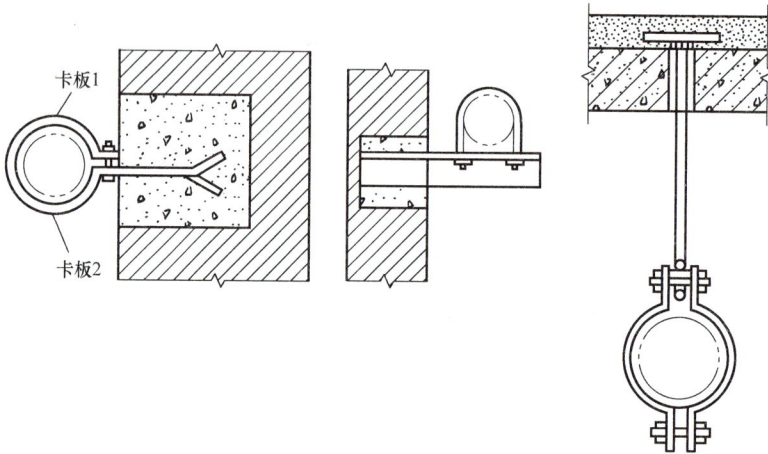

**图 1-10　固定管道常用的支、托架**

#### 4. 管道防护

（1）防腐　明装或暗装的金属管道都要采取防腐措施，通常防腐的做法是先对管道除锈，使之露出金属光泽，然后在管外壁刷涂防腐涂料。防腐层要采用具有足够的耐压强度、良好的防水性、绝缘性和化学稳定性、能与被保护管道牢固黏结、无毒的材料。

（2）防露　设置在温度低于 0℃ 以下地方的设备和管道，如寒冷地区的屋顶水箱，不采暖房间、地下室、管井、管沟中的管道以及敷设在受室外冷空气影响的门厅、过道等处的管道，应当在涂刷底漆后外裹保温层。保温层的外壳应密封防渗漏。在环境温度较高、空气湿度较大的房间（如厨房、洗衣房、某些生产车间），当管道内水温低于周围环境的露点温度时，管道及设备的外壁会产生凝结水，不仅会腐蚀和损坏管道或设备，影响环境卫生，还会使建筑装饰和室内物品受到损害。因此，必须采取防止结露的措施。防结露保温层的计算和构造，按现行的《设备及管道绝热设计导则》（GB/T 8175）执行。

（3）防漏　管道布置不当或管材质量和施工质量低劣，均能导致管道漏水，影响给水系统正常供水，还会损坏建筑，特别是湿陷性黄土地区，埋地管漏水将会造成土壤湿陷，严重影响建筑基础的稳固性。防漏的主要措施是避免将管道布置在易受外力损坏的位置，或采取必要的保护措施，避免其直接承受外力。此外，要健全管理制度，加强管材质量和施工质量的检查监督。在湿陷性黄土地区，可将埋地管道敷设在防水性能良好的检漏管沟内，一旦漏水，水可沿沟排至检漏井内，便于及时发现和检修。管径较小的管道也可敷设在检漏管内。

（4）防振　当管道中水流速度过大时，启闭水龙头、阀门易出现水锤现象，引起管道、附件的振动，不但会损坏管道附件造成漏水，还会产生噪声。所以在设计时应当控制管道的水流速度，在系统中应尽量减少使用电磁阀或速闭型阀门。在住宅建筑进户管的阀门后装设可曲挠橡胶接头进行隔振，并可在管道支架、管卡内衬垫减振材料，降低噪声的扩散。

## 1.4.2　给水设备安装

### 1. 水泵

1）水泵宜自灌吸水，每台水泵宜设置单独从水池吸水的吸水管，吸水管内的流速宜采用 1.0~1.2m/s；吸水管口应设置向下的喇叭口，喇叭口低于水池最低水位的距离不宜小于 0.5m，达不到此要求时，应采取防止空气被吸入的措施。吸水管喇叭口至池底的净距不应小于 0.8 倍吸水管管径，且不应小于 0.1m；吸水管喇叭口边缘与池壁的净距不宜小于 1.5 倍吸水管管径；吸水管与吸水管之间的净距不宜小于 3.5 倍吸水管管径（管径以相邻两者的平均值计）。

2）当每台水泵单独从水池吸水有困难时，可采用单独从吸水总管上自灌吸水，吸水总管应符合下列规定：

① 吸水总管伸入水池的引水管不宜少于两条，当一条引水管发生故障时，其余引水管应能通过全部设计流量。每条引水管上应设闸门。

② 引水管应设置向下的喇叭口，喇叭口的设置应符合相关规范中吸水管喇叭口的相应规定，且喇叭口低于水池最低水位的距离不宜小于 0.3m。

③ 吸水总管内的流速应小于 1.2m/s。

④ 水泵吸管与吸水总管的连接应采用管顶平接，或高出管顶连接。

3）自吸式水泵以水池最低水位计的允许安装高度应根据当地的大气压力、最高水温时的饱和蒸汽压、水泵的汽蚀余量和吸水管路的水头损失，经计算确定，并应有不小于 0.3m 的安全余量。

4）每台水泵的出水管上，应装设压力表、止回阀和阀门（符合多功能阀安装条件的出水管，可用多功能阀取代止回阀和阀门），必要时应设置水锤消除装置，自灌式吸水的水泵吸水管上应装设阀门，并宜装设管道过滤器。

5）居住小区独立设置的水泵房宜靠近用水大户，水泵机组的运行噪声应符合现行的《声环境质量标准》（GB 3096）的要求。

6）民用建筑物内设置的水泵机组宜设在吸水池的侧面或下方，其运行的噪声应符合现行《民用建筑隔声设计规范》（GB 50118）的规定。

7）建筑物内的给水泵房，应采用下列减振防噪措施：

① 应选用低噪声水泵机组。

② 吸水管和出水管上应设置减振装置。

③ 水泵机组的基础应设置减振装置。

④ 管道支架、吊架和管道穿墙、楼板处，应采取防止固体传声措施。

⑤ 必要时，泵房的墙壁和顶棚应采取隔声吸声处理。

8）设置水泵的房间应设排水设施；通风应良好，不得结冻。

9）水泵机组外廓面与墙和相邻机组的间距应符合表 1-3 的规定。

表 1-3　水泵机组外廓面与墙和相邻机组的间距

| 电动机额定功率 $P$/kW | 机组外廓面与墙面的最小间距/m | 相邻机组外廓面的最小间距/m |
|---|---|---|
| $P \leqslant 22$ | 0.8 | 0.4 |
| $22 < P < 55$ | 1.0 | 0.8 |
| $55 \leqslant P \leqslant 160$ | 1.2 | 1.2 |

10）水泵基础高出地面的高度应便于水泵安装，不应小于 0.1m。泵房内管道管外底距地面或管沟底面的距离，当管径≤150mm 时，不应小于 0.2m；当管径≥200mm 时，不应小于 0.25m。

11）泵房内宜有检修水泵的场地，检修场地尺寸宜按水泵或电动机外形尺寸四周有不小于 0.7m 的通道确定。泵房内宜设置手动起重设备。

12）水泵隔振。水泵隔振应包括水泵机组隔振、管道隔振和支架隔振。下列场所设置水泵应采取隔振措施：设置在播音室、录音室、音乐厅等建筑的水泵；设置在教学楼、科研楼、化验楼、综合楼、办公楼等建筑的水泵；设置在工业建筑内，邻近居住建筑和公共建筑的独立水泵房内，有人操作管理的工业企业集中泵房内的水泵。

① 水泵机组隔振。泵房不得设在有防振和安静要求的建筑物或房间附近。民用建筑物内设置的水泵机组，应选用低噪声水泵机组；宜设在吸水池的侧面或下方，其运行的噪声应符合《民用建筑隔声设计规范》（GB 50018）的规定。

水泵机组隔振方式应采用支承式。当设有惰性块或型钢机座时，隔振元件应设置在惰性块或型钢机座的下面。

卧式水泵宜采用橡胶隔振垫，安装在楼层时宜采用多层串联叠合的橡胶隔振垫或橡胶隔振器或阻尼弹簧隔振器。立式水泵宜采用橡胶隔振器。

② 管道隔振。当水泵基础采用隔振措施时，水泵吸水管和出水管上均应采用管道隔振件，管道隔振元件应具有隔振和位移补偿双重功能，常见的产品为框架式弹性吊架。

采用管道隔振时，一般采用以橡胶为原料的可挠曲管道配件。

用于生活给水系统的可挠曲橡胶配件应采用符合饮用水水质标准的原材料和添加剂，不应产生有害物质而危害人体健康。用于水泵出水管的可挠曲橡胶管道配件应按工作压力选用。可挠曲橡胶管道配件应避免与酸、碱、油类和有机溶剂接触。

③ 支架隔振。当水泵机组的基础和管道采取隔振措施时，管道支架应采用弹性支架。弹性支架应具有固定架设管道与隔振双重功能。根据管道的直径、质量、数量、隔振要求和与楼板或地面的距离选择支架、弹性托架、弹性吊架。框架式弹性支架的型号应根据隔振要求、水泵机组转速和水泵机组安装位置确定。弹性支架数量应根据管道重量确定，支架悬挂物体的总重量应不大于支架额定荷载量，弹性吊架应均匀布置。

13）停泵水锤的产生与防护。水锤是一种瞬间发生的水击，对设备和管道具有很大的破坏力。按产生水锤的技术（边界）条件，水锤有两种类型，一类是关阀水锤，另一类是停泵水锤，这两种水锤的水锤波在管路中的传播、反射与相互作用完全相同。建筑给水系统一般都有二次加压，因水箱（水池）的调节容量有限，所以开、停泵是频繁发生的，事故停泵（如突然断电、水泵发生机械事故等）也不可能完全避免，因而产生停泵水锤的机会很多，应采取防护措施。为了防止水泵停泵时产生水锤，可装设自闭式水锤消除器、多功能水泵控制阀、缓闭式止回阀、消声止回阀、小型气压罐或快闭式止回阀等，建筑给水系统中常用缓闭式止回阀、多功能水泵控制阀或消声止回阀。

**2. 水箱**

（1）水箱间　水箱间的位置应结合建筑、结构条件和便于管道布置考虑，应设置在通风的房间内（室内最低温一般不得低于 5℃），尽可能使管线简短，同时应有较好的采光和防蚊蝇条件。为防止结冻或阳光照射使水温上升导致余氯加速挥发，露天设置的水箱都应采取保温措施。

水箱间净高不得低于 2.20m，并能满足布置要求，水箱间的承重结构应为非燃烧材料。高位水箱箱壁与水箱间墙壁及其他水箱之间的净距与贮水池的布置要求相同，水箱底与水箱间地面板的净距，当有管道敷设时不宜小于 0.8m，以便安装管道和进行检修。水箱的设置高度（以底板面计）应满足最高层用户的用水水压要求，当达不到要求时，宜在其入户管上设置管道泵增压。

（2）水箱的布置与安装　水箱布置间距见表 1-4。对于大型公共建筑和高层建筑，为保证供水安全，宜设置两个水箱。金属水箱安装时，用槽钢（工字钢）梁或钢筋混凝土支墩支撑。为防水箱底与支撑接触面发生腐蚀，应在它们之间垫以石棉橡胶板、橡胶板或塑料板等绝缘材料。

表 1-4　水箱布置间距

| 形式 | 箱外壁至墙面的距离/m | | 水箱之间的距离/m | 箱顶至建筑最低点的距离/m |
| --- | --- | --- | --- | --- |
| | 有阀一侧 | 无阀一侧 | | |
| 圆形 | 0.8 | 0.5 | 0.7 | 0.6 |
| 矩形 | 1.0 | 0.7 | 0.7 | 0.6 |

**3. 贮水池**

生活饮用水贮水池不兼作他用，应与其他用水的贮水池分开设置，并不应考虑其他用水的储备水量和消防储备水量。当计算资料不足时，有效容积宜按最高日用水量的 20%~25% 确定。消防和生产事故贮水池可兼作喷泉池、水景池和游泳池等，且不得少于两格；合用贮水池时，应有保证消防贮水不被挪用的措施。

贮水池应设在通风良好、不结冻的房间内，如室内地下室；也可以布置在室外泵房附近。为防止渗漏造成损害和避免噪声影响，贮水池不宜毗邻电气用房和居住用房或在其下方。

贮水池外壁与建筑本体结构墙面或其他池壁之间的净距应满足施工或装配的需要，无管道的侧面，净距不宜小于 0.7m，安装有管道的侧面，净距不宜小于 1.0m，且管道外壁与建筑本体场面之间的通道宽度不宜小于 0.6m；设有人孔的池顶，顶板面与上面建筑本体板底的净空不应小于 0.8m。

消防贮水池中包括室外消防用水量时，应在室外设有供消防车取水用的吸水口；容积大于 500m³ 的贮水池，应分成容积基本相等的两格，以便清洗、检修时不中断供水。

贮水池应设有进水管、出（吸）水管、溢流管、泄水管、人孔、通气管和水位信号装置。当利用城市给水管网压力直接进水时，应设置自动水位控制阀，控制阀直径与进水管管径相同，当采用浮球阀时不宜少于两个，且进水管标高应一致，浮球阀前应设检修用的控制阀。溢流管宜采用水平喇叭口集水，喇叭口下的垂直管段不宜小于 4 倍溢流管管径。溢流管的管径应按能排泄贮水池的最大入流量确定，并宜比进水管大一级。溢流管出口应高出地坪 0.10m；通气管直径应为 200mm，其设置高度应距覆盖层 0.5m 以上；水池应设水位监视溢流报警装置，信息应传至监控中心。水位信号应反映到泵房和操纵室；必须保证污水、尘土、杂物不得通过人孔、通气管、溢流管进入池内；贮水池进水管和出水管应布置在相对位置，以便贮水经常流动，避免滞留和死角，以防池水腐化变质。泄水管的管径应按水池泄空时间和泄水受体排泄能力确定，当贮水池中的水不能以重力自流泄空时，应设置移动或固定的提升装置。

贮水池的设置高度应利于水泵自吸抽水，池内宜设有深度大于或等于 1.0m 的水泵吸水坑，吸水坑的大小和深度应满足水泵吸水管的安装要求。无调节要求的加压给水系统可设置吸水井，吸水井的有效容积不应小于水泵设计秒流量。

## 1.5 室内给水系统的水力计算

室内给水系统所需的水压、水量是选择给水系统中增压和水量调节、贮水设备的基本依据。

### 1.5.1 用水定额与卫生器具额定流量

#### 1. 用水定额

用水定额是针对不同的用水对象，在一定时期内制定相对合理的单位用水量的数值。它是国家根据各个地区的人民生活水平、生产和消防用水情况，经调查统计制定的。用水定额分为：①生活用水定额；②生产用水定额；③消防用水定额。

用水定额是确定设计用水量的主要参数之一，合理选定用水定额直接关系到给水系统的规模及工程造价。用水定额的大小按照国家现行的《建筑给水排水设计标准》（GB 50015）、《工业企业设计卫生标准》（GBZ 1）、《消防给水及消火栓系统技术规范》（GB 50974）、《自动喷水灭火系统设计规范》（GB 50084）等规范计算确定。

#### 2. 卫生器具的给水额定流量

生活用水量是通过各种卫生器具和用水设备消耗的，卫生器具的供水能力与所连接的管道直径、配水阀前的工作压力有关。给水额定流量是卫生器具配水出口在单位时间内流出的规定水量。为了保证卫生器具能够满足使用要求，对各种卫生器具连接管的直径和最低工作压力都有相应的规定。为了方便管道的水力计算，卫生器具的给水额定流量用卫生器具给水当量和给水当量数来表示。

卫生器具给水当量是以污水盆上支管直径为 15mm 的水嘴的额定流量 0.2L/s 作为一个"当量"值。其他卫生器具给水额定流量均以此为基准，折算成给水当量的倍数，称为卫生器具"给水当量数"。某一个卫生器具的给水当量数是该卫生器具给水额定流量与给水当量（0.2L/s）的比值，表 1-5 列出了常用卫生器具的给水额定流量、当量、连接管公称尺寸和工作压力。

表 1-5 常用卫生器具的给水额定流量、当量、连接管公称尺寸和工作压力

| 序号 | 给水配件名称 | | 额定流量 /（L/s） | 当量 | 连接管公称 尺寸/mm | 工作压力 /MPa |
|---|---|---|---|---|---|---|
| 1 | 洗涤盆、拖布 盆、盥洗槽 | 单阀水嘴 | 0.15～0.20 | 0.75～1.00 | 15 | 0.100 |
| | | 单阀水嘴 | 0.30～0.40 | 1.5～2.00 | 20 | |
| | | 混合水嘴 | 0.15～0.20 (0.14) | 0.75～1.00 (0.70) | 15 | |
| 2 | 洗脸盆 | 单阀水嘴 | 0.15 | 0.75 | 15 | 0.100 |
| | | 混合水嘴 | 0.15(0.10) | 0.75(0.50) | 15 | |
| 3 | 洗手盆 | 感应水嘴 | 0.10 | 0.50 | 15 | 0.100 |
| | | 混合水嘴 | 0.15(0.10) | 0.75(0.50) | 15 | |
| 4 | 浴盆 | 单阀水嘴 | 0.20 | 1.00 | 15 | 0.100 |
| | | 混合水嘴（带 淋浴转换器） | 0.24(0.20) | 1.2(1.0) | 15 | |
| 5 | 淋浴器 | 混合阀 | 0.15(0.10) | 0.75(0.50) | 15 | 0.100～0.200 |
| 6 | 大便器 | 冲洗水箱浮球阀 | 0.10 | 0.50 | 15 | 0.050 |
| | | 延时自闭 式冲洗阀 | 1.20 | 6.00 | 25 | 0.100～0.150 |
| 7 | 小便器 | 闭式冲洗阀 | 0.10 | 0.50 | 15 | 0.050 |
| | | 自动冲洗水 箱进水阀 | 0.10 | 0.50 | | 0.020 |
| 8 | 小便槽穿孔冲洗管（每米长） | | 0.05 | 0.25 | 15～20 | 0.015 |
| 9 | 净身盆冲洗水嘴 | | 0.10(0.07) | 0.50(0.35) | 15 | 0.100 |
| 10 | 医院倒便器 | | 0.20 | 1.00 | 15 | 0.100 |
| 11 | 实验室化验水 嘴（鹅颈） | 单联 | 0.07 | 0.35 | 15 | 0.020 |
| | | 双联 | 0.15 | 0.75 | | |
| | | 三联 | 0.20 | 1.00 | | |
| 12 | 饮水器喷嘴 | | 0.05 | 0.25 | 15 | 0.050 |
| 13 | 洒水栓 | | 0.40 0.70 | 2.00 3.50 | 20 25 | 0.050～0.100 |
| 14 | 室内地面冲洗水嘴 | | 0.20 | 1.00 | 15 | 0.100 |
| 15 | 家用洗衣机水嘴 | | 0.20 | 1.00 | 15 | 0.100 |

注：1. 表中括弧内的数值在有热水供应时，单独计算冷水或热水时使用。

2. 当浴盆上附设淋浴器，或混合水嘴有淋浴器转换开关时，其额定流量和当量只计算水嘴，不计淋浴器，但水压应按淋浴器计。

3. 家用燃气热水器所需水压按产品要求和热水供应系统最不利配水点所需工作压力确定。

4. 绿地的自动喷灌应按产品要求设计。

5. 卫生器具给水配件所需额定流量和工作压力有特殊要求时，其值应按产品要求确定。

## 1.5.2 室内给水设计秒流量

给水设计流量是给水系统确定管道直径、计算管道阻力损失、选择给水系统的水泵扬程

和流量的主要依据。建筑物的给水引入管的给水设计流量应根据建筑用水情况按照《建筑给水排水设计标准》（GB 50015）的规定选择确定，主要分为以下几种情况。

### 1. 住宅建筑给水设计秒流量

住宅建筑生活给水管道的设计秒流量应按下列步骤和方法计算：

1）根据住宅配置的卫生器具给水当量数、用水人数、用水定额、使用时数及小时变化系数，按式（1-9）计算最大用水时卫生器具给水当量平均出流概率

$$U_0 = \frac{q_L m K_h}{0.2 N_g T \times 3600} \times 100\% \tag{1-9}$$

式中　$U_0$——生活给水管道的最大用水时卫生器具给水当量平均出流概率；

　　　$q_L$——住宅最高日生活用水定额，按表 1-6 选取；

　　　$m$——每户用水人数；

　　　$K_h$——小时变化系数，按表 1-6 选取；

　　　$N_g$——每户设置的卫生器具给水当量数；

　　　$T$——用水小时数，单位为 h。

表 1-6　住宅最高日生活用水定额及小时变化系数

| 住宅类别 | | 卫生器具设置标准 | 用水定额<br>/[L/(人·d)] | 小时变化<br>系数 $K_h$ |
|---|---|---|---|---|
| 普通住宅 | I | 有大便器.洗涤盆 | 85~150 | 3.0~2.5 |
| | II | 有大便器、洗脸盆、洗涤盆、洗衣机、热水器和沐浴设备 | 130~300 | 2.8~2.3 |
| | III | 有大便器、洗脸盆、洗涤盆、洗衣机、集中热水供应(或家用热水机组)和沐浴设备 | 180~320 | 2.5~2.0 |
| 别墅 | | 有大便器、洗脸盆、洗涤盆、洗衣机、洒水栓、家用热水机组和沐浴设备 | 200~350 | 2.3~1.8 |

2）根据计算管段上的卫生器具给水当量总数，按式（1-10）计算该管段的卫生器具给水当量同时出流概率

$$U = \frac{1 + \alpha_c (N_g - 1)^{0.49}}{\sqrt{N_g}} \times 100\% \tag{1-10}$$

式中　$U$——计算管段的卫生器具给水当量同时出流概率；

　　　$\alpha_c$——不同 $U_0$ 下的系数，按表 1-7 确定；

　　　$N_g$——计算管段的卫生器具给水当量总数。

表 1-7　不同 $U_0$ 下的系数 $\alpha_c$

| $U_0(\%)$ | 1.0 | 2.0 | 3.0 | 4.0 | 5.0 | 6.0 | 7.0 | 8.0 |
|---|---|---|---|---|---|---|---|---|
| $\alpha_c$ | 0.00323 | 0.01097 | 0.01939 | 0.02816 | 0.03715 | 0.04629 | 0.05555 | 0.06489 |

3）根据计算管段上的卫生器具给水当量同时出流概率，用式（1-11）计算该管段的设计秒流量

$$q_g = 0.2 U N_g \tag{1-11}$$

式中　$q_g$——计算管段的设计秒流量，单位为 L/s。

4）给水干管有两条或两条以上具有不同最大用水时卫生器具给水当量平均出流概率的给水支管时，该管段的最大用水时卫生器具给水当量平均出流概率按式（1-12）计算

$$\overline{U}_0 = \frac{\sum U_{0i} N_{gi}}{\sum N_{gi}} \times 100\% \qquad (1\text{-}12)$$

式中　$\overline{U}_0$——给水干管的卫生器具给水当量平均出流概率；

　　　$U_{0i}$——支管的最大用水时卫生器具给水当量平均出流概率；

　　　$N_{gi}$——相应支管的卫生器具给水当量总数。

### 2. 用水分散型公共建筑设计秒流量

对于《建筑给水排水设计标准》（GB 50015）规定的旅馆、医院、商场、中小学教学楼等用水分散型的公共建筑，用式（1-13）计算设计秒流量

$$q_g = 0.2\alpha \sqrt{N_g} \qquad (1\text{-}13)$$

式中　$q_g$——计算管段的给水设计秒流量，单位为 L/s；

　　　$N_g$——计算管段的卫生器具给水当量总数；

　　　$\alpha$——根据建筑物用途而定的系数，按表 1-8 选用。

需要注意的是：当计算值小于该管段上 1 个最大卫生器具给水额定流量时，应采用 1 个最大的卫生器具给水额定流量作为设计秒流量；如果计算值大于该管段上按卫生器具给水额定流量累加所得流量值时，应采用卫生器具给水额定流量累加所得的流量值。

表 1-8　根据建筑物用途而定的系数（α）

| 建筑物名称 | α |
|---|---|
| 幼儿园、托儿所、养老院 | 1.2 |
| 门诊部、诊疗所 | 1.4 |
| 办公楼、商场 | 1.5 |
| 图书馆 | 1.6 |
| 书店 | 1.7 |
| 学校 | 1.8 |
| 医院、疗养院、休养所 | 2.0 |
| 酒店式公寓 | 2.2 |
| 宿舍（Ⅰ、Ⅱ）类、旅馆、招待所、宾馆 | 2.5 |
| 客运站、航站楼、会展中心、公共厕所 | 3.0 |

### 3. 用水集中型公共建筑设计秒流量

对于用水集中型公共建筑，如工业企业的生活间、公共浴室、职工食堂的厨房等建筑的生活给水管道的设计秒流量，应根据卫生器具给水额定流量、同类型卫生器具数和卫生器具的同时给水百分数按式（1-14）计算

$$q_g = \sum q_0 n_0 b \qquad (1\text{-}14)$$

式中　$q_g$——计算管段的给水设计秒流量，单位为 L/s；

　　　$q_0$——同类型的 1 个卫生器具给水额定流量，单位为 L/s；

　　　$n_0$——计算管段同类型的卫生器具数；

$b$——卫生器具的同时给水百分数，按《建筑给水排水设计标准》（GB 50015）的规定选取。

需要注意的是：如果计算值小于该管段上 1 个最大卫生器具的给水额定流量时，应采用 1 个最大的卫生器具的给水额定流量作为设计秒流量。大便器自闭式冲洗阀应单列计算，当单列计算值小于或等于 1.2L/s 时，以 1.2L/s 计；大于 1.2L/s 时，以计算值计。

综合体建筑或同一建筑不同功能部分的生活给水干管的设计秒流量计算应符合下列规定：

1）当不同建筑（或功能部分）的用水高峰出现在同一时段时，生活给水干管的设计秒流量应采用各建筑或不同功能部分的设计秒流量的叠加值。

2）当不同建筑（或功能部分）的用水高峰出现在不同时段时，生活给水干管的设计秒流量应采用高峰时用水量最大的主要建筑（或功能部分）的设计秒流量与其余部分的平均时给水流量的叠加值。

### 1.5.3 给水管网的水力计算

给水管网水力计算的目的在于确定各管段管径、管网的水力损失和确定系统所需的压力。

#### 1. 设计流速

管内流速的大小直接影响给水系统的经济合理性。流速过大，会增加管道的阻力损失、给水系统所需的压力和增压设备的运行费用，还容易产生水锤，引起噪声，损坏管道或附件。流速过小，会使管道直径变大、增加工程的初投资。因此，设计时应综合考虑以上因素，把流速控制在适当的范围内。生活或生产给水管道的水流速度宜按表 1-9 采用；消火栓给水管道的流速不宜大于 2.5m/s；自动喷水灭火系统的管道流速，不宜大于 5.0m/s。

表 1-9　生活或生产给水管道的水流速度

| 公称直径/mm | 15~20 | 25~40 | 50~70 | ≥80 |
|---|---|---|---|---|
| 水流速度/（m/s） | ≤1.0 | ≤1.2 | ≤1.5 | ≤1.8 |

#### 2. 管径

根据计算得出的各管段设计流量，初步选定管道设计流速，按式（1-15）计算管道直径

$$d = \sqrt{\frac{4q_g}{\pi u}} \tag{1-15}$$

式中　$q_g$——计算管段的设计流量，单位为 $m^3/s$；

$d$——计算管段直径，单位为 m；

$u$——计算管段的设计流速，单位为 m/s。

由式（1-15）计算的管道直径一般不等于某个标准管径值，可根据计算结果向上取相近的标准管径，并核算流速是否符合要求。如不符合，应调整流速后重新计算。对于住宅的入户管，公称直径不宜小于 20mm。

#### 3. 沿程阻力损失

给水管道的沿程阻力损失可按式（1-16）计算

$$h_f = iL = \frac{105q_g^{1.85}}{C_h^{1.85}d_j^{4.87}}L \tag{1-16}$$

式中   $h_f$——沿程阻力损失，单位为 kPa；

      $i$——单位长度管道的阻力损失，单位为 kPa/m；

      $L$——管道长度，单位为 m；

    $C_h$——海登-威廉系数，按表 1-10 采用；

    $d_j$——管道计算内径，单位为 m；

    $q_g$——给水设计流量，单位为 $m^3/s$。

**表 1-10　各种管材的海登-威廉系数**

| 管道类别 | 塑料管、内衬（涂）塑管 | 钢管、不锈钢管 | 衬水泥、树脂的铸铁管 | 普通钢管、铸铁管 |
|---|---|---|---|---|
| $C_h$ | 140 | 130 | 130 | 100 |

#### 4. 局部阻力损失

生活给水管道配水管的局部阻力损失，宜按管道的连接方式，采用管（配）件"当量长度法"计算。螺纹接口的阀门和螺纹管件的摩擦阻力损失的当量长度见表 1-11。当管道的管（配）件当量长度资料不足时，可根据管件的连接状况，按管网的沿程阻力损失的百分数确定局部阻力损失：

**表 1-11　螺纹接口的阀门和螺纹管件的摩擦阻力损失的当量长度**

| 管内直径 /mm | 各种管件的折算管道长度/m | | | | | | |
|---|---|---|---|---|---|---|---|
| | 90°标准弯头 | 45°标准弯头 | 标准三通90°转角流 | 三通直向流 | 闸板阀 | 球阀 | 角阀 |
| 9.5 | 0.3 | 0.2 | 0.5 | 0.1 | 0.1 | 2.4 | 1.2 |
| 12.7 | 0.6 | 0.4 | 0.9 | 0.2 | 0.1 | 4.6 | 2.4 |
| 19.1 | 0.8 | 0.5 | 1.2 | 0.2 | 0.2 | 6.1 | 3.6 |
| 25.4 | 0.9 | 0.5 | 1.5 | 0.3 | 0.2 | 7.6 | 4.6 |
| 31.8 | 1.2 | 0.7 | 1.8 | 0.4 | 0.2 | 10.6 | 5.5 |
| 38.1 | 1.5 | 0.9 | 2.1 | 0.5 | 0.3 | 13.7 | 6.7 |
| 50.8 | 2.1 | 1.2 | 3 | 0.6 | 0.4 | 16.7 | 8.5 |
| 63.5 | 2.4 | 1.5 | 3.6 | 0.8 | 0.5 | 19.8 | 10.3 |
| 76.2 | 3 | 1.8 | 4.6 | 0.9 | 0.6 | 24.3 | 12.2 |
| 101.6 | 4.3 | 2.4 | 6.4 | 1.2 | 0.8 | 38 | 16.7 |
| 127 | 5.2 | 3 | 7.6 | 1.5 | 1 | 42.6 | 21.3 |
| 152.4 | 6.1 | 3.6 | 9.1 | 1.8 | 1.2 | 50.2 | 24.3 |

1）管（配）件内径与管道内径一致，采用三通分水时，取 25%～30%；采用分水器分水时，取 15%～20%。

2）管（配）件内径略大于管道内径，采用三通分水时，取 50%～60%；采用分水器分水时，取 30%～35%。

3）管（配）件内径略小于管道内径，管（配）件的插口插入管口内连接，采用三通分水时，取 70%～80%；采用分水器分水时，取 35%～40%。

水表的局部阻力损失，应按选用产品所给定的压力损失值计算。在未确定具体产品时，可按下列情况估算：

1）住宅入户管上的水表，宜取 0.01MPa。

2）建筑物或小区引入管上的水表，在生活用水工况时，宜取 0.03MPa；在校核消防工况时，宜取 0.05MPa。

3）比例式减压阀的阻力损失，宜按阀后静水压的 10%~20% 采用。

4）管道过滤器的局部阻力损失宜取 0.01MPa。

5）倒流防止器、真空破坏器的局部阻力损失，应按相应产品测试参数确定。

## 1.6 高层建筑给水系统

### 1.6.1 技术要求

整幢高层建筑若采用同一给水系统供水，则垂直方向管线过长，下层管道中的静水压力很大，必然带来以下弊端：需要采用耐高压的管材、附件和配水器材，费用高；启闭水嘴、阀门易产生水锤，不但会引起噪声，还可能损坏管道附件，造成漏水；开启水嘴，水流喷溅，既浪费水，又影响使用，同时由于配水嘴前压力过大，水流速度加快，出流量增大，水头损失增加，使设计工况与实际工况不符，不但会产生水流噪声，还将直接影响高层供水的可靠性。因此，高层建筑给水系统必须解决低层管道中静水压力过大的问题。

### 1.6.2 技术措施

为克服高层建筑同一给水系统低层供水管道中静水压力过大的弊端，保证供水的可靠性，高层建筑给水系统宜采取竖向分区供水，即在建筑物的垂直方向分为几个区，每个区有若干层，分别组成各自的给水系统。确定分区范围时应充分利用室外给水管网的水压，以节省能量，并要结合其他建筑设备工程的情况综合考虑，尽量将给水分区的设备层与其他相关工程所需设备层共同设置，以节省土建费用，同时要使各分区最低位置处卫生器具或用水设备配水装置处的静水压力小于其工作压力，以免配水装置的零件损坏漏水。

高层建筑给水系统竖向分区的基本形式有以下几种：

#### 1. 串联给水方式

串联给水方式是指各区分设水箱和水泵，低区的水箱兼作上区的水池，如图 1-11 所示。其优点是：无须设置高压水泵和高压管线；水泵可保持在高效区工作，能耗较少；管道布置简单，节省管材。缺点是：供水不够安全，下区设备故障，将直接影响上层供水；各区水箱、水泵分散设置，维修、管理不便，且要占用一定的建筑面积；水箱容积较大，将增加结构的负荷和造价。

#### 2. 并联给水方式

并联给水方式是指各区升压设备集中设在底层或地下设备层，分别向各区供水。图 1-12 所示为采用水泵、水箱供水的并联给水方式。其优点是：各区供水自成系统，互不影响，供水较安全可靠；各区升压设备集中设置，便于维修、管理。水泵、水箱并联于供水系统中，各区水箱容积小，占地少。气压给水设备和变频调速泵并联于供水系统中，不需水箱，节省了占地面积。缺点是：上区供水泵扬程较大，总压水线长。由气压给水设备升压供水时，调节容积小，耗电量较大，分区多时，高区气压罐承受压力大，使用钢材较多，费用高。由变频调速泵升压供水时，设备费用较高，维修较复杂。

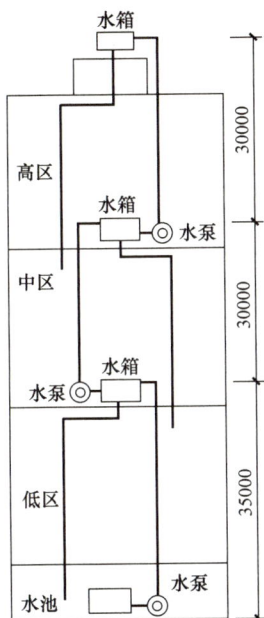

图 1-11　串联给水方式

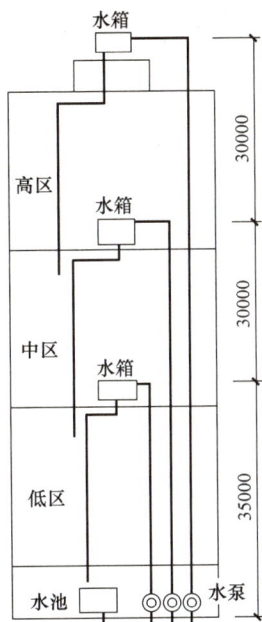

图 1-12　并联给水方式

### 3. 减压给水方式

减压给水方式是指建筑用水由设在底层的水泵一次性提升至屋顶水箱，再通过各区减压装置（如减压水箱、减压阀等）依次向下供水。图 1-13 所示为采用减压水箱给水方式，图 1-14 所示为采用减压阀给水方式。其共同的优点是：水泵数量少，占地少，且集中设置便

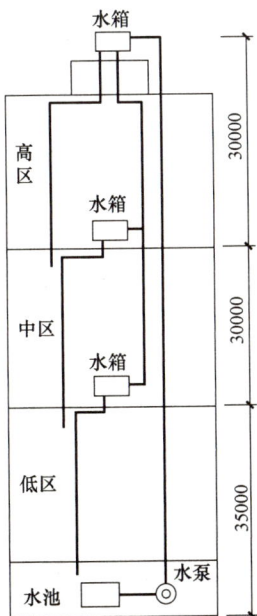

图 1-13　减压水箱给水方式

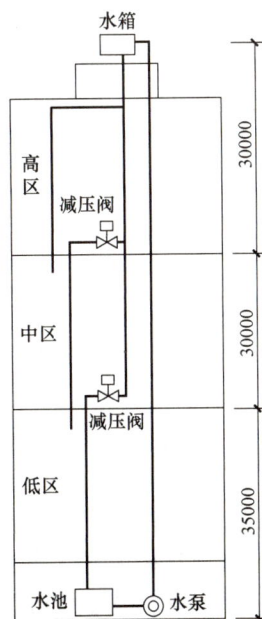

图 1-14　减压阀给水方式

于维修、管理，管线布置简单，投资省。其共同的缺点是：各区用水均需提升至屋顶水箱，不但水箱容积大，而且对建筑结构和抗震不利，同时增加了电耗；供水不够安全，水泵或屋顶水箱输水管、出水管的局部故障都将影响各区供水。

采用减压水箱给水方式时，由于各区水箱仅起减压作用，容积小，占地少，对结构影响小，但其液位控制阀启闭频繁，容易损坏。

采用减压给水方式时，可省去减压水箱，进一步缩小了占地面积，可使建筑面积充分发挥经济效益，也可避免由于管理不善等原因可能引起的水箱二次污染现象。

#### 4. 室外高、低压给水管网直接供水

当建筑周围有市政高、低压给水管网时，可利用外网压力，由室外高、低压给水管网分别向建筑内高、低区给水系统供水。其优点是：各栋建筑不需设置升压、贮水设备，节省了设备投资和管理费用，但这种分区形式只有在室外有市政高、低压给水管网时才有条件采用。

## 1.7　居住小区给水工程

居住小区是指含有教育、医疗、文体、经济、商业服务及其他公共建筑的城市住宅建筑区。成熟的居住小区具有较完整、相对独立的给水排水系统。

本章所指的"居住小区"是指居住人口在1500人以下的居民住宅建筑区。城市居住区的给水排水设计应按照《室外给水设计标准》（GB 50013）和《室外排水设计规范》（GB 50014）进行。以展览馆、办公楼、教学楼等建筑为主体、以其配套的服务行业建筑为辅所形成的会展区、金融区、高新科技开发区、大学城等公共建筑小区（简称公建区），其给水排水设计应符合《建筑给水排水设计标准》（GB 50015）的要求。

居住小区的给水排水有其自身的特点，其给水排水工程设计，既不同于建筑给水排水工程设计，也有别于室外城市给水排水工程设计。居住小区给水排水管道是建筑给水排水管道和市政给水排水管道的过渡管段，其水量、水质特征及其变化律与其服务范围、地域特征有关。小区给水、排水设计流量与建筑内部和室外城市给水、排水设计流量计算方法均不相同。

居住小区的给水系统的任务是从城镇给水管网（或自备水源）取水、按各建筑物对水量、水压、水质的要求，将水输送并分配到各建筑物给水引入点处。小区的给水系统的水量应满足小区内全部用水要求，水压应满足最不利配水点的水压要求，并应充分利用城镇给水管网的水压直接供水。当城镇给水管网的水压、水量不足时，应设置贮水调节和加压装置。居住小区给水系统主要由水源、管道系统、二次加压泵房和贮水池等组成。

### 1.7.1　居住小区给水水源

居住小区给水系统既可以直接利用城镇现有供水管网作为给水水源，也可以适当用自备水源。位于市区或厂矿区供水范围内的居住小区，应采用市政或厂矿给水管网作为给水水源，以减少工程投资，利于城市集中管理。

远离市区或厂矿区的居住小区，若难以敷设供水管线，在技术经济合理的前提下，可采

用自备水源。

对于远离市区或厂矿区，但可以敷设专门的输水管线供水的居住小区，应通过技术经济比较确定是否自备水源。自备水源的居住小区给水系统严禁与城市给水管道直接连接。当需要将城市给水作为自备水源的备用水或补充水时，只能将城市给水管道的水放入自备水源的贮水（或调节）池，经自备系统加压后使用。在严重缺水地区，应考虑建设居住小区中水工程，用中水来冲洗厕所、浇洒绿地和道路。

## 1.7.2　居住小区给水系统与供水方式

居住小区供水既可以是生活和消防合用一个给水系统，也可以是生活给水系统和消防给水系统各自独立。若居住小区中的建筑物不需要设置室内消防给水系统，火灾扑救仅靠室外消火栓或消防车时，宜采用生活和消防共用的给水系统。若居住小区中的建筑物需要设置室内消防给水系统，如高层建筑，宜将生活和消防给水系统各自独立设置。

居住小区供水方式应根据小区内建筑物的类型、建筑高度、市政给水管网的资用水头和水量等因素综合考虑来确定。选择供水方式时首先应保证供水安全可靠，同时要做到技术先进合理，投资省，运行费用低，管理方便。居住小区供水方式可分为直接供水方式、调蓄增压供水方式和分压供水方式。

### 1.　直接供水方式

直接供水方式就是利用城市市政给水管网的水压直接向用户供水。当城市市政给水管网的水压和水量能满足居住小区的供水要求时，应尽量采用这种供水方式。

### 2.　调蓄增压供水方式

当城市市政给水管网的水压和水量不足，不能满足居住小区内大多数建筑的供水要求时，应集中设置贮水调节设施和加压装置，采用调蓄增压供水方式向用户供水。

### 3.　分压供水方式

当居住小区内既有高层建筑，又有多层建筑，建筑物高度相差较大时应采用分压供水方式供水。这样既可以节省动力消耗，又可以避免多层建筑供水系统的压力过高。

应根据小区的规模、建筑高度和建筑物的分布等因素确定加压站的数量、规模、水压以及水压分区。当居住小区内所有建筑的高度和所需水压都相近时，整个小区可集中设置共用一套加压给水系统。当居住小区内仅有个别建筑物需要升压供水时，则可在建筑物内设置升压设施。当居住小区内若干幢建筑的高度和所需水压相近，且布置集中时，调蓄增压设施可以分片集中设置，条件相近的几幢建筑物共用一套调蓄增压设施。

## 1.7.3　居住小区给水系统的管材、管道附件

### 1.　管材

居住小区室外埋地给水管道采用的管材，应具有耐腐蚀和能承受相应地面荷载的能力，可采用塑料给水管、有衬里的铸铁给水管、经可靠防腐处理的钢管等管材。管内壁的防腐材料应符合现行的国家有关卫生标准的要求。

### 2.　管道附件

1）室外给水管道的下列部位应设置阀门：

① 小区给水管道从城镇给水管道的引入管段上。

② 小区室外环状管网的节点处，应按分隔要求设置，环状管段过长时，宜设置分段阀门。

③ 从小区给水干管上接出的支管起端或接户管起端。

④ 小区贮水池（箱）、加压泵房、加热器、减压阀、倒流防止器等处应按安装要求配置。

2）给水管道的下列管段上应设置止回阀：

① 直接从城镇给水管网接入小区的引入管上，装有倒流防止器的管段不需再装止回阀。

② 小区加压水泵出水管上。

③ 进、出水管合用一条管道的水塔和高地水池的出水管段上应设止回阀，以防止底部进水。

3）生活饮用水给水管道中存在负压虹吸回流的可能，需要设置真空破坏器消除管道内的真空度而使其断流。从小区生活饮用水管道上直接接出下列用水管道时，应在以下用水管道上设置真空破坏器：

① 当游泳池、水上游乐池、按摩池、水景池、循环冷却水集水池等的充水或补水管道出口与溢流水位之间的空气间隙小于出口管径的 2.5 倍时，在其充（补）水管上。

② 不含有化学药剂的绿地喷灌系统，当喷头为地下式或自动升降式时，在其管道起端。

③ 消防（软管）卷盘。

④ 出口接软管的冲洗水嘴与给水管道连接处。

### 1.7.4　居住小区管道布置与敷设

居住小区给水管道可分为室外给水管道和接户管两大部分。室外给水管道包括小区给水干管和小区给水支管。在布置小区管道时，应按干管、支管、接户管的顺序进行。

为了保证小区供水可靠性，小区给水管网应布置成环状或与城市管网连成环状网，与城镇给水管网的连接管不应少于 2 根。小区给水干管宜沿用水量大的地段布置，以最短的距离向大户供水。小区给水支管和接户管一般为枝状。当管网负有消防职能时，应符合消防规范的规定。

居住小区的室外给水管道应沿区内道路敷设，宜平行于建筑物敷设在人行道、慢车道或草地下，但不宜布置在底层住户的庭院内，以便于检修和减少对道路交通及住户的影响。架空管道不得影响运输、人行、交通及建筑物的自然采光。管道外壁与建筑物外墙的净距不宜小于 1m，且不得影响建筑物的基础。

室外给水管道与污水管道交叉时，给水管道应敷设在污水管道上面，且接口不应重叠。当给水管道敷设在下面时，应在给水管外面套上钢套管，钢套管两端应采用防水材料封闭。

给水管道的覆土深度，应根据土壤的冰冻深度、车辆荷载、管道材质以及与其他管线交叉等因素来确定。管顶最小覆土深度不得小于土壤冰冻线以下 0.15m，行车道下的管线最小覆土深度不得小于 0.70m。

敷设在室外综合管廊（沟）内的给水管道，宜在热水管道、热力管道下方，冷冻管和排水管的上方。给水管道和各种管道之间的净距应满足安装操作的需要，且不宜小于 0.30m。

生活给水管道不应与输送易燃、可燃或有害的液体或气体的管道同管廊（沟）敷设。

　　为了便于小区管网的调节和检修，应在与城市管网连接处的小区干管上、与小区给水干管连接处的小区给水支管上、与小区给水支管连接处的接户管上及环状管网需调节和检修处设置阀门。阀门应设在阀门井或阀门套筒内。

　　居住小区内城市消火栓保护范围以外的区域应设室外消火栓，设置数量和间距应按《建筑设计防火规范》（GB 50016）和《消防给水及消火栓系统技术规范》（GB 50974）执行。当居住小区绿地和道路需洒水时，可设洒水栓，其间距不宜大于80m。

## 复习思考题

1-1　简述室内给水系统的主要任务。

1-2　室内给水系统按用途可分为哪几类？

1-3　室内给水系统主要由哪几部分组成？

1-4　室内生活给水系统的常用给水方式有哪几种？简述各种给水方式的特点及适用场合。

1-5　高层建筑室内给水系统有哪些特点？

1-6　高层建筑给水系统为什么要进行竖向分区？常用的分区方式有哪几种？

1-7　室内给水系统的常用管材有哪些？它们的主要特点是什么？

1-8　室内给水系统常用配水附件有哪些？

1-9　给水管道常用控制附件有哪些？分别有什么作用？

1-10　如何确定给水系统中水泵的流量和扬程？

1-11　室内给水系统所需要的供水压力包括哪几部分？

1-12　给水管道水流速度的确定需要注意什么问题？常用的流速范围是多少？

1-13　室内给水系统水力计算的目的是什么？

1-14　室内给水管道中如何估算各种阀门和管件的局部阻力损失？

1-15　什么是给水当量？1个给水当量是多少？

1-16　生活用水定额有哪两种？

# 2

第 2 章

# 建筑排水

## 2.1 室内排水系统的分类与组成

### 2.1.1 室内排水系统的分类

室内排水系统的任务是接纳、汇集建筑物内各种卫生器具和用水设备排放的污水、废水，以及屋面的雨水、雪水，并在满足排放要求的条件下，及时、迅速地排至室外。

室内排水系统按照排水的性质可分为生活排水系统、工业废水排水系统和屋面雨水排水系统三类。

1）生活排水系统是生活污水排水系统和生活废水排水系统的总称。排除大便器（槽）、小便器（槽）内的粪便水的生活排水系统为生活污水排水系统；排除洗脸、洗澡、洗衣和厨房产生的废水的生活排水系统为生活废水排水系统。

2）工业废水排水系统有生产废水排水系统和生产污水排水系统两种。生产废水排水系统用于排除未受污染或污染较轻以及仅水温稍有升高的工业废水。例如，机械设备的冷却水，可作为杂用水用于冲洗厕所、河湖景观、道路降尘、洗车用水等，可直接排放，也可经简单处理后排放；生产污水排水系统用于排除生产过程中被化学杂质（有机物、重金属离子、酸、碱等）、机械杂物（悬浮物及胶体物）污染较严重的工业废水，包括水温过高排放后会造成热污染的工业废水，生产污水需要经过处理达到国家排放标准后才能排放。

3）屋面雨水排水系统用于排除建筑屋面的雨水和融化的冰雪水。

### 2.1.2 室内排水系统的组成

室内排水系统一般包括卫生器具（或生产设备的受水器）、排水横支管、排水立管、排出管、通气管、清通设备（图 2-1）。此外，当污水不能自流排至室外时，需设污水抽升设备，还包括隔油池、降温池、化粪池等污水局部处理设备（施）。

#### 1. 卫生器具（或生产设备的受水器）

卫生器具（如大便器、小便器、洗脸盆、浴盆、洗涤盆、地漏等）是室内排水系统的起点，接纳污水、废水后排入排水管网。污水、废水从器具排出经过存水弯和器具排水管流入排水横支管。器具排水管管径不得小于所连接的排水横支管管径。大便器排水管最小管径不得小于 100mm。

### 2. 排水横支管

排水横支管是连接器具排水管至排水立管的横管段。排水横支管中水的流动属于重力流，因此管道应有一定的坡度坡向立管。排水横支管的管径不得小于所连接的器具排水管管径。塑料排水横支管的标准坡度为 0.026。

### 3. 排水立管

排水立管是指呈垂直或与垂线夹角小于 45°的管道。它承接各楼层排水横支管排入的污水，然后排入横干管（或排出管）。为了保证排水通畅，排水立管管径不得小于所连接的排水横支管管径。

### 4. 排出管

排出管是室内排水立管与室外排水检查井之间的连接管段，它接收由立管流来的污、废水并排入室外排水管网。排出管的管径不得小于所连接的排水立管管径。建筑物内的排出管的管径不得小于 50mm。

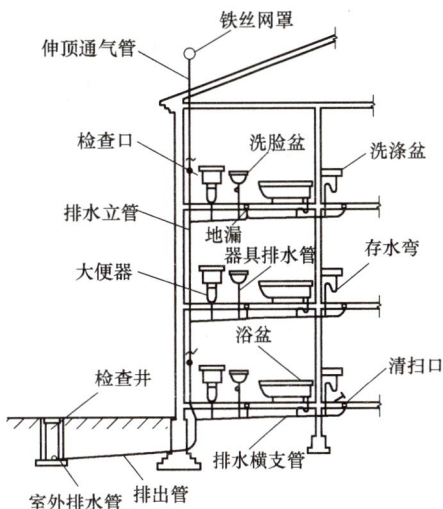

图 2-1 室内排水系统示意图

### 5. 通气管

通气管道是为了使排水系统内空气流通、压力稳定、防止水封破坏而设置的与大气相通的管道。它在排水系统中有以下作用：①使室内排水系统与大气相通，平衡排水管道内气体压力，保护水封不受破坏；②排放排水管道内的臭气和有害气体，以满足卫生要求；③减轻废水、废气对管道的腐蚀，延长管道的使用寿命；④提高排水系统的排水能力，有助于形成良好的水流条件，使排水管内排水通畅，并可减少排水系统的噪声。

生活排水管道系统应根据排水系统的类型，管道布置、长度，卫生器具设置数量等因素设置通气管。通气管系统是排水系统设计中很重要的一个方面。特别是高层建筑，排水立管长、排水量大，立管内气压波动大，排水系统功能的好坏很大程度上取决于管道通气系统设置是否合理。常见的通气管有伸顶通气管、专用通气立管、主通气立管、副通气立管、环形通气管、器具通气管、结合通气管、汇合通气管和自循环通气管等。常用通气管系统的形式如图 2-2 所示。

通气管的设置要求如下：

1）生活排水管道的立管顶端应设置伸顶通气管。排水立管按相同管径向上竖直延伸出屋顶的通气管称为伸顶通气管，如图 2-2a 所示。低层建筑和建筑标准要求较低的多层建筑，当其排水横支管不长、卫生器具不多时可仅设伸顶通气管。这种排水系统的通气效果较差，排水量较小。对于多层建筑或高层建筑，卫生器具同时排水的概率较大，管内压力波动大，应增设专用通气立管。

2）下列情况应设置通气管：建筑标准要求较高的多层住宅和公共建筑、10 层及 10 层以上高层建筑卫生间的生活污水排水立管，如专用通气立管（图 2-2b）、主通气立管（图 2-2c）或副通气立管（图 2-2d）。

3）对于连接 4 个及 4 个以上卫生器具且长度大于 12m 的排水横支管以及连接 6 个及 6 以上大便器的排水横支管，应设置环形通气管，如图 2-2c 和图 2-2d 所示。

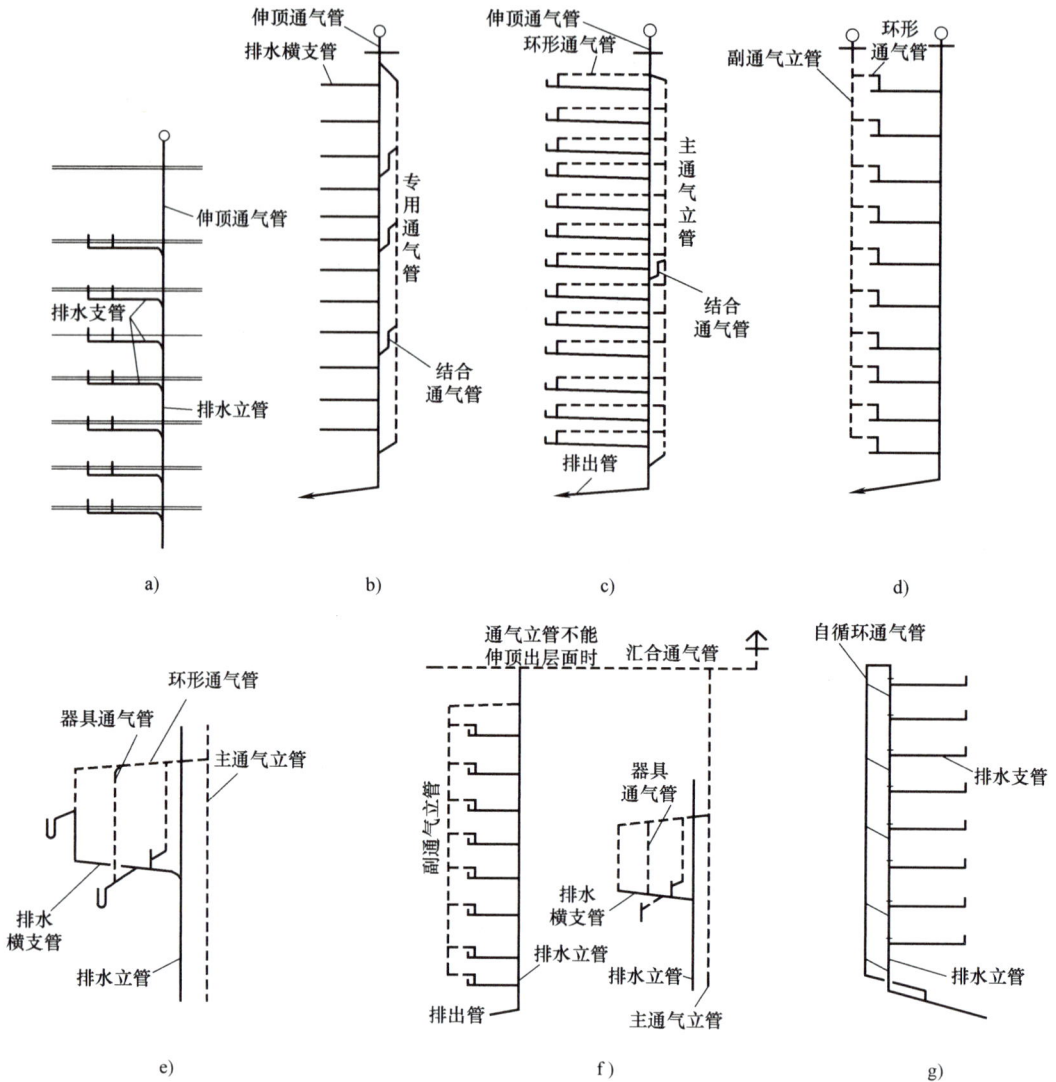

图 2-2 常用通气管系统的形式

a) 伸顶通气管 b) 专用通气立管 c) 主通气立管与环形通气管 d) 副通气
立管与环形通气管 e) 器具通气管 f) 汇合通气管 g) 自循环通气管

4）对卫生、安静要求较高的建筑物，生活排水管道宜设置器具通气管，如图 2-2e 所示。设有器具通气管的排水管段应设置环形通气管。

5）结合通气管是排水立管与通气立管的连接管段，也称共轭管，如图 2-2c 所示。结合通气管宜每层或隔层与专用通气管、排水立管连接，与主通气立管、排水立管连接不宜多于 8 层；结合通气管宜与排水立管以斜三通连接，也可用 H 型管件替代。

6）汇合通气管是连接数根通气立管或排水立管顶端通气部分，并延伸至室外接通大气的通气管段，如图 2-2f 所示。

7）当伸顶通气管无法伸出屋面，且通气管也无法从侧墙伸出时，可设置自循环通气管道。自循环通气管是通气立管在顶端、层间和排水立管相连，在底端与排出管连接，排水时在管道内产生的正负压，通过连接的通气管道迂回补气而达到平衡的通气管，如图 2-2g 所示。

通气管不得接纳器具污水、废水和雨水，不得与风道和烟管连接。通气管高出屋面不得小于 0.3m，且应大于最大积雪厚度（有隔热层时，应从隔热层板面算起），通气管顶端应装设风帽或网罩。在经常有人停留的平屋面上，通气管口应高出屋面 2m，采用金属管材时应根据防雷要求设置防雷装置。通气管穿屋面处应防止漏水。在通气管口周围 4m 以内有门窗时，通气管口应高出窗顶 0.6m 或引向无门窗一侧。

### 6. 清通设备

在排水管道容易堵塞的部位应设置清通设备，以保障排水畅通。清通设备包括检查口、清扫口和检查井以及带有清通门（盖板）的 90°弯头或三通接头等。检查口是带有可开启检查盖的配件，装设在排水立管及横干管上，用作检查和清通之用。检查口可双向清通。清扫口是在排水横管上，用于清扫排水管的管件。清扫口仅可单向清通。清通设备如图 2-3 所示。

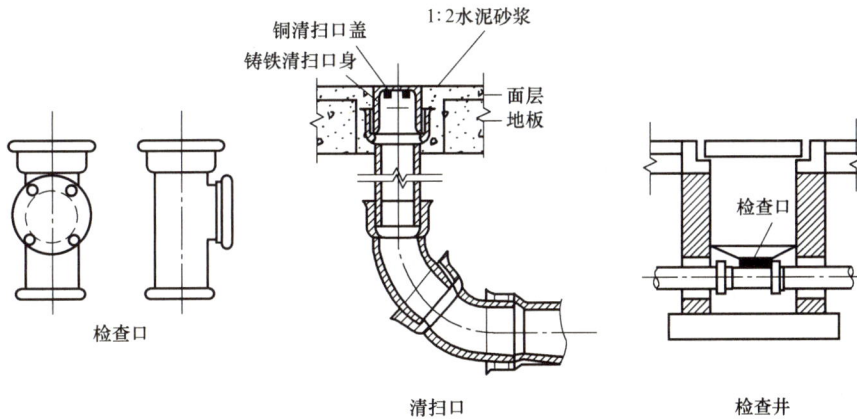

**图 2-3　清通设备**

铸铁排水立管检查口之间的距离不宜大于 10m；塑料排水立管宜每 6 层设置 1 个检查口。在建筑物最底层和设有卫生器具的 2 层以上建筑物的最高层应设置检查口。连接 2 个及 2 个以上大便器或 3 个以上卫生器具的铸铁排水横管上，宜设置清扫口；连接 4 个及 4 个以上大便器的塑料排水横支管上宜设置清扫口；在水流偏转角大于 45°的排水横支管上应设置检查口或清扫口。排水管起点设置堵头代替清扫口时，堵头与墙面应有不小于 0.4m 的距离。立管上设置检查口，应设在距地（楼）面以上 1.00m 处，并应高于该层卫生器具上边缘 0.15m。

室外排水管道的连接在管道转弯和连接处或管道的管径、坡度改变处均应设置检查井。

### 7. 污水抽升设备

民用建筑中的地下室、人防建筑物、某些工业企业车间地下室或半地下室、地下铁道等地下建筑物内的污水、废水不能自流排到室外时，必须设置污水抽升设备，将建筑物内所产生的污水、废水抽至室外排水管道。污水抽升设备包括集水池和污水泵。

### 8. 污水局部处理设施

当室内污水未经处理不允许直接排入城市下水道时（如强酸性、强碱性、汽油或油脂含量高、杂质多的排水），必须予以局部处理，使污水水质得到初步改善后再排入室外排水管道。民用建筑常用的污水局部处理设施有沉淀池、隔油池及化粪池等。

### 2.1.3　新型排水系统

目前，建筑内部排水系统绝大部分属于重力非满流排水，利用重力作用，水由高处向低处流动，不消耗动力，节能且管理简单。但重力非满流排水系统管径大，占地面积大，横管要有坡度，管道容易淤积堵塞。为克服这些缺点，近几年国内外出现了一些新型排水系统。

#### 1. 压力流排水系统

压力流排水系统是在卫生器具排水口下装设微型污水泵，卫生器具排水时微型污水泵启动加压排水，使排水管内的水流状态由重力非满流变为压力满流。压力流排水系统的排水管径小，管配件少，占用空间小，横管不需要坡度，流速大，自净能力较强，卫生器具出口可不设水封，室内环境卫生条件好。

#### 2. 真空排水系统

在建筑物地下室内设有真空泵站，真空泵站由真空泵、真空收集器和污水泵组成。采用真空坐便器设手动真空阀，其他卫生器具下面设液位传感器的方式自动控制真空阀的启闭。卫生器具排水时，真空阀打开，真空泵启动，将污水吸到真空收集器里贮存，定期由污水泵将污水送到室外。真空排水系统具有节水（真空坐便器次用水量是普通坐便器的 1/6），管径小（真空坐便器排水管管径为 De40，而普通坐便器最小为 De110），排水横支管不需要重力坡度，甚至可向高处流动（最高达 5m），自净能力强，管道不会淤积，即使管道受损，污水也不会外漏的特点。

## 2.2　室内排水系统的管材、附件及卫生器具

### 2.2.1　室内排水系统的管材

室内排水系统管材的选用受多种因素的影响，包括国家相关政策、有关标准、使用性质、建筑高度、抗震要求、防火要求、设计标准、造价、使用维护等，需要综合考虑。此外，还要参考当地管材供应情况，因地制宜选用。

室内排水管材选择应符合下列规定：

1）室内生活排水管道应采用建筑排水塑料管材、柔性接口机制排水铸铁管及其相应管件；通气管管材宜与排水管管材一致。

2）当连续排水温度大于 40℃时，应采用金属排水管或耐热塑料排水管。

3）压力排水管道可采用耐压塑料管、金属管或钢塑复合管。

常用的室内排水管材如下：

#### 1. 柔性接口机制排水铸铁管

柔性接口机制排水铸铁管有两种，一种是连续铸造工艺制造，承口带法兰，管壁较厚，采用法兰压盖、橡胶密封圈、螺栓连接柔性接口（图 2-4）；另一种是采用不锈钢带、橡胶密封圈、卡紧螺栓连接的铸铁管柔性接口（图 2-5）。

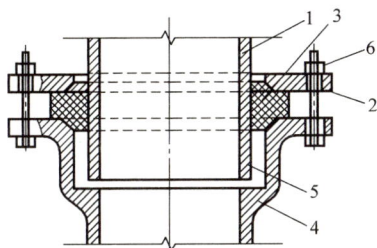

图 2-4 法兰压盖、橡胶密封圈、
螺栓连接柔性接口

1—铸铁法兰 2—法兰压盖 3—橡胶密封圈
4—承口端头 5—插口端头 6—定位螺栓

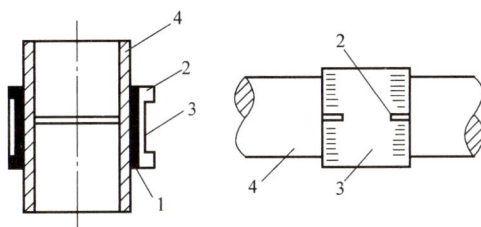

图 2-5 不锈钢带、橡胶密封圈、卡紧
螺栓连接的铸铁管柔性接口

1—橡胶密封圈 2—卡紧螺栓
3—不锈钢带 4—排水铸铁管

### 2. 硬聚氯乙烯管（UPVC）

硬聚氯乙烯管是以聚氯乙烯树脂为主要原料的塑料制品，具有优良的化学稳定性、耐腐蚀性，主要优点是物理性能好、重量轻、管壁光滑、水头损失小、容易加工及施工方便等，缺点是防火性能差，排水噪声大。其连接方法主要采用专用胶水承插粘接，另外还有弹性密封圈的连接方式。

排水系统选用管材时，住宅建筑优先选用 UPVC 管材；排放带酸、碱性废水的实验楼、教学楼应选用 UPVC 管材；建筑物内连续排放水温大于 40℃、瞬时排放水温大于 80℃ 的排水管道及排放含油废水（如厨房排水）的排水管道不宜采用 UPVC 管材。防火要求高的建筑（如火灾危险性大的高层建筑）和要求环境安静的场所，应采用柔性接口机制铸铁排水管。若采用 UPVC 管材，应设置阻火圈或防火套管，并应考虑采用消能措施。硬聚氯乙烯管部分常用规格见表 2-1。

表 2-1 硬聚氯乙烯管部分常用规格

| 公称直径/mm | 40 | 50 | 75 | 100 | 150 |
|---|---|---|---|---|---|
| 外径/mm | 40 | 50 | 75 | 110 | 160 |
| 壁厚/mm | 2.0 | 2.0 | 2.3 | 3.2 | 4.0 |
| 参考重量/(g/m) | 341 | 431 | 751 | 1535 | 2803 |

## 2.2.2 室内排水系统的附件

### 1. 地漏

地漏主要用来排除地面积水。地漏应设置在有设备和地面排水的下列场所：

1）卫生间、盥洗室、淋浴间、开水间。

2）在洗衣机、直饮水设备、开水器等设备的附近。

3）食堂、餐饮业厨房间。

地漏应设置在易溅水的器具或冲洗水嘴附近，且应在地面的最低处，其算子顶面应比地面低 5~10mm，并且地面有不小于 0.01 的坡度坡向地漏。

地漏的选择应符合下列规定：

1）食堂、厨房和公共浴室等排水宜设置网筐式地漏。

2）不经常排水的场所设置地漏时，应采用密闭地漏。

3）事故排水地漏不宜设水封，连接地漏的排水管道应采用间接排水。

4）设备排水应采用直通式地漏。

5）地下车库如有消防排水时，宜设置大流量专用地漏。

当排水管道不允许穿越下层楼板时，可设置侧墙式地漏、埋地式地漏（图 2-6）。排水量大的房间，地面应做集水沟，地漏安装在集水沟内最低处。地漏是连接排水管道系统与室内地面的重要接口，它的性能直接影响室内空气的质量，对房间的异味控制非常重要。带水封的地漏水封深度不得小于 50mm。

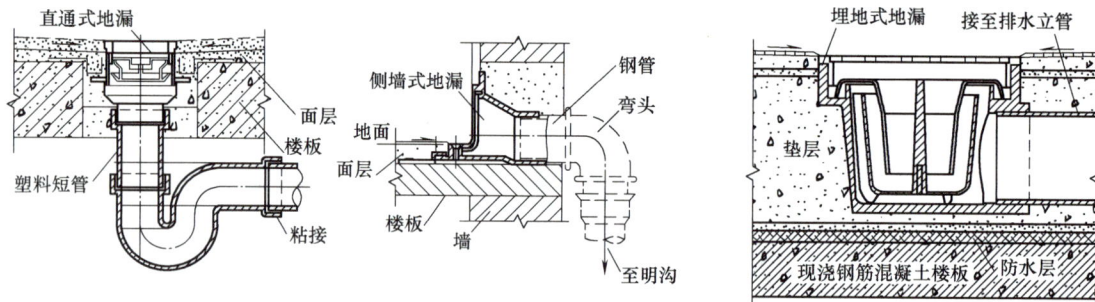

图 2-6　地漏

地漏从材质上分主要有铸铁、工程塑料（ABS）、硬聚氯乙烯（UPVC）等，也可采用铜合金或不锈钢等材料。从功能上分有带弯头的防臭地漏、升降地漏、超薄地漏，还有洗衣机专用地漏。地漏应优先采用具有防涸功能的地漏。这种地漏在地面有排水时，能利用水的重力打开排水，排完积水后利用永磁铁磁性自动回复密封，密封防涸性能很好。食堂厨房和公共浴室等排水宜设置网筐式地漏，严禁采用钟罩（扣碗）式地漏。

### 2. 存水弯

存水弯是一种弯管，里面存有一定深度的水，这个深度称为水封深度。水封可防止排水管网中产生的臭气、有害气体或可燃气体通过卫生器具进入室内。每个卫生器具都必须装设存水弯，有的设在卫生器具的排水管上，有的卫生器具内部构造已有水封。卫生器具不便于安装存水弯时，应在排水支管上设置水封装置。卫生器具排水管段上不得重复设置水封。

下列设施与生活污水管或其他可能产生有害气体的排水管道连接时，必须在排水口以下设存水弯：

1）构造内无存水弯的卫生器具或无水封的地漏。

2）其他设备的排水口或排水沟的排水口。

常用的存水弯有 S 型、P 型和 U 型，存水弯水封深度 $h$ 不得小于 50mm。存水弯及水封如图 2-7 所示。

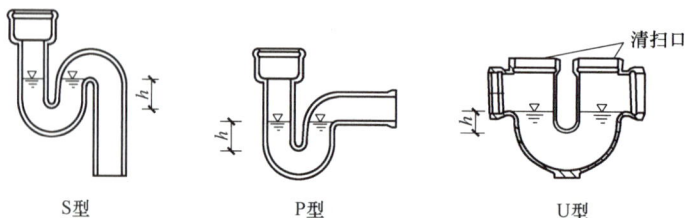

图 2-7　存水弯及水封

**3. 清扫口**

清扫口是一种安装在排水横支管上，用于清扫排水横支管的附件。清扫口设置在楼板或地坪上，且与地面相平，也可用带清扫口的弯头配件或在排水管起点设置堵头代替清扫口。

**4. 检查口**

检查口是一种带有可开启检查盖，装设在排水立管及较长横管段上的附件。

生活排水管道应按下列规定设置检查口：

1）排水立管上连接排水横支管的楼层应设检查口，且在建筑物底层必须设置。

2）当立管水平拐弯或有乙字管时，在该层立管拐弯处和乙字管的上部应设检查口。

3）检查口中心高度与操作地面距离宜为 1.0m，并应高于该层卫生器具上边缘 0.15m。当排水立管设有 H 型管件时，检查口应设置在 H 型管件的上边。

4）当地下室立管上设置检查口时，检查口应设置在立管底部之上。

5）立管上检查口的检查盖应面向便于检查清扫的方向。

### 2.2.3 室内排水系统的卫生器具

室内卫生器具是用来满足人们日常生活中各种卫生要求、收集和排放生活及生产中的污水、废水的设备。卫生洁具的材质应耐腐蚀、耐摩擦、耐老化，对水质和人体无害，有一定机械强度，表面光滑，颜色适宜，易清洗。卫生洁具应满足人的使用要求，节水节能，防噪声，并能让人感觉舒适。构造内无存水弯的卫生器具与排水管道连接时，必须在排水口以下设存水弯，存水弯的深度不得小于 50mm，以防止有害气体进入室内。卫生器具的安装详见国家建筑标准设计图集《卫生设备安装》（09S304）。

卫生器具的设置数量、材质和技术要求均应符合现行的有关设计标准、规范、规定，以及有关产品标准，应根据其用途、设置地点、室内装饰对卫生洁具的色调和装饰效果、维护条件等要求而定。常用卫生器具按用途可分为以下几类：

**1. 便溺用卫生器具**

卫生间中的便溺用卫生器具的作用是收集和排除粪便污水，主要有大便器和小便器等。

大便器应根据使用对象、设置场所、建筑标准等因素选用，且应选用节水型大便器。节水型大便器在保证卫生要求、使用功能和排水管道输送能力的条件下，不泄漏，一次冲水量不大于 6L，可采用分档冲洗的结构，大便冲洗用水量不大于 6L，小便冲洗用水量不大于 4.2L。常用的大便器有蹲式大便器、坐式大便器和大便槽三种。蹲式大便器冲洗方式有高位水箱式、低位水箱式、延时冲洗阀式、冲洗阀加空气隔断器式。坐式大便器有冲洗式和虹吸式两种，根据排水口的位置分下出水和后出水形式，冲洗方式为分体低位水箱式和连体低位水箱式。

小便器按结构分有冲落式和虹吸式。按安装方式分有斗式、落地式、壁挂式三种。按用水量分有普通型、节水型和无水型。节水型小便器在保证卫生要求、使用功能条件下，不泄漏，一次冲水量不大于 3L。无水型小便器的下水口与排水管道相连通，不需要进水口，使用气味屏蔽液，配合小便器缸体独特的气味隔离设计，即可保持管道清洁，可以避免水资源浪费。

**2. 盥洗、沐浴用卫生器具**

盥洗、沐浴用卫生器具主要有洗脸盆、盥洗槽、浴盆、淋浴器等。

洗脸盆安装在住宅的卫生间及公共建筑物的盥洗室、洗手间、浴室中，供洗脸、洗手用。洗脸盆可分为挂式、立柱式、台式三种。

盥洗槽设在公共建筑、集体宿舍、旅馆等的盥洗室中，一般用瓷砖或水磨石现场建造，有长条形和圆形两种形式。有定型的标准图集可供查阅。

浴盆是高档卫生间的设备之一，材料有陶瓷、搪瓷仿大理石、玻璃钢板等，形状、花样繁多。除了传统的浴盆外，还衍生出按摩浴缸、水力按摩系统等。

淋浴器是一种占地面积小、造价低、耗水量小、清洁卫生的沐浴设备。按配水阀门和装置的不同，分为普通式淋浴器、脚踏式淋浴器、光电淋浴器，广泛用于集体宿舍、体育场馆及公共浴室中。淋浴器有成品的，也有现场组装的。

### 3. 洗涤用卫生器具

洗涤用卫生器具供人们洗涤器物使用，主要有污水盆、洗涤盆、化验盆等。通常污水盆装置在公共建筑的厕所、卫生间及集体宿舍盥洗室中，供打扫厕所、洗涤拖布及倾倒污水使用；洗涤盆装置在居住建筑、食堂及饭店的厨房内供洗涤碗碟及蔬菜食物使用。

### 4. 其他卫生器具

（1）吐漱类卫生器具 吐漱类卫生器具包括漱口盆和呕吐盆。漱口盆主要用来清洁口腔和牙齿，设在医院病房、住宅和旅馆卫生间的洗脸盆或盥洗盆的右上方，比洗脸盆盆沿高出 80~100mm，附有专用冲洗盆沿的冲洗阀。

呕吐盆用于收纳呕吐的食物及分泌物，宜设在饭店、餐厅中卫生间的前厅，盆上方宜设扶手，配备冲洗设备。

（2）饮水器 饮水器一般设置在幼儿园、学校、运动场、公共浴室、车站等公共建筑的走道、休息室、前厅等易于取用的场所。1 个饮水器上可装配 1 个或数个喷水嘴，安装方式有壁式或立式两种。壁式饮水器装在墙上，立式饮水器装在立柱上，安装高度由使用者的不同身高和年龄确定。

## 2.3 室内排水系统管道及设备的布置与敷设

### 2.3.1 卫生器具的布置

卫生间应根据选用的卫生器具类型、数量合理布置，还应考虑排水立管的位置以及管道和通气立管的公用等问题，既要使用方便、容易清洁，也要充分考虑给管道布置创造好的条件，使给水、排水管道尽量做到少转弯、管线短、排水通畅、水力条件好。因此，卫生器具应顺着一面墙布置。如卫生间与厨房相邻，应在该墙两侧设置卫生器具，有管道竖井时，卫生器具应紧靠管道竖井的墙布置，这样会减少排水横支管的转弯或管道的接入根数。

### 2.3.2 室内排水系统的管路布置

排水管的布置应满足水力条件最佳、便于维护管理、保护管道不易受损坏、保证生产和使用安全以及经济和美观的要求。室内排水管的布置应符合下列规定：

1）自卫生器具至室外检查井的距离应最短，管道转弯应最少。

2）排水立管宜靠近排水量最大或水质最差的排水点。

3）排水管道不得敷设在食品和贵重商品仓库、通风小室、电气机房和电梯机房内。

4）排水管道不得穿过变形缝、烟道和风道；当排水管道必须穿过变形缝时，应采取相应技术措施。

5）排水埋地管道不得布置在可能受重物压坏处或穿越生产设备基础。

6）排水管、通气管不得穿越住户客厅、餐厅，排水立管不宜靠近与卧室相邻的内墙。

7）排水管道不宜穿越橱窗、壁柜，不得穿越贮藏室。

8）排水管道不应布置在易受机械撞击处；当不能避免时，应采取保护措施。

9）塑料排水管不应布置在热源附近；当不能避免，并且管道表面受热温度大于 60℃ 时，应采取隔热措施；塑料排水立管与家用灶具边缘净距不得小于 0.40m。

10）当排水管道外表面可能结露时，应根据建筑物性质和使用要求，采取防结露措施。

11）厨房和卫生间的排水立管应分别设置。

12）在层数较多的建筑物内，为了防止底层卫生器具因受立管底部出现过大的压力等原因而造成水封破坏或污水外溢现象，底层卫生器具的排水应考虑采用单独排出方式。

排水管道不得穿越下列场所：

1）卧室、客房、病房和宿舍等人员居住的房间。

2）生活饮用水池（箱）上方。

3）遇水会引起燃烧、爆炸的原料、产品和设备的上面。

4）食堂厨房和餐饮业厨房的主副食操作、烹饪和备餐位置的上方。

住宅厨房的废水不得与卫生间的污水合用一根排水立管。

### 2.3.3　室内排水系统的管路敷设

室内排水管的敷设有两种方式：明装和暗装。

明装方式的优点是造价低、清通检修方便、施工方便，缺点是卫生条件差，不美观。对于室内美观和卫生条件要求较高的建筑物和管道种类较多的建筑物，应采用暗装方式，排水立管多采用内敷设暗装，可设在管道竖井或管槽内，或包管掩盖；排水横支管可嵌设在管槽内，或敷设在吊顶内；有地下室时，排水横干管应尽量敷设在顶棚内。管道应尽量靠墙、梁、柱平行设置，有条件时可和其他管道一起敷设在公共管沟和管廊中。暗装的管道卫生条件好，室内较美观，但造价高，施工和维修均不方便。排水立管也常直接明装在建筑物侧立面的外墙处，既不影响建筑立面美观，也避免了管道穿越楼板，减少了卫生洁具排水时的相互干扰。

生活排水管道敷设应符合下列规定：

1）管道宜在地下或楼板填层中埋设，或在地面上、楼板下明装。

2）当建筑有要求时，可在管槽、管道井、管窿、管沟或吊顶、架空层内暗装，但应便于安装和检修。

3）在气温较高、全年不结冻的地区，管道可沿建筑物外墙敷设。

4）管道不应敷设在楼层结构层或结构柱内。

排水立管穿越承重墙、基础和楼板时应外加套管，预留孔洞的尺寸一般比通过的立管管径大 50~100mm。排水立管穿越楼板预留孔洞尺寸见表 2-2。套管管径较立管管径大 1~2 个规格时，现浇楼板可预先镶入套管。

表 2-2　排水立管穿越楼板预留孔洞尺寸　　　　（单位：mm）

| 管径 DN | 50 | 75～100 | 125～150 | 200～300 |
|---|---|---|---|---|
| 孔洞尺寸 | 100×100 | 200×200 | 300×300 | 400×400 |

排水管在穿越承重墙和基础时应预留孔洞。预留孔洞的尺寸应使管顶上部的净空不小于建筑物的沉降量，且不得小于 0.15m。排水管穿越基础预留孔洞尺寸见表 2-3。

表 2-3　排水管穿越基础预留孔洞尺寸　　　　（单位：mm）

| 管径 DN | 50～75 | >100 |
|---|---|---|
| 孔洞尺寸 | 300×300 | （DN+300）×（DN+300） |

### 2.3.4　异层排水与同层排水

按照室内排水横支管所设位置，可将排水方式分为异层排水和同层排水。

#### 1. 异层排水

异层排水是指室内卫生器具的排水支管穿过本层楼板后接下层的排水横管，再接入排水立管的敷设方式。异层排水是排水横支管敷设的传统方式。其优点是安装方便，维修简单，土建造价低，配套管道和卫生器具市场成熟；主要缺点是对下层造成不利影响，如易在穿楼板处造成漏水，下层顶板处排水管道多、不美观、有噪声等。

#### 2. 同层排水

同层排水是指卫生间器具排水管不穿越楼板，排水横管在本层套内与同层排水立管连接，安装检修不影响下层的一种排水方式。同层排水具有如下特点：首先，卫生间排水管路系统布置在本层中，不干扰下层；其次，卫生器具的布置不受限制，楼板上没有卫生器具的排水预留孔，用户可以自由布置卫生器具的位置，满足卫生器具个性化的要求，从而提高房屋品味；再次，排水噪声小，渗漏概率小。

当卫生间的排水支管要求不穿越楼板进入下层用户时，应设置成同层排水。当下层设计为卧室，厨房，生活饮用水池，遇水会引起燃烧、爆炸的原料、产品和设备时，应设置同层排水。

同层排水的技术有多种，可归结如下：

（1）降板式同层排水　卫生间的结构板下沉 300～400mm，排水管敷设在楼板下沉的空间内，是简单、实用，而且较为普遍的方式。但排水管的连接形式有不同：

1）采用传统的接管方式，即用 P 型存水弯和 S 型存水弯连接浴缸、面盆、地漏。这种传统方式维修比较困难，一旦垃圾、杂质堵塞弯头，则不易清通。

2）采用多通道地漏连接，即将洗脸盆、浴缸、洗衣机、地平面的排水收集到多通道地漏，再排入立管。采用多通道地漏连接，无须安装存水弯装置，杂质也可通过地漏内的过滤网收集和清除。很显然，该方式易于疏通检修，但对下沉高度的要求较高。

3）采用接入器连接，即用同层排水接入器连接卫生器具排水支管、排水横管。除大便器外，其他卫生器具无须设置存水弯，水封问题由接入器本身解决，接入器设有检查盖板、检查口，便于疏通检修。该方式综合了多通道地漏和苏维脱排水系统中混合器的优点，可以减少降板高度，做成局部降板卫生间。

（2）不降板同层排水　不降板同层排水是指将排水管敷设在卫生间地面或外墙。

1）排水管设在卫生间地面，即在卫生器具后方砌一堵假墙，排水支管不穿越楼板而在假墙内敷设，并在同一楼层内与主管连接，坐便器采用后出口，洗脸盆、浴盆、淋浴器的排水横管敷设在卫生间的地面，地漏设置在紧靠立管处，其存水弯设在管井内。此种方式在卫生器具的选型、卫生间的布置等方面都有一定的局限性，且卫生间难免会有明管。

2）排水管设于外墙，就是将所有卫生器具沿外墙布置，器具采用后排水方式，地漏采用侧墙地漏，排水管在地面以上接至室外排水管，排水立管和排水横管均明装在建筑外墙。该方式卫生间内排水管不外露，整洁美观，噪声小，但限于无冰冻期的南方地区使用，对建筑的外观也有一定的影响。

（3）隐蔽式安装系统的同层排水　隐蔽式安装系统的同层排水是一种隐蔽式卫生器具安装的墙排水系统。在墙体内设置隐蔽式支架，卫生器具与支架固定，排水与给水管道也设置在支架内，并与支架充分固定。该方式的卫生间因只明露卫生器具本体和水嘴，外观整洁、干净，适合于高档住宅装修品质的要求，是同层排水设计和安装的趋势。

同层排水形式应根据卫生间空间、卫生器具布置、室外环境气温等因素，经技术经济比较确定。住宅卫生间宜采用不降板同层排水。

## 2.4　室内排水系统的水力计算

### 2.4.1　排水设计秒流量

#### 1. 排水定额

每人每日的生活污水量与气候、建筑物内卫生设备的完善程度以及生活习惯有关。建筑物内部生活污水排放系统的排水定额及小时变化系数与建筑内部生活给水系统相同；工业污（废）水排放系统的排水定额及小时变化系数应按工艺要求确定。

为了确定排水系统的管径，首先应计算出通过各管段的流量。排水管段中某个管段的设计流量和接纳的卫生器具类型、数量及同时使用数量有关。为了计算方便，与给水系统一样，每个卫生器具的排水量也可折算成当量。以污水盆排水量 0.33L/s 为 1 个"排水当量"，将其他卫生器具的排水量与 0.33L/s 的比值作为该种卫生器具的排水当量数。1 个"排水当量"的排水量（0.33L/s）是 1 个给水当量额定流量（0.2L/s）的 1.65 倍，这是因为卫生器具排放的污水具有突然、迅猛、流率较大的特点。各种卫生器具的排水流量、排水当量数和排水管的管径按表 2-4 确定。

表 2-4　卫生器具的排水流量、排水当量数和排水管的管径

| 序号 | 卫生器具名称 | | 排水流量/（L/s） | 排水当量数 | 排水管管径/mm |
|------|------|------|------|------|------|
| 1 | 洗涤盆、污水盆（池） | | 0.33 | 1.00 | 50 |
| 2 | 餐厅、厨房　单格洗涤盆（池） | | 0.67 | 2.00 | 50 |
| | 餐厅、厨房　双格洗涤盆（池） | | 1.00 | 3.00 | 50 |
| 3 | 盥洗槽（每个水嘴） | | 0.33 | 1.00 | 50~75 |
| 4 | 洗手盆 | | 0.10 | 0.30 | 32~50 |

（续）

| 序号 | 卫生器具名称 | 排水流量/(L/s) | 排水当量数 | 排水管管径/mm |
|---|---|---|---|---|
| 5 | 洗脸盆 | 0.25 | 0.75 | 32~50 |
| 6 | 浴盆 | 1.00 | 3.0 | 50 |
| 7 | 淋浴器 | 0.15 | 0.45 | 50 |
| 8 | 大便器 冲洗水箱<br>大便器 自闭式冲洗阀 | 1.50<br>1.20 | 4.50<br>3.60 | 100<br>100 |
| 9 | 医用倒便器 | 1.50 | 4.50 | 100 |
| 10 | 小便器 自闭式冲洗阀<br>小便器 感应式冲洗阀 | 0.10<br>0.10 | 0.30<br>0.30 | 40~50<br>40~50 |
| 11 | 大便槽≤4 个蹲位<br>大便槽>4 个蹲位 | 2.50<br>3.00 | 7.50<br>9.00 | 100<br>150 |
| 12 | 小便槽(每米长)自动冲洗水箱 | 0.17 | 0.50 | — |
| 13 | 化验盆(无塞) | 0.20 | 0.60 | 40~50 |
| 14 | 净身器 | 0.10 | 0.30 | 40~50 |
| 15 | 饮水器 | 0.05 | 0.15 | 25~50 |
| 16 | 家用洗衣机 | 0.50 | 1.50 | 50 |

注：家用洗衣机下排水软管直径为 30mm，上排水软管内径为 19mm。

### 2. 设计秒流量的计算

建筑内排水系统的排水量是采用排水设计秒流量进行计算的，其方法是根据不同的建筑分别采用卫生器具的排水当量数或卫生器具的额定排水量计算排水设计秒流量。

1）住宅、Ⅰ和Ⅱ类宿舍（用水分散型）、宾馆、酒店式公寓、医院、疗养院、幼儿园、养老院、办公楼、商场、会展中心、中小学教学楼、食堂或营业餐厅等建筑生活排水管道设计秒流量，按下式计算

$$q_u = 0.12\alpha\sqrt{N_u} + q_{max} \qquad (2\text{-}1)$$

式中　$q_u$——计算管段的排水设计秒流量，单位为 L/s；

$N_u$——计算管段的排水当量总数；

$\alpha$——根据建筑物用途而定的系数，按表 2-5 确定；

$q_{max}$——计算管段上排水量最大的一个卫生器具的排水流量，单位为 L/s。

### 表 2-5　根据建筑物用途而定的系数 α

| 建筑物名称 | 住宅、宿舍(Ⅰ、Ⅱ类)、宾馆、酒店式公寓、医院、疗养院、幼儿园、养老院的卫生间 | 旅馆和其他公共建筑的盥洗室和厕所 |
|---|---|---|
| α | 1.5 | 2.0~2.5 |

注：如计算所得流量值大于该管段上按卫生器具排水流量累加值时，应按卫生器具排水流量累加值计。

2）Ⅲ和Ⅳ类宿舍（用水集中型）、工业企业生活间、公共浴室、洗衣房、职工食堂或营业餐厅的厨房、实验室、影剧院、体育场馆等建筑的生活管道排水设计秒流量，按下式计算

$$q_u = q_0 n_0 b \qquad (2\text{-}2)$$

式中　$q_u$——计算管段的排水设计秒流量，单位为 L/s；

$q_0$——同类型的一个卫生器具排水流量，单位为 L/s；

$n_0$——同类型卫生器具数；

$b$——卫生器具的同时排水百分数，按照《建筑给水排水设计标准》（GB 50015）的要求选取。冲洗水箱大便器的同时排水百分数应按 12% 计算。

当计算排水流量小于一个大便器排水流量时，应按一个大便器的排水流量计算。

## 2.4.2　排水管路的水力计算

进行排水管路水力计算的目的是在排除所负担污水流量的情况下，既适用又经济地决定所需的管径和管道坡度，并确定是否需要设置专用或其他通气系统，以利于排水管道系统的正常运行。

### 1. 排水立管

生活排水立管管径可按式（2-1）或式（2-2）计算出排水设计秒流量后，最大设计排水能力按表 2-6 确定。排水立管管径不得小于所连接的排水横支管管径。为防止排水管内气压波动激烈而破坏水封，不通气排水立管只适用于较小的排水能力。当生活排水立管所承担的卫生器具排水设计流量超过表 2-6 中仅设伸顶通气管的排水立管最大设计排水能力时，应按设置通气立管来确定排水立管管径。UPVC 等塑料管表面光滑，排水能力比铸铁管大。

**表 2-6　生活排水立管最大设计排水能力**

| 排水立管系统类型 | | | 排水立管管径/mm | | | | |
| --- | --- | --- | --- | --- | --- | --- | --- |
| | | | 50 | 75 | 100（110） | 125 | 150（160） |
| 最大设计排水能力/(L/s) | 伸顶通气管 | 立管与横支管连接配件 90°顺水三通 | 0.8 | 1.3 | 3.2 | 4.0 | 5.7 |
| | | 立管与横支管连接配件 45°斜三通 | 1.0 | 1.7 | 4.0 | 5.2 | 7.4 |
| | 专用通气管 | 专用通气管 75mm 结合通气管每层连接 | — | — | 5.5 | — | — |
| | | 专用通气管 75mm 结合通气管隔层连接 | — | 3.0 | 4.4 | — | — |
| | | 专用通气管 100mm 结合通气管每层连接 | — | — | 8.8 | — | — |
| | | 专用通气管 100mm 结合通气管隔层连接 | — | — | 4.8 | — | — |
| | | 主、副通气立管+环形通气管 | — | — | 11.5 | — | — |
| | 自循环通气管 | 专用通气形式 | — | — | 4.4 | — | — |
| | | 环形通气形式 | — | — | 5.9 | — | — |
| | 特殊单立管 | 混合器 | — | — | 4.5 | — | — |
| | | 内螺旋管+旋流器 普通型 | — | 1.7 | 3.5 | — | 8.0 |
| | | 内螺旋管+旋流器 加强型 | — | — | 6.3 | — | — |

注：排水层数在 15 层以上时，宜乘以系数 0.9。

### 2. 排水横管

排水横管水力计算公式如下

$$v = \frac{1}{n} R^{\frac{2}{3}} i^{\frac{1}{2}} \tag{2-3}$$

$$d = \sqrt{\frac{4q}{\pi v}} \tag{2-4}$$

式中　$v$——速度，单位为 m/s；

　　　　$R$——水力半径，单位为 m；

　　　　$i$——水力坡度，采用排水管的坡度；

　　　　$n$——粗糙系数，铸铁管为 0.013；混凝土管、钢筋混凝土管为 0.013~0.014；钢管为 0.012；塑料管为 0.009；

　　　　$q$——计算管段的设计秒流量，单位为 L/s；

　　　　$d$——计算管段的管径，单位为 m。

生活污水含杂质多，排水量大而急，为避免排水管道淤积、堵塞和便于清通，对生活排水管道的最小管径做如下规定：建筑物内排出管最小管径不得小于 50mm；大便器排水管最小管径不得小于 100mm；多层住宅厨房的排水立管管径不宜小于 75mm；公共食堂厨房内的污水采用管道排除时，其管径比计算管径大一级，且干管管径不得小于 100mm，支管管径不得小于 75mm；医院污物洗涤盆（池）和污水盆（池）的排水管管径不得小于 75mm；小便槽或连接 3 个及 3 个以上的小便器，其污水支管管径不宜小于 75mm；浴池的泄水管管径宜采用 100mm。

为确保排水系统能在最佳的水力条件下工作，在确定管径时必须对直接影响管道中水流工况的主要因素如管道充满度、坡度、流速等进行控制。

### 3. 管道充满度

管道充满度是排水横管内水深与管径的比值（渠道是水深与渠高的比值）。重力流屋面雨水排水管的悬吊管应按非满流设计，其充满度不宜大于 0.8。重力流的管道上部保持一定的空间，目的是使污（废）水中的有害气体能自由排出、调节排水系统的压力波动、防止水封被破坏和用来容纳未预见的高峰流量。建筑物内生活排水铸铁管道（塑料管排水横管）的最大设计充满度按表 2-7 确定。重力流屋面雨水排水管的埋地管应按满流设计。

表 2-7　建筑物内生活排水铸铁管道（塑料管排水横管）的通用坡度、最小坡度和最大设计充满度

| 管径/mm | 通用坡度 | 最小坡度 | 最大设计充满度 |
|---|---|---|---|
| 50(50) | 0.035(0.025) | 0.025(0.0120) | 0.5 |
| 75(75) | 0.025(0.015) | 0.015(0.0070) | |
| 100(110) | 0.020(0.012) | 0.012(0.0040) | |
| 125(125) | 0.015(0.010) | 0.010(0.0035) | |
| 150(160) | 0.010(0.007) | 0.007(0.0030) | |
| 200(200) | 0.008(0.005) | 0.005(0.0030) | 0.6 |
| (250) | (0.005) | (0.0030) | |
| (315) | (0.005) | (0.0030) | |

注：括号内为塑料管排水横管管道的通用坡度、最小坡度和最大设计充满度数据。

### 4. 管道坡度

为满足管道充满度及流速的要求，排水管道应有一定的坡度。排水管道坡度有通用坡度和最小坡度。通用坡度为正常情况下应予以保证的；最小坡度为必须保证的坡度。一般情况下应采用通用坡度；当横管过长或建筑空间、标高受限制时，可采用最小坡度。塑料管管壁

光滑，排水横管的标准坡度和最小坡度均比同等管径的铸铁管小。通用坡度和最小坡度应按表 2-7 确定。粘接、熔接连接的塑料排水横支管标准坡度应为 0.026，胶圈密封连接排水横管坡度按表 2-7 调整。

### 5. 流速

污水中含有固体杂质，如果流速过小，固体物会在管内沉淀，减少过水断面面积，造成排水不畅或堵塞管道，为此规定了一个最小流速，即自净流速。自净流速的大小与污废水的成分、管径、设计充满度有关，建筑内部排水横管的自净流速见表 2-8。

表 2-8　排水横管的自净流速　　　　　　　　（单位：m/s）

| 污水管道类别 | 生活污水排水管 | | | 明渠（沟） | 合流制排水管 |
| --- | --- | --- | --- | --- | --- |
| | DN100 | DN150 | DN200 | | |
| 自净流速 | 0.7 | 0.65 | 0.6 | 0.4 | 0.75 |

为简化计算，根据相关公式制成了室内排水管道水力计算表，可在允许的范围内，直接由管道的设计秒流量、控制充满度、流速、坡度查表确定排水横管管径和坡度。

### 6. 通气管管径的确定

通气管的管径应根据排水能力、管道长度确定，不宜小于排水管管径的 1/2，其最小管径可按表 2-9 确定。当通气立管长度小于或等于 50m，且两根及两根以上排水立管同时与一根通气立管相连时，应以最大一根排水立管按表 2-9 确定通气立管最小管径，且管径不宜小于其余任何一根排水立管管径。当立管长度在 50m 以上时，为保证排水立管内气压稳定，其管径应与排水立管管径相同。伸顶通气管管径与排水立管管径相同，但在最冷月平均气温低于 −13℃ 的地区，为防止通气管口结霜而使断面面积减少，应在室内平顶或吊顶以下 0.3m 处将管径放大一级。结合通气管的管径不宜小于通气立管管径。当两根或两根以上污水立管的通气管汇合连接时，汇合通气管的断面面积应为最大一根通气管的断面面积加其余通气管断面面积之和的 0.25 倍。

表 2-9　通气管最小管径　　　　　　　　　　（单位：mm）

| 通气管名称 | 排水管管径 | | | | |
| --- | --- | --- | --- | --- | --- |
| | 50 | 75 | 100 | 125 | 150 |
| 器具通气管 | 32 | — | 50 | 50 | — |
| 环形通气管 | 32 | 40 | 50 | 50 | — |
| 通气立管 | 40 | 50 | 75 | 100 | 100 |

注：表中通气立管是专用通气立管、主通气立管、副通气立管。自循环通气立管管径应与排水立管管径相等。

下列场所设置排水横管时，管径的确定应符合下列规定：

1）当公共食堂厨房内的污水采用管道排除时，其管径应比计算管径大一级，且干管管径不得小于 100mm，支管管径不得小于 75mm。

2）医疗机构污物洗涤盆（池）和污水盆（池）的排水管管径不得小于 75mm。

3）小便槽或连接 3 个及 3 个以上的小便器，其污水支管管径不宜小于 75mm。

4）公共浴池的泄水管不宜小于 100mm。

## 2.5 屋面雨水排水系统

### 2.5.1 屋面雨水排水的任务、组成和类型

#### 1. 屋面雨水排水的任务

屋面雨水排水的一个任务是迅速、及时地将降落在建筑物屋面的雨（雪）水排至室外地面或雨水控制利用设施和管道系统。屋面的雨（雪）水会造成屋面积水、漏水等水患，特别是在暴雨时，在短时间内会形成积水，造成屋顶四处溢流、墙体受污或屋面漏水，影响人们的正常生活和生产活动。屋面雨水排水的另一个任务是为雨（雪）水的收集、处理、回用创造条件。雨（雪）水是一种重要的水资源，在降落过程中受污染较小，易于处理和利用，可用于灌溉花草、冲洗道路等，节水节能。

#### 2. 建筑屋面雨水排水系统的组成

除屋面本身构造（如天沟、檐沟）外，建筑屋面雨水排水系统由雨水斗、连接管、横管、立管、水落管、雨水检查口、检查井、清扫口等组成，如图 2-8 所示。

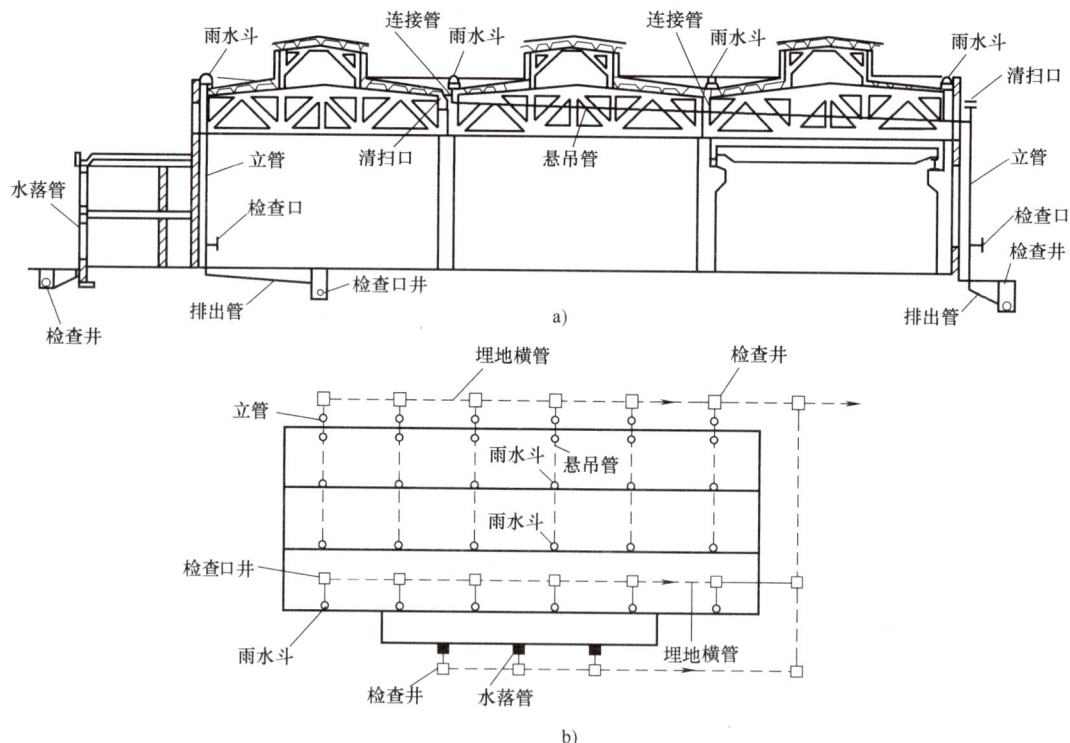

图 2-8 建筑屋面雨水排水系统的组成

#### 3. 屋面雨水排水系统的类型

屋面雨水排水系统的分类与管道的设置、管内的压力、水流状态和屋面排水条件等有关。

1）按建筑物内部是否有雨水管道分为内排水系统和外排水系统两类。建筑物内部设有

雨水管道，屋面设雨水斗的雨水排出系统为内排水系统，其他为外排水系统。

2）按屋面的排水条件分为檐沟排水、天沟排水和无沟排水。当建筑屋面面积较小时，在檐沟下设置汇集屋面雨水的沟槽，称为檐沟排水。在面积大且曲折的屋面设置汇集雨水的沟槽，将雨水排至建筑物的两端，称为天沟排水。降落到屋面的雨水沿屋面径流，直接流入雨水管道，称为无沟排水。

3）按雨水在管道内的设计流态分为重力无压流、重力半有压流和压力流三类。重力无压流是指雨水通过自由堰流入管道，在重力作用下附壁流动，管内压力正常，这种设计流态的系统称为堰流斗系统。压力流是指管内充满雨水（满管压力流），主要在负压抽吸作用下流动，这种设计流态的系统称为虹吸式系统。重力半有压流是指管内气水混合，在重力和负压抽吸双重作用下流动，这种设计流态的系统称为 87 雨水斗系统。重力半有压流设计流态是介于无压流和压力流的过渡状态。

另外，按出户埋地横干管是否有自由水面分为敞开式排水系统和密闭式排水系统两类。按一根雨水立管连接的雨水斗数量分为单斗系统和多斗系统等。以下介绍几种屋面雨水排水系统。

小区雨水排水系统应与生活污水系统分流。雨水回用时，应设置独立的雨水收集管道系统，雨水利用系统处理后的水可置于中水贮存池中作为中水回用。

### 2.5.2 外排水系统和内排水系统

#### 1. 檐沟外排水系统

檐沟外排水系统也称普通外排水系统或水落管外排水系统。对一般低层、多层居住建筑及屋面面积较小的公共建筑、小型单跨厂房，雨水的排除多采用屋面檐沟汇集，然后流入有一定间距并沿外墙设置的水落管排至地面或地下雨水排水系统。一般沿建筑物屋面长度方向的两侧，每隔 15～20m 敷设一根直径为 100mm 的雨水管，其汇水面积不超过 250m²。檐沟外排水如图 2-9 所示。

檐沟在民用建筑中多采用预制混凝土构件制作。排水管可采用建筑排水塑料管，高层建筑可采用承压塑料管、排水铸铁管，管径多为 50～200mm。落水管的间距应根据降雨量及一根水落管应服务的屋面面积（由管道的通水能力确定）而定。根据经验，落水管间距为：民用建筑 8～16m，工业建筑 18～24m。

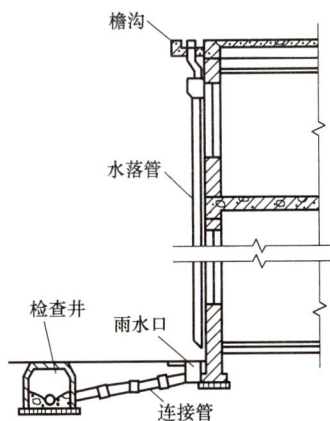

图 2-9 檐沟外排水

#### 2. 天沟外排水

天沟外排水是利用屋面构造上的长天沟本身的容量和坡度使雨水向建筑物两端或两边（山墙、女儿墙）泄放，并由雨水斗收集经墙外立管排至地面、明沟或通过排出管、检查井流入雨水管道。天沟外排水应以伸缩缝、沉降缝、变形缝为分水线。天沟布置示意图如图 2-10 所示。天沟流水长度应根据暴雨强度、汇水面积、屋面结构等进行计算确定，一般以 40～50m 为宜。天沟坡度不宜小于 0.003，并伸出山墙 0.4m。天沟的净宽按设置的雨水斗的管径来确定。管径 100mm 的雨水斗，天沟最小净宽度为 300mm；150mm 的雨水斗，天沟最小净宽度为 350mm。落水管可采用承压塑料管、承压排水铸铁管和钢塑复合管。天沟与雨水管的连接如图 2-11 所示。

图 2-10　天沟布置示意图

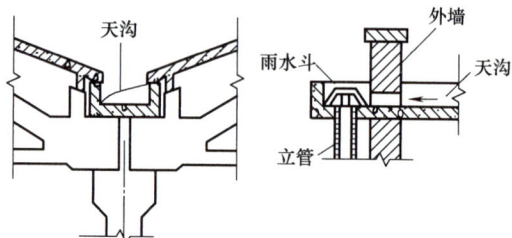

图 2-11　天沟与雨水管的连接

外排水系统的优点是：由于室内没有管道、检查井，不会因雨水系统漏水、堵塞而产生漏水、检查井冒水现象；不会影响室内管道、设备的安装；所产生的水流噪声不影响室内；节省管材。

### 3. 内排水系统

内排水系统适用于大面积建筑、多跨的工业厂房、高层建筑以及对建筑立面处理要求较高的建筑物屋面的排水。

内排水系统由雨水斗、悬吊管、立管、埋地横管、检查井及清通设备等组成，如图 2-8 所示。视具体建筑物构造等情况，可以组成悬吊管跨越房间后接立管排至地面（图 2-8a 右边部分），或不设悬吊管的单斗系统（图 2-8a 左边部分）等方式。

## 2.5.3 重力流雨水排水系统和压力流雨水排水系统

重力流雨水排水系统是传统的屋面雨水排水方式。重力流雨水排水系统的设计流态是重力无压流。雨水汇集后经雨水斗下接的立管靠重力自流排出。管道中的水是自由水面，即系统管道内不被水完全充满，一部分为空气。该系统设计施工简易，运行安全可靠，但管道设置相对较多，占据空间位置较多。

压力流雨水排水系统（即虹吸式雨水排水系统）是具有虹吸排水能力的屋面雨水排水系统（图 2-12），管道中的水是全充满的压力流状态，排水过程是一个虹吸排水过程。其排水原理是利用建筑物屋面的高度使雨水具有势能，从而使满管流动时产生虹吸作用，在雨水连续流经雨水悬吊管转入雨水立管处的管道产生最大负压，屋面雨水在管内负压的抽吸作用下能以较高的流速被排至室外。该系统适用于各种建筑屋面的雨水排除（如会展中心、体育

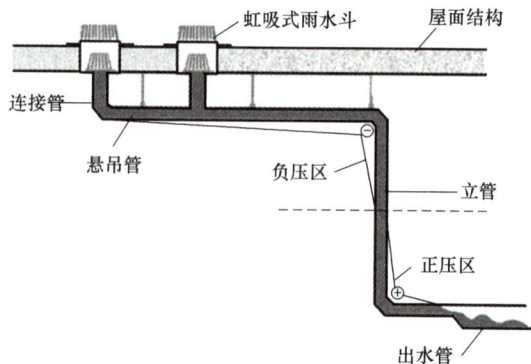

图 2-12　压力流雨水排水系统

场馆、航站楼、机库、大型货运库、物流中心、厂房、办公楼等）。

屋面雨水系统的选择应根据生产性质、使用要求、建筑物形式、结构特点及气候条件等合理、经济地进行选择。高层建筑屋面雨水排水、檐沟外排水宜为重力流雨水排水系统；工业厂房、库房、公共建筑的大型屋面和长天沟外排水宜为压力流雨水排水系统。重力流雨水

排水系统不用对排水系统做精确水力计算，雨水在重力的作用下自然排放。压力流雨水排水系统要对排水系统做准确的水力计算，雨水在重力作用下，通过系统设计实现有压力的排放。

## 2.5.4　雨水斗

雨水斗的基本形式是带有进水格栅的扩口短管，是雨水进入排水管道的专用装置，设在天沟或屋面的最低处。其作用是能迅速地排除屋面雨雪水，疏导水流，减小水流掺气量，拦截粗大杂质，避免管道堵塞。雨水斗有重力式和虹吸式两类。重力式雨水斗由顶盖、进水格栅（导流罩）、短管等构成。进水格栅（导流罩）既可以拦截较大的杂物，又对进水具有整流、导流作用。常用重力式雨水斗有 65 型雨水斗、79 型雨水斗和 87 型雨水斗三种。一般采用 87 型雨水斗（79 型雨水斗、65 型雨水斗的进化版），如图 2-13 所示，常用规格有 DN75、DN100、DN150、DN200 四种。图 2-14 为 87 型雨水斗安装示意图（上人屋面），87 型雨水斗进出口面积比大，渗气量少，水力性能稳定，能迅速排除屋面雨水。

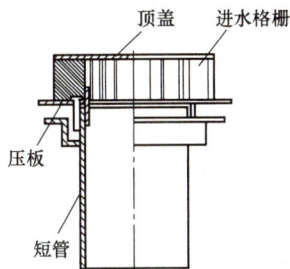

图 2-13　87 型雨水斗

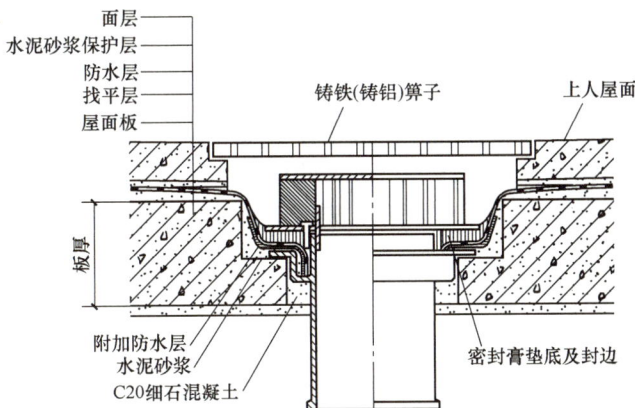

图 2-14　87 型雨水斗安装示意图（上人屋面）

虹吸式雨水斗由顶盖、进水格栅（导流罩）、扩容进水室、整流装置（二次进水罩）、短管等主要部件组成，如图 2-15 所示。虹吸式雨水斗具有较强的反涡流功能，能很好地防止空气被雨水斗入口处的水流带入系统，在斗前水位升高到一定程度时形成水封，完全阻隔空气进入，并使雨水平稳地淹没泄流，进入排水管。

不同排水流态、排水特征的屋面雨水排水系统应选用相应的雨水斗。在阳台和供人们活动的屋面，可采用无格栅的平箅式雨水斗，如图 2-16 所示。平箅式雨水斗的进出口面积比较小，在设计负荷范围内，其泄流状态为自由堰流。

## 2.5.5　雨水管道的布置

采用重力流排水系统的多层建筑宜采用建筑排水塑料管，高层建筑宜采用耐腐蚀的金属管、承压塑料管。重力流排水系统悬吊管管径不得小于雨水斗连接管的管径，并不得小于

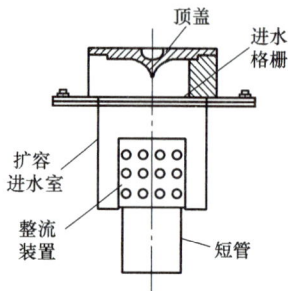

图 2-15　虹吸式雨水斗

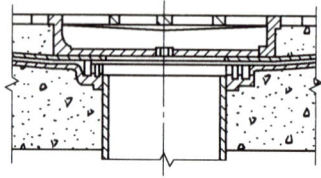

图 2-16　平箅式雨水斗

100mm，立管管径不得小于悬吊管的管径。塑料管悬吊管最小坡度不小于 0.005，铸铁管悬吊管最小坡度不小于 0.01。长度大于 15m 的悬吊管应设检查口，其间距不宜大于 20m，且应布置在便于维修操作处。

压力流雨水排水系统必须采用虹吸式雨水斗，立管管径应经计算确定，可小于悬吊管的管径。悬吊管敷设时不需要坡度，但不得反坡，管径不得小于 50mm。悬吊管中心线与雨水斗出口的高差宜大于 1m。

屋面雨水排水系统的立管接纳悬吊管或雨水斗的水流，通常沿墙、柱布置，每隔 2m 用夹箍固定在柱子上。为便于清通，立管在距地面 1m 处要装设检查口。埋地横管与立管的连接可采用检查井，也可采用管道配件。埋地横管可采用钢筋混凝土或带釉的陶土管。检查井的进出管道之间的交角不得小于 135°。

为杜绝屋面雨水从阳台溢出，阳台排水管应单独设置。当生活阳台设有生活排水设备及地漏时，可不另设阳台雨水排水地漏。当阳台设有洗衣机时，洗衣机排水地漏及排水管可以兼做阳台地面排水地漏和排水管。对于采用窗式和分体式空调的建筑，建筑已预留好空调机位时，应设置凝结水排水管，但不必设通气管，下部引至室外雨水口或明沟。

下列场所不应布置雨水管道：

1）生产工艺或卫生有特殊要求的生产厂房、车间。

2）贮存食品、贵重商品库房。

3）通风小室、电气机房和电梯机房。

雨水排水管材选用应符合下列规定：

1）重力流雨水排水系统当采用外排水时，可选用建筑排水塑料管；当采用内排水雨水系统时，宜采用承压塑料管、金属管或涂塑钢管等管材。

2）满管压力流雨水排水系统宜采用承压塑料管、金属管、涂塑钢管、内壁较光滑的带内衬的承压排水铸铁管等，用于满管压力流排水的塑料管，其管材抗负压力应大于 -80kPa。

## 2.6　建筑中水系统

随着城市建设和工业的发展，用水量（特别是工业用水量）急剧增加，大量污水、废水的排放严重污染了环境和水源，造成水资源不足，水质恶化。新水源的开发工程又相当艰巨。面对这种情况，立足本地区、本部门的水资源情况，采用污水回用方式是解决缺水问题的有效措施。将使用过的受到污染的水处理后再次利用，既减少了污水的外排量，减轻了城市排水系统的负荷，又可以有效地节约利用淡水资源，减少对水环境的污染，具有明显的社会效益、环境效益和经济效益。这种将使用过的受到污染的水收集起来，经过集中处理，再输送到用水点，用作杂用水的系统称为中水系统。

为实现污水、废水资源化，节约用水，治理污染，保护环境，各类建筑物和建筑小区建设时，应按《建筑中水设计标准》（GB 50336）的要求和当地的规定配套建设中水工程，中水工程必须与主体工程同时设计。缺水城市和缺水地区在进行各类建筑物和建筑小区建设时，其总体规划设计应包括污水、废水、雨水资源的综合利用和中水设施建设的内容。对于各种污水、废水资源，应根据当地的水资源情况和经济发展水平充分利用。对适合建设中水设施的工程项目，应结合当地实际情况和有关规定配套建设。

中水是由上水（给水）和下水（排水）派生出来的，是指各种排水经过物理处理、化学处理或生物处理，达到规定的水质标准，可在生活、市政、环境等范围内杂用的非饮用水，用来冲洗便器、冲洗汽车、绿化和浇洒道路等。因其标准低于生活饮用水水质标准，所以称为中水。选作中水水源而未经处理的水称为中水原水。由用于中水原水的收集、贮存、处理和中水供给等一系列工程设施组成的有机结合体称为建筑中水系统。

根据排水收集和中水供应的范围大小，建筑中水系统又分为建筑物中水系统和建筑小区中水系统。建筑物中水系统是指在一栋或几栋建筑物内建立的中水系统。建筑物中水系统框图如图 2-17 所示。建筑物中水系统具有投资少、见效快的特点。建筑小区中水系统是指在新（改、扩）建的校园、机关办公区、商住区、居住小区等集中建筑区内建立的中水系统。建筑小区中水系统框图如图 2-18 所示。因建筑物或建筑小区供水范围大，生活用水量和环

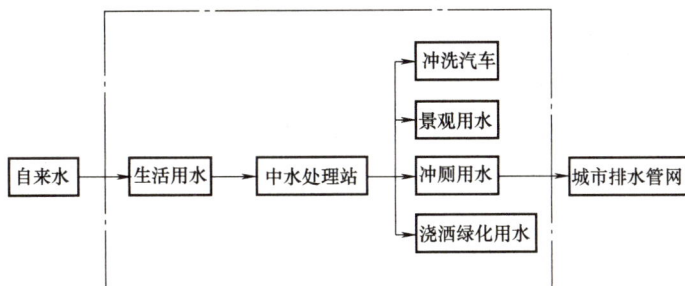

图 2-17　建筑物中水系统框图

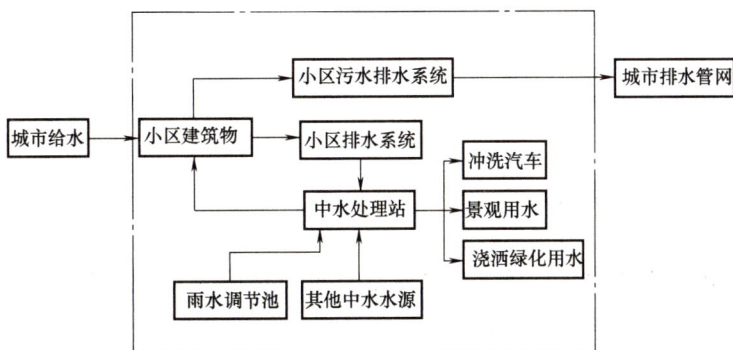

图 2-18　建筑小区中水系统框图

境用水量都很大，故可以设计成不同形式的中水系统，易于形成规模效益，实现污、废水资源化和小区生态环境的建设。建筑中水系统是建筑物或建筑小区的功能配套设施之一。

## 2.6.1 建筑中水系统的组成和形式

建筑中水系统由中水原水收集系统、建筑中水处理系统和建筑中水供水系统三部分组成。

中水原水收集系统是指收集、输送中水原水到中水处理设施的管道系统和一些附属构筑物。根据中水原水的水质，中水原水收集系统有合流集水系统和分流集水系统两类。

合流集水系统是指将生活污水和废水用一套管道排出的系统，即通常的排水系统。合流集水系统的集流干管可根据中水处理站位置要求设置在室内或室外，这种集水系统具有管道布置设计简单、水量充足稳定等优点，但是由于该系统将生活污水和废水合并为综合污水，因此原水水质差、中水处理工艺复杂、用户对中水接受程度低、处理站容易对周围环境造成污染。合流集水系统的管道设计要求和计算与建筑内部排水系统相同。

分流集水系统是指将生活污水和废水根据其水质情况的不同分别排出的系统，即污、废分流系统。将水质较好的废水作为中水原水，水质较差的污水经城市排水管网进入城市污水处理厂处理后排放。分流集水系统的优点是中水原水水质好，处理工艺简单，处理设施造价低，中水水质保障性好，符合人们的习惯和心理要求，用户容易接受，处理站对周围环境造成的影响较小。其缺点是原水水量受限制，并且需要增设一套分流管道，增加了管道系统的费用，给设计带来一些麻烦。分流集水系统适于设置在洗浴设备与厕所分开布置的住宅，有集中盥洗设备的办公楼、写字楼、旅馆、招待所、集体宿舍、大型宾馆、饭店的客房和职工浴室、公共浴室及洗衣房等。

建筑中水处理系统由前处理、主要处理和后处理三部分组成。前处理除了截留大的漂浮物、悬浮物和杂物外，主要调节水量和水质，这是因为建筑物和小区的排水范围小，中水原水的集水不均匀，所以需要设置调节池。主要处理用于去除水中的有机物、无机物等。后处理是对中水供水水质要求很高时进行的深度处理。

建筑中水供水系统由中水配水管网（包括干管、立管、横管）、中水水池、中水高位水箱、控制和配水附件、计量设备等组成。其任务是把经过处理的符合杂用水水质标准的中水输送至各个中水用水点。与生活给水供水方式类似，中水的供水方式也有简单供水、单设屋顶水箱供水、水泵和水箱联合供水和分区供水等多种方式。

建筑物的中水原水收集系统与建筑物的排水系统完全分开（污、废分流），建筑物的中水供水系统与生活给水系统也完全分开时的建筑中水系统称为完全分流系统，也就是建筑物的排水有污水和废水（杂排水）两套管道，供水有生活给水和中水两套管道。根据中水原水收集管道和中水供水管道覆盖建筑小区的范围大小，完全分流系统又分为全部完全分流系统、部分完全分流系统和半完全分流系统。中水原水收集管道和中水供水管道覆盖全区时称为全部完全分流系统；小区的部分建筑物有中水原水收集管道和中水供水管道时称为部分完全分流系统；小区无中水原水分流管道（建筑排水为合流制或外接中水水源），只有中水供水管道，或有中水原水收集管道和处理系统，无中水供水管道，处理的中水用于室外杂用时称为半完全分流系统。

当小区的建筑物既没有中水原水分流管道（建筑排水为合流制），也没有中水供水管道，处理后的中水只用于地面绿化、喷洒道路、水景观和人工河湖的补水、地下车库的地面冲洗和汽车清洗时称为无分流简化系统。

### 2.6.2　建筑中水水源及其水质水量

建筑中水水源应根据排水的水质、水量、排水状况和中水回用的水质、水量确定。一般建筑中水取自建筑物内部的生活污水、生活废水、冷却水和其他可利用的水源，建筑屋面雨水可作为中水水源的补充。经消毒处理后的综合医院废水只可作为独立的不与人接触的用于滴灌绿化的中水水源，但严禁传染病医院废水和放射性废水作为中水水源。

（1）建筑物中水系统的中水水源　建筑物中水系统规模小，有几种排水可用作中水水源，按污染程度的由轻到重，选取顺序为：

1）沐浴排水：沐浴排水是指公共浴室淋浴、坐浴，以及卫生间淋浴时排放的废水，其中的有机物和悬浮物浓度都较低，但阴离子洗涤剂的含量可能较高。

2）盥洗排水：盥洗排水是指洗脸盆、洗手盆和盥洗槽排放的废水，水质与沐浴排水相近，但悬浮物浓度较高。

3）冷却排水：冷却排水主要是指空调循环冷却水系统排放的废水，特点是水温较高，污染较轻。

4）洗衣排水：洗衣排水是指宾馆洗衣房排水，水质与盥洗排水相近，但洗涤剂含量较高。

5）厨房排水：厨房排水包括厨房、食堂和餐厅在进行炊事活动中排放的污水，污水中有机物浓度、浊度和油脂含量都较高。

6）冲厕排水：大便器和小便器排放的污水，有机物浓度、悬浮物浓度和细菌含量都很高。

此外还有游泳池排水：水质与沐浴排水相近，但悬浮物浓度较高。

上述这几种常用的中水水源排水量少，排水不均匀，所以建筑中水水源一般不是单一水源，而是多水源组合。按混合后水源的水质，有优质杂排水、杂排水和生活排水三种组合方式。优质杂排水包括沐浴排水、盥洗排水、冷却排水和游泳池排污水，其有机物浓度和悬浮物浓度都低，水质好，处理容易，处理费用低，应优先选用。杂排水是不含冲厕排水的其他排水的组合，杂排水的有机物和悬浮物浓度都较高，水质较好，处理费用比优质杂排水高。生活排水包含杂排水和厕所排水，生活排水的有机物和悬浮物浓度都很高，水质差，处理工艺复杂，处理费用高。

（2）建筑小区中水系统的中水水源　建筑小区中水系统规模较大，可选作中水水源的种类较多。水源的选择应根据水量平衡和技术经济比较确定。优先选用水量充足、稳定、污染物浓度低、水质处理难度小，安全且居民易接受的中水水源。按污染程度由轻到重，建筑小区中水水源选取顺序为：

1）小区内建筑物杂排水。

2）小区或城市污水处理厂经生物处理后的出水。

3）小区附近工业企业排放的水质较清洁、水量较稳定、使用安全的生产废水。

4）小区生活污水。

5）小区内雨水可作为补充水源。

### 2.6.3 建筑中水用水的水质与水量

#### 1. 建筑中水的水质

污水再生利用按用途分为农林牧渔用水、建筑杂用水、城市杂用水、工业用水、景观环境用水、补充水源水等。建筑中水主要是建筑杂用水和城市杂用水，如冲厕、浇洒道路、绿化用水、消防、车辆冲洗、建筑施工、冷却用水等。建筑中水除了安全可靠，卫生指标如大肠菌群数等必须达标外，还应符合人们的感官要求，以解除人们使用中水的心理障碍，如浊度、色度、嗅味等，另外，回用的中水不应引起设备和管道的腐蚀和结垢。

建筑中水的用途不同，选用的水质标准也不同；建筑中水用作建筑杂用水和城市杂用水，其水质应符合国家标准《城市污水再生利用城市杂用水水质》（GB/T 18920）的规定。建筑中水用于采暖系统补水等其他用途时，其水质应达到相应使用要求。当建筑中水同时用于多种用途时，其水质应按最高水质标准确定。

#### 2. 建筑中水的水量

根据中水的不同用途，按有关的设计规范，分别计算冲厕、冲洗汽车、浇洒道路、绿化等各项中水日用水量。将各项中水日用量汇总，即中水总用水量

$$Q_3 = \sum q_{3i} \tag{2-5}$$

式中　$Q_3$——中水总用水量，单位为 $m^3/d$；

　　　$q_{3i}$——各项中水日用水量，单位为 $m^3/d$。

## 2.7 居住小区排水工程

### 2.7.1 居住小区排水体制

本章的排水体制是指在小区内收集和输送各种不同的生活污水、雨水的方式。

居住小区排水体制主要分为分流制和合流制。采用何种排水体制，主要取决于城市排水体制和环境保护要求，也与居住小区是新区建设还是旧区改造以及建筑内部排水体制有关。小区排水系统应采用生活排水与雨水分流制排水。

排水体制的选择要以保证当地污水不污染环境为首要原则，其次考虑工程造价以及技术合理性。在满足环保要求的前提下，应选择投资、运行成本最小的方案。从环保角度而言，排水体制的选择主要是对生活污水与初降雨水的污染进行有效控制。当小区污水直接排入环境要求较高的受纳水体时，或暴雨对附近水体危害较大时，应采用分流制。经济条件好和新建、扩建的小区，宜采用分流制排水系统。

居住小区内需设置中水系统时，为简化中水处理工艺，节省投资和日常运行费用，应将生活污水和生活废水分质分流。

当居住小区设置化粪池时，为减小化粪池容积，应将污水和废水分流，生活污水进入化粪池，生活废水直接排入城市排水管网、水体或中水处理站。对于城市排水管网系统健全、小区污水能够顺利汇入污水处理厂的地区，宜取消化粪池。

### 2.7.2　居住小区排水管材和检查井

排水管材应根据排水性质、成分、温度、地下水侵蚀性、外部荷载、土壤情况和施工条件等因素因地制宜，就地取材。排水管材选择应符合下列要求：

1）小区室外排水管道应优先采用埋地排水塑料管。

2）当连续排水温度大于 40℃时，应采用金属排水管或耐热塑料排水管。

3）压力排水管道可采用耐压塑料管、金属管或塑钢复合管。

管道的基础和接口应根据地质条件、布置位置、施工条件、地下水位、排水性质等因素确定。对于设计思路为生态型人居环境的小区，可以选用新型软性生态排水材料。

居住小区排水管与室内排出管连接处，管道交汇、转弯、跌水、管径或坡度改变处以及直线管段上一定距离应设检查井。

### 2.7.3　小区排水管道的布置与敷设

居住小区排水管道的布置应根据小区总体规划、道路和建筑物布置、地形标高、污水、废水和雨水的去向等实际情况，按照管线短、埋深小、尽量自流排出的原则确定。

居住小区排水管道平面布置应符合下列规定：

1）宜与道路和建筑物的周边平行布置，且在人行道或草地下。

2）管道中心线与建筑物外墙的距离不宜小于 3m，管道不应布置在乔木下面。

3）管道与道路交叉时，宜垂直于道路中心线。

4）干管应靠近主要排水建筑物，并布置在连接支管较多的路边侧。

居住小区排水管道最小埋地敷设深度应根据道路的行车等级、管材受压强度、地基承载力、土层冰冻等因素经计算确定，并应符合下列规定：

1）小区干道和小区组团道路下的生活排水管道，其覆土深度不宜小于 0.70m。

2）生活排水管道埋设深度不得高于土壤冰冻线以上 0.15m，且覆土深度不宜小于 0.30m；当采用埋地塑料管道时，排出管埋设深度可不高于土壤冰冻线以上 0.50m。

居住小区内雨水口的形式和数量应根据布置位置、雨水流量和雨水口的泄流能力经计算确定。雨水口应根据地形、建筑物位置，沿道路布置。

为及时排除雨水，雨水口一般布置在道路交汇处和路面最低点，建筑物单元出入口与道路交界处，外排水建筑物的水落管附近，小区空地、绿地的低洼点，地下坡道入口处等。

## 2.8　建筑给水排水施工图识读

### 2.8.1　建筑给水排水施工图的组成与内容

建筑给水排水施工图主要通过线型、符号，并配合必要的文字来描绘工程的具体内容。线型应根据图样的比例和类别，按《建筑给水排水制图标准》（GB/T 50106）的规定选用。建筑给水排水施工图是建筑给水排水工程施工的依据。施工图可使施工人员明白设计人员的设计意图，进而贯彻到工程施工的过程中，施工图必须由正式设计单位绘制并签发。施工时，未经设计单位同意，不得随意对施工图中的规定内容进行修改。

建筑给水排水施工图包括文字部分和图示部分。文字部分包括图纸目录、设计施工说明、设备材料明细表和图例等；图示部分包括平面图、系统图和详图。

### 1. 文字部分

（1）图纸目录　图纸目录包括设计人员绘制的图部分和选用的标准图部分。图纸目录显示设计人员绘制图样的顺序，便于查阅。

（2）设计施工说明　设计图上用图或符号表达不清楚的问题，或有些内容用文字能够简单说清楚的问题，可用文字加以说明。

设计施工说明的主要内容包括：工程概况，设计依据，设计范围及技术指标（如给水方式、排水体制的选择等），施工说明（如图中尺寸采用的单位，采用的管材及连接方式，管道防腐、防结露的做法，保温材料的选用、保温层的厚度及做法等），卫生器具的类型及安装方式，施工注意事项，系统的水压试验要求，施工验收应达到的质量标准等。如有水泵、水箱等设备，还必须写明型号、规格及运行要点等。

（3）设备材料明细表　设备材料明细表中列出图样中的主要设备的型号、规格、数量及性能要求等，用于在施工备料时控制主要设备的性能。对于重要工程，为了使施工准备的材料和设备符合图样的要求，并且便于备料，设计人员应编制一个主要设备材料明细表，包括主要设备材料的序号、名称、型号规格、单位、数量和备注等项目。另外，施工图中涉及的其他设备、管材、阀门和仪表等也应列入表中。一些不影响工程进度和质量的零星材料可不列入表中。

一般中小型工程施工图的文字部分直接写在图纸上，当工程较大、内容较多时另附专页编写，并放在一套图样的首页。

（4）图例　施工图中的管道及附件、管道连接、卫生器具和设备仪表等，一般采用统一的图例表示。《建筑给水排水制图标准》（GB/T 50106）规定了工程中常用的图例，凡在该标准中未列入的可自设。一般情况下，图样应专门画出图例，并加以说明。建筑给水排水施工图中常用的图例见表 2-10。

表 2-10　建筑给水排水施工图中常用的图例

| 序号 | 名称 | 图例 | 备注 |
|---|---|---|---|
| 1 | 生活给水管 | —— J —— | — |
| 2 | 废水管 | —— F —— | 可与中水原水管合用 |
| 3 | 通气管 | —— T —— | — |
| 4 | 污水管 | —— W —— | — |
| 5 | 雨水管 | —— Y —— | — |
| 6 | 排水漏斗 | 平面　系统 | — |
| 7 | 圆形地漏 | 平面　系统 | 通用。如无水封，地漏应加存水弯 |

（续）

| 序号 | 名称 | 图例 | 备注 |
|------|------|------|------|
| 8 | 方形地漏 | 平面　　系统 | — |
| 9 | 立管检查口 | | — |
| 10 | 清扫口 | 平面　　系统 | — |
| 11 | 通气帽 | 成品　蘑菇形 | — |
| 12 | 球阀 | | — |
| 13 | 闸阀 | | — |
| 14 | S 形存水弯 | | — |
| 15 | P 形存水弯 | | — |
| 16 | 水嘴 | 平面　　系统 | — |
| 17 | 立式洗脸盆 | | — |
| 18 | 台式洗脸盆 | | — |
| 19 | 挂式洗脸盆 | | — |

（续）

| 序号 | 名称 | 图例 | 备注 |
|------|------|------|------|
| 20 | 立式小便器 | 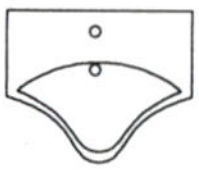 | — |
| 21 | 壁挂式小便器 |  | — |
| 22 | 蹲式大便器 | 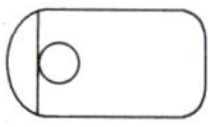 | — |
| 23 | 坐式大便器 | 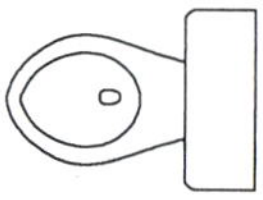 | — |
| 24 | 小便槽 | 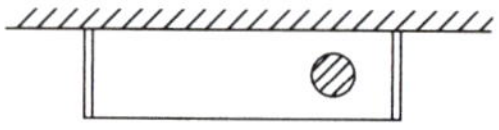 | — |
| 25 | 淋浴喷头 |  | — |
| 26 | 矩形化粪池 | 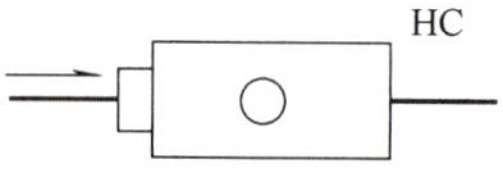 HC | HC 为化粪池 |
| 27 | 水表 | | — |
| 28 | 雨水口（单算） |  | — |
| 29 | 雨水口（双算） |  | — |
| 30 | 水表井 |  | — |

### 2. 图示部分

（1）平面图　平面图是给水排水施工图的基本图示部分。它反映卫生器具、给水排水管道和附件等在建筑物内的平面布置情况。在通常情况下，建筑的给水和排水系统不是很复杂，将给水管道、排水管道绘制在一张图上，称为给水排水平面图。

平面图所表达的主要内容如下：

1）表明建筑的平面轮廓、房间布置等情况，标注轴线及房间的主要尺寸。为了节省图纸幅面，常常只画出与给水排水管道相关部分的建筑局部平面。

2）用水设备、卫生器具的平面布置、类型和安装方式。

3）建筑物各层给水排水干管、立管、支管的位置。首层平面图需绘制出给水引入管、污水排出管的位置。标注主要管道的定位尺寸及管径等，按规定对引入管、排出管和立管编号。对于安装于下层空间而为本层使用的管道，应绘制在本层平面图上。

4）水表、阀门、水嘴、清扫口、地漏等管道附件的类型和位置。

（2）系统图　系统图也称轴测图，一般按45°正面斜轴测图绘制。系统图表示给水排水系统空间位置及各层、前后、左右的关系。给水系统图、排水系统图应分别绘制。

系统图所表达的主要内容如下：

1）自引入管，经室内给水管道系统至用水设备的空间走向和布置情况。

2）自卫生器具，经室内排水管道系统至排出管的空间走向和布置情况。

3）管道的管径、标高、坡度、坡向及系统编号和立管编号。

4）各种设备（包括水泵、水箱等）的接管情况、设置位置和标高、连接方式及规格。

5）管道附件的种类、位置、标高。

6）排水系统通气管设置方式、通气管与排水立管之间的连接方式、伸顶通气管上通气帽的设置及标高等。

在有些施工图中，由于设计者习惯，对于多层或高层建筑存在标准层等情况，有若干层或若干根横支管（也可用于立管）的管路、设备布置完全相同时，系统图中只画出相同类型的一根支管（或立管），其余省略，并用文字、字母或符号将其一一对应表示。

（3）详图　给水排水平面图、系统图表示卫生器具及管道的布置情况，而卫生器具的安装和管道的连接需要有施工详图作为依据。常用的卫生设备安装详图通常套用国家建筑标准设计图集《卫生设备安装》（09S304）中的图样，不必另行绘制，只要在设计施工说明或图纸目录中写明所套用的图集名称及其中的详图号即可。当没有标准图时，设计人员需自行绘制。

### 3. 图示部分的表示方法

（1）平面图的表示方法

1）平面图的比例。平面图是室内给水排水施工图的主要部分，一般采用与建筑平面图相同的比例，常用1∶50、1∶100、1∶200，大型车间常用1∶200。

2）平面图的数量。平面图的数量视卫生器具和给水排水管道布置的复杂程度而定。对于多层房屋，底层由于设有引入管和排出管且管道需与室外管道相连，宜单独画出一个完整的平面图（如能表达清楚与室外管道的连接情况，也可只画出与卫生设备和管道有关的平面图）；楼层平面图只需抄绘与卫生设备和管道布置有关的平面图，一般应分层抄绘，当楼层的卫生设备和管道布置完全相同时，只需画出相同楼层的一个平面图，称为标准层平面图；设有屋顶水箱的楼层可单独画出屋顶给水排水平面图，但当管道布置较简单时，也可在最高楼层给水排水平面图中用中虚线画出水箱的位置。如果管道布置较复杂，同一平面（或同一标高处）上的管道画在一张平面图上表达不清楚，也可用多个平面图表示，如底层给水平面图、底层排水平面图和底层自动喷淋平面图等。

3）建筑平面图的画法。在给水排水平面图中所抄绘的建筑平面图，墙、柱和门窗等都用细实线表示。由于给水排水平面图主要反映管道系统各组成部分在建筑平面上的位置，因此房屋的轮廓线应与建筑施工图一致，一般只需抄绘房屋的墙、柱、门窗等主要部分，至于房屋的细部尺寸、门窗代号等均可省去。为使管道设备安装与土建施工的位置对应，在各层给水排水平面图上均需标明定位轴线，并在平面图的定位轴线间标注尺寸；同时应标注出各层平面图上的相应标高。

4）平面图的剖切位置。房屋的建筑平面图是从门窗部位水平剖切的，而管道平面图的剖切位置则不限于此高度，凡是本层设施配用的管道均应画在该层平面图中，底层还应包括埋地或地沟内的管道；如有地下层，引入管、排出管及汇集横干管可绘制在地下层内。

5）管道画法。室内给水排水各种管道，无论直径大小，一律用粗单线表示，可用汉语拼音字头为代号表示管道类别，也可用不同线型表示不同类别的管道，如给水管用粗实线，排水管用粗虚线。在平面图中，不论管道在楼面或地面的上、下，均不考虑其可见性。给水排水立管是指穿过一层及多层的竖向供水管道和排水管道。平面图上有各种立管的编号，底层给水排水平面图中还有各种管道按系统的编号。一般给水以每个引入管为一个系统，排水以每个排出管为一个系统。立管在平面图中以空心小圆圈表示，并用指引线注明管道类别代号，其标注方法为分数形式，分子为管道类别代号，分母为同类管道编号。当一种系统的立管数量多于一根时，宜采用阿拉伯数字编号。

6）管径的表示。给水排水管的管径尺寸以毫米（mm）为单位。金属管道（如焊接钢管、铸铁管）以公称直径DN表示，如DN15、DN50等；塑料管一般以公称外径De（或dn）表示，如De20（或dn20）等；钢筋混凝土（或混凝土）管的管径一般以内径 $d$ 表示。管径一般标注在该管段旁，如位置不够时，也可用引出线引出标注。由于管道长度是在安装时根据设备间的距离直接测量截割的，所以在图中不必标注管长。

（2）系统图的表示方法　给水排水系统图上各立管和系统的编号应与平面图上一一对应，在给水排水系统图上还应画出各楼层地面的相对标高。绘制给水排水系统图的比例宜选用1∶50、1∶100、1∶200的比例。当采用与给水排水平面图相同的比例绘图时，按轴向量取长度较为方便。如果按一定比例绘制时，图线重叠，允许不按比例绘制，可适当将管线拉长或缩短。

《建筑给水排水制图标准》（GB/T 50106）规定，给水排水系统图宜用45°正面斜轴测投影法绘制。习惯上采用45°正面斜轴测来绘制系统图，$OZ$ 与 $OX$ 的轴间角为90°，$OY$ 与 $OZ$、$OX$ 的轴间角为135°。为了便于绘制和阅读，立管平行于 $OZ$ 轴方向，平面图上左右方向的水平管道沿 $OX$ 轴方向绘制，平面图上前后方向的水平管道沿 $OY$ 轴方向绘制。卫生器具、阀门等设备用图例表示。

给水排水系统图中的管道都用粗实线表示，不必像平面图中那样，用不同线型的粗线来区分不同类型的管道，其他图例和线宽仍按原规定绘制。在系统图中，不必画出管件的接头形式，管道的连接方式可用文字写在施工说明中。

管道系统中的给水附件，如水表、截止阀、水嘴和消火栓等，可用图例画出。对于相同布置的各层，可只将其中的一层画完整，其他各层只需在立管分支处用折断线表示。

在排水系统图中，可用相应图例画出卫生设备上的存水弯、地漏或检查口等。排水横管虽有坡度，但由于比例较小，故可按水平管道绘制，绘制时宜注明坡度与坡向。由于所有卫生器具和设备已在给水排水平面图中表达清楚，故在排水管道系统图中没必要画出。

为了反映管道和房屋的联系，系统图中还要画出管道穿越的墙、地面、楼层和屋面的位置，一般用细实线画出地面和墙面，用两条靠近的水平细实线画出楼面和屋面。

对于水箱等大型设备，为了便于与各种管道连接，可用细实线画出其主要外形轮廓的轴测图。

当在同一系统中的管道因互相重叠和交叉而影响该系统图的清晰性时，可将一部分管道平移至空白位置画出，称为移置画法或引出画法。将管道从重叠处断开，用移置画法移到图面空白处，从断开处开始画，断开处应标注相同的符号，以便对照读图。

管道的管径一般标注在该管段旁边，标注位置不够时，可用引出线引出标注。室内给水排水管道标注：公称直径用 DN 表示，公称外径用 De（或 dn）表示。管道各管段的管径要逐段标出，当连续几段的管径都相同时，可以仅标注它的始段和末段，中间段可省略不注。

凡有坡度的横管（主要是排水管），宜在管道旁边或引出线上标注坡度，如 0.5%，数字下面的单边箭头表示坡向（指向下坡的方向）。当排水横管采用标准坡度（或称为通用坡度）时，在图中可省略不注，或在施工说明中用文字说明。

管道系统图中标注的标高是相对标高，即以建筑标高的 ±0.000 为 ±0.000m。在给水系统图中，标高以管中心为准，一般标注出引入管、横管、阀门、水嘴、卫生器具的连接支管、各层楼地面及屋面等的标高。在排水系统图中，横管的标高以管内底为准，一般应标注立管上检查口、排出管的起点标高。其他排水横管的标高一般根据卫生器具的安装高度和管件的尺寸，由施工人员决定。此外，还要标注各层楼地面及屋面等的标高。

（3）详图的表示方法　安装详图的比例较大，可按需要选用 1∶10、1∶20、1∶30，也可选用 1∶5、1∶40、1∶50 等。安装详图必须按施工安装的需要表达得详尽、具体、明确，一般都用正投影的方法绘制，设备的外形可以简化画出，管道用双线表示，安装尺寸也应注写完整、清晰，主要材料表和有关说明都要表达清楚。

## 2.8.2　建筑给水排水施工图的识读

### 1. 施工图示例

某学校学生宿舍楼给排水工程。生活给水管采用钢塑复合给水管；公称直径 ≤DN100 时采用螺纹连接，公称直径 >DN100 时采用法兰连接。排水管管径 ≤DN150 时采用硬聚氯乙烯塑料管（UPVC），粘接；DN>150 时采用混凝土管，承插接口。

给水管管道标高为中心线，排水管管道标高为管内底，立管检查口距离地面 1.0m。本例所使用的施工图如图 2-19～图 2-23 所示。

### 2. 识读建筑给水排水施工图应注意的问题

1）看清图纸中指北针的方向和该建筑在总平面图中的位置。

2）看图时，先看设计施工说明，明确设计要求，了解工程概况。设计施工说明一般放在施工图的首页，简单工程可与平面图或系统图放在一起。

3）要将施工图按给水、消防、排水分别阅读，将平面图和系统图对照起来看。

4）给水系统图可以从引入管起顺着管道的水流方向，经干管、立管、横支管到用水设备，将平面图和系统图对应起来，弄清楚管道的方向，分支位置，各段管道的管径、标高、坡度、坡向、管道上的阀门及水嘴的位置和种类等。

5）排水系统图可从卫生器具开始，沿水流方向，经支管、横管、立管，一直查看到排出管。弄清楚管道的方向，管道汇合位置，各管段的管径、标高、坡度、坡向、检查口、清扫口和地漏的位置，风帽的形式等。

6）最后结合平面图和系统图及设计施工说明看详图，弄清楚卫生器具的类型、安装形式，设备的型号规格和配管形式等，将整个给水排水系统的来龙去脉以及对施工安装的具体要求弄清楚。

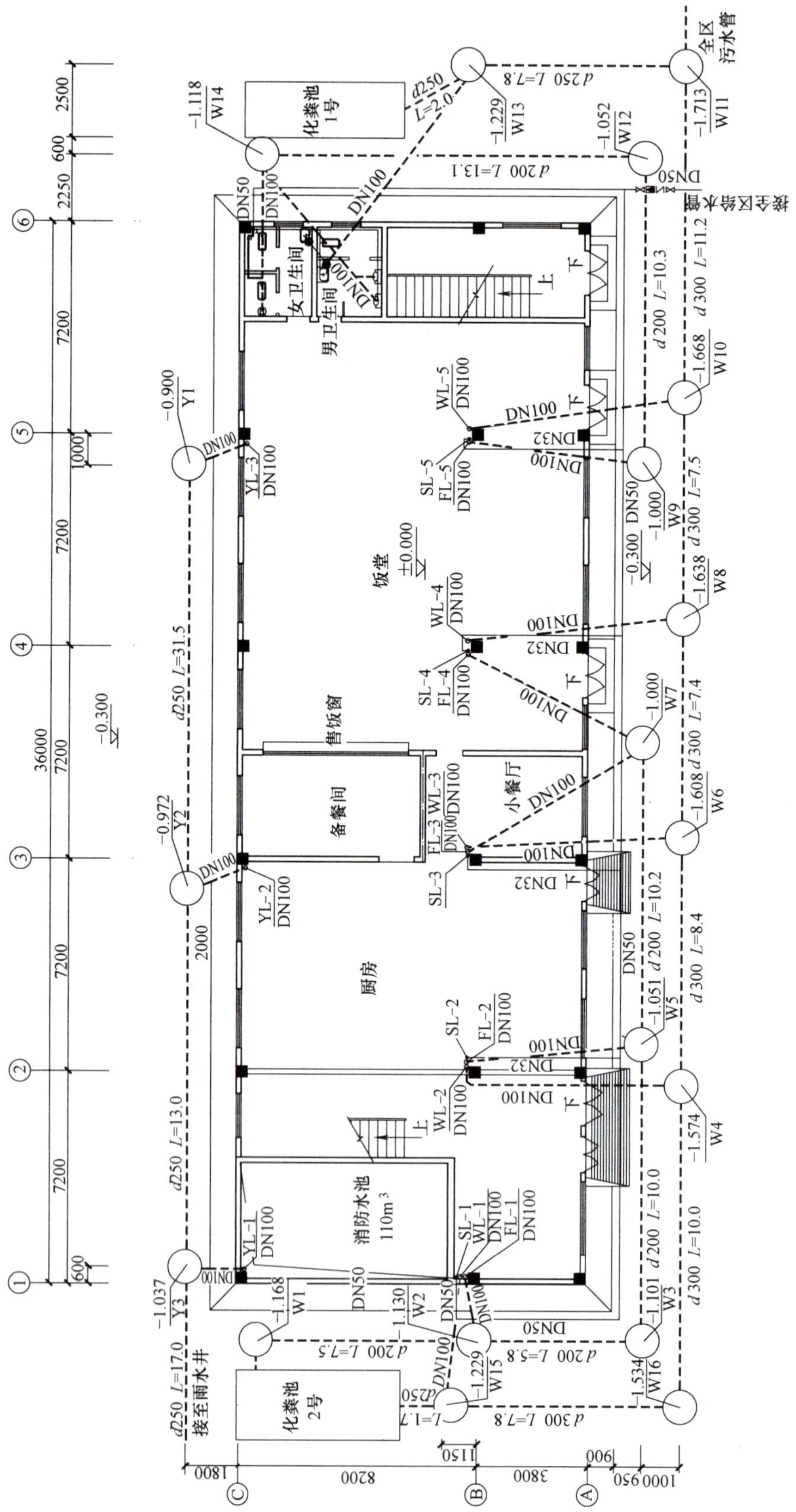

图 2-19　首层给水排水平面图

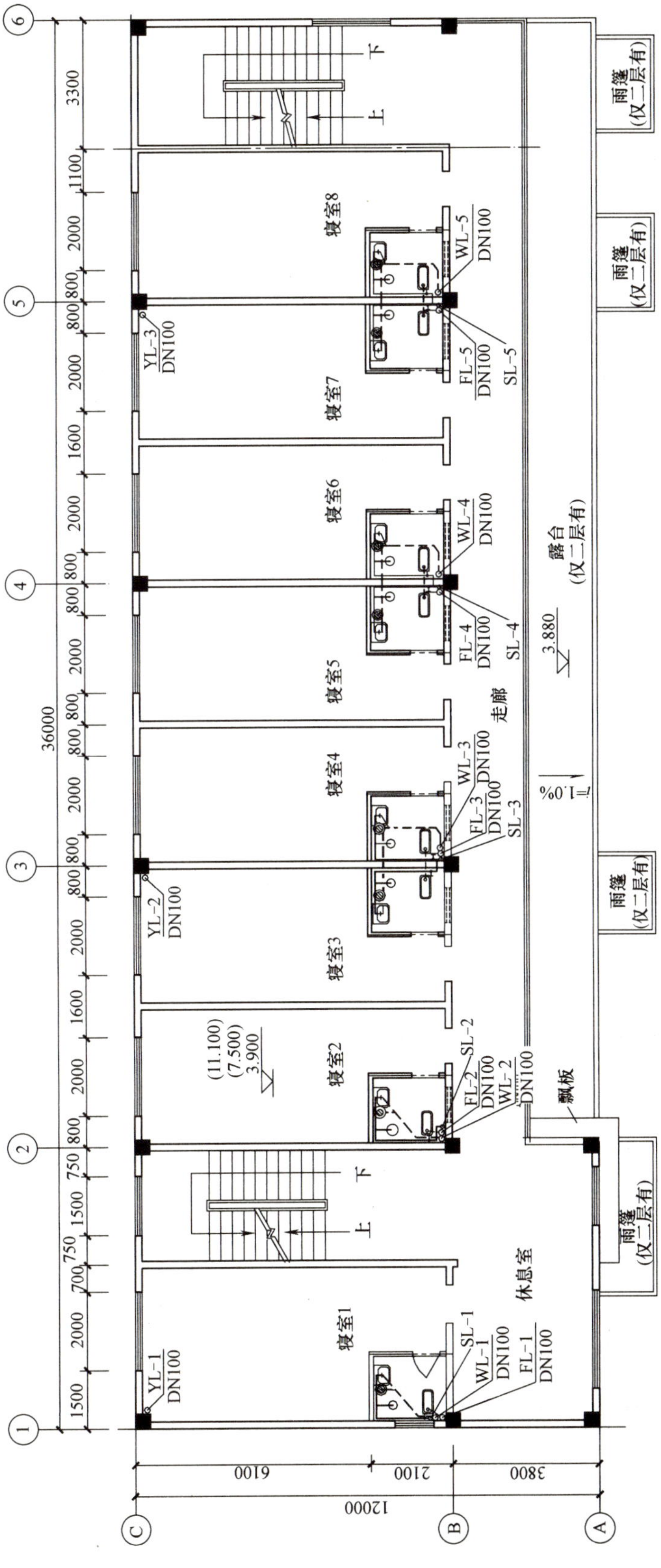

图 2-20　二~四层给水排水平面图

寝室5

寝室4

WL-3

FL-3

SL-3

C

6

5'

从水表井供入

排至W14检查井

排至W14检查井

排至W13检查井

女卫生间

男卫生间

5000

3200

B'

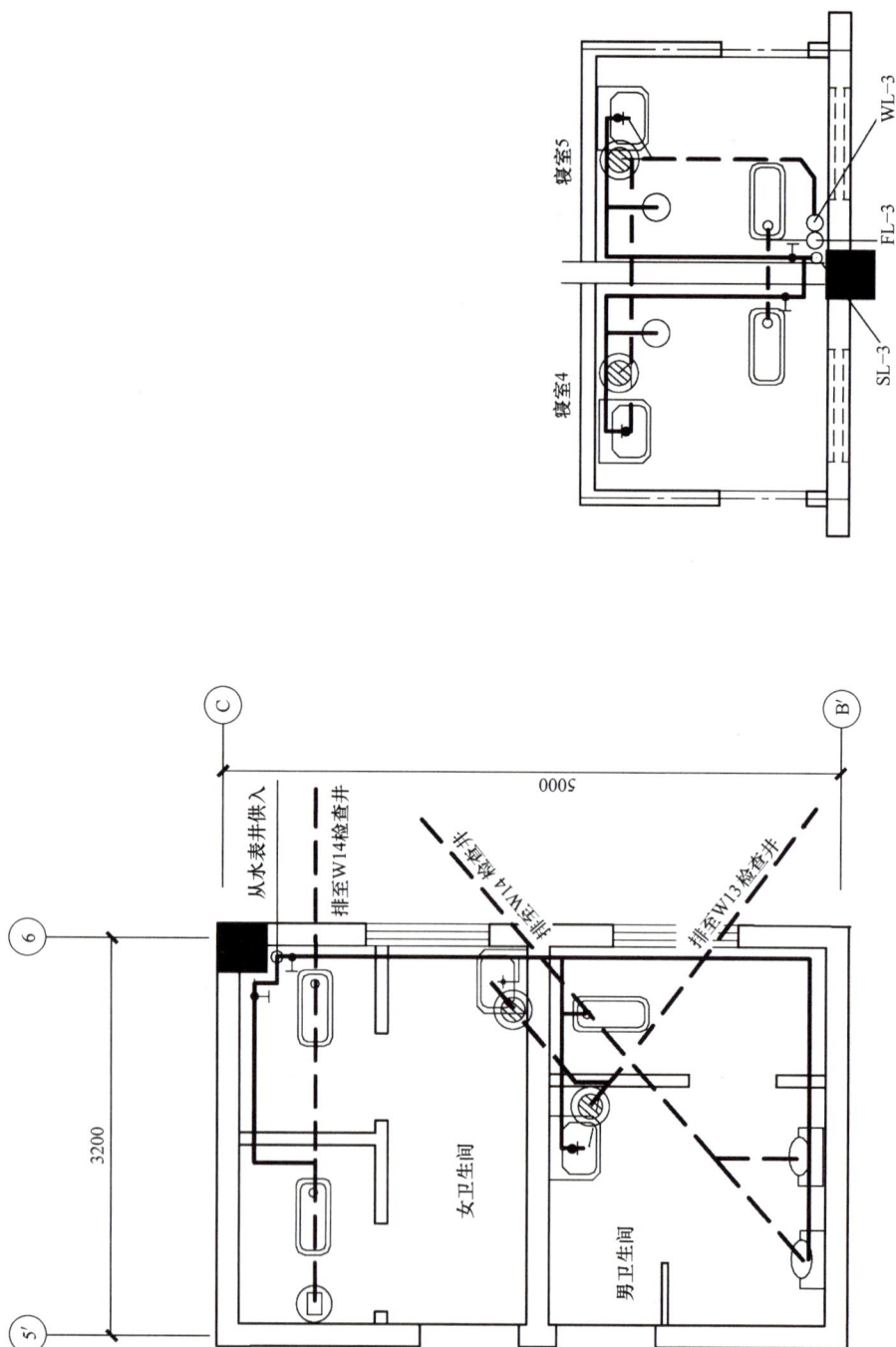

图 2-21  卫生间大样图

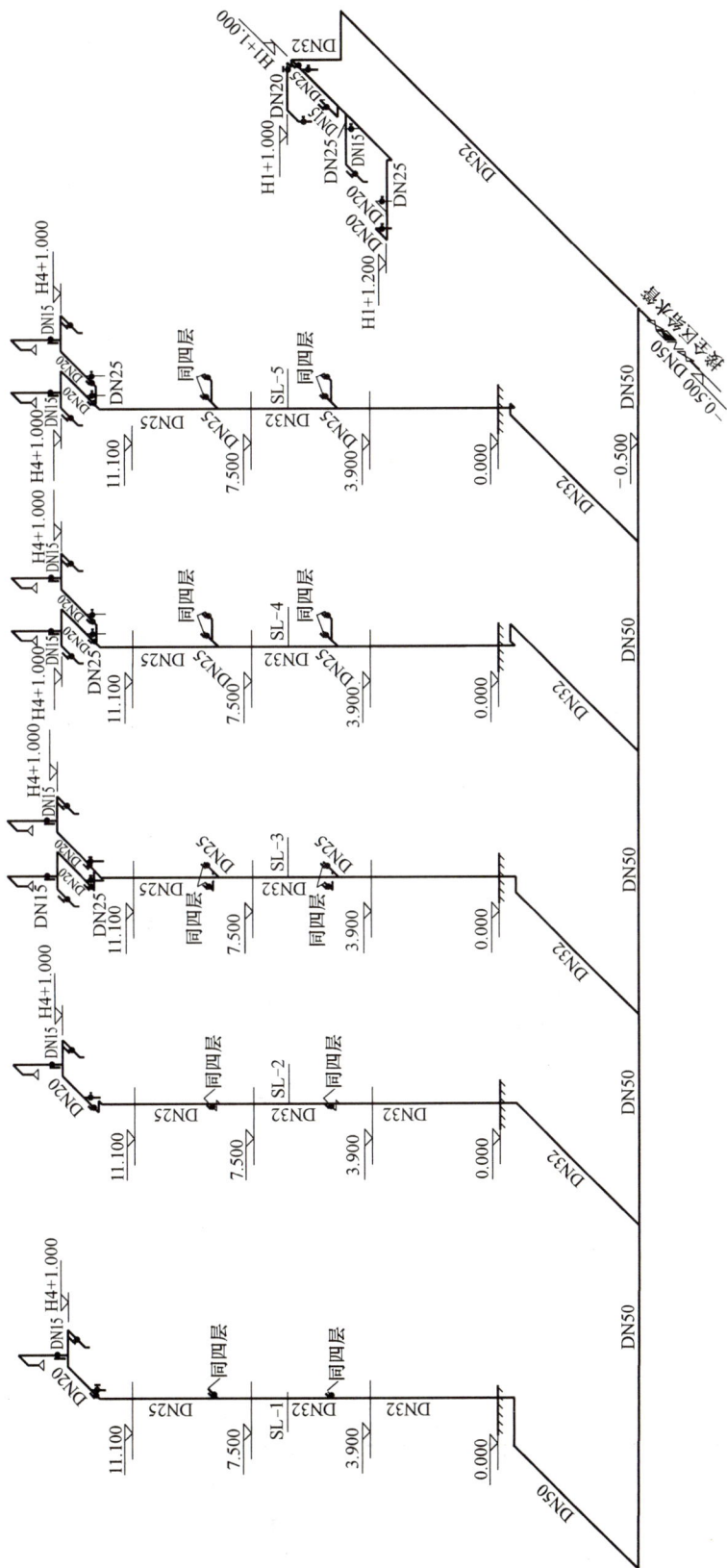

图 2-22　给水管道系统图

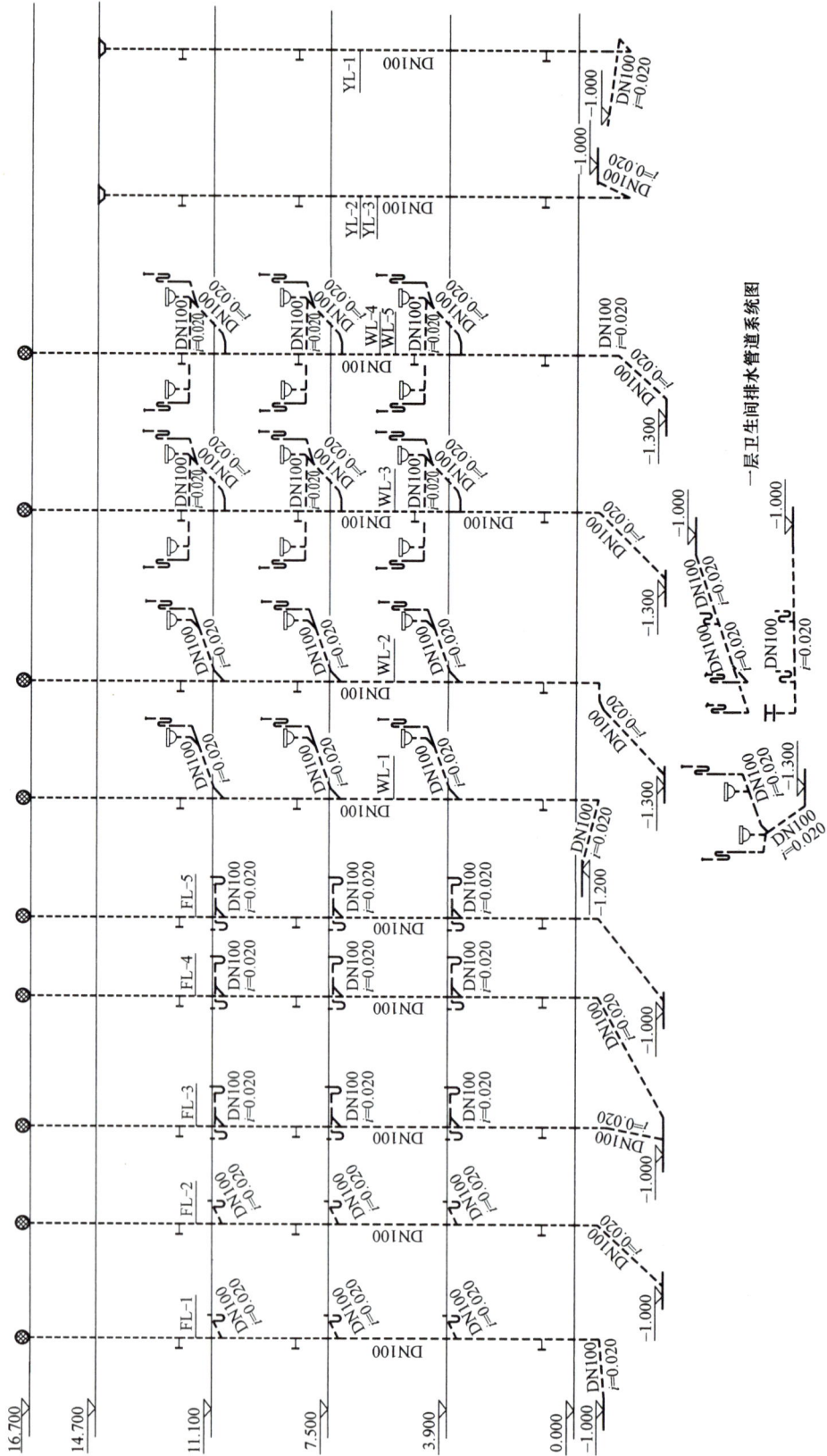

图 2-23 排水管道系统图

7）如果仍然有不明确的问题或设计不合理、无法施工等，可与建设单位、施工单位和设计单位三方协商解决。如需变更设计内容，由设计单位以变更单（用文字或补充图样）的形式签发，图样变更需经设计单位盖章后生效执行。

## 复习思考题

2-1　室内排水系统按照排水的性质可分哪几类？各有什么特点？

2-2　一个完整的建筑排水系统由哪几部分组成？

2-3　室内排水系统通气管有哪些作用？通气方式有哪几种？

2-4　建筑排水系统中水封的作用是什么？水封设置有何要求？

2-5　室内排水系统常用管材有哪些？

2-6　存水弯的作用是什么？有哪几种类型？

2-7　常用的污水局部处理设施有哪些？

2-8　排水管的布置应满足哪些原则？

2-9　什么是排水当量？1 个排水当量是多少？

2-10　室内排水系统水力计算的目的是什么？

2-11　屋面雨水有哪些排放方式？各有何特点？常用雨水斗有哪些类型？

2-12　重力流雨水排水系统和压力流雨水排水系统的管道布置各有何特点？

# 第3章
# 室内消防给水

建筑消防系统根据使用的灭火介质种类，一般可分为：水消防系统、气体灭火系统、泡沫灭火系统、干粉灭火系统、蒸汽灭火系统、烟雾灭火系统等。建筑消防系统根据使用灭火剂的种类和灭火方式可分为下列 3 种灭火系统：

1）消火栓给水系统。

2）自动喷水灭火系统。

3）其他使用非水灭火剂的固定灭火系统，如二氧化碳灭火系统、干粉灭火系统、卤代烷灭火系统等。

在水、泡沫、酸碱、卤代烷、二氧化碳和干粉等灭火剂中，水具有使用方便、灭火效果好、来源广泛、价格便宜、器材简单等优点，是目前建筑消防的主要灭火剂。第 3.1、3.2节重点介绍以水作为灭火剂的消火栓给水系统和自动喷水灭火系统。

## 3.1 消火栓给水系统

建筑消火栓给水系统是把室外给水系统提供的水量经过加压（外网压力不满足需要时），输送到建筑物内，用于扑灭火灾而设置的固定灭火设备，是建筑物中最基本的灭火设施。

建筑消火栓给水系统按照压力分为高压（准高压）给水系统、临时高压给水系统和低压给水系统三类。

### 3.1.1 室内消火栓给水系统的设置原则

按照我国《建筑设计防火规范》（GB 50016）的规定，下列建筑物或场所应设置室内消火栓系统：

1）建筑占地面积大于 $300m^2$ 的厂房和仓库。

2）高层公共建筑和建筑高度大于 21m 的住宅建筑。

3）体积大于 $5000m^3$ 的车站、码头、机场的候车（船、机）楼、展览建筑、商店建筑、旅馆建筑、医疗建筑、老年人照料设施和图书馆建筑等单、多层建筑。

4）特等、甲等剧场，超过 800 个座位的其他等级的剧场和电影院等以及超过 1200 个座位的礼堂、体育馆等单、多层建筑。

5）建筑高度大于 15m 或体积大于 $10000m^3$ 的办公建筑、教学建筑和其他单、多层民用建筑。

下列建筑物可不设消火栓给水系统，但宜设置消防软管卷盘或轻便消防水龙：

1）耐火等级为一、二级且可燃物较少的单、多层丁、戊类厂房（仓库）。

2）耐火等级为三、四级且建筑体积不大于 3000m³ 的丁类厂房；耐火等级为三、四级且建筑体积不大于 5000m³ 的戊类厂房（仓库）。

3）粮食仓库、金库、远离城镇且无人值班的独立建筑。

4）存有与水接触能引起燃烧爆炸的物品的建筑。

5）室内无生产、生活给水管道，室外消防用水取自储水池且建筑体积不大于 5000m³ 的其他建筑。

国家级文物保护单位的重点砖木或木结构的古建筑，宜设置室内消火栓系统。

人员密集的公共建筑，建筑高度大于 100m 的建筑和建筑面积大于 200m² 的商业服务网点内应设置消防软管卷盘或轻便消防水龙。高层住宅建筑的户内宜配置轻便消防水龙。

老年人照料设施内应设置与室内供水系统直接连接的消防软管卷盘，消防软管卷盘的设置间距不应大于 30.0m。

## 3.1.2　消火栓给水系统的组成与供水方式

### 1. 消火栓给水系统的组成

建筑消火栓给水系统一般由消火栓设备（水枪、水带、消火栓）、水泵接合器、消防管道、消防水池、消防水箱及增压水泵等组成。图 3-1 所示为设有水泵、水箱的消防供水方式。

（1）消火栓设备　消火栓设备由水枪、水带和消火栓组成，均安装于消火栓箱内。

水枪一般为直流式，喷嘴口径有 11、13、16、19mm 4 种。口径为 13mm 的水枪配备直径 50mm 水带，口径为 16mm 的水枪可配 50 或 65mm 水带，口径为 19mm 的水枪配备 65mm 水带。低层建筑的消火栓可选用 13 或 16mm 口径水枪。

水带口径有 50、65mm 两种，水带长度一般为 15、20、25、30m 四种；水带材质有麻织和化纤两种，有衬胶与不衬胶之分，衬胶水带阻力较小。水带长度应根据水力计算选定。

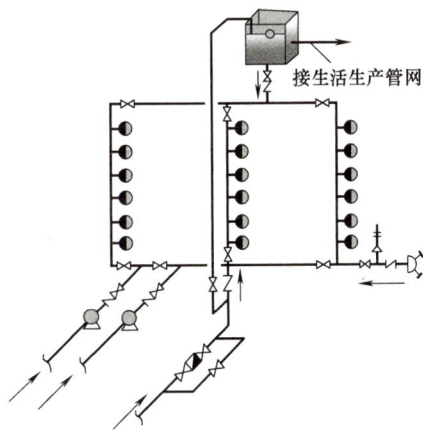

接生产生活管网

图 3-1　设有水泵、水箱的消防供水方式

消火栓均为内扣式接口的球形阀式龙头，有单出口和双出口之分。双出口消火栓直径为 65mm，如图 3-2 所示。单出口消火栓直径有 50 和 65mm 两种，当每支水枪最小流量<5L/s 时选用直径 50mm 消火栓，最小流量≥5L/s 时选用 65mm 消火栓。

室内消火栓的选型应根据使用者、火灾危险性、火灾类型和不同灭火功能等要素综合确定。

（2）水泵接合器　在建筑消防给水系统中均应设置水泵接合器。水泵接合器是连接消防车向室内消防给水系统加压供水的装置，一端由消防给水管网水平干管引出，另一端设于消防车易于接近的地方。

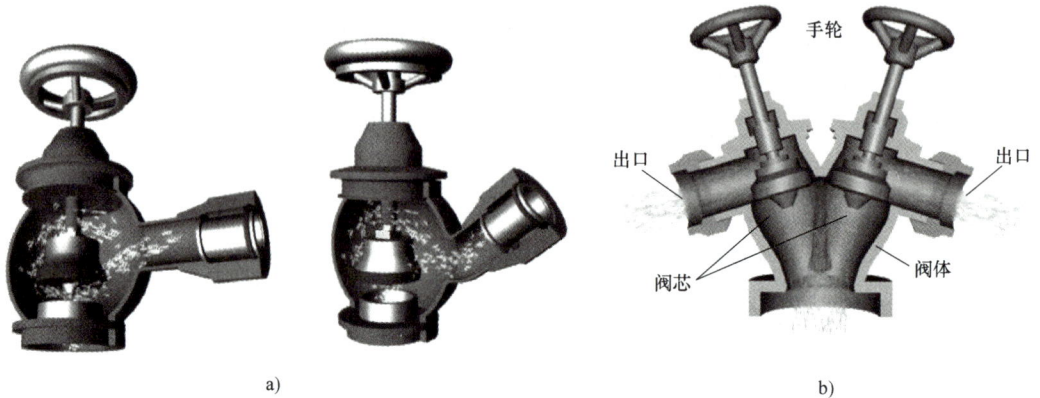

**图 3-2　室内消火栓**

a）单出口消火栓　b）双出口消火栓

（3）消防管道　建筑物内消防管道是与其他给水系统合并还是独立设置，应根据建筑物的性质和使用要求经技术经济比较后确定。

（4）消防水池　消防水池用于无室外消防水源情况下，贮存火灾持续时间内的室内消防用水量。消防水池可设于室外地下或地面上，也可设在室内地下室，或与室内游泳池、水景水池合用。

根据各种用水系统的供水水质要求是否一致，可将消防水池与生活或生产贮水池合用，也可单独设置。

消防用水与其他用水合用的水池应采取确保消防水量不作他用的技术措施。

（5）消防水箱　消防水箱对扑救初期火灾起着重要作用，为确保其自动供水的可靠性，应在建筑物的最高部位设置重力自流的消防水箱；对于消防用水与其他用水合并的水箱，应有消防用水不作他用的技术设施。水箱的安装高度应满足室内最不利点消火栓所需的水压要求，且消防水箱的有效容积应满足初期火灾消防用水量的要求。

### 2. 消火栓给水系统的给水方式

消防给水应根据建筑的用途功能、体积、高度、耐火极限、火灾危险性、重要性、次生灾害、连续性、水源条件等要素综合确定其可靠性和供水方式，并应满足水灭火系统灭火、控火和冷却等消防功能所需流量和压力的要求。室内消火栓给水系统有下列几种给水方式：

（1）由室外给水管网直接供水的消防给水方式　若室外给水管网提供的水量和水压在任何时候均能满足室内消火栓给水系统所需的水量、水压要求，则适宜采用此种给水方式。直接供水的消防-生活共用给水系统如图 3-3 所示。

该方式中消防管道有两种布置形式：一种是消防管道与生活（或生产）管网共用，此时在水表处应设旁通管，水表选择应考虑能承受短历时通过的消防水量，这种形式可以节省 1 根给水干管，简

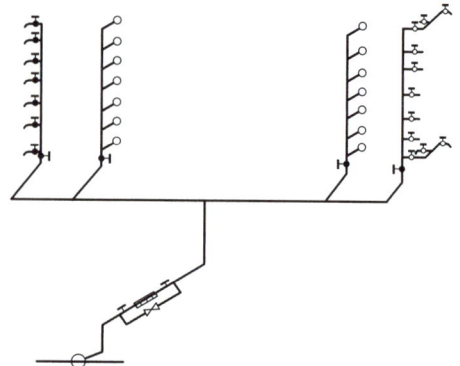

**图 3-3　直接供水的消防-生活共用给水系统**

化管道系统；另一种是消防管道单独设置，可以避免消防管道中由于滞留过久而腐化的水对生活（或生产）管网供水产生污染。

（2）设水箱的消火栓给水方式　当室外管网一天之内有一定时间能保证消防水量、水压时（或是由生活泵向水箱补水）宜采用此种给水方式。设水箱的消火栓给水系统如图 3-4 所示。消防水箱的有效容积应满足初期火灾消防用水量的要求，灭火初期由水箱供水。

（3）设水泵、水箱的消火栓给水方式　当室外给水管网的水压不能满足室内消火栓给水系统的水压要求时宜采用此种给水方式。水箱由生活泵补水，且消防水箱的有效容积应满足初期火灾消防用水量的要求，火灾发生初期由水箱供水灭火，消防水泵启动后由消防水泵供水灭火。设水泵、水箱的室内消火栓给水系统如图 3-5 所示。

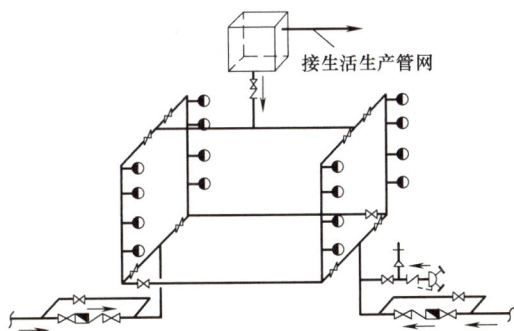

图 3-4　设水箱的消火栓给水系统

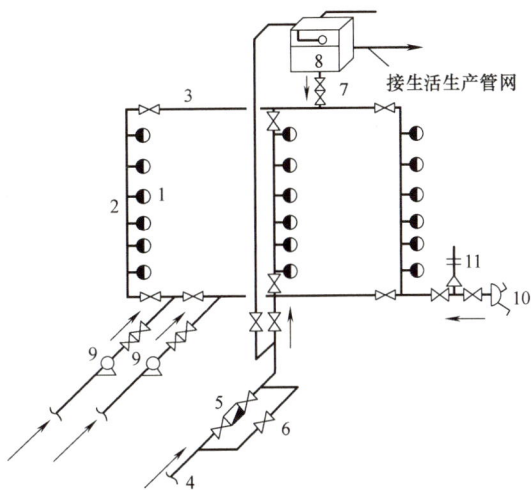

图 3-5　设水泵、水箱的室内消火栓给水系统
1—室内消火栓　2—消防竖管　3—干管　4—进户管
5—水表　6—旁通管及阀门　7—止回阀　8—水箱
9—水泵　10—水泵接合器　11—安全阀

### 3.1.3　消火栓给水系统的布置

#### 1. 消火栓布置

根据规范要求设消火栓给水系统的建筑内，每层均应设置消火栓。消火栓的布置间距应满足下列要求：

1）室内消火栓的布置应满足同一水平面内有 2 支消防水枪的 2 股充实水柱同时达到任何部位的要求，但建筑高度小于或等于 24.0m 且体积小于或等于 5000m$^3$ 的多层仓库、建筑高度小于或等于 54m 且每单元设置 1 部疏散楼梯的住宅，以及表 3-1 中规定可采用 1 支消防水枪的场所，可采用 1 支消防水枪的 1 股充实水柱到达室内任何部位。

2）消火栓口距离地面安装高度为 1.1m，栓口宜向下或与墙面垂直安装。同一建筑内应选用同一规格的消火栓、水带和水枪，以方便使用。为保证及时灭火，每个消火栓处应设置直接启动消防水泵按钮或报警信号装置。

表 3-1　建筑物室内消火栓用水量

| 建筑物名称 | | | 高度 h/m、层数、体积 V/m³、座位数 n(个)、火灾危险性 | | 消火栓设计流量/(L/s) | 同时使用消防水枪数(支) | 每根竖管最小流量/(L/s) |
|---|---|---|---|---|---|---|---|
| 工业建筑 | 厂房 | | h≤24 | 甲、乙、丁、戊 | 10 | 2 | 10 |
| | | | | 丙 V≤5000 | 10 | 2 | 10 |
| | | | | 丙 V>5000 | 20 | 4 | 15 |
| | | | 24<h≤50 | 乙、丁、戊 | 25 | 5 | 15 |
| | | | | 丙 | 30 | 6 | 15 |
| | | | h>50 | 乙、丁、戊 | 30 | 6 | 15 |
| | | | | 丙 | 40 | 8 | 15 |
| | 仓库 | | h≤24 | 甲、乙、丁、戊 | 10 | 2 | 10 |
| | | | | 丙 V≤5000 | 15 | 3 | 15 |
| | | | | 丙 V>5000 | 25 | 5 | 15 |
| | | | h>24 | 丁、戊 | 30 | 6 | 15 |
| | | | | 丙 | 40 | 8 | 15 |
| 民用建筑 | 单层及多层 | 科研楼、试验楼 | V≤10000 | | 10 | 2 | 10 |
| | | | V>10000 | | 15 | 3 | 10 |
| | | 车站、码头、机场的候车(船、机)楼和展览建筑(包括博物馆)等 | 5000<V≤25000 | | 10 | 2 | 10 |
| | | | 25000<V≤50000 | | 15 | 3 | 10 |
| | | | V>50000 | | 20 | 4 | 15 |
| | | 剧场、电影院、会堂、礼堂、体育馆等 | 800<n≤1200 | | 10 | 2 | 10 |
| | | | 1200<n≤5000 | | 15 | 3 | 10 |
| | | | 5000<n≤10000 | | 20 | 4 | 15 |
| | | | n>10000 | | 30 | 6 | 15 |
| | | 旅馆 | 5000<V≤10000 | | 10 | 2 | 10 |
| | | | 10000<V≤25000 | | 15 | 3 | 10 |
| | | | V>25000 | | 20 | 4 | 15 |
| | | 商店、图书馆、档案馆等 | 5000<V≤10000 | | 15 | 3 | 10 |
| | | | 10000<V≤25000 | | 25 | 5 | 15 |
| | | | V>25000 | | 40 | 8 | 15 |
| | | 病房楼、门诊楼等 | 5000<V≤25000 | | 10 | 2 | 10 |
| | | | V>25000 | | 15 | 3 | 10 |
| | | 办公楼、教学楼、公寓、宿舍等其他建筑 | 高度超过15m或V>10000 | | 15 | 3 | 10 |
| | | 住宅 | 21<h≤27 | | 5 | 2 | 5 |
| | 高层 | 住宅 | 27<h≤54 | | 10 | 2 | 10 |
| | | | h>54 | | 20 | 4 | 10 |
| | | 二类公共建筑 | h≤50 | | 20 | 4 | 10 |
| | | 一类公共建筑 | h≤50 | | 30 | 6 | 15 |
| | | | h>50 | | 40 | 8 | 15 |

（续）

| 建筑物名称 | | 高度 h/m、层数、体积 V/m³、座位数 n(个)、火灾危险性 | 消火栓设计流量/(L/s) | 同时使用消防水枪数(支) | 每根竖管最小流量/(L/s) |
|---|---|---|---|---|---|
| 国家级文物保护单位的重点砖木或木结构的古建筑 | | V≤10000 | 20 | 4 | 10 |
| | | V>10000 | 25 | 5 | 15 |
| 地下建筑 | | V≤5000 | 10 | 2 | 10 |
| | | 5000<V≤10000 | 20 | 4 | 15 |
| | | 10000<V≤25000 | 30 | 6 | 15 |
| | | V>25000 | 40 | 8 | 20 |
| 人防工程 | 展览厅、影院、剧场、礼堂、健身体育场所等 | V≤1000 | 5 | 1 | 5 |
| | | 1000<V≤2500 | 10 | 2 | 10 |
| | | V>2500 | 15 | 3 | 10 |
| | 商场、餐厅、旅馆、医院等 | V≤5000 | 5 | 1 | 5 |
| | | 5000<V≤10000 | 10 | 2 | 10 |
| | | 10000<V≤25000 | 15 | 3 | 10 |
| | | V>25000 | 20 | 4 | 10 |
| | 丙、丁、戊类生产车间、自行车库 | V≤2500 | 5 | 1 | 5 |
| | | V>2500 | 10 | 2 | 10 |
| | 丙、丁、戊类物品库房、图书资料档案库 | V≤3000 | 5 | 1 | 5 |
| | | V>3000 | 10 | 2 | 10 |

注：1. 丁、戊类高层厂房（仓库）室内消火栓的设计流量可按本表减少 10L/s，同时使用消防水枪数量可按本表减少 2 支。

　　2. 消防软管卷盘、轻便消防水龙及多层住宅楼梯间中的干式消防竖管，其消火栓设计流量可不计入室内消防给水设计流量。

　　3. 当一座多层建筑有多种使用功能时，室内消火栓设计流量应分别按本表中不同功能计算，且应取最大值。

3）建筑室内消火栓的设置位置应满足火灾扑救要求，一般消火栓应设置在位置明显且操作方便的走道内，宜靠近疏散方便的通道口、楼梯间内等便于取用和火灾扑救的位置。建筑物设有消防电梯时，其前室应设消火栓。冷库内的消火栓应设置在常温穿堂内或楼梯间内。在建筑物屋顶应设 1 个消火栓，以利于消防人员经常试验和检查消防给水系统是否能正常运行，还能保护本建筑物免受邻近建筑火灾的波及。

**2. 消防给水管道的布置**

建筑内消火栓给水管道布置应满足下列要求：

1）室内消火栓系统管网应布置成环状，当室外消火栓设计流量不大于 20L/s（但建筑高度超过 50m 的住宅除外），且室内消火栓不超过 10 个时，可布置成枝状。

2）当由室外生产生活消防合用给水系统直接供水时，合用给水系统除应满足室外消防给水设计流量以及生产和生活最大小时设计流量的要求外，还应满足室内消防给水系统的设计流量和压力要求。

3）室内消防管道的管径应根据系统设计流量、流速和压力要求经计算确定；室内消火栓竖管的管径应根据竖管最低流量经计算确定，但不应小于 DN100。

室内消火栓环状给水管道检修时应符合下列规定：

1）应保证检修管道时关闭停用的室内消火栓竖管不超过 1 根，当竖管超过 4 根时，可关闭不相邻的 2 根。

2）每根立管上下两端与供水干管相接处应设置阀门。

室内消火栓给水管网宜与自动喷水等其他水灭火系统的管网分开设置；当合用消防泵时，供水管路沿水流方向应在报警阀前分开设置。消防给水管道的设计流速不宜大于 2.5m/s。

消防给水管道的设计流速不宜大于 2.5m/s，自动水灭火系统管道设计流速应符合现行国家标准《自动喷水灭火系统设计规范》（GB 50084）、《泡沫灭火系统技术标准》（GB 50151）、《水喷雾灭火系统技术规范》（GB 50745）和《固定消防炮灭火系统设计规范》（GB 50338）等有关规定，且任何消防管道的给水流速不应大于 7m/s。

## 3.2 自动喷水灭火系统

自动喷水灭火系统是一种在发生火灾时能自动打开喷头喷水灭火并发出火警信号的消防灭火设施。据资料统计，自动喷水灭火系统扑灭初期火灾的效率在 97% 以上，因此一些国家要求公共建筑中应设置自动喷水灭火系统。鉴于我国的状况，目前要求在人员密集、不易疏散，外部增援灭火与救生较困难或火灾危险性较大的场所应设置自动喷水灭火系统。自动喷水灭火系统由水源、加压贮水设备、喷头、管网、报警装置等组成。

### 3.2.1 自动喷水灭火系统的设置原则

#### 1. 厂房或生产部位

除规范另有规定和不宜用水保护或灭火的场所外，下列厂房或生产部位均应设置自动灭火系统，并宜采用自动喷水灭火系统：

1）不小于 50000 纱锭的棉纺厂的开包、清花车间，不小于 5000 纱锭的棉纺厂的分级、梳麻车间，火柴厂的烤梗、筛选作业部位。

2）占地面积大于 1500m² 或总建筑面积大于 3000m² 的单、多层制鞋、制衣、玩具及电子等生产厂房。

3）占地面积大于 1500m² 的木器厂房。

4）泡沫塑料厂的预发、成型、切片、压花部位。

5）高层乙、丙类厂房。

6）建筑面积大于 500m² 的地下或半地下丙类厂房。

#### 2. 高层民用建筑或场所

除规范另有规定和不宜用水保护或灭火的场所外，下列高层民用建筑或场所均应设置自动灭火系统，并宜采用自动喷水灭火系统：

1）一类高层公共建筑（除游泳池、溜冰场外）及其地下、半地下室。

2）二类高层公共建筑及其地下、半地下室的公共活动用房、走道、办公室和旅馆的客房、可燃物品库房、自动扶梯底部。

3）高层民用建筑内的歌舞娱乐放映游艺场所。

4）建筑高度大于 100m 的住宅建筑。

### 3. 单、多层民用建筑或场所

除规范另有规定和不宜用水保护或灭火的场所外，下列单、多层民用建筑或场所均应设置自动灭火系统，并宜采用自动喷水灭火系统：

1）特等、甲等剧场，超过 1500 个座位的其他等级的剧场，超过 2000 个座位的会堂或礼堂，超过 3000 个座位的体育馆，超过 5000 人的体育场的室内人员休息室与器材间等。

2）任意一层建筑面积大于 1500m² 或总建筑面积大于 3000m² 的展览、商店、餐饮和旅馆建筑以及医院中同样建筑规模的病房楼、门诊楼和手术部。

3）设置送回风道（管）的集中空气调节系统且总建筑面积大于 3000m² 的办公建筑等。

4）藏书量超过 50 万册的图书馆。

5）大、中型幼儿园，老年人照料设施。

6）总建筑面积大于 500m² 的地下或半地下商店。

7）设置在地下或半地下或地上四层及以上楼层的歌舞娱乐放映游艺场所（除游泳场所外），设置在首层、二层和三层且任意一层建筑面积大于 300m² 的地上歌舞娱乐放映游艺场所（除游泳场所外）。

## 3.2.2　消火栓给水系统的分类

自动喷水灭火系统根据喷头的常开、常闭形式分为闭式自动喷水灭火系统和开式自动喷水灭火系统。闭式自动喷水灭火系统采用闭式喷头，平时处于关闭状态，系统相对用水量比较少，造成的水渍损失也比较小。开式自动喷水灭火系统采用开式喷头，处于常开状态，出水量大，灭火及时。

闭式自动喷水灭火系统根据管网充水与否又分为湿式、干式、干湿式、预作用、重复启闭预作用五种自动喷水灭火系统。开式自动喷水灭火系统根据管网充水与否又分为雨淋自动喷水灭火系统、水幕系统和水喷雾系统。以下介绍几种常用的自动喷水灭火系统。

### 1. 湿式自动喷水灭火系统

湿式自动喷水灭火系统为喷头常闭的灭火系统，管网中充满有压水。当建筑物发生火灾，火点温度达到开启闭式喷头温度时，喷头自动开启并出水灭火。该系统具有灭火及时、扑救效率高等优点。但由于管网中充有压力水，当渗漏时会损坏建筑装饰和影响建筑的使用。该系统适用于环境温度大于或等于 4℃ 且小于 70℃ 的建筑物。

### 2. 干式自动喷水灭火系统

干式自动喷水灭火系统为喷头常闭的灭火系统，管网中平时不充水，充有有压空气，当建筑物发生火灾，火点温度达到开启闭式喷头温度时，喷头开启，排气、充水、灭火。因该系统需要先排气才能出水，所以灭火不如湿式系统及时。由于管网中平时不充水，对建筑装饰无影响，适用于环境温度小于 4℃ 或大于或等于 70℃ 的建筑物和场所，例如不采暖的地下停车场、冷库等处。

### 3. 预作用自动喷水灭火系统

预作用自动喷水灭火系统为喷头常闭的灭火系统，管网中平时不充水（无压），发生火灾时，火灾探测器报警后，自动控制系统控制阀门排气、充水，由干式系统变为湿式系统。只有当着火点温度达到开启闭式喷头温度时，才开始喷水灭火。该系统启动速度快，兼有干式和湿式系统的优点，克服了干式系统喷水迟缓和湿式系统由于误动作而造成水渍的缺点，安全可靠性高，适用于对建筑装饰要求高，灭火要求及时的建筑物。

#### 4. 雨淋自动喷水灭火系统

雨淋自动喷水灭火系统为开式自动喷水灭火系统中的一种，使用开式喷头，发生火灾时，由自动控制装置打开集中控制阀门，使系统保护区上的所有喷头一起喷水灭火。雨淋自动喷水灭火系统具有出水量大、灭火及时的优点，适用于燃烧猛烈，蔓延迅速的严重危险级建筑物和其他严重危险级场所。

#### 5. 水幕系统

该系统喷头沿线状布置，发生火灾时主要起阻火、冷却、隔离的作用，该系统适用于需防火隔离的开口部位，如舞台与观众之间的隔离水帘、消防防火卷帘的冷却等。

## 3.3 其他灭火系统

### 3.3.1 二氧化碳灭火系统

二氧化碳灭火系统是一种纯物理的气体灭火系统，这种灭火系统具有不污损保护物、灭火快、空间淹没效果好等优点。

二氧化碳灭火系统可用于扑灭某些气体、固体表面、液体和电气火灾。一般可以使用卤代烷灭火系统的场合均可以采用二氧化碳灭火系统加之卤代烷灭火系统因卤族元素释放可破坏地球的臭氧层，为了保护地球环境，二氧化碳灭火系统日益受到重视，但这种灭火系统造价高，灭火时对人体有害。二氧化碳灭火系统不适用于扑灭含氧化剂的化学制品（如硝酸纤维、赛璐珞、火药等）火灾，不适用于扑灭活泼金属（如锂、钾、钠、镁、钛、锆等）火灾，也不适用于扑灭金属氢化物（如氢化钾、氢化钠）等火灾。

### 3.3.2 干粉灭火系统

以干粉为灭火剂的灭火系统称为干粉灭火系统。该系统灭火时靠加压气体将干粉从喷嘴射出，形成一股雾状粉流射向燃烧物，依靠干粉对燃烧的抑制作用达到灭火的目的。干粉由干基料和添加剂混合而成。基料泛指易流动的干燥细小粉末，可借助有压气体的喷射形成粉雾，添加剂的作用是增加灭火剂流动和防潮性。

当干粉被大量喷向火焰时，维持燃烧连锁反应的活性基团被吸收，使燃烧连锁反应中断，从而熄灭火焰；另外，干粉在火场受热后会爆裂成更小的粉粒，增加了其与火焰的接触面积，提高了灭火效力；干粉的粉雾对火焰的包围可减少热辐射，粉末受热时释放结晶水，可以吸收部分热量而分解生成不活泼气体。

干粉灭火的优点是历时短、效率高、绝缘好、灭火后损失小、不怕冻、不用水、可长期储存等。

干粉有普通型干粉（BC 类）、多用干粉（ABC 类）和金属干粉（D 类）。

BC 类干粉适用于扑救易燃、可燃液体（如汽油、润滑油等）火灾，也可用于扑救可燃气体（如液化气、乙炔气等）火灾和带电设备火灾。

ABC 类干粉除可用于扑救易燃、可燃液体、可燃气体和带电设备火灾外，还能扑救一般固体物质（如木材、棉、麻、竹等）形成的火灾。

D 类干粉主要用作扑救钾、钠、镁等可燃金属火灾，当其投加到这些燃烧的金属时，可与金属表层发生反应而形成熔层，与周围空气隔绝，使金属燃烧窒息。

### 3.3.3　泡沫灭火系统

泡沫灭火系统的工作原理是应用泡沫灭火剂，使其与水混溶后产生一种可漂浮泡沫，黏附在可燃、易燃液体、固体表面，或者充满某一着火物质的空间，达到隔绝、冷却、使燃烧物质熄灭的目的。

泡沫灭火剂按其成分有三种类型：

#### 1. 化学泡沫灭火剂

灭火剂是由带结晶水的硫酸铝 $[(Al_2SO_4)_3 \cdot H_2O]$ 和碳酸氢钠（$NaHCO_3$）组成。使用时，使两者混合反应后产生 $CO_2$ 灭火，这种灭火剂目前仅装填在小型手提灭火器中使用。

#### 2. 蛋白质泡沫灭火剂

蛋白质泡沫灭火剂成分主要是对骨胶朊、皮角朊、动物角、蹄、豆饼等水解后，适当投加稳定剂、防腐剂、降黏剂等添加剂混合而成的液体。目前，国内这类产品多为蛋白泡沫液添加适量氟碳表面活性剂制成的泡沫液。

#### 3. 合成型泡沫灭火剂

合成型泡沫灭火剂是一种以石油产品为基料制成的泡沫灭火剂。目前，国内应用较多的有凝胶剂、水成膜和高倍数三种合成型泡沫灭火剂。

按照泡沫液发泡性能，泡沫灭火系统又可分为低倍数泡沫灭火系统、中倍数泡沫灭火系统和高倍数泡沫灭火系统。根据系统设置方式分固定式泡沫灭火系统、半固定式泡沫灭火系统、移动式泡沫灭火系统。根据喷射口的位置分为液上喷射式、液下喷射式和喷淋方式。

选用和应用泡沫灭火系统时，首先，应根据可燃物性质选用泡沫液，如液下喷射时应选用氟蛋白泡沫液或水成膜泡沫液。对水溶性的某些液体贮罐，应选用抗溶性泡沫液。泡沫喷淋系统为吸气泡沫喷头时，应选用蛋白泡沫液或氟蛋白、水成膜、抗溶性泡沫液；如为非吸气型泡沫喷头，则只能选用水成膜泡沫液。对于中倍数及高倍数泡沫灭火系统则应选用合成泡沫液。其次，泡沫罐的贮存应置于通风、干燥场所，温度应在 0～40℃ 范围内。此外，还应保证泡沫灭火系统所需足够的消防用水量，一定的水温（4～35℃）和必需的水质，如氟蛋白、蛋白、抗溶氟蛋白可使用淡水和海水，凝胶型、金属皂型抗溶性泡沫混合液只能使用淡水等。

### 3.3.4　蒸汽灭火系统

蒸汽灭火系统的工作原理是在火场燃烧区内施放一定量的蒸汽，可阻止空气进入燃烧区而使燃烧窒息。这种灭火系统只有在经常具备充足蒸汽源的条件下才能设置。蒸汽灭火系统适用于石油化工、炼油、火力发电等厂房，也适用于燃油锅炉房、重油油品等库房或扑救高温设备。蒸汽灭火系统具有设备简单，造价低、淹没性好等优点，但不适用于体积大、面积大的火灾区，不适用于扑灭电气设备、贵重仪表、文物、档案等火灾。

蒸汽灭火系统分为固定式和半固定式两种类型。固定式蒸汽灭火系统为全淹没式灭火系统，保护空间的容积不大于 $500m^3$ 时效果好。半固定式蒸汽灭火系统多用于扑救局部火灾。

蒸汽灭火系统宜采用高压饱和蒸汽，蒸汽压力不宜大于 1MPa，不宜采用过热蒸汽。汽源与被保护区距离一般不大于 60m 为好，蒸汽喷射时间不大于 3min。配气管可沿保护区一侧四周墙面布置，距离宜短不宜太长。管线距地面高度宜在 200～300m 范围。管线干管上应设总控制阀，配气管段上根据情况可设置选择阀，接口短管上应设短管手阀。

### 3.3.5 烟雾灭火系统

烟雾灭火系统的发烟剂是以硝酸钾、三聚氰胺、木炭。碳酸氢钾、硫黄等原料混合而成的。发烟剂装于烟雾灭火容器内，使用时，其发生燃烧反应后释放出烟雾气体，喷射到燃烧物质的罐装液面上的空间，形成又厚又浓的烟雾层，这样，该罐液面着火处会受到稀释、覆盖和抑制作用而使燃烧熄灭。

烟雾灭火系统主要用于各种油罐、醇、酯、酮类贮罐等初起火灾。

烟雾灭火系统按其灭火器安装位置，有罐内式、罐外式之分，罐内式烟雾灭火系统的灭火器置于罐中心并用浮漂托于液面上，而罐外式烟雾灭火系统的烟雾灭火器置于罐外，但其烟雾喷头伸至罐内中心液面上。当罐内空间温度达到 110～120℃ 时，各种烟雾灭火器上的探头会被熔化，通过导火索，导燃烟雾灭火剂而自动喷出烟雾于罐内空间，起到灭火效果。

烟雾灭火系统设备简单、扑灭初期火灾快、适用温度范围宽，很适于野外无水、电设施的独立油罐或冰冻期较长的地区。

## 3.4 高层建筑消防给水系统

### 3.4.1 技术要求

高层建筑高度较高，有的高达二三百米或更高。目前，国产消防车的供水压力还不能满足要求，因此发生火灾时建筑的高层部分已无法依靠室外消防设施协助救火，所以高层建筑消防给水设计应立足"自救"，即自足于用室内消防设施来扑救火灾。这是高层建筑消防与低层、多层建筑消防的主要区别，也是高层建筑消防的核心。但高层建筑发生火灾时，为尽快灭火，减少损失，仍应充分利用和发挥室外消防设施的救火能力，"外救"与"自救"协同工作，提高灭火效率。一般高度在 24m 以下的裙房在"外救"的能力范围内，应以"外救"为主；对于高度在 24～50m 的部位，室外消防设施仍可通过水泵接合器升压送水，应立足"自救"并借助"外救"，二者同时发挥作用；50m 以上部位已超过室外消防设施的供水能力，则应完全依靠"自救"灭火。

同时，高层建筑与低层、多层建筑相比，其火灾危险性大，原因如下：

#### 1. 引发火灾的因素多

一般高层建筑功能复杂，人员流动频繁，管理不便，火灾隐患不易发现；室内装修要求高，易燃物品多；火源多。如：厨房和维修管道、设备的焊枪明火、烟蒂余星以及各类电气设备使用不当漏电、短路等，均能引起火灾。

#### 2. 火势蔓延快

高层建筑楼高、建筑外风力较大，助长火势蔓延，同时建筑内竖向通道多，如：电梯井、通风竖井、管道井、电缆井、垃圾道和自动扶梯、楼梯间等，由于空气对流，着火时井中烟气扩散快，其速度可达 4m/s。

### 3. 扑救困难

由于目前我国消防设备能力所限，24m 以上建筑发生火灾时从室外扑救困难，消防队员身负消防设备沿楼梯或云梯登高救火，体力明显下降，还需在热辐射强、烟雾浓的环境下工作，均增加了控火、灭火的难度。

### 4. 人员、物资不易疏散

由于目前我国登高平台消防车辆不能满足高层安全疏散的需要，室内普通电梯又因火灾时切断电源而停止工作，楼梯成为疏散的主要通道。因火灾时人多，楼梯拥挤，疏散速度缓慢，而烟气扩散迅速，又含有一氧化碳等有害气体，若楼梯间串入浓烟，会使人在 2~3min 就窒息晕倒，进一步增加了人员、物资疏散的困难。

由此可见，高层建筑一旦着火，会造成重大的人员伤亡和财产损失，后果是十分严重的。在这方面，国内外均有非常深刻的教训。因此，进行高层建筑消防给水设计时，必须切实贯彻"以防为主，防消结合"的消防工作方针，采取有效的技术措施，确保消防安全，满足消防"自救"的要求。

## 3.4.2　技术措施

为确保高层建筑消防安全，满足"自救"的要求，在消防给水系统的设置、系统的供水方式、消防器材设备的选配和设计参数的确定等方面均比低层、多层建筑有更高的要求。

### 1. 消防给水系统的分类和选择

高层建筑必须设置独立的消防给水系统，其分类如下：

1）按消防给水压力的不同，可分为高压消防给水系统和临时高压消防给水系统。

高压消防给水系统的管网内经常保持灭火所需水量、水压，不需启动升压设备，可直接使用灭火设备救火。该系统简单，供水完全，有条件时应优先采用。

临时高压给水系统有两种情况：一种是管网内最不利点周围平时水压和水量不满足灭火要求，火灾时需启动消防水泵，使管网压力、流量达到灭火要求；另一种是管网内经常保持足够的压力，压力由稳压泵或气压给水设备等增压设施来保证，在泵房内设消防水泵，火灾时需启动消防泵使管网压力满足消防水压要求。后者为目前高层建筑中广泛采用的消防给水系统。临时高压给水系统需有可靠的电源才能确保安全供水。

2）按消防给水系统供水范围的大小，可分为区域集中高压（或临时高压）消防给水系统和独立高压（或临时高压）消防给水系统。区域集中高压（或临时高压）消防给水系统是指数栋建筑共用一套消防供水设施集中供水，该系统便于管理，节省投资，适用于集中建设的高层建筑。独立高压或（或临时高压）消防给水系统为每栋建筑单独设置消防给水系统，该系统较前者更安全，但管理分散，投资高，适用于地震区或区域内分散建设的高层建筑。

3）按消防给水系统灭火方式的不同，可分为自动喷水灭火系统和消火栓给水系统。

自动喷水灭火系统因能自动喷水、报警，灭火、控火的成功率高，是当今广泛采用的固定灭火系统。但其造价高，目前在我国 100m 以下的高层建筑中主要用于消防要求高、火灾危险性大的场所。100m 以上的高层建筑由于火灾隐患多，火势蔓延快，人员疏散、火灾扑救难度大，所以除面积小于 5m$^2$ 的卫生间、厕所和不宜用水扑救的部位外，均应设置自动喷水灭火系统。消火栓给水系统虽然它的控火、灭火效果不如自动喷水灭火系统，但其系统简单，造价低，基于我国目前的经济条件，对于100m以下的高层建筑，以水为灭火剂的消防系统仍以消火栓给水系统为主，各类高层建筑中均需设置消火栓给水系统。

根据设计要求，高层建筑中需同时设置消火栓给水系统和自动喷水灭火系统时，应优先选用两类系统独立设置方式。若有困难，可合用消防水泵，在自动喷水灭火系统报警阀进水口前将两类系统的管网分开设置。这是因为消火栓给水系统和自动喷水灭火系统设计作用时间不同，前者为2~3h，后者为1h。一般火灾延续1h后，后者可能随建筑的损坏而局部损坏或因火场燃烧面积扩大，开启喷头过多，其水量、水压均不再满足要求，灭火效率明显降低，因此通常要关闭总报警阀，继续使用消火栓给水系统。若将消火栓给水管网连在报警阀出口管段，由于阀门关闭，消火栓给水系统也不能发挥作用，将直接影响灭火效果。若消火栓给水管网漏水，还会产生误报警现象。

### 2. 消防给水方式

消防给水系统有分区和不分区两种给水方式，后者为一栋建筑采用同一消防给水系统供水。当消火栓给水系统的工作压力大于2.4MPa，消火栓栓口处静压大于1.0MPa、自动喷水灭火系统报警阀处的工作压力大于1.60MPa或喷头处的工作压力大于1.20MPa，则需分区供水，否则消防给水系统压力过高，必然带来以下弊端：灭火时，水枪、喷头出水量过大，高位水箱中的消防贮水量会很快用完，不利于扑救初期火灾；消防管道易漏水；消防设备、附件易损坏，一般自动喷水灭火系统中报警阀的工作压力为1.2MPa，若管网中的压力过高，将造成报警阀损坏，影响系统的正常工作，而室内使用的水龙带一般工作压力不超过1MPa，当室内最低消火栓口静压为1.0MPa时，为满足最不利消火栓所需压力，消防管道的工作压力已接近1MPa，若最低处消火栓口压力大于1.0MPa，消防水泵启动时可能造成水龙带损坏，使系统失去救火能力。同时管网压力过高，水枪水压过大，救火人员也不易把握，不利于救火操作。不论是分区或不分区的消防给水系统若为高压消防给水系统，均不需设置水箱，由室外高压管网直接供水。若为临时高压消防给水系统，为确保消防初期灭火用水，均需设高位水箱，其容积确定方法和水箱的设置高度应满足规范的要求。否则，应在系统中设增压设备，以保证火灾初期消防水泵开启前，消防系统的水压要求。增压设备可采用稳压泵，也可采用气压给水设备。气压给水设备在系统中既可升压又可起到控制消防泵启动的作用，当救火放水时，气压水罐压力下降，压力传感器动作控制水泵启动，所以气压罐调节容积应根据稳压泵启泵次数不大于15次/h计算确定，但有效贮水容积不宜小于150L，若以上2个消防给水系统分别设置气压水罐，其容积则应按以上原则分别确定。

### 3. 消防给水系统的设置

高层建筑消防给水系统的设置包括消火栓、喷头和管道的布置等，除要满足低层建筑消防给水系统设置的基本要求外，在确保可靠的水源和保证救火及时、供水安全等方面，还应采取以下措施。

1）当天然水源作为消防唯一水源不能满足消防用水量；市政给水管道、进水管不能满足消防用水量；市政给水管道为枝状或只有一条进水管（二类建筑的住宅除外）时，应设消防贮水池。当水池总容积>500m³时，应分成两个，一个检修时，另一个仍能正常工作。高层建筑群共用消防水池的容积应按消防用水量最大的一栋高层建筑计算。供消防车取水的消防水池应设取水口或取水井，其水深应保证消防车的消防水泵吸水高度不超过6m，取水口或取水井与被保护建筑的外墙距离不宜小于 15m，并且不大于 40m。

2）在高级旅馆、重要办公楼、一类建筑的商业楼、展览馆、综合楼和消防高度超过 100m 的其他高层建筑内，均应增设消防卷盘，即自救式小口径消火栓设备。其栓口直径为 25mm 或 32mm，配有的小口径开关水枪喷嘴口径为 6mm、8mm 或 9mm，橡胶水龙带内径 19mm，长度 20~40m。胶带卷绕在可旋转的转盘上，可与普通消火栓设在组合式消防箱内，也可单独设置。该设备操作方便，便于非专职消防人员在火灾初起时及时救火，以防火势蔓延，提高灭火成功率。因消防卷盘只在火灾初起时使用，故可按地面有一股水流到达的要求布置，其水量可不计入消防用水总量。

3）为便于消防人员灭火，高层建筑消火栓给水系统中消火栓、水龙带、水枪的选用应与消防队通用的 65mm 口径水龙带和大口径水枪配套，故应选用口径 65mm 的消火栓，喷嘴直径不小于 19m 的水枪。水龙带长度不超过 25m。

4）分区供水的消防给水系统中，因各区消防管道自成系统，故在消防车供水压力范围内的各区应分别设水泵接合器，只有采用串联给水方式时，可在下区设水泵接合器，供全楼使用。因消防立管要转输水泵接合器补充室内的消防用水量，故其管径不应小于 100mm。

5）当消火栓口处压力>0.5MPa 时，应在消火栓处设减压装置，一般采用减压阀或减压孔板，用以减少消火栓前的剩余水压，使消防水量合理分配，系统均衡供水，利于节水和消防人员把握水枪安全操作，也可避免高位水箱中的消防贮水量在短时间内用完。

6）防止超压。高层建筑消防给水系统中造成超压的原因是多方面的，如：消防水泵试验、检查时，水泵出水量小，管网压力升高；火灾初期，消防泵启动，消火栓或喷头的实际开启放水出流量远小于按规范要求计算选定的水泵出流量，水泵扬程升高；消防给水系统分区范围偏大，启动消防泵时，为满足高层最不利消火栓或喷头所需压力，造成低层消火栓或喷头处压力过大等。

当管网压力超过管道的允许压力时，必将出现事故，影响系统正常供水，为避免事故，可采取以下措施：多台水泵并联运行；选用流量-扬程曲线平缓的消防水泵；合理地确定分区范围和布置消防管道；提高管道和附件的承压能力；在消防给水系统中设置安全阀或设水泵回流管泄压。

## 复习思考题

3-1 依据《建筑设计防火规范》（GB 50016）的规定，哪些建筑应设置消火栓给水系统？

3-2 室内消火栓系统由哪些部分组成？

3-3 室内消火栓系统有哪些供水方式？

3-4 室内消火栓系统的布置应满足哪些要求？

3-5 自动喷水灭火系统适用于哪些场合？其系统由哪些装置组成？

3-6 简述闭式自动喷水灭火系统和开式自动喷水灭火系统有哪些异同。

3-7 高层建筑消防给水系统有哪些需要注意的地方？

# 第4章
# 室内热水及饮水供应

## 4.1 热水供应系统的分类及组成

### 4.1.1 热水供应系统的分类

建筑内部热水供应系统按热水供应范围，可分为局部热水供应系统、集中热水供应系统和区域热水供应系统。

#### 1. 局部热水供应系统

局部热水供应系统是指采用小型加热器在用水场所就地加热，供局部范围内一个或几个配水点使用的热水系统，适用于热水用量较小且较分散的建筑，如一般单元式居住建筑，小型饮食店、理发馆、医院、诊所等公共建筑；对于大型建筑也可以采用很多局部热水供应系统分别对各个用水场所供应热水的供水方式。

局部热水供应系统的优点是：热水输送管道短，热损失小；设备、系统简单，造价低；维修管理方便、灵活；改建、增设较容易；缺点是：小型加热器热效率低，制水成本较高；使用不够方便；每个用水场所均需设置加热装置，热媒系统设施投资较高，占用建筑总面积较大。

#### 2. 集中热水供应系统

集中热水供应系统是指在锅炉房、热交换站或加热间将水集中加热后，通过热水管网输送到整幢或几幢建筑的热水系统，适用于热水用量较大，用水点比较集中的建筑，如较高级的居住建筑、旅馆、公共浴室、医院、疗养院、体育馆、游泳池、大型饭店等公共建筑，布置较集中的工业企业建筑等。

集中热水供应系统的优点是：加热和其他设备集中设置，便于集中维护管理；加热设备热效率较高，热水成本较低；卫生器具的同时使用率较低，设备总容量较小，各热水使用场所不必设置加热装置，占用总建筑面积较少；使用较为方便、舒适。其缺点是：设备、系统较复杂，建筑投资较大；需要有专门的维护管理人员；管网较长，热损失较大；一旦建成后，改建、扩建较困难。

#### 3. 区域热水供应系统

区域热水供应系统是指在热电厂、区域性锅炉房或热交换站将水集中加热后，通过市政热力管网输送至整个建筑群、居民区、城市街坊或整个工业企业的热水系统。如城市热力管网水质符合用水要求，热力网工况允许时，也可从热力网直接取水。区域热水供应系统适用于建筑布置较集中、热水用量较大的城市和工业企业，目前在国外特别是发达国家应用较多，我国的城市热力网现只作为热源来使用。

区域热水供应系统的优点是：便于集中统一维护管理和热能的综合利用；有利于减少环境污染；设备热效率和自动化程度较高；热水成本低，设备总容量小，占用总面积少；使用方便舒适，保证率高。其缺点是：设备、系统复杂，建设投资高；需要较高的维护管理水平；改建、扩建困难。

热水供应系统选择宜符合下列规定：

1）宾馆、公寓、医院、养老院等公共建筑及有使用集中供应热水要求的居住小区，宜采用集中热水供应系统。

2）小区集中热水供应应根据建筑物的分布情况等采用小区共用系统、多栋建筑共用系统或每栋建筑单设系统，共用系统水加热站的服务半径不应大于500m。

3）普通住宅、无集中沐浴设施的办公楼及用水点分散、日用水量（按60℃计）小于5m$^3$的建筑宜采用局部热水供应系统。

4）当普通住宅、宿舍、普通旅馆、招待所等组成的小区或单栋建筑如设集中热水供应时，宜采用定时集中热水供应系统。

5）全日集中热水供应系统中的较大型的公共浴室、洗衣房、厨房等耗热量较大且用水时段固定的用水部位，宜设单独的热水管网，定时供应热水或另设局部热水供应系统。

## 4.1.2　热水供应系统的组成

热水供应系统主要由热媒系统、热水管路系统和附件三部分组成，与建筑类型和规模、热源情况、用水要求、加热和贮存设备的供应情况、建筑对美观和安静的要求等因素有关。图4-1所示为热媒为蒸汽的集中热水供应系统。

### 1. 热媒系统（第一循环系统）

热媒系统由热源、水加热器和热媒管网组成。由锅炉生产的蒸汽（或高温热水）通过热媒管网送到水加热器加热冷水，经过热交换蒸汽变成冷凝水，利用余压经疏水器流到冷凝水池，冷凝水和新补充的软化水经冷凝水循环泵再送回锅炉生产蒸汽，如此循环完成热的传递作用。区域性热水系统不需设置锅炉，水加热器的热媒管道和冷凝水管道直接与热力网连接。

### 2. 热水管路系统（第二循环系统）

热水管路系统由热水配水管网和回水（循环）管网组成。被加热到设计温度的热

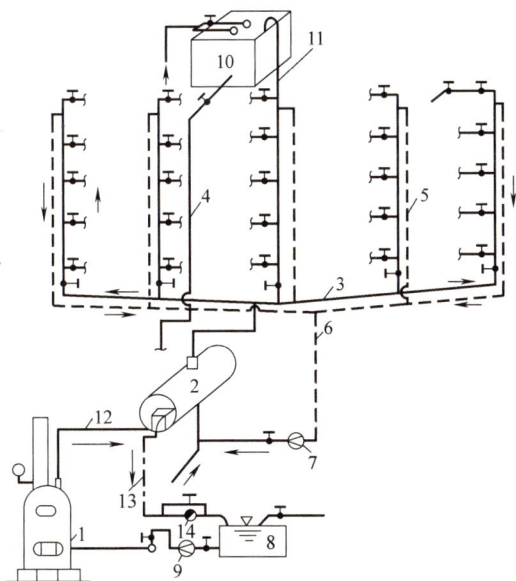

图 4-1　热媒为蒸汽的集中热水供应系统

1—锅炉　2—水加热器　3—配水干管　4—配水立管　5—回水立管　6—回水干管　7—循环泵　8—凝结水池　9—冷凝水泵　10—给水水箱　11—透气管　12—热媒蒸汽管　13—凝水管　14—疏水器

水从水加热器出来，经配水管网送至各个热水配水点，而水加热器的冷水由高位水箱或给水管网供给。为保证各用水点随时都有满足设计水温的热水，在立管、水平干管或支管上设置循环水管，使一定量的热水经过循环水泵流回水加热器以补充配水管网所散失的热量。

### 3. 附件

附件包括蒸汽、热水的控制附件及管道的连接附件，如温度自动调节器、疏水器、减压阀、安全阀、自动排气阀、膨胀罐（箱）、管道伸缩器、阀门、止回阀等。

## 4.1.3 热水供应方式

1）按照热水加热方式不同，热水供应方式分为直接加热与间接加热。按照加热方式划分的集中热水供应系统如图 4-2 所示。

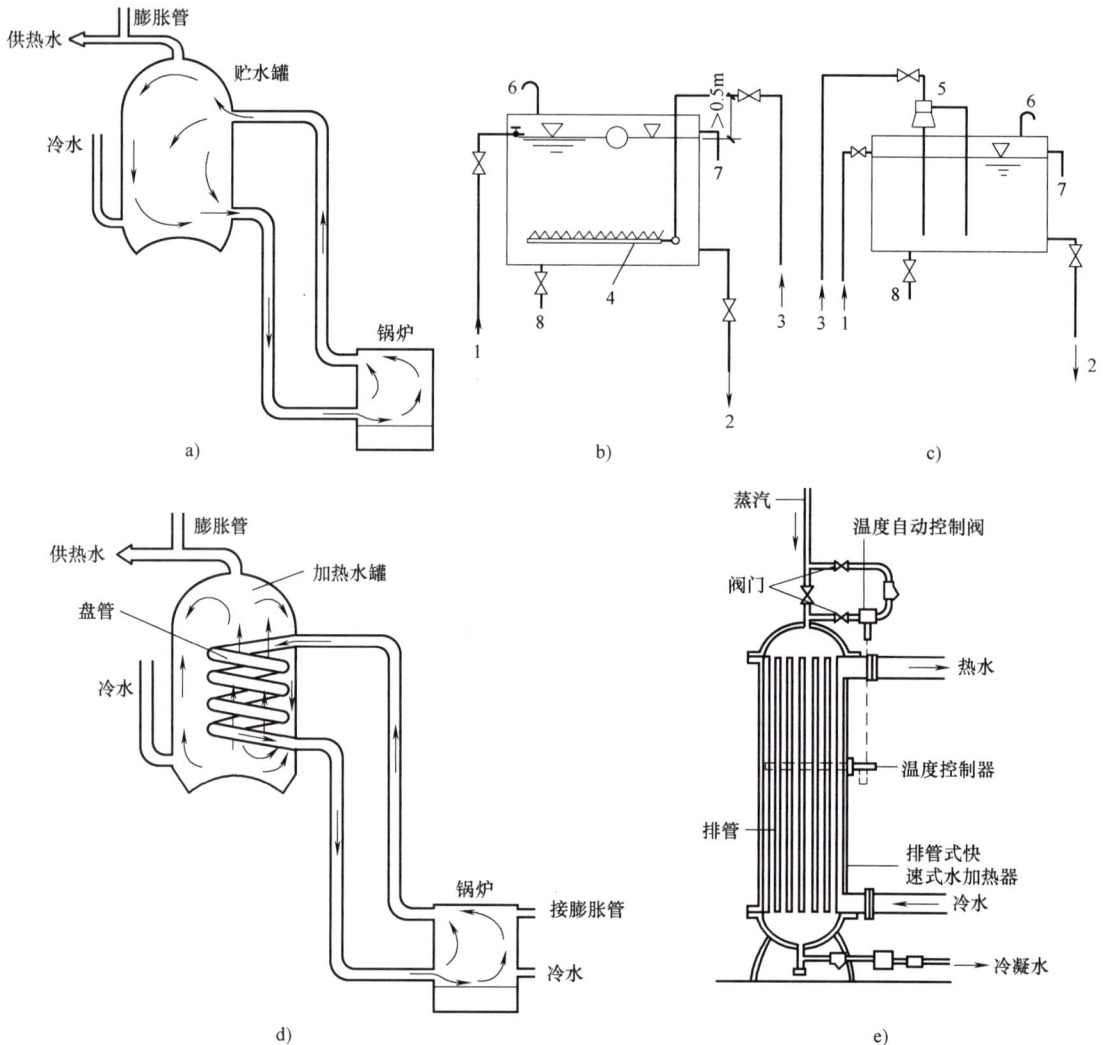

**图 4-2  按照加热方式划分的集中热水供应系统**

a）热水锅炉直接加热  b）蒸汽多孔管直接加热  c）蒸汽喷射器混合直接加热

d）热水锅炉间接加热  e）蒸汽-水加热器间接加热

1—给水  2—热水  3—蒸汽  4—多孔  5—喷射器  6—通气管  7—溢水管  8—泄水管

直接加热也称一次换热，是利用以燃气、燃油、燃煤为燃料的热水锅炉，把冷水直接加热到所需水温，或者是将蒸汽或高温水通过穿孔管或喷射器直接通入冷水中混合制备热水。

热水锅炉直接加热具有热效率高、节能的特点；蒸汽直接加热方式具有设备简单、热效率高、不需要冷凝水管的优点，但存在噪声大、对蒸汽质量要求高、冷凝水不能回收、热源需大量经水质处理的补充水、运行费用高等缺点。适用于具有合格的蒸汽热媒，且对噪声无严格要求的公共浴室、洗衣房、工矿企业等用户。

间接加热也称二次换热，是将热媒通过水加热器把热量传递给冷水，以达到加热冷水的目的。在加热过程中，热媒与被加热的水不直接接触。该方式的优点是回收的冷凝水可重复利用，只需对少量补充水进行软化处理，运行费用低，且加热时不产生噪声，蒸汽不会对热水产生污染，供水安全稳定。适用于要求供水稳定、安全，噪声要求低的旅馆、住宅、医院、办公楼等建筑。

2）按热力管网的压力工况，热水供应方式可分为开式和闭式两类。开式热水供应方式在所有配水点关闭后，系统内的水仍与大气相通。该方式中一般在管网顶部设有膨胀管或开式加热水箱，系统内的最高水压仅取决于水箱的设置高度，而不受室外给水管网水压波动的影响，可保证系统内水压稳定和供水安全可靠。

闭式热水供应方式在所有配水点关闭后，整个系统与大气隔绝，形成密闭系统。该方式中应采用设有安全阀的承压水加热器。为了提高系统的安全可靠性，还应设置压力膨胀罐。闭式热水供应方式具有管路简单、水质不易受外界污染的优点，但供水水压稳定性较差，安全可靠性较差，适用于不宜设置水箱的热水供应系统。

3）按照热力管网设置循环管网的方式不同，热水供应方式可分为全循环、半循环和无循环。按照循环方式划分的集中热水供应系统如图4-3所示。全循环热水供应方式是指热水干管、热水立管和热水支管都设置相应循环管道，保持热水循环，各水嘴随时打开均能提供符合设计水温要求的热水。该方式用于对热水供应要求比较高的建筑中，如高级宾馆、饭店、高级住宅等。

半循环热水供应方式有立管循环和干管循环之分。立管循环方式是指热水干管和热水立管均设置循环管道，保持热水循环，打开水嘴时只需放掉热水支管中少量的存水，就能获得规定水温的热水。该方式多用于设有全日供应热水的建筑和设有定时供应热水的高层建筑中。干管循环方式是指仅热水干管设置循环管道，保持热水循环，多用于采用定时供应热水的建筑中。在热水供应前，先用循环泵把干管中已冷却的存水循环加热，当打开水嘴时只需放掉立管和支管内的冷水就可流出符合要求的热水。

无循环热水供应方式是指在热水管网中不设任何循环管道，适用于热水供应系统较小、使用要求不高的定时热水供应系统，如公共浴室、洗衣房等可采用此方式。

4）按热水管网运行方式不同，热水供应方式可分为全天循环方式和定时循环方式。全天循环方式是指在全天任何时刻，管网中都维持有不低于循环流量的流量，使设计管段的水温在任何时刻都保持不低于设计温度的循环方式。

定时循环方式是指在集中使用热水前，利用水泵和回水管道使管网中已经冷却的水强制循环加热，在热水管道中的热水达到规定温度后再开始使用的循环方式。

5）按热水管网采用的循环动力不同，热水供应方式可分为自然循环方式和机械循环方式。自然循环方式利用热水管网中配水管和回水管内的温差所形成的自然循环作用水头

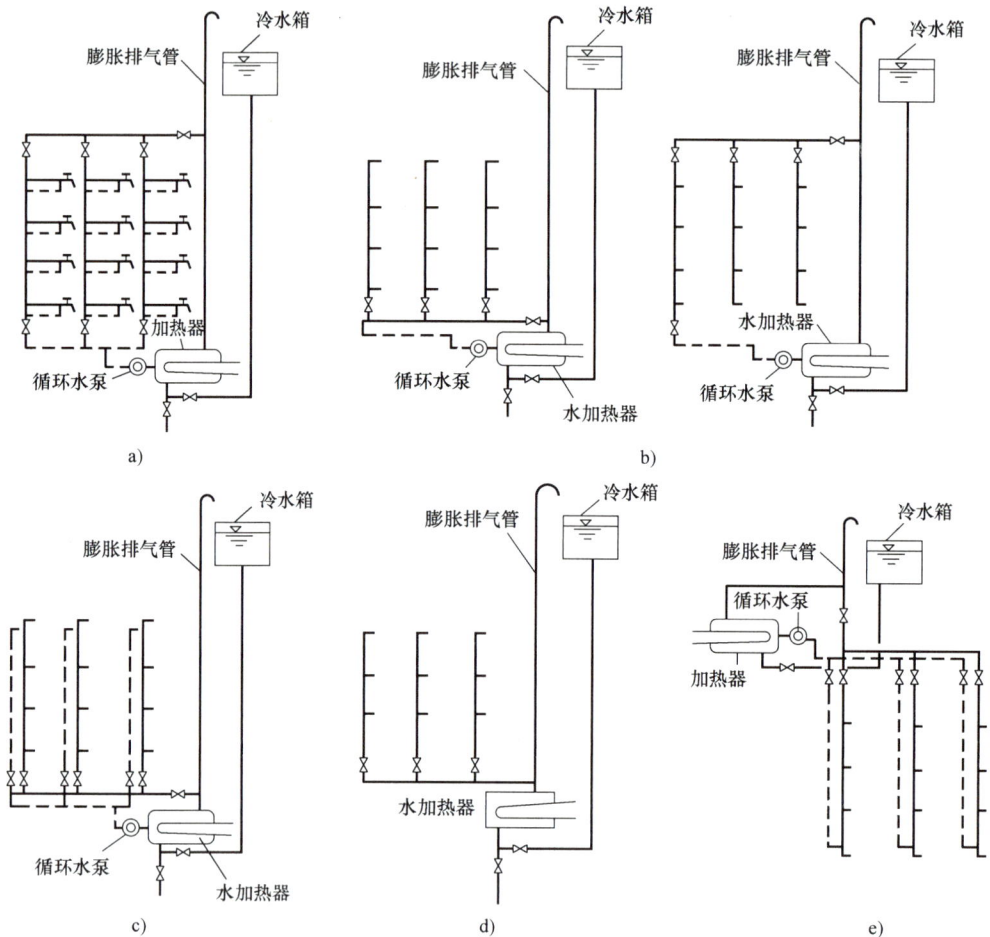

**图 4-3　按照循环方式划分的集中热水供应系统**

a）全循环　b）干管循环　c）立管循环　d）无循环　e）倒循环

（自然压力），使管网内维持一定的循环流量，以补偿热损失，保持一定的供水温度。因一般配水管与回水管内的水温差仅为 5～10℃，自然循环作用水头值很小，所以实际中很少使用自然循环，尤其对于中、大型建筑采用自然循环有一定的困难。

　　机械循环方式利用水泵强制水在热水管网内循环，造成一定的循环流量，以补偿管网热损失，维持一定的水温。目前实际运行的热水供应系统多数采用这种循环方式。

　　6）按热水配水管网水平干管的位置不同，热水供应方式可分为下行上给供水方式和上行下给供水方式。

　　7）按热水管路布置方式的不同，热水供应方式可分为同程式和异程式。同程式热水供应方式是指相对于每个热水配水点而言，配水管道与回水管道的总路程基本相等。同程式热水供应方式对于防止系统中热水短路循环，保证整个系统的循环效果，各用水点能随时取到所需温度的热水，节水节能有着重要作用。集中热水供应系统的循环管路应采用同程式热水供应方式布置。

　　异程式热水供应方式是指靠近水加热器或者热源的配水点，其供水管道与回水管道的总路程较短，而远离水加热器的配水点，其总路程较长。

选用何种热水供水方式，应根据建筑物用途，热源供给情况、热水用量和卫生器具的布置情况进行技术和经济比较后确定。在实际应用时，常将上述各种方式按照具体情况进行组合。比如图 4-4 所示为热水锅炉直接加热机械强制半循环干管下行上给的热水供应方式，其适用于定时供应热水的公共建筑。

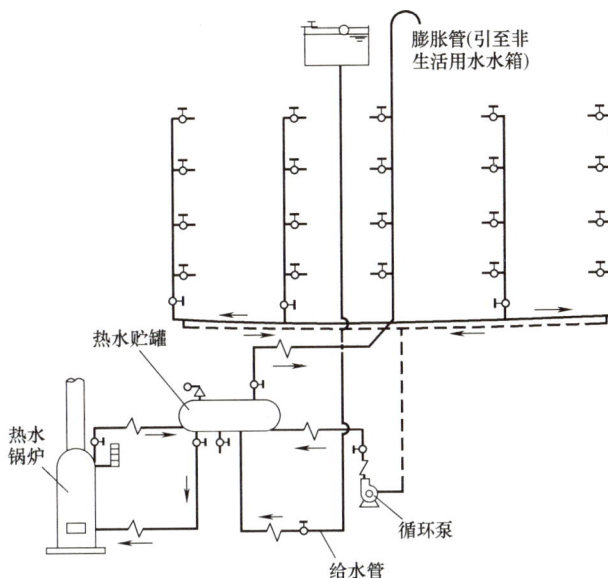

图 4-4 热水锅炉直接加热机械强制半循环干管下行上给的热水供应方式

## 4.2 热水供应系统的热源、加热设备及选择

### 4.2.1 热水供应系统的热源

#### 1. 集中热水供应系统的热源

集中热水供应系统的热源可按下列顺序选择：

1）当条件许可时，宜首先利用工业余热、废热、地热、可再生低温能源热泵和太阳能作为热源。

利用烟气、废气作为热源时，烟气、废气的温度不宜低于 400℃。当以地热水作为热源时，应按地热水的水温、水质、水量和水压，采取相应的技术措施，以保证地热水的安全合理利用。利用太阳能作为热源时，为保证在阴天或夜间没有太阳的时候不间断供应热水，应附设一套电热或其他热源的辅助加热装置。在夏热冬暖、夏热冬冷地区采用空气源热泵。在地下水源充沛、水文地质条件适宜，并能保证回灌的地区，采用地下水源热泵。在沿江、沿海、沿湖，地表水源充足、水文地质条件适宜，以及有条件利用城市污水、再生水的地区，采用地表水源热泵；当采用地下水源和地表水源时，应经当地水务、交通航运等部门审批，必要时应进行生态环境、水质卫生方面的评估。

2）采用能保证全年供热的热力管网热水为热源。为保证热水不间断供应，宜设热网检修期用的备用热源。在只能有采暖期供热的热力管网时，应考虑其他措施（如设锅炉）以保证热水的供应。

3）采用区域锅炉房或附近能充分供热的锅炉房的蒸汽或高温热水为热源。

4）当无 1）~3）所述热源可利用时，可采用燃油、燃气热水机组或低谷电蓄热设备制备的热水。

### 2. 局部热水供应系统的热源

局部热水供应系统的热源宜按下列顺序选择：

1）当条件许可时，宜采用太阳能。

2）在夏热冬暖、夏热冬冷地区宜采用空气源热泵。

3）采用燃气、电能作为热源或辅助热源。

4）在有蒸汽供给的地方，可采用蒸汽作为热源。

### 3. 采用废热（废气、烟气、高温无毒废液等）作为热媒

采用废热（废气、烟气、高温无毒废液等）作为热媒时，应符合下列规定：

1）加热设备应防腐，其构造应便于清理水垢和杂物。

2）应采取措施防止热媒管道渗漏而污染水质。

3）应采取措施消除废气压力波动或除油。

### 4. 采用蒸汽直接通入水中或采取汽水混合设备

其加热方式，宜用于开式热水供应系统，并应符合下列规定：

1）蒸汽中不得含油质及有害物质。

2）加热时应采用消声混合器，所产生的噪声应符合现行国家标准《声环境质量标准》（GB 3096）的规定。

3）应采取防止热水倒流至蒸汽管道的措施。

## 4.2.2 局部加热设备

局部热水加热设备应符合下列规定：

1）选用设备应综合考虑热源条件、建筑物性质、安装位置、安全要求及设备性能特点等因素。

2）当供 2 个及 2 个以上用水器具同时使用时，宜采用带有贮热调节容积的热水器。

3）当以太阳能作为热源时，应设辅助热源。

4）热水器不应安装在下列位置：

① 易燃物堆放处。

② 对燃气管、表或电气设备有安全隐患处。

③腐蚀性气体和灰尘污染处。

常用的局部热水加热设备如下：

### 1. 燃气热水器

燃气热水器的热源有天然气、焦炉煤气、液化石油气和混合煤气 4 种。按照燃气压力高低划分，有低压（$p \leqslant 5kPa$）、中压（$5kPa < p \leqslant 150kPa$）热水器。民用和公共建筑生活、洗涤用燃气热水设备一般采用低压，工业企业生产所用燃气热水器可采用中压。

此外，按加热冷水的方式不同，燃气热水器有直流快速式和容积式之分。直流快速式燃气热水器一般安装在用水点就地加热，可随时点燃并可立即取得热水，供一个或几个配水点使用，常用于厨房、浴室、医院手术室等局部热水供应。容积式燃气热水器具有一定的贮水容积，使用前应预先加热，可供几个配水点或整个管网用水，可用于住宅、公共建筑和工业企业的局部和集中热水供应。

### 2. 电热水器

电热水器是指把电能通过电阻丝转换为热能加热冷水的设备，一般以成品在市场上销售。电热水器分为快速式和容积式两种。

快速式电热水器无贮水容积或贮水容积很小，不需在使用前预先加热，在接通水路和电源后即可得到被加热的热水。该类热水器具有体积小、重量轻、热损失少、效率高、容易调节水量和水温、使用安装简便等优点，但电耗大，尤其在一些缺电地区使用受到限制。目前市场上该种热水器种类较多，适合家庭、工业建筑、公共建筑单个热水供应点使用。

容积式电热水器具有一定的贮水容积，其容积可由 10L 到 $10m^3$。该种热水器在使用前需预先加热，可同时供应几个热水用水点在一段时间内使用，具有耗电量较小、管理集中的优点。但其配水管段比快速式热水器长，热损失也较大。一般适用于局部供水和管网供水系统。

燃气热水器、电热水器必须带有保证使用安全的装置。严禁在浴室内安装直接排气式燃气热水器等在使用空间内积聚有害气体的加热设备。

### 3. 太阳能热水器

太阳能热水器是将太阳能转换成热能并将水加热的装置。其优点是：结构简单、维护方便、节省燃料、运行费用低、不存在环境污染问题。其缺点是：受天气、季节、地理位置等影响不能连续稳定运行，为满足用户要求需配置贮热和辅助加热设施，占地面积较大，布置受到一定的限制。

太阳能热水器按组合形式分为装配式和组合式两种。装配式太阳能热水器一般为小型热水器，是由工厂将集热器、贮热水箱和管路装配出售的，适于家庭和分散使用场所。组合式太阳能热水器，是由集热器、贮热水箱、循环水泵、辅助加热设备按系统要求分别设置而组成的，适用于大面积供应热水系统和集中供应热水系统。

太阳能热水器按热水循环方式分自然循环和机械循环两种。自然循环太阳能热水器依靠水温差产生的热虹吸作用进行水的循环加热。该种热水器运行安全可靠、不需用电和专人管理。但贮热水箱必须装在集热器上面，同时使用的热水会受到时间和天气的影响。机械循环太阳能热水器是利用水泵强制进行水循环的系统。该种热水器贮热水箱和水泵可放置在任何部位，系统制备热水效率高，产水量大。为克服天气对热水加热的影响，可增加辅助加热设备，如煤气加热、电加热和蒸气加热等措施，适用于大面积和集中供应热水的场所。

## 4.2.3　集中热水供应系统的加热和贮热设备

### 1. 热水锅炉

集中热水供应系统采用的热水锅炉主要有燃煤、燃油和燃气 3 种。

燃煤锅炉使用燃料价格低，运行成本低，但存在因燃煤产生的烟尘和二氧化硫对环境污染的问题。目前许多城市为解决日益严重的城市空气污染问题，已开始限制甚至禁止市区内使用燃煤锅炉。

　　燃油（燃气）锅炉通过燃烧器向正在燃烧的炉膛内喷射雾状油（或通入煤气），燃烧迅速，且比较完全，具有构造简单、体积小、热效率高、排污总量少的优点。随着生活水平的提高，人们对环保要求也越来越严格，燃油（燃气）锅炉的市场正急剧扩大，使用日益广泛。

### 2. 水加热器

　　集中热水供应系统中常用的水加热器有：容积式水加热器、快速式水加热器、半容积式水加热器、半即热式水加热器。

　　（1）容积式水加热器　容积式水加热器是内部设有热媒导管的热水贮存容器，具有加热冷水和贮备热水两种功能，热媒为蒸汽或热水，有卧式和立式之分。常用的容积式水加热器有传统的 U 形管型容积式水加热器和导流型容积式水加热器。

　　U 形管型容积式水加热器的优点是具有较大的贮存和调节能力，可提前加热，热媒负荷均匀，被加热水通过时压力损失较小，用水点处压力变化平稳，出水温度较稳定，对温度自动控制的要求较低，管理比较方便。但该加热器中，被加热水流速缓慢，传热系数小，热交换效率低，体积庞大，占用过多的建筑空间，在热媒导管中心线以下约有 20%~25% 的贮水容积是低于规定水温的常温水或冷水，所以贮罐的容积利用率较低。此外，由于局部区域水温合适、供氧充分、营养丰富，因此容易滋生军团菌，造成水质生物污染。U 形管型容积式水加热器这种层叠式的加热方式可称为"层流加热"。

　　导流型容积式水加热器是传统型的改进，该水加热器具有多行程列管和导流装置，在保持传统型容积式水加热器优点的基础上，克服了其被加热水无组织流动、冷水区域大、产水量低等缺点，贮罐的有效贮热容积为 85%~90%。

　　（2）快速式水加热器　针对容积式水加热器中"层流加热"的弊端，出现了"紊流加热"理论，即通过提高热媒和被加热水的流动速度来提高热媒对管壁、管壁对被加热水的传热系数，以改善传热效果。快速式水加热器就是热媒与被加热水通过较大速度的流动进行快速换热的一种间接加热设备。

　　根据热媒的不同，快速式水加热器有汽-水和水-水两种类型，前者热媒为蒸汽，后者热媒为过热水。根据加热导管的构造不同，又有单管式、多管式、板式、管壳式、波纹板式、螺旋板式等多种形式。

　　快速式水加热器具有效率高、体积小、安装搬运方便的优点，缺点是不能贮存热水，水头损失大，在热媒或被加热水压力不稳定时出水温度波动较大，仅适用于用水量大而且比较均匀的热水供应系统或建筑物热水采暖系统。

　　（3）半容积式水加热器　半容积式水加热器是指带有适量贮存与调节容积的内藏式容积式水加热器。半容积式水加热器具有体型小（贮热容积比同样加热能力的容积式水加热器减少 2/3）、加热快、换热充分、供水温度稳定、节水节能的优点，但由于内循环泵不间断地运行，需要有极高的质量保证。

　　（4）半即热式水加热器　半即热式水加热器是指带有超前控制，具有少量贮存容积的快速式水加热器。热媒蒸汽经控制阀和底部入口通过立管进入各并联盘管，冷凝水入立管后由底部流出，冷水从底部经孔板入罐，同时有少量冷水进入分流管。入罐冷水经转向器均匀进入罐底并向上流过盘管得到加热，热水由上部出口流出。部分热水在顶部进入感温管开口端，冷水以与热水用水量成比例地由分流管同时流入感温管，感温元件读出感温管内的冷、热水平均温度，即向控制阀发出信号，按需要调节控制阀，以保持所需的热水输出温度。一旦有热水需求，即使热水出口处的水温尚未下降，感温元件也能发出信号开启控制阀，具有预测性。

半即热式水加热器具有快速加热被加热水、浮动盘管自动除垢的优点，其热水出水温度精度一般能控制在±2.2℃内，且体积小，节省占地面积，适用于各种不同负荷需求的机械循环热水供应系统。

**3. 加热水箱和热水贮水箱（罐）**

加热水箱是一种简单的热交换设备，在水箱中安装蒸汽多孔管或蒸汽喷射器，可构成直接加热水箱。在水箱内安装排管或盘管即构成间接加热水箱。加热水箱适用于公共浴室等用水量大而均匀的定时热水供应系统。

热水贮水箱（罐）是一种专门调节热水量的容器，可在用水不均匀的热水供应系统中设置，以调节水量，稳定出水温度。

**4. 可再生低温能源的热泵热水器**

合理应用水源热泵、空气源热泵等制备生活热水，其实质是将热量从温度较低的介质中转移到温度较高的介质中，具有显著的节能效果。

## 4.2.4　加热设备的选择与布置

加热设备是热水供应系统的核心组成部分，加热设备的选择是关系到热水供应系统能否满足用户使用要求和保证系统长期正常运转的关键。应根据热源条件、建筑物功能及热水用水规律、耗热量和维护管理等因素综合比较后确定。

1）选用局部热水供应设备时，应符合下列要求：

① 需同时供给多个卫生器具或设备热水时，宜选用带贮热容积的加热设备。

② 当地太阳能资源充足时，宜选用太阳能热水器或太阳能辅以电加热的热水器。

③ 热水器不应安装在易燃物堆放或对燃气管、表或电气设备产生影响及有腐蚀性气体和灰尘多的场所。

④ 燃气热水器、电热水器必须带有安全装置。严禁在浴室内安装直接排气式燃气热水器等在使用空间内积聚有害气体的加热设备。

2）集中热水供应系统的加热设备选择，应符合下列要求：

① 热效率高、换热效果好、节能、节省设备用房。

② 生活热水侧阻力损失小，有利于整个系统冷、热水压力的平衡。

③ 安全可靠、构造简单、操作维修方便。

④ 具体选择水加热设备时，应遵循下列原则：

A. 当采用自备热源时，宜采用直接供应热水的燃气、燃油等燃料的热水机组，也可采用间接供应热水的自带换热器的热水机组或外配容积式、半容积式水加热器的热水机组。

B. 热水机组除满足上述①~③基本要求外，还应具备燃料燃烧完全、消烟除尘、自动控制水温、火焰传感、自动报警等功能。

C. 当采用蒸汽、高温水为热源时，间接水加热设备的选型应结合热媒的供给能力、热水用途、用水均匀性及水加热设备本身的特点等因素，经技术经济比较后确定。

D. 当热源为太阳能时，宜采用热管或真空管太阳能热水器。

E. 在电源供应充沛的地方可采用电热水器。

F. 选用可再生低温能源时，应注意其适用条件及配备质量可靠的热泵机组。在夏热冬暖地区，宜采用空气源热泵热水供应系统；在地下水源充沛、水文地质条件适宜、能保证回灌的地区，宜采用地下水源热泵热水供应系统；在沿江、沿海、沿湖、地表水源充足，水文地质条件适宜，以及有条件利用城市污水、再生水的地区，宜采用地表水源热泵热水供应系统。

## 4.3 热水供应系统的管道布置和敷设

热水管道的布置和敷设除了满足给水（冷）管网敷设的要求外，还应注意因水温高带来的体积膨胀、管道伸缩、保温和排气等问题。

### 4.3.1 热水管道的布置与敷设

热水管网与给水（冷）管网一样，有明设和暗设两种敷设方式。铜管、薄壁不锈钢管、衬塑钢管等可根据建筑、工艺要求暗设或明设。塑料热水管宜暗设，明设时立管宜布置在不受撞击处，如不可避免时，应在管外加防紫外线照射、防撞击的保护措施。

热水管道暗设时，其横干管可敷设于地下室、技术设备层、管廊、吊顶或管沟内，其立管可敷设在管道竖井或墙壁竖向管槽内，支管可埋设在地面、楼板的垫层内，但铜管和聚丁烯管（PB）埋于垫层内宜设保护套。暗设管道法兰应装设在便于检修的地方，装设阀门处应留有检修门，以利于管道更换和维修。管沟内敷设的热水管应置于冷水管之上，并且采取保温措施。

热水管道穿过建筑物的楼板、墙壁和基础处应加套管，穿越屋面及地下室外墙时，应加防水套管，以免管道膨胀时损坏建筑结构和管道设备。当穿过有可能发生积水的房间地面或楼板时，套管应高出地面 50~100mm。热水管道在吊顶内穿墙时，可预留孔洞。

上行下给式配水干管的最高点应设排气装置（自动排气阀、带手动放气阀的集气罐和膨胀水箱）。下行上给配水系统，可利用最高配水点放气。

下行上给热水供应系统的最低点应设泄水装置（泄水阀或螺塞等），有可能时也可利用最低配水点泄水。

下行上给式热水系统设有循环管道时，其回水立管应在最高配水点以下约 0.5m 处与配水立管连接。上行下给式热水系统只需将循环管道与各立管连接。

热水横管的敷设坡度上行下给式系统不宜小于 0.005，下行上给式系统不宜小于 0.003，配水横干管应沿水流方向上升，利于管道中的气体向高点聚集，便于排放；回水横管应沿水流方向下降，便于检修时泄水和排除管内污物。这样布管还可保持配、回水管道坡向一致，方便施工安装。

热水立管与水平干管连接时，为避免管道伸缩应力破坏管网，应采用乙字弯的连接方式。热水立管与水平干管的连接方式如图 4-5 所示。

室外热水埋地横管一般为管沟内敷设，当不能在管沟内敷设时，也可直埋敷设，其保温材料为聚氨酯硬质泡沫塑料，外做玻璃钢管壳，并做伸缩补偿处理。直埋管道的安装与敷设

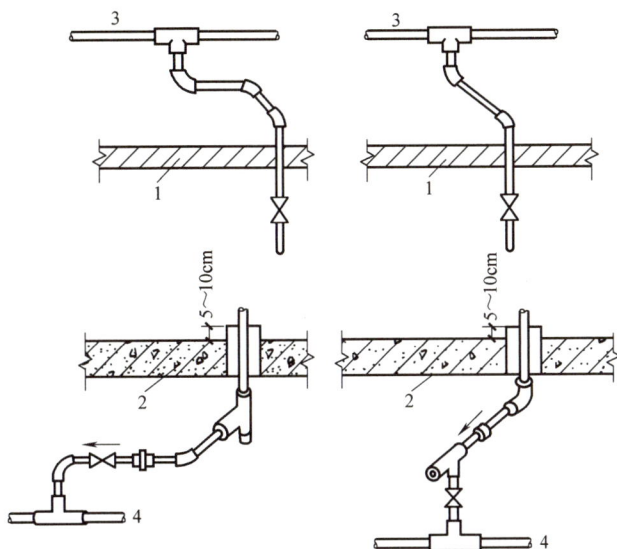

**图 4-5　热水立管与水平干管的连接方式**

1—吊顶　2—地板或沟盖板　3—配水横管　4—回水管

还应符合有关直埋供热管道工程技术规程的规定。

热水管道应设固定支架，一般设于伸缩器或自然补偿管道的两侧，其间距应满足管段的热伸长量不大于伸缩器所允许的补偿量的要求。固定支架之间宜设导向支架。

热水管网应在下列管段上装设阀门：

1）与配水、回水干管连接的分干管。

2）配水立管和回水立管。

3）从立管接出的支管。

4）室内热水管道向住户、公用卫生间等接出的配水管的起端。

5）水加热设备，水处理设备的进、出水管及系统用于温度、流量、压力等控制阀连接处的管段上按安装要求配置阀门。

热水管网上阀门的安装位置如图 4-6 所示。

热水管网在下列管段上，应装设止回阀：

1）水加热器、贮水器的冷水供水管上，防止加热设备的升压或冷水管网水压降低时产生倒流，使设备内热水回流至冷水管网产生热污染和安全事故。安装倒流防止器时，应采取保证系统冷热水供水压力平衡的措施。

2）机械循环系统的第二循环回水管上，防止冷水进入热水系统影响配水点的供水温度。

3）冷热水混合器、恒温混合阀等的冷、热水供水管上，防止冷、热水通过混合器相互串水而影响其他设备的正常使用。

热水管网上止回阀的安装位置如图 4-7 所示。

为计量热水总用水量，应在水加热设备的冷水供水管上装设冷水表；设有集中热水供应系统的住宅应安装分户热水水表，洗衣房、厨房、游乐设施、公共浴室等需要单独计量的热

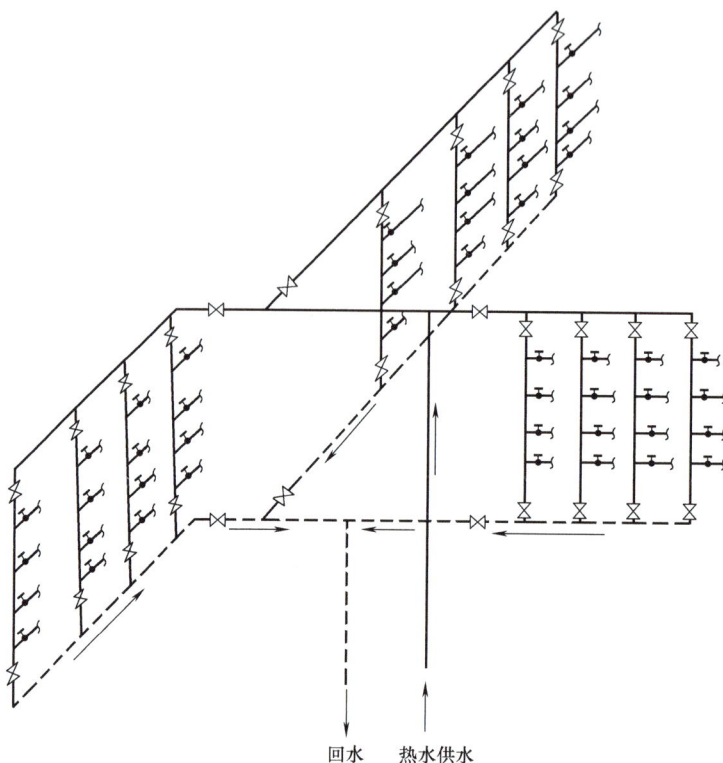

回水　热水供水

图 4-6　热水管网上阀门的安装位置

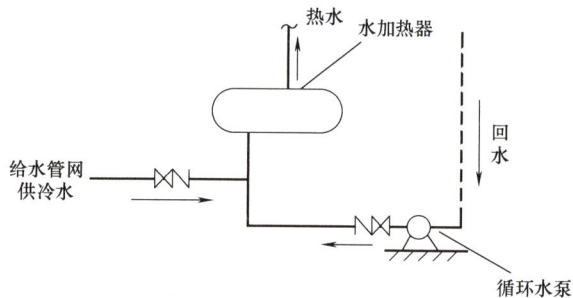

图 4-7　热水管网上止回阀的安装位置

水供水管上应安装热水水表，其设有回水管者应在回水管上装设热水水表。水表的选型、计算及设置应符合相关规定。水表应安装在便于观察及维修的地方。

## 4.3.2　热水供应系统的保温

热水供应系统中的水加热设备，贮热水器，热水箱，热水供水干管、立管，机械循环的回水干管、立管，有冰冻可能的自然循环回水干管、立管均应加以保温，其主要目的为减少介质传送过程中无效的热损失。

热水供应系统保温材料应符合导热系数小、具有一定的机械强度、重量轻、没有腐蚀性、易于施工成型及可就地取材等要求。

热水配水管、回水管、热媒水管、蒸汽凝结水管常用的保温材料为岩棉、超细玻璃棉、硬聚氨酯、橡塑泡棉等材料，其保温层厚度可参照表 4-1 采用。

表 4-1　热水配水管、回水管、热媒水管、蒸汽凝结水管保温层厚度 （单位：mm）

| 管道直径 | 热水配水管、回水管 | | | | 热媒水管、蒸汽凝结水管 | |
| --- | --- | --- | --- | --- | --- | --- |
| | DN15~DN20 | DN25~DN50 | DN65~DN100 | >DN100 | ≤DN50 | >DN50 |
| 保温层厚度 | 20 | 30 | 40 | 50 | 40 | 50 |

水加热器、开水器等设备采用岩棉制品、硬聚氨酯发泡塑料等保温时，保温层厚度可为 35mm。

管道和设备在保温之前，应进行防腐蚀处理。保温材料应与管道或设备的外壁紧密相贴，并在保温层外表面做防护层。如遇管道转弯处，其保温层应做伸缩缝，缝内填柔性材料。

## 4.4　饮水供应

### 4.4.1　饮水供应系统

室内饮水供应包括开水供应系统和冷饮水供应系统两类，采用何种系统应根据当地的生活习惯和建筑物的使用性质确定。

我国办公楼、旅馆、大学生宿舍、军营多采用开水供应系统；大型娱乐场所等公共建筑、工矿企业生产热车间多采用冷饮水供应系统。

#### 1. 开水供应系统

开水供应系统分集中供应和分散供应两种方式。集中制备开水的加热方法一般采用间接加热方式，不宜采用蒸汽直接加热方式。

（1）集中供应方式　集中供应方式分为集中制备分装供应和集中制备管道输送供应两种。集中制备分装供应方式耗热量小、节约燃料、便于操作管理、投资省，但饮用不方便，饮用者需用保温容器到煮沸站打水，而且饮水点温度不易保证。工矿企业、机关、学校等，目前均广泛采用这种供应方式。为了便于管理，煮沸站常靠近食堂、锅炉房、公共浴室等地方布置或设在同一建筑内。若打水距离大于 200m，则可考虑设几个集中煮沸站。

集中制备管道输送供应系统是在锅炉房或开水间集中烧制开水，然后由管道输送至各饮用点。开水的供应可采用定时制，也可采用连续供应。为使各饮水点维持一定的水温，需设循环管道。在不能自然循环时，还需设循环水泵。这种供应方式便于操作管理，使用方便，能保证各饮水点的水温，但耗热量及投资较大，一般在可以自然循环时采用，适用于四层及四层以上的旅馆、办公楼、教学楼、科研工业楼、医院等建筑。

（2）分散供应方式　分散供应方式是指将蒸汽、燃气或电等热源送至各制备点，就地将水煮沸供应。开水炉可设在专用开水间内，也可设在生活间、值班室和大厅内，小型开水器也可设在车间或走道内。这种供应方式使用方便，可保证饮水点的水温，但不便集中管理，投资较高，耗热量较大。分散供应方式广泛应用于旅馆、饭店、工矿企业、办公楼、科研楼、医院等建筑。开水管道应采取保温措施。

开水供应系统应符合下列规定：开水计算温度应按 100℃ 计算，冷水计算温度应符合相关规定；当开水炉（器）需设置通气管时，其通气管应引至室外；配水水嘴宜为旋塞；开水器应装设温度计和水位计，开水锅炉应装设温度计，必要时还应装设沸水汽笛或安全阀。

### 2. 冷饮水供应系统

在大型的公共集会场所，如体育馆、展览馆、游泳场、车站及公园等人数众多处，饮用热开水很不方便，尤其夏季饮用冷、温水更为适宜。在此情况下，可以装设冷饮水供应系统。

（1）饮用凉开水供应　将开水冷却，然后供给人们饮用。饮用凉开水供应系统往往和开水供应系统共用开水炉，将开水炉制备的开水一组直接供应开水，另一组则经过冷却器降温供应凉开水，以满足人们不同的需求。

（2）冷饮水供应　在一些高级宾馆和写字楼中，对给水水质要求较高，要求室内给水均能直接饮用，这时就要设置饮用冷水供应系统。室内通过给水管网供水，公共场所则一般通过喷饮设备供应。

冷饮水供应系统应设置循环管道，避免水流滞留影响水质，循环回水也应进行消毒灭菌处理。饮用冷水一般由自来水进行深度处理（一般包括过滤和消毒）后制得。

所有饮水管道应采用铜管、不锈钢管、铝塑复合管或聚丁烯管，配件材料与管材相同，保证管道和配件材质不对饮水水质产生有害影响。

（3）饮水供应的水力计算　饮用开水和冷饮水的用水量标准一般按用水单位制定。开水水温，集中开水供应系统通常按 100℃ 考虑，管道输送全循环供水系统按输送 105℃ 饱和状态水蒸气计算。其水质应符合国家现行《生活饮用水卫生标准》（GB 5749）的要求。

开水供应系统和冷饮水系统中管道的流速一般不大于 1.0m/s，循环管道的流速可大于 2m/s。计算管网时采用 95℃ 水力计算表。

管网的计算方法和步骤以及设备的选择方法与热水管网相同。

## 4.4.2　管道饮用净水供应

生活给水包括一般日常生活用水和直接饮用水两部分，一般来说，与饮水和烹调有关的直接饮用水量只占日常生活用水量的 2%～5%，每人每日需要 3L 左右，这部分水直接参与人体的新陈代谢，对人体健康影响极大，其水质应是优质的，需要进行深度处理。而其他 95%～98% 的日常生活用水，仅作为洗涤、清洁之用，对水质的要求并不一定很高，满足国家规定的《生活饮用水卫生标准》（GB 5749）即可。

直接饮用水与日常生活用水的水质、水量相差比较大，如将生活给水全部按直接饮用水的水质标准进行处理，则既不经济，也没有必要。分质供水就是根据人们用水的不同水质需要而提出的，是解决供水水质问题的经济、有效的途径。

分质供水根据用水水质的不同，在建筑内或小区内，设置不同的给水系统，如直接利用市政自来水供给清洁、洗涤、冲洗等用水，为生活给水系统；自来水经过深度净化处理，达到饮用净水标准，供人们直接饮用，为管道饮用净水（优质水）系统（管道直饮水系统）；在建筑中或建筑群中将洗涤等用水收集后加以处理，回用供冲厕、洗车、浇洒绿地等用水，为中水供水系统。

管道饮用净水系统（管道直饮水系统）是指在建筑物内部保持原有的自来水管道系统不变，供应人们生活清洁、洗涤用水，同时对自来水中只占 2%~5% 用于直接饮用的水集中进行深度处理后，采用高质量无污染的管道材料和管道配件，设置独立于自来水管道系统的饮用净水管道系统至用户，用户打开水嘴即可直接饮用。如果配置专用的管道饮用净水机与饮用净水管道连接，可从饮用净水机中直接供应热饮水或冷饮水，非常方便。

直接饮用水应在符合国家标准《生活饮用水卫生标准》（GB 5749）的基础上进行深度处理，系统中水嘴出水的水质指标不应低于建设部颁发的中华人民共和国城镇建设行业标准《饮用净水水质标准》（CJ 94）。

管道饮用净水系统一般由供水水泵、循环水泵、供水管网、回水管网、消毒设备等组成。为了保证水质不受二次污染，饮用净水配水管网的设计应特别注意水力循环问题，配水管网应设计成密闭式，将循环管路设计成同程式，用循环水泵使管网中的水得以循环。

为保证管道饮用净水系统的正常工作，并有效地避免水质二次污染，饮用净水必须设循环管道，并应保证干管和立管中饮水的有效循环，防止管网中长时间滞流的饮水在管道接头、阀门等局部不光滑处由于细菌繁殖或微粒集聚等因素而使水质受到污染。

饮用净水管道系统的设置一般应满足以下要求：

1）系统应设计成环状，循环管路应为同程式，进行循环消毒以保证足够的水量、水压和合格的水质。

2）设计循环系统的运行时不得影响配水系统的正常工作压力和饮水水嘴的出流率。

3）饮用净水在供配水系统中各个部分的停留时间不应超过 4h，供配水管路中不应产生滞水现象。

4）各处的饮用净水水嘴的自由水头应尽量相等，且不宜小于 0.03MPa。

5）饮用净水管网系统应独立设置，不得与其他管网相连。

6）一般应优先选用无高位水箱的供水系统，宜采用变频调速水泵供水系统。

7）配水管网循环立管上、下端头部位设球阀；管网中应设置检修门；在管网最远端设排水阀门；管道最高处设置排气阀。排气阀处应有除菌、防尘装置，排气阀处不得有死水存留现象，排水口应有防污染措施。

## 复习思考题

4-1　一个完整的热水供应系统由哪几部分组成？

4-2　热水供应系统按热水供应范围的大小分为哪几种系统？

4-3　什么是直接加热方式？什么是间接加热方式？各适用于哪些场合？

4-4　常用的热水供应方式有哪些？

4-5　集中热水供应系统和局部热水供应系统的热源的选择顺序分别是什么？

4-6　室内热水供应系统的加热设备有哪些类型？各有什么优缺点？

4-7　热水供应系统常用管材有哪些？

4-8　在热水供应管网上应采取什么措施补偿热伸长？

4-9　室内热水供应系统的计算包括哪些内容？

4-10　饮水供应分为哪几类？

# 5

## 5.1 传热基本知识

### 5.1.1 传热的基本方式

只要有温度差，就有热量自发地由高温物体传递到低温物体。由于自然界和生产过程中到处存在温度差，因此传热是自然界和生产领域中非常普遍的现象。例如，房屋墙壁的散热可分为三段，如图 5-1 所示。首先由室内空气以对流传热和墙与物体间的热辐射方式把热量传给墙内表面；再由墙内表面以固体导热方式传递到墙外表面；最后由墙外表面以空气对流传热和墙与物体间的热辐射方式把热量传给室外环境。

传热过程是由导热、热对流、热辐射三种基本传热方式组合形成的。要了解传热过程的规律，就必须首先分别分析三种基本传热方式。

#### 1. 导热

导热又称热传导，是指物体各部分无相对位移或不同物体直接接触时依靠分子、原子及自由电子等微观粒子的热运动而进行的热量传递现象。导热是物质的属性，导热过程可以在固体、液体及气体

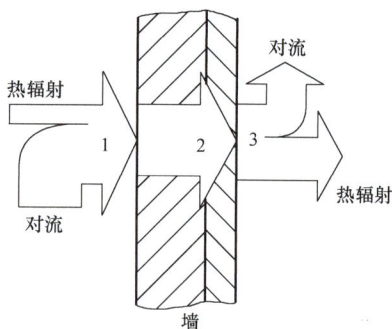

图 5-1 墙壁的散热

中发生。但在引力场下，单纯的导热一般只发生在密实的固体中，因为在有温差时，液体和气体中难以维持单纯的导热。

由前述墙壁的导热过程可看出，平壁导热量与壁两侧表面的温度差成正比，与壁厚成反比，并与材料的导热性能有关。因此，通过平壁的导热量的计算式可表示为

$$Q = \frac{\lambda}{\delta}\Delta t F \tag{5-1}$$

式中　$Q$——导热量，单位为 W；

　　　$F$——平壁面积，单位为 $m^2$；

　　　$\delta$——平壁厚，单位为 m；

　　　$\Delta t$——平壁两侧表面的温差，单位为℃；

$\lambda$——导热系数，单位为 W/(m·℃)。

导热系数是指具有单位温度差的单位厚度物体，在它的单位面积上每单位时间的导热量，表示材料导热能力的大小，导热系数一般由试验测定。

改写式（5-1），得

$$q = \frac{\Delta t}{\dfrac{\delta}{\lambda}} = \frac{\Delta t}{R_\lambda} \tag{5-2}$$

式中　$q$——热流通量，单位为 W/m$^2$，$q = Q/F$；

　　　$R_\lambda$——导热热阻，则平壁导热热阻为 $R_\lambda = \dfrac{\delta}{\lambda}$，单位为 m$^2$·℃/W。

可见平壁导热热阻与壁厚成正比，而与导热系数成反比。

### 2. 热对流

依靠流体的运动，把热量由一处传递到另一处的现象，称为热对流，它是传热的另一种基本方式。若热对流过程中，单位时间通过单位面积、质量为 $m$ 的流体由温度 $t_1$ 的地方流到 $t_2$ 处，则此热对流传递的热量为

$$q = mc_p(t_1 - t_2) \tag{5-3}$$

式中　$q$——热流通量，单位为 W/m$^2$；

　　　$m$——单位时间通过单位面积的流体质量，单位为 kg/(m$^2$·s)；

　　　$c_p$——流体比热容，单位为 J/(kg·℃)；

　　　$t_1$——流体温度，单位为℃；

　　　$t_2$——流体温度，单位为℃。

因为有温度差，热对流必然同时伴随热传导。工程上遇到的实际传热问题都是流体与固体壁面直接接触时的换热，故传热学把流体与固体壁间的换热称为对流传热。与热对流不同的是，对流传热过程既有热对流作用，亦有导热作用，故已不再是基本传热方式。对流传热的基本计算式是牛顿在 1701 年提出的，即

$$q = h(t_w - t_f) = h\Delta t \tag{5-4}$$

式中　$q$——热流通量，单位为 W/m$^2$；

　　　$t_w$——固体壁表面温度，单位为℃；

　　　$t_f$——流体温度，单位为℃；

　　　$h$——对流传热表面传热系数，单位为 W/(m$^2$·℃)，其意义是指单位面积上，当流体同壁之间为单位温差，在单位时间内能传递的热量。

对流传热表面传热系数 $h$ 的大小表达了该对流传热过程的强弱。例如，热水暖气片外壁面和空气间的对流传热表面传热系数 $h$ 约为 6W/(m$^2$·℃)，而它的内壁面和热水之间的对流换热表面传热系数 $h$ 则可达数千 W/(m$^2$·℃)。式（5-4）称为牛顿冷却公式。利用热阻概念，改写式（5-4），可得

$$q = \frac{\Delta t}{1/h} = \frac{\Delta t}{R_h} \tag{5-5}$$

式中　$R_h$——单位壁表面积上的对流传热热阻，单位为（m$^2$·℃）/W，$R_h = 1/h$。

### 3. 热辐射

导热或对流都是以冷、热物体的直接接触来传递热量，热辐射则不同，它依靠物体表面对外发射可见和不可见的射线（电磁波）传递热量。物体表面每单位时间、单位面积对外辐射的热量称为辐射力，用 $E$ 表示，单位是 $W/m^2$，其大小与物体表面性质及温度有关。对于绝对黑体（一种理想的热辐射表面，又称全辐射体），它的辐射力 $E_b$ 与表面热力学温度的 4 次方成正比，即斯忒藩-玻耳兹曼定律

$$E_b = C_b (T/100)^4 \tag{5-6}$$

式中　$E_b$——绝对黑体辐射力，单位为 $W/m^2$；

　　　$C_b$——绝对黑体辐射系数，单位为 $W/(m^2 \cdot K^4)$，$C_b = 5.67 W/(m^2 \cdot K^4)$；

　　　$T$——热力学温度，单位为 K。

一切实际物体的辐射力都低于同温度下绝对黑体的辐射力，实际物体的辐射力的计算式是

$$E = \varepsilon C_b (T/100)^4 \tag{5-7}$$

式中　$\varepsilon$——实际物体表面的发射率，也称黑度，其值处于 0~1 之间。

物体间靠热辐射进行的热量传递称为辐射传热，它的特点是：在热辐射过程中伴随着能量形式的转换（物体内能→电磁波能→物体内能）；不需要冷热物体直接接触；不论温度高低，物体都在不停地相互发射电磁波能，相互辐射能量，高温物体向低温物体辐射的能量大于低温物体向高温物体辐射的能量，总的结果是热量由高温物体传递到低温物体。

两个无限大的平行平面间的热辐射是最简单的辐射传热问题，设两表面的热力学温度分别为 $T_1$ 和 $T_2$，且 $T_1 > T_2$，则两表面间单位面积、单位时间辐射换热量的计算式是

$$q = C_{12} [(T_1/100)^4 - (T_2/100)^4] \tag{5-8}$$

式中　$q$——1、2 两表面间的辐射传热热流通量，单位为 $W/m^2$；

　　　$C_{12}$——1、2 两表面间的相当辐射系数，单位为 $W/(m^2 \cdot K^4)$，它取决于辐射表面的材料性质及状态，其值在 0~5.67 之间；

　　　$T_1$——表面 1 的热力学温度，单位为 K；

　　　$T_2$——表面 2 的热力学温度，单位为 K。

## 5.1.2　传热过程

在工程中经常遇到两流体间的换热。热量从壁面一侧的流体通过壁面传递给另一侧的流体，称为传热过程。设有一大平壁，面积为 $F$，两侧分别为温度 $t_{f1}$ 的热流体和 $t_{f2}$ 的冷流体，两侧对流传热表面传热系数分别为 $h_1$ 及 $h_2$，两侧壁面温度分别为 $t_{w1}$ 和 $t_{w2}$，平壁材料的导热系数为 $\lambda$，厚度为 $\delta$，平壁的传热过程如图 5-2 所示。

若传热过程不随时间变化，即各处温度及传热量不随时间改变，传热过程处于稳态。又设壁的长和宽均远大于它的厚度，可认为热流方向与壁面垂直。若将该平壁在传热过程中的各处温度描绘在坐标图上，该传热过程的温度分布如图 5-2 中的曲线所示。按图 5-1 的分析方法，整个传热过程分三段，分

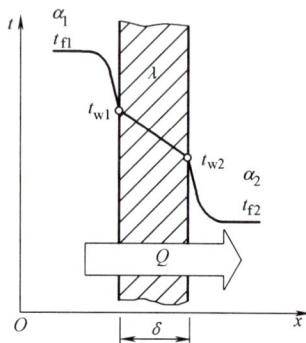

图 5-2　平壁的传热过程

别用下列三式表达：

热量由热流体以对流传热方式传给壁左侧，按式（5-4），对单位时间和单位面积

$$q = h_1(t_{f1} - t_{w1})$$

热量以导热方式通过壁，按式（5-1）

$$q = \frac{\lambda}{\delta}(t_{w1} - t_{w2})$$

热量由壁右侧以对流传热方式传给冷流体，即

$$q = h_2(t_{w2} - t_{f2})$$

在稳态情况下，以上三式的热流通量 $q$ 相等，把它们改写为

$$t_{f1} - t_{w1} = \frac{q}{h_1}$$

$$t_{w1} - t_{w2} = \frac{q}{\dfrac{\lambda}{\delta}}$$

$$t_{w2} - t_{f2} = \frac{q}{h_2}$$

三式相加，消去未知的 $t_{w1}$ 及 $t_{w2}$，整理后得

$$q = \frac{1}{\dfrac{1}{h_1} + \dfrac{\delta}{\lambda} + \dfrac{1}{h_2}}(t_{f1} - t_{f2}) \tag{5-9}$$

对面积为 $F$ 的平壁，传热量为

$$Q = KF(t_{f1} - t_{f2}) \tag{5-10}$$

其中

$$K = \frac{1}{\dfrac{1}{h_1} + \dfrac{\delta}{\lambda} + \dfrac{1}{h_2}} \tag{5-11}$$

$K$ 称为传热系数。它表明在单位时间、单位壁面积上，冷热流体间每单位温度差可传递的热量，单位是 $W/(m^2 \cdot ℃)$，可反映传热过程的强弱。按热阻形式改写式（5-9），得

$$q = \frac{t_{f1} - t_{f2}}{\dfrac{1}{K}} = \frac{\Delta t}{R_K} \tag{5-12}$$

式中　$R_K$——平壁单位面积的传热热阻，即

$$R_K = \frac{1}{K} = \frac{1}{h_1} + \frac{\delta}{\lambda} + \frac{1}{h_2} \tag{5-13}$$

可见传热过程的热阻等于热流体、冷流体与壁之间的对流传热热阻及壁的导热热阻之和，类似于串联电阻的计算方法，掌握这一点对于分析和计算传热过程十分重要。由传热热阻的组成不难看出，传热热阻的大小与流体的性质、流动情况、壁的材料以及厚度等因素有关，所以它的数值变化范围很大。例如，一砖厚（240mm）的房屋外墙的 $K$ 值约为 $2W/(m^2 \cdot ℃)$，而在蒸汽热水器中，$K$ 值可达 $5000W/(m^2 \cdot ℃)$。对于换热器，$K$ 值越大，说明传热越好。但对建筑物围护结构和热力管道的保温层等，它们的作用是减少热损失，当

然 $K$ 值越小越好。

[例 5-1] 混凝土板厚 $\delta = 100mm$，导热系数 $\lambda = 1.54W/(m \cdot \text{℃})$，两侧空气温度分别为 $t_{f1} = 5\text{℃}$，$t_{f2} = 30\text{℃}$，对流传热表面传热系数 $h_1 = 25W/(m^2 \cdot \text{℃})$，$h_2 = 8W/(m^2 \cdot \text{℃})$，求单位面积上传热过程的各项热阻、传热热阻、传热系数及热流通量。

[解] 单位面积各项热阻

$$R_{h1} = \frac{1}{h_1} = \frac{1}{25W/(m^2 \cdot \text{℃})} = 0.04(m^2 \cdot \text{℃})/W$$

$$R_{\lambda} = \frac{\delta}{\lambda} = \frac{0.1m}{1.54W/(m \cdot \text{℃})} = 0.065(m^2 \cdot \text{℃})/W$$

$$R_{h2} = \frac{1}{h_2} = \frac{1}{8W/(m^2 \cdot \text{℃})} = 0.125m^2 \cdot \text{℃}/W$$

单位面积的传热热阻

$$R = R_{h1} + R_{\lambda} + R_{h2} = (0.04 + 0.065 + 0.125)m^2 \cdot \text{℃}/W = 0.23m^2 \cdot \text{℃}/W$$

传热系数

$$K = \frac{1}{R} = \frac{1}{0.23m^2 \cdot \text{℃}/W} = 4.35W/(m^2 \cdot \text{℃})$$

热流通量为

$$q = K\Delta t = 4.35W/(m^2 \cdot \text{℃}) \times 25\text{℃} = 109W/m^2$$

### 5.1.3 换热器

换热器是实现两种或两种以上温度不同的流体相互换热的设备。其按工作原理可分为三类：①间壁式换热器——其中冷热流体被一壁面隔开，如暖风机、燃气加热器、冷凝器、蒸发器；②混合式换热器——它的冷热流体直接接触，彼此混合进行换热，热交换时存在质交换，如空调工程中的喷淋室，蒸汽喷射泵等；③回热式换热器——它的换热面交替地吸收和放出热量，热流体流过换热面时温度升高，换热面吸收并储蓄热量，然后冷流体流过换热面，换热面放出热量加热冷流体，如锅炉中回热式空气预热器。间壁式换热器种类有很多，从构造上主要可分为管壳式换热器、肋片管式换热器、板式换热器、板翅式换热器、螺旋板换热器等，其中以前两种用得最为广泛。

#### 1. 管壳式换热器

图 5-3 为管壳式换热器示意图。管壳式换热器传热面由管束组成，管子两端固定在管板上，管束与管板封装在外壳内。流体 I 在管外流动，管外各管间设置一些圆缺形的挡板，作用是提高管外流体的流速（挡板数增加，流速提高），使流体能充分流经全部管面，改善流体对管子的冲刷角度，从而提高壳侧的对流传热表面传热系数。此外，挡板可以起支撑管束、保持管间距等作用。流体 II 在管内流动，从管的一端流到另一端称为一个管程，当管子总数及流体流量一定时，管程数越多，则管内流速越高。图 5-3 中的管壳式换热器为单壳程双管程换热器。图 5-4a 所示为 2 壳程 4 管程换热器，图 5-4b 所示为 3 壳程 6 管程换热器。

管壳式换热器结构坚固，易于制造，适应性强，处理能力大，高温、高压情况下也可使用，换热表面清洗较方便。其缺点是材料消耗大，不紧凑。

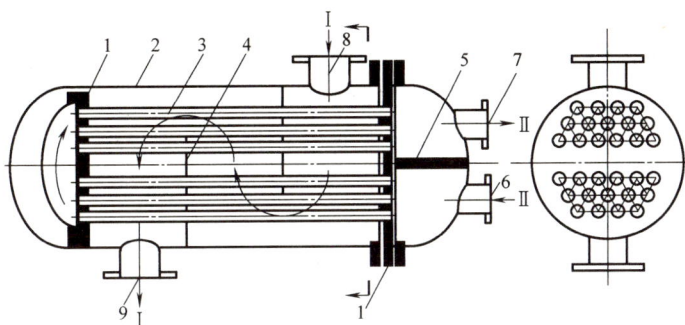

图 5-3　管壳式换热器示意图

1—管板　2—外壳　3—管子　4—挡板　5—隔板

6、7—管程进口及出口　8、9—壳程进口及出口

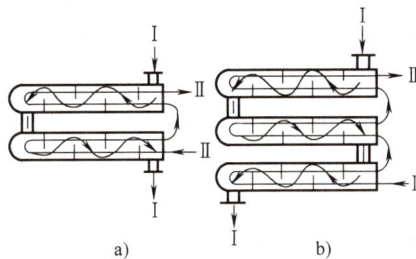

图 5-4　多壳式与多管程换热器

a) 2 壳程 4 管程　b) 3 壳程 6 管程

### 2. 肋片管式换热器

肋片管亦称翅片管，图 5-5 为肋片管式换热器示意图。在管子外壁加肋，肋化系数可达 25 左右，大大增加了空气侧的换热面积，强化了传热，与光管相比，传热系数可提高 1~2 倍。这类换热器结构较紧凑，适用于两侧流体换热系数相差较大的场合。

### 3. 板式换热器

板式换热器由若干传热板片叠置压紧组装而成，板四角开有角孔，流体由一个角孔流入，即在两块板形成的流道中流动，经对角线角孔流出（该板的另外两个角孔则由垫片堵住），流道很窄，通常只有 3~4mm，冷、热流体的流道彼此相隔。为强化流体在流道中的扰动，板面都做成波纹形。板片间装有密封垫片，它既用来防漏，又用以控制两板间的距离。图 5-6 为板式换热器示意图。冷、热流体分别由板的上、下角孔进入换热器，并相间流过奇数及偶数流道，然后再从下、上角孔流出。

传热板片是板式换热器的关键元件，不同形式的板片直接影响传热系数、流动阻力和承受压力的能力。板片的材料通常为不锈钢，对于腐蚀性强的流体（如海水），可用钛板。板式换热器的传热系数高，阻力相对较小（相对于高传热系数）、结构紧凑、金属消耗量低、使用灵活性大（传热面积可以灵活变更）、拆装清洗方便等，已广泛应用于供热、供暖系统及食品、医药、化工等部门。目前板式换热器性能：最佳传热系数为 $7000W/(m^2 \cdot ℃)$（水-水），最大处理量为 $1000m^3/h$，最高操作压强为 28bar（$1bar = 10^5Pa$），紧凑性为 $250~1000m^2/m^3$，金属消耗量为 $16kg/m^2$。

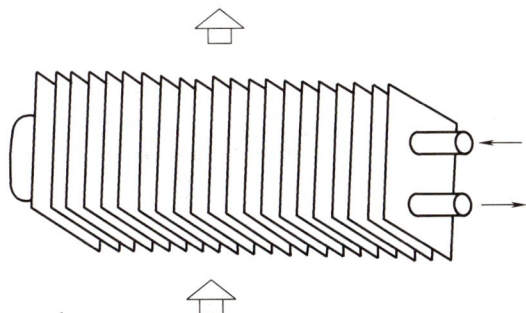

图 5-5　肋片管式换热器示意图

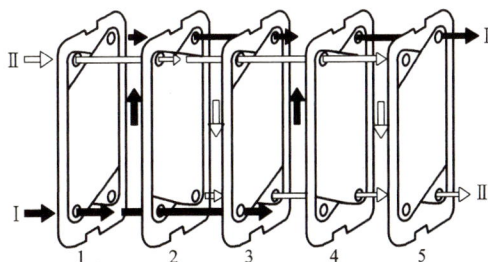

图 5-6　板式换热器示意图

#### 4. 板翅式换热器

板翅式换热器的类型有很多，但都由若干层基本换热元件组成，其结构原理如图 5-7a 所示。在两块平隔板 1 中夹着一块波纹形导热翅片 3，两端用侧条 2 密封，形成一层基本换热元件，多个基本换热元件交错叠合（使相邻两流道流动方向交错）焊接起来就构成板式换热器。图 5-7b 所示为交错叠合方式。波纹板可做成多种形式，图 5-7a 所示为平直形翅片，还有锯齿翅片、翅片带孔、弯曲翅片等形式，目的是增加流体的扰动，增强传热。板翅式换热器由于两侧都有翅片，作为气-气板翅式换热器，传热系数对空气可达 $350W/(m^2 \cdot ℃)$。板翅换热器结构非常紧凑、轻巧，每立方米体积中容纳的传热面积可高达 $4300m^2$，承压可达 100bar。但它容易堵塞，清洗困难，不易检修。适用于清洁和无腐蚀的流体换热。

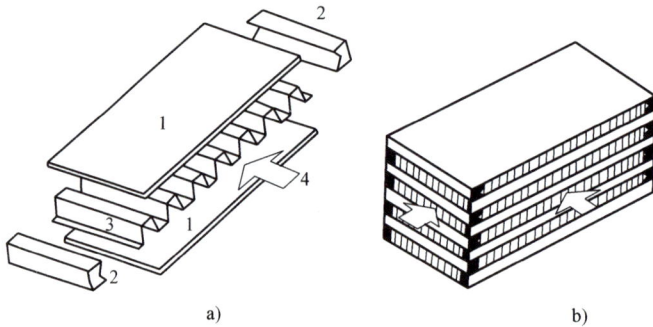

图 5-7　板翅式换热器结构原理

a）结构原理图　b）交错叠合方式
1—平隔板　2—侧条　3—翅片　4—流体

#### 5. 螺旋板换热器

螺旋板换热器结构原理如图 5-8 所示，它由两块平行的金属板卷制起来，构成两个螺旋通道，再加上下盖及连接管即成换热器，制造工艺简单。冷、热流体分别在两个螺旋通道中流动，图 5-8 所示为逆流式，流体 1 从中心进入，沿螺旋形通道流动至周边流出，流体 2 则由周边进入，沿螺旋形通道流动至中心流出。除此以外，还可做成顺流方式。螺旋流道有利于提高传热系数。例如水-水螺旋板换热器，$K$ 值可达 $2200W/(m^2 \cdot ℃)$。螺旋流道的冲刷效果好，污垢形成速度低，仅是管壳式的 1/10。此外，其结构比管壳式换热器紧凑，单位体积的传热面积约为管壳式的 2 倍，达 $100m^2/m^3$，流动阻力较小。使用板材制造，比管材价廉。但缺点是不易清洗，修理困难，承压能力低，一般用于压力 10bar 以下场合。

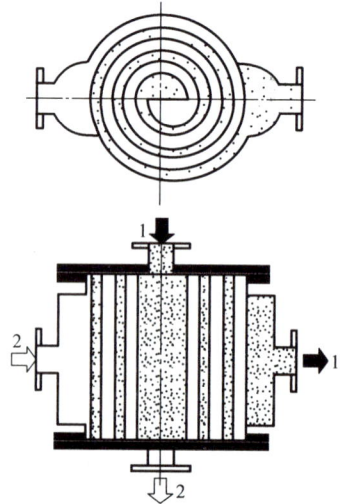

图 5-8　螺旋板换热器结构原理

### 5.1.4　增强、削弱传热的方法

#### 1. 增强传热的方法

增强传热的积极措施是设法提高传热系数。而传热系数是由传热过程中各项热阻决定的，因此为了增强传热，必须首先分析传热过程的热阻。一般换热设备的传热面都是金属薄

壁，壁的导热热阻很小，常可略去，在不计污垢热阻时，传热系数可写成下式

$$K = \frac{1}{\dfrac{1}{h_1} + \dfrac{\delta}{\lambda} + \dfrac{1}{h_2}} \approx \frac{1}{\dfrac{1}{h_1} + \dfrac{1}{h_2}} = \frac{h_1 h_2}{h_1 + h_2} \tag{5-14}$$

分析上式可以得到一个重要结论：$K$ 值将比 $h_1$ 和 $h_2$ 中最小者的值还要小。可见，在 $h_1$ 和 $h_2$ 中最小的一个对 $K$ 值的影响最大。因此，为了最有效的增大传热系数，必须增大对流传热表面传热系数最小的那一项。

当然，虽然金属壁的导热热阻可以忽略，但在实际运行中，壁上可能会增加一层污垢，污垢厚度虽不大，但其导热系数很小，故其热阻对传热将十分不利，例如 1mm 厚的水垢层相当于 40mm 厚钢板的热阻，1mm 的烟渣层相当于 400mm 厚的钢板的热阻。因此，在采取增强传热措施的同时，必须注意清除污垢，以免抵消增强措施的效果。以下是一些可行的增强传热的方法。

（1）扩展传热面　扩展对流传热表面传热系数小的一侧传热壁的面积，是增强传热的方法中使用最广泛的一种方法，如增加肋壁、肋片管、波纹管、板翅式换热面等，它使换热设备传热系数及单位体积的传热面积增加，能收到高效紧凑的效果。

（2）改变流动状况　增加流速、增强扰动、采用旋流及射流等都能起到增强传热的效果，但这些措施将引起流动阻力的增加。

（3）使用添加剂改变流体物性　流体热物性中的导热系数和体积比热容对对流传热表面传热系数的影响较大。在流体内加入一些添加剂可以改变流体的某些热物理性能，达到强化传热的效果。添加剂可以是固体或液体，它与换热的主流体组成气-固、液-固、汽-液以及液-液混合流动系统。

（4）改变表面状况

1）增加壁面粗糙度。增加壁面粗糙度不仅对管内受迫流动换热、外掠平板流动换热等有利，也有利于沸腾传热和凝结传热。

2）改变表面结构。采用烧结、机械加工或电火花加工等方法在表面形成一很薄的多孔金属，可增强沸腾传热。在壁上切削出沟槽或螺纹也是改变表面结构，增强凝结传热的实用技术。

3）表面涂层。在换热表面涂镀表面张力很小的材料，以造成珠状凝结。在辐射传热条件下，涂镀选择性涂层或发射率大的材料，以增强辐射传热。

**2. 削弱传热的方法**

与增强传热相反，削弱传热则要求降低传热系数。削弱传热是为了减少热设备及其管道的热损失，节省能源以及保温。主要方法有以下几种：

（1）覆盖热绝缘材料　在冷热设备上覆盖热绝缘材料是工程中最常用的削弱传热的方法，常用的材料有岩棉、泡沫塑料、微孔硅酸钙、珍珠岩等。它们的导热系数处于 $0.03 \sim 0.05 W/(m \cdot \text{℃})$，是较好的保温隔热材料。

（2）真空热绝缘层　将热设备的外壳做成真空夹层，夹层壁涂以反射率很高的涂层，称为真空热绝缘层。这种情况下，夹层中仅有微弱的辐射及稀薄气体导热。夹层真空度越高，反射率越高，则绝热性能越好。

（3）改变表面状况

1）改变表面的辐射特性。改变表面的辐射特性是指采用选择性涂层，既增强对投入辐射的吸收，又削弱本身对环境的辐射传热而造成的损失。常用涂层有氧化铜、镍黑等。

2）附加抵制对流的元件。如在太阳能平板集热器的玻璃盖板与吸热板间装设蜂窝状结构的元件，抑制空气对流，同时可减少集热器的对外辐射热损失。

## 5.2 供暖系统的分类与供暖负荷

### 5.2.1 供暖系统的分类

供暖是指用人工方法向室内供给热量，保持一定的室内温度，以创造适宜的生活或工作条件的技术。供暖系统由热媒制备（热源）、热媒输送和热媒利用（散热设备）三个主要部分组成。根据三个主要组成部分的位置关系来分，供暖系统可分为局部供暖系统和集中式供暖系统。

热媒制备、热媒输送和热媒利用三个主要组成部分都在同一架构物内的供暖系统，称为局部供暖系统，如烟气供暖（火炉、火墙和火炕等）、电热供暖和燃气供暖等。虽然燃气和电能通常由远处输送到室内来，但热量的转化和利用都是在散热设备上实现的。

热源和散热设备分别设置，用热媒管道连接，由热源向各个房间或各个建筑物供给热量的供暖系统，称为集中式供暖系统。

图 5-9 是集中式热水供暖系统示意图。热水锅炉 1 与散热器 2 分别设置，通过热水管道（供水管和回水管）3 相连接。循环水泵 4 将在散热器冷却后的水送回锅炉重新加热。图 5-9 中的膨胀水箱 5 用于容纳供暖系统升温时的膨胀水量，并使系统保持一定的压力。图中的热水锅炉可以向单幢建筑物供暖，也可以向多幢建筑物供暖。

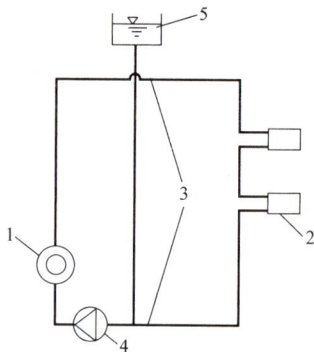

图 5-9　集中式热水供暖系统示意图
1—热水锅炉　2—散热器　3—热水管道
4—循环水泵　5—膨胀水箱

对一个或几个小区多幢建筑物的集中式供暖方式，在国内称为区域供暖（热）。

根据供暖系统散热至室内的方式不同，主要可分为对流供暖和辐射供暖。

以对流传热为主要方式的供暖，称为对流供暖。当系统中的散热设备是散热器时，其主要以对流方式向室内供暖，这种系统也称为散热器供暖系统；利用热空气作为热媒向室内供给热量的供暖系统，称为热风供暖系统，它也是以对流方式向室内供暖的。

辐射供暖是以辐射传热为主的一种供暖方式。辐射供暖系统主要采用金属辐射板作为散热设备或以建筑物部分顶棚、地板或墙壁作为辐射散热面。低温热水地板辐射供暖是以温度不高于 60℃ 的热水为热媒，在地板下加热管里流动，加热地板，通过地面以辐射和对流的方式向室内供暖。燃气红外线辐射供暖的加热方式是直接加热人体或物体而不加热空气，由人、物温度升高放热提高环境温度。辐射板面平均温度为 80~200℃，适用于耗热量大的高、大建筑的全面供暖、局部供暖，燃气可采用天然气、煤气、液化石油气等。

### 5.2.2　供暖系统设计热负荷

供暖系统设计热负荷是指在室外设计温度下，为达到要求的室内温度，供暖系统在单位时间内向建筑物供给的热量。它是设计供暖系统的最基本依据。供暖系统设计热负荷应根据建筑物得、失热量确定，计算公式如下

$$Q = Q_s - Q_d \tag{5-15}$$

式中　$Q$——供暖系统设计热负荷，单位为 W；

　　　$Q_s$——建筑物失热量，单位为 W；

　　　$Q_d$——建筑物得热量，单位为 W。

建筑物失热量包括围护结构的传热耗热量、加热进入室内的冷空气所需要的热量等。在围护结构的传热耗热量计算中，把它分成围护结构传热的基本耗热量和附加耗热量两部分。基本耗热量是指在一定条件下，通过房间各部分围护结构从室内传到室外的热量的总和；附加耗热量是指由于围护结构的传热条件发生变化而对基本耗热量的修正。太阳辐射得热量也采用修正耗热量的计算方法，通过对基本耗热量进行朝向修正考虑列入。

#### 1. 围护结构传热耗热量

当室内外存在温差时，围护结构将通过导热、对流和辐射三种传热方式将热量传至室外，在稳定传热条件下，通过围护结构传热的基本耗热量为

$$Q = KF(t_n - t_w) \tag{5-16}$$

式中　$K$——围护结构的传热系数，单位为 $W/(m^2 \cdot \text{℃})$，可根据土建工程资料从有关的设计手册查取；

　　　$F$——围护结构的传热面积，单位为 $m^2$；

　　　$t_w$——室外供暖计算温度，简称室外计算温度，单位为℃，我国确定室外供暖计算温度的方法是采用历年平均每年不保证五天的日平均温度。

　　　$t_n$——室内计算温度，简称室内温度，单位为℃。室内计算温度是指室内距离地面1.5~2.0m 高处的空气温度，它取决于建筑物的性质和用途。对于工业企业建筑物，确定室内计算温度应考虑劳动强度的大小以及生产工艺提出的要求。对于民用建筑，确定室内计算温度应考虑到房间的用途、生活习惯等因素。表 5-1 为民用及工业辅助建筑的室内计算温度。

表 5-1　民用及工业辅助建筑的室内计算温度

| 序号 | 房间名称 | 室温/℃ | 序号 | 房间名称 | 室温/℃ |
|---|---|---|---|---|---|
| 1 | 卧室和起居室 | 16~18 | 6 | 存衣室 | 16 |
| 2 | 厕所、盥洗室 | 12 | 7 | 哺乳室 | 20 |
| 3 | 食堂 | 14 | 8 | 淋浴室 | 25 |
| 4 | 办公室、休息室 | 16~18 | 9 | 沐浴室的换衣室 | 23 |
| 5 | 技术资料室 | 16 | 10 | 女工卫生室 | 23 |

#### 2. 加热进入室内的冷空气所需要的热量

在供暖期中，冷空气会经窗缝、门缝或经开启的外门进入室内，供暖系统也应将这部分冷空气加热到室温，所需的热量为

$$Q = Lc_p\rho(t_n - t_w) \tag{5-17}$$

式中　$L$——冷空气进入量，单位为 $m^3/s$；

　　　$c_p$——空气的比定压热容，单位为 $kJ/(kg \cdot ℃)$，其值为 $1.01kJ/(kg \cdot ℃)$；

　　　$\rho$——在室外温度下空气的密度，单位为 $kg/m^3$；

　　　$t_w$——室外供暖计算温度，单位为 ℃；

　　　$t_n$——室内计算温度，单位为 ℃。

### 3. 建筑的供暖热负荷的估算方法

在粗略估算建筑物的供暖热负荷时，可用热指标法。常用的热指标法有两种形式，一种是单位面积热指标法；另一种是在室内外温差为 1℃ 时的单位体积热指标法。热指标是指在调查了同一类型建筑物的供暖热负荷后，得出的该类型建筑物每平方米建筑面积或在室内外温差为 1℃ 时每立方米建筑物体积的平均供暖热负荷。

用单位面积供暖热指标法估算建筑物的热负荷时，供暖热负荷用下式计算

$$Q = q_f F \tag{5-18}$$

式中　$Q$——建筑物的供暖热负荷，单位为 kW；

　　　$q_f$——单位面积供暖热指标，单位为 $kW/m^2$；

　　　$F$——总建筑面积，单位为 $m^2$。

民用建筑单位面积供暖热指标见表 5-2。

表 5-2　民用建筑单位面积供暖热指标　　　　　　　（单位：$W/m^2$）

| 建筑物名称 | 单位面积供暖热指标 | 建筑物名称 | 单位面积供暖热指标 |
|---|---|---|---|
| 住宅 | 46.5~70 | 商店 | 64~87 |
| 办公楼、学校 | 58~81.5 | 单层住宅 | 81.5~104.5 |
| 医院、幼儿园 | 64~81.5 | 食堂、餐厅 | 116~139.6 |
| 旅馆 | 58~70 | 影剧院 | 93~116 |
| 图书馆 | 46.5~75.6 | 大礼堂、体育馆 | 116~163 |

用单位体积供暖热指标法估算建筑物的热负荷时，供暖热负荷用下式计算

$$Q = q_V V(t_n - t_w) \tag{5-19}$$

式中　$q_V$——单位体积供暖热指标，单位为 $kW/(m^3 \cdot ℃)$；

　　　$V$——建筑物的体积（按外部尺寸计算），单位为 $m^3$；

　　　$t_n$——室内计算温度，单位为 ℃；

　　　$t_w$——室外供暖计算温度，单位为 ℃。

以北京地区为例，其建筑物单位体积供暖热指标见表 5-3。

表 5-3　北京地区建筑物单位体积供暖热指标

| 建筑物名称 | 建筑物体积/$m^3$ | 单位体积供暖热指标/[$W/(m^3 \cdot C)$] | |
|---|---|---|---|
| | | 一层玻璃 | 北面及西面两层玻璃 |
| 住宅 1~2 层 | 700~1200 | 1.396 | 1.163 |
| 住宅 4~5 层 | 9000~12000 | 0.64 | 0.58 |

（续）

| 建筑物名称 | 建筑物体积/m³ | 单位体积供暖热指标/[W/(m³·C)] | |
|---|---|---|---|
| | | 一层玻璃 | 北面及西面两层玻璃 |
| 行政办公楼 4~5 层 | 18000~22000 | 0.58 | 0.52 |
| 高等学校及中学 3~4 层 | ~22000 | 0.58 | 0.52 |
| 小学、幼儿园、托儿所等 2 层 | ~3500 | 0.814 | 0.76 |
| 医院 4~5 层 | ~10000 | 0.64 | 0.58 |

用热指标法估算建筑物的供暖热负荷，宜用于初步设计或规划设计，不应用于施工图设计。

## 5.3　热水供暖系统

以热水为热媒的供暖系统，称为热水供暖系统。热水供暖系统可按下述方法分类：

按热水供暖循环动力不同，热水供暖系统可分为自然循环系统和机械循环系统。靠水的密度差进行循环的系统，称为自然循环系统。靠机械力进行循环的系统，称为机械循环系统。

按供、回水方式不同，热水供暖系统可分为单管系统和双管系统。热水经立管或水平供水管按顺序通过多组散热器，并在各散热器中冷却的系统，称为单管系统。热水经供水立管或水平供水管平行地分配给多组散热器，冷却后的回水自每个散热器直接沿回水立管或水平回水管流回热源的系统，称为双管系统。

按系统管道敷设方式不同，热水供暖系统可分为垂直式系统和水平式系统。

### 5.3.1　自然循环热水供暖系统

#### 1. 自然循环热水供暖的工作原理

图 5-10 是自然循环热水供暖系统的工作原理。在图中假设整个系统只有一个放热中心 1（散热器）和一个加热中心 2（锅炉），用供水管 3 和回水管 4 把锅炉与散热器连接。在系统的最高处连接一个膨胀水箱 5，用它容纳水在受热后膨胀而增加的体积。

在系统工作之前，将系统中充满冷水。当水在锅炉内被加热后，密度减小，同时受从散热器流回密度较大的回水的驱动，使热水沿供水干管上升，流入散热器。在散热器内水被冷却，再沿回水干管流回锅炉。这样形成如图 5-10 箭头所示方向的循环流动。假设循环环路内，水温只在锅炉（加热中心）和散热器（冷却中心）两处发生变化，假想在循环环路最低点的断面 A—A 处有一个阀门。若突然将阀门关闭，则在断面 A—A 两侧受到不同的水柱压力。这两方所受到的水柱压力差就是驱使水在系统内进行

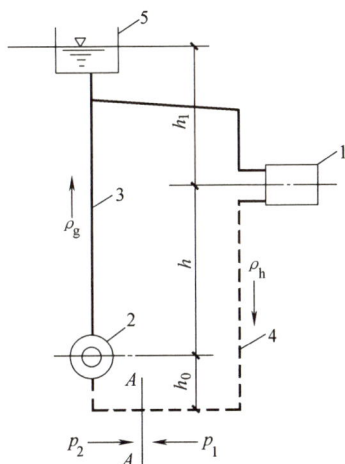

**图 5-10　自然循环热水供暖系统的工作原理**

1—散热器　2—锅炉　3—供水管
4—回水管　5—膨胀水箱

循环流动的作用压力。

设 $p_1$ 和 $p_2$ 分别表示 $A—A$ 断面右侧和左侧的水柱压力，则

$$p_1 = g(h_0\rho_h + h\rho_h + h_1\rho_g)$$

$$p_2 = g(h_0\rho_h + h\rho_g + h_1\rho_g)$$

断面 $A—A$ 两侧之差值，即系统的循环作用压力为

$$\Delta p = p_1 - p_2 = gh(\rho_h - \rho_g) \tag{5-20}$$

式中　$\Delta p$——自然循环系统的作用压力，单位为 Pa；

　　　$g$——重力加速度，单位为 $m/s^2$；

　　　$h$——冷却中心至加热中心的垂直距离，单位为 m；

　　　$\rho_g$——供水密度，单位为 $kg/m^3$；

　　　$\rho_h$——回水密度，单位为 $kg/m^3$。

由式（5-20）可知，起循环作用的只有散热器中心和锅炉中心之间这段高度内的水柱密度差。如供水温度为 95℃，回水 70℃，则每米高差可产生的作用压力为

$$gh(\rho_h - \rho_g) = 9.8m/s^2 \times 1m \times (977.85 - 961.92)kg/m^3 = 156Pa$$

### 2. 自然循环热水供暖系统的主要形式

自然循环热水供暖系统主要分自然循环双管上供下回式热水供暖系统和自然循环单管上供下回式热水供暖系统两种形式。重力循环供暖系统如图 5-11 所示，图 5-11a 为双管上供下回式系统，图 5-11b 为单管上供下回顺流式系统。

自然循环上供下回式热水供暖系统管道布置的一个主要特点是：系统的供水干管必须有向膨胀水箱方向上升的流向，其反向的坡度为 0.5%~1.0%，散热器支管的坡度一般取 1%。这是为了使系统内的空气能顺利地排除，因系统中若积存空气，就会形成气塞，影响水的正常循环。在自然循环热水供暖系统中，水的流速较低，水平干管中流速小于 0.2m/s；而在干管中空气气泡的浮升速度为 0.1~0.2m/s，在立管中约为 0.25m/s。因此，在上供下回自然循环热水供暖系统充水和运行时，空气能逆着水流方向，经过供水干管聚集到系统的最高处，通过膨胀水箱排除。

为使系统顺利排空气和在系统停止运行或检修时能通过回水干管顺利地排水，回水干管应有沿水流向锅炉方向的向下坡度。

### 3. 不同高度散热器环路的作用压力

在如图 5-12 的双管系统中，由于供水同时在上、下两层散热器内冷却，形成了两个并联环路和两个冷却中心。它们的作用压力分别为

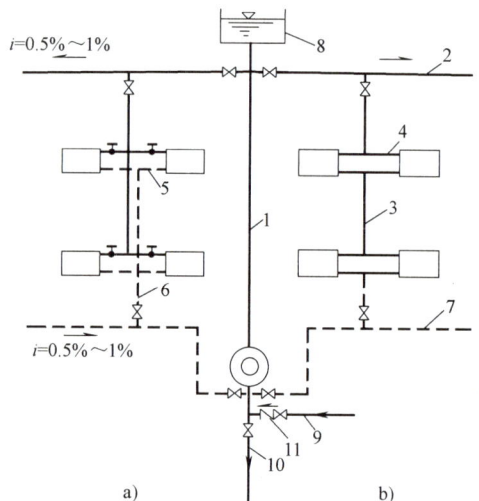

图 5-11　重力循环供暖系统

a）自然循环双管上供下回式热水供暖系统
b）自然循环单管上供下回顺流式热水供暖系统

1—总立管　2—供水干管　3—供水立管
4—散热器供水支管　5—散热器回水支管
6—回水立管　7—回水干管　8—膨胀水箱
9—充水管（接上水管）　10—泄水管
（接下水管）　11—止回阀

$$\Delta p_1 = gh_1(\rho_h - \rho_g) \tag{5-21}$$

$$\Delta p_2 = g(h_1 + h_2)(\rho_h - \rho_g) = \Delta p_1 + gh_2(\rho_h - \rho_g) \tag{5-22}$$

式中　$\Delta p_1$——通过底层散热器 1 环路的作用压力，单位为 Pa；

$\qquad\Delta p_2$——通过上层散热器 2 环路的作用压力，单位为 Pa；

$\qquad g$——重力加速度，单位为 $m/s^2$；

$\qquad h_1$——冷却中心 $S_1$ 至加热中心的垂直距离，单位为 m；

$\qquad h_2$——冷却中心 $S_1$ 至 $S_2$ 的垂直距离，单位为 m；

$\qquad\rho_g$——供水密度，单位为 $kg/m^3$；

$\qquad\rho_h$——回水密度，单位为 $kg/m^3$。

由式（5-22）可知，通过上层散热器环路的作用压力比通过底层散热器的大，其差值为：$gh_2(\rho_h - \rho_g)$。

由此可见，在双管系统中，由于各层散热器与锅炉的高差不同，虽然进入和流出各层散热器的供、回水温度相同（不考虑管路沿途冷却的影响），也将形成上层作用压力大，下层压力小的现象。如选用不同管径仍不能使各层阻力损失达到平衡，由于流量分配不均，则必然要出现上热下冷的现象。

在供暖建筑物内，同一竖向各层房间的室温不符合设计要求的温度，而出现上、下层冷热不匀的现象，通常称作系统垂直失调。由此可见，双管系统的垂直失调是由于通过各层的循环作用压力不同而出现的，而且楼层数越多，上下层的作用压力差值越大，垂直失调就会越严重。

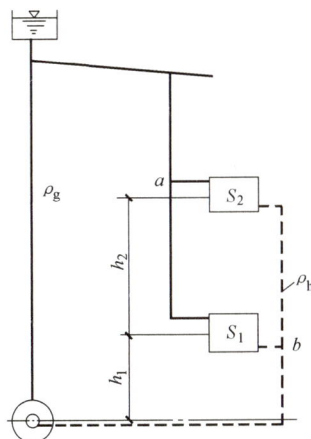

图 5-12　双管系统

## 5.3.2　机械循环热水供暖系统

机械循环热水供暖系统与自然循环热水供暖系统的主要差别是在系统中设置有循环水泵，靠水泵的机械能，使水在系统中强制循环。由于水泵所产生的作用压力很大，因而供暖范围可以扩大。机械循环热水供暖系统不仅可用于单幢建筑物中，也可以用于多幢建筑，甚至发展为区域热水供暖系统。

机械循环热水供暖系统的主要形式如下：

### 1. 垂直式系统

垂直式系统，按供、回水干管布置位置的不同，有下列几种形式：①机械循环上供下回式双管和单管热水供暖系统；②机械循环下供下回式双管热水供暖系统；③机械循环中供式热水供暖系统；④机械循环下供上回式（倒流式）热水供暖系统等。

（1）机械循环上供下回式热水供暖系统　机械循环系统除膨胀水箱的连接位置与自然循环系统不同外，还增加了循环水泵和排气装置。

在机械循环系统中，水流速度较高，供水干管应按水流方向设上升坡度，使气泡随水流方向流动汇集到系统的最高点，通过在最高点设置排气装置，将空气排出系统外。回水干管的坡向与自然循环系统相同，坡度宜采用 0.003。

图 5-13 中左侧是双管热水供暖系统，右侧立管Ⅲ是单管顺流式热水供暖系统，右侧立

管Ⅳ是单管跨越式热水供暖系统。

在高层建筑（通常超过六层）中，常采用跨越式与顺流式相结合的系统形式，上部几层采用跨越式，下部采用顺流式，如图 5-13 右侧立管 Ⅴ 所示。

对一些要求室温波动很小的建筑（如高级旅馆等），可在双管和单管跨越式系统散热器支管上设置室温调节阀。

上供下回式管道布置合理，是最常用的一种布置形式。

（2）机械循环下供下回式双管热水供暖系统　系统的供水和回水干管都敷设在底层

**图 5-13　机械循环上供下回式热水供暖系统**
1—热水锅炉　2—循环水泵　3—集气装置　4—膨胀水箱

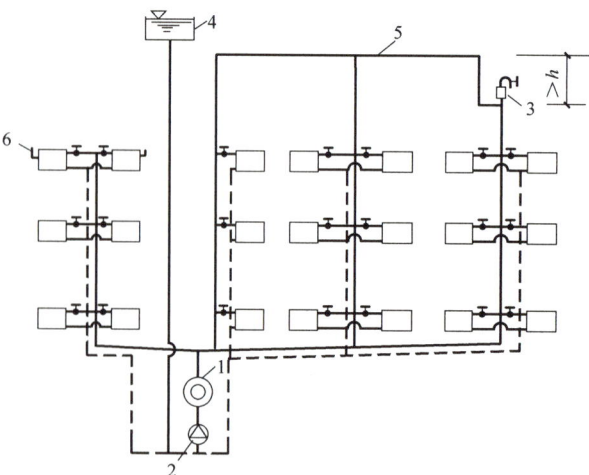

散热器下面。在设有地下室的建筑物，或在平屋顶建筑顶棚下难以布置供水干管的场合，常采用下供下回式系统。

与上供下回式系统相比，它有如下特点：①在地下室布置供水干管，管路直接散热给地下室，无效热损失小；②在施工中，每安装好一层散热器即可供暖，给冬季施工带来很大方便；③排除系统中的空气较困难。

下供下回式系统排除空气的方式主要有两种：通过顶层散热器的冷风阀手动分散排气，或通过专设的空气管手动或自动集中排气（图 5-14）。

（3）机械循环中供式热水供暖系统　该系统从总立管引出的水平供水干管敷设在系统的中部（图 5-15）。下部系统采用上供下回式，上部系统可采用下供下回式，也可采用上供下回式。

中供式系统可避免由于顶层梁底标高过低，致使供水干管遮挡顶层窗户的不合理布置，并减轻了上供下回式楼层过多，易出现垂直失调的现象；但上部系统要增加排气装置。中供式系统可用于加建楼层的原有建筑物或"品"字形建筑（上部建筑面积少于下部的建筑）的供暖。

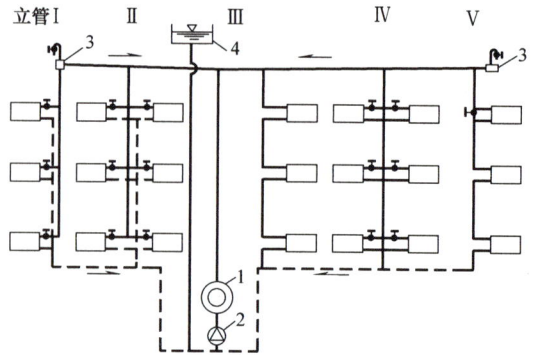

**图 5-14　机械循环下供下回式系统**

1—热水锅炉　2—循环水泵　3—集气罐
4—膨胀水箱　5—空气管　6—冷风阀

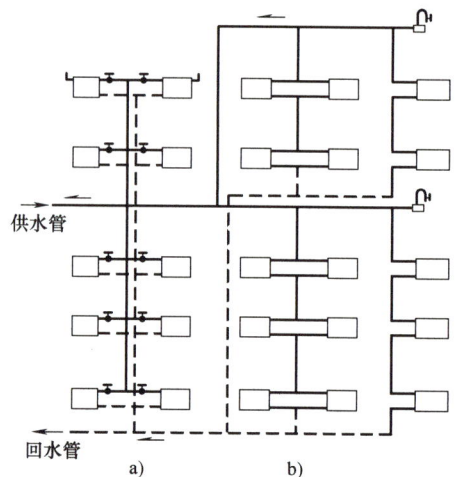

**图 5-15　机械循环中供式热水供暖系统**

a）上部系统——下供下回式双管系统
b）上部系统——上供下回式单管系统

（4）机械循环下供上回式（倒流式）热水供暖系统

机械循环下供上回式（倒流式）热水供暖系统如图 5-16 所示。系统的供水干管设在下部，而回水干管设在上部，顶部还设置有顺流式膨胀水箱。立管布置主要采用顺流式。倒流式系统具有如下特点：

1）水在系统内的流动方向是自下而上流动，与空气流动方向一致。可通过膨胀水箱排除空气，无须设置集气罐等排气装置。

2）对热损失大的底层房间，底层供水温度高，底层散热器的面积减少，便于布置。

3）当采用高温水供暖系统时，供水干管设在底层，可防止高温水汽化所需的水箱标高，减少布置高架水箱的困难。

4）倒流式系统散热器的传热系数远低于上供下回式系统。散热器热媒的平均温度几乎等于散热器出水温度。在相同的立管供水温度下，散热器的面积要比上供下回顺流式系统的面积增加。

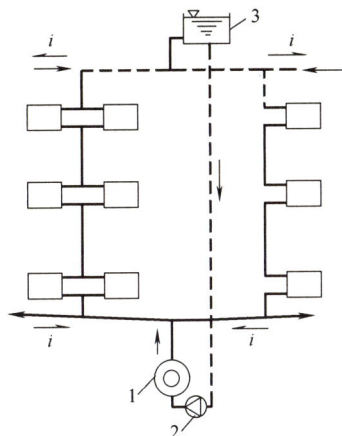

**图 5-16 机械循环下供上回式（倒流式）热水供暖系统**
1—热水锅炉 2—循环水泵
3—膨胀水箱

（5）异程式系统与同程式系统 在供暖系统供、回水干管布置上，通过各个立管的循环环路的总长度不相等的布置形式称为异程式系统，如图 5-17 所示。而通过各个立管的循环环路的总长度相等的布置形式则称为同程式系统，如图 5-18 所示。

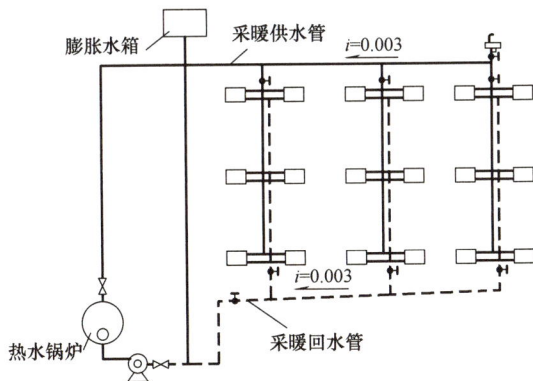

**图 5-17 异程式系统**

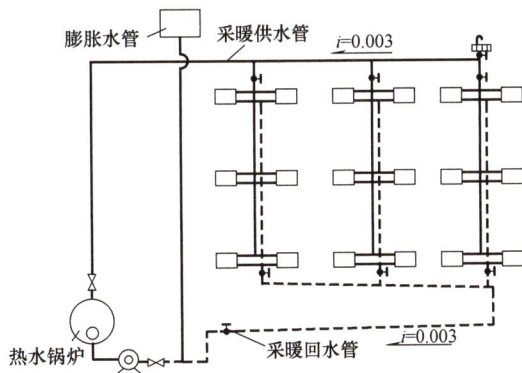

**图 5-18 同程式系统**

在机械循环系统中，由于作用半径较大，连接立管较多，异程式系统各立管循环环路长短不一，各个立管环路和压力损失较难平衡。会出现近处立管流量超过要求，而远处立管流量不足的情况。在远近立管处出现流量失调而引起在水平方向冷热不均的现象，称为系统的水平失调。

为了消除或减轻系统的水平失调，可采用同程式系统。如图 5-18 所示，通过最近立管的循环环路与通过最远外立管的循环环路的总长度相等，因而压力损失易于平衡。由于同程式系统具有上述优点，在较大的建筑物中，常采用同程式系统。但同程式系统管道的金属消耗量要多于异程式系统。

### 2. 水平式系统

水平式系统按供水管与散热器的连接方式可分为顺流式（图 5-19）和跨越式（图 5-20）两类。

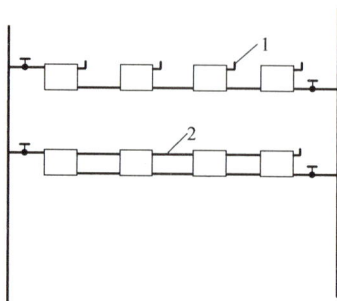

图 5-19 单管水平顺流式
1—冷风阀 2—空气管

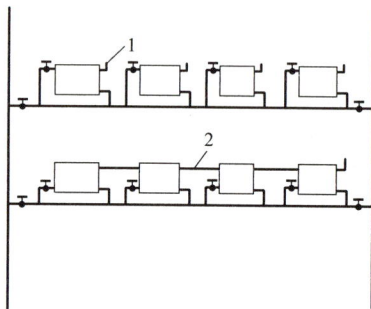

图 5-20 单管水平跨越式
1—冷风阀 2—空气管

水平式系统的排气方式要比垂直式上供下回系统复杂一些。它需要在散热器上设置冷风阀分散排气，或在同一层散热器上部串联一根空气管集中排气。对较小的系统，可用分散排气方式。对散热器较多的系统，宜采用集中排气方式。

水平式系统与垂直式系统相比，具有如下优点：

1）系统的总造价一般要比垂直式系统的低。

2）管路简单，无穿过各层楼板的立管，施工方便。

3）有可能利用最高层的辅助空间（如楼梯间、厕所等）架设膨胀水箱，不必在顶棚上专设安装膨胀水箱的房间。

4）对一些各层有不同使用功能或不同温度要求的建筑物，采用水平式系统，更便于分层管理和调节。

## 5.4 供暖系统的散热设备与附属设备

### 5.4.1 供暖系统的散热设备

散热设备是安装在供暖房间里的放热设备，它把热媒（热水或蒸汽）的部分热量传给室内空气，用以补偿建筑物热损失，从而使室内维持所需要的温度。我国大量使用的散热设备有散热器、暖风机和辐射板三大类。以下仅介绍散热器的相关知识。

#### 1. 散热器的类型

散热器用铸铁或钢制成。近年来我国常用的几种散热器有柱型散热器、翼型散热器、钢串片对流散热器等。

（1）柱型散热器　柱型散热器由铸铁制成。它又分为四柱、五柱及二柱三种。图 5-21 是四柱 800 型散热片示意图。有些集中供暖系统的散热器就是由这种散热片组合而成的。四柱 800 型散热片高 800mm，宽 164mm，长 57mm。它有四个中空的立柱，柱的上、下端全部互相连通。在散热片顶部和底部各有一对带丝扣的穿孔供热媒进出，并可借正、反螺钉把单个散热片组合起来。在散热片的中间有两根横向连通管，以增加结构强度，并使散热器表面温度比较均匀。

散热器在落地布置情况下，为使其放置平稳，两端的散热片必须是带足的。当组装片数较多时，在散热器中部还应多用一个带足的散热片，以避免因散热器过长而产生中部下垂的现象。

图 5-22 为二柱 132 型散热片示意图。这种散热片两柱之间有波浪形的纵向肋片，用以增加散热面积。在制造工艺方面，它在柱型散热片中是比较简单的。

（2）翼形散热器　翼形散热器由铸铁制成，分为长翼型和圆翼型两种。长翼形散热器（图 5-23）是一个在外壳上带有翼片的中空壳体。在壳体侧面的上、下端各有一个带丝扣的穿孔，供热媒进出，并可借正、反螺钉把单个散热器组合起来。这种散热器有两种规格，由于其高度为 600mm，所以习惯上称这种散热器为"大 60"及"小 60"。"大 60"的长度为 280mm，带 14 个翼片；"小 60"的长度为 200mm，带有 10 个翼片。除此之外，其他尺寸完全相同。

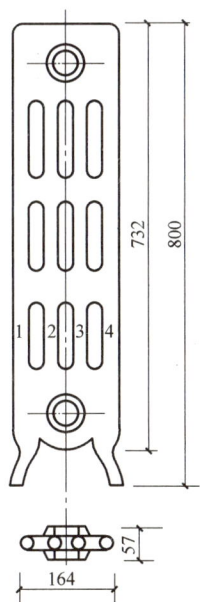

图 5-21　四柱 800 型
散热片示意图

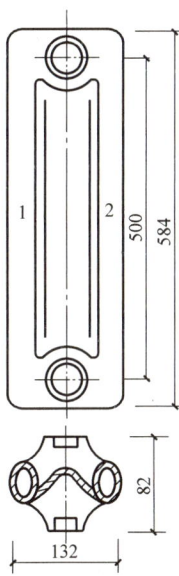

图 5-22　二柱 132 型
散热片示意图

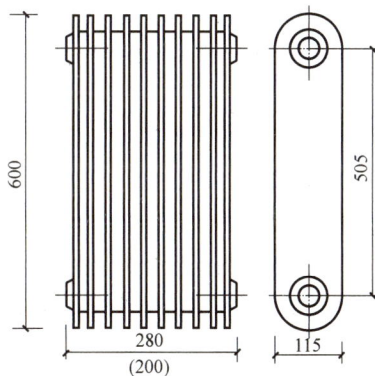

图 5-23　长翼形散热器示意图

（3）钢串片对流散热器　钢串片对流散热器是在用联箱连通的两根（或两根以上）钢管上串上许多长方形薄钢片制成的（图 5-24）。这种散热器的优点是承压高、体积小、重量轻、容易加工、安装简单和维修方便；其缺点是薄钢片间距离小，不易清扫以及耐腐蚀性能不如铸铁好。薄钢片因热胀冷缩，容易松动，日久传热性能严重下降。

除上述散热器外，还有钢制板式散热器、钢制柱形散热器等，在此不一一介绍。

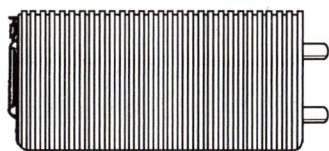

图 5-24　钢串片对流散热器

#### 2. 散热器的布置与安装

散热器设置在外墙窗口下最为合理。经散热器加热的空气沿外窗上升，能阻止渗入的冷空气沿墙及外窗下降，防止冷空气直接进入室内工作地区。对于要求不高的房间，散热器也可靠内墙壁设置。

在一般情况下，散热器在房间内敞露装置，这样散热效果好，且易于清除灰尘。当建筑方面或工艺方面有特殊要求时，就要将散热器加以围挡。例如，为了美观，可将散热器装在窗下的壁龛内，外面用装饰性面板把散热器遮住。另外，在采用高压蒸汽供暖的浴室中，也要将散热器加以围挡，防止人体烫伤。

安装散热器时，有脚的散热器可直立在地上；无脚的散热器可用专门的托架挂在墙上（图 5-25），在现砌墙壁内埋托架，应与土建工程平行作业。预制装配建筑，应在预制墙板时预埋好托架。

楼梯间内散热器应尽量放在底层，因为底层散热器所加热的空气能够自行上升，从而补偿上部的热损失。为了防止冻裂，在双层门的外室以及门斗中不宜设置散热器。

在选择散热器时，除要求散热器能供给足够的热量外，还应综合考虑经济、卫生、运行安全可靠以及与建筑物相协调等问题。例如，常用的铸铁散热器不能承受大于 0.4MPa 的工作压力；钢制散热器虽能承受较高的工作压力，但耐腐蚀能力却比铸铁散热器差。近年来，选用钢制散热器的民用建筑物逐渐增多。

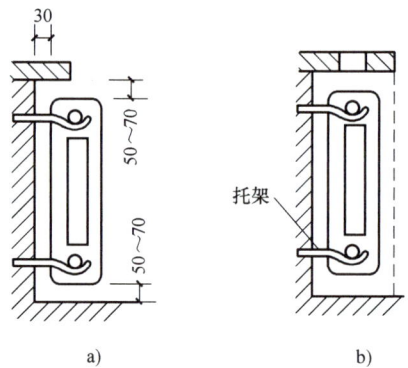

图 5-25　散热器安装

a）明装　b）暗装

### 5.4.2　热水供暖系统的主要设备和附件

#### 1. 膨胀水箱

膨胀水箱的作用是贮存热水供暖系统加热的膨胀水量。在自然循环上供下回式热水供暖系统中，它还起着排气作用。膨胀水箱的另一作用是恒定供暖系统的压力。

膨胀水箱一般用钢板制成，通常是圆形或矩形。图 5-26 所示为圆形膨胀水箱。箱上连有溢流管、膨胀管、信号管、排水管及循环管等管路。

膨胀管与供暖系统管路的连接点，在自然循环系统中，应接在供水总立管的顶端；在机械循环系统中，一般接至循环水泵吸入口前。连接点处的压力，无论在系统不工作或运行时，都是恒定的，此点因而也称为定压点。当系统充水的水位超过溢流水管口时，水通过溢流管自动溢流排出。溢流管一般可接到附近下水道。

信号管用来检查膨胀水箱中是否存水，一般应引到管理人员容易观察到的地方（如接回锅炉房或建筑物底层的卫生间等）。排水管用于清洗水箱时放空存水和污垢，它可与溢流管一起接至附近下水道。

在机械循环系统中，循环管应接到系统定压点前的水平回水干管上。该点与定压点（膨胀管与机械循环系统的连接点）之间应保持 1.5~3m 的距离（图 5-27）。这样可让少量热水缓慢地通过循环管和膨胀管，流过水箱，以防水箱里的水冻结。同时，膨胀水箱应考虑保温。在自然循环系统中，循环管也接到供水干管上，也应与膨胀管保持一定的距离。

在膨胀管、循环管和溢流管上严禁安装阀门，以防止系统超压、水箱水冻结或水从水箱溢出。

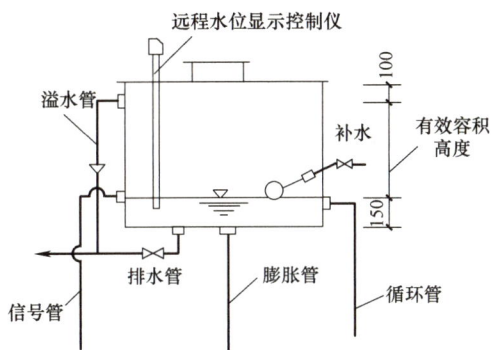

图 5-26　圆形膨胀水箱

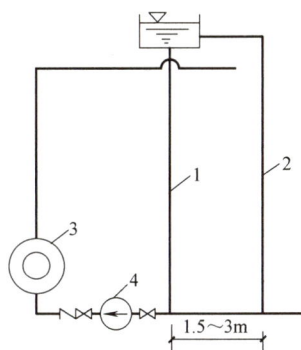

图 5-27　膨胀水箱与机械循环系统的连接方式

1—膨胀管　2—循环管
3—热水锅炉　4—循环水泵

### 2. 热水供暖系统排除空气的设备

系统的水被加热时，会分离出空气。在系统停止运行时，通过不严密处会渗入空气，充水后，会有些空气残留在系统内。系统中如果积存空气，就会形成气塞，影响水的正常循环。因此，系统中必须设置排除空气的设备。目前常见的排气设备主要有集气罐、自动排气阀和冷风阀等几种。

（1）集气罐　集气罐用直径 $100 \sim 250mm$ 的短管制成，它有立式和卧式两种（图 5-28，图中尺寸为国标图中最大型号的规格）。顶部连接直径 $\phi15$ 的排气管。

在机械循环上供下回式系统中，集气罐应设在系统各分支环路供水干管末端的最高处（图 5-29）。在系统运行时，定期手动打开阀门将热水中分离出来并聚集在集气罐内的空气排除。

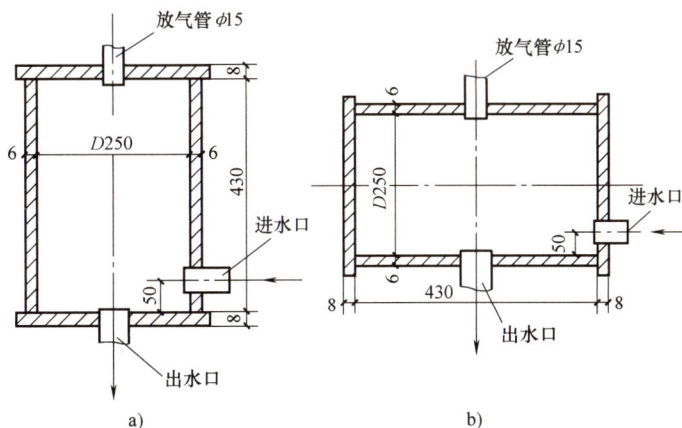

图 5-28　集气罐

a）立式　b）卧式

（2）自动排气阀　目前国内生产的自动排气阀形式较多。它们基本都是依靠水对浮体

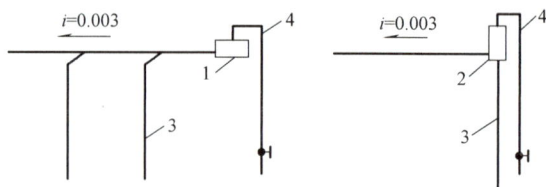

**图 5-29　集气罐安装位置示意图**

1—卧式集气罐　2—立式集气罐　3—末端立管　4—DN15 放气管

的浮力，通过杠杆机构传动力，使排气孔自动启闭，实现自动阻水排气的功能。

图 5-30 所示为立式自动排气阀。当阀体内无空气时，水将浮子浮起，将排气孔关闭，而当空气从管道进入，积聚在阀体内时，空气将水面压下，浮子的浮力减小，依靠自重下落，排气孔打开，使空气自动排出，空气排除后，水再将浮子浮起，排气孔重新关闭。

（3）冷风阀　冷风阀（图 5-31）多用在水平式和下供下回式系统中，它旋紧在散热器上部专设的螺纹孔上，以手动方式排除空气。

### 3. 散热器温控阀

散热器温控阀（图 5-32）是一种自动控制散热器散热量的设备，它由两部分组成，一部分为阀体部分，另一部分为感温元件控制部分。当室内温度高于给定的温度值时，感温元件受热，其顶杆就压缩阀杆，将阀口关小，进入散热器的水流量减小，散热器散热量减小，室温下降。当室内温度下降到低于设定值时，感温元件开始收缩，其阀杆靠弹簧的作用抬起，阀孔开大，水流量增大，散热器散热量增加，室内温度开始升高，从而保证室温处在设定的温度值上。温控阀控温范围为 13～28℃，控制精度为 ±1℃。

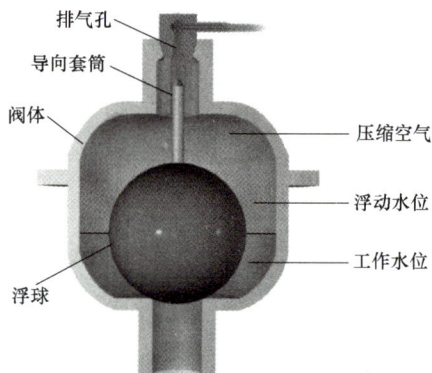

**图 5-30　立式自动排气阀**

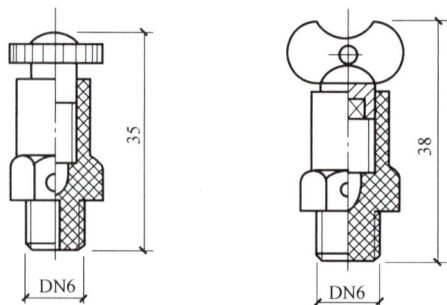

**图 5-31　冷风阀**

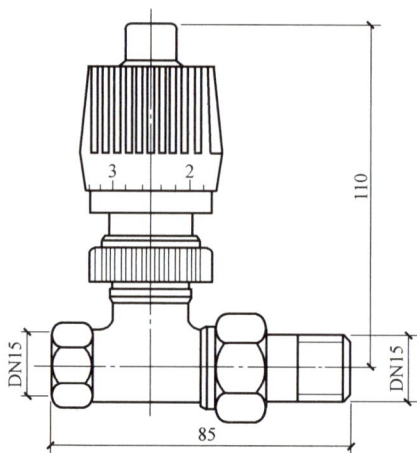

**图 5-32　散热器温控阀**

## 5.5　热源

### 5.5.1　供热锅炉

锅炉是供热之源，锅炉及锅炉房设备生产出蒸汽（或热水），通过热力管道送往热用户，以满足生产工艺或生活供暖等方面的需要。通常，用于工业及供暖方面的锅炉称为供热锅炉，以区别于用于动力、发电方面的动力锅炉。

#### 1.　供热锅炉的类型

锅炉分蒸汽锅炉与热水锅炉两大类。对供热锅炉来说，每一类又可分为低压锅炉与高压锅炉两种。在蒸汽锅炉中，蒸汽的表压力低于 70kPa 的称为低压锅炉；蒸汽的表压力高于 70kPa 的称为高压锅炉。在热水锅炉中，温度低于 115℃ 的称为低压锅炉；温度高于 115℃ 的称为高压锅炉。

集中供暖系统常用的热水温度为 95℃；常用的蒸汽压力往往小于 0.7 个标准大气压，所以大都用低压锅炉。在区域供热系统中，则多用高压锅炉。

低压锅炉用铸铁或钢制造，高压锅炉则完全用钢制造。

当蒸汽锅炉工作时，在锅炉内部要完成三个过程，即燃料的燃烧过程、烟气与水的热交换过程以及水受热的汽化过程。热水锅炉则只完成前两个过程。

#### 2.　锅炉的基本特性参数

我们常用锅炉蒸发量（或产热量）、蒸汽（或热水）参数、受热面蒸发率（或发热率）以及锅炉效率来表示锅炉的基本特性。

锅炉蒸发量即蒸汽锅炉每小时的蒸汽产量，单位是 t/h。但有时不用蒸发量而用产热量来表示锅炉的容量，产热量是指锅炉每小时生产的热量，单位是 kW。

蒸汽（或热水）参数是指蒸汽（或热水）的压力及温度。对于生产饱和蒸汽的锅炉，由于饱和压力和饱和温度之间有固定的对应关系，因此通常只标明蒸汽的压力就可以了。对于生产热水的锅炉，则压力与温度都要标明。

受热面蒸发率（或发热率）是指每平方米受热面每小时生产的蒸汽量（或热量），单位是 kg/（m² · h）（或 kW/m²）。

锅炉效率是指锅炉中被蒸汽或热水接受的热量与燃料在炉子中应放出的全部热量的比值。

铸铁片式锅炉为常见的小容量低压供暖锅炉。具有可增减炉片、改变发热量、耐腐蚀、经久耐用等优点；但有效率低、产热量较小以及铸铁耗用量大等缺点。

卧式快装锅炉是钢制锅炉，它在我国许多地方已推广使用。其工作压力分为 0.8MPa 和 1.3MPa 两种，蒸发量从 1t/h 到 4t/h。

根据供暖系统的热媒及其参数和所用的燃料选择锅炉的类型。根据建筑物的总热负荷及每台锅炉的产热量选择锅炉的台数。在一般情况下，锅炉最好选两台或两台以上。这样考虑是因为一年中由于气候的变化，建筑物的热负荷并不均匀。当室外温度等于室外供暖计算温度时，全部锅炉都要满负荷工作，而当室外温度升高时，便可停止部分锅炉工作，使工作的锅炉仍处于经济运行状态。锅炉台数增多时，对调节来说是比较合理的，但管理不便，并会增加锅炉房的占地面积。

### 3. 锅炉房位置的确定及对建筑设计的要求

用于供暖的锅炉房大体上可分为两类：一类为工厂供热或区域供热用的独立锅炉房；另一类为生活或供暖用的附属锅炉房，它既可附设在供暖建筑物内，也可建在供暖建筑物以外。为安全起见，在供暖建筑物内设置的锅炉只能是低压锅炉。这两类锅炉房并无本质差异，只是大小简繁稍有差别而已，这里以后一类锅炉房为对象加以介绍。

1）锅炉房的位置应力求靠近供暖建筑物的中央。这样可减少供暖系统的作用半径，并有助于供暖系统各环路间的阻力平衡。

2）应尽量减少烟灰对环境的影响，锅炉房一般应位于建筑物供暖季主导风向的下风向。

3）锅炉房的位置应便于运输和堆放燃料与灰渣。

4）在锅炉房内除安放锅炉外，还应合理地布置储煤处、鼓风机、水处理设备、凝结水箱及冷凝水泵（蒸汽供暖系统）、循环水泵（热水供暖系统）、厕所、浴室及休息室等。

5）锅炉房应有较好的自然采光，且锅炉的正面应尽量朝向窗户。

6）锅炉房应符合《锅炉房设计规范》（GB 50041）和有关的建筑防火规范的要求。

7）用建筑物的地下室作为锅炉房时，应有可靠的防止地面水和地下水侵入的措施。此外，地下室的地坪应具有向排水地漏倾斜的坡度。

8）锅炉房应有两个单独通往室外的出口，分别设在相对的两侧。但当锅炉前端走道的总长度（包括锅炉之间的通道在内）不超过 12m 时，锅炉房可只设一个出入口。锅炉房通向室外的门应向外开，锅炉房内的生活室等直接通向锅炉间的门应向锅炉间开。

9）锅炉应装在单独的基础上。

### 4. 锅炉房主要尺寸的确定

在锅炉房中，要合理地配置和安装各种设备，以保证安装、运行及检修的方便和安全可靠。

（1）锅炉房平面尺寸　应由锅炉、其他设备和烟道的位置、尺寸和数量而定。

1）锅炉前部到锅炉房前墙的距离一般不小于 3m，对于需要在炉前操作的锅炉，此距离应比燃烧室总长大 1.5m 以上。

2）锅炉与锅炉房的侧墙之间或锅炉之间有通道时，如不需要在通道内操作，其宽度不应小于 1.0m。如需要在通道内操作，通道宽度应保证操作方便，一般为 1.5～2.0m。

3）鼓风机、引风机和水泵等设备之间的通道的宽度一般不应小于 0.7m。

4）锅炉后墙与总水平烟道之间应留有足够的距离，以敷设由锅炉引出的烟道及装置烟道闸板，此距离不得小于 0.6m。

（2）锅炉房的高度　应由锅炉高度而定。一般情况下，锅炉房的顶棚或屋架下弦应比锅炉顶部高 2.0m。但当锅炉房采用木屋架时，则屋架下弦至少高出锅炉顶部 3m。

### 5. 烟道、烟囱及煤灰场

（1）烟道　燃料燃烧所生成的烟气一般由锅炉后部排入水平烟道。水平烟道有两种布置方法：一种是将它放到锅炉房的地面下，另一种是放在地面上。烟道壁用一砖半砌筑。在砌筑地下烟道时应注意防水并要保持烟道内壁光滑和严密。

在由锅炉引出的水平烟道上应设闸板，以调节烟气的流量。为了清除烟道内的积灰，在水平烟道转弯、分叉及设闸板处应设置专门的清扫口，清扫口应当用盖子盖严。

水平烟道的净截面面积应根据该烟道内烟气的流量和流速来确定。烟气量取决于燃料的消耗量、燃料的成分和燃烧条件；烟气的流速一般为 4~6m/s。

（2）烟囱　为了使燃料在锅炉内安全和连续地燃烧，必须不间断地向锅炉内燃料层供给空气，同时将所产生的烟气经烟道及烟囱排入大气。烟囱的主要作用是将污染物向高空排放和产生抽力，烟囱越高，抽力越大。当空气流过煤层及烟气流经各种受热面，烟道及烟囱的阻力较大时，除了设置烟囱、引风机外，还需要用鼓风机向煤层送风。

供暖锅炉房的烟囱可以靠墙砌筑或者离开建筑物单独砌筑。当用建筑物的地下室作为锅炉房时，在一般情况下不离开建筑物单独砌筑烟囱，而是将烟囱靠内墙砌筑。这样做的优点是：防止烟囱内的烟气冷却；水平烟道短；不影响建筑物的美观。如必须将烟囱单独在室外砌筑，则尽量将其布置到对建筑美观影响较小的地方，并且距外墙应不小于 3m。

烟囱的高度要满足抽力及环境保护的要求。一般情况下，烟囱高度不应低于 15m。烟囱截面面积应根据烟囱内烟气的流量及流速来确定。烟囱内烟气流速一般为 4~6m/s。

（3）露天煤场、煤仓、灰渣场　在一般情况下，煤及灰渣均堆放在锅炉房主要出入口外的空地上，形成露天煤场。有时也可在锅炉间旁边设置单独的煤仓。露天煤场和煤仓的贮煤量应根据煤供应的均衡性以及运输条件确定。煤仓中的煤应能直接溜入锅炉房。灰渣场宜在锅炉房供暖季主导风向的下方，其灰渣贮存量取决于运输条件。

### 5.5.2　热力管网及热力引入口

供暖系统除可用小型锅炉作为热源外，也可由区域供热系统提供热源。

区域供热系统的热源是热电站或大型锅炉房。一个区域供热系统的热源提供了一个区域中全部建筑物的供暖、通风及热水供应系统所需要的全部热量。在区域供热系统中，热源所产生的热量通过室外管网（即热力管网）送到各个热用户。

区域供热系统的热媒可以是热水或蒸汽。其通过室外热网，将热水或蒸汽送至各个热用户。室外管网以双管系统最为普遍。双管系统即自供热中心引出两根管线，一根将热水或蒸汽送到热用户，另一根流回回水或凝结水。

区域供热系统如以热水为热媒，热网的供水温度为 95~150℃，甚至更高一些，回水温度约为 70~90℃；区域供热系统如以蒸汽为热媒，蒸汽的参数视热用户的需要和室外管网的长度而定。

当供暖系统与区域供热系统的室外管网连接时，室外热力管网中的热媒参数不可能与全部热用户所要求的热媒参数完全一致，这就要求在各热用户的热力引入口将热媒参数加以改变。

#### 1. 热力引入口

图 5-33 和图 5-34 所示分别是热水和蒸汽热力引入口。建筑物热力引入口可利用地下管沟、地下室、楼梯间或次要的房间作为热力引入口。热力引入口的位置最好放在整个建筑物的中央。由于热力引入口是调节、统计和分配从热力管网取得热量的中心，因此要求热力引入口房间除应有足够大的面积，使人能方便地进行所有的操作外，还应有照明并要保持清洁。热力引入口的高度最低不小于 2m，宽度约 1.5m，长度约 2.5m，如在热力引入口内有水泵、凝结水箱或加热器，则上述尺寸应相应加大。

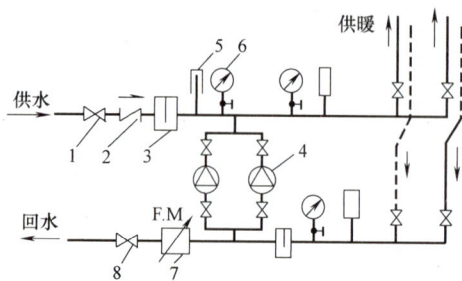

图 5-33　热水热力引入口

1—阀门　2—止回阀　3—除污器　4—水泵
5—温度计　6—压力表　7—水量表　8—阀门

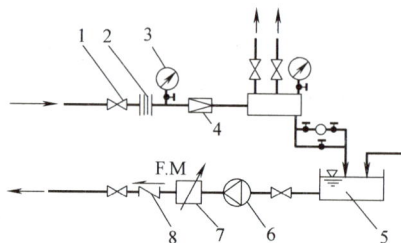

图 5-34　蒸汽热力引入口

1—阀门　2—蒸汽流量计　3—压力表　4—减压阀
5—凝结水箱　6—水泵　7—水量表　8—止回阀

### 2. 热用户与热水热力管网的连接

供暖系统热用户与热水热力管网的连接方式可分为直接连接和间接连接两种方式。

直接连接方式是热用户系统直接连接于热力管网上，热力管网内热媒直接进入热用户系统中。直接连接方式简单，造价低，在小型供热系统中广泛采用。

间接连接方式是在供暖系统热用户与管网连接处设置表面式热交换设备，用户系统与热力管网被表面式热交换设备隔离，形成两个独立的系统。热力管网中热媒不进入热用户系统中，仅将热量传递给热用户。

热用户与热水热力管网连接如图 5-35 所示。在图中，a、b、c 及 d 是热水供暖系统与热水热力管网连接的图式，e 及 f 是热水供应系统与热水热力管网连接的图式。a、b、c 及 e 是热用户与热水热力管网的直接连接图式；d 及 f 则是借助表面式水-水加热器的间接连接图式。

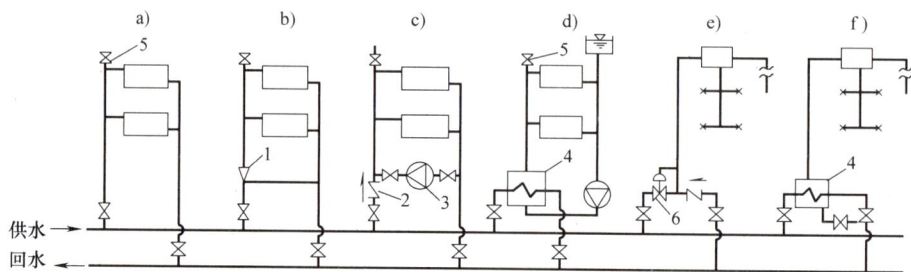

图 5-35　热用户与热水热力管网连接

1—混水器　2—止回阀　3—水泵　4—加热器　5—排气阀　6—温度调节器

在直接连接时，必须遵循以下的条件：

1）连接后，热用户中的压力不应高于其允许压力。

2）连接后，热用户最高点的压力要高于热用户中热水的饱和压力，即不允许热用户中热水汽化。

3）要满足热用户对温度和流量的要求。

在采用图 5-35a 的连接方式时，热水从供水干管直接进入供暖系统，放热后返回回水干管。这种连接方式在热力管网的水力工况（指供水、回水干管的压力及它们的差值）和热力工况（指整个供暖季的温度）与供暖系统相同时才采用。

当热力管网供水温度过高时，就要用图 5-35b 及 c 的连接方式。供暖系统的部分回水通过混水器或水泵与供水管送来的热水混合，达到所需要的水温后，进入供暖系统。放热后，一部分回水返回到回水干管；另一部分回水再次与供水干管送来的热水混合。在用图 5-35c 方式连接时，为防止水泵升压后将热力管网回水干管中的回水压入供水干管，应在供水干管引向供暖系统的引入管上加装止回阀。

如果热力管网中的压力过高，超过了供暖系统允许的压力，或者当供暖系统所需压力较高而又不宜普遍提高热力管网的压力时，供暖系统就不能直接与热力管网连接，而必须通过表面式水-水加热器将供暖系统与热水热力管网隔开，此时，应按图 5-35d 给出的方式连接。

图 5-35e 及 f 的情况大致与前面相应的方式相同，只不过一个是供暖系统，而另一个是热水供应系统而已。

### 3. 热用户与蒸汽热力管网连接

热用户与蒸汽热力管网连接如图 5-36 所示。图 5-36a 所示是蒸汽供暖系统与蒸汽热力管网直接连接方式。蒸汽热力管网中压力较高的蒸汽通过减压阀进入蒸汽供暖系统，放热后，凝结水经疏水阀流入凝结水箱，然后用水泵将凝结水送回热力管网。为了防止热力管网凝结水干管中的凝结水和二次蒸汽倒流入凝结水箱，在水泵出口装置了止回阀。由于这种连接方法比较简单，因此得到了广泛的应用。图 5-36b 所示是热水供暖系统与蒸汽热力管网间接连接方式。来自蒸汽热力管网的高压蒸汽通过汽-水加热器将供暖系统中的循环水加热。热水供暖系统用水泵使水在系统内循环。图 5-36c 所示是热水供应系统与蒸汽热力管网连接方式。

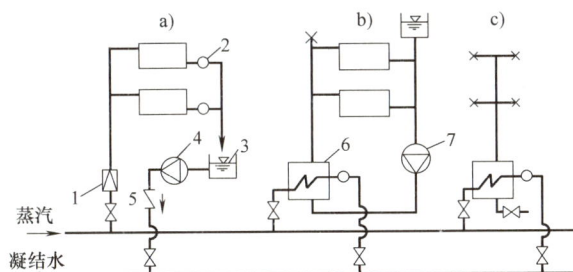

**图 5-36　热用户与蒸汽热力管网连接**

1—减压阀　2—疏水阀　3—凝结水箱　4—凝结水泵　5—止回阀　6—加热器　7—循环水泵

## 5.5.3　太阳能

### 1. 太阳能资源

太阳表面辐射温度约为 5778K，地球大气层上界接收到的太阳辐射约 $1.74 \times 10^{17}$ W，其中 30% 通过反射短波辐射返回太空，47% 通过大气、地表长波辐射返回太空，23% 在成为水、气循环动力形成气候和天气的过程后最终辐射返回太空，还有 0.02% 被地球蓄留。太阳辐射强度受地理纬度、太阳高度角、天气、海拔等因素影响，因此太阳能利用过程中要注意气候适应性。

太阳能作为热源，不同的国家和地区其容量差异很大。我国太阳能资源丰富，每年地表吸收的太阳能相当于 17 万亿吨标准煤的能量，约等于上万个三峡工程发电量的总和。而欧洲大部分地区的太阳能年辐射总量明显低于我国。在我国重庆、贵州等地区，太阳能年辐射总量明显低于其他地区。

### 2. 太阳能利用

将太阳能直接转换为其他能量形式加以利用的方法，主要有下列三种类型：光化学转换类型、光电转换类型和光热转换类型。

目前，在太阳能利用上最直接有效的是光热转换类型。例如，利用太阳能热水器加热用水，用太阳能干燥器干燥农作物等产品，用太阳能制冰、制冷，用太阳能供暖，用太阳能热动力发电等。太阳能在建筑上的应用主要有：

（1）被动式太阳能建筑　被动式太阳能建筑利用是通过建筑朝向和周围环境的合理分布、内部空间和外部形体的处理，以及建筑材料和结构构造的恰当选择，使其合理地集取、储存、分布太阳能，从而解决太阳能光热转换和利用问题。目前较广泛的太阳能被动式利用方式有太阳房、太阳能温室、太阳能干燥器等方面。

（2）主动式太阳能利用　主动式太阳能利用需要机械设备及动力装置，包括太阳能集热器、储热水箱、辅助热源、管道、风机、水泵及控制系统等部件。图 5-37 为太阳能地暖和生活热水系统示意图。

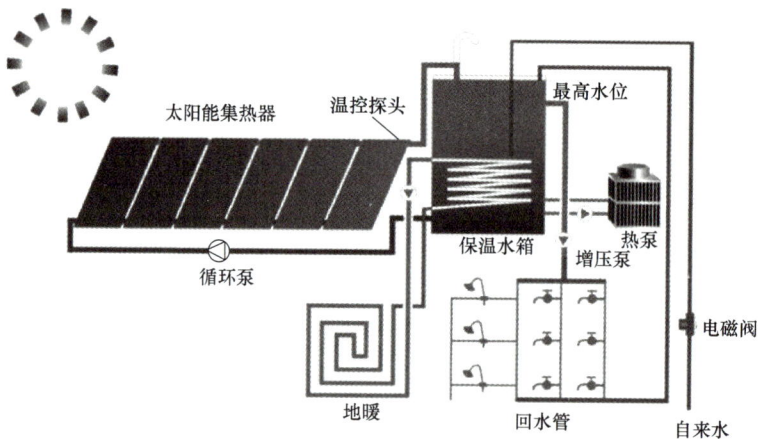

图 5-37　太阳能地暖和生活热水系统示意图

## 5.5.4　地热

地热能来自地球内部。在地球核心地带，温度高达 7000℃。在地质因素的控制下，这些热能会以热蒸汽、热水、干热岩等形式向地壳的某一范围聚集，如果达到可开发利用的条件，便成了具有开发意义的地热资源。

地热能利用分为两类；第一类是高温地热利用（温度一般在 150℃ 以上），主要用于发电。第二类是地热直接利用，即当地热温度较低（温度一般在 100℃ 以下）时直接利用，直接利用效益较好，且利用范围广。原则上凡是需要热的地方都可以利用地热能，目前应用范围主要包括：生活用热水、冬季取暖、工业用热、干燥产品、农业养殖、温室种植、温泉休闲、医疗康复等。地热直接利用是当前国内外地热能开发的最主要形式。由于要求的地热温度较低，所以所有中低温的地热资源均可以利用。

地热低温地板辐射供暖是指以不高于 60℃ 的热水为热媒，在地板下敷设的加热管内循环流动，加热地板，通过地板面以辐射和对流的传导方式向室内供热的供暖方式。早在 20 世纪 70 年代，低温地板辐射供暖技术就在欧美、韩、日等地得到迅速发展，经过时间和使用验证，低温地板辐射供暖节省能源，技术成熟，热效率高，是一种科学、节能的供暖方式。地热应用规模大、应用程度高的国家有美国、冰岛、意大利、新西兰等。以冰岛为例，从 15 世纪开始，冰岛人就懂得利用地热资源为生产生活服务。20 世纪初，冰岛首都雷克雅未克市就开始有计划地使用地热资源为城市进行区域供暖。据冰岛能源局统计，截至 2015 年，该国地热供热比例已达到 96%，覆盖了居住、商业、工业、农业和渔业供暖，改善环境问题的同时，供热价格也显著下降。

## 5.5.5 热泵

热量能自然地从较温暖的地方转移到较冷的空间。但是，逆转这一过程，即从寒冷的空间吸收热量并将其释放给较热的空间则需要一定量的外部能量，例如电。热泵是指利用某种动力驱动，能够连续地将热能从低温物体转移到高温物体，从而实现制冷或制热的一种装置。按工作原理，热泵有蒸气压缩式热泵、吸收式热泵、化学热泵等，其中应用最广泛的是电驱动蒸气压缩式热泵。

热泵最常见的设计包括四个主要部件：冷凝器、膨胀阀、蒸发器和压缩机。循环通过这些组件的传热介质称为制冷剂或冷媒。

热泵地暖遵循逆卡诺原理，制冷剂吸收周围介质中大量的低品位热量同时变成低温低压气态制冷剂，经过少量电能驱动压缩机做功，从压缩机流出的高温高压气态制冷剂通过冷凝器与地暖管中的水交换热量，把热量传递给地暖管中的水的同时制冷剂蒸气冷凝成液体，随后经过膨胀阀降压，进入蒸发器吸收周围介质中的热量，再次进入压缩机进行循环。高品位热量与地暖管中的水交换热量，水变热通过地暖管用于供暖，如此循环工作能不断地把热量从温度较低的地方转移给温度较高（需要热量）的地方，同时可制冷、供热水。热泵地暖系统原理如图 5-38 所示。热泵技术的出现解决了传统空调系统需要分别设置冷源、热源的不足之处，可以实现"冷热同源"，是一种新能源技术，具有巨大的节能潜力。详细的关于蒸气压缩式热泵的工作原理及分类的介绍可见本书第 8 章。

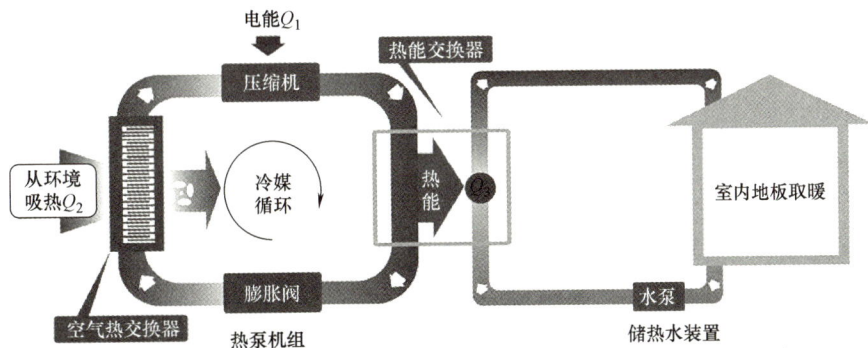

图 5-38 热泵地暖系统原理

在比较热泵的工作效率时，一般不使用"效率"这个词，而使用能效（COP）这个词描述有效热量移动与工作需要的能量的比率。大多数压缩机热泵使用电动机带动，在温和的天气给建筑物取暖，空气源热泵可以提供 COP 为 3~4 的能效，而一个电加热器则只能提供 COP 为 1 的能效。也就是说，电阻发热的取暖器耗费 1J 的能量最多只能提供 1J 的热量，而热泵则可以使用 1J 的能量从更热或更冷地方移动 3~4J 的能量。不过需要注意到，若环境温度差别很大，譬如在非常寒冷的冬天要给屋子取暖，热泵为了取得更多的热量则需要花费更多的能量。因为卡诺效率（Carnot Efficiency）的限制，随着室内与室外的温差的增加，热泵的 COP 最终有可能会接近 1。对于空气源热泵，这种情况一般会发生在室外环境温度靠近 -18℃（0℉）时。同时，当热泵从室外低温的空气中获取热量时，空气中的水分会凝结并冻结在室外交换器上。系统必须阶段性地除去这些冰霜。

## 5.6 建筑供暖系统施工图识读

### 5.6.1 施工图构成及表示的内容

供暖工程施工图由文字部分和图示部分组成。文字部分包括设计施工说明、图纸目录、图例及设备材料表等，图示部分包括平面图、系统图和详图。

室内供暖系统的设计施工说明主要介绍如下内容：系统的热负荷、作用压力；热媒的品种及参数；系统的形式及管路的敷设方式；选用的管材及其连接方法；管道和设备的防腐、保温做法；无设备表时，需说明散热器及其他设备、附件的类型、规格和数量等；施工及验收要求；其他需要用文字解释的内容。

供暖施工图中的管道及附件、管道连接、阀门、供暖设备及仪表等，采用《暖通空调制图标准》（GB/T 50114）中统一的图例表示。表 5-4 列出了《暖通空调制图标准》中的部分供暖工程常用图例。

**表 5-4　部分供暖工程常用图例**

| 名称 | 图例 | 名称 | 图例 |
|---|---|---|---|
| 供水管 | —————— | 回水管 | – – – – – – |
| 供水立管 | ○ | 三通调节阀 | |
| 回水立管 | ● | 过滤器 | |
| 截止阀 | | 热表 | R |
| 平衡阀 | | 管道泵 | |
| 自动排气阀 | | 法兰接头或管封 | |
| 标高 | -1.200 | 放气阀 | |
| 散热器<br>左图：平面；右图：立面 | | 泄水阀 | |

（续）

| 名称 | 图例 | 名称 | 图例 |
|------|------|------|------|
| 集气罐 |  | 供暖立管编号 | (Ln) |
| 压力表 |  | 供暖入口编号 | (Rn) |
| 流向 |  | 坡度 | $i=0.003$ 或 $i=0.003$ |
| 向上弯头 |  | 固定支架 |  |
| 向下弯头 |  | 导向支架 |  |

供暖平面图是供暖施工图的主体图，它主要表示建筑各层供暖管道与设备的平面布置。内容包括：建筑物轮廓，其中应注明轴线、房间主要尺寸、指北针，必要时应注明房间名称；热力入口位置，供、回水总管名称、管径；干管、立管、支管的位置和走向，管径以及立管编号；散热器的类型、位置和数量；对于多层建筑，各层散热器布置基本相同时，可采用标准层画法。在标准层平面图上，要注明散热器所在层数和各层的数量。

供暖工程系统图应以轴测投影法绘制，并宜用正等轴测或正面斜轴测投影法。当采用正面斜轴测投影法时，$y$ 轴与水平线的夹角一般为 45°或 30°。系统图的布置方向一般应与平面图一致。供暖系统图应包括如下内容：管道的走向、坡度、坡向、管径、变径的位置以及管道之间的连接方式；散热器与管道的连接方式；管路系统中阀门的位置、规格；集气罐的规格、安装形式（立式或卧式）；蒸汽供暖疏水器和减压阀的位置、规格、类型；节点详图的索引号；按规定对系统图进行编号，并标注散热器的数量；竖向布置的垂直管道系统应标注立管号。

在供暖平面图和系统图上表达不清楚、用文字也无法说明的地方可用详图画出。详图是局部放大的施工图，因此也叫大样图。例如，一般供暖系统入口处管道的交叉连接复杂，因此需要另画一张比例比较大的详图。

## 5.6.2　施工图示例

某综合楼供暖工程的施工图示例如图 5-39 和图 5-40 所示。图 5-39 为供暖首层平面图，图 5-40 为供暖系统图。

该工程采用低温水供暖，供回水温度为 75/50℃；系统采用上供下回单管顺流式；图中未注明管径的立管均为 DN20，支管为 DN15；管道采用焊接钢管，DN32 以下为丝扣连接，DN32 以上为焊接；散热器选用铸铁四柱 813 型，每组散热器设手动排气阀；明装管道和散热器等设备，附件及支架等刷红丹防锈漆两遍、银粉两遍；室内地沟断面尺寸为 500mm×500mm，地沟内管道刷防锈漆两遍，50mm 厚岩棉保温，外缠玻璃纤维布。

识读供暖施工图应沿着热媒在管内行进的路程顺序进行，以便掌握全局；其中识读平面图的主要目的是了解管道、设备及附件的平面位置和规格、数量等。在首层平面图中（图 5-39），热力入口设在靠近⑥轴右侧位置，供、回水干管管径均为 DN50。供水干管引入室内后，在地沟内敷设，地沟断面尺寸为 500mm×500mm。主立管设在⑦轴处。回水干管分两个分支成环路，右侧分支共连接 7 根立管，左侧分支共连接 8 根立管。水干管在过门和厕所位置局部做地沟。从系统图中可以看出，供水主立管分为左、右两个分支环路，分别向各立管供水。末端干管分别设置卧式集气罐，放气管管径为 DN15，引至二层水池。建筑物内各房间散热器均设置在墙窗下。因一层走道、楼梯间有门，散热器设在靠近外门内墙处二层，设在外窗下。各组散热器片数标注在散热器旁。

阅读供暖系统图时，一般从热力入口起，先弄清干管的走向，再逐一看各立管、支管；同时应将系统图与平面图结合对照进行，以便弄清整个供暖系统的空间布置关系。参照图 5-40，系统热力入口供、回水干管均为 DN50，并设同规格阀门，标高为 −0.900m。引入室内后，供水干管标高为 −0.300m，有 0.003 的上升坡度，经主立管引到二层后，分为两个分支，分流后设阀门。两分支环路起点标高均为 6.500m，坡度为 0.003，供水干管始端为最高点，分别设卧式集气罐，通过 DN15 放气管引至二层水池，出口处设阀门。各立管采用单管顺流式，上下端设阀门。回水干管同样分为两个分支，在地面以上明装，起点标高为 0.100m，有 0.003 沿水流方向下降的坡度。设在局部地沟内的管道，末端为最低点，并设泄水螺塞。两分支环路汇合前设阀门，汇合后进入地沟，回水排至室外。

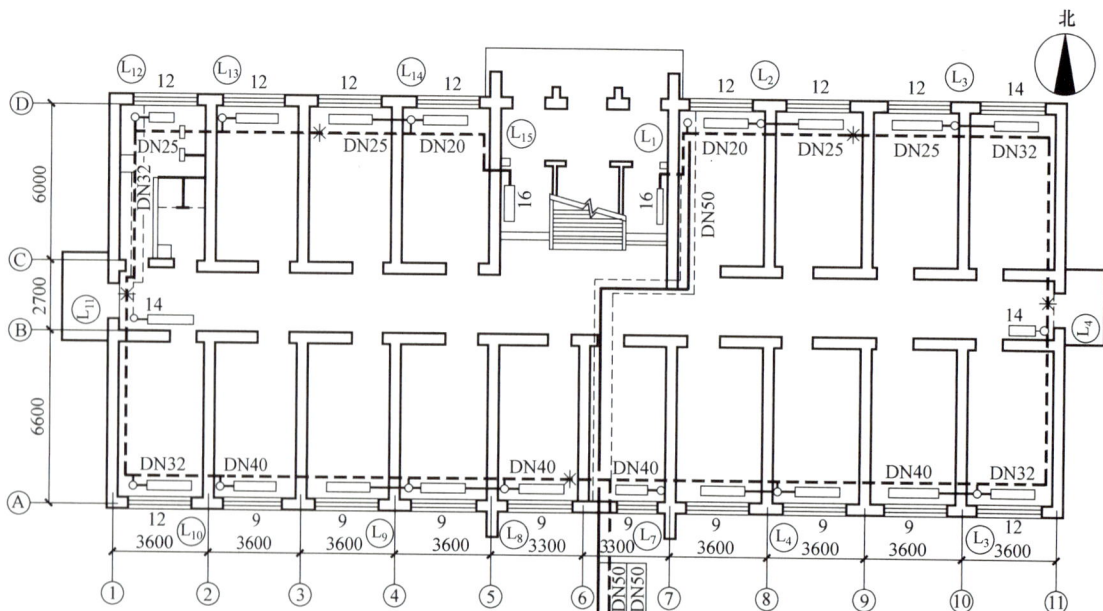

图 5-39　供暖首层平面图

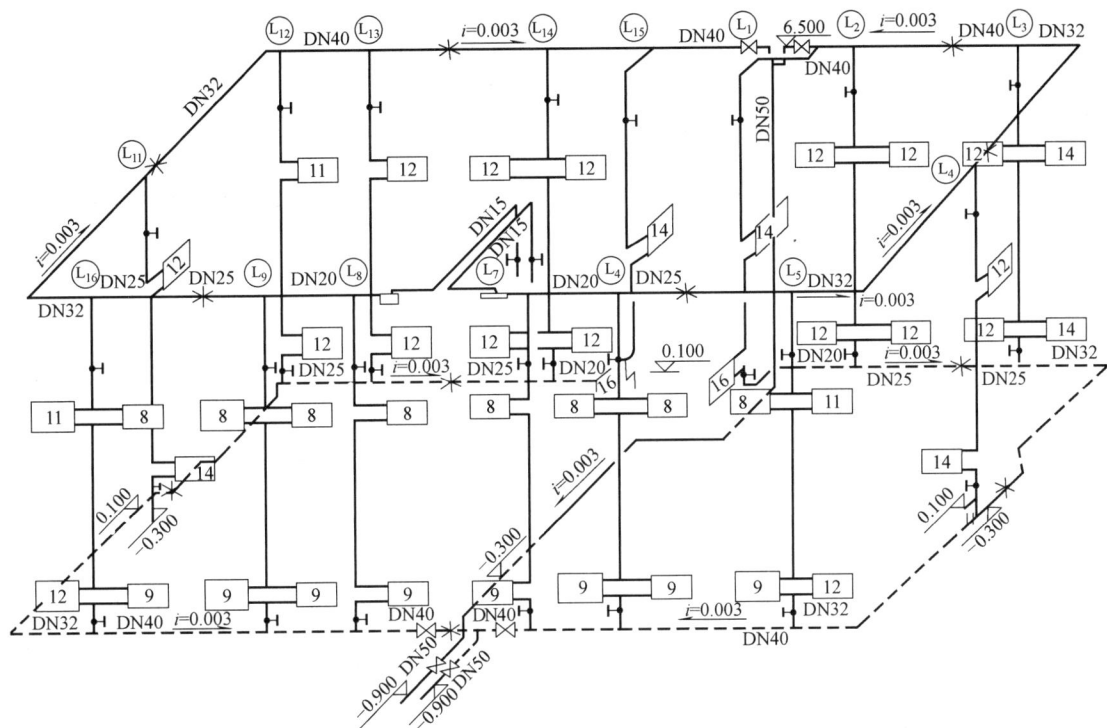

图 5-40 供暖系统图

## 复习思考题

5-1 试以生活和生产实践中的例子说明导热、对流传热、辐射传热现象。

5-2 夏季在维持 20℃ 的室内，穿单衣感到舒适，而冬季在保持同样温度的室内却必须穿绒衣，试从传热的观点分析其原因。冬季挂上窗帘布后顿觉暖和，原因又何在？

5-3 已知外墙厚度 $\delta = 360mm$，室外温度 $t_{f2} = -10℃$，室内温度 $t_{f1} = 18℃$，墙的导热系数 $\lambda = 0.61W/(m \cdot ℃)$，内表面传热系数 $h_1 = 8.7 \ W/(m^2 \cdot ℃)$，外表面传热系数 $h_2 = 24.5W/(m^2 \cdot ℃)$。求房屋外墙的散热量 $q$ 以及它的内外表面温度 $t_{w1}$ 和 $t_{w2}$。

5-4 一大平板高 3m，宽 2m，厚 0.02m，导热系数 $\lambda = 45W/(m \cdot ℃)$，两侧表面温度分别为 $t_{w1} = 285℃$ 和 $t_{w2} = 150℃$，试求该板的热阻、单位面积热阻、热流通量及热流量。

5-5 已知两平行平壁，壁温分别为 $t_1 = 50℃$，$t_2 = 20℃$，辐射系数 $C_{12} = 3.96$，求每平方米的辐射传热量。若 $t_1$ 增加到 200℃，辐射传热量变化了多少？

5-6 供暖系统如何分类？对流供暖系统与辐射供暖系统有哪些区别？

5-7 自然循环热水供暖系统的基本组成及循环作用压力是什么？

5-8 供暖系统中散热器、膨胀水箱、集气罐、疏水器、管道补偿器等分别起什么作用？

5-9 供暖系统的热源有哪几种？

# 第6章
# 建筑通风

## 6.1 建筑通风的任务与分类

### 6.1.1 建筑通风的任务

建筑通风的任务是把室内被污染的空气直接或经过净化后排至室外，把室外新鲜空气或经过净化的空气补充进来，以保持室内的空气环境满足国家卫生标准和生产工艺的要求。

在民用建筑中，装修、家具及其他物品大量使用的合成材料产生的各种挥发性有机物（甲醛、甲苯等），以及人体产生的 $CO_2$、水蒸气、尘埃、体味、微生物等污染物，降低了室内空气的品质，污染了室内环境，直接影响了人们的身体健康。在工业生产过程中，伴随着某些产品的生产，将会有大量的热、湿（水蒸气）、粉尘和有毒有害气体产生。对这些有害物如果不采取防护措施将会污染和恶化车间的空气和环境，对工作人员的身体健康造成危害，也会妨碍机器设备的正常运转，甚至造成损坏，对产品的质量也有影响。由此可见，通风的作用主要有：①提供人呼吸所需要的氧气；②稀释室内污染物或气味；③排除室内工艺过程中产生的污染物；④除去室内多余的热量（称为余热）或湿量（称为余湿）；⑤提供室内燃烧设备所需的空气。

单纯的通风一般只对空气进行净化和做加热方面的处理，对空气环境的温度、湿度、洁净度、室内流速等参数有特殊要求的通风称为空气调节，将在本书第8章介绍。

### 6.1.2 通风系统的分类

通风系统分类方法主要有两种，如图6-1所示。

1）按照通风系统的作用动力划分为自然通风和机械通风。自然通风是利用室外风力造成的风压、由室内外空气的温差产生的密度差和进、排风窗孔的高差产生的热压使空气流动；机械通风是依靠风机提供的动力使空气流动。

2）按照通风系统的作用范围划分为全面通风和局部通风。全面通风是对整个房间进行通风换气，用送入室内的新鲜空气把房间里的有害物质浓度稀释到国家卫生标准的允许浓度以下。

局部通风是采用局部气流，对人员工作地点进行通风换气，使其不受有害物质的污染，以形成良好的局部工作环境。

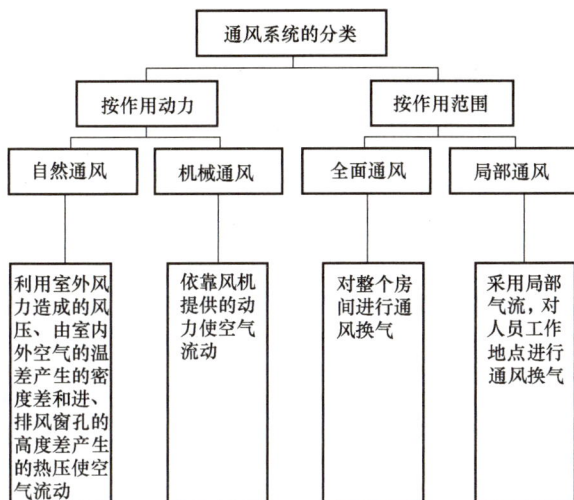

图 6-1　通风系统的分类

## 6.2　自然通风

自然通风的特点是结构简单、不需要复杂的装置和消耗能量，因此是一种经济的通风方式。

### 6.2.1　空气通过窗孔的流动

当建筑物外墙上的窗孔两侧存在压差时，压力较高一侧的空气将通过窗孔流到压力较低的一侧。设空气流过窗孔的阻力为 $\Delta p$，由伯努利方程

$$\Delta p = \xi \frac{\rho v^2}{2} \tag{6-1}$$

式中　$\Delta p$——窗孔两侧的压差，单位为 Pa；

　　　$\rho$——空气的密度，单位为 $kg/m^3$；

　　　$v$——空气通过窗孔时的流速，单位为 m/s；

　　　$\xi$——窗孔的局部阻力系数，与窗孔的构造有关。

由流量公式，通过窗孔的空气量可表示为

$$L = vA = A \sqrt{\frac{2\Delta p}{\xi \rho}} \tag{6-2}$$

式中　$L$——流过窗孔的空气量，单位为 $m^3/s$；

　　　$A$——窗孔面积，单位为 $m^2$；

　　　$v$——空气通过窗孔时的流速，单位为 m/s；

　　　$\Delta p$——窗孔两侧的压差，单位为 Pa；

　　　$\rho$——空气的密度，单位为 $kg/m^3$；

　　　$\xi$——窗孔的局部阻力系数。

由上式可知，当已知窗孔两侧的压差 $\Delta p$、窗孔面积 $A$ 和窗孔的构造（局部阻力系数）

时，即可求出流过窗孔的空气量。

## 6.2.2 风压作用下的自然通风

室外气流与建筑物相遇时，将发生绕流，建筑物四周的风压分布如图 6-2 所示。由于建筑物的阻挡，建筑物周围的空气压力将发生变化。在迎风面，空气流动受阻，速度减小，静压升高，室外压力大于室内压力。在背风面和侧面，由于空气绕流作用的影响，动压升高，静压降低，室外压力小于室内压力。与远处未受干扰的气流相比，这种静压的升高或降低称为风压。静压升高，风压为正，称为正压；静压降低，风压为负，称为负压。

某建筑物在风压作用下的自然通风如图 6-3 所示，如果在风压不同的迎风面和背风面外墙上开两个窗孔，在室外风速的作用下，在迎风面，由于室外静压大于室内空气的静压，室外空气从窗孔 a 流入室内。在背风面，由于室外静压小于室内空气的静压，室内空气从窗孔 b 流向室外，直到从窗孔 a 流入室内的空气量等于从窗孔 b 流到室外的空气量时，室内静压保持为某个稳定值。

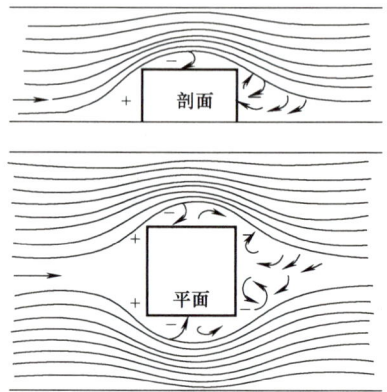

图 6-2　建筑物四周的风压分布

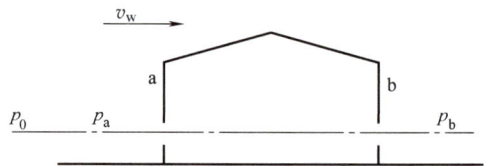

图 6-3　风压作用下的自然通风

## 6.2.3 热压作用下的自然通风

### 1. 热压作用原理

设有一建筑物，其在热压作用下的自然通风如图 6-4 所示，在建筑物外墙的不同高度上开有窗孔 a、b，两窗孔之间的高差为 $h$。假设开始时两窗孔外面的静压分别为 $p_a$、$p_b$，两窗孔里面的静压分别为 $p'_a$、$p'_b$，室内外的空气温度和密度分别是 $t_n$、$t_w$ 和 $\rho_n$、$\rho_w$。当室内空气温度高于室外空气温度时，$\rho_n < \rho_w$。

如果先关闭窗孔 b，仅打开窗孔 a，则无论最初窗孔 a 内外两侧的压差如何，由于空气的流动，室内外的压力会逐渐趋于同一值。当窗孔 a 内外两侧的压差 $\Delta p_a = p'_a - p_a = 0$ 时，空气停止流动。这时，由流体静力学原理，窗孔 b 内外两侧的压差可表示为

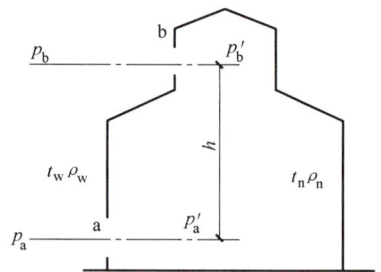

图 6-4　热压作用下的自然通风

$$\Delta p_b = p'_b - p_b = (p'_a - gh\rho_n) - (p_a - gh\rho_w) = (p'_a - p_a) + gh(\rho_w - \rho_n)$$
$$= \Delta p_a + gh(\rho_w - \rho_n)$$

（6-3）

式中　$\Delta p_a$——窗孔 a 内外两侧的压差，单位为 Pa；

　　　$\Delta p_b$——窗孔 b 内外两侧的压差，单位为 Pa；

　　　$g$——重力加速度，单位为 $m/s^2$；

　　　$\rho_w$——室外空气的密度，单位为 $kg/m^3$；

　　　$\rho_n$——室内空气的密度，单位为 $kg/m^3$。

由式（6-3）可知，当 $\Delta p_a = 0$ 时，由于室外温度低于室内，窗孔 b 内外两侧的压差 $\Delta p_b$ 大于零，为一正值，如果这时打开窗孔 b，室内空气就会在压差 $gh(\rho_w - \rho_n)$ 的作用下向室外流动。

从上面的分析可知，在同时开启窗孔 a、b 的情况下，随着室内空气从窗孔 b 向室外流动，室内静压会逐渐减小，窗孔 a 内外两侧的压差 $\Delta p_a$ 将从最初等于零变为小于零。这时，室外空气就会在窗孔 a 内外两侧压差的作用下，从窗孔 a 流入室内，直到从窗孔 a 流入室内的空气量等于从窗孔 b 排到室外的空气量时，室内静压才保持为某个稳定值。

把式（6-3）移项整理，窗孔 a、b 内外两侧压差的绝对值之和可表示为

$$\Delta p_b + (-\Delta p_a) = \Delta p_b + |\Delta p_a| = gh(\rho_w - \rho_n) \tag{6-4}$$

式中　$\Delta p_a$——窗孔 a 内外两侧的压差，单位为 Pa；

　　　$\Delta p_b$——窗孔 b 内外两侧的压差，单位为 Pa；

　　　$g$——重力加速度，单位为 m/s$^2$；

　　　$\rho_w$——室外空气的密度，单位为 kg/m$^3$；

　　　$\rho_n$——室内空气的密度，单位为 kg/m$^3$。

式（6-4）表明，窗孔 a、b 两侧的压差是由 $gh(\rho_w - \rho_n)$ 造成的，其大小与室内外空气的密度差（$\rho_w - \rho_n$）和进、排风窗孔的高差 $h$ 有关，通常把 $gh(\rho_w - \rho_n)$ 称为热压。

### 2. 余压和中和面

在自然通风的计算中，通常把外墙内外两侧的压差称为余压。余压为正，窗孔排风；余压为负，则窗孔进风。

由式（6-3）可知，如果室内外空气温度一定，在热压作用下，窗孔两侧的余压与两窗孔间的高差呈线性关系，且从进风窗孔 a 的负值沿外墙逐渐变为排风窗孔 b 的正值。在某个高度 0—0 平面的地方，外墙内外两侧的压差为零。这个室内外压差为零的平面称为中和面。

余压沿外墙高度上的变化规律如图 6-5 所示。从图 6-5 中不难看出，位于中和面以下窗孔是进风窗，中和面以上的窗孔是排风窗。如果以中和面为基准，窗孔 a、b 的余压可分别表示为

$$\begin{cases} p_{x,a} = -gh_1(\rho_w - \rho_n) \\ p_{x,b} = gh_2(\rho_w - \rho_n) \end{cases} \tag{6-5}$$

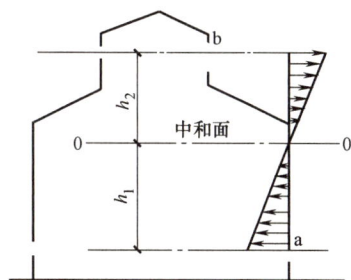

图 6-5　余压沿外墙高度上的变化规律

式中　$p_{x,a}$——窗孔 a 的余压，单位为 Pa；

　　　$p_{x,b}$——窗孔 b 的余压，单位为 Pa；

　　　$h_1$——窗孔 a 与中和面的高差，单位为 m；

　　　$h_2$——窗孔 b 与中和面的高差，单位为 m；

　　　$\rho_w$——室外空气的密度，单位为 kg/m$^3$；

　　　$\rho_n$——室内空气的密度，单位为 kg/m$^3$。

## 6.2.4　风压、热压共同作用下的自然通风

当建筑物受到风压和热压的共同作用时，在建筑物外围护结构各窗孔上作用的内外压差

等于所受到的风压和热压之和。如果建筑物的进、排风窗孔布置成如图 6-6 所示的情况，就可利用热压和风压的共同作用，增大建筑物的自然通风量。

但是，由于室外风速、风向经常变化，不是一个稳定可靠的作用因素，为了保证自然通风的效果，在实际的自然通风设计中，通常只考虑热压的作用。但要定性地考虑风压对自然通风效果的影响。

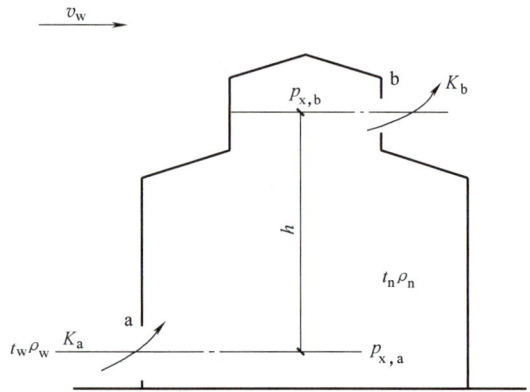

图 6-6　风压、热压共同作用下的自然通风

## 6.3　机械通风

自然通风虽然具有不消耗能量、结构简单、不需要复杂的装置和专人管理等优点，但由于自然通风的作用压力比较小，风压和热压受自然条件的影响较大，其通风量难以控制，通风效果不稳定。因此，在一些对通风要求较高的场合需设置机械通风系统。

机械通风与自然通风相比，作用范围大，可使用风道把新鲜空气送到需要通风换气的地点或把室内指定地点被污染的空气排放到室外，机械通风的通风量和通风效果可以人为地进行控制，不受自然条件的影响。但是，机械通风需要配置风机、风道、阀门以及各种空气净化处理设备，需要消耗能量，占用建筑面积和空间，初投资和运行费用较大。机械通风系统根据其作用范围的大小，可分为全面通风和局部通风两种类型。

### 6.3.1　全面通风

全面通风把室内被污染的污浊空气直接或经过净化处理后排放到室外大气中去。用送入室内的新鲜空气把房间里的有害物质浓度稀释到国家卫生标准的允许浓度以下。

#### 1. 系统形式

全面通风包括全面送风和全面排风，两者可同时或单独使用。单独使用时需要与自然进、排风方式相结合。

图 6-7 是全面机械排风、自然进风系统示意图。室内污浊空气在风机作用下通过排风口和排风管道排到室外，而室外新鲜空气在排风机抽吸造成的室内负压作用下，通过外墙上的门、窗孔洞或缝隙进入室内。这种通风方式由于室内是负压，可以防止室内空气中的有害物向邻室扩散。

图 6-8 是全面机械送风、自然排风系统示意图。室外新鲜空气经过空气处理设备处理达到要求的送风状态后，用风机经送风管和送风口送入室内。这时，室内因不断地送入空气，压力升高，呈正压状态，使室内空气在正压作用下，通过外墙上的门、窗孔洞或缝隙排向室外。这种通风方式在与室内卫生条件要求较高的房间相邻时不宜采用，以免室内空气中的有害物在正压作用下向邻室扩散。

图 6-9 是全面机械送风、排风系统示意图。室外新鲜空气在送风机作用下经过空气处理设备、送风管道和送风口送入室内，污染后的室内空气在排风机的作用下直接排至室外，或

送往空气净化设备处理，达到允许的有害物浓度排放标准后排入大气。

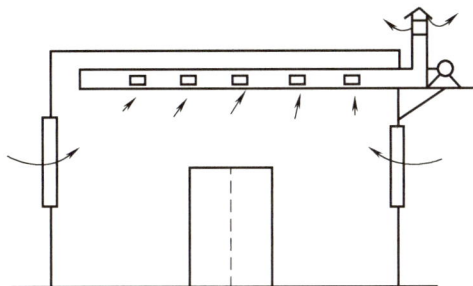

图 6-7　全面机械排风、自然进风系统示意图

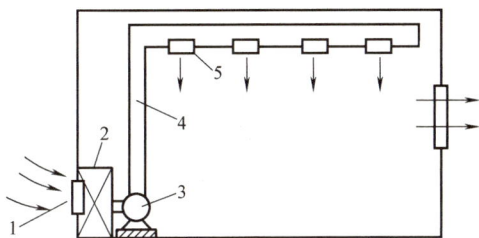

图 6-8　全面机械送风、自然排风系统示意图

1—进风口　2—空气处理设备　3—风机
4—风道　5—送风口

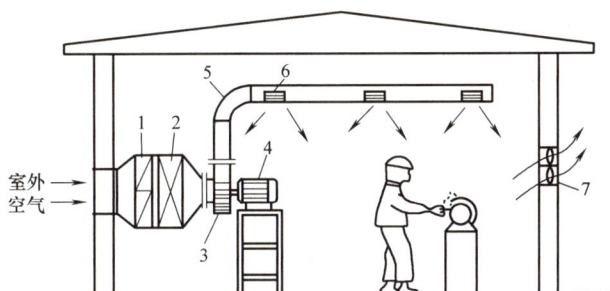

图 6-9　全面机械送风、排风系统示意图

1—空气过滤器　2—空气加热器　3—风机　4—电动机
5—风管　6—送风口　7—轴流风机

### 2. 全面通风量的计算

全面通风量是指为了使房间工作区的空气环境符合规范允许的卫生标准，用于排除通风房间的余热、余湿，或稀释通风房间的有害物质浓度所需要的通风换气量。用于稀释通风房间的有害物质浓度所需要的通风换气量可用下式计算

$$L = \frac{X}{Y_p - Y_s} \tag{6-6}$$

式中　$L$——房间的全面通风量，单位为 $m^3/s$；

　　　$X$——房间内有害物质的散发量，单位为 $mg/s$；

　　　$Y_s$——送风空气中有害物质的浓度，单位为 $mg/m^3$；

　　　$Y_p$——排风空气中有害物质的浓度，单位为 $mg/m^3$，取国家卫生标准规定的最高允许浓度。

需要注意的是：当通风房间同时散发多种有害物质时，一般情况下，应分别计算，然后取其中的最大值作为房间的全面通风量。但是，当房间内同时散发数种溶剂（苯及其同系物，醇、醋酸酯类）的蒸气，或数种刺激性气体（三氧化硫和二氧化硫、氯化氢、氟化氢、氮氧化合物及一氧化碳）时，由于这些有害物质对人体健康的危害在性质上是相同的，在计算全面通风量时，应当把它们看成是同一种有害物质，房间所需要的全面通风量应当是分别排除每一种有害气体所需的全面通风量之和。

当房间内有害物质的散发量无法具体计算时，全面通风量可根据经验数据或通风房间的换气次数估算，通风房间换气次数的定义为

$$n = \frac{L}{V} \tag{6-7}$$

式中　$n$——通风房间的换气次数，单位为次/h，可从有关的设计规范或手册中查取；

　　　$L$——房间的全面通风量，单位为 $m^3/h$；

　　　$V$——通风房间的体积，单位为 $m^3$。

### 3. 空气平衡和热平衡

（1）通风房间的空气平衡　对于一个通风房间，为了能够正常地进风和排风，必须保持室内压力稳定。根据质量守恒原理，要求在单位时间内送入房间的空气量等于从房间排出的空气量，即应当满足下列平衡方程

$$G_{z,j} + G_{j,j} = G_{z,p} + G_{j,p} \tag{6-8}$$

式中　$G_{z,j}$——自然进风量，单位为 kg/s；

　　　$G_{j,j}$——机械进风量，单位为 kg/s；

　　　$G_{z,p}$——自然排风量，单位为 kg/s；

　　　$G_{j,p}$——机械排风量，单位为 kg/s。

工程实践中，为了满足通风房间或邻室的卫生条件要求，通过使机械送风量略大于机械排风量（通常取 5%~10%），让一部分机械送风量从门窗缝隙自然渗出的方法，使洁净度要求较高的房间保持正压，以防止室外或邻室的污染空气进入室内，或通过使机械送风量略小于机械排风量（通常取 10%~20%），使一部分室外空气通过从门窗缝隙自然渗入室内补充多余的排风量的方法，使污染程度较严重的房间保持负压，以防止污染空气向邻室扩散。

（2）通风房间的热平衡　在气候寒冷的地区，冬季要求保持一定的室内温度，并且不允许将温度很低的室外空气直接送入工作区。因此，在设计全面通风系统时，需按照热平衡方法计算所需要的送风温度。通风房间的热平衡，是指为了使室内温度保持不变，通风房间在单位时间内的得热量等于失热量，即

$$\sum Q_d = \sum Q_s \tag{6-9}$$

式中　$\sum Q_d$——通风房间的总得热量，单位为 kW；

　　　$\sum Q_s$——通风房间的总失热量，单位为 kW。

---

[**例 6-1**]　已知某车间排除有害气体的局部排风量 $G_p = 0.556$kg/s，冬季工作区的温度 $t_{g,d} = 15$℃，建筑物围护结构热损失 $Q = 5.815$kW，当地冬季供暖计算温度 $t_w = -25$℃，试确定需要设置的机械送风量和送风温度。

[**解**]　（1）确定机械送风量和自然进风量　为了防止室内有害气体向室外扩散，取机械送风量等于总机械排风量的 90%，不足部分由室外空气通过门窗缝隙自然渗入室内补充。这时所需要的机械送风量为

$$G_{j,j} = 0.9 G_{j,p} = 0.9 \times 0.556 \text{kg/s} = 0.5 \text{kg/s}$$

自然进风量为　　　　　　　$G_{z,j} = 0.556 \text{kg/s} - 0.5 \text{kg/s} = 0.056 \text{kg/s}$

（2）确定送风温度　根据通风房间的热平衡

$$G_{j,j} c t_{j,j} + G_{z,j} c t_{z,j} = G_{j,p} c t_{j,p} + Q$$

$$(0.5×1.01×t_{j,j})kW+[0.056×1.01×(-25)]kW=(0.556×1.01×15)kW+5.815kW$$

求解可得需要的机械送风温度为 $t_{j,j}=31℃$

### 6.3.2　局部通风

局部通风系统包括局部送风和局部排风，两者都是利用局部气流，使工作区域不受有害物的污染，以形成良好的局部工作环境。

#### 1. 局部送风

对于面积较大且工作人员很少的生产车间（如高温车间），采用全面通风的方法改善整个车间的空气环境既困难又不经济，而且也没有必要。这时，可采用局部送风方法，仅向工作人员停留的地点送风，使局部工作区域保持较好的空气环境。局部送风系统示意图如图 6-10 所示。

#### 2. 局部排风

局部排风是把有害物质在生产过程中的产生地点直接捕集起来，排放到室外的通风方法，这是防止有害物向四周扩散的最有效的措施。局部排风系统示意图如图 6-11 所示。与全面通风相比，局部排风除了能有效地防止有害物质污染环境和危害人们的身体健康外，还可以大大地减少排除有害物质所需的通风量，是一种经济的排风方式。

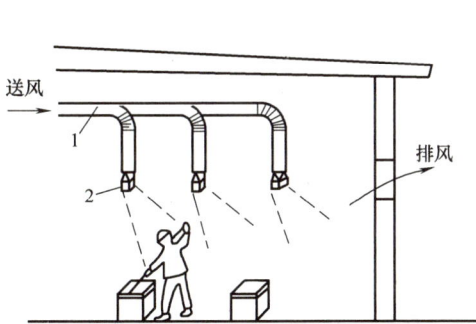

图 6-10　局部送风系统示意图

1—风管　2—送风口

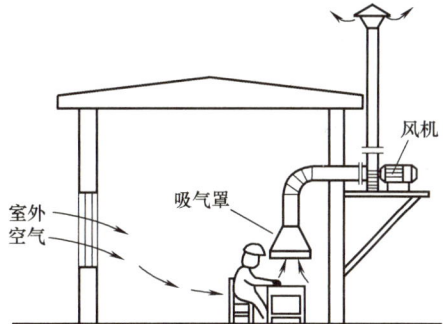

图 6-11　局部排风系统示意图

## 6.4　事故通风

当生产设备发生偶然事故或故障时，可能突然散发出大量有害气体或有爆炸性气体进入车间，这时需要尽快地把有害物排到室外，这种通风称为事故通风。事故通风装置只在发生事故时开启使用，进行强制排风。

事故排风的吸风口应布置在有害气体或爆炸性气体散发量最大的区域。当散发的气体或蒸气比空气重时，吸气口应设在下部地带。当排除有爆炸性气体时，应考虑风机的防爆问题。

事故排风的排风口与机械送风系统的进风口的水平距离不应小于20m；当水平距离不足20m时，排风口应高于进风口，且高差不得小于6m。事故排风机的开关应分别设置在室内和室外便于开启的地点。此外，对事故排风的死角处应采取导流措施。对事故排风装置所排出的空气，可不设专门的进风系统来补偿。排出的空气一般都不进行处理，当排出有剧毒的有害物时，应将它排到 10m 以上的大气中稀释，仅在非常必要时，才采用化学方法处理。当排风中还有可燃性气体时，事故通风系统排风口距离可能火花溅落处应大于 20m。事故排风时的排风量应由事故排风系统和经常使用的排风系统共同保证。若事故排风的场所不具备自然进风条件，则在该场所应同时设置补风系统，补风量一般取排风量的 80%，且补风风机应与排风风机联锁。

事故排风的排风量一般按房间的换气次数确定。根据《工业企业设计卫生标准》（GBZ 1）、《工业建筑供暖通风与空气调节设计规范》（GB 50019）、《发电厂供暖通风与空气调节设计规范》（DL/T 5035）、《民用建筑供暖通风与空气调节设计规范》（GB 50736）等标准的要求，在生产中可能突然逸出大量有害物质，或有易造成急性中毒，或有易燃易爆的化学物质的作业场所，事故通风的通风换气次数不小于 12 次/h。同时，事故通风房间体积计算方法遵循《工业建筑供暖通风与空气调节设计规范》（GB 50019）的要求，当房间高度小于或等于 6m 时，应按照房间实际体积计算；当房间高度大于 6m 时，应按 6m 的空间体积来计算。

## 6.5 通风系统管道及设备

对于自然通风系统，其设备装置较简单，只需进、排风窗以及附属的开关装置；其他通风系统，包括机械通风系统和管道式自然通风系统，则由较多的构件和设备组成。机械排风系统一般由进风口、风管、空气处理设备、风机和送风口等组成（图 6-12）；而机械送风系统一般由室内排风口和净化设备、风管、风机、室外排风口及风帽等组成（图 6-13）。

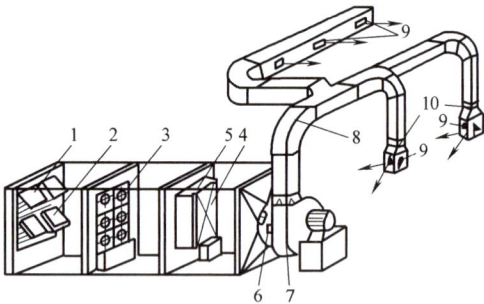

图 6-12　机械排风系统

1—百叶窗　2—保温阀　3—过滤器　4—旁通阀
5—空气加热器　6—启动阀　7—风机
8—风管　9—送风口　10—调节阀

图 6-13　机械送风系统

### 6.5.1　室内送、排风口

室内送风口是送风系统中风道的末端装置，由送风道而来的空气通过送风口以适当的速度被均匀地分配到各个指定的送风地点，室内排风口是排风系统的始端吸入装置，车间内被污染的空气经过排风口进入排风道内，室内送、排风口的任务是将各送风、排风所需的空气量按一定的方向、速度送入室内或排到室外。

### 1. 室内送风口

室内送风口的形式有多种，最简单的形式是在风管上直接开设孔口送风，根据孔口开设的位置有侧向送风口和下部送风口，但难以调节送风流量和方向。性能较好的常用的室内送风口是百叶送风口，对于布置在墙内或暗装的风管可采用这种送风口，将其安装在风管末端或墙壁上。百叶送风口有单层、双层和活动式、固定式之分，其中双层式风口不仅可以调节空气气流的速度，还可以调整气流的角度。

### 2. 室内排风口

室内排风口是全面排风系统的一个组成部分，室内被污染的空气经由排风口进入排风管道。排风口的种类较少，通常做成百叶式，多采用单层百叶式排风口，有时也采用水平风道上开孔的孔口排风形式。

### 3. 室内送、排风口的布置

室内送、排风口的布置情况是决定通风气流方向的一个重要因素，而气流的方向是否合理将直接影响全面通风的效果。通风房间气流组织的常用形式有上送下排、下送上排和中送上下排等方式，选用时应按照房间功能、污染物类型、有害源位置、有害物分布情况、工作地点的位置等因素来确定。

室内送风口的布置原则是：在全面通风系统中室内送风口的布置应靠近工作地点，使新鲜空气以最短距离到达作业地带，避免途中受到污染；应尽可能使气流分布均匀，减少涡流，避免有害物在局部空间积聚；送风处最好设置流量和流向调节装置，使之能按室内要求改变送风量和送风方向；尽量使送风口外形美观、少占空间，对清洁度有要求的房间送风应考虑过滤净化。

室内排风口的布置原则是尽量使排风口靠近有害物产生地点或浓度高的区域，以便迅速排污；当房间内有害气体的温度高于周围环境气温或车间内存在上升的热气流时，无论有害气体的密度如何，均应将排风口布置在房间的上部（此时送风口应在下部）；如果室内气温接近环境温度，散发的有害气体不受热气流的影响，这时的气流组织形式必须考虑有害气体密度的大小（当有害气体的密度小于空气密度时，排风口应布置在房间上部，送风口布置在下部，形成下送上排的气流状态；当有害气体密度大于空气密度时，排风口应同时在房间的上、下部布置，采用中间送风上下排风的气流组织形式）。

## 6.5.2　室外进、排风装置

### 1. 室外进风装置

室外进风口是通风和空调系统采集新鲜空气的入口，根据进风室的位置不同，室外进风口可采用竖直风道塔式室外进风口，如图 6-14 所示，其中图 6-14a 是贴附于建筑外墙的塔式进风口，图 6-14b 是独立于建筑的塔式进风口。也可以采用设在建筑物外围结构上的墙壁式或屋顶式进风口（图 6-15）。

室外进风口的位置应满足以下要求：

1）进风口的位置应设在室外空气较为洁净的地点，在水平和垂直方向上都应远离污染源。

2）室外进风口下缘距室外地坪的高度不宜小于 2m，并应装设百叶窗，以免吸入地面上

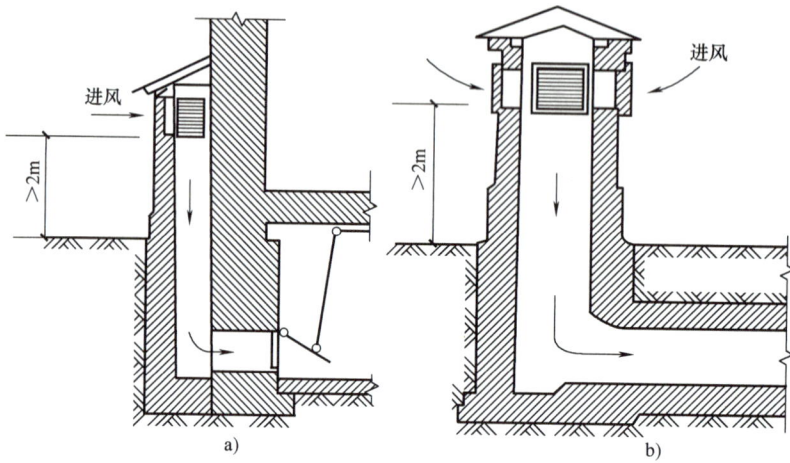

**图 6-14　塔式室外进风口**

a）贴附于建筑外墙的塔式进风口　b）独立于建筑的塔式进风口

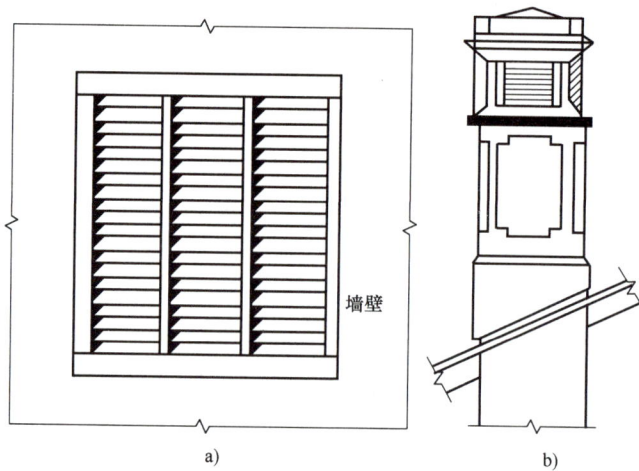

**图 6-15　墙壁式和屋顶式室外进风口**

a）墙壁式　b）屋顶式

的粉尘和污物，同时可避免雨雪的侵入。

3）用于降温的通风系统，其室外进风口宜设在背阴的外墙侧。

4）室外进风口的标高应低于周围的排风口，且宜设在排风口的上风侧，以防吸入排风口排出的污浊空气。当进风口、排风口相距的水平距离小于 20m 时，进风口应该比排风口至少低 6m。

5）屋顶式进风口应高出屋面 0.5~1.0m，以免吸入屋面积灰或被积雪淹没。

室外新鲜空气由进风装置采集后可直接送入室内通风房间或送入进风室，也可根据用户对送风的要求进行预处理，机械送风系统的进风室多设在建筑物的地下层或底层，在工业厂房内为了减少占地面积也可以设在室外进风口内侧的平台上。

**2. 室外排风装置**

室外排风装置的作用是将室内被污染的空气直接排到大气中去。

管道式自然排风系统通常是通过屋顶向室外排风，排风装置的构造形式与进风装置相同，排风口也应高出屋面 0.5m 以上，若附近设有进风装置，则应比进风口至少高出 2m。

机械排风系统一般也从屋顶排风，以减轻对附近环境的污染。由侧墙排出的，排风口应高出屋面。一般室外排风口应设在屋面以上 1m 的位置。为保证排风效果，往往在排风口上加上一个风帽。

### 6.5.3　风道

风道是指通风系统中用于输送空气的管道。风道通常采用薄钢板制作，也可采用塑料、混凝土、砖等其他材料制作。

风道的断面有圆形、矩形等形状。圆形风道的强度大，在同样的流通断面面积下，比矩形风道节省管道材料、阻力小。但是，圆形风道不容易与建筑配合，一般适用于风道直径较小的场合。对于大断面的风道，通常采用矩形风道，矩形风道容易与建筑配合布置，也便于加工制作。但矩形风道流通断面的长宽比宜控制在 4∶1 以下，尽量接近正方形，以便减小风道的流动阻力和材料消耗。

### 6.5.4　风机

风机是指为通风系统中的空气流动提供动力的机械设备。在排风系统中，为了防止有害物质对风机的腐蚀和磨损，通常把风机布置在空气处理设备的后面。风机可分为离心风机（图 6-16）和轴流风机（图 6-17）两种类型。

离心风机主要由叶轮、机轴、机壳、吸气口、排气口等部件组成，构造示意图如图 6-16 所示。

离心风机的工作原理是：当装在机轴上的叶轮在电动机的带动下做旋转运动时，叶片间的空气在随叶轮旋转所获得的离心力的作用下，从叶轮中心高速抛出，压入螺旋形的机壳中，随着机壳流通断面的逐渐增加，气流的动压减小，静压增大，以较高的压力从排气口流出。当叶片间的空气在离心力的作用下，从叶轮中心高速抛出后，叶轮中心形成负压，把风机外的空气吸入叶轮，形成连续的空气流动。

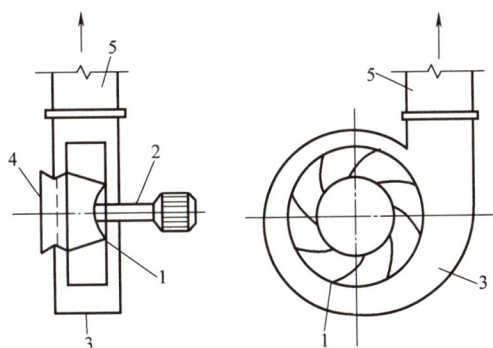

**图 6-16　离心风机构造示意图**

1—叶轮　2—机轴　3—机壳　4—吸气口　5—排气口

轴流风机的构造示意图如图 6-17 所示，叶轮安装在圆筒形的外壳内，当叶轮在电动机的带动下做旋转运动时，空气从吸风口进入，轴向流过叶轮和扩压管，静压升高后从排气口流出。

与离心风机相比，轴流风机产生的压头小，一般用于不需要设置管道或管路阻力较小的场合。对于管路阻力较大的通风系统，应当采用离心风机提供动力。

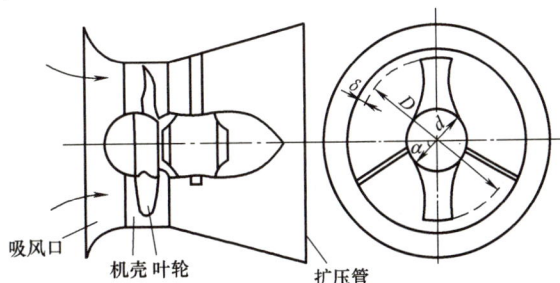

吸风口　　机壳叶轮　　扩压管

**图 6-17　轴流风机构造示意图**

风机的主要性能参数有：

1）风量 $L$：风机在工作状态下，单位时间输送的空气量，单位为 $m^3/s$ 或 $m^3/h$。

2）全压 $r$：每立方米空气通过风机后所获得的动压和静压之和，单位是 Pa。

3）轴功率 $N$：电动机加在风机轴上的功率，单位是 kW。

4）有效功率和效率。由于风机在运行中有能量损失，电动机提供的轴功率并没有全部用于输送空气，其中在单位时间内传递给空气的能量称为风机的有效功率。有效功率占轴功率的百分比称为风机的效率，其大小反映了能量的有效利用程度。风机的效率用下式计算：

$$\eta = \frac{P_x}{P} \times 100\% \tag{6-10}$$

式中　$\eta$——风机的效率；

　　$P_x$——风机的有效功率，单位为 kW；

　　$P$——风机的轴功率，单位为 kW。

5）风机转速 $n$：风机在每分钟内的旋转次数，单位为 r/min。

## 复习思考题

6-1　什么是通风，建筑通风的主要任务是什么？

6-2　建筑通风有哪些类型？试分别说明各个类型的主要特点和适用场合。

6-3　自然通风有哪几种作用形式？如何改善建筑物的自然通风效果？

6-4　什么是机械通风？试说明机械通风系统的主要组成设备及作用。

6-5　什么是全面通风和局部通风？各有什么优点、缺点？

6-6　局部排风罩有哪几种类型？它们的主要特点是什么？

6-7　什么是通风房间的空气平衡和热平衡？

6-8　什么是风压和热压？建筑物上的热压分布的主要特点是什么？

6-9　什么是中和面，中和面对建筑物进、排风窗孔的面积有什么影响？

6-10　风机的主要性能参数有哪些？试说明它们的物理意义。

6-11　离心风机和轴流风机有什么不同？各适用于什么场合？

6-12　已知某房间散发的余热量为 160kW，一氧化碳有害气体为 32mg/s，当地通风室外计算温度为 31℃。如果要求室内温度不超过 35℃，一氧化碳浓度不得大于 $1mg/m^3$，试确定该房间所需要的全面通风量。

6-13　已知某车间的生产设备散热量为 185kW，围护结构的热损失为 235kW，上部天窗的自然排风量为 $2.78m^3/s$，车间的局部排风量为 $4.16m^3/s$，无组织自然进风量为 $1.34\ m^3/s$，冬季工作区设计温度为 18℃，车间内的温度梯度为 0.3℃/m，上部天窗中心距地面的高度为 10m，当地冬季通风室外计算温度为 -10℃，试计算该车间所需的机械送风量和送风温度。

# 第7章
# 建筑防烟排烟

## 7.1 建筑防烟排烟概述

### 7.1.1 建筑火灾的危害

火灾危害主要是热量、烟气和缺氧这三种因素的作用，对于大多数火灾而言，相对于热量和缺氧，烟气造成的危害更大。国内外多次建筑火灾的统计表明，50%~80%的死亡者是由于烟气的影响，其中大部分死者是吸入烟气昏迷而致死的。烟气的危害主要体现在对人体的生理、视觉和心理方面；在着火区的房间及疏散通道内，充满了含有大量一氧化碳及各种有害物质的烟气，甚至远离火区的一些地方也可能烟雾弥漫，对安全疏散有非常不利的影响。烟气也会妨碍消防队员的行动，烟气中的某些可燃物可能会燃烧，导致火场面积扩大，增加扑救工作的难度。为了减少火灾发生时造成的人身伤亡和财产损失，在建筑设计中必须认真慎重地进行防火排烟设计，以便在火灾发生时，顺利地进行人员疏散和消防灭火工作。

### 7.1.2 建筑分类

#### 1. 建筑的分类

建筑按其使用功能可分为民用建筑和工业建筑；按其高度可分为地下建筑、单层建筑、多层建筑及高层建筑。高层建筑为建筑高度大于27m的住宅建筑和建筑高度大于24m的非单层厂房、仓库和其他民用建筑。

#### 2. 民用建筑的分类

民用建筑根据其建筑高度和层数可分为单层民用建筑、多层民用建筑和高层民用建筑。高层民用建筑根据其建筑高度、使用功能和楼层的建筑面积可分为一类和二类，《建筑设计防火规范》（GB 50016）规定民用建筑的分类应符合表7-1的规定。

表 7-1　民用建筑的分类

| 名称 | 高层民用建筑 | | 单、多层民用建筑 |
| --- | --- | --- | --- |
| | 一类 | 二类 | |
| 住宅建筑 | 建筑高度大于54m的住宅建筑（包括设置商业服务网点的住宅建筑） | 建筑高度大于27m，但不大于54m的住宅建筑（包括设置商业服务网点的住宅建筑） | 建筑高度不大于27m的住宅建筑（包括设置商业服务网点的住宅建筑） |

（续）

| 名称 | 高层民用建筑 | | 单、多层民用建筑 |
|---|---|---|---|
| | 一类 | 二类 | |
| 公共建筑 | 1. 建筑高度大于 50m 的公共建筑<br>2. 建筑高度 24m 以上部分任一楼层建筑面积大于 1000m² 的商店、展览、电信、邮政、财贸金融建筑和其他多种功能组合的建筑<br>3. 医疗建筑、重要公共建筑、独立建造的老年人照料设施<br>4. 省级及以上的广播电视和防灾指挥调度建筑、网局级和省级电力调度建筑<br>5. 藏书超过 100 万册的图书馆、书库 | 除一类高层公共建筑外的其他高层公共建筑 | 1. 建筑高度大于 24m 的单层公共建筑<br>2. 建筑高度不大于 24m 的其他公共建筑 |

注：1. 表中未列入的建筑，其类别应根据本表类比确定。

2. 除规范另有规定外，宿舍、公寓等非住宅类居住建筑的防火要求，应符合《建筑设计防火规范》（GB 50016）有关公共建筑的规定。

3. 除规范有特别规定外，裙房的防火要求应符合《建筑设计防火规范》（GB 50016）有关高层民用建筑的规定。

　　工程实践中，依据《建筑设计防火规范》（GB 50016）、《建筑防烟排烟系统技术标准》（GB 51251）等规范，采用合理的防烟和排烟系统等。后文就它们的系统形式和工作原理分别进行讨论。

### 7.1.3 防火分区、防烟分区及安全疏散

#### 1. 防火分区

　　建筑物的某空间发生火灾，火势会从楼板、墙壁的烧损处和门、窗洞口向其他空间蔓延，最后发展成为整栋建筑的火灾。因此，对于一定规模、面积的多层和高层建筑，当火灾发生时，能及时地将火势控制在一定区域内是非常重要的。而控制火势蔓延最有效的办法是划分防火分区。

　　防火分区是指在建筑内部采用防火墙、楼板及其他防火分隔设施分割而成，能在一定时间内防止火灾向同一建筑的其余部分蔓延的局部空间。《建筑设计防火规范》（GB 50016）规定，不同耐火等级民用建筑的允许建筑高度或层数、防火分区最大允许建筑面积应符合表 7-2 的规定。如果防火分区内设有自动灭火设备，防火分区的面积可增加一倍。

　　竖向防火分隔设施主要有楼板、避难层、防火挑檐、功能转换层和管井等。水平防火分隔设施主要有防火墙、防火门、防火窗、防火卷帘、防火分隔水幕等，建筑物墙体客观上也能发挥防火分隔的作用。

#### 2. 防烟分区

　　防烟分区是指以屋顶挡烟隔板、挡烟垂壁（图 7-1a）、隔墙或结构梁（图 7-1b）来划分区域的防烟空间。防烟分区设置的目的是将烟气控制在着火区域的空间范围内，并限制烟气从储烟仓向其他区域蔓延。防烟分区是防火分区的细分，可有效控制烟气随意扩散，但无法防止火灾的扩散。防烟分区不应跨越防火分区。我国《建筑防烟排烟系统技术标准》对公共建筑、工业建筑防烟分区的最大允许面积及其长边最大允许长度做出了具体的规定，见表 7-3。

表 7-2　不同耐火等级民用建筑的允许建筑高度或层数、防火分区最大允许建筑面积

| 名称 | 耐火等级 | 允许建筑高度或层数 | 防火分区最大允许建筑面积/m² | 备注 |
|---|---|---|---|---|
| 高层民用建筑 | 一、二级 | 按《建筑设计防火规范》第5.1.1条确定 | 1500 | 对于体育馆、剧场的观众厅，防火分区的最大允许建筑面积可适当增加 |
| 单、多层民用建筑 | 一、二级 | 按《建筑设计防火规范》第5.1.1条确定 | 2500 | — |
|  | 三级 | 5层 | 1200 | — |
|  | 四级 | 2层 | 600 | — |
| 地下或半地下建筑(室) | 一级 | — | 500 | 设备用房的防火分区最大允许建筑面积不应大于1000m² |

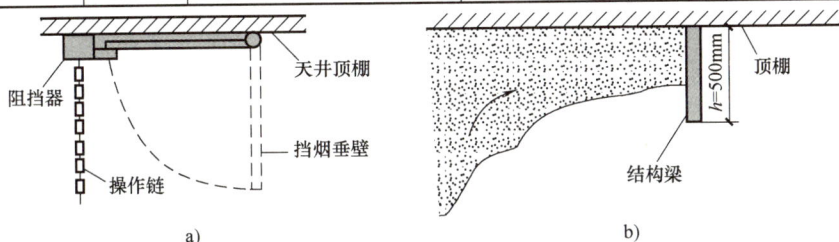

图 7-1　挡烟垂壁和挡烟梁示意图

a) 挡烟垂壁　b) 隔墙或结构梁

表 7-3　公共建筑、工业建筑防烟分区的最大允许面积及其长边最大允许长度

| 空间净高 H/m | 最大允许面积/m² | 长边最大允许长度/m |
|---|---|---|
| H≤3.0 | 500 | 24 |
| 3.0<H≤6.0 | 1000 | 36 |
| H>6.0 | 2000 | 60m;具有自然对流条件时,不应大于75m |

注：1. 公共建筑、工业建筑中的走道宽度不大于2.5m时，其防烟分区的长边长度不应大于60m。

2. 当空间净高大于9m时，防烟分区之间可不设置挡烟设施。

3. 汽车库防烟分区的划分及其排烟量应符合《汽车库、修车库、停车场设计防火规范》(GB 50067)的规定。

图 7-2 所示为某百货大楼的防火、防烟分区的设计实例，图中还可以看出在进行防火、防烟设计时考虑了建筑的空调系统。

### 3. 安全疏散

当建筑发生火灾时，受灾区人员需及时疏散到安全区域，疏散路径一般分为 4 个阶段：第 1 阶段为室内任意一点到房间门口；第 2 阶段为从房间门口至进入楼梯间的路程，及走道内的疏散；第 3 阶段为楼梯间内的疏散；第 4 阶段为出楼梯间进入安全区（室外）。沿着疏散路线，各个阶段的安全性应依次提高。疏散路径如图 7-3 所示。

## 7.1.4　烟气控制的基本原理

烟气控制的目的就是保证人员所在的空间的烟气浓度在允许浓度之下，防止烟气可能产生的危害，确保人们的安全疏散，为消防扑救创造条件。基于以上目的，通常用防烟和排烟两种方法对烟气进行控制。

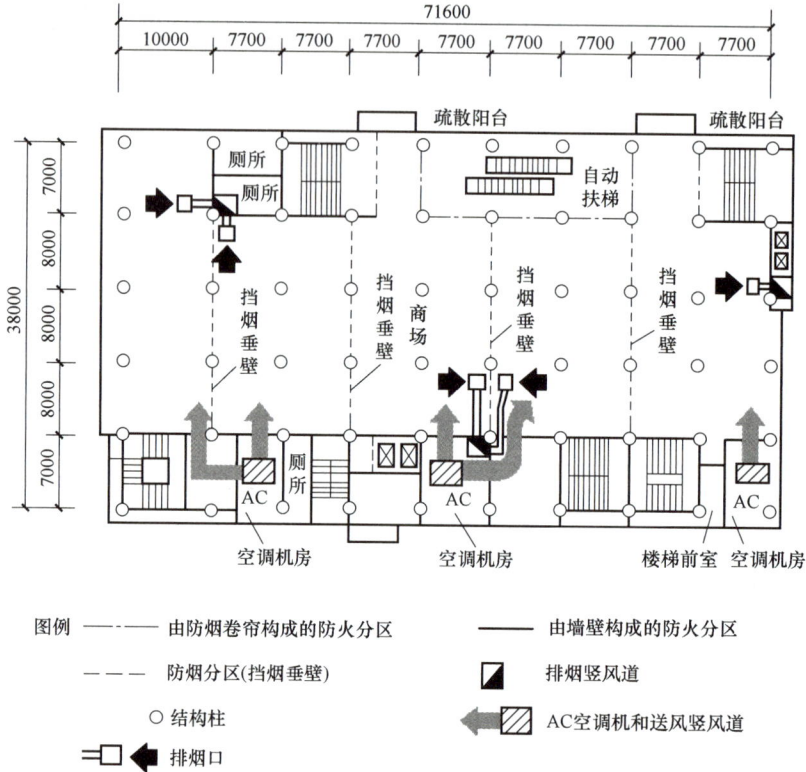

图 7-2　防火、防烟分区的设计实例

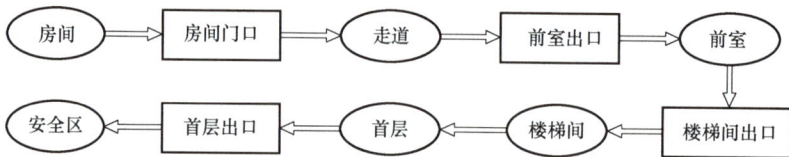

图 7-3　疏散路径

### 1. 防烟系统

防烟系统是采用自然通风和机械加压送风的方式，防止烟气进入疏散空间的系统，分为自然通风系统和机械加压系统。机械加压送风就是凭借风机将室外新鲜空气送入应该保护的疏散区域，如前室、楼梯间、封闭避难层（间）等，以提高该区域的室内压力，阻挡烟气的侵入。

### 2. 排烟系统

利用自然或机械作用力将烟气排到室外，称为排烟。利用自然作用力的排烟称为自然排烟；利用机械（风机）作用力的排烟称为机械排烟。同一个防烟分区应采用同一种排烟方式。

## 7.2　建筑防烟系统

### 7.2.1　建筑防烟系统的设置部位

当建筑发生火灾时，疏散楼梯间是建筑物内人员疏散的通道，同时，前室、合用前室是消防队员进行火灾扑救的起始场所,避难走道和避难层是安全疏散、救援通道。因此,发生火灾时首先要控制烟气进入上述安全区域。根据《建筑设计防火规范》(GB 50016) 的规定,民用建筑的下列部位应设置防烟设施:①防烟楼梯间及其前室;②消防电梯前室和合用前室;③避难走道的前室、避难层(间)。

## 7.2.2 建筑防烟系统的选择

建筑防烟系统应根据建筑高度、使用性质等因素,选择采用自然通风系统或机械加压送风系统。

1) 建筑高度小于 50m 的公共建筑、工业建筑和建筑高度小于 100m 的住宅建筑,其防烟楼梯间、独立前室、合用前室、共用前室及消防电梯前室应采用自然通风系统。当不能设置自然通风时,应采用机械加压送风系统。

当独立前室或合用前室满足下列条件之一时,楼梯间可不设置机械防烟:①采用全敞开的阳台或凹廊(图 7-4a、b);②设有两个不同朝向可开启外窗,且独立前室两个外窗面积分别不小于 $2.0m^2$,合用前室两个外窗面积分别不小于 $3.0m^2$(图 7-4c、d)。

2) 建筑高度大于 50m 的公共建筑、工业建筑和建筑高度大于 100m 的住宅建筑,其防烟楼梯间、独立前室、合用前室、共用前室及消防电梯前室应采用机械加压送风系统(图 7-5)。

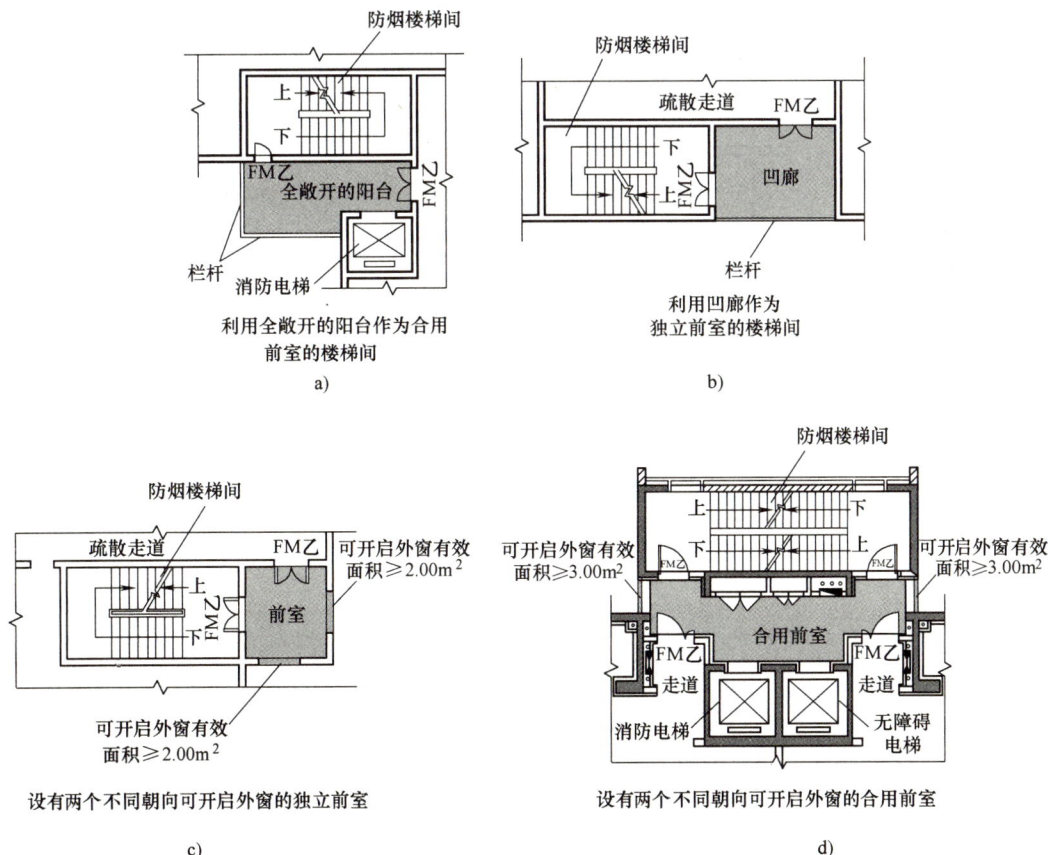

利用全敞开的阳台作为合用
前室的楼梯间

a)

利用凹廊作为
独立前室的楼梯间

b)

设有两个不同朝向可开启外窗的独立前室

c)

设有两个不同朝向可开启外窗的合用前室

d)

**图 7-4 自然通风的防烟方式**

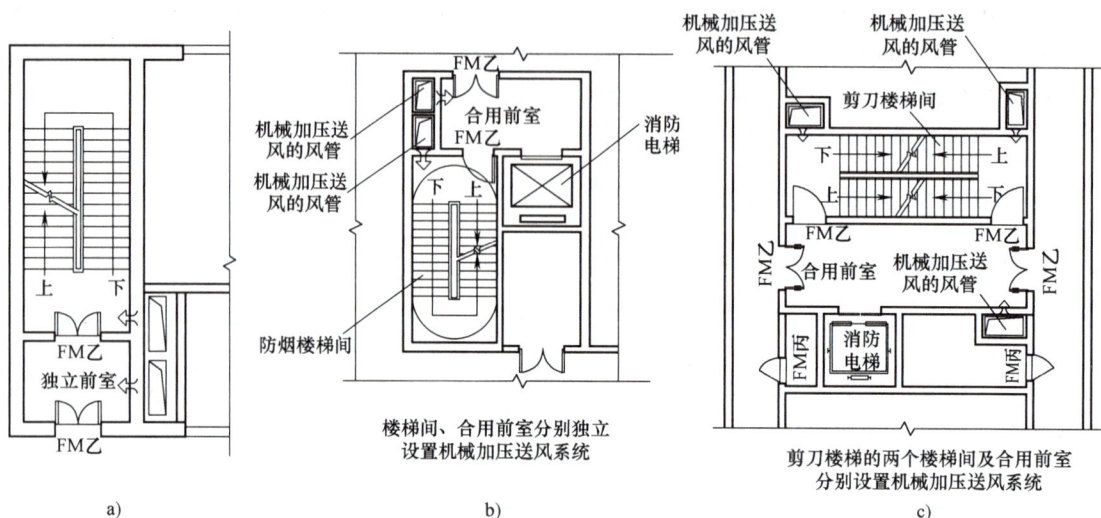

图 7-5  机械加压送风系统

## 7.2.3  自然通风防烟方式

建筑的自然通风防烟方式主要在建筑物的独立前室、合用前室、共用前室采用全敞开的阳台、凹廊或在外墙上设置便于开启的外窗防烟。这是利用高温烟气产生的热压和浮力，以及室外风压作用，通过阳台、凹廊或在楼梯间外墙上设置的外窗把进入前室、楼梯间或避难层等安全区域的高温烟气排至室外。自然通风防烟方式示意图如图 7-6 所示。

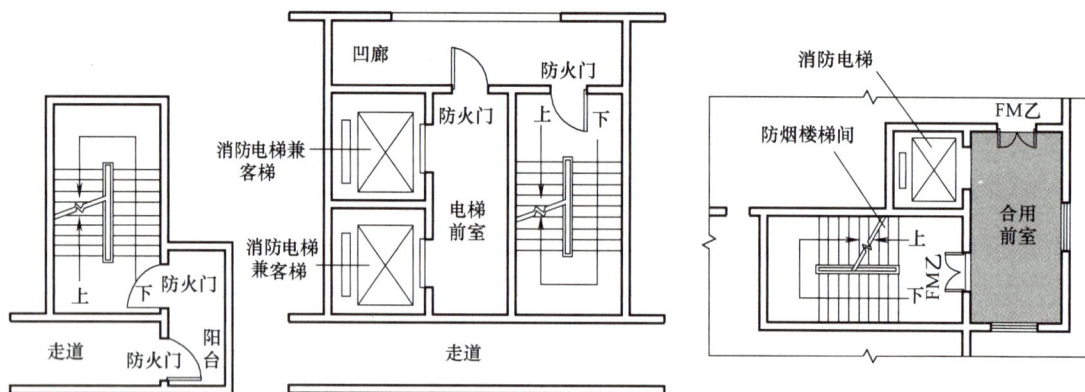

图 7-6  自然通风防烟方式示意图

从图 7-6 中看出，采用自然通风防烟方式时，对建筑物有一定的制约。首先，建筑物的前室、合用前室或楼梯间必须有一面墙是外墙；其次，建筑的进深不能太深，否则影响通风效果；再次，对通风窗的朝向和面积有要求。当通风窗设置在建筑物的背风面，烟气可以迅速排至室外。但通风窗如果设置在建筑物的迎风面，自然通风的效果会受风压的影响。当迎风面的通风窗的风压大于或等于热压时，烟气将无法从窗口排至室外。因此，采用自然通风防烟方式时，应结合相邻建筑物对风的影响，将窗口设在建筑物常年主导风向的负压区内。

采用自然通风防烟方式的建筑前室或合用前室，如果在两个或两个以上不同朝向上有可开启的外窗，火灾发生时，通过有选择地打开建筑物背风面的外窗，则可利用风压产生的抽力获得较好的防烟效果。图 7-7 中是在多个朝向上有可开启外窗的前室平面示意图。

## 7.2.4 机械加压送风系统

### 1. 机械加压送风原理

机械加压送风系统是利用风机产生的气流速度和压力差来控制烟气流动的防烟技术。建筑物内发生火灾时，为了防止烟气进入前室、楼梯间等疏散通道或避难区，保证室内人员的疏散安全和消防扑救的需要，在前室、楼梯间等疏散通道或避难区采用机械加压送风的方式来达到防烟的目的。用风机造成的气流和压力差防烟示意图如图 7-8 所示。当疏散通道或避难区的防火门在关闭的状态下，图 7-8a 中的高压侧是避难区或疏散通道，低压侧则暴露在火灾生成的烟气中，两侧的压力差可阻止烟气从门周围的缝隙渗入高压侧。当疏散通道或避难区的防烟隔断门等阻挡烟气扩散的物体开启时，烟气就会通过打开的门洞向疏散通道或避难区蔓延（图 7-8b）；为了防止烟气进入疏散通道或避难区，需要保证一定的气流速度（图 7-8c）。

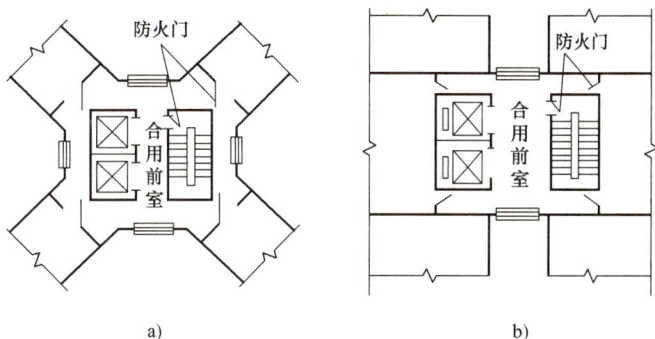

图 7-7 在多个朝向上有可开启外窗的前室平面示意图

a）四周有可开启外窗的前室　b）两个不同朝向有开启外窗的前室

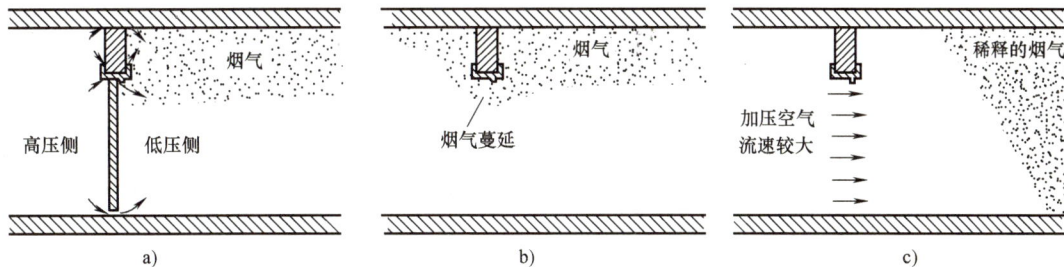

图 7-8 用风机造成的气流和压力差隔烟示意图

a）防烟隔断门关闭　b）防烟隔断门开启　c）防烟隔断门开启，保持一定的空气流速

### 2. 机械加压送风系统送风方式

对于不具备自然通风的疏散通道或避难区，最广泛使用的防烟方式是机械加压送风系统。机械加压送风系统通常由加压送风机、风道和加压送风口组成。机械加压送风系统的主要优点如下：①使得疏散通道或避难区处于正压状态，避免烟气侵入，为建筑内人员疏散和消防救援提供了安全区；②防烟方式简单、操作方便、可靠性高。国内外的研究和实践表明，它是很有效的防烟方式之一，目前被广泛应用到工程实践中。

### 3. 机械加压送风系统设计

（1）机械加压送风系统设置　建筑高度大于 100m 的建筑，其机械加压送风系统应竖向分段独立设置，且每段高度不应超过 100m。

采用机械加压送风的场所不应设置百叶窗，且不宜设置可开启外窗。

防烟楼梯间采用独立前室且其仅有一个门与走道或房间相通时，前室可不设机械防烟系统可仅在楼梯间设置机械加压送风系统（图7-9a）；当独立前室有多个门与走道或房间相通时，楼梯间、独立前室应分别设置机械加压送风系统（图7-9b）。

当采用合用前室时，由于在机械加压送风期间，防烟楼梯间和合用前室所要求维持的正压不同，应分别独立设置机械加压送风系统（图7-9c）。采用剪刀楼梯时，其两个楼梯间及合用前室应分别独立设置机械加压送风系统（图7-9d）。

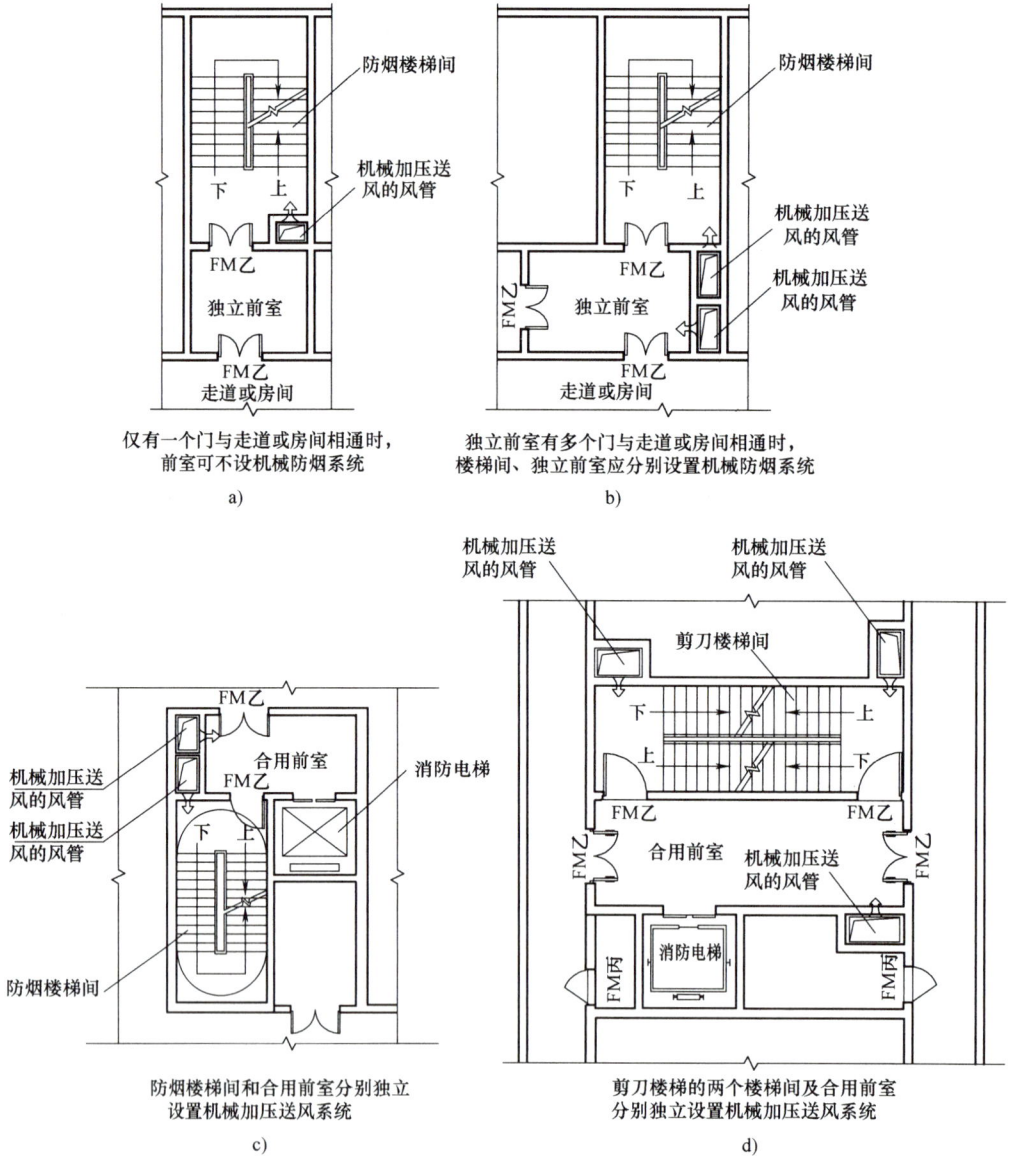

仅有一个门与走道或房间相通时，
前室可不设机械防烟系统

a)

独立前室有多个门与走道或房间相通时，
楼梯间、独立前室应分别设置机械防烟系统

b)

防烟楼梯间和合用前室分别独立
设置机械加压送风系统

c)

剪刀楼梯的两个楼梯间及合用前室
分别独立设置机械加压送风系统

d)

图7-9　机械加压送风系统

楼梯间的地上部分与地下部分，其机械加压送风系统应分别独立设置。当受建筑条件限制采用共用系统时，应符合《建筑防烟排烟系统技术标准》（GB 51251）的有关规定。

（2）送风机、送风口和送风管道设计　机械加压送风系统的风机宜采用轴流风机或中、低压离心风机，其设置应符合以下要求：①送风机的进风口应直通室外，且应采取防止烟气被吸入的措施；②送风机的进风口宜设置在机械加压送风系统的下部；③送风机的进风口不应与排烟风机的出风口设在同一面上。当确有困难时，送风机的进风口与排烟风机的出风口应分开布置，且竖向布置时，送风机的进风口应设置在排烟出口的下方，其两者边缘最小垂直距离不应小于 6.0m；水平布置时，两者边缘最小水平距离不应小于 20.0m；④送风机应设置在专用机房内，且送风机房应符合《建筑防烟排烟系统技术标准》（GB 51251）的有关规定。

加压送风口的设置应符合以下要求：①除直灌式加压送风方式外，楼梯间宜每隔 2~3 层设一个常开式百叶送风口；②前室应每层设一个常闭式加压送风口，并应设手动开启装置；③送风口的风速不宜大于 7m/s；④送风口不宜设置在被门挡住的部位。

机械加压送风系统的送风管道应符合以下要求：①应采用管道送风，且不应采用土建风道；②送风管道应采用不燃材料制作且内壁应光滑；③当送风管道内壁为金属时，设计风速不应大于 20m/s；④当送风管道内壁为非金属时，设计风速不应大于 15m/s；⑤机械加压送风系统的管道井应采用耐火极限不低于 1.0h 的隔墙与相邻部位分隔，当墙上必须设置检修门时应采用乙级防火门。

**4. 机械加压送风量的计算**

《建筑防烟排烟系统技术标准》（GB 51251）详细介绍了建筑的防烟楼梯间、前室、避难层及避难走道的机械加压送风系统的设计风量的计算方法。防烟楼梯间、前室及避难层（间）的加压送风系统的设计风量应由计算确定。机械加压送风系统的设计风量不应小于计算风量的 1.2 倍。

（1）封闭避难层加压送风量的计算　封闭避难层（间）、避难走道的机械加压送风量应按避难层（间）、避难走道的净面积每平方米不少于 30m³/h 计算。避难走道前室的送风量应按直接开向前室的疏散门的总断面面积乘以 1.0m/s 门洞断面风速计算。

《建筑防烟排烟系统技术标准》（GB 51251）对于防烟楼梯间、前室的机械加压送风量的计算方法进行了详细的介绍。防烟楼梯间、前室的机械加压送风的风量应由计算确定。

（2）楼梯间或前室、合用前室的机械加压送风量计算　楼梯间或前室、合用前室的机械加压送风量计算公式如下

$$L_j = L_1 + L_2 \tag{7-1}$$
$$L_s = L_1 + L_3 \tag{7-2}$$

式中　$L_j$——楼梯间的机械加压送风量，单位为 m³/s；

$L_s$——前室或合用前室的机械加压送风量，单位为 m³/s；

$L_1$——门开启时达到规定风速所需的送风量，单位为 m³/s；

$L_2$——门开启时，规定风速值下，其他门缝漏风总量，单位为 m³/s；

$L_3$——未开启的常闭送风阀的漏风总量，单位为 m³/s。

$$L_1 = A_k v N_1 \tag{7-3}$$

式中　$A_k$——一层内开启门的总断面面积，单位为 m²；

$v$——门洞的断面风速，单位为 m/s，取 0.7~1.2m/s；

$N_1$——开启门的数量。

① 采用常开风口，当地上楼梯间为 24m 以下时，设计 2 层内的疏散门开启，$N_1 = 2$；当

地上楼梯间为 24m 及以上时，设计 3 层内的疏散门开启，取 $N_1 = 3$；当地下楼梯间时，设计 1 层内的疏散门开启，取 $N_1 = 1$。

② 前室：采用常闭风口，计算风量时取 $N_1 = 3$。

$$L_2 = 0.827 \times A \times \Delta p^{\frac{1}{n}} \times 1.25 \times N_2 \tag{7-4}$$

式中　$\Delta p$——计算漏风量的平均压力差，单位为 Pa；

　　　$n$——指数，一般取 2；

　0.827——计算常数；

　1.25——不严密处附加系数；

　　　$A$——每个疏散门的有效漏风面积，单位为 $m^2$，疏散门的门缝宽度取 $0.002 \sim 0.004m$；

　　　$N_2$——漏风疏散门的数量：楼梯间采用常开风口，取 $N_2 =$ 加压楼梯间的总门数 $- N_1$ 楼层数上的总门数。

$$L_3 = 0.083 \times A_f N_3 \tag{7-5}$$

式中　0.083——阀门单位面积的漏风量，单位为 $m^3 / (s \cdot m^2)$；

　　　$A_f$——每层送风阀门的总面积，单位为 $m^2$；

　　　$N_3$——漏风阀门的数量，当采用常闭风门时，$N_3 =$ 楼层数 $-3$。

（3）机械加压送风系统最大压力差计算　仅从防烟角度来说，送风正压值越高越好，但由于一般疏散门的方向是朝着疏散方向开启，而加压作用力的方向恰好与疏散方向相反。如果压力过高，可能会导致开门困难，甚至门不能开启。另外，压力过高，也会使风机和风道等送风系统的设备投资增加。机械加压送风量应满足走道至前室、楼梯间的压力呈递增分布，余压值应符合下列要求：

1）前室、封闭避难层（间）与走道之间的压差应为 $25 \sim 30 Pa$。

2）楼梯间与走道之间的压差应为 $40 \sim 50 Pa$。

3）当系统余压值超过门的最大允许压力差时，应采取泄压措施疏散。门的最大允许压力差由下式计算：

$$p = \frac{2(F' - F_{dc})(W_m - d_m)}{W_m A_m} \tag{7-6}$$

$$F_{dc} = \frac{M}{W_m - d_m} \tag{7-7}$$

式中　$p$——疏散门的最大允许压力差，单位为 Pa；

　　　$A_m$——门的面积，单位为 $m^2$；

　　　$d_m$——门把手到门闩的距离，单位为 m；

　　　$M$——闭门器的开启力矩，单位为 $N \cdot m$；

　　　$F'$——门的总推力，单位为 N，一般取 110N；

　　　$F_{dc}$——门反手克服闭门器所需的力，单位为 N；

　　　$W_m$——单扇门的宽度，单位为 m。

（4）加压送风量的控制标准　防烟楼梯间、前室的加压送风的量由式（7-1）和式（7-5）计算确定，当系统负担的层数大于 24m 时，可按表 7-4～表 7-7 选取加压送风量，当计算值和表不一致时，应按两者中的较大值确定。

表 7-4　消防电梯前室加压送风的计算风量

| 系统负担高度 $h/m$ | 加压送风量/（$m^3/h$） | 系统负担高度 $h/m$ | 加压送风量/（$m^3/h$） |
|---|---|---|---|
| $24<h\leqslant 50$ | 35400~36900 | $50<h\leqslant 100$ | 37100~40200 |

表 7-5　楼梯间自然通风，独立前室、合用前室加压送风的计算风量

| 系统负担高度 $h/m$ | 加压送风量/（$m^3/h$） | 系统负担高度 $h/m$ | 加压送风量/（$m^3/h$） |
|---|---|---|---|
| $24<h\leqslant 50$ | 42400~44700 | $50<h\leqslant 100$ | 45000~48600 |

表 7-6　前室不送风，封闭楼梯间、防烟楼梯间的加压送风的计算风量

| 系统负担高度 $h/m$ | 加压送风量/（$m^3/h$） |
|---|---|
| $24<h\leqslant 50$ | 36100~39200 |
| $50<h\leqslant 100$ | 39600~45800 |

表 7-7　防烟楼梯间及独立前室、合用前室分别加压送风的计算风量

| 系统负担高度 $h/m$ | 送风部位 | 加压送风量/（$m^3/h$） |
|---|---|---|
| $24<h\leqslant 50$ | 楼梯间 | 25300~27500 |
| | 独立前室、合用前室 | 24800~25800 |
| $50<h\leqslant 100$ | 楼梯间 | 27800~32200 |
| | 独立前室、合用前室 | 26000~28100 |

注：1. 表 7-4~表 7-7 的风量按开启 2.0m×1.6m 的双扇门确定。当采用单扇门时，其风量可乘以 0.75 系数计算。

2. 表中风量按开启着火层及其上、下两层，共开启三层的风量计算。

3. 表中风量的选取应按建筑高度或层数、风道材料、防火门漏风量等因素综合确定。

4. 对于有多个门的独立前室，其送风量应按前室门的个数计算确定。

## 7.3　建筑排烟系统

建筑排烟系统有自然排烟和机械排烟两种系统，根据建筑的使用性质、平面布局等因素，优先采用自然排烟系统，当不具备自然排烟条件时，应采用机械排烟系统。而且同一种防烟分区应采用同一种排烟系统。

### 7.3.1　排烟系统的设置部位

1）当下列场所的厂房或仓库符合自然排烟条件时，应设置自然排烟设施，不符合自然排烟条件时，应设置机械排烟设施：

① 丙类厂房内建筑面积大于 300m² 且经常有人停留或可燃物较多的地上房间，人员或可燃物较多的丙类生产场所。

② 建筑面积大于 5000m² 的丁类生产车间。

③ 占地面积大于 1000m² 的丙类仓库。

④ 高度大于 32m 的高层厂（库）房内长度大于 20m 的疏散走道，其他厂（库）房内长度大于 40m 的疏散走道。

2）当民用建筑的下列场所或部位符合自然排烟条件时，应设置自然排烟设施，不符合自然排烟条件时，应设置机械排烟设施：

① 设置在一、二、三层且房间建筑面积大于 100m² 的歌舞娱乐放映游艺场所和设置在四层及以上楼层、地下或半地下的歌舞娱乐放映游艺场所。

② 中庭。

③ 公共建筑内面积大于 100 $m^2$，且经常有人停留的地上房间。

④ 公共建筑内面积大于 300$m^2$，且可燃物较多的地上房间。

⑤ 建筑内长度大于 20m 的疏散走道。

⑥ 各房间总面积超过 200$m^2$ 或一个房间面积超过 50$m^2$，且经常有人停留或可燃物较多的地下或半地下建筑（室）。

### 7.3.2 自然排烟系统

#### 1. 自然排烟原理

自然排烟是指利用风压和热压作为动力的排烟方式。建筑内或者房间发生火灾时，可燃物燃烧产生的热量使室内空气温度升高，由于室内外存在温差，产生热压，室外空气流动（风的作用）产生风压，如果建筑物的外墙上设置一些可开启的外窗或者高侧窗，则可以将着火房间产生的烟气排至室外。

自然排烟的优点是不需要专门的排烟设备，不使用动力设备，结构简单，平常可与建筑物的通风换气结合使用。但其缺点也很明显，排烟效果受风压、热压等因素的影响，排烟效果不稳定，设计不当时会适得其反。因此，要使自然排烟设计能够达到预期的目的，需要对影响自然排烟的主要因素以及在自然排烟设计中如何减小和利用这些影响因素有所了解。

（1）烟气的扩散流动速度　所谓烟气是指物质在不完全燃烧时产生的固体颗粒及液滴在空气中的浮游状态。由于热压、风压及热膨胀等各种因素的影响，建筑内可燃物燃烧产生的烟气的扩散流动速度与烟气温度和流动方向有关。烟气在水平方向的扩散流动速度较小，在火灾初期为 0.1~0.3m/s，在火灾中期为 0.5~0.8m/s。烟气在垂直方向的扩散流动速度较大，通常为 1~5m/s。在楼梯间或管道竖井中，由于烟囱效应产生的抽力，烟气上升流动速度很大，可达 6~8m/s，甚至更大。

（2）烟气流动的主要影响因素　建筑中影响烟气流动的主要因素有风压、热压、热膨胀和通风空调系统等。火灾发生时，烟气的流动通常是这些驱动力综合作用的结果。

1）风压。风压是指风吹到建筑物的外表面时，由于空气流动受阻，速度减小，部分动能转变为静压时产生的压力。建筑物在风压作用下，迎风面产生正风压；而在建筑侧面或背风面，将产生负风压。当着火房间在迎风面时，风压为正，风压的作用将引导烟气向背风面的房间流动，使烟气迅速地扩散到整个失火楼层，甚至扩散到其他楼层。反之，当着火房间在背风面时，风压为负风压的作用将引导烟气从着火房间的窗户排向室外，大大减少了烟气在整个建筑中的扩散和流动。因此，在迎风面着火的房间危害更大。

2）热压。由于室内外空气存在温差和建筑的进风窗和排风窗存在高差而引起的空气流动称为热压。当建筑物发生火灾，建筑内空气的温度高于室外空气温度时，热的烟气会在建筑物中上升，尤其是在建筑的竖向通道（如楼梯井、电梯井、设备管道井等）就像烟囱中的烟气上升一样，所以热压也称为烟囱效应。热压作用随着室内外温差和竖井高度的增加而增大。

在很多高层建筑中，在水平方向有内墙、内门等对空气流动的阻挡部件，在竖直方向有各种风管管井、水管井、电缆管井、电梯井及楼梯井等竖向通道。建筑物在热压作用下的压力分布如图 7-10 所示。在发生火灾的建筑中，在热压作用下，中和面以下的楼层，室外空气通过外窗进入建筑房间，然后通过内门进入走道，再到各种竖井，室内外压力分布为

$P_o > P_n > P_s$；对于中和面以上的楼层，竖井中的空气通过内门等进入房间，然后通过外门窗排到室外，$P_o < P_n < P_s$。由此可知，当建筑物的下部发生火灾时，由于热压的作用，下部着火房间产生的烟气在竖向快速上升，并蔓延到建筑的上部楼层。因此，在建筑物的下部着火比上部着火造成的危害更大。

3）热膨胀。着火房间随着烟气的流出，温度较低的外部空气流入，空气的体积受热而急剧膨胀、燃烧导致其体积膨胀，燃烧膨胀后的烟气量计算公式如下：

$$\frac{\dot{V}_s}{\dot{V}_a} = \frac{T_s}{T_a} \qquad (7\text{-}8)$$

式中　$\dot{V}_s$、$\dot{V}_a$——燃烧膨胀后的烟气量和流入着
　　　　　　火房间的空气量，单位为 $m^3/s$；

　　　　$T_s$、$T_a$——燃烧膨胀后的烟气温度和流
　　　　　　入着火房间的空气温度，单位为 K。

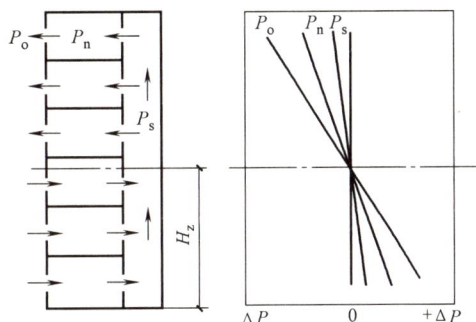

图 7-10　建筑物在热压作用下的压力分布

由此可见，火灾燃烧过程中，因膨胀产生大量体积的烟气。对于门窗开启的房间，体积膨胀所产生的压力可以忽略不计；但对于门窗关闭的房间，将产生很大的压力，从而使烟气向非着火区流动。

4）通风空调系统。发生火灾时，通风空调系统的管路会成为建筑物内烟气流动的通道。当系统运行时，空气流动的方向也是烟气流动的方向，烟气可能从回风口、新风口进入空调系统。当系统不运行时，由于烟囱效应，以及风压、热膨胀的作用，各房间的压力不同，烟气可通过房间的风口、风道传播，也将使火势蔓延。

**2. 自然排烟系统的设计**

在进行自然排烟设计时，需要注意采取以下措施：

1）自然排烟窗（口）应设在排烟区域的顶部或外墙，当设置在外墙上时，应在储烟仓以内，当走道、室内空间净高不超过 3m 时，可设置在室内净高的 1/2 以上的外墙上，并应沿火灾烟气的气流方向开启。自然排烟口宜分散均匀布置，每组排烟口（窗）的长度不宜大于 3m；设置在防火墙两侧的自然排烟窗之间最近边缘的水平距离不应小于 2m。

2）防烟分区内自然排烟窗（口）的面积、数量应按《建筑防烟排烟系统技术标准》（GB 51251）的规定计算确定，且防烟分区内任意一点与最近的自然排烟口（窗）之间的水平距离不应大于 30m。

3）自然排烟口应设置手动开启装置。对于设置在高位不便于直接开启的自然排烟窗（口），手动开启装置应设置在距地面 1.3~1.5m 的地方。在净空高度大于 9m 的中庭和建筑面积大于 $2000m^2$ 的营业厅、展览厅、多功能厅等场所，还应设置集中手动开启装置和自动开启装置。

4）自然排烟窗（口）应当选用操作性能良好、复位简单的产品。

**3. 通风空调系统的防排烟措施**

在发生火灾的建筑物中，为了避免建筑内的通风空调管道系统成为烟气蔓延的通道，使烟气从着火区蔓延到非着火区，应在工程设计时对通风空调系统采取可靠的防排烟措施，在火灾发生时及时停止风机运行和减小竖向风道所造成的热压对烟气的扩散作用。建筑中通风空调系统采取的防排烟措施主要有：

1）通风空调系统横向宜按每个防火分区设置，竖向不宜超过五层。当管道设置防止回流设施或防火阀时，管道布置可不受此限制。竖向风管应设置在管道井内。

2）管道井井壁为耐火极限大于 1h 的非燃烧材料。管道井应在每层楼板处采用不低于楼板耐火极限的不燃烧材料和防火材料封堵，以减少热压对烟气的传播作用。

3）通风空调系统的风管在下列部位应设置公称动作温度为 70℃ 的防火阀，如图 7-11 所示：

① 穿越防火分区处。

② 穿越通风、空调机房的房间隔墙和楼板处。

③ 穿越重要或火灾危险性大的场所的房间隔墙和楼板处。

④ 穿越防火分隔处的变形缝两侧。

⑤ 竖向风管与每层水平风管交界处的水平管段上。

防火阀宜设置在靠近防火分隔处，并在防火阀两侧各 2.0m 范围内的风管及其绝热材料应采用不燃烧材料。防火阀处应设置独立的支、吊架。

### 4. 防止回流方法

公共建筑的浴室、卫生间和厨房的竖向排风管，应采取防止回流措施并宜在支管上设置公称动作温度为 70℃ 的防火阀。防止回流通常有以下几种处理方法：

1）增加各层垂直排风支管的高度，使各层排风支管穿过上面一层楼板后接入竖向风道。

2）把竖向排风道分为排风主管和排风支管，排风主管直上屋面，排风支管分层与排风主管道连接。

3）把排风支管顺着气流方向插入竖向排风道，排风支管进口到出口的高度不小于 600mm。

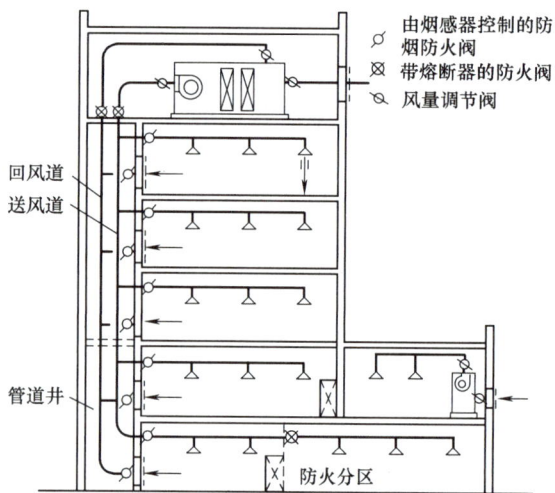

图 7-11 各种阀门的设置示例

4）在排风支管上安装止回阀。排风管防止回流处理方法如图 7-12a~d 所示。

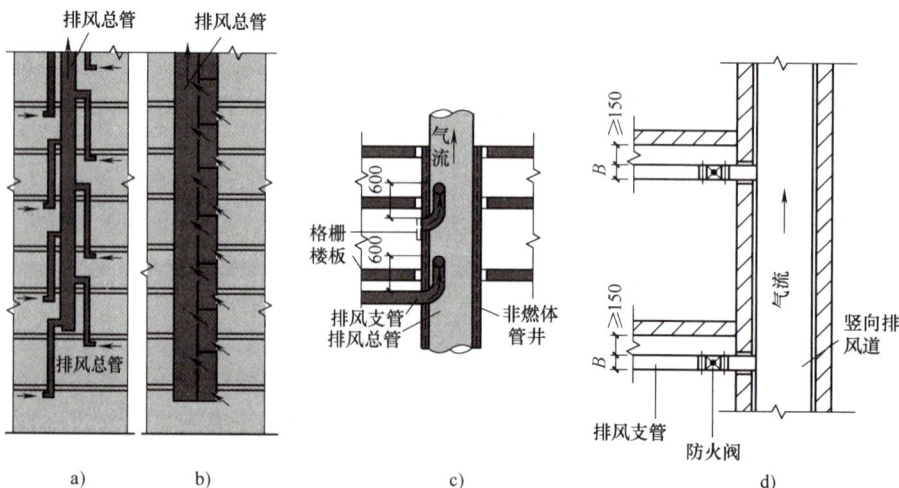

图 7-12 排风管防止回流处理方法示意图

公共建筑内厨房的排油烟管道宜按防火分区设置，且在与竖向排风主管连接的支管处应设置公称动作温度为 150℃ 的防火阀。

#### 5. 消防措施

1）风管内设有电加热器时，电加热器的开关应与风机联锁控制，设置无风断电保护装置。电加热器前后各 0.8m 范围内的风管和穿过有高温、火源等容易起火房间的风管，均应采用不燃材料。

2）通风空调机房应与其他部分隔开，隔墙和楼板的耐火极限应分别大于 2h 和 3h，门应采用耐火极限不小于 1.25h 的甲级防火门。

3）通风空调系统的风管、通风机等应采用不燃烧材料制作。保温和消声材料应采用不燃材料，确有困难时，可采用难燃材料。

### 7.3.3　机械排烟系统

#### 1. 机械排烟系统的特点

机械排烟就是使用排烟风机进行强制排烟，以确保疏散时间和疏散通道安全的排烟方式。和自然排烟相比，机械排烟的主要优点是：①不受排烟风道内温度的影响，性能稳定；②受风压的影响小；③排烟风道断面小、可节省建筑空间。主要缺点是：①设备要耐高温；②需要有备用电源；③管理和维修复杂。

#### 2. 机械排烟系统的设计

（1）系统组成与布置方案　与自然排烟系统相比，机械排烟系统由排烟口、排烟风管、排烟风机及其附件组成。机械排烟系统大小与布置应考虑排烟效果、可靠性与经济性。系统服务的房间过多（即系统大），则排烟口多、管路长、漏风量大、最远点的排烟效果差；水平管路太多时，布置困难，但优点是风机少、占用房间面积少。若系统小，则恰好相反。下面介绍在高层建筑常见部位的机械排烟系统布置方案。

1）建筑内走道的机械排烟系统。建筑内走道每层的位置一般相同，因此走道排烟系统宜竖向布置（图 7-13）。当任何一层着火时，烟气将从排烟风口吸入，经管道、风机、百叶风口排到室外。每层的支管上都应装有排烟防火阀，在温度达到 280℃ 时自动关闭。排烟风口的离最远点的水平距离不超过 30m，如果走道太长，需要设两个或两个以上的排烟风口时，可以设两个或两个以上的垂直系统；也可以只用一个系统，但每层设水平支管，支管上设两个或两个以上的排烟风口。

2）房间的机械排烟系统。地下室或无自然排烟的地面房间设置排烟系统时，每层宜按防烟分区设置。水平布置的房间机械排烟系统如图 7-14 所示。当每层房间很多，水平排烟风管布置困难时，可以分设几个系统。每层的水平风管不得跨越防火分区。

（2）机械排烟设计中需注意的问题　在进行机械排烟设计时，还需要注意下列一些事项：

1）当建筑的机械排烟系统沿水平方向布置时，每个防火分区的机械排烟系统应独立设置。建筑高度超过 50m 的公共建筑和建筑高度超过 100m 的住宅建筑，其排烟系统应竖向分段独立设置，且公共建筑每段高度不应超过 50m，住宅建筑每段高度不应超过 100m。

2）机械排烟系统的排烟口宜设置在顶棚或靠近顶棚的墙壁上，且防烟分区内任意一点与最近的排烟口的水平距离不应大于 30m。这里的水平距离是指烟气流动路线的水平长度，房间、走道排烟口至防烟分区最远点的水平距离如图 7-15 所示。

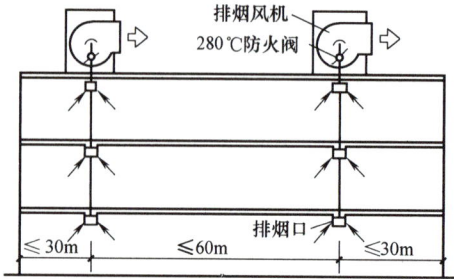

图 7-13　竖式布置的走道排烟系统

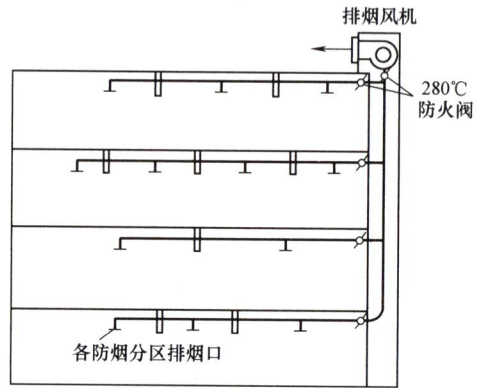

图 7-14　水平布置的房间机械排烟系统

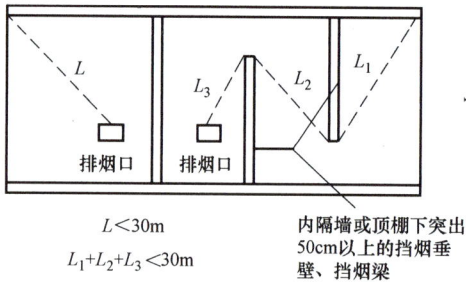

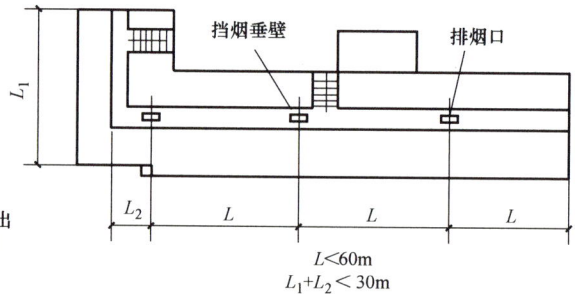

图 7-15　房间、走道排烟口至防烟分区最远点的水平距离

排烟口的设置宜使烟流方向与人员疏散方向相反，走道排烟口与楼梯疏散口的位置如图 7-16 所示。排烟口与附近安全出口相邻边缘之间的水平距离不应小于 1.5m。排烟口允许的最大排烟量、排风风速及其他具体的设置要求应满足《建筑防烟排烟系统技术标准》（GB 51251）的规定。

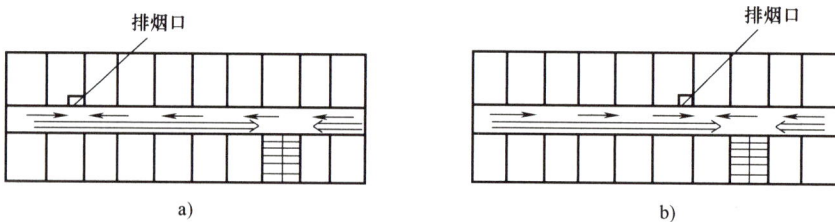

图 7-16　走道排烟口与楼梯疏散口的位置

→烟气方向　⇒人流方向

3）排烟口平时关闭，当火灾发生时由火灾自动报警系统联动开启排烟区域的排烟阀或排烟口，应在现场设置手动开启装置。为了在火灾发生时有效地排烟，在设置机械排烟系统建筑的外墙或屋顶应设置固定窗。固定窗的设置场合、位置和要求应符合《建筑防烟排烟系统技术标准》（GB 51251）的规定。

4）机械排烟系统与通风、空调系统应分开设置；当确有困难时，可以合用，但应符合排烟系统的要求，且当排烟口打开时，每个排烟合用系统的管道上联动的关闭的通风和空气调节系统控制阀门不应超过 10 个。

5）机械排烟系统的下列部位应设置 280℃的排烟防火阀：①垂直风管与每层水平风管交接处的水平管段上；②一个排烟系统负担多个防烟分区的排烟支管上；③排烟风机的入口处；④穿越防火分区处。

6）排烟风机应设置在专用机房内，机房宜位于排烟系统的最高处，烟气出口宜朝上，并应高于加压送风机和补风机的进风口，两者垂直距离或水平距离应符合《建筑防烟排烟系统技术标准》（GB 51251）的规定。对于排烟系统与通风空调系统共用的系统，排烟风机与排风风机的合用机房应符合《建筑防烟排烟系统技术标准》（GB 51251）中的设置要求。

7）排烟风机可采用离心式或轴流排烟风机，应保证在 280℃时能连续工作 30min。排烟风机应当在风机入口处设置与排烟风机联动的排烟防火阀，当该阀关闭时，排烟风机应能停止运转。

8）机械排烟系统应采用管道排烟，且不应采用土建风道。排烟管道应采用不燃材料制作，内壁光滑。当排烟管道内壁为金属时，管道设计风速不应大于 20m/s；当排烟管道内壁为非金属时，管道设计风速不应大于 15m/s；排烟管道的厚度应符合现行国家标准《通风与空调工程施工质量验收规范》（GB 50243）的有关规定。

## 7.3.4　补风系统

根据空气流动原理，必须要有补风才能排出烟气。排烟系统排烟时，补风的主要目的是为了形成理想的气流组织，迅速排除烟气，有利于人员的疏散和消防人员的进入。《建筑防烟排烟系统技术标准》（GB 51251）规定：除地上建筑的走道或建筑面积小于 500m² 的房间外，机械排烟系统应设置补风系统。补风系统应直接从室外引入空气，补风量按不小于排烟量的 50%确定。

补风系统可采用疏散外门、手动或自动可开启外窗等自然进风方式以及机械送风方式。防火门、窗不得用作补风设施。补风机应设置在专用机房内。补风口与排烟口分别设置在同一空间内相邻的防烟分区时，补风口位置不限；当补风口与排烟口设置在同一防烟分区时，补风口应设在储烟仓下沿以下，补风口与排烟口水平距离不应少于 5m。

排烟区域所需的补风系统应与排烟系统联动开闭。机械排烟系统补风口的风速不宜大于 10m/s，人员密集场所补风口的风速不宜大于 5m/s；自然排烟系统补风口的风速不宜大于 3m/s。补风管道耐火极限不应低于 0.5h，当补风管道跨越防火分区时，管道的耐火极限不应小于 1.5h，补风机应设置在专用机房内。

## 7.3.5　排烟系统排烟量的计算

排烟系统排烟量的确定比较复杂，针对不同类型的建筑、建筑内不同的场所、不同的建筑层高、是否设置了自动喷水灭火系统以及排烟系统负担防烟分区的数量不同，计算方法也不同。下面做简单介绍，详细的计算方法参考《建筑防烟排烟系统技术标准》（GB 51251）的具体条文内容。另外，考虑到实际工程中风管漏风等风量损耗的影响，规定排烟系统的设计风量不应小于该系统计算风量的 1.2 倍。

### 1. 中庭的机械排烟量

中庭是指与两层或两层以上的楼层相通且顶部封闭的筒体空间。火灾发生时，中庭产生的烟气主要来自两个方面，一是中庭周围场所产生的烟气向中庭蔓延；一是中庭内自身火灾产生的烟气上升蔓延。中庭的排烟量需同时满足两种起火场景的排烟需求。中庭的排烟方式可以采用自然排烟或机械排烟，中庭的机械排烟口应设在中庭的顶棚上，或靠近中庭顶棚的集烟区。排烟口的最低标高应当位于中庭最高部分门洞的上边。中庭排烟量的设计计算应符合下列规定：

1）当中庭周围场所设有排烟系统时，中庭采用机械排烟系统的，中庭排烟量应按周围场所防烟分区中最大排烟量的 2 倍计算，且不应小于 $107000 \mathrm{m}^3/\mathrm{h}$；中庭采用自然排烟系统时，应按上述排烟量和自然排烟窗（口）的风速不大于 0.4m/s 计算有效开窗面积。

2）当中庭周围场所不需设置排烟系统，仅在回廊设置排烟系统时，回廊排烟系统的排烟量不应小于 $13000 \mathrm{m}^3/\mathrm{h}$，中庭的机械排烟量不应小于 $40000 \mathrm{m}^3/\mathrm{h}$；中庭采用自然排烟系统时，应按上述排烟量和自然排烟窗（口）的风速不大于 0.4m/s 计算有效开窗面积。

### 2. 除中庭外其他场所的排烟量

除中庭外，建筑内的其他场所每个机械排烟系统的排烟量的设计计算与建筑类型、建筑的层高、是否设置了自动喷水灭火系统以及所负担的防烟分区数量有关。

1）当一个排烟系统只负担一个防烟分区时，系统排烟应遵循以下规定：

① 对于建筑空间净高小于或等于 6m 的场所，每个防烟分区排烟量不小于 $60 \mathrm{m}^3/(\mathrm{h}\cdot\mathrm{m}^2)$，且不小于 $15000 \mathrm{m}^3/\mathrm{h}$，或设置有效面积不小于该房间建筑面积 2% 的自然排烟窗（口）。

② 对于公共建筑、工业建筑中空间净高大于 6m 的场所，每个防烟分区的排烟量应按照《建筑防烟排烟系统技术标准》（GB 51251）的要求计算确定，且不应小于表 7-8 中的数值。

③ 当公共建筑仅需在走道或回廊设置排烟时，机械排烟量不应小于 $13000 \mathrm{m}^3/\mathrm{h}$，或在走道两端（侧）均设置面积不小于 $2 \mathrm{m}^2$ 的自然排烟窗（口）且两侧自然排烟窗（口）的距离不应小于走道长度的 2/3。

④ 当公共建筑室内与走道或回廊均需设置排烟系统时，其走道或回廊的机械排烟量可按 $60 \mathrm{m}^3/(\mathrm{h}\cdot\mathrm{m}^2)$ 计算，且不应小于 $13000 \mathrm{m}^3/\mathrm{h}$ 或设置有效面积不小于走道、回廊建筑面积 2% 的自然排烟窗（口）。

表 7-8 公共建筑、工业建筑中空间净高大于 6m 场所的计算排烟量

| 空间净高/m | 办公、学校 /(×10⁴m³/h) | | 商店、展览 /(×10⁴m³/h) | | 厂房、其他公共建筑 /(×10⁴m³/h) | | 仓库 /(×10⁴m³/h) | |
|---|---|---|---|---|---|---|---|---|
| | 无喷淋 | 有喷淋 | 无喷淋 | 有喷淋 | 无喷淋 | 有喷淋 | 无喷淋 | 有喷淋 |
| 6.0 | 12.2 | 5.2 | 17.6 | 7.8 | 15.0 | 7.0 | 30.1 | 9.3 |
| 7.0 | 13.9 | 6.3 | 19.6 | 9.1 | 16.8 | 8.2 | 32.8 | 10.8 |
| 8.0 | 15.8 | 7.4 | 21.8 | 10.6 | 18.9 | 9.6 | 35.4 | 12.4 |
| 9.0 | 17.8 | 8.7 | 24.2 | 12.2 | 21.1 | 11.1 | 38.5 | 14.2 |

2）当一个排烟系统担负多个防烟分区排烟时，其系统排烟量的计算应符合下列规定：

① 当系统负担具有相同净高场所时，对于建筑空间净高大于 6m 的场所，应按最大一个

防烟分区的排烟量计算；对于建筑空间净高为 6m 及以下的场所，应按任意两个相邻防烟分区的排烟量之和的最大值计算。

② 当系统负担具有不同净高场所时，应采用上述方法对系统中每个场所所需的排烟量进行计算，并取其中的最大值作为系统排烟量。

## 7.4　地下车库、停车场的通风排烟系统

地下汽车库、停车场内含有大量汽车排出的尾气，尾气中含有大量的一氧化碳、二氧化氮等有害气体，由于除了出入口外一般没有其他与室外相通的孔洞，因此必须设置通风系统，有效地排出这些有害气体。另外，当建筑发生火灾时，由于地下车库、停车场的密封性，产生的高温烟气会因为无法排出而在车库内蔓延，因此还必须设置排烟系统。地下车库的通风排烟系统的设计目标就是既要满足平时的通风需求，又要满足发生火灾时的排烟要求，同时要使系统简单、经济和便于管理。

### 7.4.1　地下汽车库、停车场的通风系统

#### 1. 地下汽车库、停车场的通风系统的设计

地下汽车库、停车场的通风系统包括机械送风、排风和自然送风。地下停车库、停车场宜设置独立的送风、排风系统。对于具备自然进风条件的地下汽车库、停车场，可采用自然进风、机械排风的方式，但是当采用自然通风系统，汽车库内 CO 的浓度大于 $30mg/m^3$ 时，应设置机械通风系统以便满足通风要求。

#### 2. 地下汽车库、停车场的机械通风量的确定

地下汽车库、停车场通风的目的是稀释有害物以满足卫生要求的允许浓度。通风量的计算与有害物的散发量及散发时的浓度有关。目前，地下汽车库、停车场的机械通风量有两种计算方法，第一种采用稀释浓度法计算排风量，送风量按排风量的 80%~90% 选用。第二种采用换气次数法，当由于资料不全，无法仔细计算时，可按照换气次数选取：通常排风量按换气次数不少于 6 次/h 计算，送风量按换气次数不少于 5 次/h 计算。当楼层层高<3m 时，按实际高度计算换气体积；当层高≥3m 时，按 3m 高度计算换气体积。

### 7.4.2　地下汽车库、停车场的排烟系统

#### 1. 地下汽车库、停车场的排烟系统的设计

根据《汽车库、修车库、停车场设计防火规范》（GB 50067）规定：

1）除敞开式汽车库、建筑面积小于 $1000m^2$ 的地下一层汽车库和修车库外，汽车库、修车库应设置排烟系统，并应划分防烟分区。每个防烟分区的面积不宜超过 $2000m^2$，且防烟分区的划分不能跨越防火分区。防烟分区可采用挡烟垂壁、隔墙或从顶棚向下凸出不小于 0.5m 的梁划分。

2）排烟系统可采用自然排烟方式或机械排烟方式。机械排烟系统可与人防、卫生等排气、通风系统合用。

#### 2. 地下汽车库、停车场的排烟系统的排烟量确定

每个防烟分区排烟风机的排烟量不应小于 $30000m^3/h$，且不应小于表 7-9 的规定。

表 7-9　汽车库、修车库内每个防烟分区排烟风机的排烟量

| 汽车库、修车库的净高/m | 汽车库、修车库的排烟量/(m³/h) | 汽车库、修车库的净高/m | 汽车库、修车库的排烟量/(m³/h) |
|---|---|---|---|
| 3.0 及以下 | 30000 | 7.0 | 36000 |
| 4.0 | 31500 | 8.0 | 37500 |
| 5.0 | 33000 | 9.0 | 39000 |
| 6.0 | 34500 | 9.0 以上 | 40500 |

注：建筑空间净高位于表中两个高度之间的，按线性插值法取值。

### 7.4.3　地下汽车库、停车场的通风和排烟设计

#### 1. 通风排烟系统的设计原则

（1）地下汽车库、停车场的排烟系统可与通风系统合用　由于地下汽车库、停车场处于封闭状态，空气流通不畅，出入口少，供气不足，这就导致发生火灾时产生大量浓烟，如果不能迅速排出室外，极易造成人员伤亡事故，也给消防员进入地下扑救带来困难。因此，地下汽车库、停车场的通风系统和排烟系统宜独立设置。但在保证安全、满足消防要求的条件下，出于节省投资和节省空间的考虑，地下汽车库、停车场的排烟系统可与通风系统合用。工程实践表明：对于一些规模较大的汽车库、停车场，排烟系统和通风系统应独立设置；而对于一些中、小型汽车库，排烟与通风共用一套系统，平时作为排风排气使用，发生火灾时，转换为排烟使用。

（2）地下汽车库、停车场的通风排烟系统应当与上部建筑的通风空调系统分开设置　火灾发生时，为了防止停车场内的烟气通过通风空调系统的竖向管道向上部楼层传播，地下汽车库的通风排烟系统应当与上部建筑的通风空调系统分开，单独设置。

#### 2. 地下汽车库、停车场机械通风和排烟系统设计要点

地下停车库、停车场的通风系统和排烟系统设计有多种形式，应根据建筑地下停车库的具体情况，确定是通风系统和排烟系统综合设计还是两者单独设置。通风系统可以采用自然进风、自然排风，自然进风、机械排风或者机械进风、机械排风等方式。排烟系统也有自然排烟和机械排烟两种方式的选择。这里讨论目前工程实践中应用较多的设计方案：地下汽车库的通风和排烟系统是合用的，采用机械排风和机械排烟的方式，平时做通风换气用，发生火灾时做排烟用。对于合用的通风排烟系统，在设计时要注意以下几点：

1）每个防火分区应独立设置机械排烟系统，机械排烟系统不得跨越防火分区，而且机械排烟系统的风管、风口布置应符合排烟的要求，并且要满足平时机械排风的要求。

2）每个防烟分区应设置排烟口，排烟口宜设在顶棚或靠近顶棚的墙面上，排烟口与防烟分区内最远点的水平距离不应超过 30m。

3）排烟风机可采用离心风机或排烟轴流风机，并应保证 280℃时能连续工作 30min。

4）在穿过不同防烟分区的排烟支管上设置烟气温度超过 280℃时能自动关闭的排烟防火阀，排烟防火阀应能联动关闭相应的排烟风机。

5）机械排烟管道的风速，采用金属管道时，不应大于 20m/s；采用内表面光滑的非金属材料风道时，不应大于 15m/s。排烟口的风速不宜超过 10m/s。

6）为考虑通风排烟效果，可以采用地下汽车库出入口自然补风或机械补风的方式。有

直接通向室外的汽车出入口，宜采用车道自然补风，要注意车道进风断面的风速宜小于0.5m/s，以保证汽车进出停车场时不受影响。当地下汽车库没有直接通向室外的出入口时，应设置机械送风系统用于平时通风，送风口宜设置在汽车库主要通道的上部，送风量为排风量的80%~90%；应设置机械排烟系统用于火灾时排烟，同时设置机械补风系统，且补风量不宜小于排烟量的50%。

## 7.5　建筑通风与防烟排烟施工图识读

### 7.5.1　建筑通风与防烟排烟系统施工图内容

建筑通风与防烟排烟系统工程施工图主要由文字部分和图示部分组成。文字部分包括图纸目录、设计与施工说明、图例和主要设备材料明细表；图纸部分包括通风与防排烟平面图、通风与防排烟系统图、通风与防烟排烟机房平面图、剖面图和设备安装大样图等。

在图纸目录中必须完整地列出该工程设计图名称、图号、工程号、图幅大小和备注等。设计与施工说明主要介绍通风与防烟排烟工程概况、设计依据、设计范围、通风系统设计、防烟系统设计、排烟系统设计、通风与防排烟系统控制、防排烟机房、设备及风管技术要求等内容。图 7-17 给出通风与防排烟系统常用施工图图例。主要设备材料明细表主要列出通风和防排烟系统用到的主要设备名称、型号规格、主要性能参数及数量等。

通风与防烟排烟平面图包括建筑各层通风与防排烟平面图。通风与防排烟平面图主要说明通风系统、防烟系统和排烟系统的设备、风管、风口的平面布置。平面图中风管用双线绘制，标注风管管径，风管上各部件、设备的位置及名称，如变径管、防火阀、调节阀等，标注送风口、回风口尺寸及空气流向。

通风与防排烟系统图包括通风系统图、防烟系统图和排烟系统图。系统图主要体现通风与防烟排烟风机、风管及风口的位置及相互关系。在系统图中应标注风机的型号及主要参数，主要风管的定位尺寸、标高，各种设备及风口的定位尺寸和编号。

通风与防烟排烟机房平、剖面图包括通风系统的送、排风机房、机械加压送风机房和排烟机房平面图和剖面图。

机房平面图主要说明通风系统的送、排风机房，防烟系统的机械加压送风机房和机械排烟系统的排烟机房，补风机房中风机、风管的布置及尺寸标注等内容。应在机房平面图中标注风机的型号、数量及定位尺寸，应标注风管名称和管径等。

机房剖面图是与机房平面图对应的，用来说明平面图上无法表明的情况。剖面图上的内容应与平面图剖切位置上的内容对应一致，并标注风机、风管及配件的标高。

设备安装大样图是对风机、静压箱、机械加压送风口、排烟风口等设备安装的大样图，图中要标注设备型号、大小尺寸和定位尺寸、标高等。

### 7.5.2　建筑通风与防烟排烟系统施工图识读方法、步骤和实例

阅读建筑通风与防排烟施工图，除了应该了解建筑物通风与防排烟施工图的特点外，识读时还要切实掌握各图例的含义，把握通风系统、防烟系统和排烟系统的独立性和完整性。摸清环路，分系统阅读。这样才能比较迅速、全面地读懂施工图，以完全实现识图的意图和

| 序号 | 名称 | 图例 | 备注 | 序号 | 名称 | 图例 | 备注 |
|---|---|---|---|---|---|---|---|
| 1 | 矩形风管 |  | 宽×高（mm） | 18 | 止回风阀 | | — |
| 2 | 圆形风管 | φ*** | φ 直径（mm） | 19 | 余压阀 | DPV　DPV | — |
| 3 | 风管向上 | | — | 20 | 三通调节阀 | 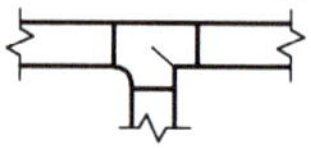 | — |
| 4 | 风管向下 | | — | 21 | 防烟、防火阀 | 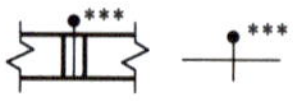 *** *** | ＊＊＊表示防烟、防火阀名称代号，代号说明另见 GB/T 50114—2010 附录 A 防烟、防火阀功能表 |
| 5 | 风管上升摇手弯 | | — | | | | |
| 6 | 风管下降摇手弯 | | — | | | | |
| 7 | 天圆地方 | | 左接矩形风管，右接圆形风管 | | | | |
| 8 | 软风管 | | — | 22 | 方形风口 | 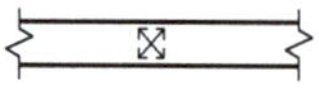 | — |
| 9 | 圆弧形弯头 | | — | 23 | 条缝风口 |  | — |
| 10 | 带导流片的矩形弯头 | | — | 24 | 矩形风口 | 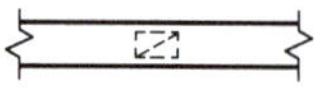 | — |
| 11 | 消声器 | | — | 25 | 圆形风口 |  | — |
| 12 | 消声弯头 | | — | 26 | 侧面风口 |  | — |
| 13 | 消声静压箱 | | — | 27 | 防雨百叶 |  | — |
| 14 | 风管软接头 | | — | 28 | 检修门 | 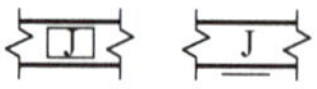 J | — |
| 15 | 对开多叶调节风阀 | | — | 29 | 气流方向 |  | 左为通用表示法，中表示送风，右表示回风 |
| 16 | 蝶阀 | | — | | | | |
| 17 | 插板阀 | | — | 30 | 远程手控盒 | B | 防排烟用 |
| | | | | 31 | 防雨罩 | | — |

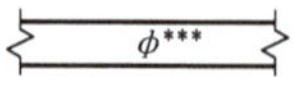

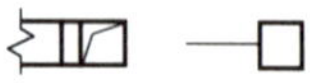

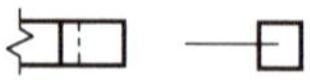

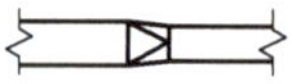

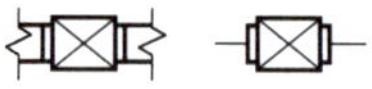

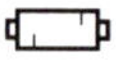

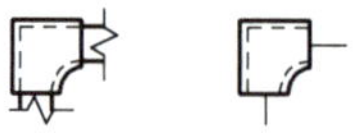

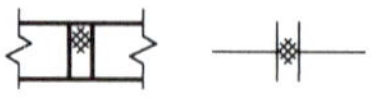

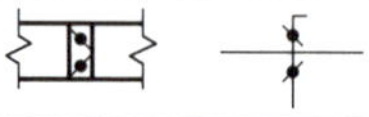

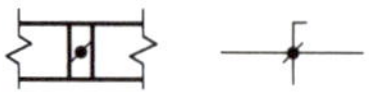

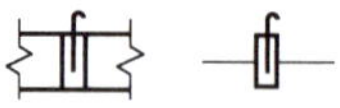

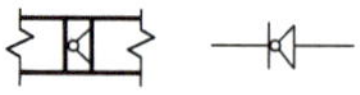

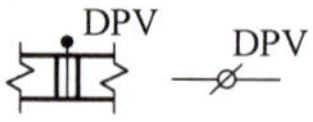

图 7-17　通风与防排烟系统施工图常用图例

目标。

**1. 识读方法与步骤**

1）认真阅读图纸目录。根据图纸目录了解该施工图图样张数、图样名称、编号等概况。

2）认真阅读设计与施工说明。从设计与施工说明了解系统的形式、系统的划分及设备的布置情况。

3）仔细阅读有代表性的图纸。阅读时先看平面图，了解通风与防排烟系统的平面布置情况，再看系统图、剖面图和设备安装详图，了解风机、风管、风口及其附件的布置安装及标高，了解送、排风机与风管、风井的连接方式等情况。

### 2. 识图实例

图 7-18~图 7-23 为某档案馆的通风与防排烟施工图，现以这套图为例介绍通风与防排烟施工图的识图方法。

（1）施工图简介　这套施工图包括平面图三张（图 7-18~图 7-20）、系统图两张（图 7-21、图 7-22），详图一张（图 7-23）。此处所示图纸为该工程部分图纸。

（2）施工图识读　通过阅读某档案馆的设计说明可以了解工程概况，该设计说明是空调系统、通风系统、防排烟系统合在一起的，从图中可知，该档案馆总建筑面积约 1.5 万 $m^2$，建筑总高 38m，地上建筑共 8 层，地下建筑 1 层。对建筑内的洗手间、档案库、各设备房做了通风设计，对不具备自然通风的前室和楼梯间做了防烟设计，对地下车库做了通风和防排烟设计，对地上各层的内走道做了排烟设计。

图 7-18 为该档案馆地上四层通风与防排烟平面图。

首先看通风系统。文书档案库 1、2、3 都设计了事故排风和事故后补风系统，事故排风系统将风排到事故排风井中，排风井中敷设排风竖管，与排风竖管连接的排风水平支管上设置公称动作温度为 70℃ 的防火阀，建筑中有补风竖井，其中敷设补风竖管将风送入走道，各档案馆的补风管从走道接入，穿越墙体进入档案库，采用侧向送风，在穿越墙体处的补风管上设置了公称动作温度为 70℃ 的防火阀。补风管、排风管都标注了管径，补风口和排风口都选择单层百叶带调节阀风口，并标注了风口尺寸和标高。

其次看防烟系统。该档案馆有两个楼梯间、一个独立前室、一个合用前室。无论楼梯间还是前室都没有外墙，不具备自然通风条件，所以两个楼梯间和两个前室都单独设置了机械加压送风系统进行防烟，由图中可以看出，机械加压送风竖管敷设在竖井中，前室每层设置送风口，采用电动百叶送风口，并标注风口尺寸和风口与地面距离；楼梯间设置了单层百叶带调节阀送风口，并标注风口尺寸和风口与地面距离。

再来看排烟系统。该档案馆是环形内走道，不具备自然排烟条件，故设置了机械排烟系统。从图中可以看出，设置了两根排烟竖管 PY-RF-1 和 PY-RF-2 负责走道排烟，设置了电动排烟口，并标注了风口尺寸。

图 7-19 为该档案馆屋面通风机房平面图。从图中可以看出，屋顶设置了一台补风机和三台排风机。补风机选用低噪声柜式离心机 S-RF-1，用于事故后补风，三台排风机选用低噪声柜式离心机 P-RF-1、P-RF-2、P-RF-3，用于事故排风。补风机和排风机都标注了风量、全压和轴功率值。从图中还可以看出，无论通风、防烟还是排烟竖井，都敷设内衬风管并标注了风管管径。

图 7-20 为该档案馆屋面防排烟机房平面图。从图中可以看出，屋顶有两个排烟机房、一个机械加压送风机房。共有三台排烟风机、六台机械加压送风机。送风机都选用消防轴流加压风机，排烟风机都选用消防轴流排烟风机，并注明了风量、全压和轴功率值。连接竖管的加压水平送风管上设公称动作温度为 70℃ 的防火阀，连接竖管的排烟水平风管上设公称动作温度为 280℃ 的防火阀。无论排烟机房还是送风机房，里面都有多台风机，图中标注出各风机的定位尺寸，给出了风机与风管的连接方式。

图 7-21 为该档案馆通风和排烟系统图，图 7-22 为该档案馆防烟系统图。从这两张系统图可以看出，排烟风机 PY-RF-1 负责 1~8 层内走道的排烟，结合平面图（图 7-18）可知，

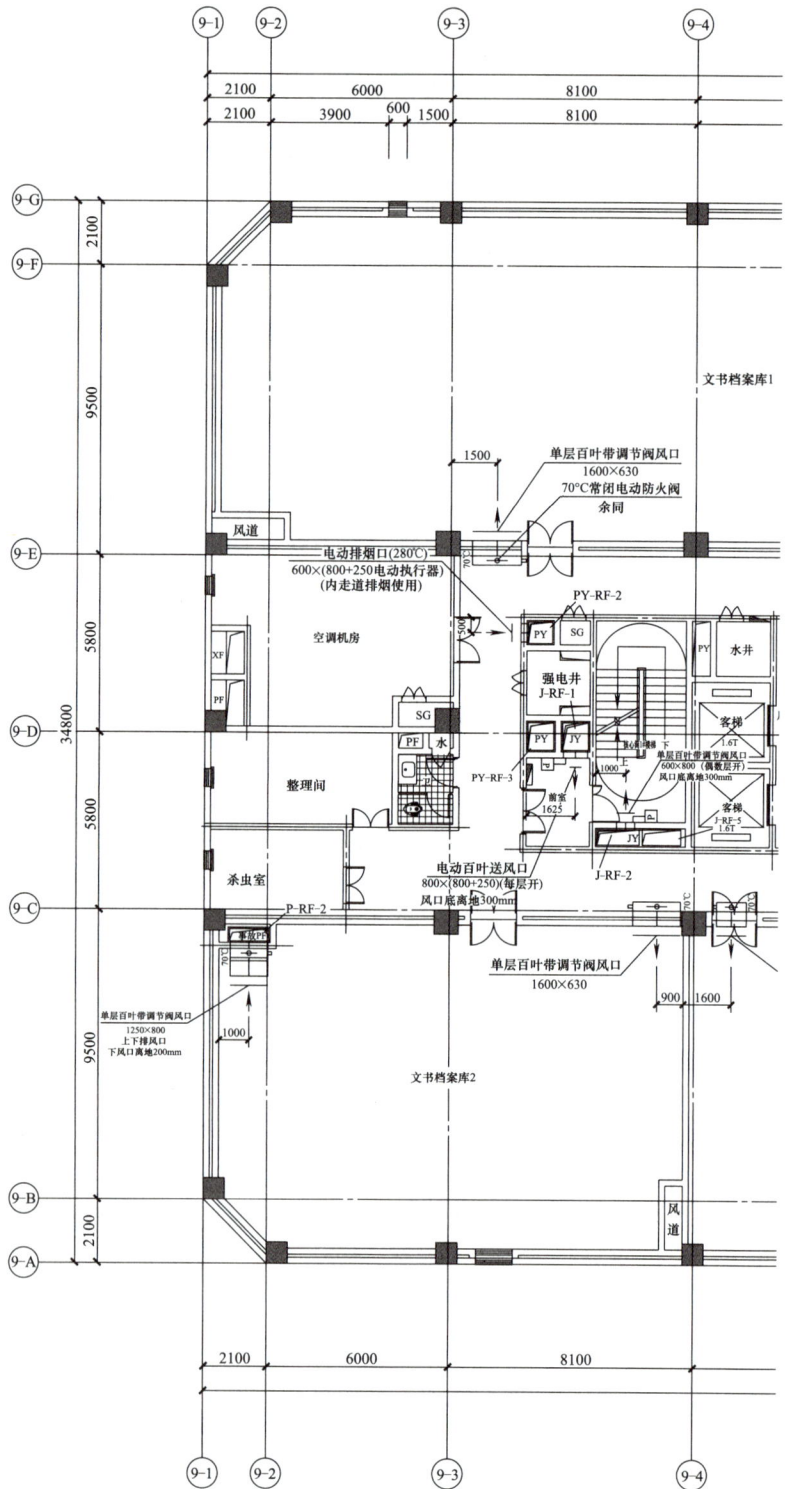

图 7-18 某档案馆四层

通风与防排烟平面图

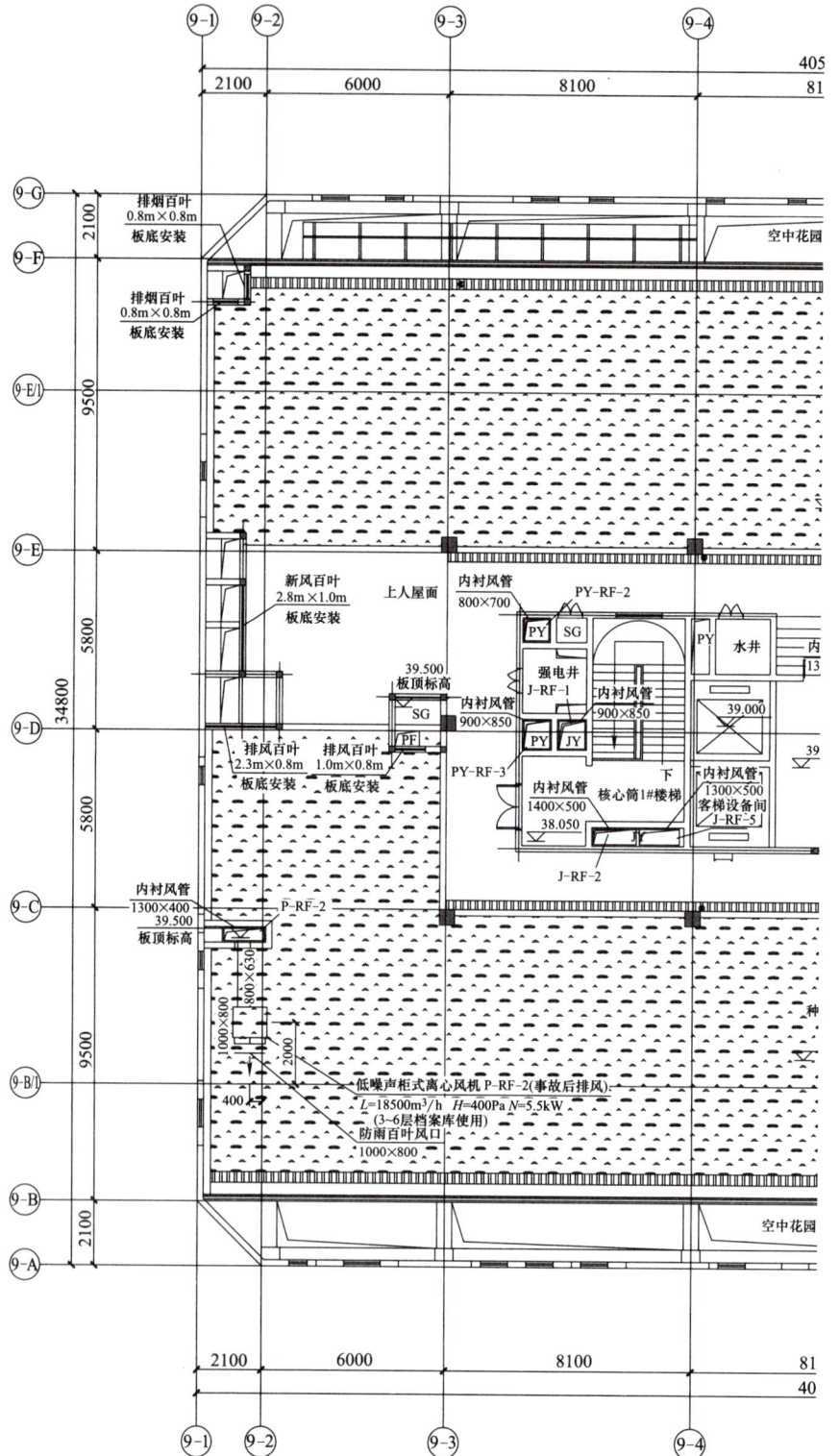

图 7-19 某档案馆屋面

低噪声柜式离心风机 P-RF-3(事故后排风)
$L$=18500m³/ h　$H$=400Pa　$N$=5.5kW
(3～6层档案库使用)

防雨百叶风口
1000×800

低噪声柜式离心风机
S-RF-1(事故后补风)
$L$=15000m³/h　$H$=400Pa　$N$=5.5kW
(3～6层档案库使用)

防雨百叶风口
1000×800

排风百叶1.0m×0.8m
梁底安装

38.000
结构标高

39.500
板顶标高

P-RF-3

种植屋面
38.000
结构标高

上空

1000×600
1000×800
1800

1800×630

1300×400
内衬风管

J-RF-6

J-RF-4
1100×700

J-RF-3

内衬风管
00×500

内衬风管
核心筒2#楼梯1400×500

下

JY
S-RF-1
38.050
内衬风管
38.050　900×700

P-RF-1
货梯设备区
PY-RF-1
39.000
内衬风管
900×700

JY
S-RF-1
38.050

SF　800×630

PF800×320

PY

弱
电
井

800×320

1000

800×800

800×320

1050

1200
上人屋面
1000×800

进风百叶1.0m×1.5m
板底安装
600

下

楼梯四

空中花园上空

2000

上人屋面

植屋面
38.000
结构标高

低噪声柜式离心风机 P-RF-1(事故后排风)
$L$=10000m³/h　$H$=400Pa　$N$=4kW
(3~6层档案库使用)
防雨百叶风口
800×800

上空

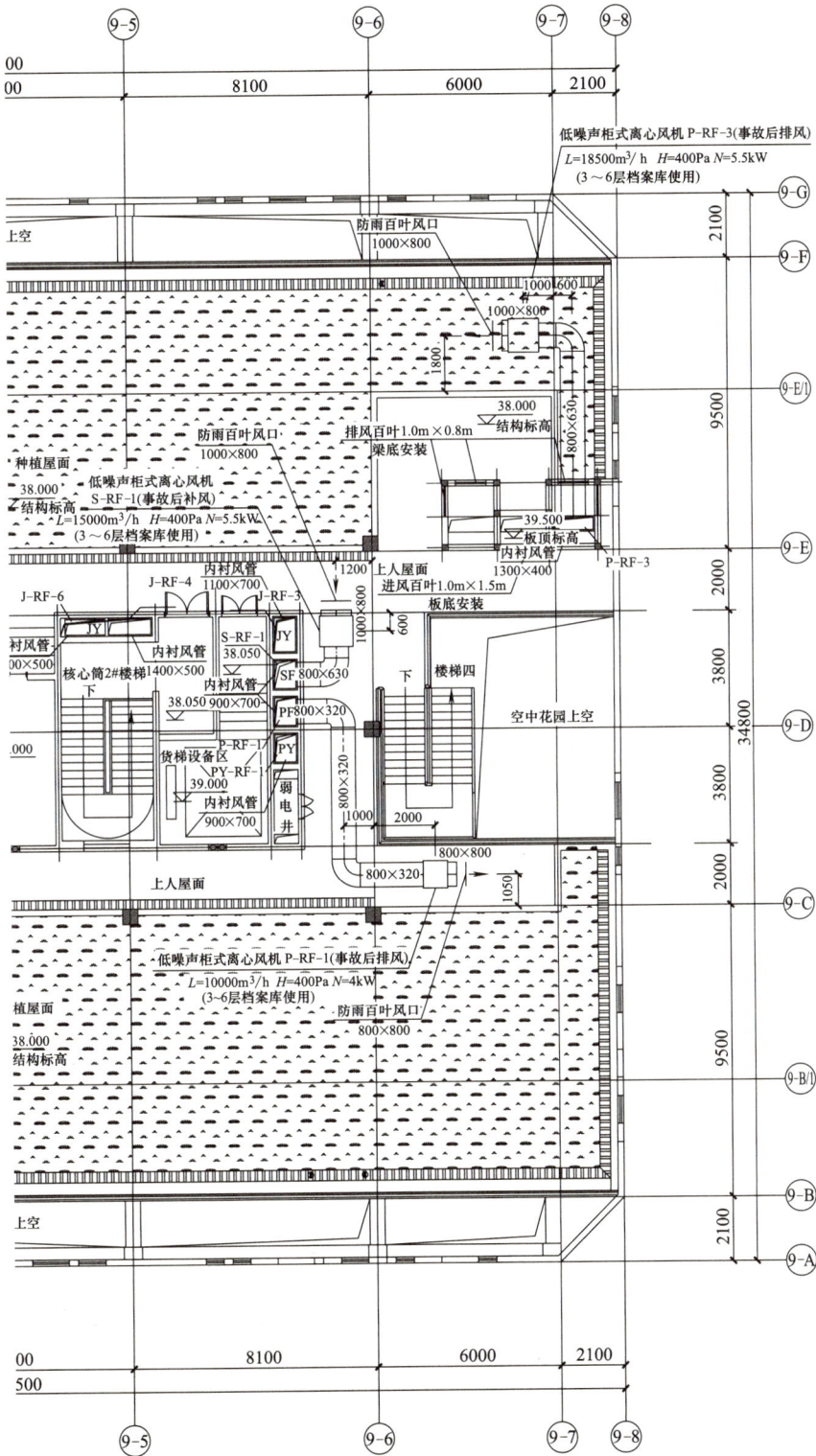

**通风机房平面图**

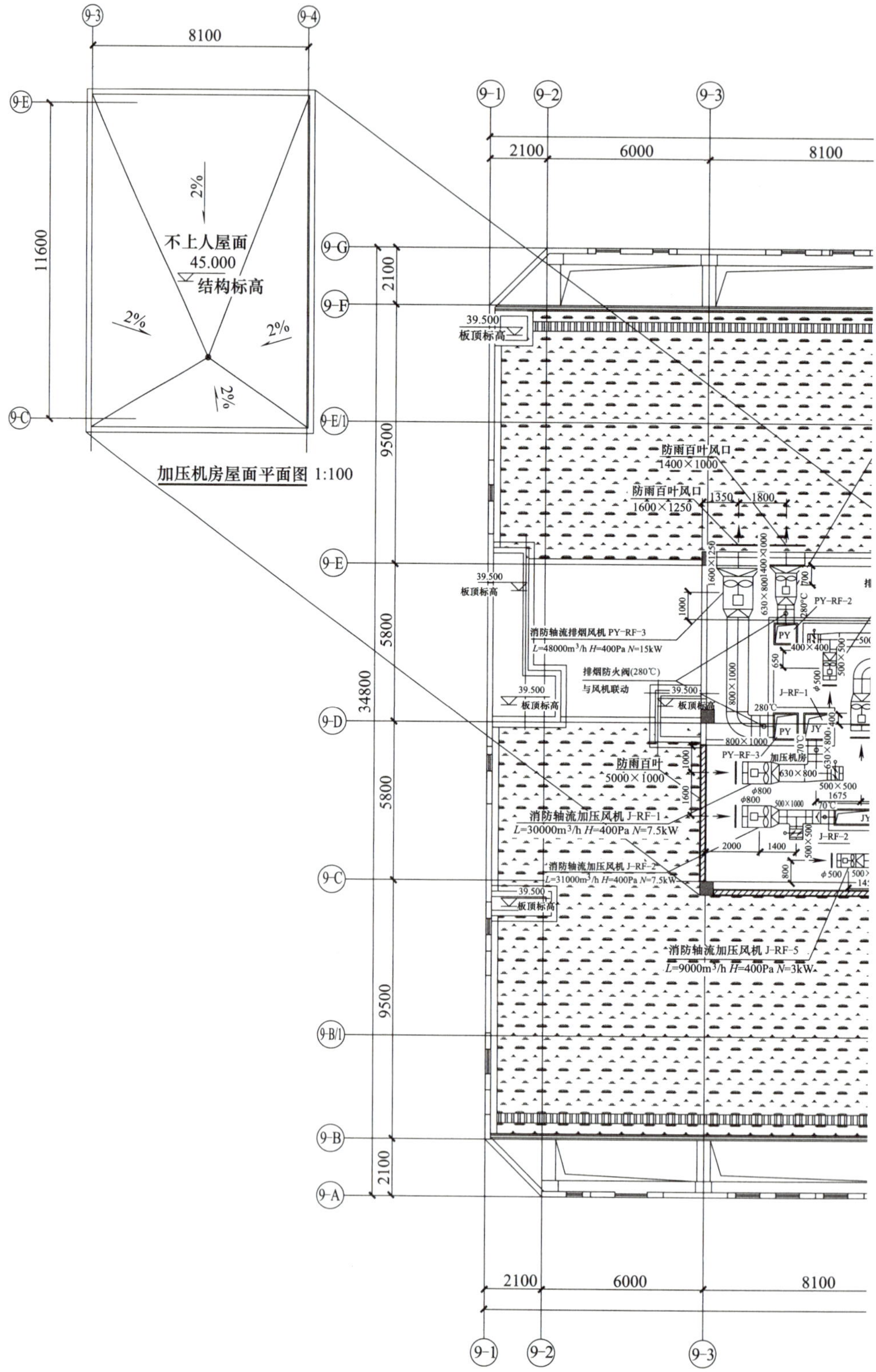
8100
11600
2%
不上人屋面
45.000
结构标高
加压机房屋面平面图 1:100
2100
6000
8100
39.500
板顶标高
防雨百叶风口
1400×1000
防雨百叶风口
1600×1250
消防轴流排烟风机 PY-RF-3
L=48000m³/h H=400Pa N=15kW
排烟防火阀(280℃)
与风机联动
PY-RF-2
J-RF-1
防雨百叶
5000×1000
加压机房
消防轴流加压风机 J-RF-1
L=30000m³/h H=400Pa N=7.5kW
消防轴流加压风机 J-RF-2
L=31000m³/h H=400Pa N=7.5kW
J-RF-2
消防轴流加压风机 J-RF-5
L=9000m³/h H=400Pa N=3kW
34800
9500
5800
2100

图 7-20 某档案馆屋面防

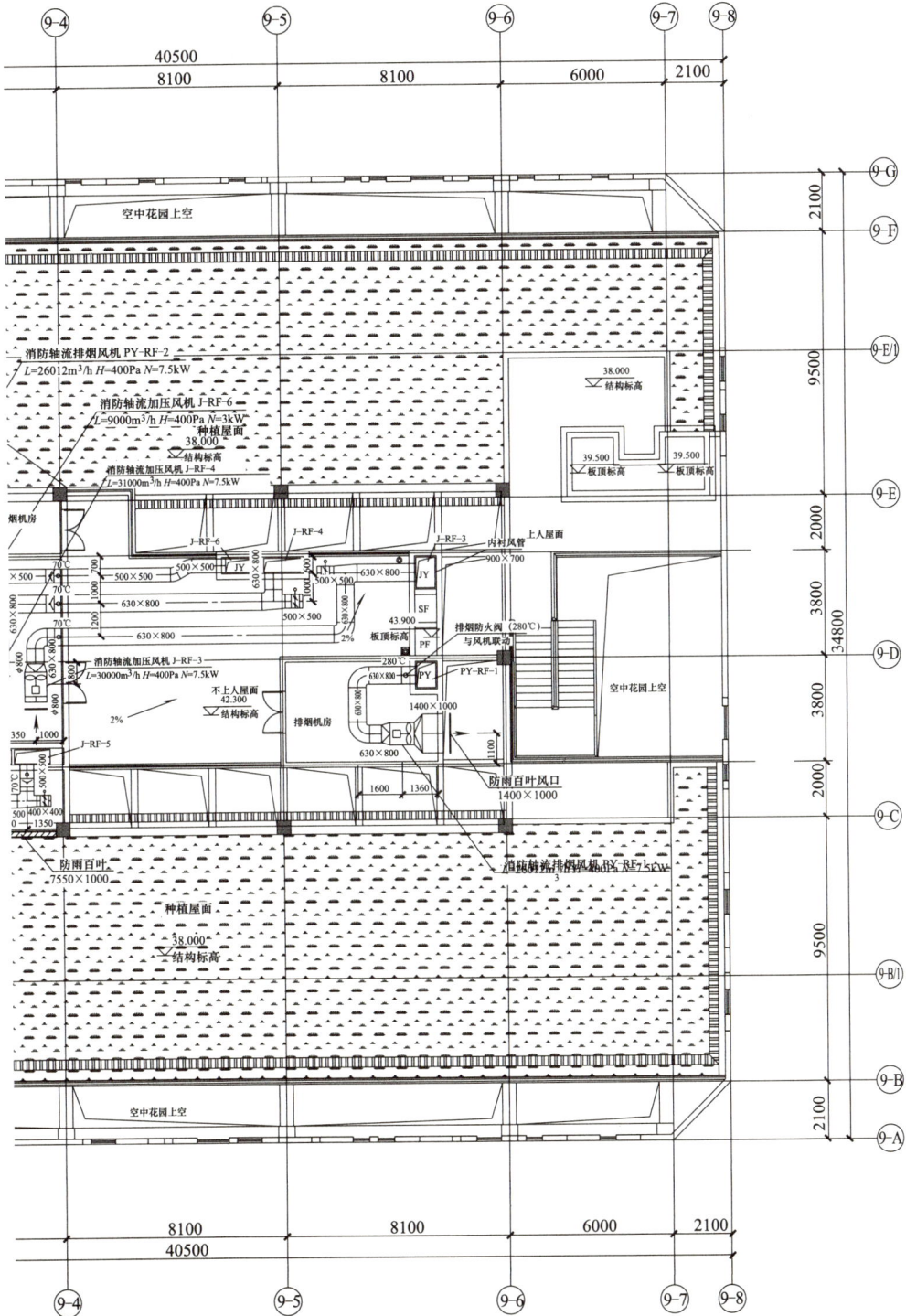

**排烟机房平面图**

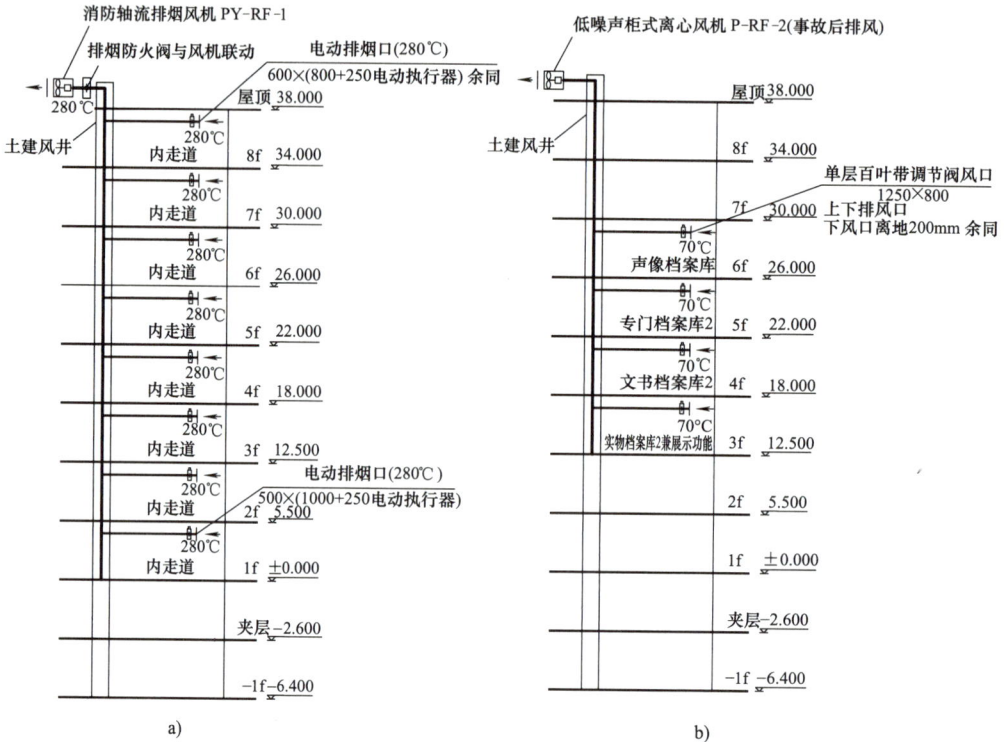

**图 7-21　某档案馆通风和排烟系统图**

a）排烟系统　　b）通风系统

注：所有排烟风道、排烟补风风道、加压送风道均为镀锌钢板风道。

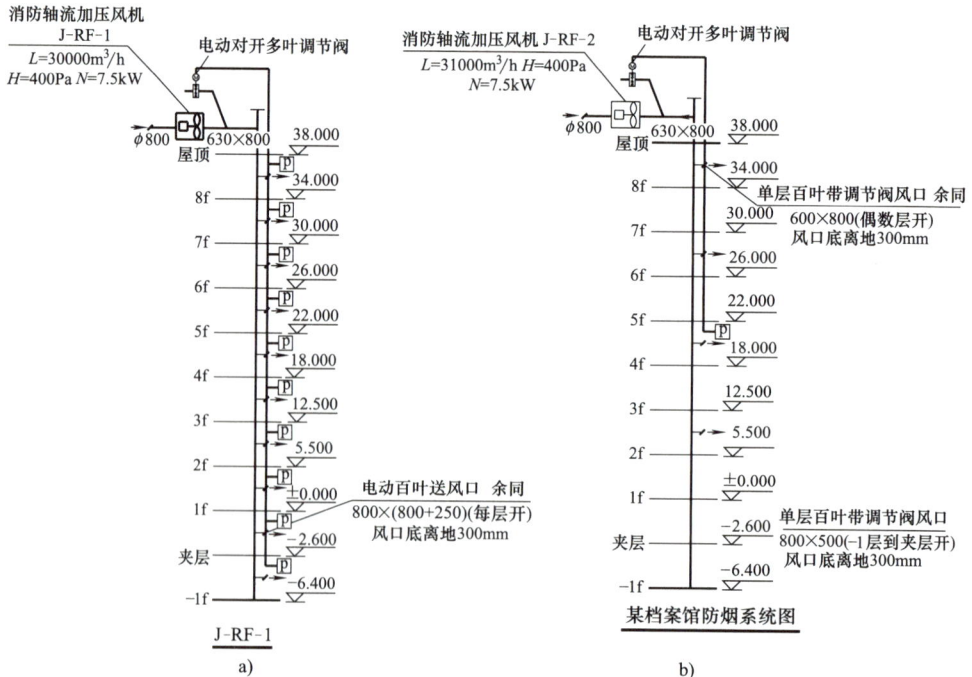

**图 7-22　某档案馆防烟系统图**

a）前室加压　　b）楼梯加压

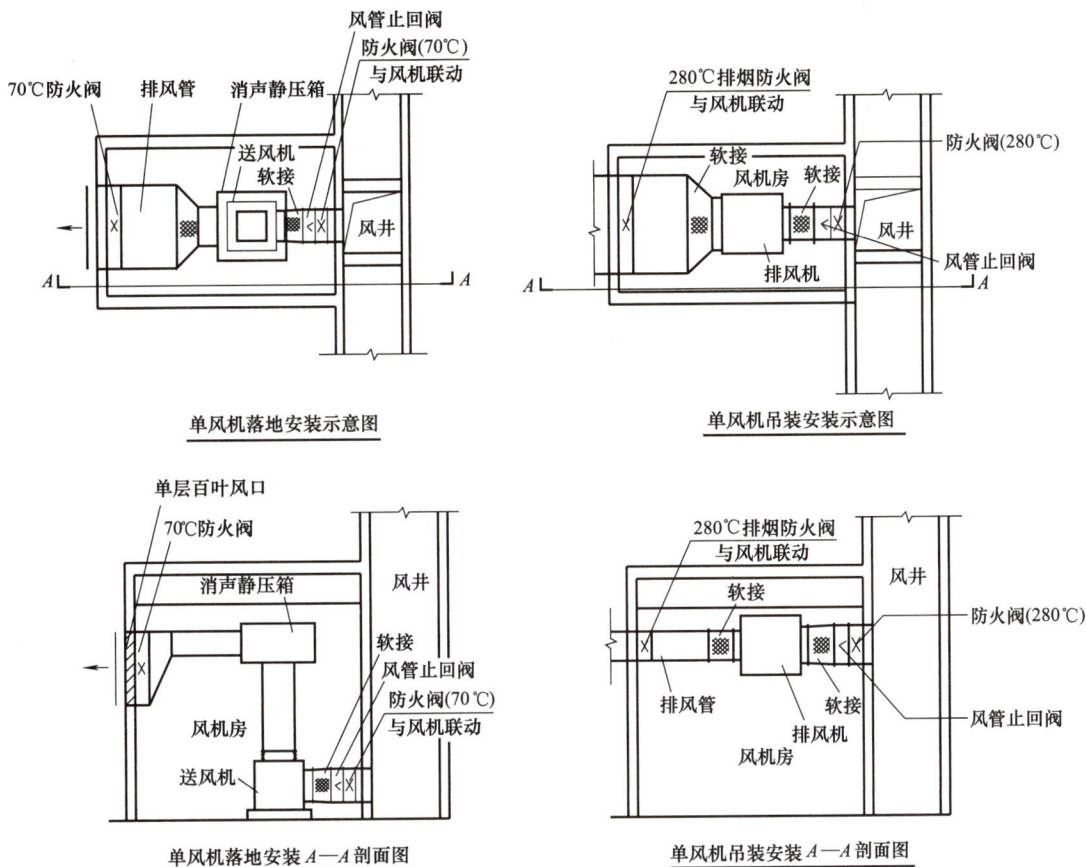

**图 7-23 某档案馆机房安装详图**

排烟风机 PY-RF-1 和排烟风机 PY-RF-2 共同承当 1~8 层内走道的排烟。排烟风机 P-RF-2 承担 3 层实物档案库 2、4 层文书档案库 2、5 层专门档案库 2、6 层声像档案库的事故排风。加压风机 J-RF-1 和 J-RF-2 分别承担独立前室和 1#楼梯间的机械加压送风。从系统图（图 7-22）中可以看出，前室每层设置一个加压送风口，楼梯间分别在 2 层、4 层、6 层和 8 层设置加压送风口，前室和楼梯间的送风口都设置电动对开多叶调节阀进行自动控制。

图 7-23 为该档案馆机房安装详图。图中给出风机落地安装和吊装的详细做法，给出了风机和风管之间的软接头、变径连接，水平风管与竖管的连接方式。

## 复习思考题

7-1 什么是防火分区和防烟分区？两者有什么异同点？

7-2 建筑防火分区和防烟分区的划分有什么不同？

7-3 建筑哪些部位应该设置防烟系统？建筑防烟有哪几种方式？

7-4 机械加压送风系统的防烟方式有什么优缺点？

7-5 防烟楼梯间、前室机械加压送风口的布置应当注意什么问题？

7-6 民用建筑中哪些部位要设置排烟系统？

7-7 什么是自然排烟？它有哪些优缺点？适用于什么场合？

7-8　为什么说建筑物的下部或迎风面房间发生火灾的危害性更大？

7-9　建筑中的通风空调系统哪些部位需要设置防烟防火阀？

7-10　什么是机械排烟？它有哪些优缺点？适用于什么场合？

7-11　机械排烟系统是否要设置补风系统，为什么？

7-12　机械排烟系统的设计应注意些什么问题？

7-13　防火分区的机械排烟量如何确定？

7-14　机械排烟系统的哪些部位应设置排烟防火阀？

7-15　地下汽车库、停车场的通风量如何确定？

7-16　地下汽车库、停车场的排烟量如何确定？

7-17　地下汽车库、停车场的通风及排烟系统如何设置？

7-18　通风与防排烟施工图包含哪些内容？

7-19　怎样识读通风与防排烟系统施工图？

空气调节是指使服务空间内的空气温度、相对湿度、清洁度、气流速度和空气压力梯度等参数达到指定要求的技术，简称空调。空调在改善室内空气品质，提高工作效率，保护人体健康，创造舒适健康的工作和生活环境，提高人们的物质文化生活水平等方面具有重要作用。随着现代科学技术的发展，空调在精密机械及仪器制造业、电子和集成电路生产工艺、制药、印刷、纺织、食品等行业对保证工业生产过程的稳定和保证产品的质量也具有重要作用。此外，在医院的病房和手术室、现代化农业的大型温室、禽畜养殖和粮食储存等室内空间，空调也发挥着重要作用。所以，现代化发展离不开空调，随着现代化发展的进程，空调技术具有广阔的发展前景。

## 8.1 空调系统的组成与分类

### 8.1.1 空调系统的组成

空气调节系统是指以空气调节为目的而对空气进行处理、输送、分配，并控制其参数的所有设备、管道及附件、仪器仪表的总和，简称空调系统。其通常由以下几部分组成：

#### 1. 空调区

空调区是指房间或封闭空间中需将空气参数保持在给定范围之内的区域，通常指与地面距离 2m、与墙面距离 0.5m 以内的空间区域。

根据《民用建筑供暖通风与空气调节设计规范》（GB 50736），空调室内空气参数主要包括温度、相对湿度、风速，以及每人所需最小新风量等。例如，空调供冷工况下，当热舒适度等级为 Ⅱ 级（热舒适度一般）时，人员长期逗留区域空调室内设计参数为：温度 26～28℃，相对湿度≤70%，风速≤0.3m/s。每人所需最小新风量根据公共建筑房间类型和人员密度、居住建筑人均居住面积选取。

#### 2. 空气输送和分配设施

空气输送和分配设施主要由送、回风机，送、回风管，送、回风口等组成。

#### 3. 空气处理设备

空气处理设备由各种对空气进行加热、冷却、加湿、减湿、净化等处理的设备组成。

#### 4. 冷热源设备及冷热能量的输送和分配设施

冷热源设备主要有制冷机组、热泵机组和锅炉等设备。冷热能量的输送和分配设施有水泵、冷热水管道、阀门等。

### 8.1.2 空调系统的分类

随着空调技术的发展和新型空调设备的不断推出，空调系统的种类也在日益增多，设计人员可根据空调对象的性质、用途、室内设计参数要求、运行能耗、冷热源和建筑设计等方面的条件合理选用。空调系统的分类方法有很多，下面介绍其中两种分类方法。

#### 1. 按照用途或服务对象划分

（1）舒适性空调系统　舒适性空调系统是指为满足人员工作与生活需要而设置的空调系统。舒适性空调系统的任务是创造舒适的室内空气环境，其室内空气计算参数主要根据满足人体热舒适的需求确定，对空调精度没有严格的要求。

（2）工艺性空调系统　工艺性空调系统是指为满足生产工艺过程对空气参数的要求而设置的空调系统。工艺性空调系统是为工业生产或科研服务的，其室内空气计算参数主要按照生产工艺或科学研究对空调区空气的温湿度、空气质量、空气中杂质气体或含尘浓度等参数的特殊要求确定，兼顾人体热舒适的要求。

#### 2. 按照空气处理设备的设置情况划分

（1）集中式空调系统　集中式空调系统是指对空气进行集中处理，而后通过风机、风管和空气分配器将经处理的空气输送到用户房间的空调系统。系统中所有的空气处理设备（包括风机、冷却器、加热器、加湿器、过滤器等）都集中在空调机房内，空气经过集中处理后，再通过风机、风管和空气分配器输送到各空调房间。

（2）半集中式空调系统　除了集中在空调机房的空气处理设备可处理一部分空气外，还有分散在空调房间内的空气处理设备，它们可以对室内空气进行就地处理，或对来自集中处理设备的空气进行补充处理，这种空调系统称为半集中式空调系统。

在集中式空调系统和半集中式空调系统中，空气处理所需的冷、热量都是由集中设置的冷、热水机组，冷冻站，锅炉房或热交换站供给的。

（3）分散式空调系统　分散式空调系统是指将空气处理设备分散在空调房间内的系统。空调房间的空气处理分别由各自的空调机组（器）承担，根据需要分散于空调房间内，可不设集中的空调机房。工程上，将空调机组安装在空调房间的邻室，使用少量风道与空调房间相连的系统也称为分散式空调系统。

## 8.2　常用空调系统

### 8.2.1　集中式空调系统

集中式空调系统是一种最早出现的基本空调系统形式。由于其服务面积大，处理的空气量多，技术上也比较容易实现，目前应用仍然十分广泛。

#### 1. 集中式空调系统的组成

集中式空调系统的特征是所有的空气处理设备都设置在集中的空调机房内。空气处理所需的冷、热量由集中设置的空调冷、热源（比如冷热水机组、冷冻站、锅炉房或热交换站）供给，其组成如图8-1所示。

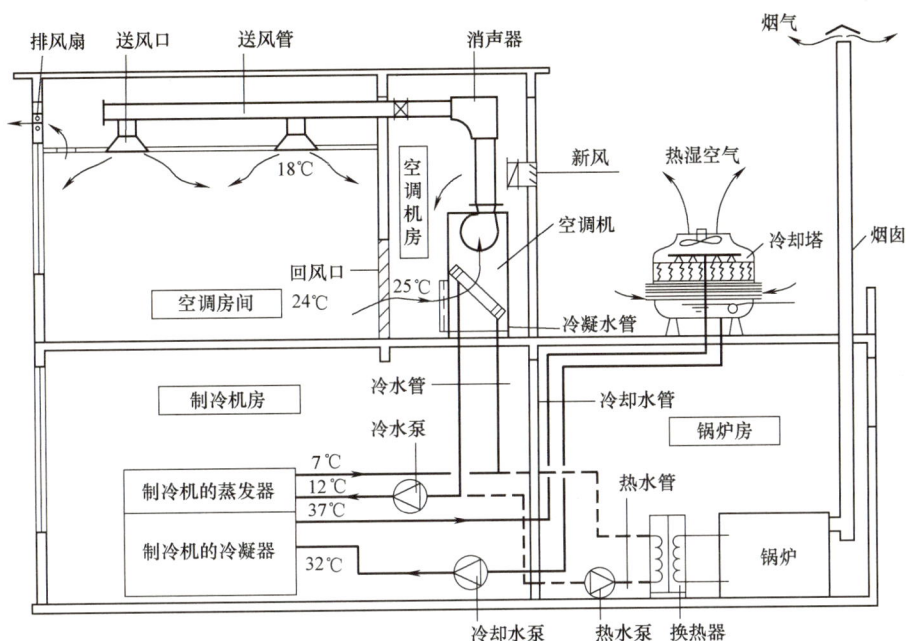

**图 8-1　集中式空调系统组成**

## 2. 集中式空调系统的分类

　　集中式空调系统根据所使用的室外新风情况分为封闭式、直流式和混合式三种。普通集中式空调系统的三种形式如图 8-2 所示。

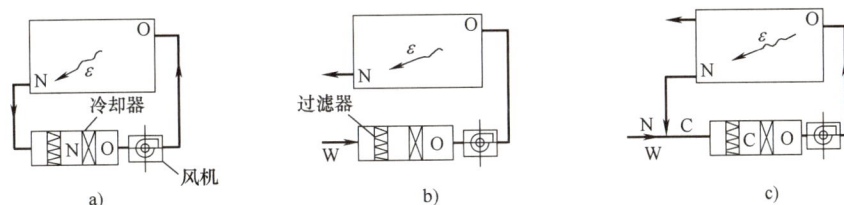

**图 8-2　普通集中式空调系统的三种形式**

a）封闭式系统　b）直流式系统　c）混合式系统

N—室内空气　W—室外空气　C—混合空气　O—冷却器后的空气状态

注：$\varepsilon$ 为热湿比。

　　封闭式系统（图 8-2a）所处理的空气全部来自室内，没有室外新风补充。这种系统耗能量最少，但室内空气品质及卫生条件差。

　　直流式系统（图 8-2b）与封闭式系统相反，系统处理的空气全部来自室外的新风，送入空调房间吸收了室内的余热、余湿后全部排放到室外，也称为全新风系统。这种系统适用于不允许采用回风的场合。这种系统的耗能量最大，但室内空气品质及卫生条件好。

　　在以上两种系统中，封闭式系统虽然因为耗能量最少而较为经济，但不能满足室内空气品质及卫生条件的要求；直流式系统虽然室内空气品质及卫生条件好，但耗能量最大，不经济。因而，两者都只是在特定的情况下使用。对于绝大多数集中式空调系统，为了减少空调耗能量，同时满足室内空气品质及卫生条件的要求，通常采用部分回风和室外新风的混合式系统（图 8-2c）。

### 3. 集中式空调系统的主要优缺点

（1）集中式空调系统的主要优点

1）空调设备集中设置在专门的空调机房里，管理维修方便，消声减振也比较容易。

2）机房可以使用位置较差的区域，如地下室、屋顶房间等。

3）在全年运行过程中，可根据室外空气参数变化调节空调系统的新风量，改善室内空气品质，节约运行费用。

4）使用寿命长，初投资和运行费用比较小。

（2）集中式空调系统的主要缺点

1）用空气作为输送冷、热量的介质，需要的风量大，风道又粗又长，占用建筑空间较多，施工安装工作量大，工期长。

2）同一系统只能处理出一种送风状态的空气，当各房间的冷（热）、湿负荷的变化规律差别较大时，不便于运行调节。

3）当只有部分房间需要空调时，仍然要开启整个空调系统，造成能量上的浪费。

所以，当空调系统的服务面积大，各房间冷（热）、湿负荷的变化规律相近，各房间使用时间比较一致的场合，采用集中式空调系统较合适，例如大型公共建筑的集中式舒适性空调系统、集中式恒温恒湿工艺性空调系统、洁净室的集中式净化空调系统等。

## 8.2.2 风机盘管加新风空调系统

随着空调设备应用的日益广泛，建筑物设置空调的场合越来越多。集中式空调系统由于具有系统大、风道粗、占用建筑面积和空间较大、系统的灵活性差等缺点，在许多民用建筑中，特别是高层民用建筑中应用受到了限制。风机盘管加新风空调系统就是为了克服集中式空调系统这些不足而发展起来的一种半集中式空调系统。它是以风机盘管机组作为各房间的末端装置，同时利用经过集中处理的新风满足各房间新风需求量的空调系统。它的冷、热源设备集中设置，新风可单独处理和供给，采用水作为输送冷热能量的介质，将冷（热）水直接送入室内以负担一部分房间冷（热）、湿负荷，另一部分负荷由集中送来的空气负担。这种系统具有占用建筑空间小、运行调节方便等优点，近年来得到了广泛的应用，是我国目前民用建筑中最为普遍的一种空调系统形式。

### 1. 风机盘管加新风空调系统的组成

风机盘管系统可以独立负担全部室内负荷，但是并不能有保证地解决室内的通风换气问题，而只能靠门窗渗透空气提供新风，室内空气品质较差。所以，一般不单独使用风机盘管系统，而使用风机盘管加新风空调系统。风机盘管加新风空调系统是由风机盘管机组、新风系统、水系统三部分组成。

风机盘管机组通常设置在需要空调的房间内，将流过盘管的室内循环空气进行冷却、减湿冷却或加热后送入室内，调节空调房间的冷（热）、湿负荷。

新风系统是为满足卫生要求、弥补排风或维持空调房间正压而向空调房间供应经集中处理的室外空气的系统。对于集中设置的新风系统，还可以负担一部分新风和房间的冷（热）、湿负荷，配合风机盘管机组，使室内的空气参数满足设计要求。

水系统的作用是给风机盘管机组和新风机组提供处理空气所需要的冷（热）量，通常是采用集中冷（热）源制取的冷（热）水。此外，为了排放夏季风机盘管机组在湿工况运行时产生的冷凝水，还需要设置冷凝水管路。

### 2. 风机盘管机组（FCU）

风机盘管机组是由风机、换热器及过滤器等组成一体的空气调节设备，是末端装置。机组负担全部或大部分室内负荷，盘管的容量较大（一般 3~4 排），在夏季通常在湿工况下运行。

风机盘管机组采用的电机多为单向电容调速电机，通过调节输入电压改变风机转速，使通过机组盘管的风量分为高、中、低 3 档，达到调节冷、热量的目的。风机盘管机组除了采用风量调节外，还在盘管的回水管上安装电动二通（或三通）阀，通过室温控制器调节电动阀的开度、改变进入盘管的水量或水温来调节空调房间的温湿度。

风机盘管机组有立式、卧式等形式，其构造如图 8-3 所示。近年来，具有净化、消毒等功能的新的风机盘管机组形式在不断地发展、推出。

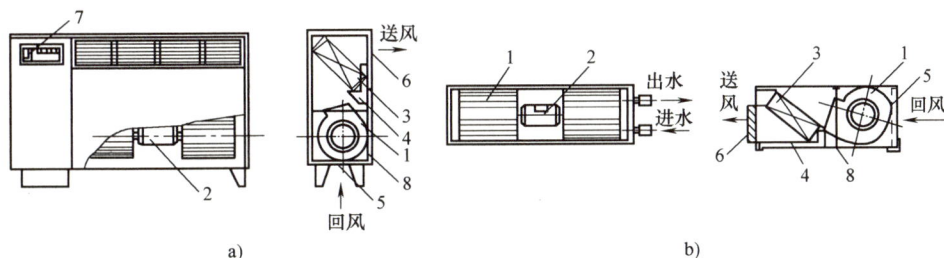

图 8-3　风机盘管机组构造

a）立式　b）卧式

1—风机　2—电机　3—盘管　4—凝结水盘　5—空气过滤器

6—出风格栅　7—控制器　8—箱体

### 3. 新风供给方式

风机盘管加新风空调系统的新风供给方式主要有以下三种：

（1）靠室内机械排风渗入新风　这种新风供给方式依靠设置在室内卫生间、浴室等处的机械排风，在房间内形成负压，使室外新鲜空气渗入室内。这种方式经济方便，但室内空气品质及卫生条件差，受无组织渗风的影响，室内温度场分布不均匀。

（2）墙洞引入新风方式　这种新风供给方式将风机盘管机组设置在外墙窗台下，立式明装，在盘管机组背后的墙上开洞，将室外新风用短管引入机组内。这种新风供给方法能较好地保证新风量要求，但要使风机盘管适应新风负荷的变化则比较困难，且新风口还会破坏建筑立面，增加污染和噪声。因此，这种方式只适用于对室内空气参数要求不高的场合。

以上两种新风供给方式的共同特点是：新风不承担室内冷（热）、湿负荷，风机盘管机组负担新风的处理负荷，这就要求风机盘管机组必须具有较大的冷却和加热能力，使风机盘管机组的尺寸增大。为了克服这些不足，以及符合室内空气品质的要求，可引入独立新风系统。

（3）独立新风系统　独立新风系统是将新风集中处理到一定状态，根据所处理新风终状态的情况，新风系统可承担新风负荷和一部分的空调房间冷（热）、湿负荷。在过渡季可增大新风量，必要时也可关掉风机盘管机组，单独使用新风系统。独立新风系统具体的新风送入方式有以下三种：

1）新风管单独接入室内。这种方式需要设置专门的新风送风口。新风送风口可以靠近风机盘管机组的出风口（图8-4），也可以不在同一地点（图8-5）。

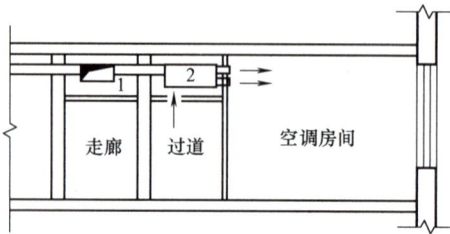

图 8-4　新风送风口靠近风机盘管机组的出风口
1—新风管　2—卧式风机盘管机组

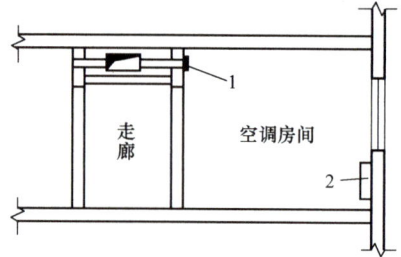

图 8-5　新风送风口与风机盘管机组的出风口不在同一地点
1—新风送风口　2—立式风机盘管机组

2）新风与风机盘管送风混合后送入室内。新风通过新风管接入风机盘管机组的送风管道，与风机盘管的送风混合后一起送入室内。这种方式无须设置专门的新风送风口，对吊顶布置较为有利。

3）新风接入风机盘管机组。将新风和空调房间的回风混合后，经过风机盘管处理后送入房间。由于新风经过风机盘管机组，增加了机组风量的负荷，使运行费用增加和噪声增大。当新风接入风机盘管机组的进风口，或只送到风机盘管机组的回风吊顶处时，将会影响室内的排风；同时，当风机盘管机组的风机停止运行时，新风有可能从带有过滤器的回风口处吹出，不利于保证室内空气质量。另外，新风和风机盘管的送风混合后再送入室内时，会造成送风和新风的压力难以平衡，有可能影响送入的新风量。

所以，当采用独立新风系统时，推荐新风管单独接入室内或者新风与风机盘管送风混合后送入室内，即直接送入人员活动区。

#### 4. 风机盘管加新风空调系统的主要优缺点

（1）风机盘管加新风空调系统的主要优点

1）使用灵活，各空调房间可独立地通过风量、水量或水温的调节，改变房间的温湿度。

2）当房间无人时，可关闭本房间风机盘管机组而不会影响其他房间，节省运行费用（比集中式空调系统约低 20%~30%）。

3）风机盘管机组体积较小，结构紧凑，布置灵活，节省建筑空间，适于改、扩建工程。

（2）风机盘管加新风空调系统的主要缺点

1）由于机组分散布置，故日常维修工作量大。

2）水管进入室内，施工要求严格。

3）在对噪声要求严格的地方，由于风机转速不能过高，风机的剩余压头较小，使气流分布受到限制，故这种系统一般适用于进深小于 6m 的场合。

所以，当空调系统中各房间冷（热）、湿负荷的变化规律相差较大或房间使用时间不一致的场合，例如一些办公建筑的办公室、旅馆类建筑的客房，可采用风机盘管加新风空调系统。

### 8.2.3　独立式空调机组

在某些建筑中，如果只是少数房间有空调要求，这些房间又很分散，或者各房间负荷变化规律、使用时间不一样，那么采用集中式或半集中式空调系统显然都是不合适的，而采用分散式空调系统，比如独立式空调机组，则是适用的。独立式空调机组实际上是一个中小型的空调系统，是将空气处理设备连同所需的制冷系统中的全部设备或部分设备组装成整体的一种空调设备。

独立式空调机组具有结构紧凑、体积较小、安装方便、使用灵活以及不需要专人管理等特点，在中小型空调工程中应用非常广泛。

#### 1. 独立式空调机组的类型

独立式空调机组的种类有很多，按其特征可进行如下分类：

1) 按结构形式可分为整体式和分体式空调机。整体式空调机是指将制冷压缩机、换热器、通风机、过滤器以及自动控制仪表等组装成一体的空调设备，也称整体式空调器，如窗式空调器、柜式空调器等。

分体式空调机是指由分离的两个部分组成的空调设备：一部分为安装在空调区域内的空气调节装置（室内机）；另一部分为安装在空调区域外的制冷装置（室外机），也称分体式空调器，如在住宅和一般公共建筑中常用的分体挂壁式、落地式、吊顶式、嵌入式空调器等。室内机和室外机之间用制冷剂管路连接。1 台室外机可带 1 台室内机，也可以由 1 台室外机带多台室内机，后者称为一拖多空调器（不改变制冷剂流量），或者多联机空调系统（改变制冷剂流量）。

2) 按用途分为房间空气调节器（简称房间空调器）和单元式空调机（也称空调机）。房间空调器和单元式空调机都是向封闭的房间或空间（区域）直接提供经过处理的空气的设备，主要包括制冷和除湿用的制冷系统以及空气循环和净化装置，还可包括加热和通风装置。

二者的区别在于：房间空调器主要是家庭或公共建筑中单个房间或空间舒适性空调用的小型空调机；单元式空调机则是制冷量 ≥7kW 的用于公共建筑中舒适性空调或工业企业、电信企业、科研院所等单位中的工艺性空调的空调机。按工艺对环境的要求不同，工艺性空调用的单元式空调机又可分为恒温恒湿空调机、计算机房或程控机房用的机房专用空调机、除湿机、低温空调机、洁净室用空调机等。

3) 按制冷系统冷凝器的冷却介质可分为水冷式和风冷式空调机。水冷式空调机中制冷系统的冷凝器以水作为冷却介质，用水带走其冷凝热。为了节约用水，用户一般要设置机械循环冷却塔，冷却水循环使用，通常不允许直接使用地下水或自来水。水冷式空调机一般用于容量较大的机组。

风冷式空调机中制冷系统的冷凝器以空气作为冷却介质，用空气带走其冷凝热。其制冷性能系数要低于水冷式空调机，但可以免去用水的麻烦，无须设置冷却塔和循环水泵等，安装与运行简便。

4）按制冷系统功能分为单冷型和热泵型空调机。单冷型空调机中制冷系统只能进行制冷运行，因此只能用于只需供冷的场所，这类空调机常称为冷风机。热泵型空调机既可制冷，又可制热，可用于一年中不同时段分别需要供冷或供暖的场所。

独立式空调机组还可按制冷压缩机控制方式（如开停控制、变频控制等）、按被处理空气的输送方式（如风管送风式、直接吹出式）等进行分类。所有这些分类并不完全严格，其中不免会有交叉和重叠，但是通过上述分类方法大致可以了解独立式空调机组的种类。

### 2. 空调机组（器）的能效比（EER）

空调机组（器）的经济性通常用能效比指标来评价。能效比是指对于使用封闭式压缩机的制冷系统，在名义工况下的制冷量与输入电功率之比。

$$EER = \frac{名义工况下的制冷量(W)}{输入电功率(W)} \tag{8-1}$$

空调机组（器）的名义工况（又称为额定工况）下的制冷量是指在用于设备性能检测的单组或多组规定的试验条件（通常规定在有关标准、产品铭牌或样本上标明）下测得的制冷量，其大小与产品的质量和性能有关。

例如：国家标准《房间空气调节器能效限定值及能效等级》（GB 21455）规定，房间空气调节器能效等级分为 5 级，其中 1 级能效等级最高，以单冷式房间空调器为例，按实测制冷季节能源消耗效率（SEER）对产品进行能效分级，各能效等级实测制冷季节能源消耗效率（SEER）应不小于表 8-1 的规定。

表 8-1　单冷式房间空气调节器能效等级指标值

| 额定制冷量(CC)/W | 制冷季节能源消耗效率(SEER) | | | | |
|---|---|---|---|---|---|
| | 能效等级 | | | | |
| | 1 | 2 | 3 | 4 | 5 |
| CC≤4500 | 5.80 | 5.40 | 5.00 | 3.90 | 3.70 |
| 4500<CC≤7100 | 5.50 | 5.10 | 4.40 | 3.80 | 3.60 |
| 7100<CC≤14000 | 5.20 | 4.70 | 4.00 | 3.70 | 3.50 |

## 8.3　空气处理与设备

空气处理是指在空调系统中，利用各种空气处理设备对空气进行加热、冷却、加湿、减湿和净化等处理。空气处理可以分为对空气温度和湿度等参数进行调节的热湿处理与空气净化处理两大类。在空气的热湿处理过程中，空气中的水蒸气扮演了重要角色，为分析方便，将水蒸气以外的所有气体称为干空气，并将其看成成分不变的整体，而将由干空气和水蒸气所组成的混合气体称为湿空气。在空调工程中，通常将湿空气视为理想气体。

湿空气中的水蒸气含量虽少，但是其含量和相态的变化会引起湿空气物理性质的改变，进而对人体热舒适感觉、空调能耗和某些产品质量等产生直接影响。

### 8.3.1　湿空气的物理性质

湿空气的物理性质不仅取决于空气的组成成分，也与所处的状态有关，湿空气的状态可以用状态参数来表示。描述湿空气物理性质的主要状态参数如下。

### 1. 干空气分压力 $p_a$ 和水蒸气分压力 $p_v$

湿空气的总压力 $p$ 是干空气分压力 $p_a$ 与水蒸气分压力 $p_v$ 之和，即

$$p = p_a + p_v \tag{8-2}$$

在空调工程中，一般采用大气作为工质，这时湿空气的总压力就是当地的大气压力 $B$，因而上式可以写成

$$B = p = p_a + p_v \tag{8-3}$$

式中　$B$——当地的大气压力，单位为 Pa；

$\quad\quad p$——湿空气的总压力，单位为 Pa；

$\quad\quad p_a$——干空气分压力，单位为 Pa；

$\quad\quad p_v$——水蒸气分压力，单位为 Pa。

显然，湿空气中的水蒸气含量越多，其分压力越大，也就是水蒸气分压力的大小直接反映了水蒸气含量的多少。

### 2. 温度 $t$

暴露于空气中但又不受太阳直接辐射的温度表所指示的温度，一般指干球温度。温度是空调工程中湿空气的一个重要参数。

### 3. 含湿量 $d$

含湿量是指湿空气中所含水蒸气的质量与干空气质量之比。也就是，在含有 1kg 干空气的湿空气中，所混有的水蒸气质量称为湿空气的含湿量，其表达式如下

$$d = 1000 \times \frac{m_v}{m_a} \tag{8-4}$$

式中　$d$——湿空气的含湿量，单位为 g/kg（干空气）；

$\quad\quad m_v$——湿空气中所含水蒸气的质量，单位为 g；

$\quad\quad m_a$——湿空气中所含干空气的质量，单位为 kg。

含湿量也是空调工程中湿空气的一个重要参数，在空气的加湿、减湿处理过程中都用含湿量来表征空气中水蒸气的变化。含湿量和水蒸气分压力是一一对应的关系。

### 4. 相对湿度 $\varphi$

空气实际的水蒸气分压力与同温度下饱和状态空气的水蒸气分压力之比，用百分比表示

$$\varphi = \frac{p_v}{p_a} \times 100\% \tag{8-5}$$

式中　$p_v$——空气实际的水蒸气分压力，单位为 Pa；

$\quad\quad p_a$——同温度下饱和状态空气的水蒸气分压力，单位为 Pa。

在一定温度下，空气中所含水蒸气的量有最大限度，超过这一限度，多余的水蒸气就会从湿空气中凝结出去，这种含有最大限度水蒸气量的空气称为饱和空气。饱和空气所具有的水蒸气分压力叫作该温度下空气的饱和水蒸气分压力，其随着温度的变化而变化。

相对湿度 $\varphi$ 反映了湿空气中水蒸气含量接近饱和的程度。在某温度下，$\varphi$ 值小，表示空气干燥，具有较大的吸湿能力；$\varphi$ 值大，表示空气潮湿，吸湿能力小。当 $\varphi = 0$ 时为干空气，$\varphi = 100\%$ 时则为饱和空气，未饱和空气的相对湿度在 $0 \sim 100\%$（$0 < \varphi < 100\%$）。相对湿度和含湿量不同，相对湿度表示空气中水蒸气含量接近饱和的程度，是一个相对值，而含湿量表征空气中的水蒸气含量，是一个绝对值。人体能够感觉到的是相对湿度。

相对湿度与温度、含湿量一样，是空调工程中湿空气的一个重要参数，也是表征室内空气状态的一个重要参数。

### 5. 焓 h

焓是代表总能量中取决于热力状态的那部分能量，是空气的状态参数，单位为 J。湿空气的焓是指与单位质量干空气对应的湿空气所具有的焓，也就是湿空气中每 1kg 干空气连同其中混入的 $dg$ 水蒸气所具有的总热量（包括显热和潜热）。在压力不变的条件下，焓差值等于热交换量。而在空气处理过程中，湿空气的状态变化过程可以认为是在定压条件下进行的，所以可以用湿空气状态变化前后的焓差值来计算空气得到或失去的热量。

### 6. 露点温度 $t_l$

在含湿量不变的条件下，使未饱和空气达到饱和状态时的温度称为露点温度。如果这时空气的温度继续下降，则饱和空气中的水蒸气便有一部分凝结成水滴（结露）而从空气中分离出来，空气的露点温度只取决于空气的含湿量，当含湿量不变时，露点温度也是定值。

空气结露是日常生活中常见的一种现象。例如秋季早晨的露水，冬季玻璃窗上的水珠和结霜等，都是由于空气接触到冷表面后，空气温度降到露点温度以下，以致达到饱和而析出凝结水的缘故。可见，当空气与低于其露点温度的表面接触时，不仅使温度降低，还会有水分析出。在空调工程中，常利用这一原理达到使空气冷却减湿的目的。

### 7. 湿球温度 $t_s$

如果有两只相同的温度计，将其中一只的感温球面包裹上纱布，纱布下端浸入盛水的容器中，使纱布处于湿润状态，该温度计称为湿球温度计，它所测得的温度为空气的湿球温度。另一只未包纱布的温度计相应地称为干球温度计，它所测得的温度为空气的干球温度，也就是实际的空气温度。湿球温度实际上就是湿球周围的饱和空气层的温度。

在一定的干球温度下，如果空气的相对湿度越低，则空气的吸湿能力也越大，这时纱布中的水分蒸发强度也越大，需要的汽化热量就越多，于是湿球温度越低，也就是干、湿球温度差就越大。反之，空气的相对湿度越大，则干、湿球温度差就越小。对于饱和空气，由于纱布中的水分不能蒸发，因此湿球温度与干球温度相等。由此可见，在一定的空气状态下，干、湿球温度的差值大小反映了空气的相对湿度大小。在实际测量中，常使用干湿球温度计测出干、湿球温度值来确定空气的相对湿度等参数。

## 8.3.2 空气处理设备

### 1. 空气换热器

用空气换热器处理空气时，与空气进行热湿交换的工作介质不直接和空气接触，而是通过换热器的金属表面与空气进行热湿交换。在空气换热器盘管中通入热水，可以实现空气的等湿加热过程，称为空气加热器；盘管中通入冷水或制冷剂，可以实现空气的等湿或减湿冷却过程，称为空气冷却器。

空气换热器具有构造紧凑、水系统简单、占地面积少和管理方便等优点，在机房面积较小的场合，特别是高层民用建筑的舒适性空调中得到了广泛的应用。

肋片管式空气换热器如图 8-6 所示，为了增强传热效果，空气换热器通常采用肋片管制作，在空气一侧设置肋片，增大空气侧的换热面积，达到增强换热的效果。

### 2. 喷水室

喷水室是指用喷淋水与空气直接接触的热湿交换设备。在喷水室中喷入不同温度的水，可以实现空气的加热、冷却、加湿或减湿等过程。用喷水室处理空气的主要优点是能够实现多种空气处理过程，冬、夏季工况可以共用一套空气处理设备，具有一定的净化空气的能力。喷水装置金属材料耗量小，加工制作容易。缺点是对水质条件要求高、占地面积大、水系统复杂和耗电较多。喷水室在空调房间的温、湿度要求较高的场合（如纺织厂、卷烟厂等工艺性空调系统中）得到了广泛的应用。

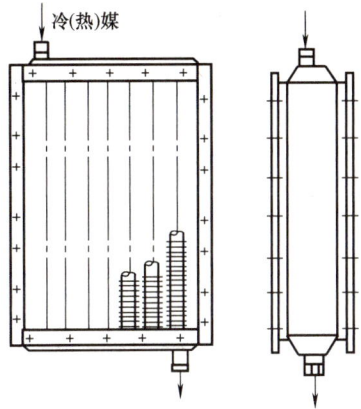

图 8-6　肋片管式空气换热器

图 8-7a、b 分别是应用较多的卧式和立式喷水室的结构示意图。立式喷水室占地面积小，空气自下而上流动，水则从上向下喷淋。因此，空气与水的热、湿交换效果比卧式喷水室好。立式喷水室一般用于要处理的空气量不大或空调机房的层高较高的场合。

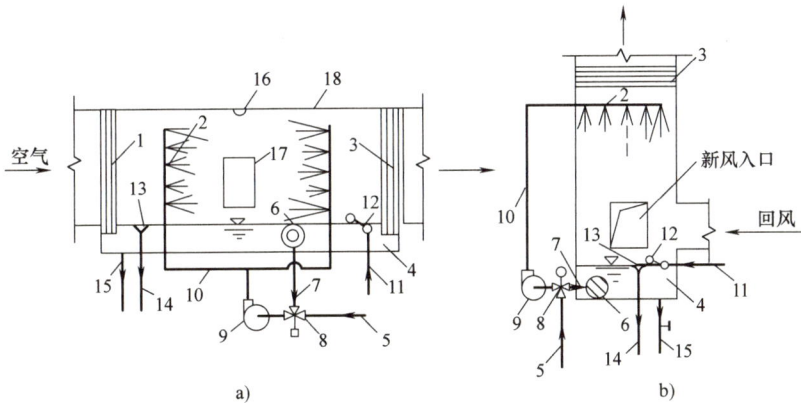

图 8-7　喷水室的结构

a）卧式　b）立式

1—前挡水板　2—喷嘴与排管　3—后挡水板　4—底池　5—冷水管　6—滤水器
7—循环水管　8—三通混合阀　9—水泵　10—供水管　11—补水管　12—浮球阀
13—溢水器　14—溢水管　15—泄水管　16—防水灯　17—检查门　18—外壳

### 3. 电加热器

电加热器是指通过电阻元件将电能转换成热能的空气加热设备。其具有结构紧凑、加热均匀、热量稳定、效率高、控制方便等优点。但由于电加热器要耗费较多电能，通常只在加热量较小的空调机组等场合采用。在恒温精度较高的空调系统里，电加热器常安装在空调房间的送风支管上，作为精确控制房间温度的调节加热器。

电加热器分为裸线式和管式两种。裸线式电加热器如图 8-8 所示。它具有结构简单、热惰性小、加热迅速等优点。但由于电阻丝容易烧断，安全性差，使用时必须有可靠的接地装置。为方便检修，常做成抽屉式的。

管式电加热器如图 8-9 所示，它将电阻丝装在特制的金属套管内，套管中填充有导热性

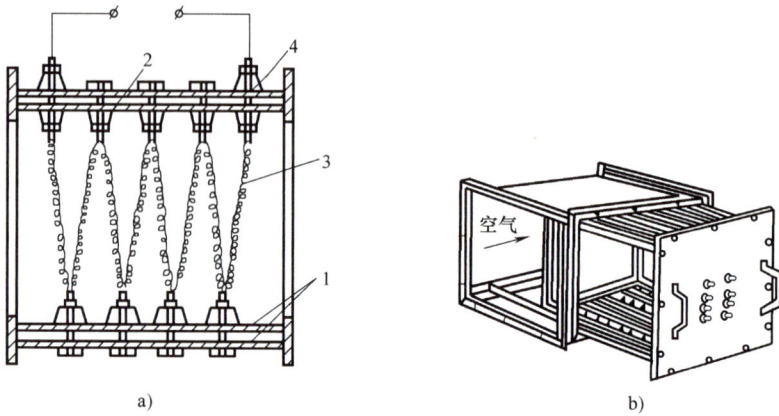

**图 8-8　裸线式电加热器**

a）裸线式电加热器　b）抽屉式电加热器

1—钢板　2—隔热层　3—电阻丝　4—瓷绝缘子

好，但不导电的材料。这种电加热器的优点是加热均匀、热量稳定、经久耐用、使用安全性好，但它的热惰性大，构造也比较复杂。

### 4. 加湿器

加湿器是指对空气进行加湿的设备，常用的有干蒸汽加湿器和电加湿器两种类型。

（1）干蒸汽加湿器　干蒸汽加湿器是指向气流中喷射干蒸汽的空气加湿设备，如图 8-10所示。它使用锅炉等加热设备生产的蒸汽对空气进行加湿处理。为了防止蒸汽喷管中产生凝

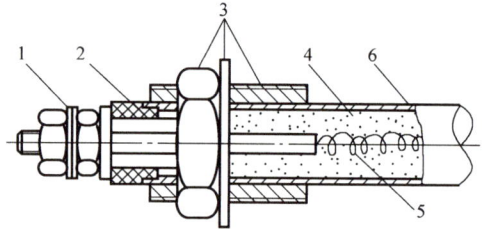

**图 8-9　管式电加热器**

1—接线端子　2—瓷绝缘子　3—紧固装置
4—绝缘材料　5—电阻丝　6—金属套管

结水，蒸汽先进入喷管外套 1，对喷管中的蒸汽加热、保温，然后经导流板进入加湿器筒体3，分离出产生的凝结水后，再经导流箱 4 和导流管 5 进入加湿器内筒体 6，在此过程中，使夹带的凝结水蒸发，最后从加湿器喷管 7 喷出的便是没有凝结水的干蒸汽。

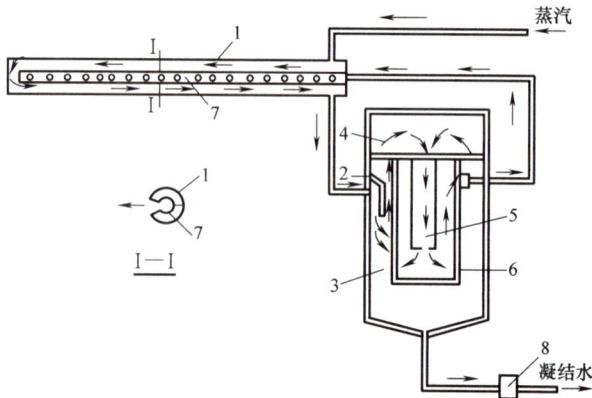

**图 8-10　干蒸汽加湿器**

1—喷管外套　2—导流板　3—加湿器筒体　4—导流箱　5—导流管　6—加湿器内筒体　7—加湿器喷管　8—疏水器

（2）电加湿器　电加湿器是指使用电能生产蒸汽来加湿空气的设备。根据工作原理不同，电加湿器有电阻式和电极式两种，如图 8-11 所示。

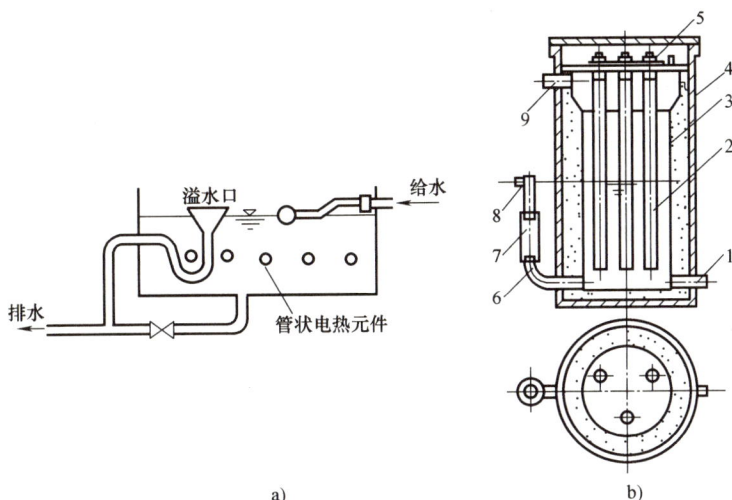

图 8-11　电加湿器

a）电阻式加湿器　b）电极式加湿器

1—进水管　2—电极　3—保温层　4—外壳　5—接线柱　6—溢水管　7—橡皮短管　8—溢水嘴　9—蒸汽出口

电阻式加湿器是指电流通过放置在水中的电阻（电热）元件，使水加热产生蒸汽的空气加湿设备。其通过浮球阀自动控制补水，以免发生断水空烧现象。

电极式加湿器是指电流通过直接插入水中的电极产生蒸汽的空气加湿设备。其利用三根铜棒或不锈钢棒插入盛水的容器中作为电极，当电极与三相电源接通后，电流从水中流过，水的电阻转化的热量将水加热产生蒸汽。电极式加湿器结构紧凑，加湿量容易控制，但耗电量较大，电极上容易产生水垢和腐蚀，因此适用于小型空调系统。

**5. 空气过滤器**

空气过滤器是指对空气进行净化处理的设备，通常分为初效、中效和高效过滤器三种类型。为了便于更换，一般做成块状。初效过滤器如图 8-12 所示。

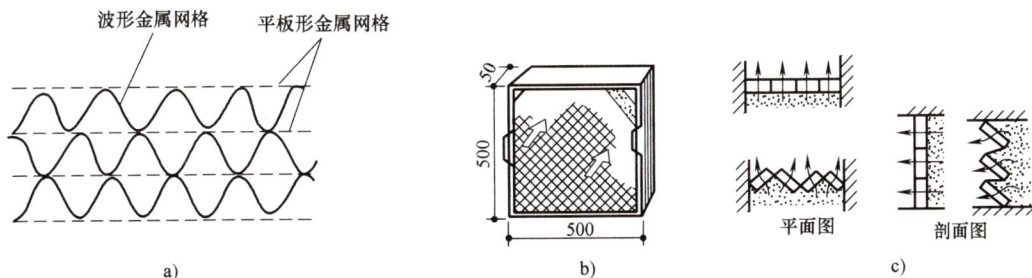

图 8-12　初效过滤器

a）金属网格滤网　b）过滤器外形　c）过滤器安装方式

初效过滤器主要用于空气的初级过滤，过滤粒径在 $10 \sim 100 \mu m$ 范围的大颗粒灰尘，通常采用金属网格、聚氨酯泡沫塑料及各种人造纤维滤料制作。

中效过滤器用于过滤粒径在 $1 \sim 10 \mu m$ 范围的灰尘，通常采用玻璃纤维，无纺布等滤料制作。为了提高过滤效率和处理较大的风量，常做成抽屉式（图 8-13）或袋式（图 8-14）等形式。

高效过滤器用于对空气洁净度要求很高的净化空调，通常采用超细玻璃纤维，超细石棉纤维等滤料制作。

空气过滤器应经常拆换清洗，以免因滤料上积尘太多，风管系统的阻力增加，使空调房间的温、湿度和室内空气洁净度达不到设计的要求。

### 6. 组合式空调机组

组合式空调机组是指由预制单元箱体组合，具有空气循环、净化、加热、冷却、加湿、除湿、消声、混合等多种功能的空气处理设备，也称装配式空调机组。组合式空调机组的标准分段主要有送风段、过滤段、混合段、加热段、加湿段、喷水段、表冷段、风机段、消声段、中间段、回风段、挡水板段、热回收段等，实际空调工程中可根据需要选择若干具有不同空气处理功能的预制单元进行组装。当然，分段越多，设计选配就越灵活。图 8-15 所示为组合式空调机组。

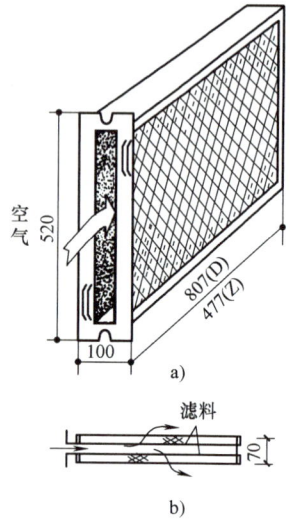

**图 8-13　抽屉式过滤器**

a）外形　b）断面形状

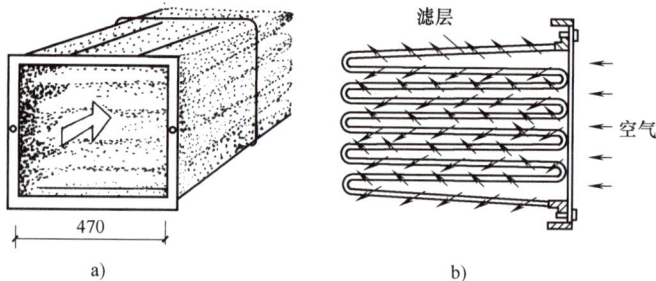

**图 8-14　袋式过滤器**

a）外形　b）断面形状

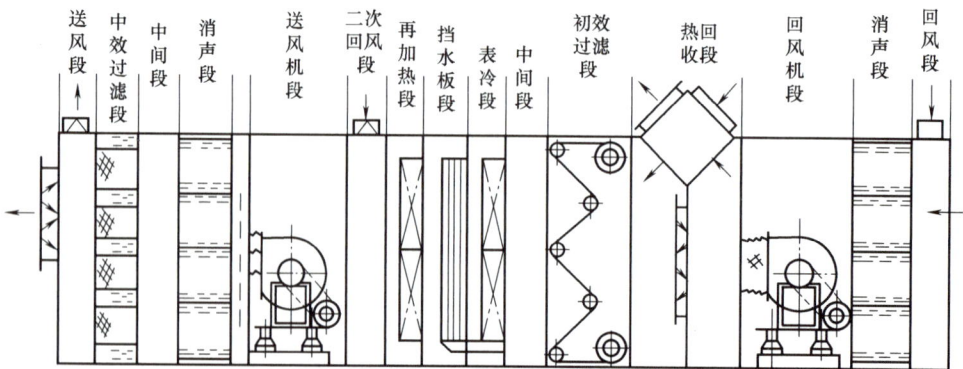

**图 8-15　组合式空调机组**

### 7. 冷冻除湿机

冷冻除湿机是空气经制冷设备冷却使水蒸气凝结的空气除湿设备，也称制冷除湿机。它常用于要求低湿度条件的生产工艺、产品贮存以及产湿量大的地下建筑等场所的除湿。

（1）冷冻除湿机的工作原理　冷冻除湿机实际上是一个小型的制冷系统，其工作原理如图 8-16 所示。当潮湿空气流过蒸发器时，由于蒸发器表面的温度低于空气的露点温度，空气温度降低，空气在蒸发器外表面温度下所能容纳的饱和含湿量以上的那部分水分凝结出来，达到除湿目的。减湿降温后的空气随后流过冷凝器，吸收高温气态制冷剂凝结放出的热量，使空气的温度升高、相对湿度减小，然后进入室内。

（2）冷冻除湿机的使用和维护　由冷冻除湿机的工作原理可知，它的送风温度较高。因此，冷冻除湿机适用于既要减湿，又需要加热的场所。当相对湿度低于 50%，或空气的露点温度低于 4℃ 时不可使用。

图 8-16　冷冻除湿机工作原理

冷冻除湿机在短时间内不可频繁开停，停机后应间隔 3~4min 才可重新启动。冷冻除湿机的排水管要接到地漏或盛水的容器中。对设有容器水量报警装置的除湿机，报警后应立即将机内盛水容器取出倒水。

冷冻除湿机的空气过滤网要保持清洁，一般每隔 1~2 周清洗一次，以减少空气流动的阻力。

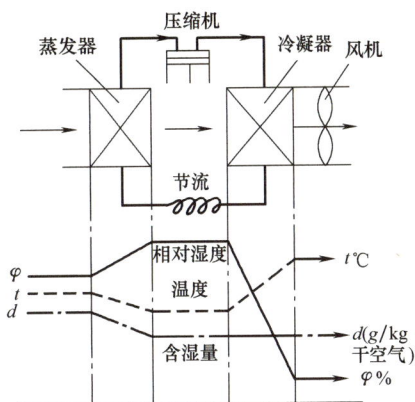

## 8.4　空调房间的气流组织

空调房间的气流组织是指对室内空气的流动形态和分布进行合理组织，以满足空调房间对空气温度、湿度、流速、洁净度以及舒适感等方面的要求。空调房间的气流组织是否合理，不仅直接影响房间的空调效果好坏，而且影响到空调系统的耗能量大小。

影响空调房间气流组织的因素有很多，主要有送风口的位置和形式、回风口位置、房间的几何形状和送风射流参数等。其中，送风口的位置、形式和送风射流参数对气流组织的影响最为重要。

从孔口向相对静止的周围空气射出的气流称为射流。

### 8.4.1　送、回风口的形式

#### 1. 送风口形式

为空调区域送风的风口称为送风口。送风口的形式及其紊流系数的大小对射流的发展和室内气流的流形有着较大的影响。其类型较多，在进行室内气流组织的设计时，应根据房间所需要的空调精度、气流流形、送回风口的安装位置，以及建筑装修等条件合理地选用。常用的送风口有以下几种类型。

（1）侧送风口　侧送风口是指安装在空调房间侧墙或风道侧面上、可横向送风的风口，有百叶风口（由一层或多层叶片构成的风口）、格栅风口（流通截面呈网格或格栅状的风口）、条缝风口（装有导流和调节构件的长宽比大于 10 的狭长风口）等。其中用得最多的是活动百叶风口，分为单层百叶、双层百叶和三层百叶三种。单层百叶和双层百叶风口的构造如图 8-17 所示。单层百叶风口中的叶片是水平布置，双层百叶风口中的叶片一层水平布置，另一层垂直布置。活动百叶片不仅可以调节出风的方向，而且可以通过调节叶片水平和垂直方向的倾角改变射流的扩散性能和贴附长度。

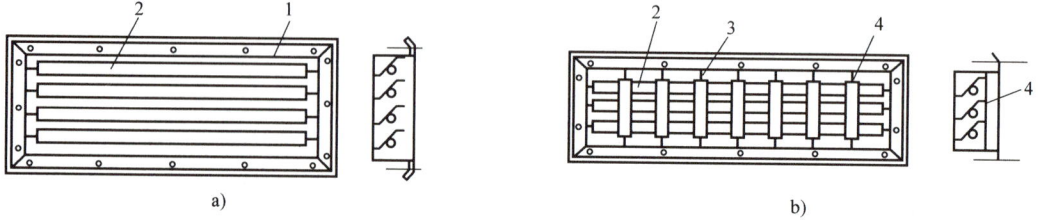

**图 8-17　百叶风口的构造**

a）单层百叶风口　b）双层百叶风口

1—铝框（或其他材料的外框）　2—水平百叶片　3—百叶片轴　4—垂直百叶片

（2）散流器　散流器是由一些固定或可调叶片构成的，能够形成下吹、扩散气流的圆形、方形或矩形风口。散流器通常安装在顶棚上，其送风气流从风口向四周辐射送出。根据出流方向的不同，散流器分为平送散流器和下送散流器。平送散流器送出的气流是贴附着顶棚向四周扩散的，适用于房间层高较低、恒温精度较高的场合。下送散流器送出的气流是向下扩散的，适用于房间的层高较高、净化要求较高的场合。散流器如图 8-18 所示。

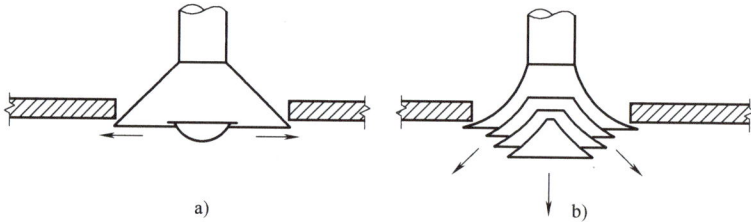

**图 8-18　散流器**

a）平送散流器　b）下送散流器

（3）送风孔板　送风孔板是具有规则排列孔眼的扩散板风口，如图 8-19 所示，其通过开有孔眼的孔板将静压箱内的空气送入室内。送风孔板的主要特点是送风均匀，气流速度衰减快，适用于要求空调区气流均匀、流速小、区域温差小和洁净度较高的场合，如高精度恒温室和平行流洁净室。

（4）喷口　喷口是收敛形的风口。如图 8-20a 所示为圆形喷口，它的风口的渐缩角很小，风口无叶片阻挡，噪声小、紊流系数小、射程长，适用于大空间公共建筑的送风，如体育馆、影剧院等场合。为了提高送风口的灵活性，可做成既能调节风量，又能调节出风方向的球形喷口，如图 8-20b 所示。

除了上述常用的一些风口之外，空调送风口还包括可绕风口轴线旋转并在气流出口处装有可调导流叶片的旋转风口、旋流风口等。

**2. 回风口**

空调区域回风用的风口称为回风口。由于回风汇流速度衰减很快，作用范围小，回风口吸风速度的大小对室内气流组织的影响很小，因此回风口的类型较少。常用的回风口有单层

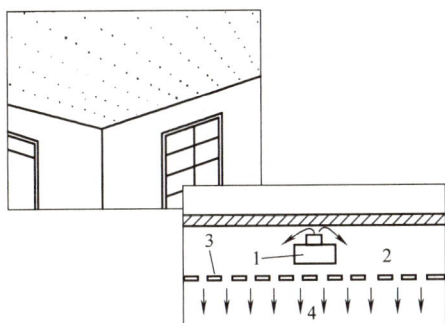
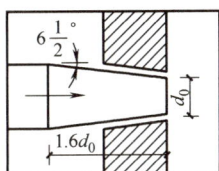
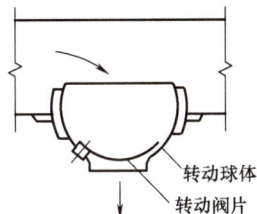

**图 8-19　送风孔板**
1—风管　2—静压箱　3—孔板　4—空调房间

**图 8-20　喷射式送风口**
a)圆形喷口　b)球形喷口

百叶、格栅、金属网格等形式。如图 8-17a 所示的单层百叶风口，在叶片后面增加过滤网可作为回风口用。图 8-21 所示为设在影剧院座位下面的散点式回风口和设在地面上的格栅式回风口。

回风口的安装位置和形状应根据室内气流组织的要求确定。当设置在房间下部时，为了防止吸入灰尘和杂物，风口下边缘到地面距离应大于 150mm 以上。

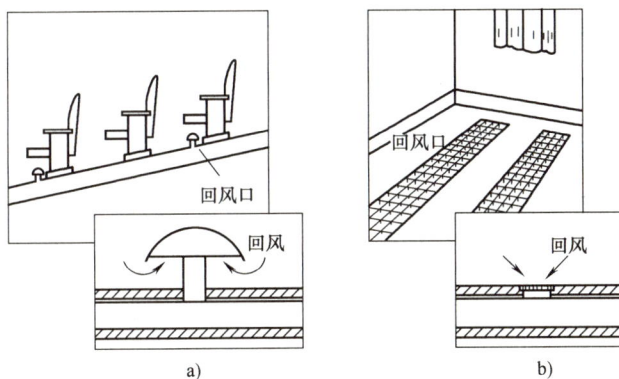

**图 8-21　地面散点式和格栅式回风口**
a)散点式回风口　b)格栅式回风口

## 8.4.2　空调房间的气流组织形式

空调房间的气流组织形式根据送、回风口布置位置和送风口形式的不同，主要有以下几种。

### 1. 侧向送风

侧向送风是指依靠侧送风口吹出的射流实现送风的方式。这种方式将送风口布置在房间侧墙或风道侧面上，空气横向送出。为了增大射流的射程，避免射流在中途下落，通常采用贴附射流，使送风射流贴附在顶棚表面流动。图 8-22 是侧向送风的气流流形，其中图 8-22a、b、c 分别是单侧上送上回、单侧上送下回、单侧上送走道回风形式；d 是双侧外送上回形式；e、f 分别为双侧内送上回和双侧内送下回的形式；g 是中部双侧内送、上下回风或上部排风的形式。

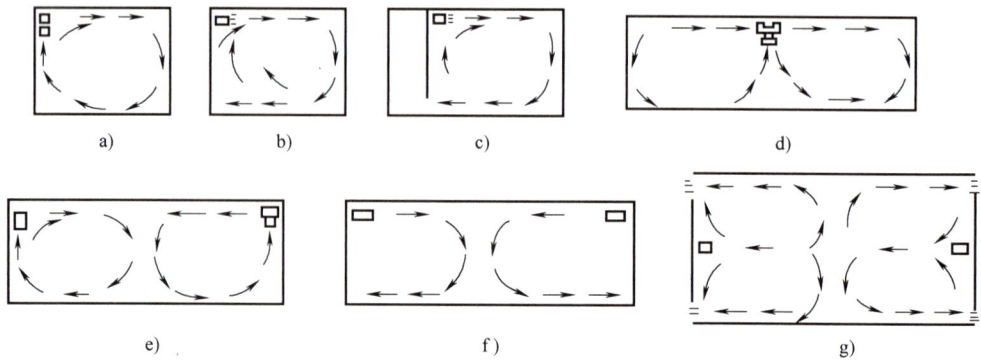

图 8-22　侧向送风的气流流形

侧向送风气流组织的主要特点是，气流在室内形成大的回旋涡流，空调区处于回流区，只是在房间的角落处有小的滞流区，由于送风气流在到达空调区之前已经与房间的空气进行了比较充分的混合，从而使空调区具有比较均匀、稳定的温度和速度分布。由于采用贴附射流，射程较长，因而可采用较大的送风温差以节省风量和减少再热冷负荷。此外，侧向送风还具有管路布置简单、施工方便等优点。

### 2. 散流器送风

散流器送风是指依靠散流器吹出的射流实现送风的方式，有平送风和下送风两种形式。平送风时，气流贴附着顶棚向四周扩散下落，与室内空气混合后从布置在下部的回风口排出（图 8-23）。散流器平送风的主要特点是作用范围大，射流扩散快，射程比侧向送风短，空调区处于回流区，具有较均匀的温度和速度分布。

散流器下送风气流流形如图 8-24 所示。这时，送风射流以 20°～30°的扩散角向下射出，在风口附近的混合段与室内空气混合后形成稳定的下送直流流形，通过空调区后从布置在下部的回风口排出。散流器下送的空调区处于射流区，适用于净化要求较高的场合。

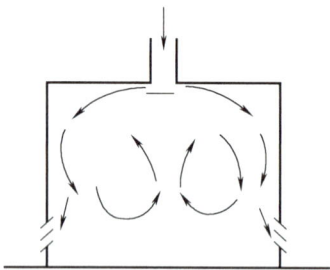

图 8-23　散流器平送风气流流形

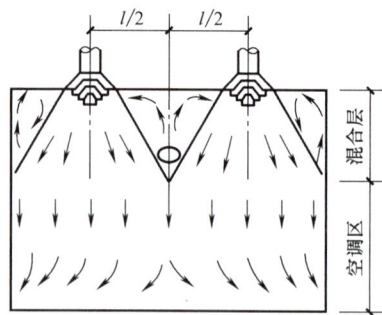

图 8-24　散流器下送风气流流形

采用散流器送风时通常要设置吊顶，需要的房间层高较高，一般需 3.5～4.0m，因而初投资比侧向送风高。

### 3. 孔板送风

孔板送风是指以多孔板作为送风口实现均匀送风的方式。孔板送风气流流形如图 8-25所示，它与孔板上的开孔数量、送风量和送风温差等因素有关。

对于全孔板，当孔口风速 $v_0 \geq 3\text{m/s}$，送风温差 $\Delta t_0 \geq 3\text{℃}$，风量 $\geq 60\text{m}^3/\text{h}$ 时，孔板下方

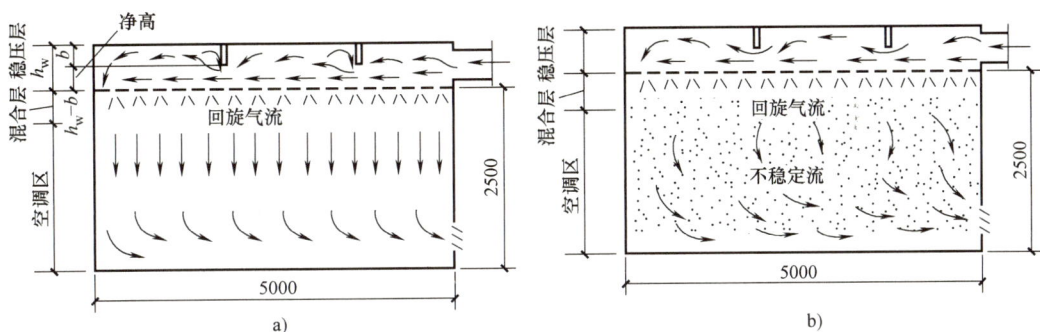

**图 8-25  孔板送风气流流形**

a）下送直流流形  b）不稳定流流形

注：$h_w$ 为吊顶的高度；$b$ 为顶棚下的梁高。

形成下送直流流形，适用于净化要求较高的场合；当孔口风速 $v_0$ 和送风温差 $\Delta t_0$ 较小时，孔板下方形成不稳定流。不稳定流可使送风射流与室内空气充分混合，空调区的流速分布均匀，区域温差很小，适用于恒温且精度要求较高的场合。

局部孔板下方一般是不稳定流，这种流形适用于射流下方有局部热源或局部区域恒温精度要求较高的场合。

孔板送风需要的房间层高较小，初投资比侧向送风高，但比散流器送风小。

### 4. 喷口送风

喷口送风是指依靠喷口吹出的高速射流实现送风的方式。喷口送风的气流流形如图 8-26 所示，通常将送、回风口布置在同侧，空气以较高的速度和较大的风量集中在少数几个喷口射出，射流到达一定的射程后折回，在室内形成大的涡旋，空调区处于回流区。

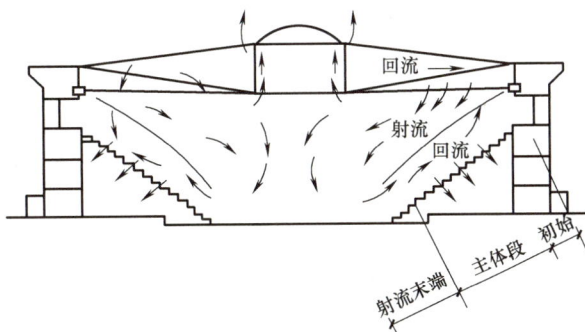

**图 8-26  喷口送风的气流流形**

喷口送风的风速大、射程长，沿途卷吸大量的室内空气，射流流量可达到送风量的 3~5 倍。由于送风射流与室内空气进行的强烈的掺混作用，故空调区具有较均匀的温度和速度分布。喷口送风多用于大型体育馆、影剧院、礼堂、候车大厅等公共建筑中高大空间的舒适性空调。

### 5. 下送风

这种气流组织形式是将送风口布置在房间的下部、回风口布置在房间的上部或下部，如图 8-27 所示。

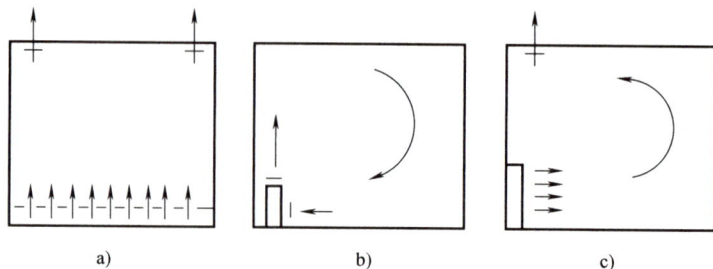

**图 8-27　下送风气流流形**

a）地板下送　b）末端装置下送　c）置换式下送

当回风口布置在房间的上部时（图 8-27a、c），送风射流直接进入空调区，上部空间的余热不经空调区就被排走，因此其适用于电视台演播大厅这类室内热源靠近顶棚的空调场合。但是，由于送风直接进入空调区，为了满足人体热舒适的要求，需要减小送风温差和风速，当送风量较大时，需要的风口面积较大，风口布置较为困难。当然，采用地板送风或者置换式下送风的方式有利于改善空调区的空气品质，排风温度高于空调区温度，具有一定的节能效果。

当回风口布置在房间的下部时（图 8-27b），送风射流在室内形成大的涡旋，空调区处于回流区，可采用较大的送风温差和风速。

#### 6. 中间送风

图 8-28 所示为中间送风气流流形。对于厂房、车间等高大空间的场合，为了减少能量的浪费，可采用这种气流组织形式。房间下部是空调区，上部是非空调区。空调区处于回流区，具有侧向送风的气流组织特点。图 8-28b 中设在上部的排风口用于排走非空调区内的余热，防止其在送风射流的卷吸下向空调区扩散，也可实现上部空间的余热不经空调区就被排走。

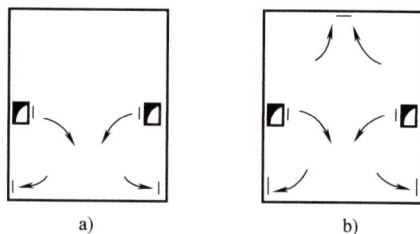

**图 8-28　中间送风气流流形**

a）中间送风、下部回风
b）中间送风、上下部回风

## 8.5　空调水系统

空调水系统主要针对采用集中冷热源的系统情况，主要包括空调冷（热）水系统和空调冷却水系统。其中，空调冷水是由冷水机组等制冷设备提供的能满足空调或其他工艺降温需求的低温水；空调热水则是由空调热源设备提供的能满足空调或其他工艺加热需求的温度较高的水。空调冷却水是带走冷水机组等制冷设备排放的冷凝热的冷却用水。空气处理设备在除湿工况下运行时，被处理的空气还会产生冷凝水，相应就有空调冷凝水系统。

### 8.5.1　空调冷（热）水系统

空调冷（热）水系统是以水为工质向空调区域提供冷（热）量的系统。在空调系统中，随着季节的变化，需要向空调末端装置提供空气处理所需要的冷、热水来消除空调房间的冷（热）、湿负荷。为了防止盘管结垢，影响传热效果，空调热水供水温度一般为 55～60℃，供、回水温差可选择为 $10\sim15℃$。空调冷水供水温度通常为 $7℃$，供、回水温差为 $5℃$。

### 1. 空调冷（热）水系统的分类

（1）两管制、三管制和四管制水系统（按照冷、热水管道的设置方式）

1）两管制水系统。两管制水系统是指仅有一套供水管路和一套回水管路的水系统。该系统的供冷水和供热水在同一套管路中进行，根据空调供冷和供暖的需要进行冷、热水的转换，如图 8-29a 所示。两管制水系统是目前用得最多的系统，特别是在以夏季供冷为主要目的的南方地区。

两管制水系统的主要优点是系统简单，初投资小，但存在以下缺点：①由于供冷水和供热水时，供、回水温差的差别较大，使供冷和供暖工况时水系统中循环水量的差别较大，从节能方面考虑，需要设置供冷和供暖工况分开使用的水泵；②由于各空调房间冷（热）、湿负荷的变化规律不一样，尤其在过渡季，会出现朝阳面的房间要求供冷水，而背阴面的房间要求供暖的现象，同一套两管制水系统难以满足所有空调房间的调节要求。为了克服普通两管制水系统的这些缺点，可采用分区两管制水系统——按建筑物空调区域的负荷特性将空调水路分为冷水和冷热水合用的两种两管制系统。需全年供冷水区域的末端设备只供应冷水，其余区域末端设备根据季节转换，供应冷水或热水。

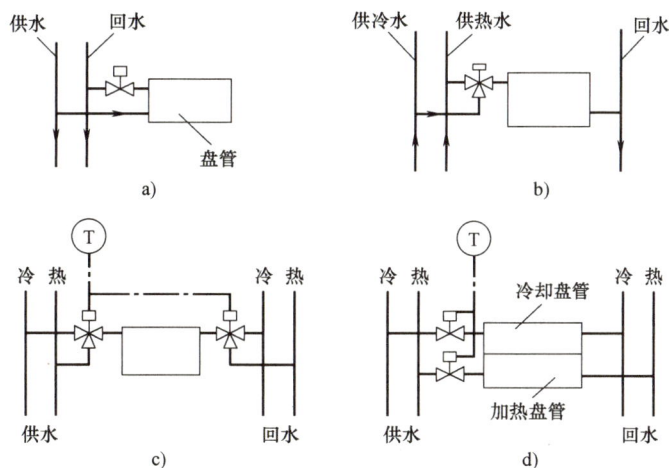

图 8-29　末端装置（风机盘管机组）的供水形式及接法
a）两管制水系统　b）三管制水系统　c）冷、热盘管合用的四管制水系统
d）冷、热盘管分开设置的四管制水系统

2）三管制水系统。三管制水系统是指冷水和热水供水管路分设而回水管路共用的水系统。三管制水系统如图 8-29b 所示，每个末端装置（风机盘管机组）设有冷、热两条供水管，回水共用一条回水管。三管制水系统适应负荷变化的能力强，可较好地进行全年的温、湿度调节，满足空调房间的要求。但由于冷、热水同时进入回水管，冷、热水混合造成的能量损失较大。此外，由于冷热水管路互相连通，水力工况复杂，初投资比两管制水系统高。

3）四管制水系统。四管制水系统是指冷水和热水的供回水管路全部分设的水系统。四管制水系统是由独立使用的冷、热水供水管和冷、热水回水管组成。它有两种形式：图 8-29c 所示为冷、热盘管合用的四管制水系统，在盘管的供水支管和回水支管上分别装设电动三通阀，由室温控制装置按需要向盘管供热水或供冷水；图 8-29d 所示为冷、热盘管分开设置的四管制水系统，在各自的供水支管上分别装设有电动二通阀调节进入盘管的水量。四管制水系统设有各自独立的冷、热水系统的供、回水管，从而克服了三管制水系统存在的冷、热水共用一条回水管造成混合能量损失和系统水力工况复杂的缺点，使运行调节更为灵活、方便，全年不需要进行工况转换。缺点是初投资和运行费高，管道占用建筑空间多。

（2）开式水系统和闭式水系统（按照系统水压特征）　开式水系统是将空调回水集中到建筑物底层或地下室的回水箱，再用水泵将经过冷却或加热后的水供应到空调末端设备，如图 8-30 所示。

开式水系统的主要缺点是：为了克服系统的静水压头，需要的水泵扬程高，运行能耗大。此外，由于系统中的水与大气接触，水质容易被污染，管路系统易产生污垢和腐蚀。

闭式水系统如图 8-31 所示，水在系统中密闭循环，不与大气接触，只需在水系统中的最高点设置膨胀水箱，因此水系统的管道不易产生污垢和腐蚀。由于水泵不需要克服提升水的静水压头，故系统需要的水泵扬程小，运行耗电量小。因此，其在工程实际中得到了广泛的应用。

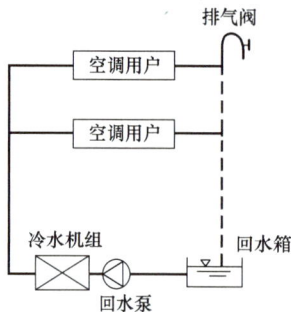

图 8-30　开式水系统

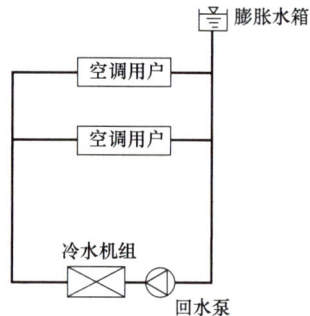

图 8-31　闭式水系统（异程式水系统）

（3）同程式水系统和异程式水系统（按照空调末端设备的水流程）　同程式水系统如图 8-32 所示，其特征是冷（热）水流过每个空调末端设备环路的管道长度相同（或接近）。因此，系统水量的分配和调节方便，管路的阻力容易平衡。但同程式水系统需要设置同程管，管材用量大，系统的初投资较高。

异程式水系统如图 8-31 所示，其特征是冷（热）水流过每个空调末端设备环路的管道长度都不相同。它的管路系统简单，管道长度较短，初投资小。但异程式水系统的水量分配调节和管路的阻力平衡较困难，特别是在建筑较高、空调系统较大的场合。当系统较小，建筑较低时，可采用异程式水系统。但所有空调末端设备盘管的连接管上需设置流量调节阀平衡阻力。

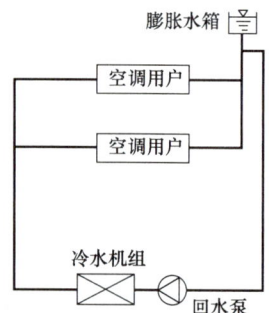

图 8-32　同程式水系统

### 2. 空调冷（热）水系统的分区

空调冷（热）水系统的分区通常有两种方式，按照水系统管道和设备的承压能力分区和按空调用户的负荷特性分区。

（1）按照水系统管道和设备的承压能力分区　高层建筑的空调冷（热）水系统大都采用闭式水系统，系统竖向分区范围取决于管道和设备的承压能力。目前，冷（热）水机组的蒸发器和冷凝器水侧的工作压力一般为 1.0MPa，加强型为 1.7MPa，特加强型为 2.0MPa。管材公称压力为：低压管道小于或等于 2.5MPa；中压管道为 4~6.4MPa。阀门公称压力：低压阀门为 1.6MPa；中压阀门为 2.5~6.4MPa。当系统水压超过设备承压能力时，需要在竖向分为几个独立的闭式水系统。通常的做法如下：

1）冷热源设备均设置在地下室，在竖向分为两个系统，低区系统采用普通型设备，高区系统采用加强型设备，如图 8-33 所示。

2）冷热源设备设置在技术设备层或避难层，竖向分成独立的两个系统，分段承受水静压力，如图 8-34 所示。

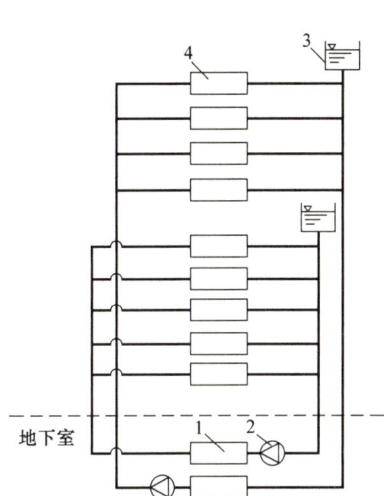

图 8-33 冷热源设备均设置在地下室的系统
1—冷（热）水机组 2—循环水泵 3—膨胀水箱
4—用户末端装置

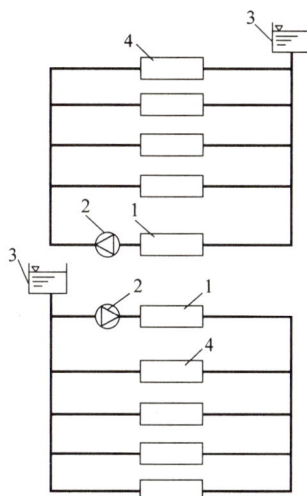

图 8-34 冷热源设备设置在技术设备层或避难层的系统
1—冷（热）水机组 2—循环水泵 3—膨胀水箱
4—用户末端装置

3）高、低区合用冷热源设备（图 8-35）。低区采用冷水机组直接供冷，高区通过设置在设备层的板式换热器间接供冷。板式换热器为高、低区水压的分界设备，分段承受水静压力。

4）高、低区的冷热源设备分别设置在地下室和中部设备层内，竖向分成独立的两个系统，分段承受水静压力（图 8-36）。高区的冷（热）水机组可以是水冷机组，也可以用风冷机组。风冷机组一般设置在屋顶上。

（2）按照空调用户的负荷特性分区 现代建筑的规模越来越大，使用功能也越来越复杂，公共服务用房（中西餐厅、大宴会厅、酒吧、商店、休息厅、健身房、娱乐用房等）所占面积的比例很大。公共服务用房的空调系统大都具有间歇使用的特点。因此，在水系统分区时，应当考虑建筑物各房间在使用功能和使用时间上的差异，将水系统按照上述特点进行分区。这样，可以使各区独立进行运行管理，不用的时候关闭，节省运行费用。

此外，空调冷（热）水系统应当考虑按照建筑物房间朝向和内、外区的差别进行分区。南北朝向的房间由于太阳辐射不一样，在过渡季可能会出现南向的房间需要供冷，而北向的房间需要供暖的情况。同样，建筑物内区的负荷与室外气温的关系不大，需要全年供冷，而建筑外区负荷随着室外气温的变化而变化，有时要供冷，有时要供暖。因此，在进行空调水

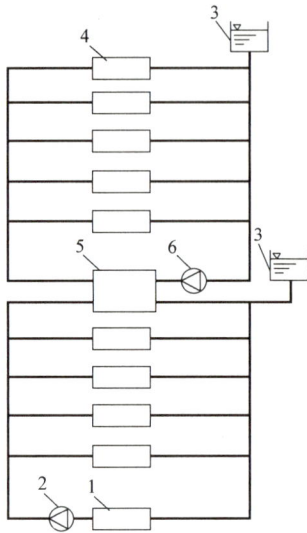

图 8-35　高、低区合用冷热源设备的系统

1—冷（热）水机组　2—低区循环水泵　3—膨胀水箱
4—用户末端装置　5—板式换热器
6—高区循环水水泵

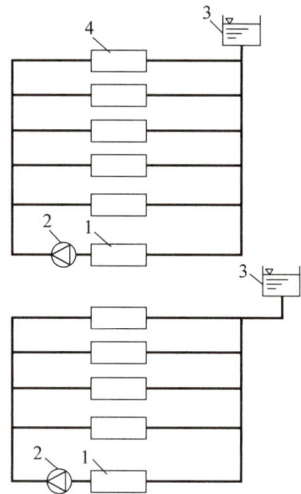

图 8-36　高、低区的冷热源设备分别设置的系统

1—冷（热）水机组　2—循环水泵　3—膨胀水箱
4—用户末端装置

系统分区时，对建筑物的不同朝向和内、外区应给予充分注意，根据其特点进行合理分区。

## 8.5.2　空调冷却水系统

空调冷却水系统是由散热设备、输送设备及管路组成的以水为冷却介质的，将制冷机组产生的冷凝热排至室外环境的系统。

### 1. 空调冷却水系统的分类

在制冷系统中，为了将冷凝器中高温高压的气态制冷剂冷凝为高温高压的液态制冷剂，需要用温度较低的水、空气等物质带走制冷剂冷凝时放出的热量，对于制冷量较大的冷水机组，通常采用水作为冷却剂。用水作为冷却剂时，按照冷却水的供水方式分为直流式和循环式冷却水系统。

直流式冷却水系统的冷却水在经过冷凝器升温后，直接排入河道、下水道或用于小区的综合用水系统的管道。为了节约水资源，应当重复利用冷却水，通常采用循环式冷却水系统。在循环式冷却水系统中，采用冷却塔将冷凝器中温度升高了的冷却水冷却后，重新送入冷凝器中使用。这样，在循环式冷却水系统中，只需要进行少量的补水即可。

冷却塔是利用水对空气的蒸发吸热效应达到使冷却水降温目的的一种换热设备。其按冷却水与空气是否直接接触，分为开式和闭式两类；按水流与空气的流向关系，分为逆流和横流两类；按通风方式不同，分为自然通风和机械通风两类。民用建筑空调系统通常采用机械通风冷却循环水系统。

### 2. 机械通风冷却循环水系统

机械通风冷却循环水系统的冷却塔的工作原理是使水和空气上下对流，让温度较高的冷却水通过与空气的温差传热，以及部分冷却水的蒸发吸热，将冷却水的温度降低。机械通风冷却循环水系统如图 8-37 所示。

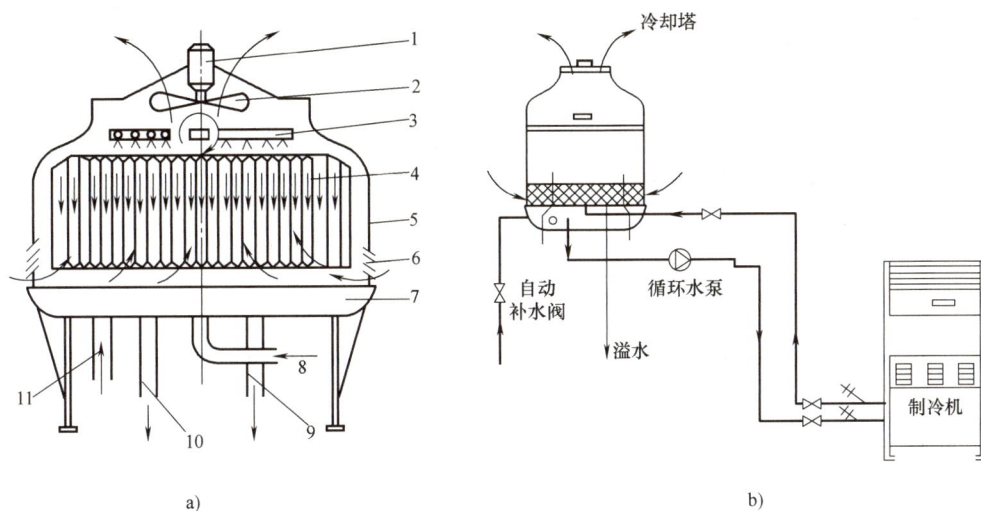

图 8-37 机械通风冷却循环水系统

a) 冷却塔结构原理图 b) 机械通风冷却循环水系统

1—电机 2—风机 3—布水器 4—填料 5—塔体 6—进风百叶

7—水槽 8—进水管 9—溢水器 10—出水管 11—补水管

### 3. 机械通风冷却循环水系统的分类

机械通风冷却循环水系统分为开式系统和闭式系统。

开式系统如图 8-38a 所示，在冷却塔中被冷却后的冷却水回到建筑物底层或地下室的水池，再用冷却水泵送入冷凝器中冷却高温、高压的气态制冷剂，温度升高后再进入机械通风冷却塔中冷却后重复使用。开式系统的缺点是为了克服系统的静水压水头 $H$，水泵的扬程高，运行耗电量大，特别是在冷却塔因受到条件的限制，布置在较高建筑屋面的场合。此外，由于系统中的水与大气接触，水质容易被污染，管路系统易产生污垢和腐蚀。

闭式系统如图 8-38b 所示。其所需要提升的静水压水头 $h$ 小于开式系统所提升的静水压水头 $H$，水泵所需要的扬程小，运行耗电量小。因此，机械通风冷却循环水系统应当采用闭式系统。

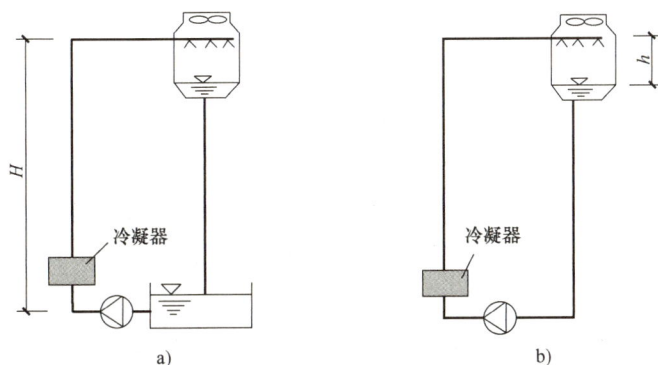

图 8-38 机械通风冷却循环水系统

a) 开式系统 b) 闭式系统

#### 4. 机械循环冷却水系统的设备布置与选择

机械冷却水循环系统的设备布置主要有冷却塔、冷却水泵等。

（1）冷却塔的布置　冷却塔一般布置在室外地面或屋面上，其冷却水循环流程分别如图 8-39 和图 8-40 所示。对于附设在高层建筑里的制冷机房，冷却塔可布置在裙楼的屋面上。这时，屋面结构的承载能力应当按照冷却塔的运行重量设计。一般横式冷却塔的重量约 $1t/m^2$，立式冷却塔的重量为 $2\sim3t/m^2$。

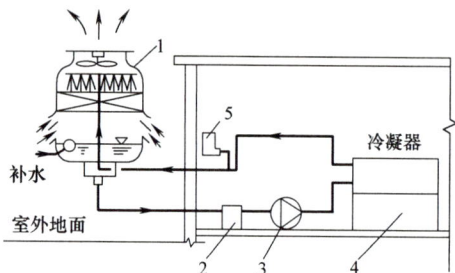

图 8-39　冷却塔设在室外地面上的冷却水循环流程
1—冷却塔　2—水过滤器　3—冷却水泵
4—冷水机组　5—加药装置

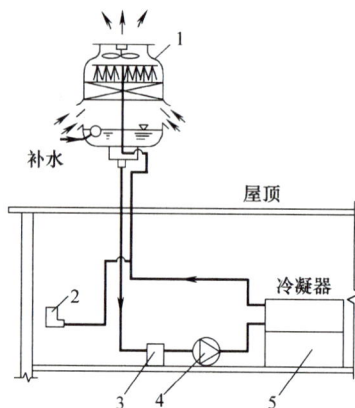

图 8-40　冷却塔设在屋面上的冷却水循环流程
1—冷却塔　2—加药装置　3—水过滤器
4—冷却水泵　5—冷水机组

冷却塔宜选用集水型的冷却塔，并用自来水经浮球阀向集水盘补水。为了除去冷却水中的泥沙、飘尘等悬浮物，在冷却水泵前应设置水过滤器。加药装置是为阻止结垢、杀菌和灭藻而设置的。

为了保证冷却水系统安全可靠地运行，冷却塔应当位于冷凝器的上方。当受条件限制，冷却塔低于冷凝器时，为了防止停泵时立管内冷却水落入冷却塔而造成管内真空，使冷凝器中的水在虹吸作用下被排空，必须在冷凝器出口管的顶部设置防真空阀或通气管等以防止产生虹吸。

冷却塔运行时产生的噪声对周围环境有较大的影响，因此不宜布置在对噪声要求较高的地方。同时，应当尽量选择低噪声或超低噪声型的冷却塔。

（2）冷却水泵的布置　为了防止在冷却水泵吸入口处形成负压，冷却水泵一般应布置在冷凝器的入口端，进水管应低于冷却塔集水盘的液面标高，以便冷却塔的出水管可以在重力作用下流入冷却水泵。

对于闭式冷却水系统，冷却水泵的扬程应当等于冷却水供回水管道和部件（水过滤器、控制阀、冷凝器等）的阻力、冷却塔集水盘水位到布水器之间的高差和布水器所需的压头（约 $5mmH_2O$）之和乘以 $1.1\sim1.2$ 的安全系数。

冷却塔、冷却水泵的台数和流量应当与冷水机组对应配置，以便于运行管理。

循环冷却水通过冷却塔时水分不断蒸发，因为蒸发的水中不含盐分，所以随着蒸发过程的进行，循环水中的溶解盐类不断被浓缩，含盐量不断增加。为了阻止结垢，可采用软化水或定期加药，并在冷却塔上配合一定量的溢流来控制冷却水的 pH 和抑制藻类生长。也有采用设置电子水处理设备的，既能防止结垢，又有一定的杀菌、灭藻作用。

冷却水损失量占系统循环水量的比例估算值：蒸发损失为每摄氏度水温降 0.16%；飘逸损失可按生产厂提供数据确定，无资料时可取 0.2%~0.3%；排污损失（包括泄漏损失）与补水水质、冷却水浓缩倍数的要求、飘逸损失量等因素有关，应经计算确定，一般可按 0.3% 估算。

### 8.5.3　空调冷凝水系统

使用空气换热器处理热湿空气，当空气换热器的表面温度低于湿空气露点温度时，湿空气中的一部分水蒸气便会凝结为冷凝水析出。冷凝水先由随机组配置的冷凝水盘收集，然后由冷凝水管路系统及时排除，以确保空气换热器连续正常运行。

空调冷凝水系统一般有水平式、垂直式和单独（就近）排除式等。因为冷凝水系统为无压自流排放，水平管道沿水流方向坡度要求较大，因而受建筑层高限制，水平式冷凝水系统的管路不宜太长。垂直式冷凝水系统的水平支管一般较短，立管可与空调冷、热水管一同设置在管井内，易于排除冷凝水，且占用建筑空间少，是一种较好的冷凝水系统，多用于宾馆客房和写字楼中新风机组及风机盘管机组冷凝水的排除。单独设置冷凝水排除系统的方式多见于大空间中的组合式空调机组，其冷凝水就近排入空调机房的地漏。冷凝水排入污水系统时，应有空气隔断措施；由于民用建筑室内雨水系统均为密闭系统，为防臭味和雨水从空气处理机组冷凝水盘外溢，冷凝水管不得与室内雨水系统直接连接。

## 8.6　空调系统的冷热源

冷热源是空调系统最基本且重要的组成部分之一。冷热源是指能够利用其带走热量或者从中获得热量的物质或环境。

空调系统的冷源分为天然冷源和人工冷源。天然冷源一般是指深井水、山涧水、温度较低的河水等。这些温度较低的天然水可直接用泵抽取，供空调系统的空气处理设备使用，温度升高后的废水直接排入河道、下水道或小区的综合用水系统的管道。采用深井水作为冷源时，为了防止地面下沉，需要采用深井回灌技术。但是，天然冷源往往难以获得，在实际工程中，主要采用人工冷源。人工冷源是指使用制冷设备制取冷量。空调系统采用人工冷源制取冷水或冷风来处理空气时，制冷机组就是空调系统中耗能最大的设备。

### 8.6.1　空调系统冷热源的分类

空调系统冷热源按照驱动能源的形式一般分为电能、矿物能（煤、油、气等）；按照设备形式来分，在制冷方面可以分为电制冷（一般为蒸气压缩式）和热力制冷（一般为吸收式）两种；在制热方面，除了传统的矿物能源外，还有可再生能源（例如太阳能等）。同时，通过各种能源形式间接提供建筑供暖热源的还包括以热泵为主要代表的设备。

冷热源应用形式对应表见表 8-2，它列出了目前空调系统常用冷热源的常规能源形式和相应的冷热源设备。

表 8-2　冷热源应用形式对应表

| 设备形式 | | 驱动能源形式 | | | 实现功能 | 备注 |
|---|---|---|---|---|---|---|
| | | 电能 | 燃气（或燃油） | 燃煤 | | |
| 冷源设备 | 活塞式冷水机组 | √ | — | — | 空调冷水 | 蒸汽压缩式 |
| | 螺杆式冷水机组 | √ | — | — | | |
| | 离心式冷水机组 | √ | — | — | | |
| | 涡旋式冷水机组 | √ | — | — | | |
| | 吸收式冷水机组 | — | √ | √ | | 燃料燃烧热能间接利用 |
| | 直燃式冷热水机组 | — | √ | — | | |
| | 热泵式冷热水机组 | √ | √ | — | | 蒸气压缩式 |
| | 直接蒸发式冷风机组 | √ | — | — | 空调冷风 | 蒸气压缩式 |
| 热源设备 | 电热锅炉 | √ | — | — | 空调热水 | 电能直接转换为热能 |
| | 燃油（燃气）锅炉 | — | √ | — | | 燃料燃烧热能直接利用 |
| | 燃煤锅炉 | — | — | √ | | |
| | 直燃式冷热水机组 | — | √ | — | | 燃料燃烧热能间接利用 |
| | 热泵式冷热水机组 | √ | √ | — | | 蒸气压缩式 |
| | 热交换器 | — | — | — | | 利用区域热网 |
| | 直接蒸发式热泵机组 | √ | — | — | 空调热风 | 蒸气压缩式 |

## 8.6.2　蒸气压缩式制冷

蒸气压缩式制冷是空调系统使用最多、应用最广的制冷方法，下面简要介绍其制冷原理。

### 1. 蒸气压缩式制冷原理

蒸气压缩式制冷是以机械能为驱动能量，通过蒸气压缩制冷循环，利用制冷剂液体在汽化时产生的吸热效应制冷的方式。其原理如图 8-41 所示。

图 8-41 中，点画线外的部分是制冷段，贮液器中高温高压的液态制冷剂经膨胀阀降温降压后进入蒸发器，在蒸发器中吸收周围介质的热量汽化后回到压缩机。同时，蒸发器周围的介质因失去热量，温度降低。

点画线内的部分为液化段，其作用是使在蒸发器中吸热汽化的低温低压气态制冷剂重新液化后用于制冷。方法是先用压缩机将其压缩为高温高压的气态制冷剂，然后在冷凝器中利用外界常温下的冷却剂（如水、空气等）将其冷却为高温高压的液态制冷剂，重新回到贮液器循环使用。

由此可见，蒸气压缩式制冷系统是通过制冷剂（如氟利昂、氨等）在如图 8-42 所示的压缩机、冷凝器、节流（膨胀）阀、蒸发器等热力设备中进行的压缩、放热、节流、吸热等热力过程，来实现一个完整的制冷循环。

### 2. 制冷剂、载冷剂和冷却剂

制冷剂是在制冷装置中实现循环制冷的工作介质，也称制冷工质，简称工质。目前常用的制冷剂有氟利昂、氨等。

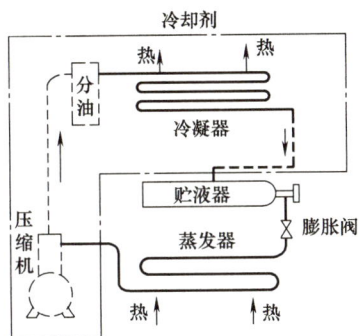

图 8-41　蒸汽压缩式制冷原理

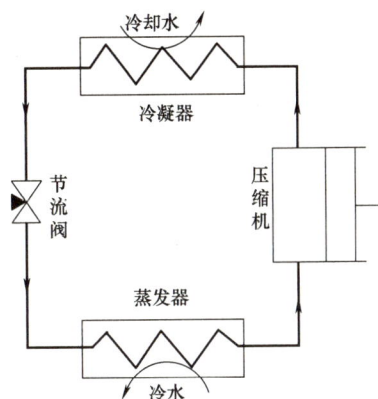

图 8-42　蒸气压缩式制冷系统

载冷剂是在间接制冷系统中，用以吸收被制冷物体或空间的热量，并将此热量转移给制冷装置的蒸发器的介质，也就是为了将制冷系统制取的冷量输送到使用冷量的地方的中间介质。常用的载冷剂有水、盐水和空气等。

冷却剂是为了带走制冷设备中需要排放的冷凝热所使用的工作介质。常用的冷却剂有水（如井水、河水、循环冷却水等）和空气等。

### 8.6.3　吸收式制冷

吸收式制冷是以热量为驱动能量，以一种物质对另一种物质的吸收和发生效应为驱动力，利用制冷剂液体在汽化时产生的吸热效应的制冷方式。吸收式制冷和蒸气压缩式制冷一样，也是利用液体汽化时吸收热量的物理特性进行制冷。所不同的是，蒸气压缩式制冷机组使用电能制冷，而吸收式制冷机组是使用热能制冷。吸收式制冷机组的优点是可利用低位热源，在有废热和低位热源的场所应用较经济。

吸收式制冷机组使用的工质是由两种沸点相差较大的物质组成的二元溶液，其中沸点低的物质作制冷剂，沸点高的物质作吸收剂，通常称为"工质对"。目前，空调工程中使用较多的是溴化锂吸收式制冷机，它采用溴化锂和水作为工质对。其中，水作制冷剂，溴化锂作吸收剂，只能制取 0℃ 以上的冷水。

吸收式制冷系统如图 8-43 所示。它主要由发生器、冷凝器、节流阀、蒸发器、吸收器等设备组成。图中点画线外的部分是制冷剂循环，图中点画线内的部分称为吸收剂循环。从发生器出来的高温高压的气态制冷剂在冷凝器中放热后凝结为高温高压的液态制冷

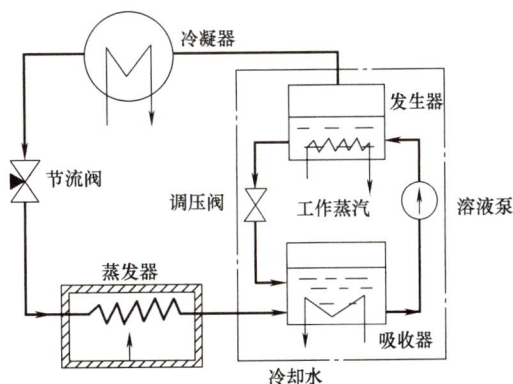

图 8-43　吸收式制冷系统

剂，经节流阀降温降压后进入蒸发器。在蒸发器中，低温低压的液态制冷剂吸收被冷却介质的热量汽化制冷，汽化后的制冷剂返回吸收器，进入点画线内的吸收剂循环。在吸收器中，从蒸发器来的低温低压的气态制冷剂被发生器来的浓度较高的液态吸收剂溶液吸收，形

成制冷剂-吸收剂混合溶液，通过溶液泵加压后送入发生器。在发生器中，制冷剂-吸收剂混合溶液用外界提供的工作蒸气加热，升温升压，其中沸点低的制冷剂吸热汽化成高温高压的气态制冷剂，与沸点高的吸收剂溶液分离，进入冷凝器做制冷剂循环。发生器中剩下的浓度较高的液态吸收剂溶液则经调压阀减压后返回吸收器，再次吸收从蒸发器来的低温低压的气态制冷剂。

在整个吸收式制冷循环中，吸收器相当于压缩机的吸气侧，发生器相当于压缩机的排气侧，图中点画线内吸收器、溶液泵、发生器和调压阀的作用相当于压缩机，把制冷循环中的低温低压气态制冷剂压缩为高温高压气态制冷剂，使制冷剂蒸气完成从低温低压状态到高温高压状态的转变。

### 8.6.4 热泵技术

#### 1. 热泵工作原理

热泵，顾名思义，就像水泵能将低位水提升到高位一样，可以将热量从低温端提升到高温端。热泵是在某种动力驱动下，通过热力学逆循环连续地将热量从低温物体或介质转移到高温物体或介质，并用以制取热量的装置；它也可以实现制冷机的功能。

热泵是一种能量提升装置，以消耗一部分高品位能（机械能、电能或高温热能等）为补偿，通过热力循环，将环境介质（水、空气、土壤）中贮存的不能直接利用的低品位热能转换为可以利用的高品位热能。其工作原理与制冷机相同，只是工作温度范围和要求的效果不同。制冷机是将热量从低温物体或介质转移到高温物体或介质（自然环境），用以制取冷量，造成低温环境；而热泵则是从温度较低的自然环境中吸取热量，输送到人们所需要温度较高的环境中去，节约了高品位能量而又有效地利用了低品位热能（如自然环境中贮存的热能）。

图 8-44 为热泵工作原理示意图。

在蒸发器中，制冷剂吸取自然水源、土壤或环境大气中的热能后蒸发，经压缩后的制冷剂在冷凝器中放出热量加热供热系统的回水，然后由循环泵送到用户，用作供暖或热水供应等；在冷凝器中，制冷剂凝结成饱和液体，经节流降压降温进入蒸发器，蒸发吸热，汽化为干饱和蒸汽，从而完成一个循环。热泵循环的经济性用制热性能系数 $\varepsilon_h$（简称制热系数或供热系数）来衡量，对于蒸气压缩式热泵循环，制热系数定义为热泵的制热量 $q_1$ 与耗功量 $w_0$ 之比，即

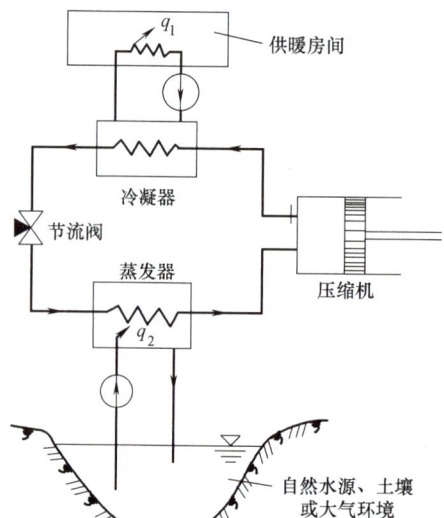

图 8-44 热泵工作原理示意图

$$\varepsilon_h = \frac{q_1}{w_0} = \frac{q_2 + w_0}{w_0} = \frac{q_2}{w_0} + 1 = \varepsilon + 1 \qquad (8\text{-}6)$$

式中　$\varepsilon_h$——蒸汽压缩式热泵循环的制热性能系数；

　　$q_1$——热泵的制热量，单位为 kJ/kg；

　　$q_2$——热泵从环境吸收的热量，单位为 kJ/kg；

$w_0$——热泵的耗功量，单位为 kJ/kg；

$\varepsilon$——蒸汽压缩式热泵循环的制冷系数。

由式（8-6）可以看出，热泵的制热系数 $\varepsilon_h$ 等于制冷系数 $\varepsilon$ 加 1，由此可得，热泵的制热系数 $\varepsilon_h$ 永远都大于 1。而且，循环制冷系数越高，制热系数也越高。

也就是说，与直接用电供暖相比，利用热泵制热总是优于电供暖的。目前热泵的制热系数 $\varepsilon_h$ 一般在 3 以上，从能量的有效利用来说，就是热泵可以将所消耗的电能转换为 3 倍以上的热能，是一种高效供能技术。经过合理设计，热泵可在不同的温差范围内运行，这样热泵又可以成为制冷装置。因此，可使用同一套装置在一年中的不同时间段实现空调供冷或供暖。

**2. 热泵机组的分类与应用**

在空调工程中应用的热泵机组的种类有很多，按低品位热源种类可分为：空气源热泵、水源热泵、土壤源热泵、太阳能热泵等；按低温端与高温端所使用的载热介质分为：空气-空气热泵、空气-水热泵、水-空气热泵、水-水热泵、地源-水热泵、地源-空气热泵等；按热泵的驱动方式分为：压缩式热泵和吸收式热泵等。

（1）空气源热泵　以空气为低温热源制取热水或热风的热泵。其中，制取热风的空气源热泵称为空气-空气热泵，制取热水的空气源热泵称为空气-水热泵。

比如：目前市场上大量的家用冷暖两用型窗机或分体机便是空气-空气热泵；风冷式冷热水机组（风冷热泵机组）就属于空气-水热泵，它省去了冷却塔。

（2）水源热泵　以水或添加防冻剂的水溶液为低温热源制取热水或热风的热泵。其中，制取热风的水源热泵称为水-空气热泵，制取热水的水源热泵称为水-水热泵，包括污水源热泵：以城市原生污水或再生水作为低温热源的水源热泵。

水-水热泵机组可以充分利用江河、湖泊、海洋等自然水源和发电厂、矿井、工厂等产生的污废水，但要受到自然环境条件的限制以及水源水质的限制，会使间接费用升高。

水环热泵机组是水-空气热泵的一种应用方式，通过水环路将众多的水-空气热泵机组并联成一个以回收建筑物余热为主要特征的空调系统。

（3）地源热泵系统　以岩土体、地下水或地表水为低温热源，由水源热泵机组、换热系统、建筑物内供暖空调系统组成的系统。根据地热能交换系统形式的不同，地源热泵系统分为地埋管地源热泵系统、地下水地源热泵系统和地表水地源热泵系统。

热泵系统虽然初投资费用相对高一些，但因为具有长期运行时节能环保的优越性，近年来得到了广泛的应用，尤其是超低温环境（比如 -25℃）应用型热泵技术的开发让热泵应用的地域范围得到极大的推广。

## 8.6.5　制冷（热泵）机组的种类及特点

制冷（热泵）机组，按其供冷（热）的方式，总体上可以分为两大类：冷（热）水机组和直接蒸发式空调机组。

**1. 冷（热）水机组**

（1）冷（热）水机组的特点　冷（热）水机组是将整个制冷系统中的制冷压缩机、冷凝器、蒸发器、制冷剂管道阀门及电气控制箱等全套零部件整体组装，并充注制冷剂，经带负荷检验运行后出厂的制冷（热）机组。冷（热）水机组提供间接供冷（热）用的载冷

（热）剂（冷水、热水或冷盐水）。冷（热）水机组是各类建筑空调系统主要的冷（热）源，也是某些生产工艺冷却系统的冷源，其特点为：

1）产品结构紧凑，占地面积小，为用户选型、设计、安装和操作维修提供了方便。

2）配有齐全的控制保护装置，确保运行安全。

3）提供间接供冷（热）的载冷（热）剂，可以远距离输送分配冷（热）量，满足多用户的制冷（热）需要。

4）换热元件的传热效率高，使用寿命长，制冷剂充灌量少。

5）制冷系统的工作场所与使用场所互相独立，其运行工况稳定，不受使用场所环境变化的影响。

6）制冷压缩机采用降压和空载相结合的启动方式，启动电流小，启动过程短，适应频繁运转操作的要求。

7）机组电气控制自动化（带有微型计算机控制），具有能量自动调节功能，有利于降低运行能耗。

8）机组产品系列化，主机和零部件标准化、通用化。

（2）冷（热）水机组的种类　冷（热）水机组可以按多种方式来分类，主要有以下两种：

1）按机组功能可分为单冷型、冷热两用型和热回收型。单冷型机组就是常用的冷水机组，它是在某种动力驱动下，通过热力学逆循环连续地产生冷水的制冷设备。冷水机组的类型众多，按驱动方式主要分为压缩式和吸收式两类。压缩式冷水机组：以压缩式制冷循环来制取冷水的机组。其按照所采用的压缩机形式不同，可分为离心式、螺杆式、活塞式、涡旋式冷水机组，见表8-2。吸收式冷水机组：以吸收式制冷循环来制取冷水的机组。其根据驱动能源的不同，可分为热水型、蒸汽型和直燃型冷水机组；根据驱动热源在发生器中的利用次数，可分为单效、双效和三效吸收式冷水机组。

冷热两用型机组主要是指风冷热泵冷（热）水机组和水（地）源热泵冷（热）水机组。其具有夏季供冷水和冬季供热水的双重功能，省去了一套锅炉加热系统，对于我国夏热冬冷地区特别适用。

热回收型机组的特点是由两个冷凝器组成。

2）按机组冷却方式可分为水冷式、风冷式和蒸发冷却式三种。水冷式机组的冷凝器采用的是水冷冷凝器，由于冷却水的温度比较低，所以水冷式机组可以得到比较低的冷凝温度，这对制冷系统的制冷能力和运行经济性均较有利，水冷式机组可以安装在建筑物内，安装位置不受限制。但是，水冷式机组需要温度较低的天然水或循环冷却水，这限制了它在缺水地区的应用。同时，冷却水系统需增加投资和运行管理费用。

## 2. 直接蒸发式空调机组

直接蒸发式空调机组是指利用制冷剂直接蒸发制冷或制热（不需要载冷或载热剂）的空调机组，设备形式主要为8.2节所述的独立式空调机组，通常用于分散式空调工程和中、小型集中式空调工程中，其特点为：

1）作为空调工程中的冷（热）源，结构紧凑，尺寸较小，占用机房空间少。

2）使用灵活方便，安装容易，有的机组只需通电（或电、水）即可使用，并且控制简单，无须操作人员值守。

3）制冷剂直接蒸发冷却（或加热）空气，能效比高，且省去了复杂庞大的空调冷（热）水系统，能耗损失小，投资省。

4）直接蒸发式空调机组多采用封闭式制冷压缩机，与大型冷（热）水机组相比，其制冷效率较低，采用风冷冷凝器时更为明显。

5）建筑规模较大时，空调采用直接蒸发式空调机组，其用电总安装容量将超过大型集中式空调系统。

6）直接蒸发式空调机组安装台数过多，投入运行后的维护保养工作量会增大。

直接蒸发式空调机组的主要种类参见第 8.2 节所述的独立式空调机组的分类内容。

### 8.6.6 其他空调热源

空调热源除了上述各种热泵热水机组之外，还有锅炉和城市（区域）供热热网等形式。其中锅炉分为电热、燃油（燃气）、燃煤锅炉等，见表 8-2。有关锅炉的内容参见第 5 章室内供暖中热源部分。在有城市集中（区域）供热热网的地区，可采用热交换器作为空调热水的热源装置，将市政热水转换成为空调热水。

## 8.7　空调系统的布置与消声减振

### 8.7.1　空调设备的布置

#### 1. 空调建筑的设备层

（1）设备层的设置原则　设备层是建筑物中专为设置暖通、空调、给水排水和电气等的设备和管道，并且供人员进入操作用的空间层。其位置应当根据建筑物的使用功能、建筑高度、平面布局等因素确定。具体设置时可按照以下原则进行：

1）单层和多层建筑，可不设专门的设备层。

2）20 层以内的高层建筑，宜在上部或下部设一个设备层。

3）20～30 层的高层建筑（高度≤100m），宜在上部和下部设两个设备层。

4）30 层以上的超高层建筑（高度>100m），可利用避难层作为设备层。

5）高层商住楼或多用途的高层建筑，当只设置供暖系统时，裙房部分在两种不同使用功能的分界层、塔楼每隔 7～8 层，层高抬高 300～400mm，用作连接水平干管的空间，以代替专门设置的设备层。

（2）设备层层高　设备层的层高与建筑物的规模有关，具体可按表 8-3 选取。

表 8-3　设备层的层高估算表

| 建筑面积 /m² | 设备层层高（含制冷机、锅炉）/m | 泵房、水池、变配电、发电机室/m | 建筑面积 /m² | 设备层层高（含制冷机、锅炉）/m | 泵房、水池、变配电、发电机室/m |
|---|---|---|---|---|---|
| 1000 | 4.0 | 4.0 | 15000 | 5.5 | 6.0 |
| 3000 | 4.5 | 4.5 | 20000 | 6.0 | 6.0 |
| 5000 | 4.5 | 4.5 | 25000 | 6.0 | 6.0 |
| 10000 | 5.0 | 5.0 | 30000 | 6.5 | 6.5 |

## 2. 设备用房的基本要求

根据空调建筑的使用功能、规模等因素，各类建筑空调系统设备用房的大致位置如图 8-45 所示。

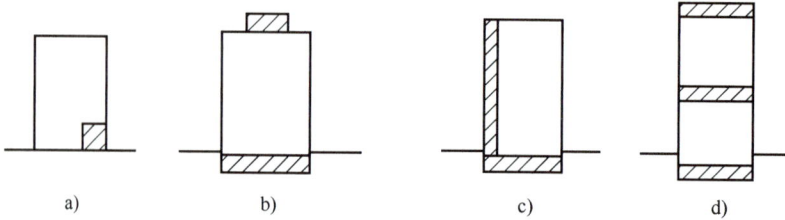

**图 8-45　各类建筑空调系统设备用房的大致位置**
a）小型建筑　b）一般办公楼　c）出租办公楼　d）超高层建筑

对于图 8-45a 所示的小型建筑，空调系统设备可只布置在底层；对于图 8-45b 所示的一般办公楼及图 8-45c 所示的出租办公楼等大、中型建筑，空调系统的主要设备用房布置在底层，可根据需要在其他层分设辅助设备用房，并设置相应的管道井和管沟；对于图 8-45d 所示的超高层建筑，除上、下部设置两个设备层之外，还需要设置中间设备层。空调系统的主要设备间既要与外部的水、电系统相连，又要与建筑内部的末端空调设备相连，布置时应尽可能构成一个合理的运行环路，以节省初投资和运行费用。

## 3. 机房位置

（1）制冷机房　设置制冷设备的房间称为制冷机房或冷冻站。小型的制冷机房通常附设在主体建筑的地下室或建筑物的底层；规模较大的制冷机房，特别是氨制冷机房，需要单独设置且远离建筑群。风冷式冷水机组或热泵机组放置在主楼或者裙房的屋面上，或者通风良好的设备层中。

制冷机房中的制冷机组以及与制冷机组配套的空调冷水、冷却水泵重量大，运行时振动、噪声也大，通常布置在建筑的底层或地下室。如果是带有裙房的高层建筑，制冷机房最好布置在裙房建筑的地下室，并且要做好消声隔振措施，特别是要处理好水泵和冷水、冷却水管支吊架的减振问题。制冷机房的相邻及上层房间应当是对消声隔振要求不高的场所。

制冷机组以及与制冷机组配套的冷水、冷却水泵等设备用电量大，其位置应尽量靠近建筑的空调负荷中心，与低压配电间邻近，且最好设置在电梯附近。

制冷机房内应设置送、排风设备，以便及时排除室内余热，补充新鲜空气。机房应采取消声措施，以防止机组的运行噪声传到空调房间或室外，影响周围的环境。机房内应设人工照明，在控制开关和操作仪表周围要有足够的照度。

冷水机组的基础应高出机房地面 150~200mm。基础周围和基础上应设排水沟与机房的集水坑或地漏相通，以便及时排除可能产生的漏水或漏油。

吊装冷水、冷却水管等设备的楼板应当具有足够的承载力，并要处理好消声隔振问题。

制冷机房的防火要求应符合现行《建筑设计防火规范》（GB 50016）的有关要求。

制冷机房中的制冷机组等设备的体积和重量都较大，因此设置制冷机房时应当考虑方便设备进出的问题。由于机电设备的使用寿命比建筑物短，预留的设备安装孔洞应当设有在更换机电设备时能打开的措施。

（2）空调机房　空调机房是放置集中式空调系统或半集中式空调系统的空气处理设备及送、回风机的地方。

空调机房要考虑设置在送风管路不要太长、便于与空调冷（热）水管连接和可以引入室外新风的地方。

对于室内声学条件要求高的建筑（如广播电台、电视台的录音室等场所），以及大空间公共建筑（如体育馆等），空调机房宜设置在地下室。一般的办公楼、旅馆公共部分（裙房）的空调机房可分散设置在各楼层上。但注意不要设置在紧靠会议室、报告厅、贵宾室等对室内噪声要求严格的房间。

一个空调机房的服务区域不应穿越防火分区。大、中型建筑应在每个防火分区内设置空调机房，最好位于防火分区的中心部位。

各层的空调机房应尽量布置在同一垂直位置，并靠近管道井，这样可缩短冷、热水管道的长度，减少与其他管道的交叉。

一个空调系统的服务范围不宜太大，作用半径一般在 30～40m 的范围，服务面积在 500m² 左右。

（3）排风机房　塔楼的排风机房一般多设置在顶层，布置在地下室里的变配电室、地下车库的排风机房通常设置在地下室与室外相邻的地方，并要注意室外排风口的周围环境和风向。

（4）锅炉房　锅炉房宜为独立的建筑物。当锅炉房和其他建筑物相连或设置在其他建筑物内部时，不应设置在人员密集场所和重要部门的上一层、下一层、贴邻位置以及主要通道、疏散口的两旁，并应设置在首层或地下室一层靠近建筑物外墙部位。锅炉房的布置与安装应符合《锅炉房设计标准》（GB 50041）、《民用建筑供暖通风与空气调节设计规范》（GB 50736）、《建筑设计防火规范》（GB 50016）等的有关要求。

（5）换热机房　采用城市热网或区域锅炉房（蒸汽、热水）供热的空调系统，宜设换热机房，通过换热器进行间接供热。换热机房主要有两种：一种是使用蒸汽锅炉供热的汽-水换热机房，另一种是使用城市热网供热的水-水换热机房。使用蒸汽锅炉供热的汽-水换热机房可设置在锅炉房里。大、中型空调建筑中的换热机房通常设置在建筑物地下室中靠近制冷机房的地方。

### 4. 机房的面积与层高

（1）制冷机房　包括与制冷机组配套的冷水、冷却水泵的制冷机房面积，一般按每 1.163MW 冷负荷需要 100m² 估算，约占总建筑面积的 0.6%～0.9%，其比例随着总建筑面积的增加而减小。制冷机房净高应根据制冷机组型号和种类以及设备安装和起吊要求确定。活塞式、小型螺杆式制冷机房净高（地面至梁底）控制在 3.0～4.5m，离心式、大中型螺杆式制冷机房净高控制在 4.5～5.0m，吸收式制冷机房净高控制在 4.5～5.0m，并随建筑面积的增加而增加。

为了便于操作和检修，制冷机房中冷水机组的四周应留有足够的空间。蒸发器和冷凝器的一端或两端应根据机组的设计要求留出足够的拔管长度。主要通道和操作走道的宽度应大于 1.5m，机组的凸出部位与配电柜的距离应大于 1.5m，机组侧面凸出部分之间的距离应大于 1.2m。对于溴化锂吸收式制冷机组，机组顶部与屋顶或楼板的距离应不小于 1.2m。

（2）空调机房　空调机房的面积约占总建筑面积的 3%～7%，通常随着总建筑面积的增加而减小。空调机房层高则随着总建筑面积的增加而增加，表 8-4 给出了空调机房面积和层高概算指标。

表 8-4　空调机房的面积和层高概算指标

| 总建筑面积 /m² | 空调机房面积占总建筑面积的百分比（%） | | | 空调机房的层高 /m |
|---|---|---|---|---|
| | 分层机组 | 风机盘管加新风系统 | 集中式系统 | |
| <10000 | 7.5～5.5 | 5.0～3.7 | 7.0～4.5 | 4～4.5 |
| 10000～25000 | 5.0～4.8 | 3.7～3.4 | 4.5～3.7 | 5～6 |
| 30000～50000 | 4.7～4.0 | 3.0～2.5 | 3.6～3.0 | 6.5 |

## 8.7.2　空调管道的布置与敷设

空调系统管道包括风管和水管。风管包括送风管、回风管、新风管和排风（烟）管等；水管包括冷（热）水管、冷却水管和冷凝水管等。管道的布置与敷设不仅要考虑建筑、结构等方面的实际情况，而且还要考虑与室内给水排水、消防及电气管道（线）之间的位置关系。

### 1. 风管材料及断面尺寸

空调风管的材料主要采用镀锌钢板，不应利用土建风道（砖、混凝土、石膏板等材料构成的风道）作为送风道和输送冷、热处理后的新风风道。当受条件限制，利用土建风道时，应采取可靠的防漏风和绝热措施。

空调风管由于需要的断面大，为了与建筑配合，一般采用矩形风道，并应尽量接近正方形或长、短边之比不大于 4 的矩形截面，以节省风管材料。

风管的断面尺寸根据风量和风速计算确定。公共建筑中空调风管宜采取的风速范围是：干管 5.0～8.0m/s，支管 3.0～6.5m/s。

### 2. 风道的布置与连接

风道平面布置要考虑运行调节的灵活性和便于阻力平衡。当一个风道系统为多个房间服务时，可根据房间用途分为几组支风道送风，以便调节和控制，如图 8-46 所示。

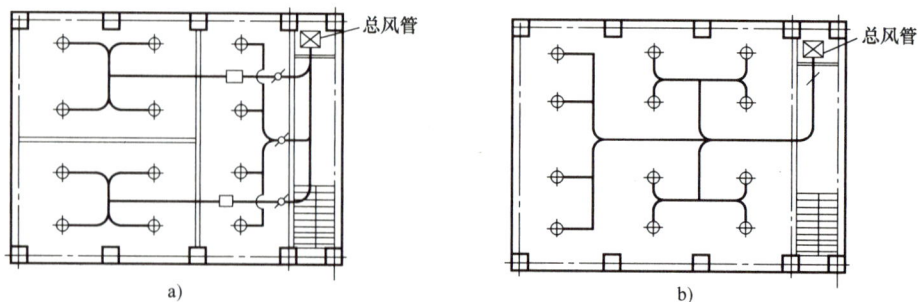

图 8-46　风道平面布置
a）向三个不同使用要求的房间送风　b）向没有内间隔的房间送风

此外，要尽量减少管道的长度，避免复杂的局部管件和减少不必要的分支管，以节省管道材料和减小管路系统空气流动的阻力。当空调机组集中设置在地下室或某层时，通常主风管垂直布置，在各楼层内用水平风管接出，吊顶内水平风管需要的空间净高为600～700mm。

### 3. 管道井

管道井是指建筑物中用于布置竖向设备管线及设备的竖向井道。空调系统中竖向布置的风管、水管等管道通常设置在管道井里。管道井宜设置在建筑物每个防火分区的中心部位，且靠近空调机房的地方。

管道井应上下直通，中途不能拐弯。由于空调系统各层的风管、水管在进出管道井时要在管道井的墙上开孔洞，因此应当注意把管道井设置在墙上开洞不会破坏建筑结构强度的地方。

确定管道井的尺寸时，应当考虑安装维修的可能，最小应留有500mm的维修空间。管道井的尺寸应不小于风管断面的2倍。风管距离墙壁应当有150～300mm的施工操作空间。冷、热水管道的外壁（或保温层的外表面）与墙面的距离不应小于150mm，各管道外壁（或保温层的外表面）之间的距离不应小于150mm。

风管、水管在穿墙和穿楼板处预留洞的尺寸如下：不保温风管的预留洞尺寸取风管尺寸加100mm，保温风管的预留洞尺寸取风管尺寸加150mm。不保温水管的预留洞尺寸取比水管管径大两号，保温水管的预留洞尺寸取水管管径加150mm。

## 8.7.3 空调系统的消声减振

### 1. 空调系统的消声

（1）空调系统的噪声　噪声是指影响人们正常生活、工作、学习、休息，甚至损害身心健康的外界干扰声。对于空调系统来说，噪声主要由风机、水泵、冷热源机组、机械通风冷却塔等设备产生。噪声的传播方式有三种：通过空气传声、由振动引起建筑结构固体传声、通过风管传声。空调系统噪声传播方式如图8-47所示。

（2）室内及环境噪声标准　室内及环境噪声标准是消声设计的重要依据。由空调系统产生的噪声传播至使用房间和周围环境的噪声级，应满足国家现行《民用建筑隔声设计规范》（GB 50118）、《声环境质量标准》（GB 3096）、《工业企业噪声控制设计规范》（GB/T 50087）和《工业企业厂界环境噪声排放标准》（GB 12348）等的有关要求。例如，《民用建筑隔声设计规范》（GB 50118）规定了办公建筑中办公室、会议室内允许噪声级，见表8-5。

表 8-5　办公建筑中办公室、会议室内允许噪声级

| 房间名称 | 允许噪声级（A 声级）/dB | | 房间名称 | 允许噪声级（A 声级）/dB | |
| --- | --- | --- | --- | --- | --- |
| | 高要求标准 | 低限标准 | | 高要求标准 | 低限标准 |
| 单人办公室 | ≤35 | ≤40 | 电视电话会议室 | ≤35 | ≤40 |
| 多人办公室 | ≤40 | ≤45 | 普通会议室 | ≤40 | ≤45 |

（3）消声原理和消声器　当噪声源在室内产生的噪声级高于允许噪声级时，就需要根据各频带要求消除的声压级选择消声装置，消除在室内噪声标准之上的部分声能。消声器是利用声的吸收、反射、干涉等原理，降低通风与空调系统中气流噪声的装置。按照消声原理，消声器可分为阻性消声器、抗性消声器、阻抗复合消声器、微穿孔板消声器和消声部件等类型。

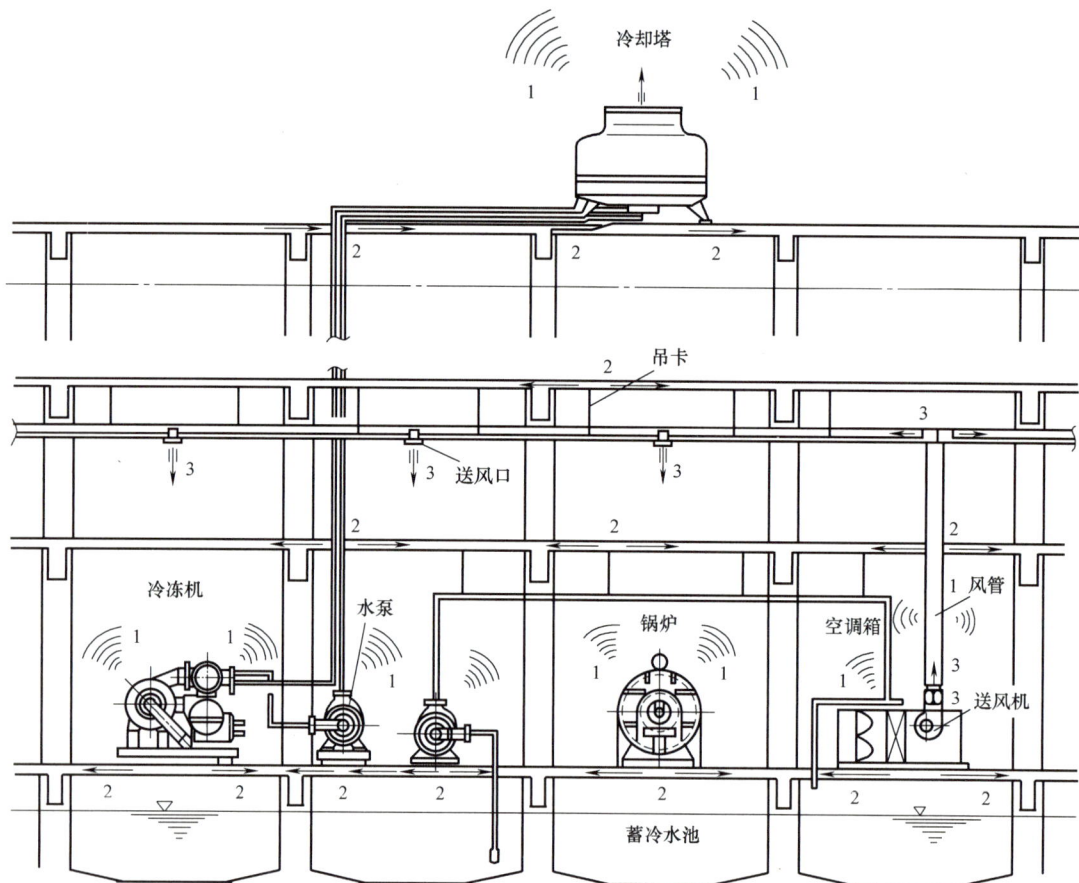

**图 8-47　空调系统噪声传播示意图**
1—通过空气传声　2—由振动引起建筑结构固体传声　3—通过风管传声

1）阻性消声器。阻性消声器是指利用吸声材料的摩擦将声能转化为热能，使沿管道传播的噪声在其中不断被吸收和逐渐衰减的消声装置。吸声材料是指由于其多孔性、薄膜作用或共振作用而对入射声能有吸收作用的材料。阻性消声器通常是将吸声材料固定在气流流动的管道内壁，或按一定的方式在管道内排列起来，利用吸声材料消耗声能。其主要特点是对中、高频噪声的消声效果好，对低频噪声的消声效果差。阻性消声器有许多类型，常用的有管式、片式和格式消声器，其构造如图 8-48 所示。

管式消声器是在风管的内壁面贴一层吸声材料，吸收声能，降低噪声。其特点是结构简单、制作方便、阻力小。但只宜用于断面直径在 400mm 以下的管道。风管断面增大时，消声效果下降。

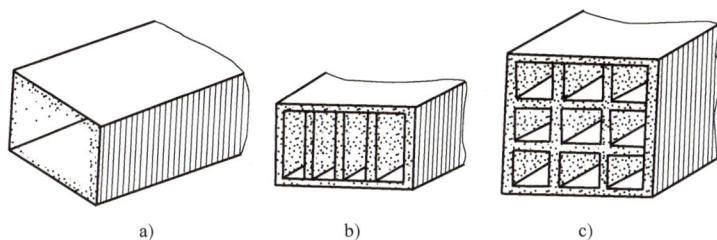

**图 8-48 管式、片式和格式消声器构造**

a) 管式 b) 片式 c) 格式

片式和格式消声器实际上是一组管式消声器的组合, 主要是为了解决管式消声器不能用于大断面风道的问题。片式和格式消声器构造简单, 阻力小, 对中、高频噪声的吸声效果好, 但是应注意这类消声器中的空气流速不能太高, 以免气流产生的紊流噪声使消声器失效。格式消声器中每格的尺寸宜控制在 200mm×200mm 左右。片式消声器的片间距一般在 100~200mm 的范围内, 片间距增大时, 消声量会相应地下降。

2) 抗性消声器。抗性消声器是指依靠管道截面面积的改变或旁接共振腔等, 在声传播过程中引起声阻抗的改变, 产生声能的反射与消耗, 从而达到消声目的的消声装置。依靠管道截面面积的改变达到消声目的的抗性消声器又称为膨胀式消声器, 它由一些小室和风管组成, 其构造如图 8-49 所示。其主要特点是对于中、低频噪声有较好的消声效果, 但消声频率的范围较窄, 要求风道截面面积的变化在 4 倍以上才较为有效。因此, 在机房建筑空间较小的场合, 其应用会受到限制。

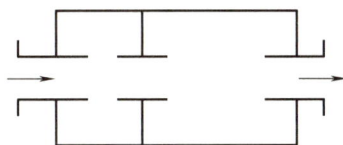

**图 8-49 抗性消声器**（管道截面面积改变）**构造**

旁接共振腔的抗性消声器构造如图 8-50 所示。图中的金属板上开有一些小孔, 金属板后是共振腔, 与金属板一起组成共振吸声结构。当声波传到共振结构时, 小孔孔径中的气体在声波压力作用下, 像活塞一样往复运动, 通过孔径壁面的摩擦和阻尼作用, 使一部分声能转化为热能消耗掉。

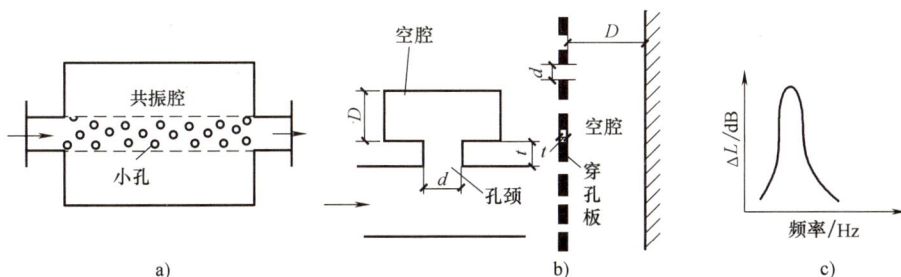

**图 8-50 抗性消声器**（旁接共振腔）**构造**

a) 消声器示意图 b) 共振吸声结构 c) 消声特性

　　每个共振结构都具有一定的固有频率，这个固有频率由共振结构的小孔孔径 $d$、板厚度 $t$ 和空腔深度 $D$ 决定。当外来声波的频率与共振吸声结构的固有频率相同时，就会产生共振现象，这时振幅达到最大，孔径中空气柱往复运动的速度最大，摩擦损失最大，吸收的声能也达到最大值。

　　共振消声器对低频噪声具有较好的消声效果，但从其消声原理可知，它的消声性能对噪声频率的选择性较强，消声频率的范围狭窄，当噪声频率离开共振结构的固有频率较远时，消声量急剧下降，消声特性如图 8-50c 所示。

　　3）阻抗复合消声器。阻抗复合消声器是综合阻性和抗性消声器的特点，既具有吸声材料，又有共振腔、扩张室、穿孔板等滤波元件的消声装置，又称为宽频带消声器。它利用阻性消声器对中、高频噪声的消声效果好，抗性消声器对低频噪声消声效果好的特点，综合设计而成，从低频到高频噪声范围，都具有较好消声效果的消声器。

　　阻抗复合消声器通常由吸声材料制成的阻性吸声片和若干个抗性膨胀室组成，其构造如图 8-51a 所示。这种消声器对低频噪声的消声效果较好，一段 1.2m 长的阻抗复合消声器对低频噪声的消声量可达到 10~20dB（图 8-51b）。这样的低频消声效果是一般管式消声器和片式消声器等不能达到的。

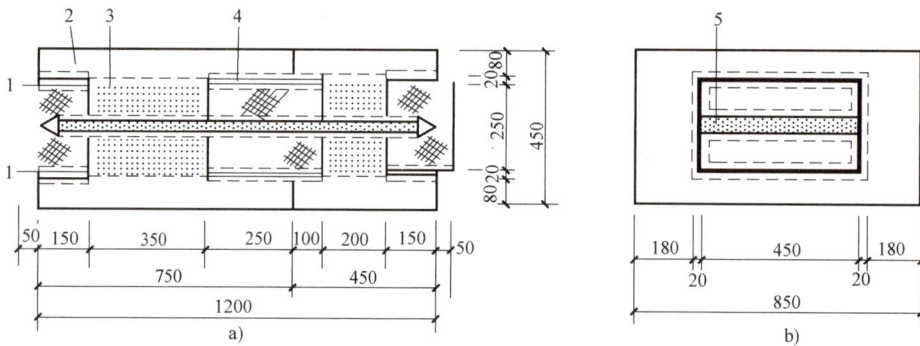

图 8-51　阻抗复合消声器

1—外包玻璃布　2—膨胀室　3—0.5mm 厚钢板（φ8mm 孔占 30%）　4—木框外包玻璃布　5—内填玻璃棉

　　4）微穿孔板消声器。微穿孔板消声器是指利用微穿孔板吸声结构制成，具有阻抗复合消声器的特点，有较宽消声频带的消声装置。如图 8-52 所示，微穿孔板消声器是由开有小

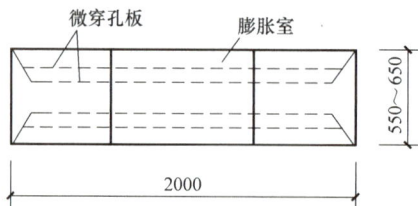

图 8-52　微穿孔板消声器

孔的金属板和设置在消声器边壁的共振腔组成共振吸声结构。微穿孔板的板厚和孔径一般小于 1mm，这使微孔具有较大的声阻。微穿孔板消声器的消声频带较宽，空气阻力小，不使用吸声材料，不起尘，适用于净化要求较高的空调系统。

5）消声部件。消声部件是指内敷吸声材料的通风空调系统部件，包括消声弯头、消声静压箱、消声风口和消声百叶窗等，也可以起到消除噪声的作用。此外，消声部件还具有节省建筑空间的优点：①消声弯头是将吸声材料贴敷于风管弯头构件里制成的弯头式消声装置。消声弯头有两种，普通型和共振型。普通型消声弯头是利用贴在内侧的吸声材料消声，通常是把弯头内缘做成圆弧，外缘粘贴吸声材料，吸声材料的长度应不小于弯头宽度的 4 倍，如图 8-53a 所示，共振型消声弯头如图 8-53b 所示，其外缘采用孔板、吸声材料和空腔，利用共振吸声结构来改善普通消声弯头对低频噪声消声效果较差的问题。②消声静压箱是指使气流降低速度以获得较稳定静压的中空箱体。消声静压箱是指将吸声材料贴敷于静压箱体里制成的箱体式消声装置。在风机出口或空气分配器前设置消声静压箱，除了可以稳定气流外，还具有消声的作用。消声静压箱的消声量与吸声材料的性能、箱内贴吸声材料的面积以及出口侧风管的面积等因素有关。

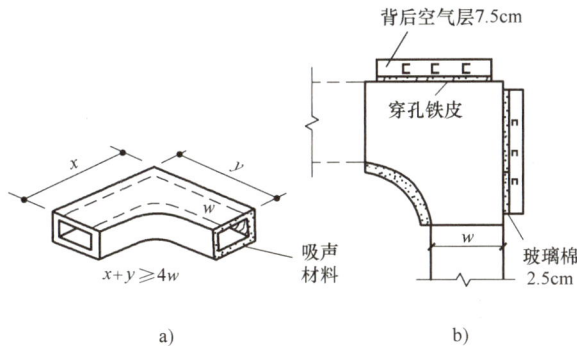

**图 8-53　消声弯头**

a）普通型消声弯头　b）共振型消声弯头

### 2. 空调系统的减振

空调系统的噪声除了通过空气传播，还可通过建筑物的结构和基础进行传播。例如风机和水泵在运转时所产生的振动先传递给基础，然后以弹性波的形式从运转设备的基础沿着建筑结构传递到其他房间，再以噪声的形式出现，这种噪声称为固体声。

减少固体声传播的主要措施是在振动设备和它的基础之间设置弹性减振支座，如弹簧、橡胶、软木等，来消除振动设备和基础之间的刚性连接。图 8-54 所示是几种不同类型减振器的结构示意图。

### 3. 其他的辅助隔振措施

在空调系统中，除了对风机、水泵等产生振动的设备设置弹性减振支座外，为了防止与运转设备连接管道的传声，应在风机、水泵、压缩机等运转设备的进、出口管路上设置隔振软管，在管道的支吊架、穿墙处进行隔振处理，图 8-55 所示为管道辅助减振措施。

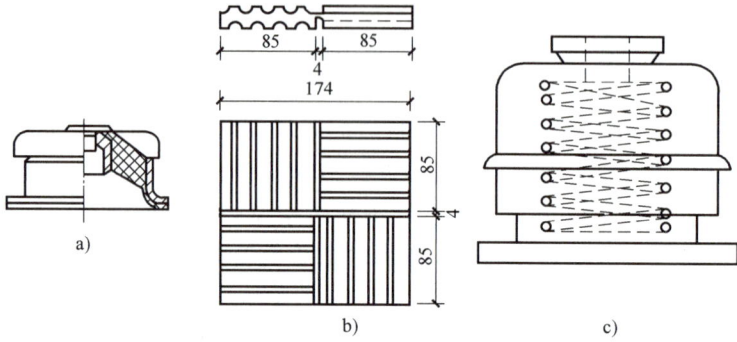

图 8-54　几种不同类型减振器结构示意图

a）JG 型橡胶减振器　b）SD 型橡胶隔振垫　c）弹簧减振器

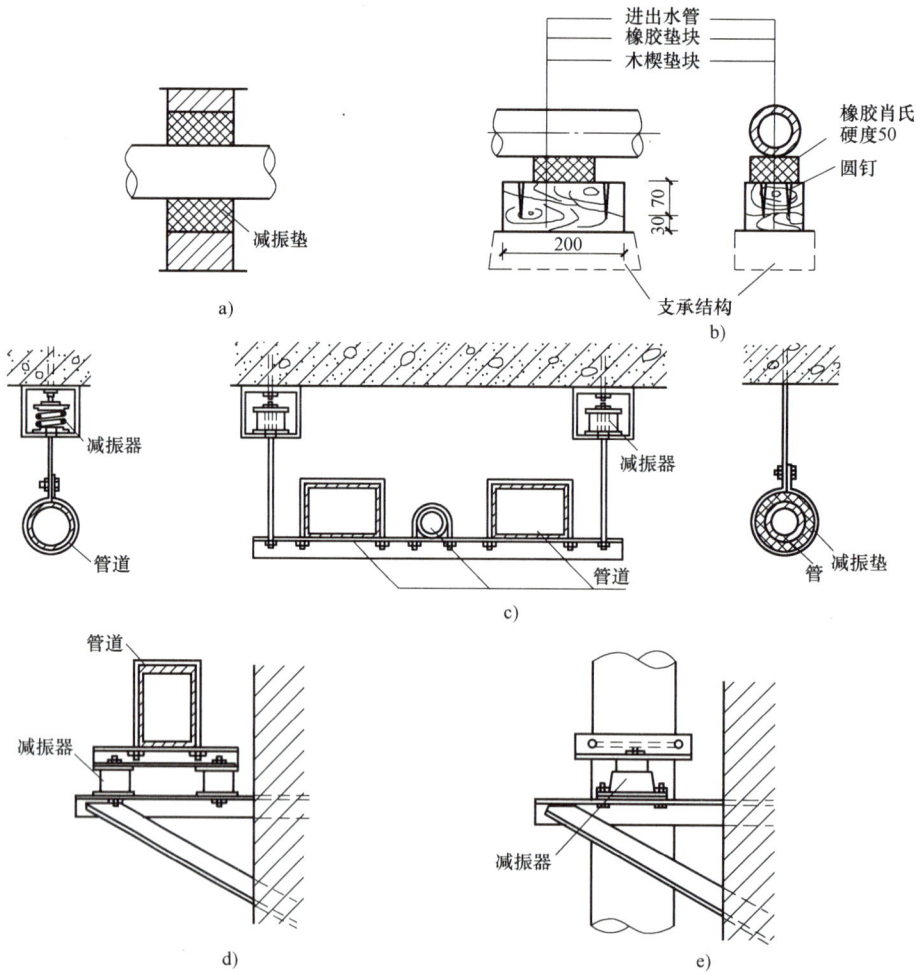

图 8-55　管道辅助减振措施

a）管道穿墙隔振方法　b）水管减振支座　c）水平管道吊架减振措施

d）水平管道支座减振措施　e）垂直管道减振措施

## 8.8 空调系统施工图识读

### 8.8.1 空调系统施工图组成

民用建筑空调系统工程施工图主要包括图纸目录、设计说明、图例、设备材料表、空调水系统图、各层空调系统风管水管平面图和剖面图、空调设备布置平面图和剖面图、冷热源系统平面图和剖面图、设备安装详图、系统流程图等。

其中，设计说明主要介绍空调工程概况、设计依据、设计范围、室内外设计参数、冷热源设置情况、冷热媒参数、空调冷热负荷、冷热量指标、系统形式和控制要求、系统的使用操作要点、管道保温保冷、设备降噪减振要求等内容。

空调系统平面图主要体现建筑的平面功能和空调设备与管道的平面位置及相互关系。平面图主要包括各层空调系统风管和水管平面图、空调设备布置平面图等。应当说明的是，在一些比较简单的项目中，空调风管和水管可以在同一张平面图中表达。

风管平面图主要体现空调风管或风道的平面布局，在施工图中一般用双线绘制，并在图中标注风管尺寸（圆形风管标注管径，矩形风管标注宽和高），主要风管的定位尺寸、标高，各种设备及风口的定位尺寸和编号，消声器、调节阀和防火阀等各部件的安装位置。风口、消声器、调节阀和防火阀的尺寸及相关要求应在设备材料表中体现。在图面上，风管一般为粗线，设备风口和风阀管件为细线。在风管平面图中，需注意风机房和风井部位，因为风井牵涉上下楼层的平面，而风机房位置由于风机的安装往往存在着比较复杂的空间关系。

空调水管平面图主要体现空调冷（热）水管道、冷凝水管道的平面布局，在施工图中一般用单线绘制，并在图中标注水管管径、标高。识图时应注意调节阀、放气阀、泄水阀、固定支架和伸缩器等各部件的安装位置，管路上的阀门、伸缩器等未注明管径时均按与管路管径相同来处理。在图面上，水管为粗线，设备、水阀、管件为细线，各种管线的线型以及阀门管件的图样详见相关的图例说明。在水管平面图中，水系统立管位置应给予重视，因为立管起着连接各层空调水管的作用，理清立管也就理清了空调水系统的主要管线。

剖面图主要体现在垂直方向上各种管道、设备与建筑之间的关系。一般在平面管道与设备有交叉或建筑较复杂，平面图无法体现其设计意图时，可通过绘制剖面图来体现。在剖面图中，应以正投影方式绘制对应于机房平面图的设备、设备基础、管道和附件，注明设备和附件编号，标注竖向尺寸和标高。在平面图设备、风管等尺寸和定位尺寸标注不清时可在剖面图上标注。剖面图作为平面图的补充，应结合平面图对照比较才能准确识图。

冷热源系统、空调水系统及平面图不能表示清楚时，应绘制系统流程图。系统流程图应绘出设备、阀门、计量和现场观测仪表、配件，标注介质流向、管径及设备编号。流程图可不按比例绘制，但管路分支及与设备的连接顺序应与平面图相符。

### 8.8.2 空调系统施工图识读示例

某学校办公楼空调工程，空调区面积 3500m²，建筑共七层，首层层高 4m，二~七层层高均为 3.4m。空调冷水由设置于相邻建筑的制冷机房提供。

该空调工程的首层休息大厅和门厅设计为集中式空调系统，其空调机组 K-1 设置在首层空调机房；办公用房设计为风机盘管加新风空调系统，新风机组 X-1 设置在休息大厅吊顶内；二~七层办公室、教室及会议室设计为风机盘管加新风空调系统，新风机组 X-2~X-7 设在各层走道吊顶内。

该工程的风机盘管加新风空调系统采用卧式暗装风机盘管机组（带回风箱），送风口采用方形散流器，回风口采用门铰式百叶回风口（带过滤器），新风管接入风机盘管机组的送风管，气流组织形式为上送上回。所有风机盘管均设三档风速开关。

空调机组回水支管上装设电动两通阀，由房间温度控制通过盘管的冷水量。新风机组回水支管上装设电动两通阀，由送风温度控制通过盘管的冷水量。

该工程中空调冷水管采用镀锌钢管，冷凝水管采用 PVC 管。

该工程空调风管采用铝箔玻璃棉毡保温，铝箔玻璃棉毡密度为 $48kg/m^3$，保温层厚度为 30mm。冷水保温材料选用橡塑保温材料，不同管径的保温层厚度见表 8-6。

**表 8-6　不同管径的保温层厚度**

| 管径 | DN20~DN25 | DN32~DN70 | DN80~DN125 | ≥DN200 |
|---|---|---|---|---|
| 保温材料厚度/mm | 30 | 35 | 40 | 45 |

该工程所有空调机组进、出水管上均装设温度计和压力表。

该工程所有风机盘管安装高度均为机底与地面距离为 3300mm，风机盘管接送风管，安装高度为接管高度，送风口为散流器，回风口均为门铰式百叶回风口。风机盘管回风口及送风管接管尺寸见表 8-7。

**表 8-7　风机盘管回风口及送风管接管尺寸**　　　　（单位：mm）

| 风机盘管机组型号 | 回风口 | 送风口数量 | | | 送风管 |
|---|---|---|---|---|---|
| | | 1 | 2 | 3 | |
| YFCU300HSCC | 600×300 | 225×225 | | | 700×120 |
| YFCU400HSCC | 700×300 | 300×300 | 225×225 | | 700×120 |
| YFCU600HSCC | 900×300 | 300×300 | 300×300 | | 900×120 |
| YFCU800HSCC | 1200×300 | 375×375 | 300×300 | | 1200×120 |
| YFCU1000HSCC | 1200×300 | 375×375 | 300×300 | | 1200×120 |
| YFCU1200HSCC | 1700×300 | 400×400 | 300×300 | 300×300 | 1700×120 |

走道内新风主管管底与地面距离为 3100mm，从新风主管接出的新风支管均装设风量调节阀。走道风机盘管供回水干管底与地面距离为 3100mm，冷凝水干管起始点管底与地面距离为 3250mm，以 0.01 坡度坡向泄水点。所有风机盘管的水管支管均为 DN20，安装高度为风机盘管接管高度，管底与地面距离为 3300mm。冷凝水管凡图中未标管径的支管管径均为 DN32，干管管径为 DN40。

部分空调系统施工图如图 8-56~图 8-59 所示。

| 序号 | 代号 | 管道名称 | 备注 |
|---|---|---|---|
| 1 | LG | 空调冷水供水管 | — |
| 2 | LH | 空调冷水回水管 | — |
| 3 | n | 空调冷凝水管 | — |

a)

| 序号 | 名称 | 图例 | 备注 | 序号 | 名称 | 图例 | 备注 |
|---|---|---|---|---|---|---|---|
| 1 | 截止阀 | | — | 13 | 方形风口 | | — |
| 2 | 闸阀 | | — | 14 | 条缝形风口 | | — |
| 3 | 球阀 | | — | | | | |
| 4 | 蝶阀 | | | 15 | 防雨百叶 | | — |
| 5 | 旋塞阀 | | | 16 | 轴流风机 | | — |
| 6 | 止回阀 | | | 17 | 离心式管道风机 | | — |
| 7 | 三通阀 | | | | | | |
| 8 | 自动排气阀 | | — | 18 | 吊顶式排气扇 | | — |
| 9 | 消声器 | | | 19 | 水泵 | | — |
| 10 | 风管软接头 | | — | 20 | 温度计 | | — |
| 11 | 对开多叶调节风阀 | | — | 21 | 压力表 | | — |
| 12 | 防烟、防火阀 | *** *** | *** 表示防烟、防火阀名称代号 | | | | |

b)

图 8-56 图例

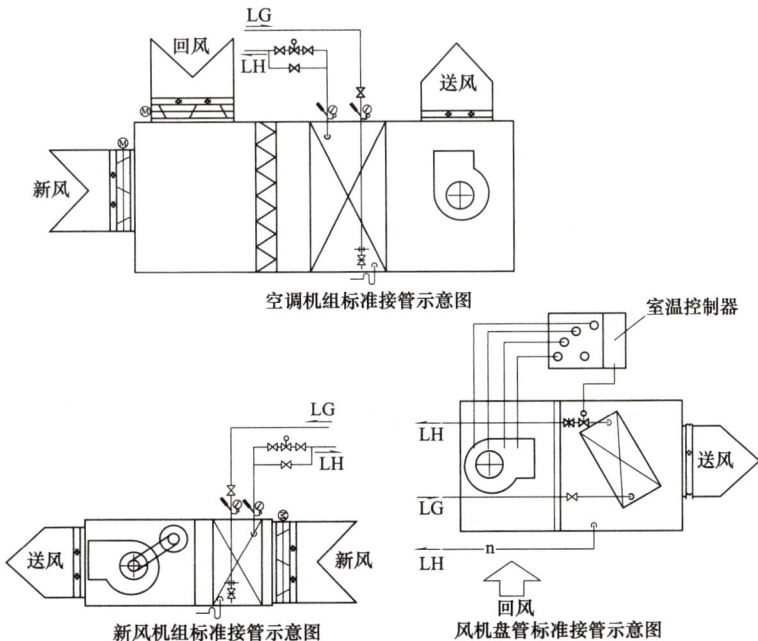

空调机组标准接管示意图

新风机组标准接管示意图

风机盘管标准接管示意图

图 8-57 空调设备接管示意图

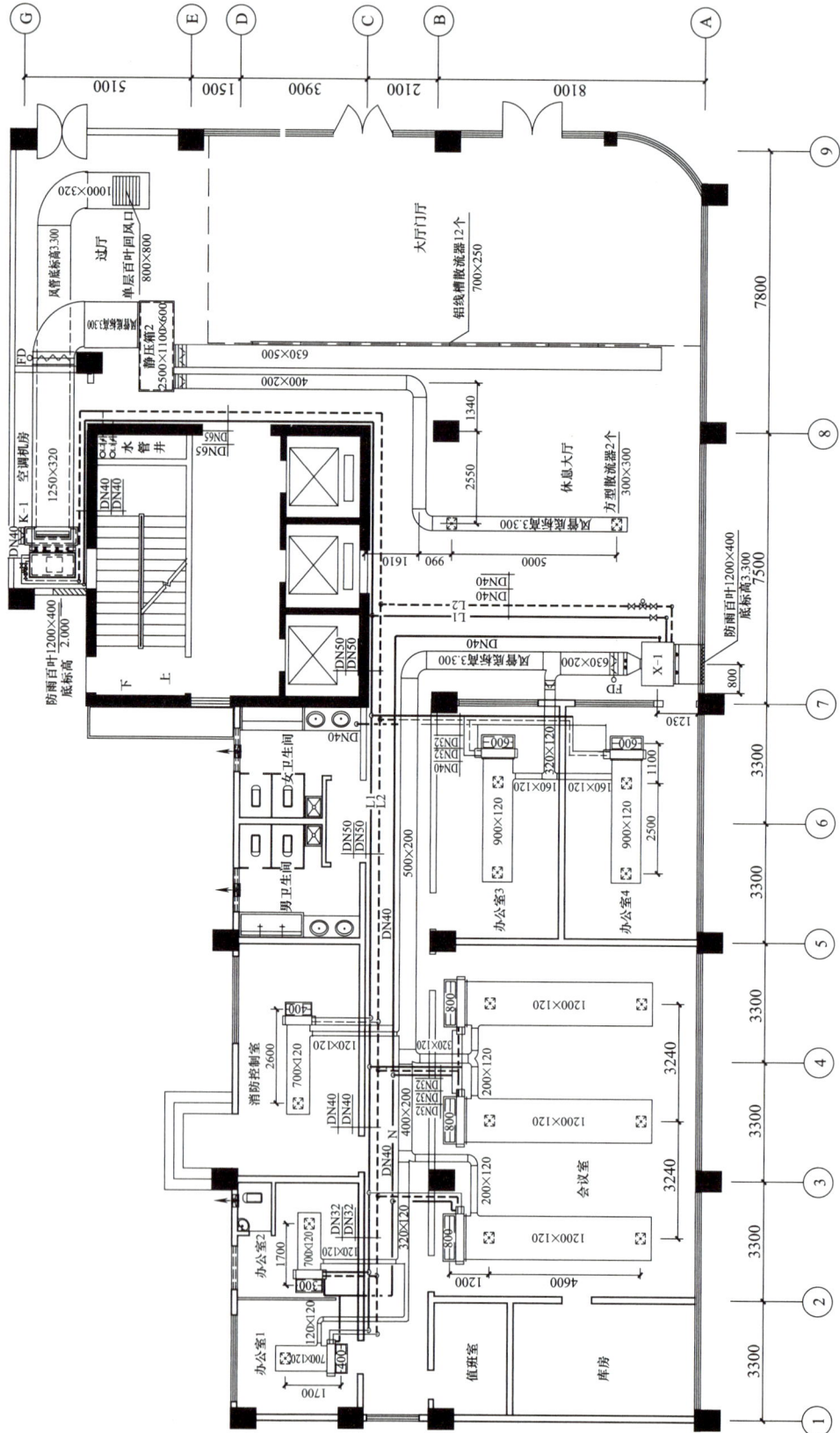

图 8-58　首层空调平面图

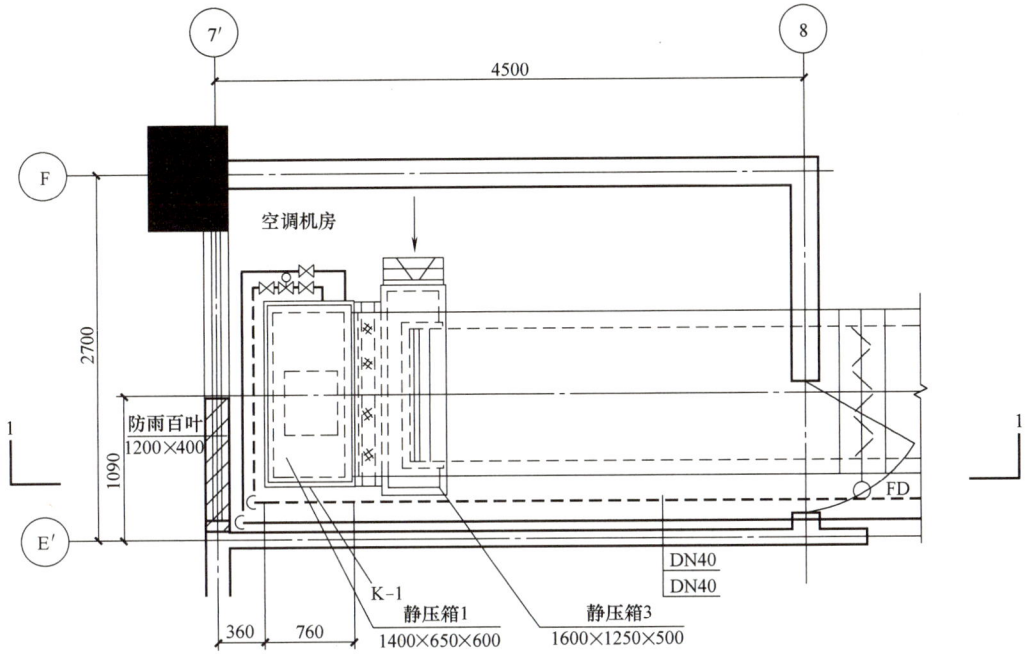

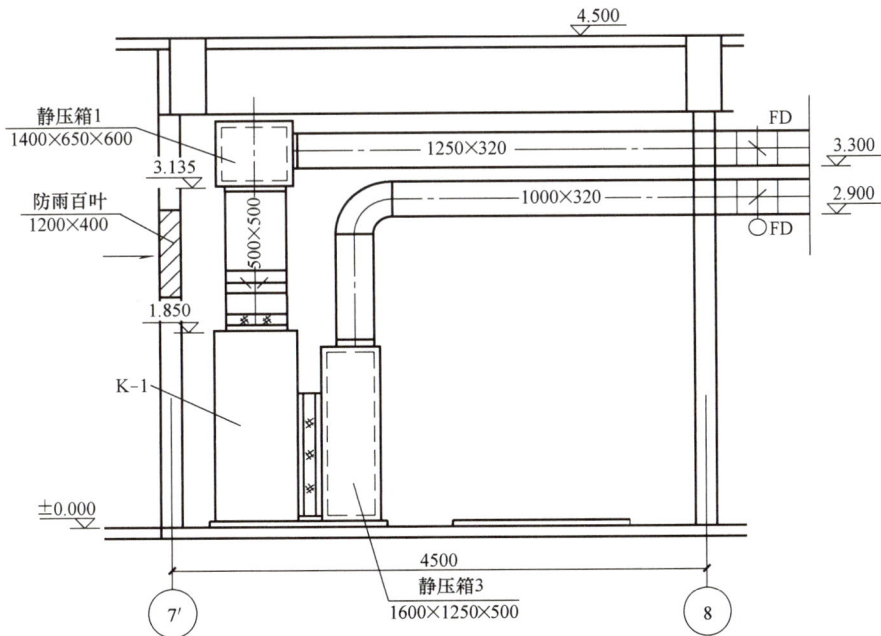

1—1 剖面图

**图 8-59　空调机房平剖面图**

## 复习思考题

8-1　什么是空气调节？空调系统通常由哪几部分组成？

8-2　按照用途或服务对象不同，空调系统可分为哪几类？

8-3　说明集中式、半集中式和分散式空调系统的主要特点和适用场合。

8-4　风机盘管加新风空调系统由哪几部分组成，它们的作用是什么？

8-5　风机盘管加新风空调系统中，新风供给的方式有哪几种？

8-6　什么是空调机（器）的能效比？

8-7　常用的空气加热和冷却设备有哪几种？简述其主要特点和适用场合。

8-8　常用的空气加湿和减湿设备有哪几种？简述其主要特点和适用场合。

8-9　什么是空调房间的气流组织？影响空调房间气流组织的主要因素是什么？

8-10　空调房间常见的送风口形式有哪些？各适用于什么场合？

8-11　常见的气流组织形式有哪几种？简述它们的主要特点和适用场合。

8-12　空调冷（热）水系统的形式有几种？各有什么优缺点？

8-13　什么是开式和闭式空调水系统？各有什么优缺点？

8-14　机械循环冷却水系统的主要设备有哪些？它们的布置应当注意什么问题？

8-15　蒸气压缩式制冷循环的制冷原理是什么？

8-16　蒸气压缩式制冷循环由哪些主要设备组成？它们的作用是什么？

8-17　什么是制冷剂、载冷剂和冷却剂？试举例说明。

8-18　吸收式制冷机组由哪些主要设备组成？它们的作用是什么？

8-19　热泵的工作原理是什么？为什么是高效节能技术？

8-20　制冷机房、空调机房、排风机房、锅炉房等设备用房在建筑中的布置应当注意什么问题？

8-21　风道的布置与连接应当注意什么问题？

8-22　什么是噪声？空调系统主要有哪些噪声源？

8-23　什么是室内噪声标准？确定室内噪声标准时应当考虑哪些因素？

8-24　阻性、抗性消声器的消声原理和主要特点是什么？

8-25　民用建筑空调系统工程施工图主要包括哪些内容？

# 第 9 章
# 室内燃气供应

## 9.1 燃气种类及性质

燃气是气体燃料的总称，它能燃烧并放出热量。气体燃料与液体燃料、固体燃料相比，它的燃烧温度高，燃烧充分，热能利用率高，火力大小容易调节，燃烧时没有炉渣，清洁卫生，输送方便。燃气是多组分的混合气体，其中含有甲烷及碳氢化合物（烃类）、氢气和一氧化碳等可燃气体和二氧化碳、氮气等不可燃气体，部分燃气中还含有氧气、水及少量杂质。

城镇燃气是指从城市、乡镇或居民点中的地区性气源点，通过输配系统供给居民生活、商业、工业企业生产、采暖通风和空调等各类用户公用性质的，且符合一定质量要求的可燃气体。城镇燃气在工业生产中使用，提高了工业生产的产量，保证了产品的质量，也改善了生产条件；在居民日常生活中使用，减少了空气污染，保护了环境。燃气在使用过程中容易发生燃烧或爆炸，而且有些燃气（如人工煤气）毒性比较大，容易引起中毒。因此，燃气供应系统的设计、施工、敷设及维护管理都有严格的要求，防止出现爆炸或漏气事故。

### 9.1.1 燃气的种类

燃气按照其来源及生产方式分为四大类：天然气、人工煤气、液化石油气和生物质气等。其中，天然气、人工煤气、液化石油气为城镇燃气供应气源。生物质气由于热值低、二氧化碳含量高，不宜作为城镇供应气源，但是在农村，生物质气（如沼气池产生的沼气）有比较好的前景。

#### 1. 天然气

天然气主要储存于天然气田和油田，也有少量储存于煤层中，天然气是一种混合气体，它的主要成分是甲烷，还含有少量的二氧化碳、硫化氢和氮气。天然气容易燃烧且燃烧效率高。它既是制取合成氨、炭黑、乙炔等化工产品的原料气，又是优质燃料气，是理想的城市气源。根据天然气的矿藏特点，天然气一般可分气田气、凝析气田气和石油伴生气以及矿井气四种。

（1）气田气（纯天然气） 气田气是指从富含天然气的气田中开采出来的天然气，气田气在地层中呈均一气相，开采出来即为气相天然气。气田气的主要成分是甲烷，含量约为

80%~90%，还含有少量的二氧化碳、硫化氢、氮气及微量的惰性气体。

（2）凝析气田气　凝析气田气是指含有少量石油轻质馏分（如汽油、煤油成分）的天然气。凝析气田气在地层中呈气相，开采出地面后减压降温，分离为气液两相，方便运输、分配及使用。凝析气田气中甲烷含量约为75%。

（3）石油伴生气　石油伴生气是指与石油共生的、伴随石油一起开采出来的天然气。石油伴生气又分为气顶气和溶解气两类。气顶气是不溶于石油的气体，为保持石油开采需要的静压，这种气体一般不随便采出。溶解气是指溶解在石油中，伴随石油开采而得到的气体。石油伴生气的主要成分是甲烷、乙烷、丙烷、丁烷等。石油伴生气中甲烷的含量约为80%。石油伴生气的成分含量因油田的构成和开采季节等条件不同而有一定差异。

（4）矿井气　矿井气是指煤田的煤层气和渗入煤层的井巷空气的混合气体。煤层气的主要成分是甲烷，矿井气的甲烷含量取决于煤层气的涌出量。矿井气又称为矿井瓦斯。

### 2. 人工煤气

人工煤气简称煤气，是指以固体或液体燃料加工所生产的气体燃料，一般将以煤或者焦炭作为原料加工制成的气体燃料称为煤制气，以石油为原料加工制成的气体燃料称为油制气。根据制气原料及生产、加工方式和设备的不同，人工煤气可分为下面几种类型。

（1）干馏煤气　固体燃料隔绝空气受热，加热到不同温度时，会产生气体、液体和固体等产物。固体燃料的这种加工方法称为干馏，以煤为固体燃料干馏时产生的可燃气体就是干馏煤气。干馏煤气的主要成分为氢气、甲烷、一氧化碳等。干馏煤气的生产工艺比较成熟，是我国最早用于城市的传统燃气气源。

（2）气化煤气　煤在高温下与空气、氧气、水蒸气等气化剂经过氧化、还原等化学反应产生的燃气统称为气化煤气。煤的气化方法有很多，根据气化原料、气化剂、气化炉的结构和操作条件的不同，可以制取不同的气化煤气。其中，常用的有压力气化煤气、水煤气、发生炉煤气等。压力气化煤气由于煤在高压下气化，促进甲烷的生成，也常用作城市燃气。发生炉煤气是以空气和水蒸气为气化剂，在气化炉中气化得到的气体燃料。水煤气是以水蒸气为气化剂制取的气体燃料。

（3）油制气　油制气是石油系原料经热加工产生的可燃气体，是城市燃气的重要气源之一。我国油制气多以重油为原料，按制气方法的不同，可分为重油蓄热裂解气和重油催化裂解气两种。

（4）高炉煤气和转炉煤气　高炉煤气和转炉煤气是冶金企业炼铁时的副产气，主要成分是一氧化碳和氮气。其可用作炼焦炉的加热煤气，也常用作锅炉的燃料，或与焦炉煤气掺混用于工业气源。

### 3. 液化石油气

液化石油气按来源主要分为两种：一是天然石油气，主要是在油田或气田开采中获得；二是炼厂石油气，是在石油炼制加工过程中获得的。液化石油气的主要组分为丙烷、丁烷，此外尚有少量丙烯、丁烯、戊烷及其他杂质。它是我国城市煤气的主要气源之一。

### 4. 生物质气

生物质气有两种，一种是用生物质为原料，在高温缺氧条件下使生物质发生不完全燃烧和热解产生的可燃气体，主要成分是一氧化碳、氢气和氮气等；另一种是用生物质为原料，厌氧发酵产生的沼气，主要成分是甲烷和二氧化碳，还有少量氮气和一氧化碳等。在农村利用秸秆、人畜粪便等产生沼气，可用于农户用燃气。在城镇，将城市垃圾、工业有机废液、人畜粪便及污水等，通过厌氧发酵产生沼气，是对城镇垃圾进行无害化处理、保护环境、提高经济效益的有效手段。生物质气属于可再生能源。

### 9.1.2　燃气的性质

燃气一般为多组分混合气体，燃气的物理、化学性质与燃气的各组分的性质有关。燃气包含可燃气体和不可燃气体。其中可燃气体有：碳氢化合物（烃类如甲烷、乙烷、乙烯、丙烷、丙烯等）、氢气、一氧化碳等；不可燃气体有：氮气、氧气、二氧化碳等。

#### 1. 燃气的平均密度和相对密度

燃气是混合气体，常用燃气的平均密度和相对密度来表述，燃气的平均密度是指单位体积的燃气所具有的质量，单位为 $kg/m^3$。计算公式为

$$\rho = \sum y_i \rho_i \tag{9-1}$$

式中　$\rho$——干燃气的平均密度，单位为 $kg/m^3$；

$\rho_i$——燃气中各组分在标准状况时的密度，单位为 $kg/m^3$；

$y_i$——燃气中各组分的体积成分。

燃气的相对密度是指燃气平均密度与相同状态下空气密度的比值，可用下式计算

$$s = \frac{\rho}{\rho_a} \tag{9-2}$$

式中　$s$——燃气的相对密度；

$\rho$——干燃气的平均密度，单位为 $kg/m^3$；

$\rho_a$——相同状况下空气的密度，单位为 $kg/m^3$。

表 9-1 给出几种燃气的平均密度和相对密度，从表中可以看出，天然气和焦炉煤气的相对密度都小于 1，气态液化石油气的相对密度大于 1。当燃气系统有泄漏时，天然气和焦炉煤气比空气轻，向上飘逸扩散，容易通过窗户散到室外，对燃气的安全使用有利。液化石油气一旦发生泄露，就会迅速降压，由液态转变为气态，并极易在低洼、沟槽处积聚，较难散发到室外去，因此危险性较大。

表 9-1　几种燃气的平均密度和相对密度

| 燃气种类 | 平均密度/($kg/m^3$) | 相对密度 |
|---|---|---|
| 天然气 | 0.75~0.85 | 0.58~0.65 |
| 焦炉煤气 | 0.4~0.5 | 0.3~0.4 |
| 液化石油气(气态) | 1.95~2.5 | 1.5~2.0 |

#### 2. 体积膨胀

大多数物质都具有热胀冷缩的性质。液体由于温度升高而引起的体积增大称为体积膨胀或容积膨胀。通常将温度每升高 1℃ 液体体积增加的倍数称为体积膨胀系数。液态液化石油气的容积膨胀系数很大，大约比水大 16 倍。因此，在液化石油气储罐及钢瓶灌装时，必须考虑温度升高时液体体积的增大，容器中要留有一定的膨胀空间。

#### 3. 燃气的热值

燃气的热值是指单位数量的燃气完全燃烧时所放出的全部热量。它是燃气能量携带大小

和利用价值的重要评判指标。燃气的热值分为高热值和低热值。高热值是指单位数量的燃气完全燃烧后，其燃烧产物与周围环境恢复至原始温度，而烟气中的水蒸气以凝结水状态排出时放出的全部热量；低热值则是指燃气在上述条件下，烟气中的水蒸气仍为蒸气状态时放出的全部热量。在实际工程中，烟气中的水蒸气一般以气态形式排出，因此在工程中一般以燃气的低热值作为计算依据，典型民用燃气组成、燃气热值与燃气质量密度见表 9-2。

表 9-2 典型民用燃气组成、燃气热值与燃气质量密度

| 燃气品种 | 燃气组分(体积百分比%) | | | | | | | | | 低位热值 /（MJ/m³）（标准状态下） |
|---|---|---|---|---|---|---|---|---|---|---|
| | $CH_4$ | $C_3H_8$ | $C_4H_{10}$ | $C_mH_n$ | CO | $H_2$ | $CO_2$ | $O_2$ | $N_2$ | |
| 焦炉煤气 | 22.2 | | | 2.0 | 8.1 | 58.7 | 2.0 | 0.7 | 6.3 | 17.07 |
| 城镇混合燃气 | 13.0 | | | 1.7 | 20.0 | 48 | 4.5 | 0.8 | 12.0 | 13.86 |
| 液化石油气 | | 50 | 50 | | | | | | | 108.4 |
| 天然气 | 98.0 | 0.3 | 0.3 | 0.4 | | | | | 1.0 | 36.4 |

城镇混合燃气是国内许多城市常见的，很有代表性的燃气。它是煤制气为主的混合型人工燃气，由焦炉煤气、水煤气或者重油催化裂解油制气等一些传统制气工艺制取的燃气混合而成。

### 4. 燃气的爆炸极限

燃气和空气（或氧气）混合后，当燃气达到一定的浓度后，就会形成有爆炸危险的混合气体。这种气体一旦遇到明火就会发生爆炸。在燃气和空气或氧气的混合物中，当燃气的含量少到使燃烧不能进行，以致不能形成爆炸混合物，这时燃气的含量称为该燃气的爆炸下限；当燃气含量增加，由于缺氧而无法燃烧，以致不能形成爆炸混合物，这时燃气的含量称为该燃气的爆炸上限。燃气的爆炸上、下限称为爆炸极限。

燃气泄漏后发生爆炸必须有两个基本条件：①泄漏的燃气在空气中的浓度在爆炸极限浓度上下限之间；②要有明火导入。因此，建筑物室内燃气管道、燃气设备的场所一定要有良好的通风条件，万一管道和设备系统有泄漏事故，也可以尽量避免空气中燃气浓度积聚到爆炸极限范围内。

## 9.1.3 燃气供应

### 1. 城镇燃气选择

作为城镇燃气气源，应尽量满足热值高、毒性小和杂质少的要求，综合比较，天然气以其热值高、对空气污染比较小等优势，成为理想的城镇燃气气源。液化石油气具有热值高、投资少、设备简单、供应方式灵活等特点，也是我国城镇燃气的重要气源。人工煤气在生产过程中会造成一定的环境污染，但是在煤炭产地或天然气供应不到的地方，以人工煤气作为气源是一个不错的选择。

### 2. 城镇燃气供应方式

城镇燃气供应可分为管道输送和瓶装供应，液化石油气一般采用瓶装供应的方式，天然气、人工煤气采用城镇燃气输配管道输送，城镇燃气管网包括市政燃气管网和小区燃气管网两部分。

城镇燃气管道按照设计压力（表压）的不同有不同分级，见表 9-3。

表 9-3 城镇燃气设计压力（表压）分级 （单位：MPa）

| 名 称 | | 压 力 |
|---|---|---|
| 高压燃气管道 | A | $2.5 < p \le 4.0$ |
| | B | $1.6 < p \le 2.5$ |
| 次高压燃气管道 | A | $0.8 < p \le 1.6$ |
| | B | $0.4 < p \le 0.8$ |
| 中压燃气管道 | A | $0.2 < p \le 0.4$ |
| | B | $0.01 < p \le 0.20$ |
| 低压燃气管道 | | $p < 0.01$ |

高压和次高压燃气管道应连成环状管网，中、低压燃气管道一般连成枝状管网。在特大型城市，城镇燃气管网应由低压、中压、次高压、高压连接成多级管网；在一般大城市，燃气管网由低压、中压（或次高压）、高压连成三级管网；在中小城市，燃气管网由低压、中压连成两级管网。各压力管网之间通过调压站降压连接。调压站是燃气管网输配系统中自动调节并稳定管网中压力的设施。

小区燃气管网是指从小区燃气总阀门井后到各建筑物的室外管网，一般为低压或中压管网。

## 9.2 室内燃气管道布置及设备安装

### 9.2.1 室内燃气管道的布置

#### 1. 室内燃气管道系统的组成

室内燃气管道系统如图 9-1 所示。它属低压管道系统，由引入管、水平干管、立管、支管、燃气计量表、用具连接管等组成。

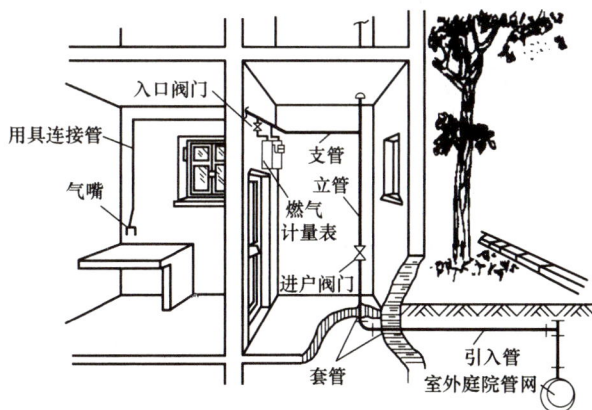

图 9-1 室内燃气管道系统

#### 2. 室内燃气管道系统的布置与敷设

（1）引入管 引入管是室外庭院管网与用户燃气进口管总阀门之间的管道。引入管进入建筑后应设置进户阀门。引入管的敷设应符合下列规定：

1）引入管不得敷设在卧室、卫生间、易燃易爆品的仓库、有腐蚀性介质的房间、发电间、配电间、变电室、不使用燃气的空调机房、通风机房、计算机房、电缆沟、暖气沟等地方。

2）住宅燃气引入管宜设在厨房、外走道、与厨房相连的阳台（寒冷地区输送湿燃气时，阳台应封闭）等便于检修的非居住房间内。当确实有困难时，可从楼梯间引入（高层建筑除外），但应采用金属管道且引入管阀门宜设在室外。

3）引入管的最小公称直径，当输送人工煤气时，不应小于 25mm；当输送天然气时，不应小于 20mm；当输送液化石油气时，不应小于 15mm。

4）输送湿燃气的引入管，埋设深度应在土壤冰冻线以下，并且应有不低于 0.01 坡向室外管道的坡度。

5）引入管有地下引入、地上引入等形式。地下引入是指引入管自室外埋地燃气管接出，穿过建筑物的基础及建筑物的地坪，直接引入室内，在进入建筑物后即应穿出地面，不得在室内地下敷设。燃气地下引入管安装示意图如图 9-2 所示，当引入管穿墙壁、基础或管沟时，均应设在套管内，并应考虑沉降的影响。地上引入是指引入管自埋地燃气管道或用户箱式调压器接出，沿建筑物外墙，在一定高度穿过外墙引入室内。图 9-3 为燃气地上引入管安装示意图。

6）引入管的总阀门宜设在建筑物内，对重要用户，还应在室外另设阀门。

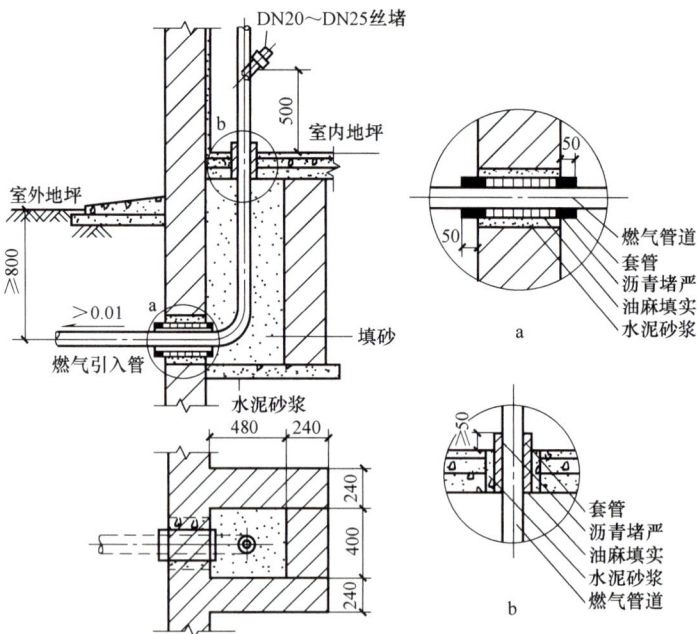

图 9-2　燃气地下引入管安装示意图

（2）燃气水平干管和立管的布置

1）室内燃气管道的水平干管和立管不得穿过易燃易爆品仓库、配电间、变电室、电缆沟、烟道、进风道和电梯井等。

2）室内燃气管道的水平干管宜明设，当建筑设计有特殊美观要求时，可设在通风良好和检修方便的吊顶内；水平干管不宜穿越建筑物的变形缝，必须穿过时，应在穿过处设不燃材料的套管，并应用不燃材料将套管与变形缝空隙填塞密实，套管与燃气管道之间的间隙应采用柔性防腐、防水材料密封。

3）燃气立管宜明设，当设置在便于安装和检修的管道竖井内时应符合下列规定：燃气立管可以与空气、惰性气体、上下水管、热力管道等设在一个公用竖井内，不应与电线、电气设备或氧气管、进风管、回风管、排气管、排烟管、垃圾道等共用一个竖井；竖井内的燃气管道不宜设阀门等附件，燃气管道表面应涂以黄色的防腐识别漆；管道井应每隔 2~3 层设置与楼板耐火极限的不燃烧体进行防火分隔，并设置丙级防火门；管道井每隔 4~5 层应设 1 个燃气浓度报警器，上下两个报警器的高度差不应大于 20m。

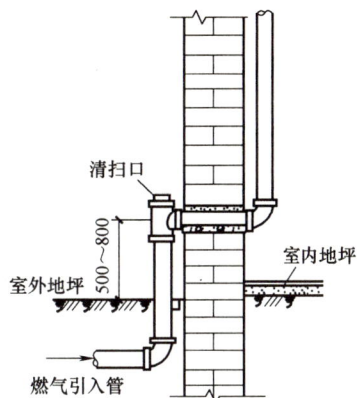

清扫口

室外地坪

室内地坪

$500 \sim 800$

燃气引入管

图 9-3　燃气地上引入管安装示意图

4）输送干燃气的管道可不设置坡度。输送湿燃气的管道，其敷设坡度不应小于 0.003，燃气表前后的湿热气水平支管应分别坡向立管和燃具。必要时，燃气管道应设排污管。输送湿燃气的燃气管道敷设在气温低于 0℃ 的房间或输送气相液化石油气管道处的环境温度低于其露点温度时，均应采取保温措施。

（3）燃气支管的布置

1）燃气支管宜明设。燃气支管不宜穿过起居室或敷设在起居室，走道内的燃气管道不宜有接头。当穿过卫生间、阁楼或壁柜时，燃气管道应采用焊接连接（金属软管不得有接头），并应设在钢套管内。

2）燃气管道与燃具的连接宜采用硬管（如镀锌钢管）连接。当连接为软管连接时，家用燃气灶和实验室用的燃烧器，其连接软管的长度不应超过 2m，并不应有接口；燃气用软管应采用耐油橡胶管；软管不得穿墙、窗和门。

3）住宅厨房燃气管道及设备应设置泄漏保护装置。燃气泄漏报警器应选用经国家或地方安全设备检测部门检测的、符合有关标准的产品，声响强度大于 75dB（A 声级）。

## 3. 室内燃气管道的压力及管材

（1）燃气管道的压力　居民和小型商业用户一般直接由低压管道供气，我国一些城市已经开始中压进户工作，用户室内燃气管道的最高压力（表压）不应大于表 9-4 的规定。民用低压用气设备的燃烧器的额定压力（表压）见表 9-5。

表 9-4　用户室内燃气管道的最高压力（表压）　　　　　（单位：MPa）

| 燃气用户 | | 最高压力 |
| --- | --- | --- |
| 工业用户 | 独立、单层建筑 | 0.8 |
| | 其他 | 0.4 |
| 商业用户 | | 0.4 |

（续）

| 燃气用户 | | 最高压力 |
|---|---|---|
| 居民用户 | 中压进户 | 0.2 |
| | 低压进户 | <0.01 |

注：1. 液化石油气管道的最高压力不应大于 0.14MPa。

2. 管道井内的燃气管道的最高压力不应大于 0.2MPa。

3. 室内燃气管道压力大于 0.8MPa 的特殊用户设计应按有关专业规范执行。

**表 9-5　民用低压用气设备的燃烧器的额定压力**（表压）　　　（单位：kPa）

| 燃烧器 | 人工燃气 | 天然气 | | 液化石油气 |
|---|---|---|---|---|
| | | 矿井气 | 天然气、油田伴生气、液化石油气混空气 | |
| 民用燃具 | 1.0 | 1.0 | 2.0 | 2.8 或 5.0 |

（2）燃气管道的管材　室内燃气管道宜选用普通钢管，也可以选用铜管、不锈钢管、铝塑复合管和连接用软管，各种管材应符合相关规定。一般应根据燃气的性质、系统压力、施工要求以及材料供应情况等来选用，并满足机械强度、抗腐蚀及气密性等各项基本要求。

## 9.2.2　燃气设备及附件安装

### 1. 燃气灶

家用燃气灶一般有单眼灶、双眼灶，公共食堂可根据需要选用三眼灶、四眼灶、六眼灶等。燃气灶与燃气要匹配才能使用，因为不同种类燃气的发热值和燃烧特性各不相同，所以燃气灶喷嘴和燃烧器头部的结构尺寸也不同，人工煤气灶具、天然气灶具或液化石油气灶具是不能互相替代使用的。否则，轻则燃烧情况恶劣，满足不了使用要求；重则根本无法使用甚至出现事故。燃气灶的铭牌上都会注明所适用的燃气种类。

家用燃气灶应安装在有自然通风和自然采光的厨房内，利用卧室的套间（厅）或利用与卧室连接的走道做厨房时，厨房应安装门并与卧室隔开。放置燃气灶的灶台应采用不燃烧材料，当采用难燃材料时，应加防火隔板。住宅厨房内宜设置排气装置和燃气浓度检测报警器。

### 2. 燃气热水器

燃气热水器按使用燃气种类分为人工煤气热水器、天然气热水器、液化石油气热水器；按照使用用途分为供热水型热水器、供暖型热水器和两用型热水器；按其结构可分为燃气容积式热水器和燃气快速热水器两大类。

（1）燃气容积式热水器　燃气容积式热水器是指用燃气作为能源，通过燃气燃烧产生的热量将贮存在内胆里一定容量的冷水加热，等内胆里的水达到预定温度后保温储存，以供生活、采暖、生产工艺等热水要求的设备。

（2）燃气快速热水器　燃气快速热水器是当前居家主要用以供热水的燃气具。它具有水气联动装置控制燃烧燃气的开关，可以利用燃烧的热量快速加热通过热交换器内流动的水。燃气快速热水器比燃气容积式热水器体积小，连续出水能力大，但制取等量的热水所消耗的燃气量比燃气容积式热水器的要大。

根据安装位置，燃气快速热水器可分为室外型和室内型，室外型只可以安装在室外，室内型根据给排气方式，可分为烟道式、强制式、平衡式和强制给排气式热水器。燃气快速热水器分类见表 9-6。

表 9-6 燃气快速热水器分类

| 名称 | | 分类内容 | 简称 |
|---|---|---|---|
| 室内型热水器 | 自然排气式热水器 | 燃烧时所需空气取自室内，通过排烟管在自然抽力下将烟气排至室外 | 烟道式热水器 |
| | 强制排气式热水器 | 燃烧时所需空气取自室内，在风机作用下通过排烟管强制将烟气排至室外 | 强排式热水器 |
| | 自然给排气式热水器 | 将给排气管接至室外，利用自然抽力进行室外空气供给和将烟气排至室外 | 平衡式热水器 |
| | 强制给排气式热水器 | 将给排气管接至室外，利用风机强制进行室外空气供给和将烟气排至室外 | 强制给排气式热水器 |
| 室外型热水器 | | 只可以安装在室外的热水器 | 室外型热水器 |

烟道式热水器和强制式热水器基本相同，均为半密闭式热水器，其燃烧所需空气来自室内，燃烧后所产生的烟气，前者靠自然抽力作用将烟气排至室外，后者在风机作用下通过排烟管强制将烟气排至室外。使用时要注意防止室外刮风时烟气倒灌的现象。图 9-4 为烟道式热水器布置图，图 9-5 为强制式热水器布置图。

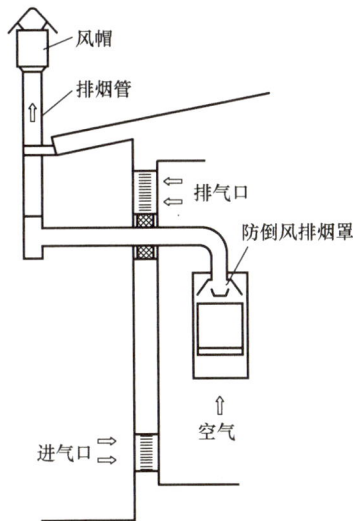

图 9-4 烟道式热水器布置图

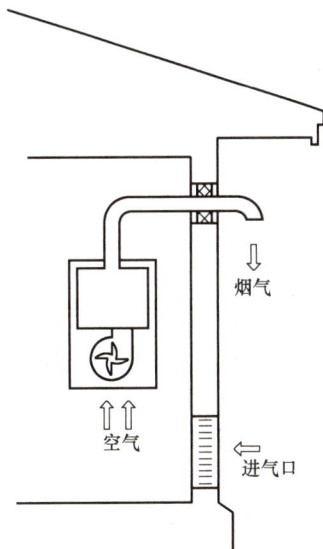

图 9-5 强制式热水器布置图

平衡式热水器和强制给排气式热水器均为全密闭式热水器，二者都是将给排气管接至室外，前者利用自然抽力进行室外空气供给和将烟气排至室外，后者利用风机强制进行室外空气供给和将烟气排至室外，故使用安全，不会引起煤气中毒，两者的不同也只是排烟方式不同。图 9-6 为平衡式热水器布置图，图 9-7 为强制给排气式热水器布置图。

家用燃气热水器应安装在通风良好的非居住房间、过道或阳台内。有外墙的卫生间内可安装密闭式热水器，但不得安装其他类型热水器。装有半密闭式热水器的房间，房间门或墙的下部应设有截面面积不小于 $0.02\text{m}^2$ 的格栅，或在门与地面之间留有不小于 30mm 的间隙，

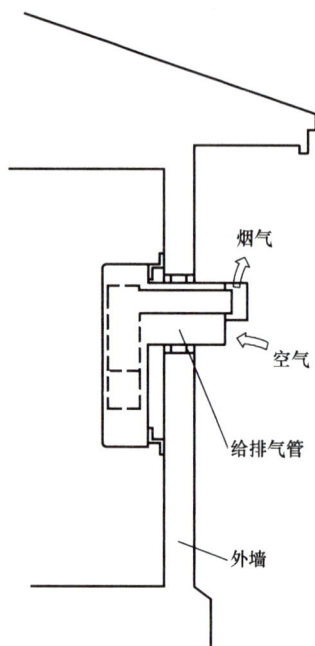

图 9-6　平衡式热水器布置图

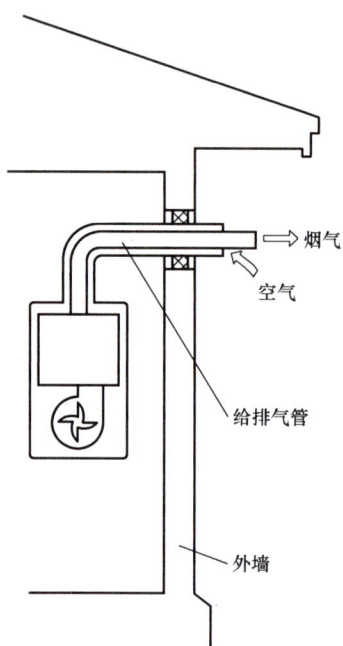

图 9-7　强制给排气式热水器布置图

以保证燃烧所需要的空气量的供给，房间净空高度大于 2.4m。

### 3. 燃气计量表

对燃气进行计量的流量计称为燃气计量表，简称燃气表，常用的燃气表有容积式、速度式和压差式（孔板流量计等）。燃气表应根据工作压力、温度、流量等条件选择。随着大数据技术的发展，智能燃气表的使用越来越广，智能燃气表主要有 IC 卡智能燃气表、CPU 卡智能燃气表、射频卡智能燃气表、直读式远传燃气表（有线远传表）以及无线远传燃气表、物联网智能燃气表等几大类，其特点是计量准确，安装方便，远传信号，这不仅解决了入户抄表的难题，而且能准确、及时地得到所有燃气用户的燃气消费量，是目前家庭燃气用户计量燃气消费量的理想仪表。

燃气表宜安装在不燃或难燃结构的室内及通风良好、便于查表、检修的地方。严禁安装在下列场所：卧室、卫生间及更衣室内；有电源、电气开关及其他电气设备的管道井内，或有可能滞留泄漏燃气的隐蔽场所；环境温度高于 45℃ 的地方；经常潮湿的地方；堆放易燃易爆、易腐蚀或有放射物质等危险的地方；有变、配电等电气设备的地方；有明显振动影响的地方；高层建筑中的避难层及安全疏散楼梯间内。当燃气表安装在灶具上方时，燃气表与炉灶之间的水平距离不得小于 30cm。低位安装时，表底距地面不得小于 10cm。

## 9.3　室内燃气系统施工图识读

### 9.3.1　室内燃气系统施工图内容

室内燃气系统施工图主要包括图纸目录、设计与施工说明、图例、主要设备材料表、燃气系统平面图、燃气管道系统图和燃气系统详图等。

其中，设计与施工说明主要介绍室内燃气系统的设计依据、设计概况、设计参数、管材及附属设备的选择、施工及验收的要求和执行的标准等内容。主要设备材料表包括设备、管材、管件等。燃气系统平面图主要反映燃气进户管、立管、支管、燃气表和燃气灶的平面位置及相互关系。燃气管道系统图主要反映燃气设施、管道、阀门、附件的空间关系，管道的标高、坡度及管径等。燃气系统详图是用较大的比例表示设备与管道、管道与管道的连接情况。包括标准图和非标准图。

### 9.3.2　燃气系统施工图的识读方法

燃气系统施工图的识读方法是以系统为单位，应按燃气的流向先找到系统的入口，按总管及入口装置、干管、立管、支管、用户软管到燃气用具的进气接口顺序识读。

识读室内燃气工程施工图，应首先熟悉施工图，对照图纸目录核对整套图样是否完整，确认无误后再正式识读。识读图样的方法没有统一规定，识读时应注意以下几点：

1）认真阅读施工图设计与施工说明：读图之前应仔细阅读设计与施工说明，通过文字说明能够了解燃气工程的概况，了解图样中用图形无法表达的设计意图和施工要求，如燃气介质种类，燃气气源，燃气管压力级制，管道材质及其连接方法，防腐保温的做法，管道附件及附属设备类型，系统吹扫和试压要求，施工中应执行和采用的规范、标准图号等。

2）以系统为单位进行识读：识读时以系统为单位，可按燃气介质的输送流向识读，按用户引入管、水平干管、立管、用户支管、下垂管、燃气用具的顺序识读。

3）平面图与系统图对照识读：识读时应将平面图与系统图对照起来看，以便相互补充和说明，全面、完整地掌握设计意图。对照平面图和系统图中进行编号的设备、材料图形符号，查看主要设备及材料明细表，以正确理解设计意图。

4）仔细阅读安装详图：安装详图多选用全国通用燃气标准安装图集，也可单独绘制，用来详细表示工程中某一关键部位的安装施工，或平面图及系统图中无法清楚表达的部位，以便指导正确安装施工。

### 9.3.3　室内燃气系统施工图识读实例

图 9-8～图 9-13 为某住宅小区的 4#楼的燃气系统施工图，现以这套图为例介绍施工图的识图方法。

#### 1. 施工图简介

本套施工图包括设计与施工说明一张（图 9-8）、主要设备材料表一张（图 9-9）、平面图两张（图 9-10、图 9-11，见书后插页）、系统图一张（图 9-12，见书后插页）、详图一张（图 9-13）。本书中所示图样为本工程部分图样。

#### 2. 工程概况

该工程为××市××房地产投资有限公司的天然气工程，现以其中的 4#楼为例介绍。4#楼共 22 层，层高 2.7m，室内外高差 0.5m，室外地面标高为 0.5m。该工程采用天然气，燃气由小区中压燃气管道井中的低压调压箱调压后，由室外燃气干管接入单元用户引入管，穿外墙引至室内，通过立管供应给燃气用户。每户按一台双眼燃气灶设计。

## 设计与施工说明

### 二、工程概况

1.本工程为××市××房地产投资有限公司天然气工程。

2.工程地点:××市××区××路

3.工程简介:

1) 钢窗厂北路有现状DN400中压A燃气管线，该管线可作为本项目气源线。

从现状DN400中压A燃气管线开口，往南引DN200中压A燃气管线，穿过钢窗厂北路后，进入项目红线内，沿项目内区间路敷设至10#楼南侧，接入规划中低压调压箱和锅炉调压箱。经调压后，供用户使用。

2)本设计为该工程第1期设计，有后续设计。为非立管工程。

3)通气方式：随上游管线通气。

4)预计用气时间：2016年10月。

4.工程量：

1)外线共2467m，其中：

中压A: $\phi$219×7，12m；DN200，114m。

中压B: $\phi$219×7，10m；DN200，341m。

低压: $\phi$219×7，3m；$\phi$168×5，225m；$\phi$114×4.5，620m；$\phi$89×4，290m；

$\phi$60×3.5，250m；DN200，370m；DN160，120m；DN110，112m。

2)调压箱2座，中低压调压箱：1座，标准状态下$Q$=800m$^3$/h，进口压力为0.01~0.4MPa，出口压力为3kPa；锅炉调压箱：1座，标准状态下$Q$=1200m$^3$/h，进口压力为0.01~0.4MPa，出口压力为10~15kPa。

3)直埋PE阀门井1座，DN200。

4)居民用户:共11栋楼，共计2508户，每户1块CPU卡G4皮膜表。

其中1#楼210户，2#楼260户，3#楼260户，4#楼176户，5#楼158户，6#楼267户，

7#楼200户，8#楼158户，9#楼261户，10#楼289户，11#楼269户。

5)锅炉房1座:供应采暖面积26万m$^2$。锅炉燃气压力为10kPa。锅炉房内设3台3.5t/h锅炉，标准状态下单台耗气量277.5m$^3$/h，配3台金额型CPU卡涡轮流量计，流量范围20~400m$^3$/h(DN100)，压力级制1.6MPa，带RS485通信，支持MODBUS RTU协议。工业流量计须设置在防护箱内。

6)公服1处，有6台燃气灶具，标准状态下合计耗气量37m$^3$/h，配1台金额型CPU卡皮膜表，燃气表G40须设置在防护箱内。

7)79个引入口，其中：

民用部分地上引入口DN50，72个；DN80，2个；DN100，3个；

公服部分1个引入口地下DN100；

锅炉房部分1个地下引入口DN200。

| 工程名称 | ××市××房地产投资有限公司天然气工程 | 工程号 | |
|---|---|---|---|
| | | 设计号 | |

图 9-8　设计与施工说明

主要设备材料表

| 工程名称 | ××市××房地产投资有限公司<br>天然气工程 | | 工程号 | | |
|---|---|---|---|---|---|
| | | | 设计号 | | |
| 序号 | 材料名称 | 规格 | 单位 | 数量 | 备　注 |
| 1 | 耐候型三层PE防腐管 | $\phi114\times4.5$ | m | 3 | 20#钢 GB/T 8163 |
| 2 | 耐候型三层PE防腐管 | $\phi89\times4$ | m | 8 | 20#钢 GB/T 8163 |
| 3 | 耐候型三层PE防腐管 | $\phi60\times3.5$ | m | 250 | 20#钢 GB/T 8163 |
| 4 | 无缝钢管 | $\phi114\times4.5$ | m | 150 | 20#钢 GB/T 8163 |
| 5 | 无缝钢管 | $\phi89\times4$ | m | 45 | 20#钢 GB/T 8163 |
| 6 | 无缝钢管 | $\phi60\times3.5$ | m | 600 | 20#钢 GB/T 8163 |
| 7 | 镀锌钢管 | DN50 | m | 2000 | |
| 8 | 镀锌钢管 | DN40 | m | 2850 | |
| 9 | 镀锌钢管 | DN25 | m | 1750 | |
| 10 | 镀锌钢管 | DN15 | m | 4680 | |
| 11 | 紧急切断阀 | DN100 | 个 | 3 | 常开式 |
| 12 | 紧急切断阀 | DN15 | 个 | 2508 | 常开式 |
| 13 | 法兰球阀 | Q41F-16C DN100 | 个 | 3 | |
| 14 | 法兰球阀 | Q41F-16C DN80 | 个 | 2 | |
| 15 | 法兰球阀 | Q41F-16C DN50 | 个 | 72 | |
| 16 | 丝扣球阀 | Q11F-16 DN50 | 个 | 90 | |
| 17 | 丝扣球阀 | Q11F-16 DN40 | 个 | 196 | |
| 18 | 丝扣球阀 | Q11F-16 DN25 | 个 | 84 | |
| 19 | 丝扣球阀 | Q11F-16 DN15 | 个 | 5016 | |
| 20 | 阀门箱 | DN100 | 个 | 3 | |
| 21 | 阀门箱 | DN80 | 个 | 2 | |
| 22 | 阀门箱 | DN50 | 个 | 72 | |
| 23 | 平焊钢法兰 | DN100 PN16 | 片 | 6 | 外径系列[GB/T 9119—2010 |
| 24 | 平焊钢法兰 | DN80 PN16 | 片 | 4 | 外径系列[GB/T 9119—2010 |
| 25 | 平焊钢法兰 | DN50 PN16 | 片 | 144 | 外径系列[GB/T 9119—2010 |
| 26 | CPU卡皮膜表 | G4 | 台 | 2508 | |
| 27 | 民用双眼灶 | | 台 | 2508 | |

**图 9-9　主要设备材料表**

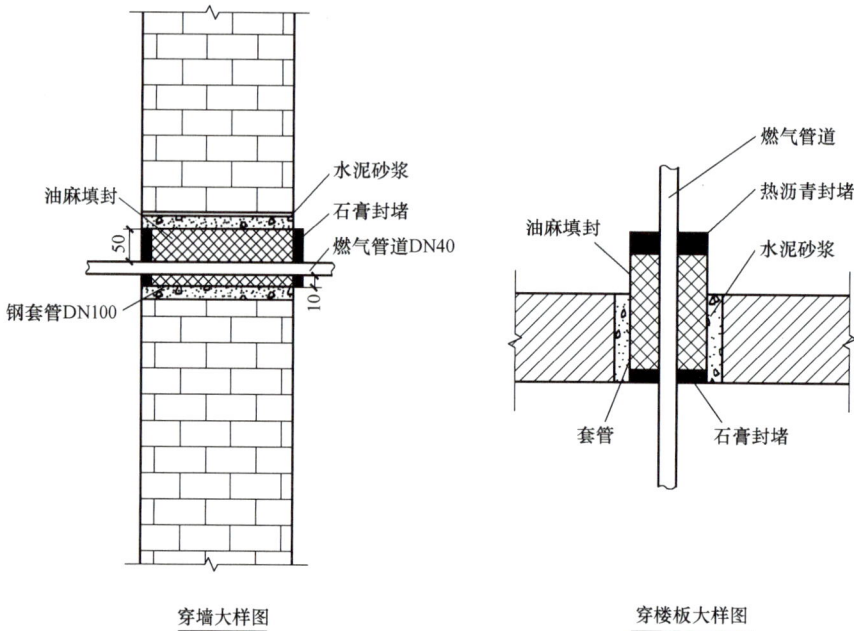

穿墙大样图

穿楼板大样图

图 9-13　详图

### 3. 施工图识读

识图时先看设计与施工说明，了解了工程概况，然后将平面图和系统图对照起来看，按照燃气流向识读，顺序为用户引入管→立管→用户支管→燃气表→下垂管。

（1）引入管　从 4#楼首层燃气管道平面图（图 9-10，见书后插页）、4#楼燃气管道系统图（TL-1 立管）可以看出，该住宅小区燃气接自小区燃气干管，有 2 根引入管，以立管 TL-1 所连接的引入管为例，引入管管径为 φ60×3.5，标高为−1.90m，在地下敷设，在轴线 4-1 和轴线 4-G 交叉处，向上穿出地面，并且在管道上设快速切断阀，快速切断阀需设置保护箱，管道升高至标高为 0.50m 处穿墙进入室内在轴线 4-1 和轴线 4-F 处敷设，穿外墙敷设套管。由设计与施工说明可知，引入管在室外地下直埋敷设，并采用耐候性三层 PE 防腐管，引入管在室外采用无缝钢管，焊接连接。

（2）燃气立管　从两个平面图和系统图中可以看出，该建筑中有 2 根 TL-1 立管和 6 根 TL-2 立管，共 8 根立管，供气方向由下向上。以 TL-1 立管为例，首层~5 层管径为 DN50，6 层~15 层管径为 DN40，16 层~22 层管径为 DN25。变径管段分别设在 6 层、16 层的三通之上。穿越楼板处都设有套管（图 9-13）。从设计与施工说明可以看出，立管和室内其他管道采用镀锌钢管，螺纹连接。

（3）用户支管　从平面图和系统图可以看出，各楼层用户支管在每层地面以上 1.8m 处接出，各用户支管管径均为 DN15。用户支管上设有密封性能好的旋塞阀和紧急切断阀。

（4）燃气表　由设计与施工说明可知，每户 1 块 CPU 卡 G4 皮膜表，挂墙安装。

（5）燃气下垂管　根据系统图，由燃气表右边接出，管径均为 DN15，下垂管上设一密封性好的旋塞阀，然后接双眼燃气灶。

（6）其他　住宅楼每户厨房安装智能燃气泄漏报警器。

## 复习思考题

9-1　燃气与液体燃料、固体燃料相比，有哪些特点？

9-2　燃气按照其来源及生产方式分为哪几种？简述其特点。

9-3　城镇燃气供应气源有哪几种？发生泄漏时，哪种燃气危险性较大？什么条件下会发生爆炸？

9-4　什么是燃气的低热值？它与燃气的高热值有何不同？

9-5　液化石油气储罐及钢瓶灌装时，为什么容器不能装满而要预留一定的空间？

9-6　我国城镇燃气管道根据设计压力分为哪几类？居民生活用气对燃气压力有何规定？

9-7　燃气的供应方式有哪些？

9-8　室内燃气管道系统由哪几部分组成？各管道设置应注意什么？

9-9　烟道式、强排式、平衡式和强制给排气式热水器，其在室内的设置要求有何不同？

9-10　室内燃气系统施工图主要包括哪几个部分？

9-11　怎样识读室内燃气施工图？

# 10

## 第 10 章
## 建筑供配电

## 10.1 建筑供配电系统的组成

### 10.1.1 电力系统的组成

电力系统是发电、输电及配电的所有装置和设备的组合，通常包括发电厂（站）、电力网和电力用户。电力系统的组成如图 10-1 所示。

发电厂（站）将其他形式的能量转变为电能。根据能源类型，常规能源发电有火力发电、水力发电和核（裂变）能发电；新能源发电有太阳能、风能、地热能、生物质能和海洋能发电等。

电力网是输电、配电的各种装置和设备、变电站、电力线路或电缆的组合。其中，输电网是从发电厂向用电区域输送电能，配电网是在用电区域内向电力用户供电。利用电力变压器可将不同电压等级的电网连接起来。根据变电站在电力系统中的地位和作用，变电站可以分为枢纽变电站、区域变电站、终端变电站和用户变电站等。

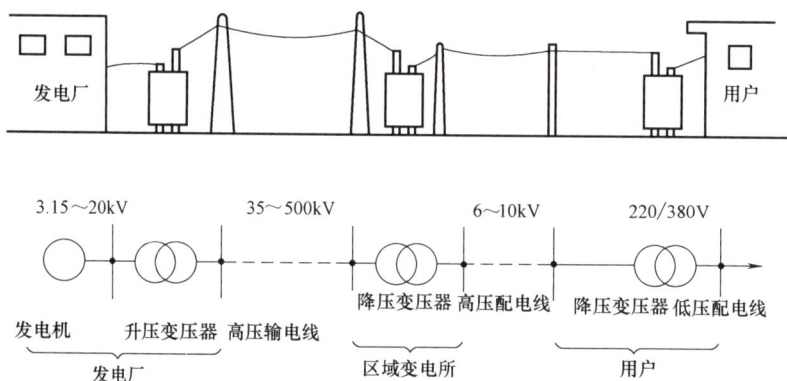

图 10-1 电力系统的组成示意图

发电厂（站）通常远离电力用户，需要采用升高电压的方式实现远距离传输。因为在传输功率一定的条件下，提高输电线路的输电电压，通过输电线路的电流会减小，线路的有功功率损耗和电压降就会减小；线路导体截面面积也可以减小，能有效地节省有色金属消耗量和线路本身的投资。因此，线路传输功率越大，传输距离越远，所选择的电压等级也应越高。为了实现大容量、远距离、低损耗电能传输，输电网发展方向为超高电压、直流传输，目前已经有交流 1800kV、直流 1500kV 电网投入运营。

### 10.1.2　电力系统电压和电能质量

#### 1. 电力系统电压

国家对所有发电、输电线路及用电设备的额定电压均有统一规定，这是根据国民经济发展需要，考虑技术经济上的合理性以及电气设备的制造水平等因素，经全面分析研究而确定的。

电力系统电压分为系统标称电压和电气设备额定电压，见表 10-1。

表 10-1　系统标称电压和电气设备额定电压

| 分　类 | 系统标称电压和电气设备额定电压 | 发电机额定电压 | 电力变压器额定电压 | |
|---|---|---|---|---|
| | | | 一次绕组 | 二次绕组 |
| 标称电压在 220~1000V 的交流三相四线或三相三线系统/V | 220/380<br>380/660<br>1000 | 230/400<br>400/690 | 220/380<br>380/660<br>— | 230/400<br>400/690<br>— |
| 标称电压在 1~35kV 的交流三相四线或三相三线系统/kV | 3 | 3.15 | 3,3.15 | 3.15,3.3 |
| | 6 | 6.3 | 6,6.3 | 6.3,6.6 |
| | 10 | 10.5,13.8,15.75,18 | 10,10.5,13.8,15.75 | 10.5,11 |
| | 20 | 20,22,24,26 | 18,20 | |
| | 35 | | 35 | 38.5 |
| 标称电压在 35~220kV 的交流三相三线或三相三线系统/kV | 66<br>110<br>220 | | 66<br>110<br>220 | 72.6<br>121<br>242 |
| 标称电压在 220~1000kV 的交流三相四线或三相三线系统/kV | 330<br>500<br>750<br>1000 | | 330<br>500<br>750<br>1000 | 363<br>550 |
| 高压直流输电系统/kV | ±160<br>±320<br>±500<br>±800<br>±1100 | | | |

（1）系统标称电压　系统标称电压用以标志或识别系统电压的给定值。系统标称电压有多种电压等级，用于配电的交流电力系统中 1000V 及以下的电压等级为低压，超过低压的电压等级为高压。

（2）电气设备额定电压　用于发电、变电、输电、配电或利用电能的设备统称为电气设备。电气设备额定电压通常由制造厂家确定，用以规定设备的工作电压值，一般用有效值表示。其电压等级应与电力系统标称电压等级相对应。根据电气设备在电力系统中的作用和位置，电气设备分为用电设备额定电压、发电机额定电压和电力变压器额定电压。

1）用电设备额定电压。用电设备额定电压与其所连接电力系统标称电压一致。因为电力线路存在电压降，线路各点实际运行电压会与系统标称电压存在偏差。为了保证用电设备的良好运行，国家对各级电网系统标称电压的偏差均有严格规定。

2）发电机额定电压。考虑到电网的电压降，发电机额定电压应比所连接电网系统标称电压高 5%。

3）电力变压器额定电压。电力变压器具有一次绕组和二次绕组，实现电压变换功能。电力变压器的一次绕组接至发电机时，其额定电压与发电机额定电压相同；电力变压器的一次绕组接至电网时，其额定电压与所连接电力系统标称电压相同。电力变压器二次绕组相当于电源，考虑到负载时线路电压降和变压器内部电压降 5%，则二次绕组额定电压应高出所连接电网标称电压的 5%或 10%：低压电网线路短，通常高出 5%；高压电网线路长，通常高出 10%。

图 10-2 所示为电力系统电压示意图，图中 $U_n$ 为系统标称电压，$U_G$ 为发电机额定电压，$U_{1rT}$、$U_{2rT}$ 分别为电力变压器一次绕组额定电压和二次绕组额定电压。

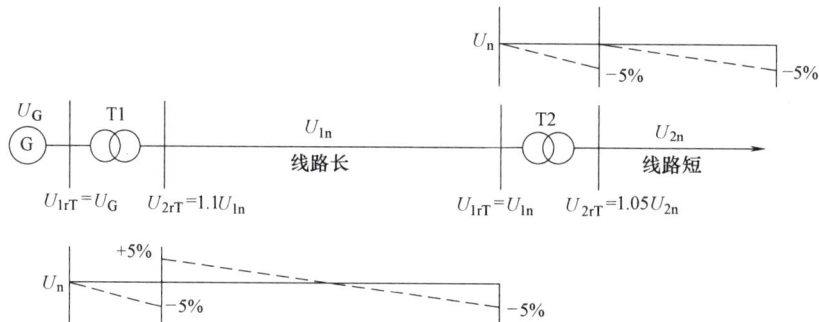

图 10-2　电力系统电压示意图

在我国目前的电力系统中，30～1000kV 电压等级主要用于长距离输电网，110～220kV 电压等级主要用于区域配电网，10～110kV 为一般电力用户的高压供电电压。目前，有些负荷密度较高的地区推广使用 20kV 代替 10kV 作为一般中小容量用户高压供电电压，因为 20kV 电压等级的技术经济指标高于 10kV。当供电电压大于等于 35kV 时，用户的一级配电电压宜采用 10kV；当 6kV 用电设备的总容量较大，选用 6kV 经济合理时，宜采用 6kV；低压配电电压宜采用 220/380V，工矿企业也可采用 660V。

对于民用建筑的用电电压选择，当用电设备总容量在 250kW 及以上或变压器安装容量在 160kVA 及以上时，宜以 35（或 20、10）kV 供电，当地电网具备 20kV 供电条件时，宜以 20kV 供电；当用电设备总容量在 300kW 以下或变压器安装容量在 250kVA 及以下时，可由低压供电。

### 2. 电能质量

电能质量是指关系到供电、用电系统及其设备正常运行的电压、电流等各种指标偏离规定范围的程度。电力系统一般采用三相对称 50Hz 正弦交流电源供电，为保障用户设备可靠运行，需要对电网的电压、频率、波形等提出要求，通常用供电电压偏差、电力系统频率偏差、公用电网谐波、三相电压不平衡等来描述电能质量。

（1）供电电压偏差　供电电压偏差是系统中某点的实际运行电压对系统标称电压的偏差相对值，以百分数表示，即

$$\Delta U = \frac{U - U_n}{U_n} \times 100\% \tag{10-1}$$

式中　$\Delta U$——供电电压偏差；

　　　　$U$——系统某点的实际运行电压，单位为 V；

　　　　$U_n$——系统标称电压，单位为 V。

《电能质量　供电电压偏差》（GB/T 12325）规定供电电压偏差的限值为：35kV 及以上供电电压正、负偏差绝对值之和不超过标称电压的 10%；20kV 及以下三相供电电压偏差为标称电压的 ±7%；220V 单相供电电压偏差为标称电压的 +7%、−10%。正常运行情况下，用户内部供配电系统用电设备端子处的电压偏差允许值为 ±5%，特殊场所照明 +5% ~ −10%。

实际工程中，主要采用正确选择变压器的变压比和电压分接头，即可将供配电系统的电压调整在合理的水平上；或者采用降低线路电压降，通过合理补偿无功功率和尽量使三相负荷平衡等措施改善电压偏差。

（2）电力系统频率偏差　电力系统频率偏差是指电力系统频率的实际值与标称值（50Hz）之差。《电能质量　电力系统频率偏差》（GB/T 15945）规定：电力系统正常运行条件下频率偏差限值为 ±0.2Hz，当系统容量较小时，偏差限值可以放宽到 ±0.5Hz。电力系统频率偏差主要是系统有功负荷的变化引起的，通常由发电系统进行调整和保证。

（3）公用电网谐波　供配电系统中将基本正弦波称为基波，基波频率为电网工频（工频：交流电力系统的标称频率值，50Hz）。高于基波频率的正弦波称为谐波或高次谐波，谐波频率与基波频率的整数比称为谐波次数，谐波次数为奇数称为奇次谐波，谐波次数为偶数称为偶次谐波。

谐波含量是指从周期性交变量中减去其基波分量后所得到的谐波总量。谐波电压含量就是各次谐波电压分量有效值的方均根值，即

$$U_H = \sqrt{\sum_{h=2}^{\infty} U_h^2} \tag{10-2}$$

式中　$U_H$——谐波电压含量，单位为 V；

　　　　$U_h$——第 $h$ 次谐波电压分量的方均根值（有效值），单位为 V。

总谐波畸变率是指周期性交变量中的谐波含量的方均根值与其基波分量的方均根值之比，用百分数表示。即

$$THU_u = \frac{U_H}{U_1} \times 100\% \tag{10-3}$$

式中　$THU_u$——电压总谐波畸变率；

　　　　$U_1$——基波（50Hz）电压分量，单位为 V。

谐波电压含有率是指周期性交变量含有的第 $h$ 次谐波分量的方均根值与基波分量的方均根值之比，用百分数表示。即

$$HRU_h = \frac{U_h}{U_1} \times 100\% \tag{10-4}$$

式中　$HRU_h$——为第 $h$ 次谐波电压含有率。

电力系统中非线性电气设备的投入运行会形成谐波源，向公用电网注入谐波电流或在公用电网中产生谐波电压，引起公用电网电压波形畸变。《电能质量　公用电网谐波》（GB/T 14549）规定了公用电网谐波电压限值及注入公共连接点的谐波电流允许值，其中公用电网谐波电压限值见表 10-2。

**表 10-2　公用电网谐波电压限值**

| 电网标称电压/kV | 电压总谐波畸变率（%） | 谐波电压含有率（%） | |
|---|---|---|---|
| | | 奇数次 | 偶数次 |
| 0.38 | 5.0 | 4.0 | 2.0 |
| 6 | 4.0 | 3.2 | 1.6 |
| 10 | | | |
| 35 | 3.0 | 2.4 | 1.2 |
| 66 | | | |
| 110 | 2.0 | 1.6 | 0.8 |

通常采用加装滤波器等方法抑制公用电网谐波。对谐波含量较高且功率较大的低压用电设备，宜采用单独的配电回路供电。

（4）三相电压不平衡　电力系统运行时，如果三相负荷不平衡，会导致电网的三相电压在幅值上不同或相位差不是 120°，或兼而有之，即出现三相电压不平衡。《电能质量　三相电压不平衡》（GB/T 15543）规定了电网电压不平衡度限值。

为降低三相电压不平衡度，配电系统设计时应尽可能将负荷均衡地分配在三相线路中，或限制单相用电设备的容量。对于由地区公共低压电网供电的 220V 负荷，线路电流小于或等于 60A 时，可采用 220V 单相供电；大于 60A 时，宜采用 220/280V 三相供电。

在电能质量的现行国家标准体系中，还包括《电能质量　电压波动和闪变》（GB/T 12326）、《电能质量　公用电网间谐波》（GB/T 24337）、《电能质量　暂时过电压和瞬态过电压》（GB/T 18481）和《电能质量　电压暂降与短时中断》（GB/T 30137）等。

## 10.1.3　建筑供配电系统的基本形式

建筑供配电系统在电力系统中属于建筑物内部供配电系统，由高压供电（电源系统）、变配电所、低压配电线路和用电设备组成。

按空间位置，建筑供配电系统一般包含建筑变配电所、楼层配电箱和用户配电箱三个部分。建筑供配电系统基本形式示意图如图 10-3 所示。

图中的建筑变配电所实现降压和电能分配，10～35kV 电压经电力变压器降为 220/380V，为用电设备供电；再根据用电负荷的要求分为多个出线回路，配电到楼层配电箱，在楼层配电箱完成电能的二次分配，将电能分配

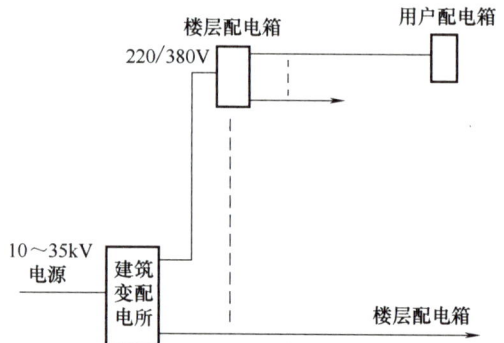

图 10-3　建筑供配电系统基本形式示意图

到具体的用户配电箱；最后在用户配电箱配电供给具体的用电设备。

## 10.2　用电负荷分级及计算

### 10.2.1　用电负荷分级及供电要求

#### 1. 用电负荷分级

供配电系统不同的用户或同一用户的不同用电设备因供配电系统停电时所产生的损失和影响是不一样的，为此应对供配电系统的负荷加以区别，即进行负荷分级，对不同级别负荷应采取不同的供电措施。用电负荷应根据对供电可靠性的要求及中断供电在对人身安全、经济损失上所造成的影响程度进行分级。

（1）一级负荷　一级负荷是指中断供电将造成人身伤害，或将在经济上造成重大损失，或将影响重要用电单位的正常工作等后果的用电负荷。

在一级负荷中，若中断供电将造成人员伤亡或重大设备损坏或发生中毒、爆炸和火灾等情况的负荷，以及特别重要场所的不允许中断供电的负荷，应视为一级负荷中特别重要的负荷。

（2）二级负荷　二级负荷是指中断供电将在经济上造成较大损失，或将影响较重要用电单位的正常工作等后果的用电负荷。

（3）三级负荷　三级负荷是指不属于一级和二级负荷的用电负荷。

#### 2. 供电要求

一级负荷应由双重电源供电，当一电源发生故障时，另一电源不应同时受到损坏。

一级负荷中特别重要的负荷除应由双重电源供电外，尚应增设应急电源，并严禁将其他负荷接入应急供电系统，且设备的供电电源的切换时间应满足设备允许中断供电的要求。应急电源的内容在第 10.3 节讲述。

双重电源是指一个负荷的电源是由两个电路提供的，这两个电路就安全供电而言被认为是互相独立的。由同一电源供电的两台变压器并不能作为双重电源。双重电源应来自不同的区域变电站，或一个来自区域变电站，另一个来自自备发电机组（图 10-4）。

二级负荷的供电系统宜采用两回路线路供电。三级负荷对供电方式无特殊要求。

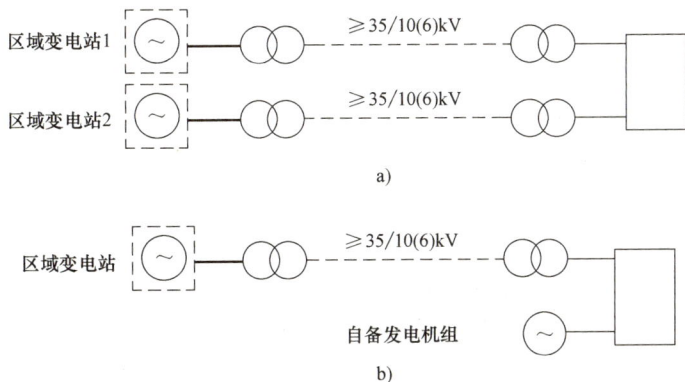

**图 10-4　双重电源示意图**

a）电源来自不同的区域变电站　b）电源分别来自区域变电站和自备发电机组

### 3. 建筑用电负荷分级

建筑用电负荷分级与建筑类别和用电设备性质有关。民用建筑中常用设备及部位用电负荷分级见表 10-3。

表 10-3 民用建筑中常用设备及部位用电负荷分级

| 建筑类别 | 建筑物名称 | 用电设备及部位 | 负荷等级 |
|---|---|---|---|
| 住宅建筑 | 建筑高度大于 54m 的住宅建筑 | 消防用电；应急照明、航空障碍照明、走道照明、值班照明、安防系统、电子信息设备机房用电；客梯、排污泵、生活水泵用电 | 一级 |
| 旅馆建筑 | 四、五级旅馆 | 宴会厅、餐厅、厨房、门厅、高级套房及主要通道等场所的照明用电，信息网络系统、通信系统、广播系统、有线电视及卫星电视接收系统、信息引导及发布系统、时钟系统及公共安全系统、乘客电梯、排污泵、生活水泵用电 | 一级 |
| | 三级旅馆 | | 二级 |
| | 一、二级旅馆 | | 三级 |
| 办公建筑 | 建筑高度超过 100m 的高层办公建筑 | 主要通道照明和重要办公室用电 | 一级 |
| | 一类高层办公建筑 | | 二级 |
| | 国家及省部级政府办公建筑 | 客梯、会议室、总值班室、档案室、主要办公室用电 | 一级 |
| | 金融建筑（银行、金融中心、证交中心） | 重要的计算机系统和安防系统用电、大型银行营业厅备用照明用电 | 一级 |

## 10.2.2 用电负荷的计算

用电负荷是指电能用户的用电设备在某一时刻向电力系统取用的电功率的总和。交流电路的电功率包括有功功率（单位：瓦，W）、无功功率（单位：乏，var）和视在功率（单位：伏安，VA）。供配电工程负荷计算中各负荷功率单位常采用千瓦（kW）、千乏（kvar）和千伏安（kVA）。

### 1. 计算负荷

计算负荷是指供电线路在正常运行时不致使其线路中各组成元件的温升超过允许限度的负荷。由于实际负荷通常是随机变动的，故需要选取一个假想的持续性负荷，其热效应在某一段时间内与实际负荷所产生的最大热效应相等，这一假想的持续性负荷就是计算负荷。一般而言，载流导体大约 30min 可达到稳定的温升值，因此通常取"半小时平均最大负荷"作为计算负荷。

计算负荷是用来按发热条件选择配电变压器、高低压电器及电线电缆，计算电压降和功率损耗的依据。如果计算负荷过大，会导致设备容量和导线截面选择过大，造成投资和有色金属的浪费；如果计算负荷过小，又会使设备容量和导线截面选择偏小，造成运行时过热，增加电压降和功率损耗，甚至使设备和导线烧毁，造成事故。影响计算负荷的因素有很多，准确确定计算负荷很困难，只能力求接近实际。

常用的负荷计算方法有单位指标法和需要系数法。

### 2. 单位指标法

在各类用电负荷尚不够具体或明确的方案设计阶段，可采用单位指标法。民用建筑工程常采用单位面积负荷密度法和综合单位指标法。

根据我国目前的用电水平和电气设备标准，各类民用建筑的用电负荷指标见表 10-4。

表 10-4　各类民用建筑物的用电负荷指标

| 建筑类别 | 用电负荷指标/($W/m^2$) | 建筑类别 | 用电负荷指标/($W/m^2$) |
|---|---|---|---|
| 公寓 | 30~50 | 医院 | 30~70 |
| 旅馆 | 40~70 | 高等学校 | 20~40 |
| 办公 | 30~70 | 中小学 | 12~20 |
| 商业 | 一般：40~80 | 展览馆 | 50~80 |
| | 大中型：60~120 | | |
| 体育 | 40~70 | 演播室 | 250~500 |
| 剧场 | 50~80 | 汽车库 | 8~15 |

对于住宅建筑，一般采用每套住宅单位指标法。根据国家建筑标准设计图集《建筑电气常用数据》（19DX101—1），每套普通住宅用电负荷指标和电能表的选择不宜低于表 10-5 的规定。

表 10-5　每套普通住宅用电负荷指标和电能表的选择

| 套型 | 建筑面积 $S/m^2$ | 用电指标最低值/(kW/户) | 单相电能表规格/A |
|---|---|---|---|
| A | $S \leqslant 60$ | 4 | 5(60) |
| B | $60 < S \leqslant 90$ | 6 | 5(60) |
| C | $90 < S \leqslant 120$ | 8 | 5(60) |
| D | $120 < S \leqslant 150$ | 10 | 5(60) |

单位面积负荷密度法计算公式如下

$$P_c = \frac{P'_e A}{1000} \qquad (10\text{-}5a)$$

综合单位指标法计算公式如下

$$P_c = \frac{P'_e N}{1000} \qquad (10\text{-}5b)$$

式中　$P_c$——计算负荷，单位为 kW；

$\quad\ P'_e$——单位指标，式（10-5a）中单位为 $W/m^2$；式（10-5b）中单位为 W/套、W/人或 W/床；

$\quad\ A$——建筑面积，单位为 $m^2$；

$\quad\ N$——单位数量（套数、人数或床数）。

采用单位指标法确定计算负荷时，通常不考虑需要系数。对于住宅建筑的负荷计算，方案设计阶段可采用单位指标法和单位面积负荷密度法，初步设计及施工图设计阶段宜采用需要系数法。

**3. 需要系数法**

需要系数法采用由下而上的逐级计算方法，即先根据用电设备的额定功率按设备运行工作制确定设备功率，然后将用电设备按性质分为不同的用电设备组并确定设备组的设备功率，各设备组的计算功率为设备组的设备功率乘以需要系数，配电干线（或变配电所）范围内计算功率为各设备组的计算负荷之和乘以同时系数（用电设备的同时使用率）。

（1）单台用电设备的设备功率　用电设备的设备功率与用电设备的工作制有关。工作制是指元件、器件或设备所承受的一系列运行条件。

1）连续工作制设备功率。连续工作制是指元件、器件或设备带额定载荷无定期长时间连续运转的工作制。连续工作制设备是指长期连续运行可以达到稳定温升，负荷比较平稳的用电设备。如照明灯具、锅炉用风机、通风机、生活水泵等，其设备功率就是其铭牌标注的额定功率。

2）周期工作制设备功率。周期工作制是指元件、器件或设备不管负载变动与否，总是有规律地重复进行的工作制。周期工作制设备是指在运行过程中规律性地运行和停机、达不到稳定温升的设备。采用暂载率表征工作时间与工作周期的比值，则设备功率应按等效发热的原则折算。周期工作制设备又分电焊机类设备和起重机类设备，电焊机类的设备功率是将额定容量换算到暂载率为 100% 时的有功功率，而起重机类设备则是一般统一换算到暂载率25% 时的有功功率，即

$$P_e = S_r \sqrt{\varepsilon} \cos\varphi \tag{10-6a}$$

$$P_e = P_r \sqrt{\varepsilon/0.25} = 2P_r \sqrt{\varepsilon} \tag{10-6b}$$

式中　$P_e$——设备功率；

$\quad\quad S_r$——电焊机的额定容量，单位为 kVA；

$\quad\quad \cos\varphi$——额定功率因素；

$\quad\quad P_r$——额定功率，单位为 kW；

$\quad\quad \varepsilon$——用电设备暂载率。

3）短时工作制设备功率。短时工作制是指元件、器件或设备的有载时间比空载时间短的工作制。短时工作制设备工作时间短，间歇时间长，也应按等效发热的原则折算。运行时间很短的电动闸门则不计入设备功率。

（2）设备组的设备功率　求取计算负荷时，对于计算范围内性质相同的用电设备可以划分为同一设备组。一个设备组的设备功率计算的原则是：

1）一个设备组的设备功率为一个设备组中各设备功率之和，但不包括备用设备。

2）季节性用电设备（如制冷或供暖设备）应选择其大者作为设备功率。

3）住宅建筑的设备容量采用每套住宅的用电负荷指标之和。

（3）单相用电设备的设备功率　单相用电设备应均衡分配到三相电路中，当单相设备的总功率小于计算范围内三相设备总功率的 15% 时，全部按三相对称负荷计算。当超过15% 时，应将单相设备功率换算为等效三相设备功率，再与三相设备功率相加，只有 220V 相负荷（接至相线—中线）时，等效三相设备功率取最大相设备功率的 3 倍。

在建筑供配电系统中，大功率动力类负荷大多是额定电压为 380V 的三相用电设备，一般照明灯具是额定电压为 220V 的单相用电设备。设置的插座可按每个单相电源插座 100W 计算，插座用途确定时，按实际设备功率计算。

（4）照明设备的设备功率　对荧光灯及高压气体灯等照明灯具，设备功率需要考虑镇流器的功率损耗，照明设备的设备功率取（1.0~1.2）$P_r$，$P_r$ 为照明灯具的额定功率。

（5）计算负荷

1）需要系数。实际工程中，同一个设备组中的设备不一定同时运行，也不一定同时达到最大值（满负荷），工程中将这些变化的因素用需要系数来描述。需要系数定义为设备组的有功计算负荷与设备功率之比

$$K_d = \frac{P_c}{P_e} \tag{10-7}$$

式中　$K_d$——需要系数，是根据同类用电负荷实际运行的数据进行统计得出的经验系数；

$P_e$——设备组的设备功率；

$P_c$——设备组的有功计算功率。

工程实践中，在对各类建筑、各类用电设备、各种用电设备组的实际运行数据进行统计分析的基础上，将不同负荷的需要系数和功率因数制作成相应的表格，供负荷计算时查阅使用。

需要系数值适用于多台设备，设备台数较少时，需要系数宜适当取大值。设备组台数为 3 台及以下时，需要系数 $K_d$ 取 1，台数为 4 台时，$K_d$ 取 0.9。表 10-6 为民用建筑部分用电设备的需要系数和相应的功率因数。

表 10-6　民用建筑部分用电设备的需要系数和相应的功率因数

| 负荷名称 | | 用电设备组 | 需要系数 $K_d$ | 功率因数 $\cos\varphi$ | 备　　注 |
|---|---|---|---|---|---|
| 住宅 | | 3~9 个 | 0.9~1 | | 住宅按三相配电计算时连接的基本户数，功率因数与住宅用电负荷类型有关 |
| | | 12~24 个 | 0.65~0.9 | | |
| | | 27~36 个 | 0.5~0.65 | | |
| | | 39~72 个 | 0.45~0.5 | | |
| | | 75~372 个 | 0.4~0.45 | | |
| 照明设备 | 办公楼 | | 0.7~0.8 | | 照明设备按建筑类别分类，功率因数与灯具类型有关 |
| | 旅馆 | | 0.6~0.7 | | |
| | 医院 | | 0.5 | | |
| | 学校 | | 0.6~0.7 | | |
| | 食堂、餐厅 | | 0.8~0.9 | | |
| 冷冻机房 | | 1~3 台 | 0.7~0.9 | 0.8~0.85 | 动力设备按用电设备组分类 |
| 锅炉房 | | >3 台 | 0.6~0.7 | | |
| 热力站、水泵房、通风机 | | 1~5 台 | 0.8~0.95 | 0.8~0.85 | |
| | | >5 台 | 0.6~0.8 | | |
| 电梯 | | | 0.2~0.5 | 0.5~0.6 | |
| 输送带、自动扶梯 | | | 0.6~0.65 | 0.75 | |

2）设备组计算负荷。按需要系数法确定三相用电设备组计算负荷的基本公式如下：

$$P_c = K_d P_e \tag{10-8a}$$

$$Q_c = P_c \tan\varphi \tag{10-8b}$$

式中　$\varphi$——设备组功率因数角；

$P_c$——设备组有功计算负荷，单位为 kW；

$Q_c$——设备组无功计算负荷，单位为 kvar。

3）配电干线（或变配电所低压母线）计算负荷。多组用电设备的配电系统图如图 10-5 所示。配电干线（或变配电所低压母线）各用电设备组最大负荷并不是同时出现，计算负荷为计算范围内各用电设备组的计算负荷之和乘以同时系数。

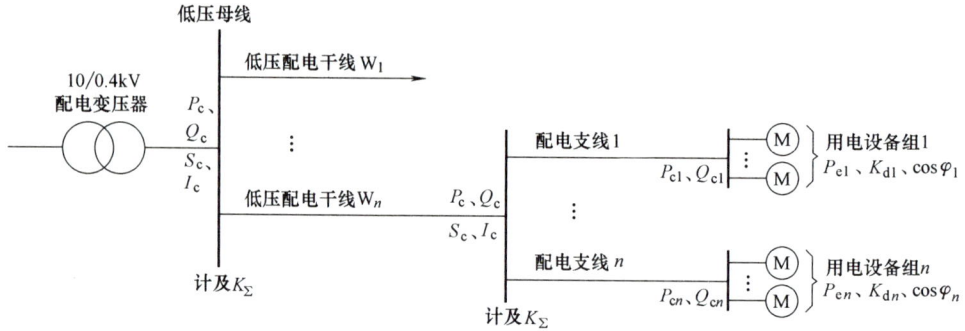

图 10-5　多组用电设备的配电系统图

配电干线（或变配电所低压母线）总计算负荷的基本公式如下：

$$P_c = K_{\Sigma P} \sum (K_{di} \times P_{ei}) \tag{10-9a}$$

$$Q_c = K_{\Sigma Q} \sum (K_{di} P_{ei} \tan\varphi_i) \tag{10-9b}$$

$$S_c = \sqrt{P_c^2 + Q_c^2} \tag{10-9c}$$

$$I_c = \frac{S_c}{\sqrt{3} \times U_n} \tag{10-9d}$$

式中　$P_c$——总有功计算负荷，单位为 kW；

$Q_c$——总无功计算负荷，单位为 kvar；

$S_c$——计算视在功率，单位为 kVA；

$I_c$——三相线路计算电流，单位为 A；

$U_n$——三相线路额定电压，低压配电系统 0.38kV；

$K_{\Sigma P}$——有功负荷同时系数，可取 0.8~0.9；

$K_{\Sigma Q}$——无功负荷同时系数，可取 0.93~0.97，简化计算时可与 $K_{\Sigma P}$ 相同。

通常，用电设备数量越多同时系数越小。对于较大的多级配电系统，可逐级取同时系数。

计算负荷与系统中的计算范围有关，计算变配电所低压母线总负荷时一般不计入在消防状态下才使用的消防设备。如果在消防状态下使用的设备负荷大于火灾时切除的非消防设备负荷时，应按未切除的非消防负荷加上消防负荷计算总负荷。建筑物消防用电设备的计算负荷，应按共用的消防用电设备、发生火灾的防火分区内的消防用电设备及所有与其关联的防火分区消防用电设备的计算负荷之和确定。

**4. 供配电系统损耗**

供配电系统中电力线路和变压器具有电阻和电抗，会产生有功损耗和无功损耗。在确定总计算负荷时，应计入这部分损耗。

（1）电力线路功率损耗 假设三相电路参数对称，则有功功率损耗、无功功率损耗分别按下式计算：

$$\Delta P = 3I_c^2 R \times 10^{-3} \qquad (10\text{-}10a)$$

$$\Delta Q = 3I_c^2 X \times 10^{-3} \qquad (10\text{-}10b)$$

式中　$R$——每相线路电阻，单位为 $\Omega$；

$X$——每相线路电抗，单位为 $\Omega$；

$\Delta P$——三相线路有功功率损耗，单位为 kW；

$\Delta Q$——三相线路无功功率损耗，单位为 kvar。

建筑供配电系统中低压配电线路长度较短，线路功率损耗小，工程上负荷计算一般不计线路功率损耗。

（2）变压器功率损耗 变压器有功损耗包括铁心损耗和绕组铜耗。在变压器外加电压和频率不变时，铁心损耗不变，铁心损耗一般由变压器的空载试验数据获得，近似等于空载有功损耗；绕组铜耗则与流过绕组的电流有关，是可变的损耗；绕组铜耗与变压器负载率的二次方成比例，额定负载下铜耗一般由变压器的短路试验数据获得。

变压器有功功率损耗和无功功率损耗可以通过空载试验数据 $\Delta P_0$、$I_0$ 和短路试验数据 $\Delta P_k$、$\Delta U_k$ 获得，按下式计算：

$$\Delta P_T = \Delta P_0 + \Delta P_k \left(\frac{S_c}{S_{rT}}\right)^2 \qquad (10\text{-}11a)$$

$$\Delta Q_T = \frac{I_0}{100} S_{rT} + \frac{\Delta U_k}{100} S_{rT} \left(\frac{S_c}{S_{rT}}\right)^2 \qquad (10\text{-}11b)$$

式中　$\Delta P_T$——变压器有功损耗，单位为 kW；

$\Delta Q_T$——变压器无功损耗，单位为 kvar；

$\Delta P_0$——变压器空载损耗，单位为 kW；

$\Delta P_k$——变压器短路损耗，单位为 kW；

$I_0$——变压器空载电流百分比；

$\Delta U_k$——变压器短路电压百分比；

$S_c$——变压器低压侧计算视在功率，单位为 kVA；

$S_{rT}$——变压器额定容量，单位为 kVA。

估算时可采用简化计算式

$$\Delta P_T \approx 0.01 S_c \qquad (10\text{-}12a)$$

$$\Delta Q_T \approx 0.05 S_c \qquad (10\text{-}12b)$$

### 5. 无功功率补偿

建筑供配电系统中，用电负荷大多是电感性负载，自然功率因数偏低，这样会增加电网的有功功率损耗，降低发电机的有功功率输出，很不经济。现行的《国家电网公司电力系统电压质量和无功电力管理规定》规定，100kVA 及以上 10kV 供电的电力用户在用户高峰负荷时变压器高压侧功率因数不宜低于 0.95；其他电力用户，功率因数不宜低于 0.90。《民用建筑电气设计标准》（GB 51348—2019）规定：35kV 以下无功功率补偿宜在配电变压器低压侧集中补偿，且功率因数不宜低于 0.9。中压侧及用户端的功率因数值应符合国家现行标准的有关规定。供配电系统通常在变配电所低压母线配置并联电力电容器柜，进行无功功率集中补偿，根据负荷动态变化自动投切电容器组，提高功率因数。

在方案设计时，无功功率补偿容量可按变压器容量的 15%～20% 估算。在初步设计和施工图设计阶段，并联电容器的集中补偿的补偿容量可根据计算按下式确定：

$$Q_c = P_c(\tan\varphi_1 - \tan\varphi_2) \tag{10-13}$$

式中　$Q_c$——无功功率补偿容量，单位为 kvar；

　　　$P_c$——有功计算功率，单位为 kW；

　　$\tan\varphi_1$——补偿前的自然功率因数角的正切值；

　　$\tan\varphi_2$——补偿后的功率因数角的正切值。

### 6. 变配电所高压侧计算负荷

变配电所中配电变压器将高压变换为适于用电设备的低压，存在功率损耗，高压侧计算负荷为低压母线计算负荷与变压器损耗之和。

## 10.3 变配电所

变电是指通过电力变压器的电能传递，配电是指在一个用电区域内向用户供电。变配电所是变电所和配电所的总称。变电所具有变换电压和分配电能的功能，配电所不具备变换电压功能，只有配电功能。

变配电所一般由高压配电室、变压器室和低压配电室三部分组成，担负着从电力系统受电，经变压器变压，然后向用户配电的任务。有的建筑根据用电负荷分级及供电要求，还应增设应急电源。自备应急电源可采用柴油发电机组或蓄电池组等。

变配电所中的电气设备主要包括高压配电设备（如：高压隔离开关、高压负荷开关、高压断路器、高压熔断器和电流电压互感器等）、低压配电设备（如：低压空气开关、低压负荷开关、低压断路器和低压熔断器等）以及变压器等。

### 1. 建筑变配电所的所址选择

民用建筑变配电所位置选择应根据下列要求综合确定：深入或接近负荷中心；进出线方便；接近电源侧；设备吊装、运输方便；不应设在有剧烈振动或有爆炸危险介质的场所；不宜设在多尘、水雾或有腐蚀性气体的场所，当无法远离时，不应设在污染源的下风侧；不应设在厕所、浴室、厨房或其他经常积水场所的正下方，且不宜与上述场所贴邻。如果必须贴邻，相邻隔墙应做无渗漏、无结露等防水处理；变配电所为独立建筑物时，不应设置在地势低洼和可能积水的场所。

### 2. 建筑变配电所的形式

根据本身结构、与建筑相互位置关系，变配电所可分为不同的形式（图 10-6）。

（1）室内变配电所　室内变配电所位于建筑物内部，可深入负荷中心，减少配电线和电缆，但防火要求高。高层民用建筑的变配电所常设置在其地下室内，当建筑物的高度超过 100m 时，也可在高层区的避难层、设备层内或屋顶设置变配电所。一般情况

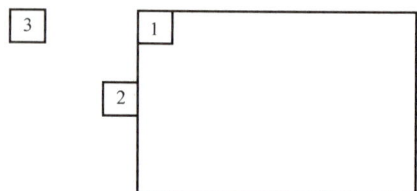

图 10-6　建筑变配电所的形式

1—室内变配电所　2—外附式变配电所

3—独立变配电所

下，低压供电半径不宜超过 250m。

（2）外附式变配电所 外附式变配电所的一面或数面墙与建筑物共用，附设在建筑物外，不占用建筑的面积，且变压器室的门应为向外开的防火门。外附式变电所主要用于负荷较大的站房和无地下室的大型民用建筑。

（3）独立变配电所 独立变配电所为独立建筑物，建筑费用较高，低压配电距离较长、损耗较大。主要用于负荷小而分散的工业企业和大、中城市的居民区。

（4）户外预装式变配电所 户外预装式变配电所又称箱式变配电所或组合式变配电所，是由高、低压电气设备和电力变压器组成的成套设备，体积小、占地少、能最大限度地接近负荷中心、易于搬动、安装方便，特别适用于负荷小而分散的公共建筑群、住宅小区、风景区旅游点和城市道路等场所。

### 3. 建筑变配电所的布置

（1）变配电所布置一般要求 建筑变配电所主要用房有变压器室、高压配电室、低压配电室、发电机室或备用电源室、值班室或控制室等。变配电所设备布置要考虑安全可靠、检修维护方便、防止灾害等基本因素，符合《20kV 及以下变电所设计规范》（GB 50053）和《民用建筑电气设计标准》（GB 51348）的要求。

变配电所应设置防止雨、雪和蛇鼠类小动物从采光窗、通风窗、门、电缆沟等进入室内的设施，还应考虑防火、通风、排水等要求。

（2）变压器室布置 设置在变配电所内的非封闭式干式变压器，应装设高度不低于 1.8m 的固定围栏，围栏网孔不应大于 40mm×40mm。变压器的外廓与围栏的净距不宜小于 0.6m，变压器之间的净距不应小于 1.0m。

（3）高压配电室布置 高压配电室内高压开关柜的布置可采用单排或双排布置，室内各种通道的最小宽度见表 10-7。

表 10-7　高压配电室内各种通道的最小宽度　（单位：mm）

| 高压开关柜布置方式 | 柜后维护通道 | 柜前操作通道 | |
| --- | --- | --- | --- |
| | | 固定式 | 手推车式 |
| 单排布置 | 800 | 1500 | 单车长度+1200 |
| 双排面对面布置 | 800 | 2000 | 双车长度+900 |
| 双排背对背布置 | 1000 | 1500 | 单车长度+1200 |

（4）低压配电室布置 低压配电室内成排布置的配电屏的通道最小宽度应符合《低压配电设计规范》（GB 50054）的有关规定（表 10-8）。当配电屏与干式变压器靠近布置时，干式变压器通道的最小宽度应不小于 800mm。

表 10-8　低压配电室配电屏通道最小宽度　（单位：mm）

| 配电屏种类 | 单排布置 | | | 双排面对面布置 | | | 双排背对背布置 | | | 屏侧通道 |
| --- | --- | --- | --- | --- | --- | --- | --- | --- | --- | --- |
| | 屏前 | 屏后 | | 屏前 | 屏后 | | 屏前 | 屏后 | | |
| | | 维护 | 操作 | | 维护 | 操作 | | 维护 | 操作 | |
| 固定式 | 1500 | 1000 | 1200 | 2000 | 1000 | 1200 | 1500 | 1500 | 2000 | 1000 |
| 抽屉式 | 1800 | 1000 | 1200 | 2300 | 1000 | 1200 | 1800 | 1000 | 2000 | 1000 |

（5）值班室布置　有人值班的变配电所应设单独的值班室。值班室应能直通或经过走道与配电室相通，并应有门直接通向室外或走道。当变配电所设有低压配电装置时，值班室可与低压配电室合并，且在值班人员工作的一端，配电装置与墙的净距不应小于 3.0m。

### 10.3.1　低压配电系统的基本形式

配电系统是指变配电所和配电（负荷）点之间的电力网络。低压配电系统是指从变配电所至低压用电设备的低压电力线路及其设备，低压配电系统不宜超过三级配电。

低压配电系统常用的接线形式有放射式、树干式、混合式、链式。大容量或负荷性质重要的用电设备采用放射式配电。中小容量且无特殊要求的负荷采用树干式配电。混合式系统结合放射式与树干式系统的特点，多层及高层建筑常采用混合式，如总配电箱至楼层配电箱采用分区树干式配电。链式是一种变形的树干式连接方式，可靠性低，当用电设备容量较小、距供电点较远且彼此相距很近时，可采用低压链式结构配电，但每一回路中的设备不宜超过 5 台，其总容量不宜超过 10kW。容量较小的插座一般采用链式连接，每一条环链回路的数量可适当增加。

图 10-7 为常见的低压配电系统形式示意图。图 10-7a 是放射式，低压母线上各自引出竖

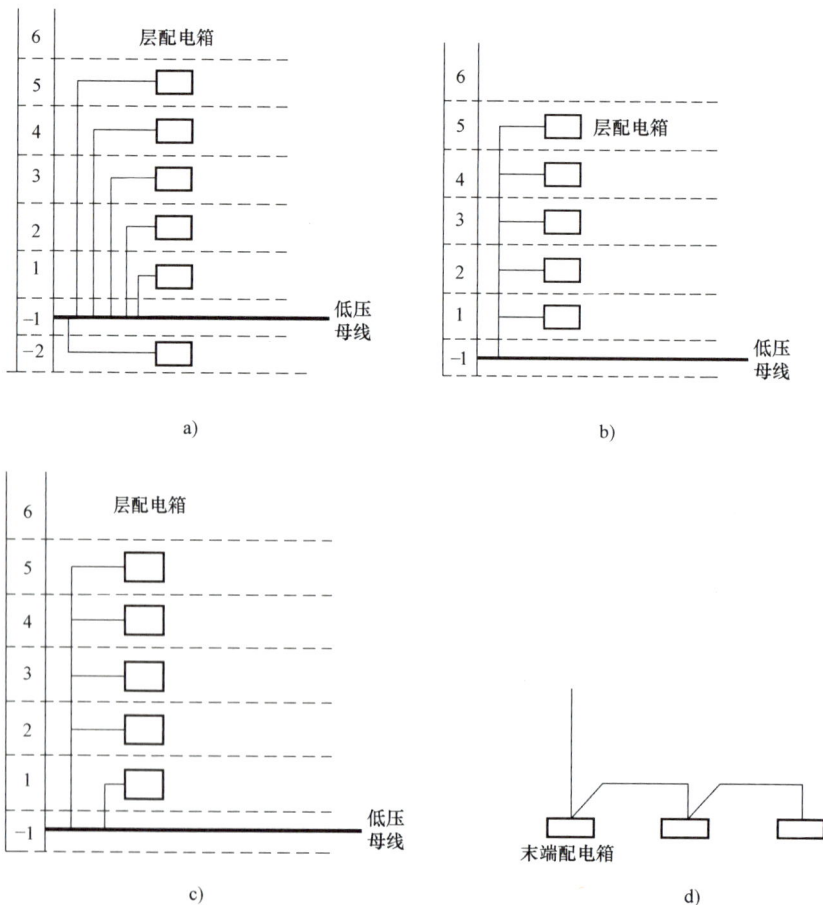

图 10-7　常见的低压配电系统形式示意图

a）放射式　b）树干式　c）混合式　d）链式

向干线到各层配电箱；图 10-7b 是树干式，低压母线引出一路竖向干线，干线引出分支线路到层配电箱；图 10-7c 是混合式，一层配电箱采用放射式，二～五层配电箱为树干式；图 10-7d 是链式，插座、照明灯具广泛采用链式连接方式，设备容量小的链式回路的数量可适当增加。

## 10.3.2　应急电源

应急电源也称为安全设施电源，是指用作应急供电系统组成部分的电源。独立于正常电源的发电机组、供电网络中独立于正常电源的专用的馈电线路、蓄电池及干电池等都可作为应急电源。

### 1. 自备应急电源及设备房

（1）柴油发电机组　柴油发电机组宜靠近一级负荷或变配电所设置。柴油发电机房可布置于建筑物的首层、地下一层或地下二层，不应布置在地下三层及以下，当布置在地下时，应采取通风、防潮、机组的排烟、消声和减振等措施并满足环保要求。柴油发电机房一般设有发电机间、控制及配电室、储油间、备品备件储藏间等。发电机间、控制室及配电室不应设在厕所、浴室或其他经常积水场所的正下方或贴邻。

设置在高层建筑内的柴油发电机房，应设置火灾自动报警系统和除卤代烷 1211、1301 以外的自动灭火系统。除高层建筑外，火灾自动报警系统保护对象分级为一级和二级的建筑物内的柴油发电机房，应设置火灾自动报警系统和移动式或固定式灭火装置。

机房设备的布置应符合机组运行工艺要求，力求紧凑、保证安全及便于维护、检修。机组宜横向布置，当受建筑场地限制时，也可纵向布置；机组之间及机组外廓与墙壁的净距应满足设备运输、就地操作、维护检修或布置辅助设备的需要，并不应小于表 10-9 及图 10-8 的规定。

**表 10-9　机组之间及机组外廓与墙壁的净距**　（单位：m）

| 项　目 | | 容量 | | | | |
|---|---|---|---|---|---|---|
| | | 64kW 以下 | 75～150kW | 200～400kW | 500～1500kW | 1600～2000kW |
| 机组操作面 | a | 1.5 | 1.5 | 1.5 | 1.5～2.0 | 2.0～2.5 |
| 机组背面 | b | 1.5 | 1.5 | 1.5 | 1.8 | 2.0 |
| 柴油机端 | c | 0.7 | 0.7 | 1.0 | 1.0～1.5 | 1.5 |
| 机组间距 | d | 1.5 | 1.5 | 1.5 | 1.5～2.0 | 2.5 |
| 发电机端 | e | 1.5 | 1.5 | 1.5 | 1.8 | 2.0～2.5 |
| 机房净高 | h | 2.5 | 3.0 | 3.0 | 4.0～5.0 | 5.0～7.0 |

（2）应急电源装置（Emergency Power Supply, EPS）　应急电源装置（EPS）是由电力变流器、储能装置（蓄电池）和转换开关（电子式或机械式）等组合而成的一种电源设备。这种电源设备在交流输入电源正常时，交流输入电源通过转换开关直接输出。交流输入电源同时通过充电器对蓄电池组进行充电。发生中断（如电力中断、电压不符合供电要求）时，EPS 装置利用蓄电池组的储能放电经过逆变器变换并且经转换开关切换至应急状态，向负荷供电。

（3）不间断供电装置（Uninterrupted Power Supply, UPS）　UPS 是由电力变流器、储能装置（蓄电池）和切换

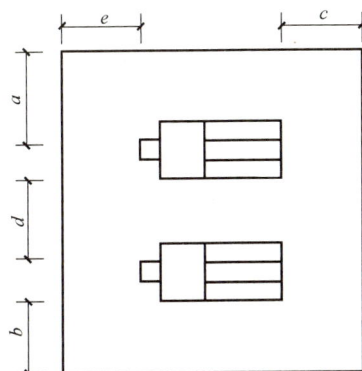

**图 10-8　机组布置图**

开关（电子式或机械式）等组合而成的一种电源设备。这种电源设备能在交流输入电源发生故障（如电力中断、瞬间电压波动、频率波形等不符合供电要求）时，保证负荷供电的电源质量和供电的连续性。

（4）蓄电池室　EPS、UPS以及其他蓄电池电源装置都是以蓄电池作为主要储能元件，并配以充电器、逆变器等组成应急电源系统的。这种应急电源系统的容量应根据停电后由其维持的供电时间的长短要求选定。蓄电池室要根据蓄电池类型采取相应的技术措施，如：酸性蓄电池室顶棚做成平顶对防腐有利，对顶棚、墙、门、窗、通风管道、台架及金属结构等应涂耐酸油漆，地面应有排水设施并用耐酸材料浇筑。

蓄电池室朝阳窗的玻璃应能防阳光直射，一般可用磨砂玻璃或在普通玻璃上涂漆。门应朝外开。当所在地区为高寒区及可能有风沙侵入时则应采用双层玻璃窗。

### 2. 应急电源类型的选择

应急电源类型的选择，应根据一级负荷中特别重要负荷的容量、允许中断供电的时间以及要求的电源为交流或直流等条件来进行。由于蓄电池装置供电稳定、可靠、切换时间短，因此对于允许停电时间为毫秒级、容量不大的特别重要负荷且可采用直流电源者，可由蓄电池装置作为应急电源。如果特别重要负荷要求交流电源供电，且容量不大的，可采用UPS静止型不间断供电装置。在民用建筑电气设计中，UPS多数用于实时性电子数据处理装置系统的计算机设备的电源保障方面。对于应急照明负荷，可采用EPS应急电源供电。如果特别重要负荷中有需驱动的电动机负荷，启动电流冲击较大，但允许停电时间为30s以内的，可采用快速自启动的柴油发电机组，这是考虑一般快速自启动的柴油发电机组自启动时间一般为10s左右。对于带有自动投入装置的独立于正常电源的专门馈电线路，则考虑其自投装置的动作时间，适用于允许中断供电时间大于电源切换时间的供电。

上述应急电源既可以单独使用，也可以几种同时使用。但不论采用哪种方式的应急电源供电，必须采取可靠措施防止应急电源与正常电源同时运行，目的在于保证应急电源的专用性和可靠性，防止正常电源系统发生故障时，应急电源向正常电源系统负荷送电，而失去作为应急电源的作用，无法确保向应急电源所带的负荷供电。

## 10.4　电线、电缆选择与敷设

### 10.4.1　电线、电缆选择

#### 1. 电线、电缆的分类

（1）裸导体　裸导体是指没有绝缘层的导体。架空输电线用的钢芯铝绞线，配电装置中的汇流母线，接地系统与等电位联结导体多采用裸导体。

（2）电线　电线由导体和绝缘层组成。具有护套层的绝缘电线称为护套绝缘电线。绝缘电线大量应用于低压配电线路及接至用电设备的末端线路。

（3）电缆　电缆由导体、绝缘层和外护层组成。电力电缆常用于城市的地下电网、发电厂的引出线回路、变配电所的进出线回路、工业与民用建筑内部配电线路。

（4）预制分支电缆　预制分支电缆是指电缆生产厂家在生产主干电缆时按用户设计图预制分支线的电缆，适用于低压配电系统采用树干式接线，分支部位有规律分布且固定不变的场合，如用于高层民用建筑电气竖井的垂直配电干线、隧道、机场、桥梁、公路等照明配电干线等。

（5）母线槽　母线槽由外壳、导体、绝缘材料和紧固部件构成。载流能力大，可分为密集绝缘母线槽、空气绝缘母线槽和空气附加绝缘母线槽。

### 2. 电线、电缆选择

电线、电缆选择一般可按导体材料、芯数、绝缘水平、绝缘材料、外护层类型、屏蔽层要求、截面要求的次序进行。

（1）导体材料与芯数选择　导体材料通常有铜和铝两种，铜材电气性能优于铝材，铝材价格低于铜材。应根据负荷性质、环境条件、配电线路条件、安装部位、市场价格等实际情况选择铜或铝导体材料。电线、电缆一般采用铜芯，架空线缆一般采用钢芯铝绞线。

低压导线芯数主要根据配电系统的接地形式选择，例如 TN-C 系统中三相回路宜采用四芯电缆，单相回路宜采用两芯电缆或单芯电线。TN-S 系统的电缆芯数选择则与 PE 线的敷设方式有关，一般三相回路宜采用五芯电缆，单相回路宜采用三芯电缆；如果 PE 线独立敷设且符合有关规定，则可采用四芯电缆（三相回路）或两芯电缆（单相回路）。对于 1kV 以上的高压电力电缆，则宜采用三芯电缆。

（2）电线、电缆绝缘类型选择

1）电线、电缆额定电压选择。电线、电缆的额定电压是指其耐压等级，包括电缆对地电压和线间电压，反映了电线、电缆的绝缘水平。

电线、电缆的额定电压选择的基本原则是：电缆芯线与绝缘屏蔽或金属套之间的额定电压，接地保护动作时间不超过 1min 切除故障时，不应低于工作回路的相电压；接地保护动作时间可能超过 1min 时，不宜采用低于 133% 工作回路相电压。电缆芯线之间的额定电压应大于或等于工作回路的线电压。

绝缘导体应符合工作电压的要求，室内敷设塑料绝缘电线不应低于 0.45/0.75kV，电力电缆不应低于 0.6/1kV。

2）电线、电缆绝缘材料选择。普通电线、电缆所用的绝缘材料一般有聚氯乙烯（PVC）、交联聚乙烯（XLPE）、橡胶等。聚氯乙烯绝缘电线、电缆的特点是价格便宜，耐油、耐酸碱腐蚀，气候适应性能差；交联聚乙烯绝缘电力电缆性能优良，燃烧时不会产生大量毒气及烟雾，应用广泛；橡皮绝缘电力电缆弯曲性能较好，适用于移动式电气设备的供电回路。

阻燃电缆根据阻燃等级从高到低分为 A、B、C、D 四级，根据阻燃电缆燃烧时的烟气特性可分为含卤阻燃型、无卤低烟阻燃型、无卤低烟低毒阻燃型三类。对一类高层建筑以及重要的公共场所等防火要求高的建筑物，应采用无卤低烟交联聚乙烯绝缘阻燃电力电线、电缆或无卤低烟低毒阻燃电力电线、电缆。

耐火电缆按耐火特性分成 A 类和 B 类两种，A 类耐火温度较高；按绝缘材质可分成有机型和无机型两种，有机型主要采用耐高温的云母带作为耐火层，外部采用聚氯乙烯或交联聚乙烯绝缘，无机型是矿物绝缘电缆，以氧化镁为绝缘材料，以铜管为护套的铜芯铜护套氧化镁绝缘防火电缆（矿物绝缘电缆），具有防火、防爆、耐高温、耐腐蚀、耐辐射、寿命长、燃烧时低烟无卤等优点。

火灾自动报警系统的供电线路、消防联动控制系统应采用耐火铜芯电线电缆，报警总线、消防应急广播和消防专用电话等传输线路应采用阻燃或阻燃耐火电线、电缆。

3）电缆外护层类型选择。电缆外护层应满足线路安装方式和敷设环境的要求，对于直埋地敷设时在土壤中可能发生位移的地段，应选用能承受机械张力的钢丝铠装电缆；排管中敷设时宜选用塑料外护套；电缆在户内、电缆沟、电缆隧道和电气竖井内明敷时不应采用易延燃的外保护层；露天敷设的有橡胶或塑料外护层应有遮阳措施，或采用耐日照的电缆。

（3）电线、电缆截面选择

1）按允许持续载流量选择。电流通过电线、电缆时会发热，当所流过的电流超过其允许电流时，导线过热会破坏导线的绝缘，直接影响供电线路的安全性与可靠性。不同型号、规格的导线在相应使用条件下的允许持续载流量，可查阅设计手册中允许载流量表。

按允许持续载流量选择导线截面的原则为：电线、电缆允许持续载流量 $I_z$ 大于或等于线路的计算电流 $I_c$，即

$$I_z \geq I_c \tag{10-14}$$

2）按电压降条件选择。电流通过电线、电缆时，由于线路存在电阻和电抗，会产生电压降（或电压损失）；当线路电压降过大时，会影响电气设备的正常运行。为保证供电质量，供配电系统中规定导线允许电压降一般为 5%，如果不满足允许电压降条件，则应加大导线截面。

3）按短路条件选择。电路短路时的电流远大于计算电流，短路电流通过电线、电缆和母线时，会产生热效应和力效应。建筑供配电中的电线、电缆应满足热稳定性（热效应）要求，硬母线应满足热稳定性和动稳定性（力效应）要求。

4）按机械强度要求选择。导线在敷设和使用过程中要承受一定的张力，导线截面的选择必须满足机械强度的要求，《民用建筑电气设计标准》（GB 51348）规定了导线的最小芯线截面要求。

在具体选择导线截面时，应综合考虑发热条件、电压损失和短路条件等要求。根据经验，对一般负荷电流较大的低压配电线路，可先按载流量（即发热条件）来选择导线截面，再校验电压损失、机械强度和短路热稳定条件；对高压线路，因短路容量大而负荷电流小，可先按短路热稳定条件选择；对配电距离较长的低压照明供电线路，因照明对电压水平要求较高，一般先按允许电压损失来选择截面。

5）中线（工作零线 N）截面选择。单相两线制电路，中线电流与相线电流相等，中线截面与相线相同。

三相四线制电路，中线电流为三相不平衡电流，中线截面应满足中线电流要求。另外规定，相线（铜）芯线截面面积 $A \leq 16mm^2$ 时，中线截面面积与相线的相同。

6）保护线（PE 线）截面选择。供配电系统的 PE 线（保护零线）为保护导体，正常状态下无电流流过，截面的选择主要考虑短路故障时热稳定要求和保护灵敏度要求；PEN 线兼工作零线 N 和保护零线 PE 双重功能，取其大者。表 10-10 是规范规定的 PE 线最小截面面积。

## 10.4.2　线路敷设

### 1. 线路敷设一般规定

1）系统敷设应根据建筑物的环境特征、使用要求、用电设备的分布、敷设条件及所选用电线或电缆的类型等因素确定。

表 10-10　PE 线最小截面面积

| 条　　件 | 相线芯线截面面积 $A$/mm$^2$ | PE 线最小截面面积/mm$^2$ |
|---|---|---|
| PE 线材质与相线相同 | $A \leqslant 16$ | 与相线截面 $A$ 相同 |
| | $16 < A \leqslant 35$ | 16 |
| | $35 < A \leqslant 400$ | $A/2$ |
| | $400 < A \leqslant 800$ | 200 |
| | $A > 800$ | $A/4$ |
| 采用单芯绝缘导线的 PE 线 | — | $\geqslant 2.5$（有防机械损伤保护） |
| | — | $\geqslant 4$（无防机械损伤保护） |

2）在同一根导管或线槽内有几个回路时，所有绝缘电线和电缆都应具有与最高标称电压回路绝缘相同的绝缘等级。

3）敷设在钢筋混凝土现浇楼板内的电线导管的最大外径不宜大于板厚的 1/3；各种电缆、电缆桥架、金属线槽及封闭式母线在穿越防火分区楼板、墙体时，洞口等处应采取防火封堵措施。

### 2. 绝缘电线敷设

（1）直敷布线　直敷布线宜用于正常环境室内场所，应采用护套绝缘电线，采用线卡沿墙体、顶棚或建筑物构件表面直接敷设，电线竖直敷设至地面低于 1.8m 部分应穿管保护。不得将护套绝缘电线直接敷设在建筑物墙体及顶棚的抹灰层、保温层及装饰面板内，严禁在建筑物顶棚内采用直敷布线。

（2）金属导管布线　金属导管布线宜用于室内外场所，不宜用于对金属导管有严重腐蚀的场所。建筑物顶棚内宜采用金属管布线。明敷于潮湿场所或埋地敷设的金属导管，应采用管壁厚度不小于 2mm 的厚壁钢导管。明敷或暗敷于干燥场所的金属导管可采用管壁厚度不小于 1.5mm 的电线管。三根及以上绝缘导线穿于同一根金属管、塑料管时，其总截面（包括外护层）面积不应超过管内截面面积的 40%。应将穿金属导管的交流线路同一回路的所有相线和中性线（如果有中性线时）穿于同一根导管内，防止电磁感应产生涡流效应引起附加损耗和过热。

（3）可弯曲金属导管布线　可弯曲金属导管布线宜用于室内外场所，可用于建筑物顶棚内。明敷或暗敷于建筑物顶棚内正常环境的室内场所，可采用双层金属层的基本型可弯曲金属导管。明敷于潮湿场所或暗敷于墙体、混凝土地面、楼板垫层或现浇钢筋混凝土楼板内，或直埋地下时，应采用双层金属层外覆聚氯乙烯护套的防水型可弯曲金属导管。

（4）金属槽盒布线　金属槽盒布线宜用于正常环境的室内场所线路明敷，对金属槽盒有严重腐蚀的场所不宜采用。具有槽盖的封闭式金属槽盒，可在建筑顶棚内敷设。同一路径无防干扰要求的线路，可敷设于同一金属槽盒内。有防干扰要求的线路与其他线路敷设于同一金属槽盒内时，应用隔板隔离或采用屏蔽电线、电缆。

（5）刚性塑料导管（槽）布线　刚性塑料导管（槽）布线宜用于室内场所和有酸碱腐蚀性介质的场所，建筑物顶棚内可采用难燃型刚性塑料导管（槽）布线。刚性塑料材质较脆，在高温下易变形，在高温和易受机械损伤的场所不宜采用明敷方式。

### 3. 电缆敷设

电缆具有外护套，室外电缆可采用直接埋地敷设、电缆沟或隧道敷设、排管内敷设方式。室内电缆可采用电缆桥架沿墙或建筑构件明敷，穿金属导管埋地敷设方式。埋地敷设或电缆通过墙、楼板时，应穿钢管保护。

（1）电缆埋地敷设　电缆埋地敷设是一种投资少、易实施的电缆布线方式。当沿同一路径敷设的室外电缆根数较少（8 根及以下）且场地有条件时，宜采用电缆直接埋地敷设。电缆在室外直接埋地敷设的深度不应小于 0.7m。

（2）电缆沟或电缆隧道敷设　电缆在电缆沟内敷设是较为普遍的方式。在电缆与地下管网交叉不多，地下水位较低，或道路开挖不便且需分期敷设电缆时，当同一路径的电缆根数为 18 根及以下时，宜采用电缆沟布线，当电缆多于 18 根时，宜采用电缆隧道敷设。电缆沟和电缆隧道应采取防水措施，其底部应做不小于 0.5% 的坡度，坡向集水坑（井）。电缆沟在进入建筑物处应设防火墙。电缆隧道进入建筑物处，以及在进入变电所处，应设带门的防火墙。

（3）电缆排管敷设　电缆排管敷设方式适用于电缆数量不超过 12 根，而道路交叉较多，路径拥挤又不宜采用直埋或电缆沟敷设的地段。电缆排管可采用混凝土管、混凝土管块、钢管或塑料管。

（4）电缆桥架敷设　电缆桥架（梯架、托盘）敷设适用于电缆数量较多或较集中的场所。梯架结构简单、重量轻、强度高、安装方便、散热性好，应用普遍。托盘式桥架按盘底面有无花孔而分成有孔盘架和无孔盘架，当无孔盘架配上盖板后即可构成全封闭式桥架，具有电气屏蔽作用。电缆沿电缆桥架可在墙壁、梁、柱竖向敷设，也可沿吊装在楼板的电缆桥架敷设。

（5）电气竖井敷设　电气竖井敷设是多层和高层建筑内垂直配电干线特有的一种敷设方式，可采用金属管、金属槽盒、电缆、电缆桥架及封闭式母线等布线。竖井在每层楼应设维护检修门并应开向公共走道，在电气竖井内除敷设干线回路外，还可以设置各层的电力、照明配电箱等电气设备。竖井内高压、低压和应急电源的电气线路之间应保持 0.3m 及以上距离或采取隔离措施。

## 10.5　低压配电线路保护与保护电器选择

### 10.5.1　低压配电线路保护

低压配电线路应根据不同故障类别和具体工程要求装设短路保护、过负荷保护、接地故障保护、过电压及欠电压保护，作用于切断供电电源或发出报警信号。

#### 1. 短路保护

配电线路短路是严重的故障。短路故障时电流很大，产生的热效应会导致设备和电线温度急剧上升，可能引发火灾，同时产生的力效应会使设备变形或损坏。造成短路的主要原因是配电线路的绝缘损坏，其次是人员误操作、动物危害等。配电线路的短路保护应在短路电流对导体和连接件产生的热效应和机械力造成危险之前切断短路电流。

## 2. 过负荷保护

配电线路短时间过负荷不会对线路造成损害，长时间过负荷则会引起配电线路过热，损害线路绝缘，引发事故。配电线路过负荷保护是防止长时间过负荷对线路绝缘造成不良影响。配电线路的过负荷保护应在过负荷电流引起的导体温升对导体的绝缘、接头、端子或导体周围的物质造成损害前切断负荷电流。对于突然断电比过负荷造成损失更大的线路，不应设置过负荷保护，当设置时，只能作用于报警器。

## 3. 接地故障保护

接地故障是指带电导体和大地之间意外出现导电通路，包括相导体与大地、PE 导体、PEN 导体、电气装置的外露可导电部分、装置外可导电部分等之间意外出现的导电通路。发生接地故障可导致电气设备外壳或建筑中可导电部分意外带电，造成电击触电事故，也容易产生电弧或火花，引起火灾或爆炸，造成严重人员伤亡、财产损失。接地故障保护应能防止人身电击及电气火灾等事故。

## 4. 过电压及欠电压保护

根据电能质量对供电电压偏差限值的要求，超过用电单位受电端供电电压的偏差允许值上限或者下限，就称为过电压或者欠电压。各种用电设备对电压偏差都有一定要求，如果电压偏差超过允许值，将导致电动机达不到额定输出功率，增加运行费用，甚至性能变劣、降低寿命。照明器端电压的电压偏差超过允许值时，将使照明器的寿命降低或光通量降低。

对于三相负荷严重不平衡的场所，当电压下降或升高对人员造成危险或造成电气装置和用电设备的损坏时，应装设过、欠电压保护；当被保护用电设备的运行方式允许短暂断电或短暂失压而不出现危险时，欠电压保护器可延时动作。

配电线路的大气过电压（又称雷电过电压）保护的内容参见本书第 12 章。

## 10.5.2　保护电器选择

低压配电系统中，广泛采用的低压保护电器主要有低压断路器、低压熔断器和剩余电流（动作）保护器等。

## 1. 低压断路器选择

低压断路器是指在正常电路条件下能接通、承载以及分断电流，也能在规定的非正常电路（例如短路）下接通、承载一定时间和分断电流的机械开关电器。其具有正常电路开关和故障电路保护功能。低压断路器在本体内安装了各种脱扣器和控制器，结构紧凑，具有短路保护、过负荷保护、失压保护和远距离控制功能。故障保护动作时，断路器跳闸，切断电源，排除故障后可以再次合闸，接通电路，应用方便，是建筑配电系统中应用最广泛的一种电器设备。

（1）低压断路器类型选择

1）根据结构特征分类。根据结构特征，低压断路器可分为框架式断路器、塑壳式断路器和微型断路器。框架式断路器一般用于变配电所主接线系统中大电流电源进线和母线联络开关，或大电流出线，其额定电流大，具有瞬时短路保护，短延时短路保护和过负荷保护功能；塑壳式断路器用于中小电流配电线路；微型断路器用于末端配电线路，具有瞬时短路保护和过负荷保护功能。

2）根据用途分类。根据用途，低压断路器可分为配电线路用断路器、电动机用断路器、照明用断路器。不同类型的断路器具有不同的保护特性，比如电动机用断路器适用于电动机等冲击性负载，瞬时短路保护动作电流为 10~20 倍额定电流；照明用断路器适合于一般照明负载，瞬时短路保护动作电流为 5~10 倍额定电流。

（2）低压断路器参数选择

1）额定电流 $I_n$ 的选择。低压断路器额定电流 $I_n$ 应不小于线路的计算电流 $I_c$。

2）保护动作电流的选择。选择断路器需要整定（选择）保护动作电流，包括长延时过负荷保护动作电流 $I_{r1}$、短延时短路保护动作电流 $I_{r2}$ 和瞬时短路保护动作电流 $I_{r3}$。

① 长延时过负荷保护应满足正常工作状态不动作，长时间过载则跳闸实现保护功能，动作电流整定值 $I_{r1}$ 应不小于正常工作时的电流 $I_c$，不大于保护线路导体允许的载流量 $I_z$。

$$I_c \leqslant I_{r1} \leqslant I_z \tag{10-15}$$

② 短延时短路保护主要实现与下级线路保护电器的选择性配合，动作电流整定值 $I_{r2}$ 应大于线路中短时出现的尖峰电流，小于线路中短路电流。

③ 瞬时短路保护，线路中出现任何短路故障时应可靠动作，即瞬时短路保护动作电流整定值 $I_{r3}$ 应大于线路中正常工作时的瞬时尖峰电流（如电动机起动电流），小于线路中可能的最小短路电流。

### 2. 低压熔断器选择

低压熔断器是指当电流超过规定值足够长的时间，通过熔断一个或几个成比例的特殊设计的熔体分断此电流，由此断开其所接入的电路的装置。熔断器由形成完整装置的所有部件组成。熔断体是带有熔体的熔断器部件，在熔断器熔断后可以更换。低压熔断体具有限流作用。

根据结构形式，低压熔断器可分为封闭管式、插入式和螺旋式。根据分断能力范围，熔断器可分为 "g" 和 "a" 两类，"g" 熔断体可用作配电线路的短路保护和过负荷保护，"a" 熔断体通常用作电动机和电容器等设备的短路保护。

选择低压熔断器时，应首先选定熔断器类型，再根据计算电流和回路的尖峰电流选择熔断器及熔体的额定电流。

### 3. 剩余电流（动作）保护器选择

剩余电流是指同一时刻在电气装置中的电气回路给定点处的所有带电体电流值的代数和。在正常运行情况下，剩余电流为数值不大的线路及装置正常泄漏电流；当线路发生接地故障时，剩余电流中因接地线导体包含了接地故障电流，其数值将显著增大。

剩余电流（动作）保护器是指在规定条件下当剩余电流达到或超过整定值时能自动分断电路的机械开关电器或组合电器。剩余电流（动作）保护器能检测和判别接地故障电流，并且能切断故障电路或发出报警信号，可用于接地故障引起的火灾防护和电击防护。为减少接地故障引起的电气火灾危险而装设的剩余电流监测或保护电器，其动作电流不应大于 300mA。当其动作于切断电源时，应断开回路的所有带电导体。电击防护动作电流不应大于 30mA。

不宜切断电源的场所如消防报警线路和消防联动设备线路，不应装设动作型剩余电流保护电器，但可以装设剩余电流动作报警器。

## 10.6　电梯

电梯是服务于建筑物内若干特定的楼层，其轿厢运行在至少两列垂直于水平面或与铅垂线倾斜角小于 15°的刚性导轨运动的永久运输设备。电梯通常应用于多层或高层建筑中，是竖向运行的主要交通工具。

### 10.6.1　电梯的分类

#### 1. 按用途分类

（1）客梯　客梯主要用于运送乘客，通常这类电梯的运行速度较快，自动化程度较高，轿厢的尺寸和结构形式多为宽度大于深度，使乘客能畅通地进出，而且安全设施齐全，装潢美观。客梯根据使用的不同又可分为普通客梯、高级客梯和观光梯等。

（2）货梯　货梯主要用于工厂、仓库货物的运输。这类电梯的装潢不讲究美观，自动化程度和运行速度一般比较低，而载重量和轿厢尺寸的变化范围则比较大。

（3）医用电梯　医用电梯主要用于医院运送病人、医疗器械、手术车等。这类电梯速度不高，运行平稳，平层精度高，噪声低。

（4）杂物电梯　杂物电梯是指供图书馆、办公楼、饭店运送图书、文件、食品等，并不允许人员进入的电梯。这类电梯的安全设施不齐全，不准运送乘客，轿厢的门洞及轿厢的面积较小，且轿厢的净高度一般不大于 1.2m，载重在 250kg 以下。

（5）特种电梯　特种电梯是指专为特殊环境、特殊条件、特殊要求而设计的电梯，如船舶电梯、防爆电梯、防腐电梯等。

#### 2. 按速度分类

1）低速梯，常指速度低于 1.00m/s 的电梯。

2）中速梯，常指速度在 2.00~5.00m/s 的电梯。

3）高速梯，常指速度在 5.00~10.00m/s 的电梯。

4）超高速梯，速度超过 10.00m/s 的电梯。

#### 3. 按驱动方式分类

（1）交流电梯　交流电梯的电源为三相交流电，交流电梯又可分为：①交流单速电梯：这类电梯速度较低，多用于杂物梯；②交流双速电梯：有两三种运行速度，速度不大于 1m/s，稳定性差，平层精度差；③交流调速电梯：运行特性较前两种好。

（2）直流电梯　直流电梯是指直流电动机拖动的直流调速电梯。这类电梯有良好的运行性能，平层较准确，乘坐舒适。直流电梯又可分为：电动机-发电机组直流电梯和可控硅供电的直流电梯。

（3）液压电梯　液压电梯是指用液压传动的电梯，如剧院、体育馆里的各种升降平台。

#### 4. 按控制方式分类

（1）简单控制电梯　简单控制电梯是指由乘客自行控制厅门外召唤箱或按轿厢内操纵箱的按钮来控制电梯运行的电梯。

（2）信号控制电梯　信号控制电梯是指将轿厢内选层信号、厅门外上、下召唤信号及其他各种专用信号综合分析后，由电梯司机操纵轿厢的电梯，一般为客梯或客货两用梯。

（3）集选控制电梯 集选控制电梯是指将轿厢内选层信号、厅门外上、下召唤信号及其他各种专用信号加以综合分析后，自动决定电梯运行的一种自动化程度较高、无司机控制的电梯。一般集选控制电梯均具有有/无司机操纵转换装置，当人流集中时，可由司机操纵，平时为信号控制，这种电梯目前广泛应用于宾馆、办公大楼中。

（4）群控电梯 群控电梯是指对集中排列的多台电梯共同使用厅门外的召唤信号，按规定程序集中调度控制的电梯，一般为乘客电梯。

（5）梯群智能控制电梯 它是指采用微型计算机设备，可根据客流情况，对多台电梯自动选择最佳运行控制方式和运行台数的梯群控制电梯。

## 10.6.2 电梯的选用原则

设置和选用电梯要根据建筑物的用途、服务对象、楼层的高度及建筑标准来确定，主要应考虑技术性能指标和经济指标；电梯的技术性能指标是电梯应达到的先进性、合理性和稳定性。

### 1. 电梯的机房

电梯的机房应有良好的通风条件和照明，面积要合适，机房地板应能承受一定的负荷。预留孔洞和电力电源的预留位置和规格应按照制造厂家的安装平面布置图的要求设置。

### 2. 电梯井道、厅门和底坑

电梯井道的墙壁应该是垂直的，其尺寸只允许有正偏差，其差值不得超过标准的规定。各层站之间的距离与电梯的种类和规格有关，预留孔洞和预埋件应按照制造厂家的安装平面图确定。底坑应进行防水处理，在用作消防电梯时，还应有排水措施。

## 10.6.3 电梯对建筑的要求

根据《民用建筑设计统一标准》（GB 50352），电梯设置应符合下列规定：

1）电梯不应作为安全出口；电梯台数和规格应经计算后确定并满足建筑的使用特点和要求。

2）高层公共建筑和高层宿舍建筑的电梯台数不宜少于 2 台，12 层及 12 层以上的住宅建筑的电梯台数不应少于 2 台，并应符合现行国家标准《住宅设计规范》（GB 50096）的规定。

3）电梯的设置，单侧排列时不宜超过 4 台，双侧排列时不宜超过 2 排×4 台；高层建筑电梯分区服务时，每服务区的电梯单侧排列时不宜超过 4 台，双侧排列时不宜超过 2 排×4 台。

4）当建筑设有电梯目的地选层控制系统时，电梯单侧排列或双侧排列的数量可超出第 3 条的规定合理设置。

5）电梯候梯厅深度应符合表 10-11 的规定。

6）电梯不应在贴邻转角处布置，且电梯井不宜被楼梯环绕设置。

7）电梯井道和机房不宜与有安静要求的用房贴邻布置，否则应采取隔振、隔声措施。

8）电梯机房应有隔热、通风、防尘等措施，宜有自然采光，不得将机房顶板作水箱底板及在机房内直接穿越水管或蒸汽管。

表 10-11　候梯厅深度

| 电 梯 类 别 | 电 梯 类 别 | 候梯厅深度 |
| --- | --- | --- |
| 住宅电梯 | 单台 | $\geq B$，且 $\geq 1.5m$ |
| | 多台单侧排列 | $\geq B_{max}$，且 $\geq 1.8m$ |
| | 多台双侧排列 | $\geq$ 相对电梯 $B_{max}$ 之和，且 $\geq 3.5m$ |
| 公共建筑电梯 | 单台 | $\geq 1.5B$，且 $\geq 1.8m$ |
| | 多台单侧排列 | $\geq 1.5B_{max}$，且 $\geq 2.0m$ 当电梯群为 4 台时应 $\geq 2.4m$ |
| | 多台双侧排列 | $\geq$ 相对电梯 $B_{max}$ 之和，且 $< 4.5m$ |
| 病床电梯 | 单台 | $\geq 1.5B$ |
| | 多台单侧排列 | $\geq 1.5B_{max}$ |
| | 多台双侧排列 | $\geq$ 相对电梯 $B_{max}$ 之和 |

注：$B$ 为轿厢深度，$B_{max}$ 为电梯群中最大轿厢深度。

9）消防电梯的布置应符合现行国家标准《建筑设计防火规范》（GB 50016）的有关规定。

10）专为老年人及残疾人使用的建筑，其乘客电梯应设置监控系统，梯门宜装可视窗，并应符合现行国家标准《无障碍设计规范》（GB 50763—2014）的有关规定。

## 10.6.4　消防电梯

高层建筑发生火灾时，普通电梯因电源切断而停止使用，无法供消防队员扑救火灾。为满足消防的需要，高层建筑应设消防电梯。消防电梯是指建筑发生火灾时供消防人员灭火与救援时使用的电梯，其有较高的防火要求。

### 1. 设置要求

根据《建筑设计防火规范》（GB 5016），下列建筑应设置消防电梯：

1）建筑高度大于 33m 的住宅建筑。

2）一类高层公共建筑和建筑高度大于 32m 的二类高层公共建筑、5 层及以上且总建筑面积大于 3000m² （包括设置在其他建筑内 5 层以上楼层）的老年人照料设施。

3）设置消防电梯的建筑的地下室或半地下室，埋深大于 10m 且总建筑面积大于 3000m² 的其他地下或半地下建筑（室）。

消防电梯宜分别设在不同的防火分区内，且每个防火分区不应少于 1 台。客梯或货梯可兼作消防电梯，但应符合消防电梯的要求。

### 2. 设置规定

1）消防电梯应能每层停靠。

2）消防电梯的载重量不应小于 800kg。

3）消防电梯从首层至顶层的运行时间不宜大于 60s。

4）电梯的动力与控制电缆、电线、控制面板应采取防水措施。

5）在首层的消防电梯入口处应设置供消防队员专用的操作按钮。

6）电梯轿厢的内部装修应采用不燃材料。

7）电梯轿厢内部应设置专用消防对讲电话。

## 复习思考题

10-1　建筑供配电系统由哪几部分组成？

10-2　什么是系统标称电压？电气设备的额定电压分为哪几种？

10-3　电能质量主要有哪几个指标？

10-4　用电负荷分级的意义和依据是什么？简述各级负荷对供电的要求。

10-5　建筑用电负荷分级与哪些因素有关？一类高层建筑中有哪些负荷属于一级负荷？

10-6　常用的应急电源有哪几种？

10-7　什么是设备功率？什么是计算负荷？

10-8　负荷计算有哪几种方法？各有何特点？

10-9　低压配电系统配电方式有哪几种？各有什么特点？

10-10　变配电所一般设置哪几种设备用房？

10-11　变配电所的所址选择具体有什么要求？

10-12　应急电源类型的选择原则是什么？

10-13　应急电源的类型包括哪几种？

10-14　电线、电缆截面选择应满足哪些条件？

10-15　电线、电缆敷设方式的确定主要取决于哪些因素？

10-16　低压配电线路应设置哪些保护？一般采用什么保护电器？

10-17　低压断路器有哪些功能？按结构形式分为哪几类？

10-18　电梯有哪些分类方法？

10-19　哪些建筑应设置消防电梯？

# 第 *11* 章
# 建筑照明

## 11.1 照明的方式与种类

### 11.1.1 照明方式

照明方式是指照明灯具按其布局方式或使用功能而构成的基本形式。根据建筑物的功能、生产工艺及装饰等各方面的不同要求，建筑物内照度的标准和灯光的布置有所不同。根据《建筑照明设计标准》（GB 50034），照明方式可分为一般照明、分区一般照明、混合照明、局部照明和重点照明。

#### 1. 一般照明

一般照明是指为照亮整个场所而设置的均匀照明。各场所均应设置一般照明，并应满足该场所视觉活动性质的需求。工程实践中，车间、办公室、体育馆、教室、会议厅、营业大厅等场所广泛采用一般照明方式。

#### 2. 分区一般照明

分区一般照明是指为照亮工作场所中某一特定区域而设置的均匀照明。当同一场所内的不同区域有不同的照度要求时，为节约能源，贯彻"照度该高则高、该低则低"的原则，应采用分区一般照明。设置有永久性通行区的场所宜采用分区一般照明，且通行区照度不应低于工作区域照度的1/3。旅馆大堂的总服务台的照明属于分区一般照明。

#### 3. 混合照明

混合照明是指由一般照明与局部照明组成的照明。对于作业面照度要求较高，但作业面密度又不大的场所，若只采用一般照明，会大大增加安装功率，因而是不合理的，宜采用混合照明方式，即增加局部照明来提高作业面照度，以节约能源，这样做在技术经济方面是合理的。例如，教室黑板照明就是混合照明。

#### 4. 局部照明

局部照明是指特定视觉工作用的、为照亮某个局部而设置的照明。在一个工作场所内，如果只采用局部照明，会造成亮度分布不均匀，从而影响视觉作业，故不应只采用局部照明。有精细视觉工作要求的场所应针对视觉作业区设置局部照明，作业区邻近周围照度应根据作业区的照度相应减少，但不应低于200lx，其余区域的一般照明照度不应低于100lx。工厂的检验、划线、钳工台及机床照明，民用建筑中的卧室、客房的台灯、壁灯等均属于局部照明。

### 5. 重点照明

重点照明是指为提高指定区域或目标的照度，使其比周围区域突出的照明。当需要提高特定区域或目标的照度时，宜采用重点照明。商业建筑和展览建筑内应根据展示要求设置重点照明，重点照明区域的照度与其周围背景的照度比不宜小于 3∶1。

## 11.1.2　照明的基本种类

照明按使用功能分类有正常照明、应急照明、值班照明、警卫照明、景观照明和障碍照明，其中应急照明又分为疏散照明、安全照明和备用照明。

### 1. 正常照明

正常照明是指在正常情况下使用的照明。室内工作及相关辅助场所均应设置正常照明。

### 2. 应急照明

应急照明是指因正常照明的电源失效而启用的照明。应急照明包括疏散照明、安全照明和备用照明。

（1）疏散照明　疏散照明是指用于确保疏散通道被有效地辨认和使用的应急照明。

（2）安全照明　安全照明是指用于确保处于潜在危险之中的人员安全的应急照明。

（3）备用照明　备用照明是指用于确保正常活动继续或暂时继续进行的应急照明。

当下列场所正常照明电源失效时，应设置应急照明：①需确保正常工作或活动继续进行的场所应设置备用照明，如在正常照明因电源失效后可能会造成爆炸、火灾和人身伤亡等严重事故的场所，或停止工作将造成很大影响或经济损失的场所而设的继续工作用的照明，或在发生火灾时为了保证消防作业能正常进行而设置的照明；②需确保处于潜在危险之中的人员安全的场所（如圆盘锯等作业场所）应设置安全照明；③需确保人员安全疏散的出口和通道，应设置疏散照明，如为了避免发生意外事故，而需要对人员进行安全疏散时，在出口和通道的指示出口位置及方向的疏散标志灯和为照亮疏散通道而设置的照明。

### 3. 值班照明

值班照明是指在非工作时间，为值班所设置的照明。需要夜间非工作时间值守或巡视的场所应设置值班照明，如车间、商店营业厅、展厅等场所提供的照明。它对照度要求不高，可以利用工作照明中能单独控制的一部分，也可利用应急照明，对其电源没有特殊要求。

### 4. 警卫照明

警卫照明是指用于警戒而安装的照明。需警戒的场所应根据警戒范围的要求设置警卫照明。如在重要的厂区、库区等有警戒任务的场所，为了防范的需要设置的照明。

### 5. 景观照明

景观照明是指对夜间可引起良好视觉感受的某种景象所施加的照明。

### 6. 障碍照明

障碍照明是指在可能危及航行安全的建筑物或构筑物上安装的标志照明。在危及航行安全的建筑物、构筑物上，应根据相关部门的规定设置障碍照明。在飞行区域建设的高楼、烟囱、水塔以及在飞机起飞和降落的航道上等，对飞机的安全起降可能构成威胁，应按民航部门的规定，装设障碍标志灯；船舶在夜间航行时航道两侧或中间的建筑物、构筑物等，可能危及航行安全，应按交通部门有关规定，在有关建筑物、构筑物或障碍物上装设障碍标志灯。

## 11.2 照明质量评价

良好的照明环境不仅依靠足够的光通量，还取决于光的质量，即照明质量。照明质量是衡量照明设计的主要指标，因此在进行照明设计时，应本着"质量第一"的原则，全面考虑、正确处理以下几项主要内容。

### 11.2.1 适当的照度水平

为特定的用途选择适当的照度时，要考虑的主要因素是视觉效果、视觉满意程度以及经济水平和能源的有效利用。《建筑照明设计标准》（GB 50034）中详细规定了我国居住建筑及各类公共建筑、工业建筑不同房间或场所的照度标准值。此外，要考虑照度均匀度，室内照明的照度均匀度通常以一般照明系统在工作面上产生的最小照度与平均照度之比表示，不同的场所要求不同，一般作业不应小于 0.6。

### 11.2.2 舒适的亮度分布

室内的亮度分布是由照度分布和表面反射比决定的。视野内的亮度分布不适当会损坏视觉功效，过大的亮度差别会产生不舒适眩光。

与作业贴邻的环境亮度可以低于作业亮度，但不应小于作业亮度的 2/3。

合理选择工作房间的表面反射比与照度比，见表 11-1。

表 11-1　工作房间的表面反射比与照度比

| 工作房间的表面 | 反射比 | 照度比 | 工作房间的表面 | 反射比 | 照度比 |
|---|---|---|---|---|---|
| 顶棚 | 0.60~0.90 | 0.20~0.90 | 地面 | 0.10~0.50 | 0.70~1.00 |
| 墙 | 0.30~0.80 | 0.40~0.80 | 工作面 | 0.20~0.60 | 1.00 |

### 11.2.3 优良的灯光颜色品质

灯光的颜色品质包含光源的表观颜色、光源的显色性能、灯光颜色一致性及稳定性等几个方面。

光源的表观颜色即色表，可以用色温或相关色温描述。光源色表的选择取决于光环境所要形成的氛围。室内照明光源色表特征及适用场所应符合表 11-2 的规定。

表 11-2　光源色表特征及适用场所

| 相关色温/K | 色表特征 | 适 用 场 所 |
|---|---|---|
| <3300 | 暖 | 客房、卧室、病房、酒吧 |
| 3300~5300 | 中间 | 办公室、教室、阅览室、商场、诊室、检验室、<br>实验室、控制室、机加工车间、仪表装配 |
| >5300 | 冷 | 热加工车间、高照度场所 |

人对光色的爱好与照度水平有相应的关系。

光源的显色性能取决于光源的光谱能量分布，对有色物体的颜色外貌有显著影响。国际照明委员会（CIE）用一般显色指数 $Ra$ 作为表示光源显色性能的指标。一般显色指数是指光源对国际照明委员会规定的第 1~8 种标准颜色样品显色指数的平均值。灯的光源显色性分类见表 11-3。

表 11-3 光源显色性分类

| 显色性能类别 | 显色指数范围 | 色表特征 | 应 用 示 例 | |
| --- | --- | --- | --- | --- |
| | | | 优先采用 | 允许采用 |
| I | $Ra \geqslant 90$ | 暖 | 颜色匹配 | |
| | | 中间 | 医疗诊断、画廊 | |
| | | 冷 | | |
| | $90 > Ra \geqslant 80$ | 暖 | 住宅、旅馆、餐馆 | |
| | | 中间 | 商店、办公室、学校、医院、印刷、油漆和纺织工业 | |
| | | 冷 | 视觉费力的工业生产 | |
| II | $80 > Ra \geqslant 60$ | 暖 | 高大的工业生产场所 | |
| | | 中间 | | |
| | | 冷 | | |
| III | $60 > Ra \geqslant 40$ | | 粗加工工业 | 工业生产 |
| IV | $40 > Ra \geqslant 20$ | | | 粗加工工业，显色性要求低的工业生产、库房 |

随着 LED 灯的普及应用，人们对 LED 灯的颜色品质日益重视。当前普遍使用的白色 LED 灯大多是蓝光激发黄色荧光粉发出白光，其红色光谱成分薄弱，显色性不好，因此《建筑照明设计标准》（GB 50034）规定，长期工作或停留的房间或场所色温不宜高于 4000K（考虑视觉舒适感和生物安全性），特殊显色指数 $R_9$（饱和的红色）应大于零，$Ra$ 不应小于 80。

## 11.2.4 没有眩光干扰

眩光是指由于视野中的亮度分布或亮度范围不适宜，或存在极端的对比，而引起不舒适感觉或降低观察细部或目标的能力的视觉现象。眩光产生不舒适感，严重的还会损害视觉功效，所以工作房间必须避免眩光干扰。

避免眩光干扰主要是避免直接眩光、反射眩光和光幕反射。其中：直接眩光是指由视野中，特别是在靠近视线方向存在的发光体产生的眩光；反射眩光是指由视野中的反射引起的眩光，特别是在靠近视线方向看见反射像所产生的眩光；光幕反射是指视觉对象的镜面反射，它使视觉对象的对比降低，以致部分地或全部地难以看清细部。

直接眩光的限制主要是限制灯具亮度，同时限制直接型灯具的遮光角，见表 11-4 所示，遮光角 $\gamma$ 示意图如图 11-1 所示。

表 11-4　直接型灯具的遮光角

| 光源平均亮度/(kcd/m²) | 遮光角/(°) | 光源平均亮度/(kcd/m²) | 遮光角/(°) |
|---|---|---|---|
| 1 ~ 20 | 10 | 50 ~ 500 | 20 |
| 20 ~ 50 | 15 | ≥500 | 30 |

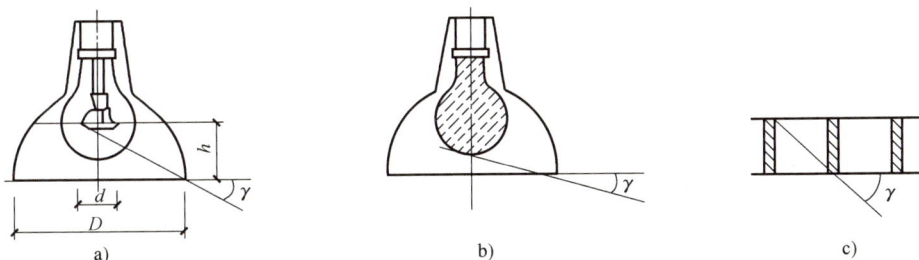

图 11-1　遮光角示意图

a）透明玻璃壳灯泡　b）磨砂或乳白玻璃壳灯泡　c）格栅灯

防止或减少光幕反射和反射眩光的有效措施有：

1）应将灯具安装在不易形成眩光的区域内。

2）可采用低光泽度或无光泽度的表面装饰材料。

3）应限制灯具出光口表面发光亮度。

4）为了得到合适的室内亮度分布，同时避免因为过分考虑节能或使用 LED 照明系统而造成的室内亮度分布过于集中，墙面的平均照度不宜低于 50lx，顶棚的平均照度不宜低于 30lx。

### 11.2.5　正确的投光方向与完美的造型立体感

一个房间的照明能使它的结构特征及室内的人和物清晰，而且令人赏心悦目地呈现出来，这个房间的整体面貌就能美化。为此，照明光线的指向性不宜太强，以免阴影浓重，造型生硬；灯光也不能过于漫射和均匀，以免缺乏亮度变化，致使缺乏造型立体感，室内显得索然无味。"造型立体感"用来说明三维物体被照明表现的状态，它主要是由光的主投射方向及直射光与漫射光的比例决定的。对造型立体感的主观评价主要依靠心理因素。可供照明设计人员预测造型结果的物理指标有垂直照度与水平照度之比和平均柱面照度与水平面照度之比。

## 11.3　照明光源与照明灯具

### 11.3.1　照明光源的选用

#### 1. 电光源分类

电光源按照其发光物质分类，可分为热辐射光源、固态光源和气体放电光源三类，见表 11-5。

表 11-5　电光源分类

| 电光源 | 热辐射光源 | | 白炽灯 | |
|---|---|---|---|---|
| | | | 卤钨灯 | |
| | 固态光源 | | 场致发光灯（EL） | |
| | | | 半导体发光二极管（LED） | |
| | | | 有机半导体发光二极管（OLED） | |
| | 气体放电光源 | 辉光放电 | 氖灯 | |
| | | | 霓虹灯 | |
| | | 弧光放电 | 低气压灯 | 荧光灯 |
| | | | | 低压钠灯 |
| | | | 高气压灯 | 高压汞灯 |
| | | | | 高压钠灯 |
| | | | | 金属卤化物灯 |
| | | | | 氙灯 |

1）白炽灯是利用电流通过钨丝时使灯丝处于白炽状态而发光的一种热辐射光源。它结构简单、成本低、显色性好、使用方便，有良好的调光性能，但发光效率很低，寿命短。一般情况下，室内外照明不应采用普通照明白炽灯；在特殊情况下需采用时，其额定功率不应超过 100W。

2）卤钨灯全称为卤钨循环类白炽灯，与白炽灯相比具有体积小、寿命长、光效高、光色好和光输出稳定的特点。

3）半导体发光二极管（LED 灯）利用固体半导体芯片作为发光材料，当两端加上正向电压时，半导体中的载流子发生复合，放出过剩的能量，从而引起光子发射产生光。LED 光源的优点：①发光效率高；②使用寿命长、体积小、质量轻，环氧树脂封装，可以大大降低灯具的维护费用；③安全可靠性高，发热量低，无热辐射，属于冷光源；④有利于环保，为全固体发光体，不含汞；⑤响应时间短，起点快捷可靠；⑥防潮、耐低温、抗振动；⑦调光方便；⑧LED 光源尺寸小，为定向发光、便于灯具配套和提高灯具效率。LED 光源的缺点：①颜色质量不如人意（色温偏高；显色指数偏低；蓝光成分偏多，红光成分偏低；色容差和色偏差较大）；②表面亮度高，容易导致眩光；③光通维持率偏低；④有的驱动光源电路简单，谐波较大，功率因数低；⑤优质产品成本较高。选择 LED 灯的技术要求：①显色指数不应低于 80；②同类光源的色容差不应超过 5SDCM；③特殊显色指数 $R_9$（饱和红色）>0；④色温不宜高于 4000K；⑤寿命期内的色偏差不应超过 0.007；⑥不同方向的色偏差不应超过 0.004；⑦灯具宜有漫射罩或有不小于 30°的遮光角；⑧灯的谐波应符合规定；⑨灯的功率因数，当 $P>25W$ 时，不小于 0.9，当 $5<P≤25W$ 时，不小于 0.7；当 $P≤5W$ 时，不小于 0.4；⑩灯的使用寿命一般不应低于 25000h；⑪灯的光通维持率应符合产品标准规定；⑫光效不低于我国能效标识 3 级。

4）荧光灯是应用最广泛、用量最大的气体放电光源。它具有结构简单、光效高、发光柔和、寿命长等优点。荧光灯的发光效率是白炽灯的 4~5 倍，寿命是白炽灯的 10~15 倍，是高效节能光源。

5）低压钠灯是气体放电灯中光效较高的品种，光效可达 $140\sim200lm/W$，光色柔和、眩光小、透雾能力极强，适用于公路、隧道、港口、货场和矿区等场所的照明，也可作为特技摄影和光学仪器的光源。它的缺点是低压钠灯辐射近乎单色黄光，分辨颜色的能力差，不宜用于繁华的市区街道和室内照明。

6）高压汞灯是高强气体放电灯中结构简单、寿命较长的产品，缺点是光效低。

7）高压钠灯是一种高压钠蒸气放电灯泡，其放电管采用抗钠腐蚀的半透明多晶氧化铝陶瓷制成，工作时发出全白色光。高压钠灯具有发光效率高、寿命长、透雾性能好等优点，广泛用于道路、机场、码头、车站、广场及工矿企业照明；缺点是显色指数低。

8）金属卤化物灯是在汞和稀有金属的卤化物混合蒸气中产生电弧放电发光的气体放电灯，具有光效高、寿命长、显色性好、结构紧凑、性能稳定等特点。

### 2. 照明光源选择

1）当选择光源时，应满足显色性、启动点燃和再点燃时间等要求，并应根据光源、灯具及镇流器等的效率或效能、寿命等在进行综合技术经济分析比较后确定。

2）照明设计应按下列条件选择光源：

① 灯具安装高度较低的房间宜采用细管直管形三基色荧光灯。

② 商店营业厅的一般照明宜采用细管直管形三基色荧光灯、小功率陶瓷金属卤化物灯；重点照明宜采用小功率陶瓷金属卤化物灯、发光二极管灯。

③ 灯具安装高度较高的场所，应按使用要求，采用金属卤化物灯、高压钠灯或高频大功率细管直管荧光灯。

④ 旅馆建筑的客房宜采用发光二极管灯或紧凑型荧光灯。

⑤ 有频繁开关灯要求和需要调光的室内场所，宜优先选用发光二极管灯（LED）作为主要照明光源。

⑥ 照明设计不应采用普通照明白炽灯，对电磁干扰有严格要求，且其他光源无法满足的特殊场所除外，应采用 60W 以下的白炽灯。

3）应急照明应选用能可靠、瞬时点燃的光源。应急照明采用荧光灯、发光二极管灯等，因在正常照明断电时可在几秒内达到标准流明值；对于疏散标志灯，可采用发光二极管灯。

4）照明设计应根据识别颜色要求和场所特点，选用相应显色指数的光源。显色性要求高的场所应采用显色指数高的光源，如采用 $Ra$ 大于 80 的三基色稀土荧光灯；显色指数要求低的场所，可采用显色指数较低而光效更高、寿命更长的光源。

## 11.3.2　照明灯具

灯具是透光、分配和改变光源光分布的器具，包括除光源外所有用于固定和保护光源所需的全部零件、部件及与电源连接所必需的线路附件。

### 1. 灯具的作用

1）固定光源，使电流安全地流过光源；对于气体放电灯，灯具通常提供安装镇流器、功率因数补偿电容和电子触发器的地方；对于 LED 灯，通常还包括驱动电源装置。

2）为光源和光源的控制装置提供机械保护，支撑全部装配件，并与建筑结构件连接起来。

3）控制光源发出光线的扩散程度，实现需要的配光。

4）限制直接眩光，防止反射眩光。

5）电击防护，保证用电安全。

6）保证特殊场所的照明安全，如防爆、防水、防尘等。

7）装饰和美化室内外环境，特别是在民用建筑中可以起到装饰品的效果。

### 2. 灯具的分类

照明灯具可以按照使用的光源、安装方式、使用环境及使用功能等进行分类。

根据使用的光源分类，主要有荧光灯灯具、高强气体放电灯灯具、LED 灯具等，其分类和选型见表 11-6。

表 11-6　按灯具使用的光源分类和选型

| 比 较 项 目 | 灯 具 类 型 | | |
| --- | --- | --- | --- |
| | 荧光灯灯具 | 高强气体放电灯灯具 | LED 灯具 |
| 配光控制 | 难 | 较易 | 较难 |
| 眩光控制 | 易 | 较难 | 较难 |
| 调光 | 较难 | 难 | 容易 |
| 适用场所 | 用于高度较低的公共及工业建筑场所 | 用于高度较高的公共及工业建筑场所、户外场所 | 适用于有调光要求的场所，如夜景照明，隧道、道路照明 |

根据灯具的安装方式分类，主要有吸顶式灯具、嵌入式灯具、悬吊式灯具、壁式灯具等，其分类和选型见表 11-7。

表 11-7　按灯具的安装方式分类和选型

| 安装方式 | 吸顶式灯具 | 嵌入式灯具 | 悬吊式灯具 | 壁式灯具 |
| --- | --- | --- | --- | --- |
| 特征 | 顶棚较亮；房间明亮；眩光可控制；光利用率高；易于安装和维护；费用低 | 与吊顶系统组合在一起；眩光可控制；光利用率比吸顶式低；顶棚与灯具的亮度对比大，顶棚暗；费用高 | 光利用率高；易于安装和维护；费用低；顶棚有时出现暗区 | 照亮壁面；易于安装和维护；安装高度低；易形成眩光 |
| 适用场所 | 适用于低顶棚照明场所 | 适用于低顶棚但要求眩光小的照明场所 | 适用于顶棚较高的照明场所 | 适用于装饰照明，兼作加强照明和辅助照明用 |

按照设计的支撑面材料不同，灯具可以分为适宜安装在普通可燃材料表面的固定式灯具和仅适宜安装在非可燃性材料表面的固定式灯具。

根据适用的特殊使用环境不同，灯具可以分为多尘、潮湿、腐蚀、火灾危险和有爆炸危险的场所使用的灯具。

灯具可按功能进行分类，包括按照防尘 IP、防固体异物 0~6 和防水 0~9 等级分类；按照防触电保护形式分类（Ⅰ类、Ⅱ类、Ⅲ类）；根据光学特性或功能进行分类。

室内灯具根据光通在上下空间的分布划分为 A（直接型）、B（半直接型）、C［直接-间接（均匀扩散）型］、D（半间接型）和 E（间接型）五种类型，见表 11-8。

按 1/2 照度角对灯具的分类（即按允许距高比分类）见表 11-9，1/2 照度角与距高比如图 11-2 所示。

表 11-8　室内灯具根据光通在上下空间的分布的分类

| 灯具类型 | | A 直接型 | B 半直接型 | C 直接-间接（均匀扩散）型 | D 半间接型 | E 间接型 |
|---|---|---|---|---|---|---|
| 光强分布 | | | | | | |
| 光通分配（%） | 上半球 | 0~10 | 10~40 | 40~60 | 60~90 | 90~100 |
| | 下半球 | 100~90 | 90~60 | 60~40 | 40~10 | 10~0 |

表 11-9　按 1/2 照度角对灯具的分类

| 分类名称 | 1/2 照度角 θ | L/H（灯具安装距离/灯具安装高度） |
|---|---|---|
| 特窄照型 | θ<14° | L/H <0.5 |
| 窄照型 | 14°≤θ<19° | 0.5≤L/H<0.7 |
| 中照型 | 19°≤θ<27° | 0.7≤L/H<1.0 |
| 广照型 | 27°≤θ<37° | 1.0≤L/H<1.5 |
| 特广照型 | θ≥37° | 1.5≤L/H |

### 3. 灯具的选择

1）在照明工程与设计中，光源与灯具要统一考虑，使灯具、光源、使用环境相互配合，既保证照明的质量，又实现美化装饰的效果。

2）安全、节能是建筑照明设计的主题，确保安全使用、选择高效的灯具，提高光源的利用率是基本原则。

3）在具体选用过程中，通常应先考虑灯具的使用环境与安全要求、配光特性，然后考虑灯具的经济性和装饰性。

图 11-2　1/2 照度角与距高比

4）灯具选用的原则如下：

① 选择的照明灯具、镇流器应通过国家强制性产品认证。

② 在满足眩光限制和配光要求的条件下，应选用效率或效能高的灯具，对于仅满足视觉功能的照明，宜采用直接照明和选用开敞式灯具。

③ 各种场所严禁采用触电防护类别为 0 类的灯具。

④ 在布置一般照明灯具时，其距高比不应大于该灯具的最大允许距高比。

⑤ 灯具的结构和材质应便于维护、清洁和更换光源。灯具表面以及灯用附件等高温部位靠近可燃物时，应采取隔热、散热等防火保护措施。

⑥ 在较高空间安装的灯具宜采用长寿命光源或采取延长光源寿命的措施。

### 4. 灯具的布置

灯具的布置主要就是确定灯在室内的空间位置。灯具的布置是由两个参数确定的：一是

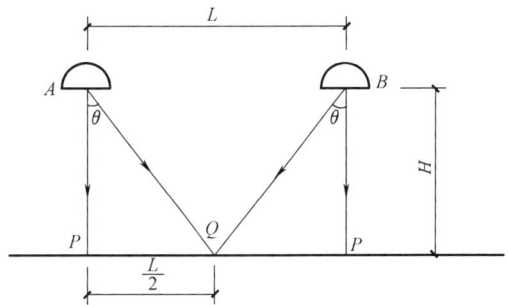

安装高度；二是水平间距。灯具的安装高度主要从防止眩光、防止碰撞等方面考虑，灯具的水平间距则根据布置方式不同而有所区别。灯具的布置对照明质量有重要影响。光的投射方向、工作面的照度、照明均匀性、直射眩光、视野内其他表面的亮度分布以及工作面上的阴影等，都与照明灯具的布置有直接关系。灯具的布置影响到照明装置的安装功率和照明设施的耗费，也影响照明装置的维修和安全。

（1）灯具的布置方式

1）均匀布置。均匀布置是使灯具之间的距离及行间距离均保持一定。均匀布置方式适用于要求照度均匀的场合。

2）选择布置。选择布置是指按照最有利的光通量方向及清除工作表面上的阴影等条件来确定每一个灯的位置，根据工作面的安排、设备的布置来确定灯具的位置。这种布置方式适用于分区、分段一般照明，它的优点在于能够选择最有利光的照射方向和保证照度要求，可避免工作面上的阴影，在办公、商业、车间等工作场所内设施布置不均匀的情况下，采用这种有选择的布置方式可以减少一定数量的灯具，有利于节约投资与能源。

（2）常用灯具布置方案

1）灯具的平面布置。灯具均匀布置时，一般采用正方形、长方形和菱形等形式。灯具之间的水平距离示意图如图 11-3 所示。其等效灯距 $L$ 的值如图中所示。

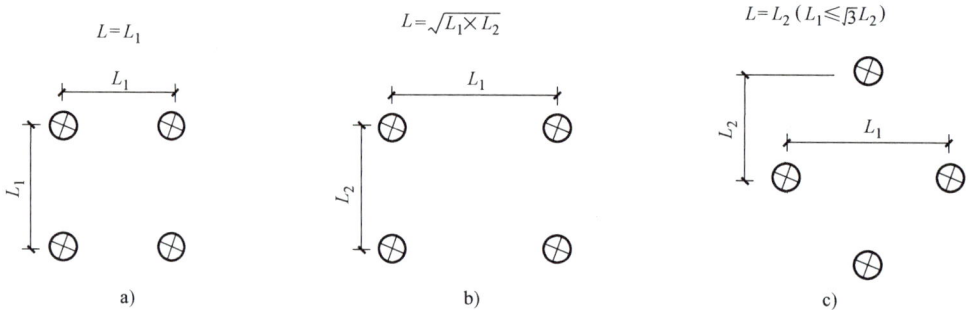

$L=L_1$          $L=\sqrt{L_1 \times L_2}$          $L=L_2 \ (L_1 \leqslant \sqrt{3}L_2)$

a)          b)          c)

图 11-3    灯具之间的水平距离示意图

a）正方形布置    b）长方形布置    c）菱形布置

2）灯具的竖向布置。灯具的竖向布置主要是指合理地安排灯具的悬挂高度。灯具的悬挂高度指光源至地面的垂直距离，而计算高度则为光源至工作面的垂直距离，即等于灯具的悬挂高度减去工作面的高度（通常取 0.75m）。灯具高度布置示意图如图 11-4 所示，图中 $H$ 为房间高度；$h_0$ 为照明器的垂度；$h$ 为计算高度；$h_p$ 为工作面高度；$h_s$ 为悬挂高度。

悬挂高度影响照明安全性能、照明质量、经济性能和维护性能。

若灯具的悬挂高度太高，导致照度降低，或

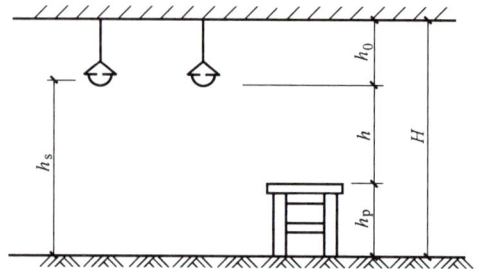

图 11-4    灯具高度布置示意图

者说在满足照度标准的条件时，要增加光源的功率，导致照明功率密度值上升，经济性能降低，维护也不方便；灯具的悬挂高度也不能太低，若悬挂太低，容易产生眩光，影响视觉效果，同时存在不安全因素。

光源与灯具的悬挂高度与光源类别、电功率大小、灯具特性等因素有关。

一般而言，若光源电功率大，要求悬挂高度高，利于安全与降低眩光；若灯具的反射性能好，可以适当提高悬挂高度，以利于降低眩光；若灯具的反射性能差，可以适当降低悬挂高度，以利于保证照度要求。

室内一般照明的灯具有最低悬挂高度的要求，在设计和安装照明灯具时，要满足有关标准和规范规定的最低悬挂高度的要求。

对于白炽灯，一般要求其功率不高于 60W，最低悬挂高度要求为 2.0~2.5m。

对于无反射罩的荧光灯，其功率不高于 36W 时，最低悬挂高度要求为 2.0m，其功率高于 36W 时，最低悬挂高度要求为 3.0m。

对于带反射罩的高压汞灯、金属卤化物灯等，最低悬挂高度要求为 4.0~8.0m。

对于带反射罩和带隔栅的高压汞灯、金属卤化物灯等，最低悬挂高度要求为 4.5~9.0m。

规定灯具的最低悬挂高度是为了限制直接眩光，且注意防止碰撞和触电危险。当环境条件限制而不能满足规定数值时，一般不低于 2m。

3）距高比。灯具间距 $L$ 与灯具的计算高度 $h$ 的比值称为距高比。灯具布置是否合理，主要取决于灯具的距高比是否恰当。距高比值小，照明的均匀度好，但投资大；距高比值过大，则不能保证得到规定的均匀度。因此，灯间距离 $L$ 实际上可以由最有利的距高比值来决定。各种灯具最有利的距高比见表 11-10。这些距高比值保证了为减少电能消耗而应具有的照明均匀度。

表 11-10　各种灯具最有利的距高比 $L/h$

| 灯具形式 | $L/h$（较佳值） | |
| --- | --- | --- |
| | 多行布置 | 单行布置 |
| 深照型灯 | 1.6~1.8 | 1.5~1.8 |
| 配照型灯 | 1.8~2.5 | 1.8~2.0 |
| 广照型灯、散照型灯、圆球型灯等 | 2.3~3.2 | 1.9~2.5 |
| 荧光灯 | 1.4~1.5 | 1.2~1.4 |

在布置一般照明灯具时，还需要确定灯具与墙壁的距离 $l$，当工作面靠近墙壁时，可采用 $l=(0.25~0.3)L$；若靠近墙壁处为通道或无工作面时，则 $l=(0.4~0.5)L$。

在进行均匀布灯时，还要考虑顶棚上安装的吊风扇、空调送风口、扬声器、火灾探测器等其他设备，原则上以照明布置为基础，协调其他安装工程，统一考虑，统一布置，达到既满足功能要求，又使顶棚整齐、美观的效果。

## 11.4　照度计算

照度的计算方法有利用系数法、逐点计算法和单位容量法。利用系数法适合均匀照明计算，逐点计算法比较烦琐，应用较少，单位容量法适合于方案或初步设计时的计算。任何一种计算方法都只能做到基本准确，会有一定的误差，照度计算允许误差为 -10%~+10%。对照度要求高的场合，有必要用测量仪器实地测量，检验照明设计是否合理，然后根据实地测量结果修改照明设计，以达到符合建筑功能要求的照明标准。

### 1. 利用系数法

利用系数法适用于灯具均匀布置，顶棚和墙的反射系数较高，空间无大型设备遮挡的室内一般照明，也适合于灯具均匀布置的室外照明，该方法计算比较准确。

（1）利用系数　照明光源的利用系数是表征照明光源的光通量有效利用程度的一个参数，用投射到工作面上的光通量（包括直射光通量和多方反射到工作面上的光通量）与全部光源发出的光通量之比来表示。利用系数综合反映了照明空间的室空间形状、表面材料、灯具配光特性和灯具的效率（有的灯具利用系数表不包含灯具效率，则计算时应考虑灯具效率）等对光源光通量分布产生的影响。

根据灯具型号，室形指数 RI，顶棚、墙面和地面的反射比可查表确定利用系数 $U$。表 11-11 为 TBS869 D8H 嵌入式高效 T5 格栅灯具利用系数表，光源 T5-2×28W，光通量（2×2625）lm，灯具效率 86%。

**表 11-11　TBS869 D8H 嵌入式高效 T5 格栅灯具利用系数表**

| 有效顶棚反射比（%） | 80 | | 70 | | | | 50 | | 30 | | 0 |
|---|---|---|---|---|---|---|---|---|---|---|---|
| 墙面反射比（%） | 50 | 50 | 50 | 50 | 50 | 30 | 30 | 10 | 30 | 10 | 0 |
| 地面反射比（%） | 30 | 10 | 30 | 20 | 10 | 10 | 10 | 10 | 10 | 10 | 0 |
| 室形指数 RI | 利用系数（%） | | | | | | | | | | |
| 0.60 | 54 | 51 | 53 | 52 | 51 | 46 | 45 | 42 | 45 | 42 | 40 |
| 0.80 | 63 | 59 | 62 | 60 | 59 | 54 | 53 | 50 | 53 | 50 | 48 |
| 1.00 | 70 | 65 | 69 | 67 | 65 | 60 | 60 | 56 | 59 | 56 | 55 |
| 1.25 | 77 | 71 | 76 | 73 | 70 | 66 | 65 | 62 | 65 | 62 | 60 |
| 1.50 | 82 | 75 | 81 | 77 | 74 | 70 | 69 | 67 | 68 | 66 | 65 |
| 2.00 | 89 | 80 | 87 | 83 | 79 | 76 | 75 | 73 | 74 | 72 | 71 |
| 2.50 | 94 | 83 | 92 | 87 | 82 | 80 | 79 | 77 | 77 | 76 | 74 |
| 3.00 | 97 | 85 | 95 | 89 | 84 | 82 | 81 | 79 | 80 | 78 | 77 |
| 4.00 | 101 | 81 | 98 | 92 | 86 | 85 | 83 | 82 | 82 | 81 | 79 |
| 5.00 | 103 | 88 | 100 | 93 | 87 | 86 | 85 | 84 | 83 | 82 | 80 |

（2）计算公式　当已知利用系数 $U$、光源的数量 $N$、光源光通量 $\Phi$ 和工作面面积 $A$ 后，便可由式（11-1）计算工作面上的平均照度 $E_{av}$，即

$$E_{av} = \frac{N\Phi UK}{A} \tag{11-1}$$

式中　$E_{av}$——工作面上的平均照度，单位为 lx；

$\Phi$——光源光通量，单位为 lm；

$N$——光源数量；

$U$——利用系数；

$A$——工作面面积，单位为 m$^2$；

$K$——灯具维护系数，与光源光通量衰减、灯具积尘情况相关，取值 0.7~0.8。

当已知 $U$、$N$、$A$ 和 $E_{av}$，求光通量时

$$\varPhi = \frac{AE_{\mathrm{av}}}{NUK} \tag{11-2}$$

根据要求的平均照度 $E_{\mathrm{av}}$，根据式（11-2）可计算每一个光源所应发出的光通量 $\varPhi$（lm）。

平均照度计算适应于房间长度小于宽度的 4 倍，均匀布置以及使用对称或近似对称光强分布灯具。

（3）计算步骤

1）首先选择灯具布置方式，并确定合适的计算高度。

2）根据灯具的计算高度 $h$ 及房间尺寸 $L$、$W$ 确定室形指数 RI

$$\mathrm{RI} = \frac{LW}{h(L+W)} \tag{11-3}$$

式中　$L$、$W$——表示房间的长、宽。

3）根据所选用灯具的型号和顶棚、墙壁与地面的反射系数以及室形指数 RI，从各种照明装置利用系数表中查出相应的光通量利用系数 $U$。

4）根据规定的平均照度，按式（11-2）计算每个光源所必需的光通量。

5）根据计算的光通量选择每个灯具光源的功率。

---

[例 11-1]　某办公室长 11.3m，宽 6.4m，吊顶高 3.1m，书桌高度为 0.8m，要求的照度标准值为 300 lx，维护系数 0.8，显色指数 $Ra \geq 80$，选用双管嵌入式高效 T5 格栅灯具，该光源的光通量为（2×2625）lm，利用系数为 0.51，要求完成该办公室的照明设计。

[解]　1）室形系数

$$\mathrm{RI} = \frac{LW}{h(L+W)} = \frac{11.3\mathrm{m} \times 6.4\mathrm{m}}{(3.1-0.8)\mathrm{m} \times (11.3+6.4)\mathrm{m}} = 1.776$$

2）利用系数。根据房间室形系数，房间各表面的反射比查表确定，本例已知利用系数 $U$ 为 0.51。

3）计算需要的光源数量。本例中选用双管嵌入式高效 T5 格栅灯具，该光源的光通量为（2×2625）lm，根据式（11-2）可得需要的光源数量

$$N = \frac{E_{\mathrm{av}}A}{\varPhi UK} = \frac{300\mathrm{lx} \times (11.3 \times 6.4)\mathrm{m}^2}{(2 \times 2625)\mathrm{lm} \times 0.51 \times 0.8} = 10.1 \text{个}$$

取 10 个双管嵌入式格栅荧光灯灯具，采用双排均布方式布置灯管。

4）灯具布置示意图如图 11-5 所示，采用长方形均匀布置。

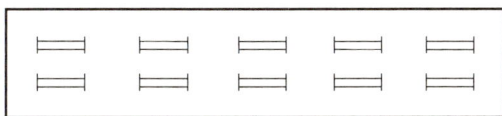

图 11-5　灯具布置示意图

## 2. 逐点计算法

逐点计算法是逐一计算附近各个点光源对照度计算点的照度，然后进行叠加得到总照度的方法。

逐点计算法采用照度定理即距离平方反比定理和余弦定理计算点光源对照度计算点的照度。这种方法可以计算工作面任意点的照度，计算准确，计算量大，一般用于校核局部的照度要求。

### 3. 单位容量法

单位容量 $P_0$ 是以达到设计照度时 1lx 需要安装的电功率来表示，单位光通量 $\phi_0$ 是指照度达到 1lx 时所需的单位光通量（$lm/m^2$），通常将其编制成计算表，见表 11-12（《照明设计手册》第 3 版），以便应用。

**表 11-12　单位容量 $P_0$ 计算表**

| 室空间比 RCR（室形指数 RI） | 直接型配光灯具 | | 半直接型配光灯具 | 均匀投射型配光灯具 | 半间接型配光灯具 | 间接型配光灯具 |
|---|---|---|---|---|---|---|
| | $s \leqslant 0.9h$ | $s \leqslant 1.3h$ | | | | |
| 8.33 | 0.0897 | 0.0833 | 0.0879 | 0.0897 | 0.1292 | 0.1454 |
| (0.6) | 5.3846 | 5.0000 | 5.3846 | 5.3846 | 7.7783 | 7.7506 |
| 6.25 | 0.0729 | 0.0648 | 0.0729 | 0.0707 | 0.1055 | 0.1163 |
| (0.8) | 4.3750 | 3.8889 | 4.3750 | 4.2424 | 6.3641 | 7.0005 |
| 5.0 | 0.0648 | 0.0569 | 0.0614 | 0.0598 | 0.0894 | 0.1012 |
| (1.0) | 3.8889 | 3.4146 | 3.6842 | 3.5897 | 5.3850 | 6.0874 |
| 4.0 | 0.0569 | 0.0496 | 0.0556 | 0.0519 | 0.0808 | 0.0829 |
| (1.25) | 3.4146 | 2.9787 | 3.3333 | 3.1111 | 4.8280 | 5.0004 |
| 3.33 | 0.0519 | 0.0458 | 0.0507 | 0.0476 | 0.0732 | 0.0808 |
| (1.5) | 3.1111 | 2.7451 | 3.0435 | 2.8571 | 4.3753 | 4.8280 |
| 2.5 | 0.0467 | 0.0409 | 0.0449 | 0.0417 | 0.0668 | 0.0732 |
| (2.0) | 2.8000 | 2.4561 | 2.6923 | 2.5000 | 4.0003 | 4.3753 |
| 2 | 0.0440 | 0.0383 | 0.0417 | 0.0383 | 0.0603 | 0.0646 |
| (2.5) | 2.6415 | 2.2951 | 2.5000 | 2.2951 | 3.5900 | 3.8892 |
| 1.67 | 0.0424 | 0.0365 | 0.0395 | 0.0365 | 0.0560 | 0.0614 |
| (3.0) | 2.5455 | 2.1875 | 2.3729 | 2.1875 | 3.3335 | 3.6845 |
| 1.43 | 0.0410 | 0.0354 | 0.0383 | 0.0351 | 0.0528 | 0.0582 |
| (3.5) | 2.4592 | 2.1232 | 2.2976 | 2.1083 | 3.1820 | 3.5003 |
| 1.25 | 0.0395 | 0.0343 | 0.0370 | 0.0338 | 0.0506 | 0.0560 |
| (4.0) | 2.3729 | 2.0588 | 2.2222 | 2.0290 | 3.0436 | 3.3335 |
| 1.11 | 0.0392 | 0.0336 | 0.0362 | 0.0331 | 0.0495 | 0.0544 |
| (4.5) | 2.3521 | 2.0153 | 2.1717 | 1.9867 | 2.9804 | 3.2578 |
| 1 | 0.0389 | 0.0329 | 0.0354 | 0.0324 | 0.0485 | 0.0528 |
| (5.0) | 2.3333 | 1.9718 | 2.1212 | 1.9444 | 2.9168 | 3.1820 |

注：1. 表中 $s$ 为灯距，$h$ 为计算高度。

2. 表中每格所列两个数字由上至下依次为：选用 40W 荧光灯的单位电功率（$W/m^2$），单位光通量（$lm/m^2$）。

单位容量法的计算公式为

$$P = P_0 AE \tag{11-4a}$$

$$\phi = \phi_0 AE \tag{11-4b}$$

式中　$P_0$——照度为 1lx 时的单位容量，单位为 $W/m^2$，其值查表 11-12；

$P$——灯具总安装功率（包括镇流器功率消耗），单位为 W；

$\phi_0$——照度达到 1lx 时所需的单位光通量，单位为 $lm/m^2$，其值查表 11-12；

$\phi$——在设计照度条件下房间所需的光源总光通量，单位为 lm；

$A$——房间的面积，单位为 $m^2$；

$E$——设计照度（平均照度）。

用式（11-4）可计算照明灯具的安装容量 $P$，$P$ 除以每盏灯具的功率可以得到需要安装的灯具数量。

当光源不是 40W 荧光灯时，可乘以调整系数 $C$，调整系数值可查阅《照明设计手册》，单位容量法的计算公式为

$$P = P_0 AEC \qquad\qquad (11\text{-}5)$$

[例 11-2]　某实验室长 12m，宽 5m，桌面高 0.8m，吊顶高 3.8m，选用 TBS869 D8H 嵌入式格栅荧光灯灯具。要求的照度标准值为 150 lx，试用单位容量法确定灯具数量。

[解]　室形指数

$$RI = \frac{LW}{h(L+W)} = \frac{12m \times 5m}{3m \times (12+5)m} = 1.176$$

嵌入式格栅荧光灯灯具属于直接型灯具，查表 11-12 和线性插值可得：

$$P_0 = 0.0648W/m^2 + \frac{(0.0569 - 0.0648)W/m^2}{1.25 - 1.0} \times (1.176 - 1.0) = 0.0592W/m^2$$

选用 (2×28)W 的 T5 荧光灯，调整系数为 0.70（《照明设计手册》第 3 版），按式（11-5）计算：

$$P = P_0 AEC = 0.0592W/m^2 \times (12 \times 5)m^2 \times 150lx \times 0.7 = 373.2W$$

灯具数量：

$$N = \frac{373.2W}{(2 \times 28)W/个} = 6.7个$$

根据计算，考虑双排对称布置可选择 6 个或 8 个灯具。

## 11.5　照明配电与控制

### 11.5.1　照明配电

#### 1. 照明电源电压

光源电压一般为交流 220V，1500W 以上的光源电压宜为交流 380V，移动式灯具电压不超过 50V，潮湿场所电压不超过 25V，水下场所可采用交流 12V 光源。

照明器具的端电压不宜过高和过低。若电压过高，则会缩短光源寿命；若电压低于额定值，则光通量下降照度降低，甚至气体放电光源不能可靠工作。LED 光源采用恒流源驱动，电压在一定范围内变换不影响 LED 光通量的变化。

正常情况下，照明器具的端电压偏差允许值宜符合下列要求：

1）在一般工作场所为 ±5%。

2）远离变电站的小面积一般工作场所难于满足 ±5% 时，可为 -10% ~ +5%。

3）应急照明和用安全特低电压供电的照明为 -10% ~ +5%。

### 2. 照明配电要求

1）应根据照明负荷等级选择合理配电方案。

2）三相照明线路各相负荷的分配宜保持平衡，最大相负荷电流不宜超过三相负荷平均值的115%，最小相负荷电流不宜小于三相负荷平均值的85%。

3）特别重要的照明负荷，宜在照明配电盘采用自动切换电源的方式，负荷较大时可采用由两个专用回路各带50%的照明灯具的配电方式（如体育场馆的场地照明），既节能，又可靠。

4）室内照明系统中的每一单相分支回路电流不宜超过16A，光源数量不宜超过25个；大型建筑组合灯具每一单相回路电流不宜超过25A，光源数量不宜超过60个（LED光源除外）。

5）室外照明单相分支回路电流值不宜超过32A，建筑物轮廓灯每一单相回路不宜超过100个（LED光源除外）。

6）重要场所和负载为气体放电灯和LED灯的照明线路，其中性导体截面面积应与相导体规格相同。室内照明分支线路应采用铜芯绝缘导线，其截面面积不应小于 $1.5\text{mm}^2$，多芯电力电缆不宜小于 $2.5\text{mm}^2$；室外照明线路宜采用双重绝缘铜芯导线，照明支路导线截面面积不应小于 $2.5\text{mm}^2$。

7）当采用配备电感镇流器的气体放电光源时，为改善其频闪效应，宜将相邻灯具（光源）分接在不同相别的线路上。

### 3. 照明配电线路的保护

照明线路应装设短路保护、过负荷保护及接地故障保护，一般采用断路器做短路保护和过负荷保护，兼作接地故障保护。

断路器过负荷保护反时限过电流脱扣器整定电流 $I_{r1}$ 和断路器瞬时过电流保护脱扣器整定电流 $I_{r3}$ 分别为

$$I_{r1} \geqslant K_{re1} I_c \tag{11-6a}$$

$$I_{r3} \geqslant K_{re3} I_c \tag{11-6b}$$

$$I_{r1} \leqslant I_z \tag{11-6c}$$

式中　$K_{re1}$、$K_{re3}$——反时限和瞬时过电流脱扣器可靠系数，取决于电光源启动特性和断路器特性，其值见表11-13；

　　　$I_z$——照明线路导线允许持续载流量，单位为A；

　　　$I_c$——线路计算电流，单位为A；

　　　$I_{r1}$——断路器过负荷保护反时限过电流脱扣器整定电流，单位为A；

　　　$I_{r3}$——断路器瞬时过电流脱扣器整定电流，单位为A。

表 11-13　照明线路保护断路器反时限和瞬时过电流脱扣器可靠系数

| 低压断路器 | 可靠系数 | 白炽灯、卤钨灯 | 荧光灯 | 高压钠灯、金属卤化物灯 | LED 灯 |
|---|---|---|---|---|---|
| 反时限过电流脱扣器 | $K_{re1}$ | 1.0 | 1.0 | 1.0 | 1.0 |
| 瞬时过电流脱扣器 | $K_{re3}$ | 10~12 | 5 | 5 | 5 |

对于高压气体放电灯，一般启动电流为正常工作电流的1.7倍左右，启动时间较长，高压汞灯为4~8min，高压钠灯约3min，金属卤化物灯为2~3min，选择反时限过电流脱扣器整定电流值要躲过启动时的冲击电流，除了采取措施避免灯具同时启动外，还要根据不同灯

具启动情况留有一定裕度。

目前，照明用断路器瞬时过电流脱扣器的整定电流一般为反时限过电流脱扣器整定电流的 5~10 倍，因此只要正确选择反时限过电流脱扣器的整定电流值，一般就满足瞬时过电流脱扣器的要求。

### 11.5.2　照明控制

照明控制是电气照明的重要内容，通过合理的照明控制和管理，可以实现照明节能，减少开灯时间，延长光源寿命，实现多种照明效果，提高照明质量。随着计算机技术、通信技术、自动控制技术、微电子技术的发展，照明控制技术发展很快，经历了手动控制、自动控制，进入了智能化控制的时代。

照明控制的基本原则是安全、可靠、灵活、经济。做到控制的安全性是最基本的要求。可靠性是要求控制系统本身可靠，不能失控，要达到可靠的要求，控制系统要尽量简单，系统越简单，越可靠。建筑空间布局经常变化，照明控制要尽量适应和满足这种变化，因此灵活性是控制系统所必需的。经济性是照明工程要考虑的，要考虑投资效益，性能价格比好，照明控制方案不考虑经济性，往往是不可行的。

照明控制的作用体现在以下四个方面：①照明控制是实现节能的重要手段，现在的照明工程强调照明功率密度不能超过标准要求，通过合理的照明控制和管理，节能效果是很显著的；②照明控制减少了开灯时间，可以延长光源寿命；③照明控制可以根据不同的照明需求，改善工作环境，提高照明质量；④对于同一个空间，照明控制可实现多种照明效果。

#### 1. 跷板开关控制

在房间门口设置跷板开关，当房间面积较大、灯具较多时，常采用双联、三联、四联开关或多个开关。对于楼道和楼梯照明，多采用双控方式，在楼道和楼梯入口安装双控跷板开关，在任意入口处都可以开闭照明装置。如图 11-6 所示为两地控制的原理接线图，任意一个双控跷板开关的开关动作都可实现照明灯具的开启或关闭。

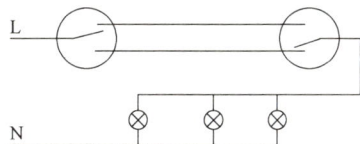

图 11-6　跷板开关两地控制原理图

#### 2. 定时开关或声光控开关控制

在楼梯口安装双控跷板开关时，如果没有节能行为习惯，楼梯也会出现长明灯现象。现在住宅楼、公寓楼、办公楼等楼梯间多采用定时开关、声光控开关、红外移动探测加光控等方式。

#### 3. 断路器控制

对于大空间如大型厂房、库房、展厅等的照明，照明灯具较多，一般按区域控制方式，如果采用面板开关控制，则照明线路控制容量受限制，控制线路复杂，通常在大空间门口设置照明配电箱，直接采用照明配电箱内的断路器控制区域灯具的开启或关闭。这种方式简单易行，但断路器不适合频繁操作，一般为专业人员管理和操作。

#### 4. 智能控制

（1）BAS 控制照明　智能建筑一般设有建筑设备监控系统（Building Automation System，BAS）。BAS 系统可以实现对中央空调系统、建筑给水排水系统、电气照明系统、供配电系统、建筑交通系统（电梯）等设备进行系统的监控，广义的 BAS 系统还包括安防系统和消防系统。

BAS系统控制照明是采用直接数字控制（Direct Digital Control，DDC）进行控制的，可以通过编程实现多种控制方式。

由于BAS系统不是专为照明而设计的，有一定的局限性，所以很难做到调光控制，灵活性较差。

（2）智能照明控制　智能照明控制系统是全数字、模块化、分布式控制系统，智能照明控制器接收来自传感器关于建筑物照明状况的信息并分析处理，按要求的控制方式和功能控制照明电路中的设备，实现照明的智能控制。

智能照明的常用控制方式和功能如下：

1）场景控制。用户预设多种场景，按动一个按键，即可调用需要的场景。多功能厅、会议室、体育场馆、博物馆、美术馆、高级住宅等场所多采用此种方式。

2）恒照度控制。根据探头探测到的照度来控制照明场所内相关灯具的开启或关闭。写字楼、图书馆等场所要求恒照度时，靠近外窗的灯具宜根据天然光的影响进行开启或关闭。

3）定时控制。根据预先设定的时间，触发相应的场景，使其打开或关闭。这种方式特别适用于夜景照明、道路照明。

4）应急处理。在收到安保系统、消防系统的警报后，能自动将指定区域照明全部打开。

5）远程控制。通过互联网对照明控制系统进行远程监控，能实现对系统中各个照明控制箱的照明参数进行设定、修改；对系统的场景照明状态进行监视和控制。

6）日程计划安排。可设定每天不同时间段的照明场景状态。可将每天的场景调用情况记录到日志中，并可将其打印输出，方便管理。

## 11.6　照明节能

照明节能是一项系统工程，要从提高整个照明系统的能效的角度考虑。照明节能所遵循的原则是在保证照明质量，为生产、工作、学习和生活创建良好的光环境前提下，尽可能节约照明用电。照明节能可在选择合适的照度水平，选择高效光源，合理利用天然光，采用智能控制等方面采取措施。

### 11.6.1　根据视觉工作需要确定照度水平

照度水平应根据工作、生产的特点和作业对视觉的实际要求来确定，不应盲目追求高照度，要遵循设计标准，避免设计过高的照度。作业面邻近区是指作业面外0.5m的范围，其照度可低于作业面的照度；通道和非作业区的照度可以降低到作业面邻近周围照度的1/3。

合理选择照明方式，在照度要求高，但作业面密度不大的场所，应采用混合照明方式，以局部照明来提高作业面的照度；当同一场所不同区域有不同照度要求时，应采用分区一般照明方式。

### 11.6.2　合理选择高效光源、灯具和电器附件

#### 1. 合理选择高效光源

常用光源的主要技术指标见表11-14。

表 11-14 常用光源的主要技术指标

| 光源种类 | 光效/(lm/W) | 显色指数 Ra | 平均寿命/h | 启动时间 | 性价比 |
|---|---|---|---|---|---|
| 白炽灯 | 8～12 | 80～85 | 1000 | 快 | 低 |
| 三基色直管荧光灯 | 65～105 | 80～85 | 12000～15000 | 0.5～1.5s | 高 |
| 紧凑型荧光灯 | 40～75 | 60～80 | 8000～10000 | 1～3s | 不高 |
| 金属卤化物灯 | 52～100 | 80～85 | 10000～20000 | 2～3min | 较低 |
| 陶瓷金卤灯 | 60～120 | 82～85 | 15000～20000 | 2～3min | 较高 |
| 无极灯 | 55～82 | 80～85 | 40000～60000 | 特快 | 较高 |
| LED 灯 | 60～120 | 60～80 | 25000～50000 | 特快 | 较低 |
| 高压钠灯 | 80～140 | 23～25 | 24000～32000 | 2～3min | 高 |
| 高压汞灯 | 25～55 | ≤35 | 10000～15000 | 2～3min | 低 |

严格限制低光效的普通白炽灯的应用；除商场重点照明可选用卤素灯外，其他场所均不得选用低光效卤素灯；在民用建筑、工业厂房和道路照明中，不应使用荧光高压汞灯；对于高度较低的功能性照明场所（如办公室、教室、高度在 8m 以下公共建筑和工业生产房间等）应采用细管径直管荧光灯，而不应采用紧凑型荧光灯，后者主要用于有装饰要求的场所；高度较高的场所宜选用陶瓷金属卤化物灯，无显色要求的场所和道路照明宜选用高压钠灯。

需要设置节能自熄和亮暗调节的场所（如楼梯间、走道、电梯内、地下车库），装饰照明、交通信号等场所，建筑标志灯和疏散指示标志灯都可优先采用 LED 灯。

### 2. 合理选择高效灯具

在满足限制眩光的条件下，应选用效率高的直接型灯具；对于要求空间亮度较高或装饰要求高的公共场所（如酒店大堂、候机厅），可采用半间接型或均匀漫射型灯具。

应选用光通维持率高的灯具，定期清洁照明器，以避免使用过程中灯具输出光通量过度下降；合理降低灯具安装高度。

### 3. 合理选择镇流器

直管荧光灯应按国家标准规定的能效等级选择电子镇流器或节能型电感镇流器。高压钠灯、金卤灯等高强度气体（HID）灯应配节能型电感镇流器，不应采用传统的功耗大的普通电感镇流器。

## 11.6.3 合理利用天然光

在可能条件下，应尽可能积极利用天然光。房间的采光系数或采光窗的面积比应符合《建筑采光设计标准》（GB 50033）的规定；有条件时宜随室外天然光的变化自动调节人工照明的照度，宜利用太阳能作为照明光源，宜利用各种导光和反光装置将天然光引入无天然采光或采光很弱的室内进行照明。

## 11.6.4 采用自动或智能照明控制

公共建筑应采用智能控制。体育馆、影剧院、候机厅、博物馆、美术馆等公共建筑宜采用智能照明控制，并按需要采取调光或降低照度的控制措施。

住宅及其他建筑的公共场所应采用感应自动控制。居住建筑有天然采光的楼梯间、走道的照明，除应急照明外应采用节能自熄开关。

地下车库、无人连续在岗工作而只进行检查、巡视或短时操作的场所应采用感应自动光暗调节（延时）控制。

公共建筑和工业建筑的走道、楼梯间、门厅等公共场所的照明，应按建筑使用条件和天然采光状况采取分区、分组控制措施。

宾馆的每套或每间客房应装设独立的总开关，控制全部照明和客房用电（但不宜包括进门走道灯和冰箱插座），并采用钥匙或门卡联锁节能开关。

夜景照明定时自动开关灯应具备平常日、一般节日、重大节日开灯控制模式。

### 11.6.5　实施照明功率密度值（LPD）指标限值

照明设计应执行标准规定的 LPD。对于绿色建筑，节能建筑和有条件的应执行该标准规定的 LPD 目标值。照明设计标准规定的 LPD 值为最高限值，而不是节能优化值，不应利用标准规定的 LPD 限制值作为计算照度的依据。

## 11.7　建筑电气施工图识读

### 11.7.1　建筑电气施工图的组成与内容

#### 1. 建筑电气施工图的组成

建筑电气施工图由首页、电气系统图、电气平面布置图、电气原理接线图、设备布置图、安装接线图和安装详图等组成。

#### 2. 电气施工图的特点

建筑电气施工图大多采用统一的图形符号并加注文字符号绘制而成。电气线路都必须构成闭合回路。

线路中的各种设备、元件都是通过导线连接成一个整体的。在进行建筑电气施工图识读时，应阅读相应的土建工程图及其他安装工程图，以了解相互间的配合关系。

建筑电气施工图对于设备的安装方法、质量要求以及使用维修方面的技术要求等往往不能完全反映出来，所以在阅读图时，有关安装方法、技术要求等问题要参照相关图集和规范。

#### 3. 建筑电气施工图的内容

（1）首页　首页主要包括图纸目录、设计说明、图例及主要材料表等。图纸目录包括图纸的名称和编号。设计说明主要阐述该电气工程的概况、设计依据、基本指导思想、图样中未能表明的各有关事项（如供电的电源、供电方式、电压等级、线路敷设方式、防雷接地、设备安装高度及安装方式）、施工方法、施工注意事项和施工工艺等。图例及主要材料表一般包括该图样的图例、设备型号规格、设备数量、安装方法和生产厂家等。

（2）电气系统图　电气系统图反映了系统的基本组成、主要电气设备、元件之间的连接情况以及它们的规格、型号、参数等，电气系统图是表现整个工程或工程一部分的供电方式的图样，它集中反映电气工程的规模，如变配电工程的供配电系统图（高压配电图、低压配电图、竖向配电系统图等）、照明工程系统图、电缆电视系统图等。

（3）电气平面布置图 电气平面布置图是电气施工图中的重要图样之一，它表现电气设备与线路平面布置，是进行电气安装的重要依据。电气平面布置图包括电气总平面图、电力平面图、照明平面图、变电所平面图和防雷与接地平面图等。电力平面图及照明平面图表示建筑物内各种设备与线路的平面布置关系、线路敷设位置、敷设方式、线管与导线的规格、设备的数量以及设备型号等。在电气平面布置图上，设备通常采用图例表示，导线与设备的竖直距离和空间位置一般也不另用立面图表示，而是标注安装标高，以及附加必要的施工说明。阅读系统图，了解系统基本组成之后，就可以依据平面图编制工程预算和施工方案，然后组织施工。

（4）电气原理接线图 电气原理接线图是表现某设备或系统的电气工作原理的图样，用来指导设备与系统的安装、接线、调试、使用与维护。电气原理接线图包括整体式原理接线图和展开式原理接线图两种。

（5）设备布置图 设备布置图是表现各种电气设备的位置、安装方式和相互关系的图样。设备布置图主要由平面图、立面图、断面图、剖面图及构件详图等组成。

（6）安装接线图 安装接线图是表现设备或系统内部各种电气组件之间连线的图样，用来指导接线与查线，它与原理图对应。

（7）安装详图 安装详图（大样图）是详细表示电气设备安装方法的图样，它对安装部件的各部位注有具体图形和详细尺寸，是进行安装施工和编制工程材料计划的重要参考。其中，大部分安装详图选用的是国家标准图。

## 11.7.2 建筑电气施工图的识读

建筑电气施工图由大量的图例组成，在掌握一定的建筑电气工程设备和施工知识的基础上，读懂图例是识读的要点。另外，还要注意读图的方法和步骤。

### 1. 电气施工图的图例

图例是工程中的材料、设备及施工方法等用一些固定的、国家统一规定的图形符号、文字标注或说明来表示的形式。

（1）图形符号 图形符号用来表示各种电器及平面安装位置。常见的图形符号见表 11-15。

表 11-15 常见的图形符号

| 序号 | 符号 | 说明 | 序号 | 符号 | 说明 | 序号 | 符号 | 说明 |
|---|---|---|---|---|---|---|---|---|
| 1 | | 双绕组变压器 | 8 | | 隔离器 | 15 | Wh | 有功电度表 |
| 2 | | 电压互感器 | 9 | | 接触器 | 16 | varh | 无功电度表 |
| 3 | | 电流互感器 | 10 | | 热继电器的驱动器 | 17 | AL | 照明配电箱 |
| 4 | | 避雷器 | 11 | | 继电器线圈 | 18 | ALE | 应急照明箱 |
| 5 | | 断路器 | 12 | V | 电压表 | 19 | AP | 动力配电箱 |
| 6 | | 隔离开关 | 13 | A | 电流表 | 20 | AT | 双电源切换箱 |
| 7 | | 剩余电流动作断路器 | 14 | cosφ | 功率因数表 | 21 | AW | 电能表箱 |

（续）

| 序号 | 符号 | 说明 | 序号 | 符号 | 说明 | 序号 | 符号 | 说明 |
|---|---|---|---|---|---|---|---|---|
| 22 | ▭ AC | 控制箱 | 32 | ⊗ | 灯 | 42 | | 三管荧光灯 |
| 23 | | 电源插座 | 33 | ⊗ C | 吸顶灯 | 43 | | n 管荧光灯 |
| 24 | | 带保护极的电源插座 | 34 | ⊗ E | 应急灯 | 44 | ⊠ | 自带电源的应急照明灯 |
| 25 | | 单相二、三极电源插座 | 35 | ⊗ L | 花灯 | 45 | E | 应急疏散指示标志灯 |
| 26 | | 带保护极和单极开关的电源插座 | 36 | ⊗ G | 圆球灯 | 46 | → | 应急疏散指示标志灯（向右） |
| 27 | | 开关 | 37 | ⊗ R | 筒灯 | 47 | ← | 应急疏散指示标志灯（向左） |
| 28 | | 双联单控开关 | 38 | ⊗ W | 壁灯 | 48 | ← | 应急疏散指示标志灯（向左、向右） |
| 29 | | 三联单控开关 | 39 | ⊗ EN | 密闭灯 | 49 | | 单管格栅灯 |
| 30 | | 双控单极开关 | 40 | | 荧光灯 | 50 | | 双管格栅灯 |
| 31 | | 风机盘管三速开关 | 41 | | 二管荧光灯 | 51 | | 三管格栅灯 |

（2）文字标注　文字标注表示各种电器的名称、规格、型号、数量及安装方式。

1）线路的文字标注表示线路的性质、规格、数量、功率、敷设方法和敷设部位等。线路文字标注如图 11-7 所示。

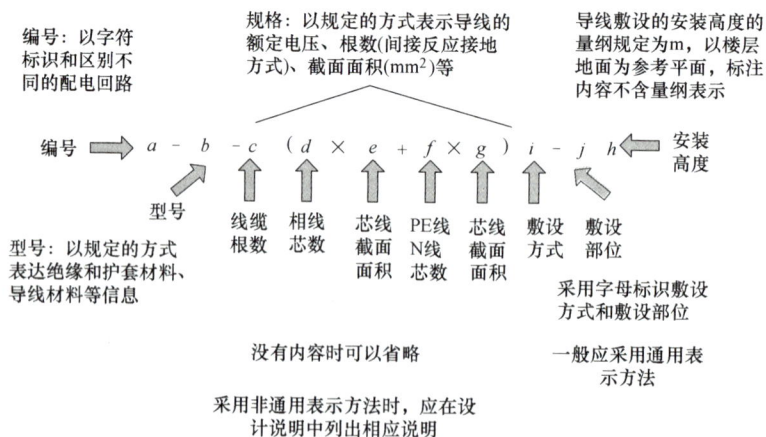

图 11-7　线路文字标注

例：3-BLV-500-（3×50+25+PE25）-SC50-F 的意义如下：

编号：第 3 号线路。

型号：BLV，表示铝芯塑料绝缘（聚氯乙烯）线。

规格：额定电压为 500V，3 根相线，每根截面面积为 $50\text{mm}^2$，中性线和 PE 线截面面积为 $25\text{mm}^2$。

敷设方式：SC50，采用穿焊接钢管敷设方式，钢管内径为 50mm。

敷设部位：F，暗敷设在地板内。

配电方式：TN-S 系统。

2）用电设备的文字标注表示用电设备的编号和容量等参数。

基本格式：$\dfrac{a}{b}$，其中 $a$ 表示设备编号或位号，$b$ 表示设备容量（kW 或 kVA）。

3）配电设备的文字标注表示配电箱等配电设备的编号、型号和容量等参数。

基本格式：$a{-}b{-}c$

或 $a\ \dfrac{b}{c}$

其中 $a$ 表示设备编号；$b$ 表示设备型号；$c$ 表示设备容量（kW）。

4）照明灯具的文字标注表示灯具的类型、型号、安装高度和安装方式等。照明灯具的文字标注如图 11-8 所示。

### 2. 单线图

建筑电气施工图中大部分是以单线路绘制电气线路的，即同一回路的导线仅用一根图线来表示。单线图是电气施工图识读的一个难点，识读时要判断导线根数、性质和接线等问题。图中导线的根数用短斜线加数字表示，一般三根及以上导线根数才标注。只有熟悉设备接线方式，才能读懂单线图。

图 11-8　照明灯具的文字标注

### 3. 识图的方法和步骤

（1）设计说明　设计说明一般是一套电气施工图的第一张图纸，主要包括：工程概况；设计依据；设计范围；供配电设计；照明设计；线路敷设；设备安装；防雷接地；弱电系统；施工注意事项等。

（2）电气施工图识读步骤

1）熟悉电气图例符号，弄清楚图例、符号所代表的内容。常用的电气工程图例及文字标注可参见国家颁布的电气图形符号标准。

2）按顺序、有针对性地进行识读。对于一套电气施工图，一般应先按以下顺序阅读，然后再对某部分内容进行重点识读：①看标题栏及图纸目录，了解工程名称、项目内容、设计日期及图样内容、数量等；②看设计说明，了解工程概况、设计依据等，了解图中未能表达清楚的各有关事项；③看设备材料表，了解工程中所使用的设备、材料的型号、规格和数量；④看系统图，了解系统基本组成，主要电气设备、元件之间的连接关系以及它们的规格、型号、参数等，掌握该系统的组成概况；⑤看平面布置图，如照明平面图、防雷接地平面图等，了解电气设备的规格、型号、数量及线路的起始点、敷设部位、敷设方式和导线根

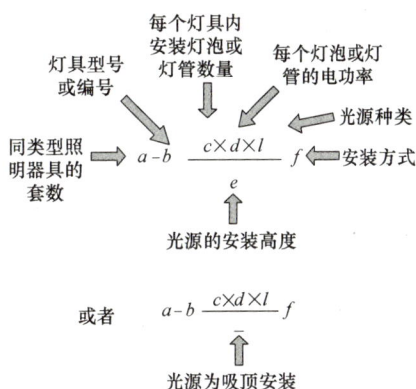

数等，平面图的阅读可按照以下顺序进行：电源进线—总配电箱—干线—支线—分配电箱—电气设备；⑥看控制原理图，了解系统中电气设备的电气自动控制原理，以指导设备安装调试工作；⑦看安装接线图，了解电气设备的布置与接线；⑧看安装详图，了解电气设备的具体安装方法、安装部件的具体尺寸等。

3）抓住电气施工图要点进行识读。在识图时，应抓住以下要点进行识读：①在明确负荷等级的基础上，了解供电电源的来源、引入方式及路数；②了解电源的进户方式是由室外低压架空引入还是电缆直埋引入；③明确各配电回路的相序、路径、管线敷设部位、敷设方式以及导线的型号和根数；④确定电气设备、器件的平面安装位置。

4）结合土建施工图进行识读。电气施工与土建施工结合得非常紧密，施工中常常涉及各工种之间的配合问题。电气施工平面图只反映了电气设备的平面布置情况，结合土建施工图的识读还可以了解电气设备的立体布设情况。

5）识读时，施工图中各图纸应协调配合识读。对于具体工程，为说明配电关系，需要有配电系统图；为说明电气设备、器件的具体安装位置，需要有平面布置图；为说明设备工作原理，需要有控制原理图；为表示元件连接关系，需要有安装接线图；为说明设备、材料的特性、参数，需要有设备材料表等。这些图样各自的用途不同，但它们是有联系并且协调一致的。在识读时，应根据需要将各个图样结合起来识读，以达到对整个工程或分部项目全面了解的目的。

#### 4. 建筑电气施工图实例识读

（1）图纸目录　图纸目录如图 11-9 所示。

（2）设计说明　设计说明如图 11-10 所示（见书后插页）。

（3）竖向配电系统图　竖向配电系统图反映系统的供电结构，一般与低压系统图对应。自电源点开始至终端配电箱为止，按设备所处相应楼层绘制，应包括变、配电站变压器编号、容量，发电机编号、容量，各终端配电箱编号、容量，自电源点引出回路编号。竖向配电系统图如图 11-11 所示（见书后插页）。

（4）高压系统图　高、低压系统图中应标明变压器、发电机的型号、规格；母线的型号、规格；标明开关、断路器、电压互感器、电流互感器、继电器、电工仪表（包括计量仪表）等的型号、规格、整定值（此部分也可标注在图中表格中），在高、低压系统中出现的每个元件都要有标注。图下方表格中标注：开关柜编号、开关柜型号、回路编号、设备容量、计算电流、导体型号及规格、敷设方法、用户名称、二次控制原理图方案号等。高压系统图如图 11-12 所示。

（5）低压系统图　低压系统图如图 11-13 所示。

（6）配电箱系统图　配电箱系统图应标注配电箱编号、型号，进线回路编号；标注各元器件型号、规格、整定值；配出回路编号、导线型号规格、敷设方式、负荷名称等（对于单相负荷应标明相序）。配电箱系统图如图 11-14 所示。

（7）照明平面图　照明平面图中应包括建筑门窗、墙体、轴线、主要尺寸，标注房间名称，绘制配电箱、灯具、开关、插座、线路等平面布置，标明配电箱编号、干线、分支线回路编号；需要二次装修的部位，其照明平面图及配电箱系统图由二次装修设计，但配电或照明平面图上应相应标注预留的照明配电箱，并标注预留容量；图样应按比例绘制。照明平面图如图 11-15 所示（见书后插页）。

| 序号 | 图样名称 | 图号 | 规格 | 附注 |
|---|---|---|---|---|
| 1 | 目录1 | 01 | A4 | |
| 2 | 目录2 | 02 | A4 | |
| 3 | ××公司综合楼强电设计说明及图例设备表 | 03 | A1 | |
| 4 | 变电室低压出线系统图 | 04 | A1 | |
| 5 | 高压供电主接线图 | 05 | A1 | |
| 6 | 电气竖向干线图 | 06 | A1 | |
| 7 | 1层照明配电平面图 | 07 | A1 | |
| 8 | 1层插座配电平面图 | 08 | A1 | |
| 9 | 1层照明插座配电系统图 | 09 | A1 | |
| 10 | 2层照明配电平面图 | 10 | A1 | |
| 11 | 2层大堂吊灯装饰图 | 11 | A1 | |
| 12 | 2层插座配电平面图 | 12 | A1 | |
| 13 | 2层照明插座配电系统图 | 13 | A1 | |
| 14 | 3层照明配电平面图 | 14 | A1 | |
| 15 | 3层插座配电平面图 | 15 | A1 | |
| 16 | 3层照明插座配电系统图 | 16 | A1 | |
| 17 | 6层照明配电平面图 | 17 | A1 | |
| 18 | 6层插座配电平面图 | 18 | A1 | |
| 19 | 6层照明插座配电系统图 | 19 | A1 | |
| 20 | 8层插座配电平面图 | 20 | A1 | |
| 21 | 8层照明插座配电系统图 | 21 | A1 | |
| 22 | 10层照明插座配电平面图 | 22 | A1 | |
| 23 | 10层配电系统图 | 23 | A1 | |
| 24 | -1层照明配电平面图 | 24 | A1 | |
| 25 | -1层变配电室平面图及剖面图 | 25 | A1 | |
| 26 | -1层照明及动力配电系统图 | 26 | A1 | |
| 27 | 防雷接地平面图与等电位端子接线图 | 27 | A1 | |
| 28 | 屋面层避雷带平面图 | 28 | A1 | |

| | | 专业名称 | | |
|---|---|---|---|---|
| | | 设计题目 | | |
| | | | 图别 | |
| 设计人 | | 校对 | 图号 | 01 |
| | | 审核 | 完成日期 | 2020年5月24日 |

目录

**图 11-9 图纸目录**

| 主接线单线图<br><br>额定电压<br><br>～10kV | 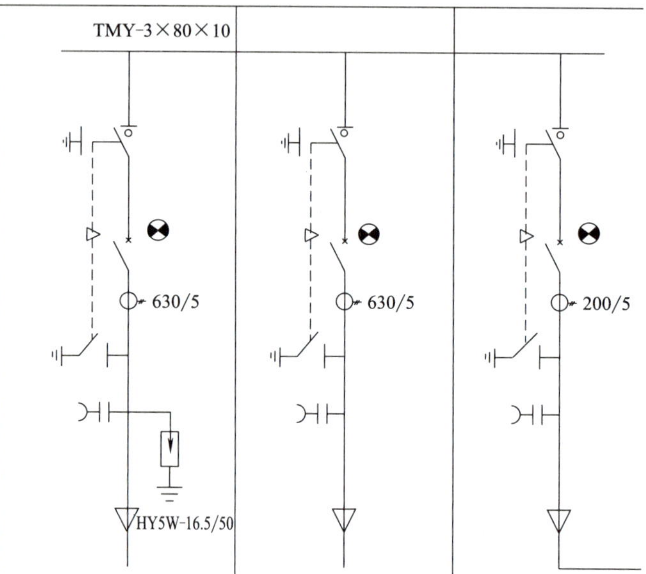 TMY-3×80×10<br><br>630/5<br><br>HY5W-16.5/50 | 630/5 | 200/5 |
|---|---|---|---|
| 高压开关柜编号 | JH1 | JH2 | JH3 |
| 高压开关型号　　ABB/Safe | CB | CB | |
| 高压开关柜外形尺寸W×D×H/(mm×mm mm) | 600×850×2000 | 600×850×2000 | 500×850×2000 |

| 主<br><br>要<br><br>设<br><br>备 | 负荷开关 | 630A | 630A | 200A |
|---|---|---|---|---|
| | 断路器 | 630A | 630A | 200A |
| | 避雷器 | | | |
| | 上接地开关 | | | |
| | 下接地开关 | | | |
| | 带电指示器 | | | |
| 继电保护 | | 过流、速断、零序 | 过流、速断、零序 | 过流、速断、零序 |
| 用途 | | 电源进线 | 环网出线 | 过渡 |
| 设备容量/kVA | | | | |
| 计算电流/A | | 92.4 | | |
| 进出线电缆型号规格ZRYJV-15kV | | 3×240 | 3×240 | 3×185 |
| 保护管径/回路编号 | | | | |
| 二次接线图号 | | | | |

说明：

1. 该高压系统图必须经供电部门审核批准方许施工。

2. 该系统选用ABB/SAFE高压开关柜，高压计量柜由供电部门选定。

3. 真空断路器采用ABB系列，分断能力25kA以上。

4. 进线开关操作方式：电动及手动；操作电源为交流220V。

5. 高压进线方式：下进上出。

6. 各开关柜应留辅助接点，供微机监控之用。

**图 11-12　高压**

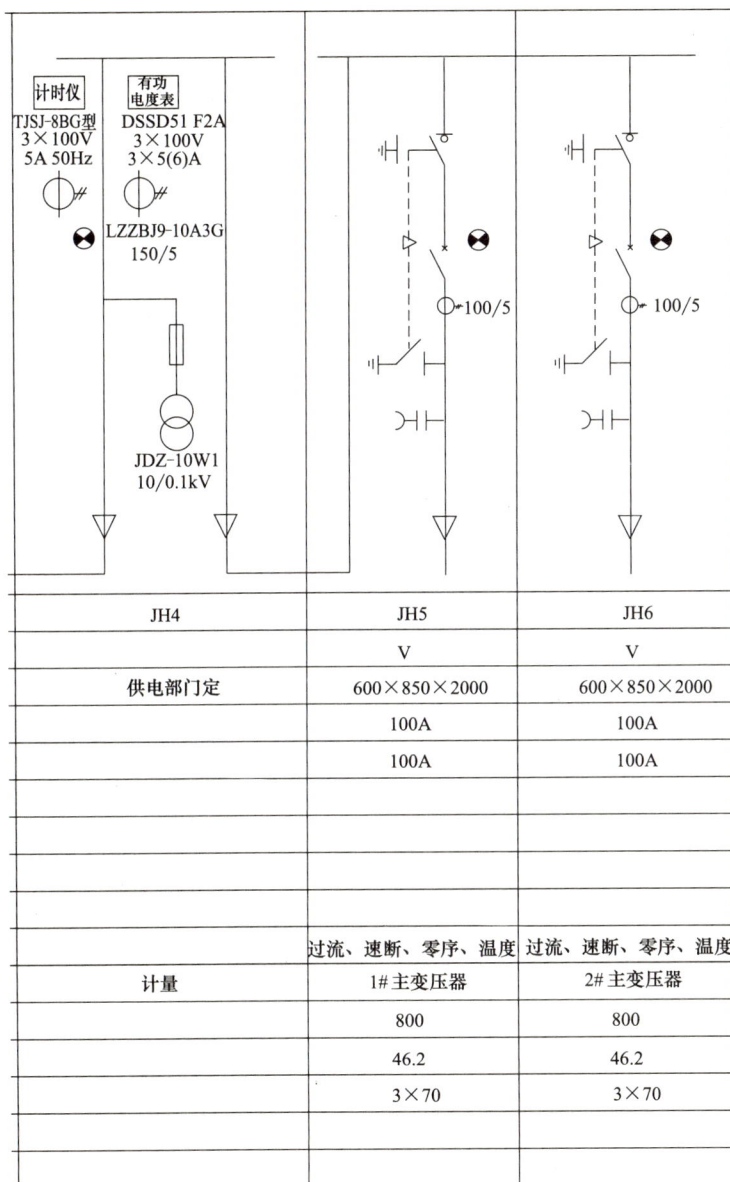

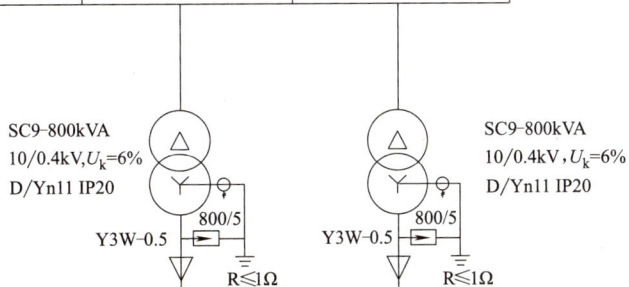

| | JH4 | JH5 | JH6 |
|---|---|---|---|
| | | V | V |
| 供电部门定 | | 600×850×2000 | 600×850×2000 |
| | | 100A | 100A |
| | | 100A | 100A |
| | | | |
| | | | |
| | | | |
| | | 过流、速断、零序、温度 | 过流、速断、零序、温度 |
| 计量 | | 1#主变压器 | 2#主变压器 |
| | | 800 | 800 |
| | | 46.2 | 46.2 |
| | | 3×70 | 3×70 |
| | | | |
| | | | |

系统图

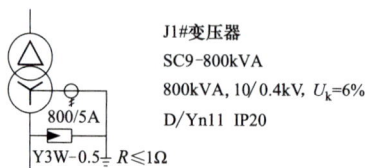

J1#变压器
SC9-800kVA
800kVA, 10/0.4kV, $U_k$=6%
D/Yn11 IP20

800/5A

Y3W-0.5 $R$≤1Ω

| 开关柜编号 | AA1 | AA2 | AA3 | AA4 | | | | | AA5 |
|---|---|---|---|---|---|---|---|---|---|
| TMY-4×120×10 | | | | | | | | | |
| 0.4kV 一次接线方案图 TMY 60×10 | | K1 | ZKW | ZKW | | | | | |
| 外形尺寸 小室高度/mm | | 1800 | | | 200 | 200 | 200 | 200 | 200 |
| 宽/mm | 600 | 1000 | 1000 | 1000 | | | | | 600 |
| 深/mm | 1000 | 1000 | 1000 | 1000 | | | | | 1000 |
| 高/mm | 2200 | 2200 | 2200 | 2200 | | | | | 2200 |
| 断路器 | | TIW1-2000C1600/4 | | | TIM1S-125C40/3 | TIM1S-125C50/3 | TIM1S-125C100/3 | TIM1S-125C125/3 | TIM1S-125C100/3 |
| 电流互感器 LMZJ1-0.5 | 2000/5A | 2000/5A | | | 40/5A | 50/5A | 100/5A | 150/5A | 100/5A |
| 二次设备要求 | 有功计量DT58-1.5(6)A 无功计量DX58-1.5(6)A | 三段保护 电流、电压、测量 | | | 电能计量 电流测量 | 电能计量 电流测量 | 电能计量 电流测量 | 电能计量 电流测量 | 电能计量 电流测量 |
| 配电柜小室 额定电流/A | | 3200 | | | 250 | 250 | 250 | 250 | 250 |
| 安装容量 | | 785kW | 360kvar | 360kvar | | 25kW | 33kW | 43kW | 33kW |
| 计算容量 | | 628kW | | | | 25kW | 33kW | 43kW | 33kW |
| 计算电流 | | 1193A | | | | 45A | 59A | 77A | 59A |
| 分断能力(有效值 kA) | | | | | | 35 | 35 | 35 | 35 |
| 用途 | 计量 | 进线 | 无功补偿 | 无功补偿 | 备用 | 生活水泵 DSH | 接地下层 喷淋泵 DPL | 消防水泵 DXF | 喷雾泵 DPWB |
| 出线编号 | j1 | | | | AA5-1 | dsh AA5-2 | dpl-1 AA5-3 | dxf-1 AA5-4 | dpwb-1 AA5-5 |
| 导线规格 | 1600A 密集型母线槽 | | | | | ZRVV-1kV 4×50+1×25 | NHVV-1kV 4×70+1×35 | NHVV-1kV 4×95+1×50 | NHVV-1kV 4×70+1×35 |
| 断路器整定电流值/A | | 1600 | | | | | | | |

说明：

1.K1、K3为主电源进线开关。

2.K4、K5为市电和发电机进线开关，设电磁机械联锁，保证两者不同时运行。

3.一般负荷，不在发电机供电范围内的均装设失压脱扣。市电断电，直接断开，市电恢复，手动合闸。

4.非消防必保负荷均于柜主开关或分路开关装设分励脱扣，引接消防线控制，火灾时断开。

5.当火灾时，K1、K3失压信号动作断开，K4断联锁K5合，15s内自动起动发电机。

6.非火灾时，电源进线主开关与联络开关联锁关系：

K1分，K2合，K3合；K3分，K1、K2合；

K1、K3分，K5合 发电机起动。

7.配电柜均要求上进上出。

8.本系统采用抽屉式配电柜。

图 11-13 低压

|  |  |  |  |  |  |  |  | AA6 | 接AA7 |
|---|---|---|---|---|---|---|---|---|---|
| 200 | 200 | 200 | 200 | 200 | 200 | 400 | 200 | 200 | 200 |
|  |  |  |  |  |  |  |  | 600 |  |
|  |  |  |  |  |  |  |  | 1000 |  |
|  |  |  |  |  |  |  |  | 2200 |  |
| TIM1S-125C80/3 | TIM1S-125C125/3 | TIM1S-125C100/3 | TIM1S-125C100/3 | TIM1S-125C40/3 | TIM1S-125C63/3 | TIM1S-400C400/3 | TIM1S-250C250/3 | TIM1S-125C40/3 | TIM1S-125C80/3 |
| 100/5A | 150/5A | 100/5A | 100/5A | 40/5A | 75/5A | 400/5A | 300/5A | 40/5A | 100/5A |
| 电能计量电流测量 | 电能计量电流测量 | 电能计量电流测量 | 电能计量电流测量 | 电能计量电流测量 | 电能计量电流测量 | 电能计量电流测量 | 电能计量电流测量 | 电能计量电流测量 | 电能计量电流测量 |
| 250 |  |  | 250 | 250 | 250 | 400 | 250 |  |  |
| 27kW |  |  | 35kW | 10kW | 20kW | 165kW | 101kW |  |  |
| 27kW |  |  | 28kW | 8kW | 16kW | 132kW | 80.8kW |  |  |
| 48A |  |  | 53A | 15A | 30A | 251A | 153A |  |  |
| 35 |  |  | 35 | 35 | 35 | 35 | 35 |  |  |
| 潜污泵 DPW | 备用 | 备用 | 地下一层车库照明公共照明 XM | 地下一层配电房 XMPD | 地下一层消防控制室 XMXK | 一层成果展示厅 1XM | 三层层箱 3XM | 备用 | 备用 |
| dpw-1 AA5-6 | AA5-7 | AA5-8 | xm-1 AA6-1 | xmpd-1 AA6-2 | xmxk-1 AA6-3 | 1xm AA6-4 | 3xm AA6-5 | AA6-6 | AA6-7 |
| NHVV-1kV 4×50+1×25 |  |  | NHVV-1kV 4×70+1×35 | NHVV-1kV 5×16 | NHVV-1kV 4×35+1×16 | ZRVV-1kV 2(4×185+1×95) | ZRVV-1kV 4×240+1×120 |  |  |

系统图

| | | | |
|---|---|---|---|
| L3 EA9AN 1P 16A | WL1 | BV–3×2.5–SC15 | 0.432kW 照明 |
| L2 EA9AN 1P 16A | WL2 | BV–3×2.5–SC15 | 0.432kW 照明 |
| L1 EA9AN 1P 16A | WL8 | BV–3×2.5–SC15 | 0.324kW 照明 |
| L3 EA9AN 1P 16A | WL9 | BV–3×2.5–SC15 | 0.216kW 照明 |
| L2 EA9AN 1P 16A | WL10 | BV–3×2.5–SC15 | 0.288kW 照明 |
| L2 EA9AN 1P 16A | WL11 | BV–3×2.5–SC15 | 0.264kW 厕所照明 |
| L2 EA9C65 16A 30mA | WX1 | BV–3×2.5–SC15 | 0.700kW 插座 |
| L3 EA9C65 16A 30mA | WX2 | BV–3×2.5–SC15 | 0.700kW 插座 |
| L2 EA9C65 16A 30mA | WX3 | BV–3×2.5–SC15 | 0.700kW 插座 |
| L3 EA9C65 16A 30mA | WX4 | BV–3×2.5–SC15 | 0.700kW 插座 |
| L2 EA9C65 16A 30mA | WX12 | BV–3×2.5–SC15 | 0.800kW 插座 |
| L3 EA9C65 16A 30mA | WX13 | BV–3×2.5–SC15 | 0.700kW 插座 |
| L3 EA9C65 16A 30mA | WX14 | BV–3×2.5–SC15 | 0.600kW 插座 |
| L1 EA9C65 25A 30mA | WX15 | BV–3×4–SC15 | 4.000kW 热水插座 |
| L1 EA9C65 16A 30mA | WX16 | BV–3×4–SC15 | 0.400kW 厕所插座 |
| L2 16A | | | −0.00kW 备用 |
| L2 16A | | | −0.00kW 备用 |

引自楼层总配电箱

$P_n$=11.25kW
$\cos\varphi$=0.94
$K_d$=0.88
$P_c$=9.88kW
$I_c$=16.03A

EZS 3P 40A

2AL1

配电箱金属外壳与接地线连接

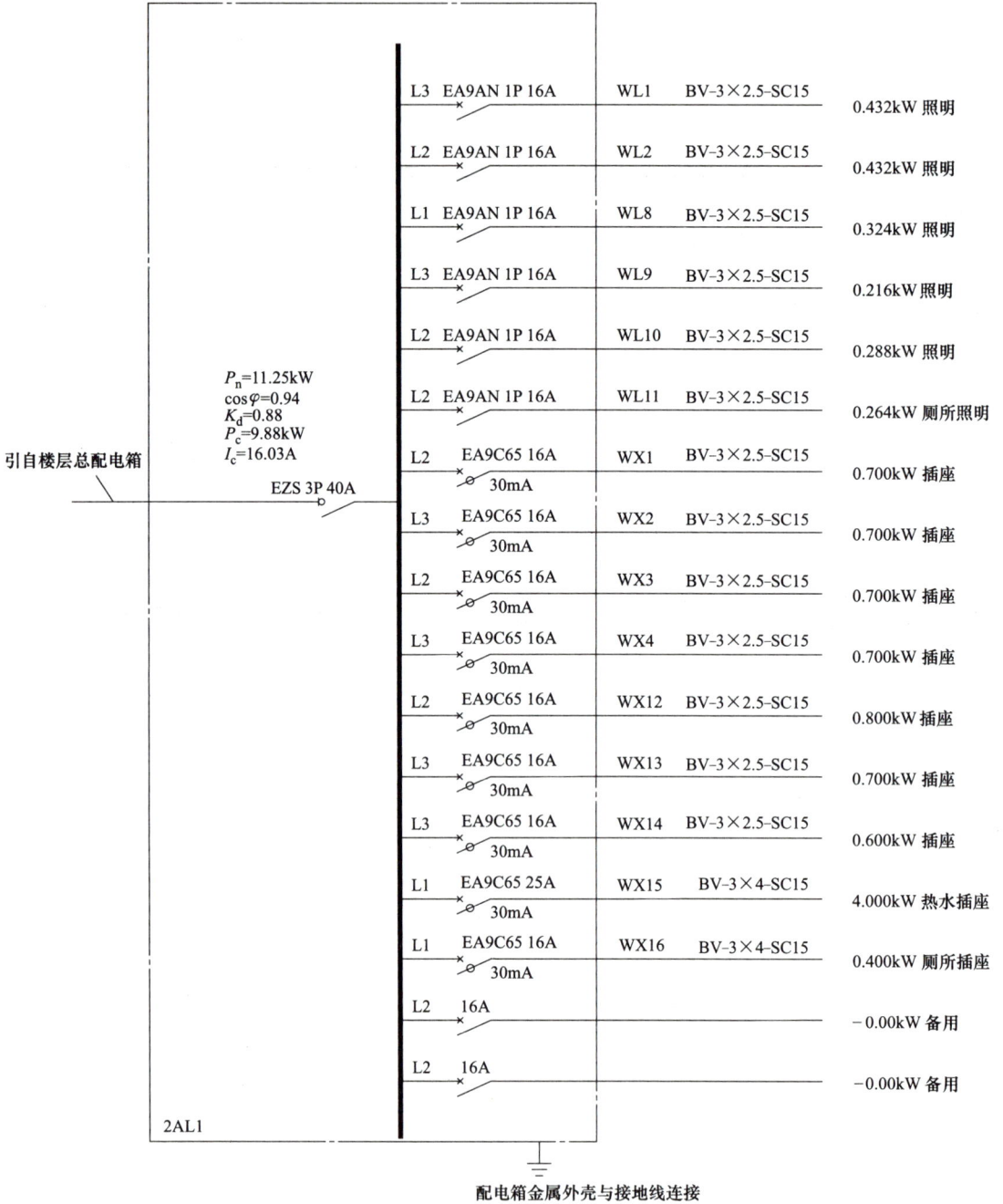

图 11-14　配电箱系统图

## 复习思考题

11-1　什么是照明方式？常用的照明方式有哪些？

11-2　照明按使用功能有哪些基本种类？

11-3　照明质量有哪些评价标准？

11-4　常用的照明电光源分几类？每一类照明电光源有哪几种灯？

11-5　LED 光源有哪些优点？

11-6　选用灯具时应遵循哪些原则？

11-7　常用的照度的计算方法有哪些？

11-8　正常情况下，照明器具的端电压偏差允许值有哪些要求？

11-9　常见的照明节能措施有哪些？

# 第 12 章
# 安全用电与建筑防雷

## 12.1　安全用电

在现代社会中，电能广泛应用于工农业生产和人民日常生活中，是重要的能源之一。然而，在使用电能时，如果对电能可能产生的危害认识不足，控制和管理不当，防护措施不利，会产生电气危害情况，造成电气事故。

电气的危害主要有两个方面：一方面是对电路系统自身的危害，如短路、过电压、绝缘老化等；另一方面是对用电设备、环境和人员的危害，如人员触电、电气火灾、电压异常造成用电设备损坏等，其中以人员触电和电气火灾较为严重。

### 12.1.1　电击防护

触电是指人身直接接触到高电压。触电又分为电击和电伤。电击是指电流流经人体而引起的生理效应，通过人体的电流超过一定数值会导致电击，电击是触电事故中最危险的一种，绝大部分触电死亡事故都是由电击造成的。电伤是电流的热效应、化学效应、机械效应对人体所造成的伤害，此伤害往往在人体表面留下伤痕，常常与电击同时发生。电击防护就是减小电击危险的防护措施，分为基本防护和故障防护。

#### 1. 基本防护

基本防护是指在正常条件下防护人与危险带电部分接触的电击防护，也称直接触电防护。基本防护的具体措施如下：

1）将裸露带电部分全部用固体绝缘层覆盖，主要适用于低压装置和设备，对于高压装置和设备而言，在固体绝缘的表面可能存在电压，因而要采取进一步的预防措施。

2）设置遮拦或外壳，主要用于防止人体与裸露带电部分接触。

3）设置阻挡物，主要用于防止人体无意识接触危险带电部分或无意识地进入危险区域，阻挡物可不用钥匙或工具就能移动，但必须固定，以防止无意识移动，这一措施只适用于保护专业人员。

4）带电设备置于伸臂范围以外，主要用于防止在伸臂范围内无意识的同时触及可能存在危险电压的可导电部分或无意识地进入危险区域。

#### 2. 故障防护

故障防护是指单一故障条件下的电击防护，它防护人体于正常状态下虽不带电，但在故障或异常状态下变为带电的物体接触的电击，也称之为间接触电防护。其主要的防护措施如下：

1）采用自动切断电源的保护（包括漏电电流动作保护），并辅以等电位联结。

2）采用双重绝缘或者加强绝缘的保护。

3）采用电气隔离。

4）采用 SELV 防护，SELV 只作为不接地系统的安全特低电压用的防护。

5）采用 PELV 防护，PELV 只作为保护接地系统的安全特低电压用的防护。

故障防护的具体措施与低压配电系统的接地方式有关。

### 12.1.2　电气接地

#### 1. 接地和接地装置

用金属把电气设备的某一部分与地做良好的连接，称为接地。接地是为了保证电气设备正常工作和人身安全而采取的一种用电安全措施。埋入地中并直接与大地接触的金属导体称为接地极（或接地体）。兼作接地用的直接与大地接触的各种金属构件、钢筋混凝土基础中的钢筋、金属管道等为自然接地体；人为设置的接地体称为人工接地体。连接设备接地部位与接地体的金属导体称为接地线，接地线有人工接地线和自然接地线两种。接地装置包括接地体和接地线。接地装置将电气设备可能产生的漏电流、静电荷以及雷电电流等引入地下，从而避免人身触电和可能发生的火灾、爆炸等事故。

#### 2. 接地电流、对地电压和接地电阻

当电气设备发生接地故障时，电流就通过接地体向大地做半球形散开，这一电流称为接地电流，用 $I_E$ 表示。接地体周围的电流分布如图 12-1 所示，距离接地体越远，球面越大，散流电阻越小，电位越低。在距接地体 20m 外的地方为零电位点，作为电气的"地"。电气设备的接地部分（如接地的外壳和接地体）与零电位的电气的"地"之间的电位差为对地电压 $U_E$。由此可知，在发生接地故障时，接地体并非真正的零电位点，接地体处的电位最高，在距接地体到 20m 以外时，电位才为零。

接地电阻是指电流从埋入地中的接地体流向周围土壤时，对地电压 $U_E$ 与接地电流 $I_E$ 之比，它是接地体电阻、接地线电阻和散流电阻的总和。接地电阻主要是散流电阻，而不是接地体表面电阻，散流电阻与土壤的特性有关。

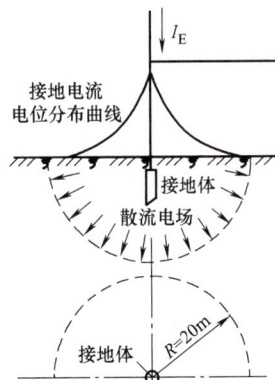

图 12-1　接地体周围的电流分布

#### 3. 接触电压和跨步电压

接触电压是指电气设备绝缘损坏时，人站在距离设备水平距离 0.8m 处伸手触及设备外壳（距地面 1.8m 的高处），手与脚两点之间的电位差。我国供配电系统中，常用接触电压来检测电击危险性，不致使人直接致死或致残的接触电压称为安全电压。我国目前使用的特低电压（ELV）系统的工频交流标称电压值（有效值）不超过 50V。常用的有：干燥环境，36V、48V；潮湿环境，24V；水下环境，6V、12V。

跨步电压是指在接地故障点附近行走时，两脚之间出现的电位差。跨步电压的大小与人距接地故障点的远近和跨步大小有关，越靠近故障点及跨步越大，则跨步电压越大。与接地

故障点的距离超过 20m 后，跨步电压为零。

### 12.1.3　低压配电系统的接地方式

电气设备的接地一般可分为功能性接地和保护性接地。保护性接地是为了保证人身安全和电气设备以及建筑物安全，将系统、装置或设备的一点或多点接地，如防电击保护接地、防雷接地、防静电接地。功能性接地是出于电气安全之外的目的，如电力系统的中性点接地、屏蔽接地等。

民用建筑低压配电系统接地方式主要有 IT 系统、TT 系统、TN 系统三种。这三种系统中第一个字母表示电力（电源）系统接地方式，T 表示电源中性点直接接地，I 表示所有带电部分绝缘（不接地）。第二个字母表示用电设备外露的金属部分接地方式，T 表示设备外壳接地，它与系统中的其他任何接地点无直接关系，N 表示设备采用接零保护。

#### 1. IT 系统

IT 系统就是电源中性点不接地（或中性点经足够大的阻抗接地），用电设备的外露可导电部分通过保护线（PE 线）接至接地极，如图 12-2 所示。

IT 系统特点为在正常情况下，受电设备外露可导电部分为零电位。发生接地故障时，对地故障电压很小，不致引发电击、电气火灾事故，不需要切断故障回路，保证供电的连续性。IT 系统必须装设绝缘监视及接地故障报警或显示装置。在无特殊要求的情况下，IT 系统不宜引出中性线。

IT 系统常用于供电连续性要求较高的场所，如应急电源、医院手术室等。

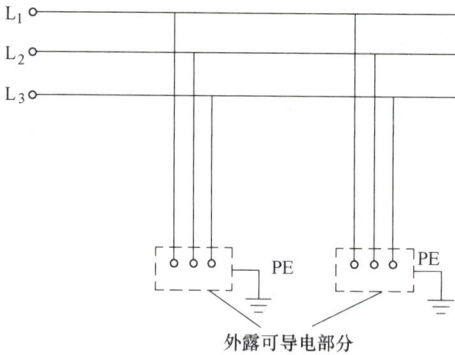

图 12-2　IT 系统

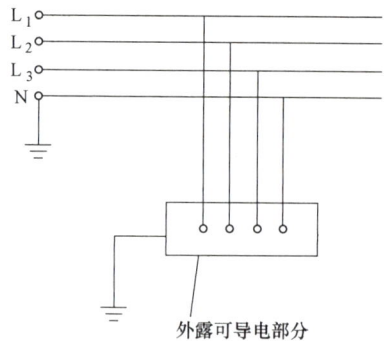

图 12-3　TT 系统

#### 2. TT 系统

TT 系统是指电源中性点直接接地，用电设备外露可导电部分通过保护线（PE 线）直接接地的系统，如图 12-3 所示。其中，电源中性点的接地就是工作接地，而设备外露可导电部分的接地就是保护性接地。TT 系统中，这两个接地点必须是相互独立的，而设备接地可以是每一设备都有各自独立的接地装置，也可以若干设备共用一个接地装置。

TT 系统中，正常情况下，用电设备外露可导电部分是零电位，当发生设备接地故障时，用电设备外露可导电部分带电，故障电流将沿低阻值的工作接地构成回路，由于工作接地的接地电阻很小，设备外壳将带有接近相电压的故障对地电压，电击危险性很大。TT 系统仅对一些不能由区域变电所单独供电的建筑适用，也就是供电是来自公共电网的建筑物，比如施工工地的配电系统、城市公共配电网（如城市路灯装置）中。

TT 系统内发生接地故障时，故障电流通过保护接地和系统接地两个接地极形成回路，由于接地电阻的限制作用，故障电流不足以使短路电流保护有效动作，所以 TT 系统必须加装剩余电流保护装置（漏电保护器）。

### 3. TN 系统

TN 系统是指电源中性点直接接地，受电设备外露可导电部分通过 PE 保护线与接地点连接。按照中性线与保护线的组合情况，TN 系统又可分为 TN-S、TN-C、TN-C-S 三种形式（图 12-4）。

（1）TN-S 系统　TN-S 系统如图 12-4a 所示，中性线 N 与 TT 系统相同，不同的是用电设备外露可导电部分通过 PE 保护线连接到电源中性点，与电源中性点共用接地体，而不是连接到用电设备自身专用的接地体。TN-S 系统中的 S 是指整个系统的中性线 N 与保护线 PE 是分开的。

TN-S 系统中，正常情况下，PE 保护线没有电流，PE 保护线为零电位，接至 PE 保护线的受电设备外露可导电部分为零电位，不会产生电磁干扰，也不会对地产生火花；发生接地故障时，相线与 PE 线形成短路回路，线路中短路保护设备将跳闸切断电源，实现接地故障保护，即短路保护设备既可实现短路保护又可实现接地故障保护。

TN-S 系统是我国目前应用最为广泛的一种系统，在内部设有变配电所的民用建筑中，大部分采用了 TN-S 系统。

（2）TN-C 系统　TN-C 系统是指整个系统的中性线 N 与保护线 PE 是合一的 PEN 线，如图 12-4b 所示。

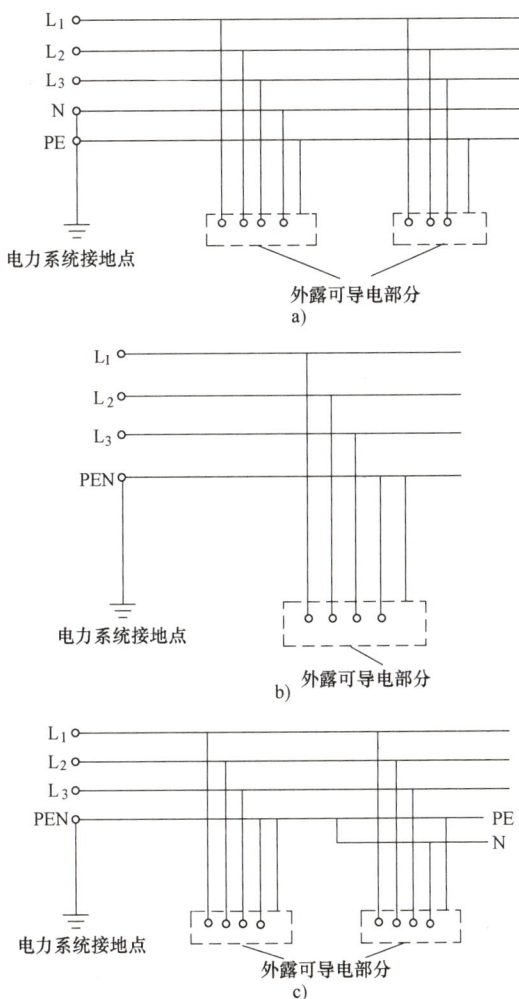

图 12-4　TN 系统

a）TN-S 系统　b）TN-C 系统　c）TN-C-S 系统

TN-C 系统中 PE 保护线和 N 工作零线合并为 PEN 线，可节省一根导线，比较经济。正常情况下，PEN 流过工作电流而产生电压降，接至 PEN 保护线的用电设备外露可导电部分对地带电位，有可能会产生电磁干扰要求和对地产生火花；TN-C 系统不适合对电磁干扰要求和安全要求较高的场所，不得使用剩余电流动作保护。目前，在民用建筑配电中已基本上不允许采用 TN-C 系统。

（3）TN-C-S 系统　TN-C-S 系统是由两个接地系统组成的，第一部分是 TN-C 系统，第二部分是 TN-S 系统，分界点是中性线 N 与保护线 PE 的连接点，如图 12-4c 所示。

TN-C-S 系统兼有 TN-C 系统和 TN-S 系统的特点，从电源出来的那一部分采用 TN-C 系统，因为在这一段中无用电设备，只起电能传输的作用，到用电负荷附近某一点处，将 PEN 线分开形成单独的 N 线和 PE 线，系统就相当于 TN-S 系统。TN-C-S 系统也是现在应用较广的一种系统，一般用于变配电所设于建筑物外部的场合，自电源到建筑物内电气装置之间采用较经济的 TN-C 系统，建筑物内部采用 TN-S 系统。

### 12.1.4 等电位联结

等电位联结是指使各外露可导电部分和装置外可导电部分电位基本相等的电气连接。等电位联结能够降低接触电压，防止二次雷击、间接接触电击及接地故障引起的爆炸和火灾。在建筑电气工程中，常见的等电位联结措施有三种，即总等电位联结、辅助等电位联结和局部等电位联结，其中局部等电位联结是辅助等电位联结的一种拓展。

#### 1. 总等电位联结

总等电位联结是指在建筑物电源进线处采取的一种等电位连接措施，它需要联结的导线部分有：供配电系统的 PE（PEN）保护线、建筑物内金属管道（如采暖管、空调管、自来水管、热水管、煤气管）、设备间的接地母线、可利用的建筑物金属结构。建筑物总等电位联结示意图如图 12-5 所示。

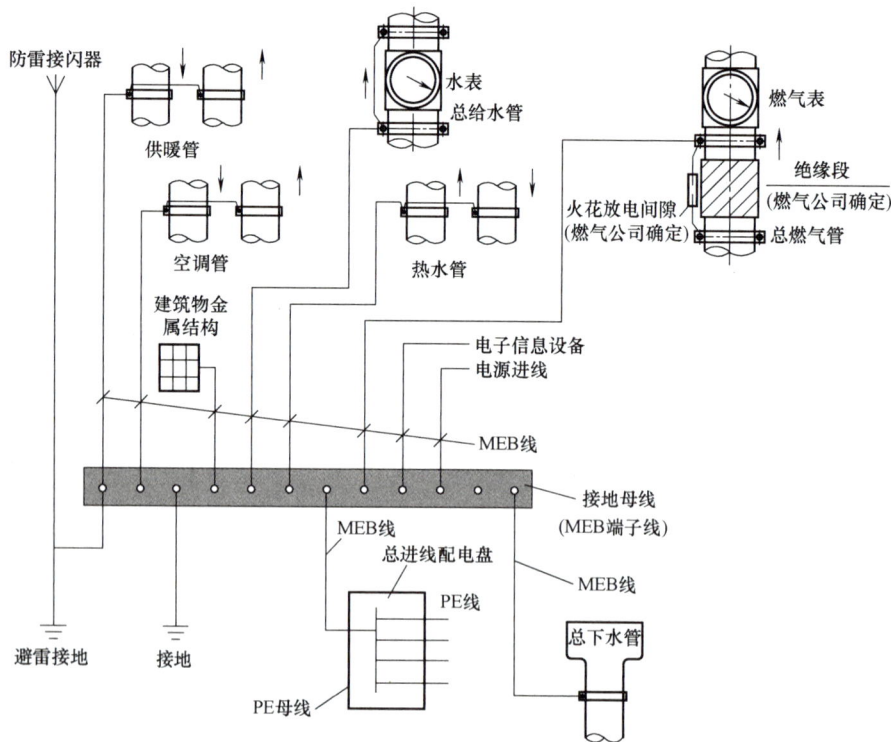

图 12-5　建筑物总等电位联结示意图

#### 2. 辅助等电位联结（SEB）

在做了建筑物总等电位联结之后，再在伸臂范围内的某些外露可导电部分与装置外可导电部分之间用导线连接，以使其间的电位相等或更接近，称为辅助等电位联结。

### 3. 局部等电位联结（LEB）

当需要在一局部场所范围内做多个辅助等电位联结时，可通过局部等电位联结端子板将 PE 母线或 PE 干线、建筑物金属管道、金属结构及其他装置外可导电体和装置的外露可导电部分互相连通。

住宅中设洗浴设备的卫生间是电击危险比较大的场所，如果卫生间发生漏电，卫生间内电位升高，故应设局部等电位联结或辅助等电位联结。

## 12.2　建筑防雷

### 12.2.1　雷电的危害

雷电是自然界大气层的放电现象。雷云之间或雷云与地面之间的放电现象称为雷击。雷击产生的破坏力极大，能使地面建筑物严重损坏、着火，能造成严重的人身伤亡事故，会损坏电气设备，使电力系统停电，以及由于雷电流涌入引发电气和电子系统损坏等。因此，在现代建筑物设计时要考虑防雷措施。

雷电的危害有三种形式：直击雷、闪电电涌侵入和雷击电磁脉冲。直击雷是指雷云直接击于建筑物或外部防雷装置的过程。闪电电涌侵入是指由于雷电对架空线路、电缆线路或金属管道的作用产生雷电波，并可能沿着这些管线侵入建筑物内，危及人身安全或损毁设备的过程。雷击电磁脉冲是指雷电流经电阻、电感、电容耦合产生的电磁效应，包含闪电电涌和辐射电磁场。雷击电磁脉冲主要影响建筑物内电子系统设备安全与运行可靠性。

### 12.2.2　建筑物的防雷分类

根据《建筑物防雷设计规范》（GB 50057）的规定，建筑物根据其重要性、使用性质、发生雷电事故的可能性和后果，可分为三类防雷建筑物。

#### 1. 第一类防雷建筑物

当建筑物处于下列情况之一时，应划分为第一类防雷建筑物。

1）凡制造、使用或贮存火炸药及其制品的危险建筑物，因电火花而引起爆炸、爆轰，会造成巨大破坏和人身伤亡者。

2）具有 0 区或 20 区爆炸危险场所的建筑物。

3）具有 1 区或 21 区爆炸危险场所的建筑物，因电火花而引起爆炸，会造成巨大破坏和人身伤亡者。

#### 2. 第二类防雷建筑物

当建筑物处于下列情况之一时，应划分为第二类防雷建筑物。

1）国家级重点文物保护的建筑物。

2）国家级的会堂、办公建筑物、大型展览和博览建筑物、大型火车站和飞机场、国宾馆、国家级档案馆、大型城市的重要给水泵房等特别重要的建筑物。

3）国家级计算中心、国际通信枢纽等对国民经济有重要意义的建筑物。

4）国家特级和甲级大型体育馆。

5）制造、使用或贮存火炸药及其制品的建筑物，且电火花不易引起爆炸或不致造成巨大破坏和人身伤亡者。

6）具有 1 区或 21 区爆危险场所的建筑物，且电火花不易引起爆炸或不致造成巨大破坏和人身伤亡者。

7）具有 2 区或 22 区爆炸危险场所的建筑物。

8）有爆炸危险的露天钢质封闭气罐。

9）预计雷击次数大于 0.05 次/a 的部、省级办公建筑物及其他重要或人员密集的公共建筑物以及火灾危险场所。

10）预计雷击次数大于 0.25 次/a 的住宅、办公楼等一般性民用建筑物或一般性工业建筑物。

### 3. 第三类防雷建筑物

当建筑物处于下列情况之一时，应划分为第三类防雷建筑物。

1）省级重点文物保护的建筑物及省级档案馆。

2）预计雷击次数大于或等于 0.01 次/a 且小于或等于 0.05 次/a 的部、省级办公建筑物和其他重要或人员密集的公共建筑物，以及火灾危险场所。

3）预计雷击次数大于或等于 0.05 次/a 且小于或等于 0.25 次/a 的住宅、办公楼等一般性民用建筑物或一般性工业建筑物。

4）在平均雷暴日大于 15d/a 的地区，高度在 15m 及以上的烟囱、水塔等孤立的高耸建筑物；在平均雷暴日小于或等于 15d/a 的地区，高度在 20m 及以上的烟囱、水塔等孤立的高耸建筑物。

在建筑物的防雷设计中，不同的建筑物采用不同的雷电参数，并按照不同的防雷设备布置要求进行设计，合理地选择建筑物的防雷措施。

## 12.2.3 建筑物防雷设施

为了使建筑物免受雷击的直接危害和间接危害，需要采用防雷设备，合理地设置这些设备，构成建筑物的防雷系统。

### 1. 外部防雷装置

防直击雷采用外部防雷装置。外部防雷装置主要由接闪器、引下线和接地装置组成。

（1）接闪器　在建筑发生雷击时，在天空雷云的感应下，接闪器处形成的电场强度最大，与雷云之间形成导电通路，使大量的雷电流通过接闪器，经引下线和接地装置流散到大地中，从而保护了建筑物和室内人员和设备的安全。可见，接闪器起引雷的作用，而不是避雷的作用。

接闪器由拦截闪击的接闪杆、接闪带、接闪线、接闪网以及金属屋面、金属构件等组成。接闪杆和接闪线安装在比被保护物体高的位置上，接闪杆的接闪端宜做成半球状，一般采用镀锌圆钢或焊接钢管制成，接闪杆一般适用于保护那些比较低矮的地面建筑物以及保护高层屋顶上凸出的设施。接闪线一般采用截面面积不小于 $50mm^2$ 的镀锌钢绞线，如广泛用于电力传输线路上方的架空接闪线。接闪带常装设在建筑物易受雷击的部位（如屋角、屋脊、屋檐和檐角等），通常采用圆钢或扁钢；接闪网通常是指由建筑物屋面上纵横敷设的接闪带组成的网格。

（2）引下线　引下线的作用是将接闪器接收的雷电流引入接地体。引下线宜采用热镀锌圆钢或扁钢，可以专设引下线，也可以利用建筑物的钢梁、钢柱、消防梯等金属构件，以及幕墙的金属立柱作为引下线，注意各部件之间应连成电气贯通。

（3）接地装置　接地装置的作用是把雷电流引导并散入大地。接地装置是接地体和接地线的总和，接地体是指埋入土壤中或混凝土基础中作为散流用的导体，接地体有自然接地体、基础接地体和人工接地体三种。自然接地体是利用地下的已有其他功能的金属物体作为防雷接地装置；基础接地体是指利用钢筋混凝土中的钢筋或混凝土基础中的金属结构所形成的接地装置；人工接地体是指人为地将截面面积符合接地要求的金属物体埋入适合深度的地下，并且接地电阻符合规定的接地装置。

### 2. 电涌保护器（SPD）

电涌保护器又称"避雷器"，是电子设备雷电防护中不可缺少的一种装置。其作用是把窜入电力线、信号传输线的瞬时过电压限制在设备或系统所能承受的电压范围内，或将强大的雷电流散流入地，保护信息系统或电气设备不受冲击而损坏。

（1）电涌保护器类型　按其工作原理分类，电涌保护器可分为电压开关型、电压限制型和复合型。

电压开关型 SPD 是指没有瞬时过电压时具有高阻抗，一旦相应雷电瞬时过电压，其阻抗就突变成低阻抗，允许雷电流通过。

电压限制型 SPD 是指没有瞬时过电压时具有高阻抗，但是随着电涌电流和电压的上升，其阻抗会不断减小，其电流-电压特性为强烈非线性。

复合型 SPD 是指由电压开关型元件和电压限制型元件组合而成的，可以显示为电压开关型或电压限制型或两者兼有的特性，这决定于所加的特性。

（2）电涌保护器应用　电涌保护器设置在与被保护设备对地并联的位置，低压配电系统及电子信息系统信号线路在穿过各防雷区界面处，宜采用电涌保护器保护。

图 12-6 所示为 TN 系统安装在进户处的电涌保护器。在三相电源和工作零线与总等电位连接端之间配置 SPD，并采用熔断器作为 SPD 过流保护装置。

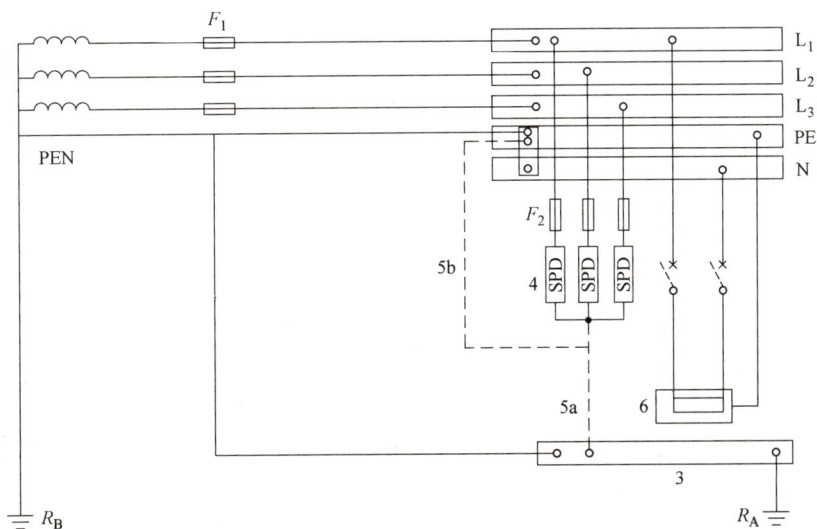

图 12-6　TN 系统安装在进户处的电涌保护器

### 12.2.4　建筑物防雷措施

#### 1. 第一类防雷建筑物的防雷措施

（1）防直击雷

1）应装设独立接闪杆或加工接闪线或接闪网。架空接闪网的网格尺寸不应大于 5m×5m 或 6m×4m。

2）独立接闪杆的杆塔、架空接闪线的端部和架空接闪网的每根支柱处应至少设一根引下线。对用金属制成或有焊接、绑扎连接钢筋网的杆塔、支柱，宜利用金属杆塔或钢筋网作为引下线。

3）独立接闪杆、架空接闪线或架空接闪网应设独立的接地装置，每一引下线的冲击接地电阻不宜大于 10Ω。

（2）防闪电电涌侵入

1）室外低压配电线路应全线采用电缆直接埋地敷设，在入户处应将电缆的金属外皮、钢管接到等电位连接带或防闪电感应的接地装置上。

2）当全线采用电缆有困难时，应采用钢筋混凝土杆和铁横担的架空线，并应使用一段金属铠装电缆或护套电缆直接埋地引入。架空线与建筑物的距离不应小于 15m。在电缆与架空线连接处，尚应装设户外型电涌保护器。电涌保护器、电缆金属外皮、钢管和绝缘子铁脚、金具等应连一起接地，其冲击接地电阻不应大于 30Ω。

3）在电源引入的总配电箱处应装设Ⅰ级试验的电涌保护器。电涌保护器的电压保护水平值应小于或等于 2.5kV。对于每一保护模式的冲击电流值，当无法确定时，冲击电流应取等于或大于 12.5kA。

#### 2. 第二类防雷建筑物的防雷措施

（1）防直击雷

1）建筑物宜采用装设在建筑物上的接闪网、接闪带或接闪杆，第二类防雷建筑物接闪网的网格尺寸不应大于 10m×10m 或 12m×8m。

2）专设引下线不应少于 2 根，并应沿建筑物四周和内庭院四周均匀对称布置，第二类防雷建筑物引下线的间距不应大于 18m。

3）建筑物宜采用钢筋混凝土屋顶、梁、柱、基础内的钢筋作为引下线。敷设在混凝土中作为防雷装置的钢筋或圆钢，当仅为一根时，其直径不应小于 10mm。被利用作为防雷装置的混凝土构件内有箍筋连接的钢筋时，其截面面积总和不应小于一根直径 10mm 钢筋的截面面积。

4）外部防雷装置的接地应和防闪电感应、内部防雷装置、电气和电子系统等接地共用接地装置，并应与引入的金属管线做等电位连接。外部防雷装置的专设接地装置宜围绕建筑物敷设成环形接地体。

（2）防闪电电涌侵入

1）在电气接地装置与防雷接地装置共用或相连的情况下，应在低压电源线路引入的总配电箱、配电柜处装设Ⅰ级试验的电涌保护器。

2）配电变压器设在本建筑物内或附设于外墙处时，应在变压器高压侧装设避雷器；在低压侧的母线装设电涌保护器。

3）低压电源线路引入的总配电箱、配电柜处装设电涌保护器。

4）在电子系统的室外线路引入的终端箱处应安装电涌保护器。

5）建筑物内的设备、管道、构架等主要金属物，应就近接到防雷装置或共用接地装置上。

### 3. 第三类防雷建筑物的防雷措施

（1）防直击雷

1）建筑物宜采用装设在建筑物上的接闪网、接闪带或接闪杆，第三类防雷建筑物接闪网的网格尺寸不应大于 20m×20m 或 24m×16m。

2）专设引下线不应少于 2 根，并应沿建筑物四周和内庭院四周均匀对称布置，第三类防雷建筑物引下线的间距不应大于 25m。

3）防雷装置的接地应与电气和电子系统等接地共用接地装置，并应与引入的金属管线做等电位连接。外部防雷装置的专设接地装置宜围绕建筑物敷设成环形接地体。

4）建筑物宜利用钢筋混凝土屋面、梁、柱、基础内的钢筋作为引下线和接地装置，当其女儿墙以内的屋顶钢筋网以上的防水和混凝土层允许不保护时，宜利用屋顶钢筋网作为接闪器，以及当建筑物为多层建筑，其女儿墙压顶板内或檐口内有钢筋且周围除保安人员巡逻外通常无人停留时，宜利用女儿墙压顶板内或檐口内的钢筋作为接闪器。

（2）防闪电电涌侵入

1）低压电源线路引入的总配电箱、配电柜处装设电涌保护器，配电变压器设在本建筑物内或附设于外墙处，并在低压侧配电屏的母线上装设电涌保护器。

2）在电子系统的室外线路采用金属线时，在其引入的终端箱处应安装电涌保护器。

3）在电子系统的室外线路采用光缆时，在其引入的终端箱处的电气线路侧可安装电涌保护器。

## 复习思考题

12-1　什么是电击防护？基本防护措施有哪些？

12-2　低压配电系统有哪几种接地形式？各种接地形式有何特点？

12-3　什么是等电位联结？等电位联结有哪几种措施？各有何特点？

12-4　雷电危害有哪几种形式？

12-5　什么是建筑物外部防雷装置器系统？它由哪几个部分组成？

12-6　雷电作用的形式主要有哪几种？

12-7　建筑物防雷分为哪几类？

12-8　什么是电涌保护器？电涌保护器的作用是什么？

12-9　第一类防雷建筑的防雷措施有哪些？

12-10　第二类防雷建筑的防雷措施有哪些？

12-11　第三类防雷建筑的防雷措施有哪些？

# 13

## 第 13 章
## 建筑智能化系统

随着建筑经济的发展和建筑理念的变化——智能建筑的产生，建筑不再仅由建筑师来决定，它被赋予了新的内涵，人们对建筑自身的控制与管理、节能与安全提出了更高的要求，从而使建筑设备之间的连接与控制管理显得尤为重要。

## 13.1 建筑智能化系统概述

建筑智能化系统是智能建筑的主要系统，建筑智能化系统主要由建筑设备管理系统、公共安全系统、信息设施系统、信息化应用系统和智能化集成系统等组成。

建筑智能化系统的总体结构如图 13-1 所示。

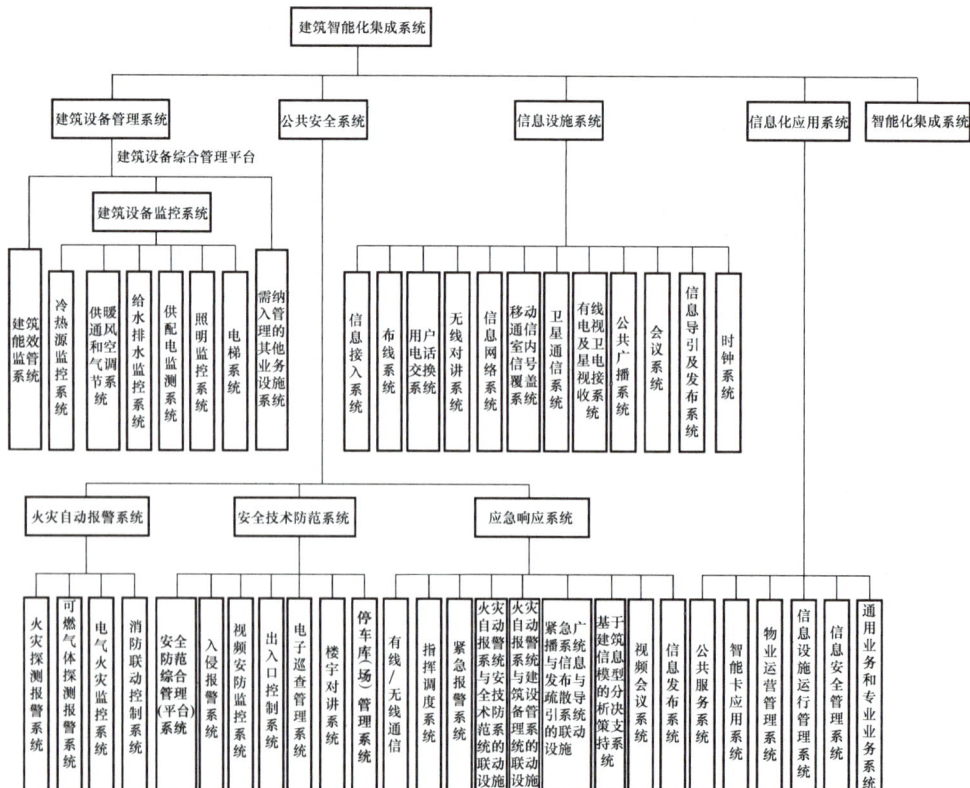

图 13-1　建筑智能化系统的总体结构

### 1. 建筑设备管理系统

建筑设备管理系统（Building Management System）是指对建筑设备监控系统和建筑能效监管系统等实施综合管理的系统。

建筑设备管理系统的主要功能是将建筑设备运行监控信息互相关联和共享、监测建筑设备能耗、实现对节约资源、优化环境质量管理的功能，并与公共安全系统关联构建建筑设备综合管理模式。

建筑设备管理系统包括建筑能效监管系统、建筑设备监控系统和需纳入管理的其他业务设施系统。其中，建筑设备监控系统主要实现对建筑内的冷热源、采暖通风和空气调节、给水排水、供配电、照明、电梯等建筑设备的监测与控制。建筑能效监管系统监测建筑设备的能耗，并对监测数据进行统计分析和处理，提升建筑设备运行协调性和优化建筑综合性能。

### 2. 公共安全系统

公共安全系统（Public Security System）是指为维护公共安全，运用现代科学技术，具有以应对危害社会安全的各类突发事件而构建的综合技术防范或安全保障体系综合功能的系统。

公共安全系统针对建筑内火灾、非法侵入、自然灾害、重大安全事故等危害人们生命和财产安全的各种突发事件，建立应急及长效的技术防范保障体系，其主要内容包括火灾自动报警系统、安全技术防范系统和应急响应系统。其中安全技术防范系统又包括：数字视频监控系统、出入口控制系统、电子巡查管理系统、入侵报警系统、楼宇对讲系统、停车库（场）管理系统。

### 3. 信息设施系统

信息设施系统（Information Facility System）是指为满足建筑物的应用与管理对信息通信的需求，将各类具有接收、交换、传输、处理、存储和显示信息等功能的信息系统整合，形成建筑物公共通信服务综合基础条件的系统。

信息设施系统包括实现语音信息传输的用户电话交换系统、无线对讲系统，实现数据通信的信息网络系统，实现多媒体通信的有线电视及卫星电视接收系统、公共广播系统、会议系统、信息导引及发布系统、时钟系统，以及信息接入系统、布线系统、移动通信室内信号覆盖系统、卫星通信系统。

### 4. 信息化应用系统

信息化应用系统（Information Application Systen）是指以建筑物信息设施系统和建筑设备管理系统为基础，为满足建筑物各类专业化业务、规范化运营及管理的需要，由多种类信息设施、操作程序和相关应用设备等组合而成的系统。

信息化应用系统包括公共服务系统、智能卡应用系统、物业运营管理系统、信息设施运行管理系统、信息安全管理系统、通用业务和专业业务系统等信息化应用系统。

### 5. 智能化集成系统

智能化集成系统（Intelligented Integration System）是指为实现建筑物的运营及管理目标，基于统一的信息平台，以多种类智能化信息集成方式，形成的具有信息汇集、资源共享、协同运行、优化管理等综合应用功能的系统。

## 13.2 建筑设备管理系统

建筑设备管理系统（Building Management System，BMS）对建筑设备监控系统和建筑能效监管系统等实施综合管理，确保建筑设备运行稳定、安全及满足物业管理的需求，实现对建筑设备运行优化管理及提升建筑用能功效，达到绿色建筑的建设目标。

### 1. 建筑设备管理系统的功能

建筑设备管理系统的功能主要有：使建筑设备运行监控信息互相关联和共享，对建筑设备能耗进行监测，对节约资源、优化环境质量进行管理，与公共安全系统等其他关联，构建建筑设备综合管理模式。

### 2. 建筑设备管理系统的体系结构

建筑设备管理系统（BMS）对建筑能效监管系统、建筑设备监控系统以及需纳入管理的其他业务设施系统等实施综合管理，并对相关的公共安全系统进行信息关联和功能共享，通过建筑设备集中监视、控制和管理，保证建筑物内所有机电设备处于高效、节能、安全、可靠和最佳运行状态。

其中，建筑设备监控系统监控的设备范围主要包括冷热源、供暖通风和空气调节、给水排水、供配电、照明、电梯等。采集的信息包括温度、湿度、流量、压力、压差、液位、照度、气体浓度、电量、冷热量等建筑设备运行基础状态信息。

建筑设备管理系统的体系结构如图 13-2 所示。

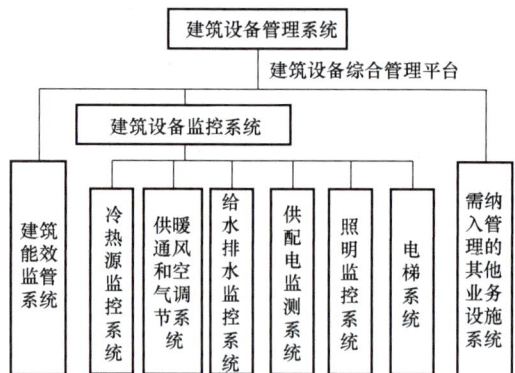

图 13-2　建筑设备管理系统的体系结构

### 13.2.1 建筑能效监管系统及需纳入管理的其他业务设施系统

建筑能效是指建筑物中的能量在转换和传递过程中有效利用的状况。建筑能效监管系统依据各类机电设备运行中所采集的反映其能源传输、变换与消耗的特征，通过数据分析和节能诊断，明确建筑的用能特征，发现建筑耗能系统各用能环节中的问题和节能潜力，通过建筑设备管理系统实现对智能建筑内所有的空调机组设备、通排风设备、冷热源设备、给水排水系统、照明设备等的运行优化管理，提升建筑用能功效，实现能源最优化，达到"管理节能"和"绿色用能"。

设置建筑能效监管系统的目的是掌握各类能源的使用或生产的情况，以及用电系统分项能源消耗的情况。能耗监测的范围宜包括冷热源、供暖通风和空气调节、给水排水、供配电、照明、电梯等建筑设备，且计量数据应准确，并应符合国家现行有关标准的规定。

能耗计量的分项宜包括电量、水量、燃气量、集中供热耗热量、集中供冷耗冷量等使用状态信息。根据建筑物业管理的要求及基于对建筑设备运行能耗信息化监管的需求，应能对建筑的用能环节进行相应适度调控及供能配置适时调整；应通过对纳入能效监管系统的分项计量及监测数据统计分析和处理，提升建筑设备协调运行和优化建筑综合性能。

建筑能效监管系统由建筑能耗数据采集系统、能耗数据传输系统、能耗数据中心管理平台组成。

现场能耗数据采集宜利用建筑设备监控系统或变电站综合自动化系统的既有功能，实现数据共享。

建筑能效监管系统设计应按照建筑能耗的分类和分项要求，对能耗数据进行归类、统计和分析，并可自动、定时向上一级数据中心发送能耗数据信息。

建筑中应用较多的可再生能源主要是太阳能和地热能。其中，太阳能应用系统主要包括太阳能热水系统、太阳能供热采暖系统、太阳能供热制冷系统和太阳能光伏发电系统等。而地热能应用系统主要包括地热供暖系统和地源热泵系统等。

太阳能热水系统由太阳能集热器、热水箱、补水箱、水泵、辅助加热装置、阀门及管道组成。

太阳能热水监控：通过监测系统中水位、温度、压力等参数自动控制上水泵、补水泵、热水供应泵、辅助加热装置等设备的启停，保证正常及阴雨天气的情况下用户需求的热水量。太阳能热水系统的组成如图 13-3 所示。

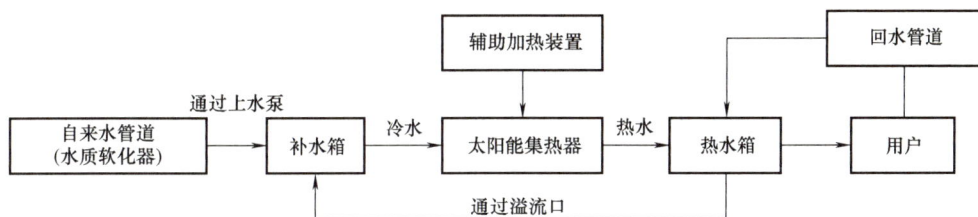

图 13-3 太阳能热水系统的组成

太阳能供热供暖系统利用太阳能集热器最大限度地吸收太阳辐射热能，通过热交换将热能传递给冷水，将加热后的水输送到发热末端提供温度。

太阳能供热制冷系统的实现方式有两种：一是先实现光-电转换，再利用电力驱动常规压缩式制冷机进行制冷；二是利用太阳的热能驱动进行制冷。目前采用的主要是第二种方式，它又可分为吸收式和吸附式两种，本节仅介绍太阳能吸收式制冷。太阳能吸收式制冷系统包括太阳能集热系统、冷机系统、冷水循环系统、冷却水循环系统以及辅助系统。除太阳能集热系统外，其余系统与传统制冷系统相同。太阳能集热系统主要由太阳能热水循环系统、热交换循环系统、热媒水循环系统组成，其组成如图 13-4 所示。

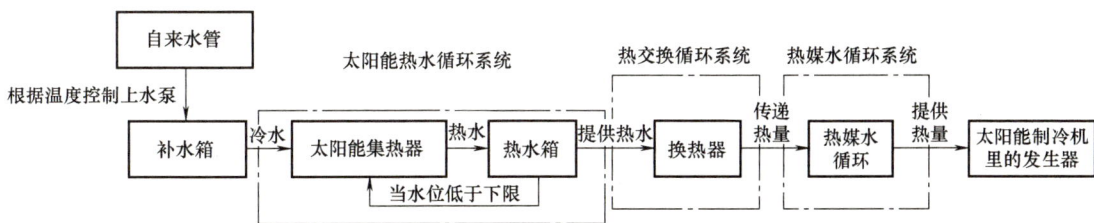

图 13-4 太阳能集热系统组成

太阳能光伏发电系统是指通过转换装置（利用半导体器件光生伏特效应）把太阳能辐射能转换成电能利用的系统，由太阳能电池阵列、蓄电池组、充放电控制器、直流-交流逆变器等组成。太阳能光伏发电系统的组成如图13-5所示。

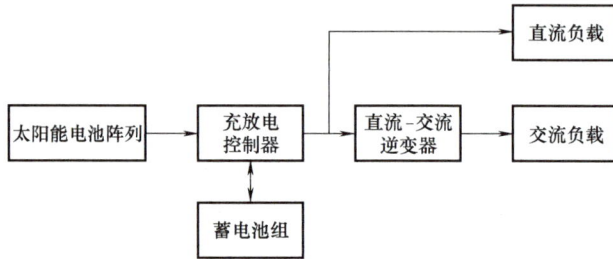

图 13-5　太阳能光伏发电系统组成

太阳能光伏发电系统监测的内容：光伏阵列表面温度和蓄电池组温度，太阳光光照强度，太阳能光伏阵列输出电压、电流，蓄电池端电压以及蓄电池输入输出电流，逆变器逆变后交流电的电压、电流及功率因数，市电网的电压、电流及功率因数，由市电网送来的电量和给市电网输出的电量。

地热供暖分为地热直接式供热和地热间接式供热。地热直接式供热方式是指地热水直接通过热用户，然后放掉或回灌；地热间接式供热系统中地热水不直接通过热用户散热器，而是通过供暖站将热量传递给供热管网循环水。

地热供暖系统监控：通过对地热管道中热水的温度、流量、压力等数据的实时采集，系统进行分析控制，来调整中心泵站或各个子系统中变频水泵的启停和运转频率，从而调节整个采暖系统的供热温度和管网压力。

地源热泵利用地下土壤、地下水或地表水相对稳定的特性，利用埋于建筑物周围的管路系统，通过输入小量的高位电能，实现低位热能向高位热能转移与建筑物完成热交换。它由水源热泵机组、土壤侧循环泵、循环泵、抽水水泵等组成。地源热泵系统的监控内容包括通过对循环泵、抽水泵、热力循环泵、供水泵和水源热泵机组进行监控或参数计量。

## 13.2.2　建筑设备监控系统

建筑设备监控系统通过对建筑内的冷热源、采暖通风和空气调节、给水排水、供配电、照明和电梯等系统的机电设备进行监测和控制，确保各类设备运行稳定、安全、可靠，为人们创建舒适、高效、便利、节能、环保的建筑环境。

监控系统对被监控设备实现的主要功能有：监测功能、安全保护功能、远程控制功能、自动起停功能和自动调节功能。为了实现高效管理和节能运行，一般来说，暖通空调设备通常需要进行统一的自动控制和调节，监控对象包括空调冷热源设备和水系统、空调机组、新风机组、风机盘管等空调末端设备、通风设备、消防排烟设备等。供配电设备一般采用专用监控系统，只监测不控制。电梯和自动扶梯属于特种机械设备，通常自带专用控制单元，建筑设备监控系统的监控内容通过与专用监控系统或自带控制单元之间的通信来实现，一般只包括监测功能和安全报警功能。给水排水设备、照明设备，通常纳入建筑设备监控系统进行远程控制，有条件时也可以实现自动控制。

### 1. 冷热源监控系统

冷热源系统是暖通空调系统的心脏，冷热源系统包括制冷（制热）系统、冷却水系统及冷冻水系统的主要动力和热力设备，具体包括制冷机组、冷冻水泵、冷却水泵等动力设备和锅炉、换热器等热力设备。常见的冷源监控系统如图 13-6 所示。

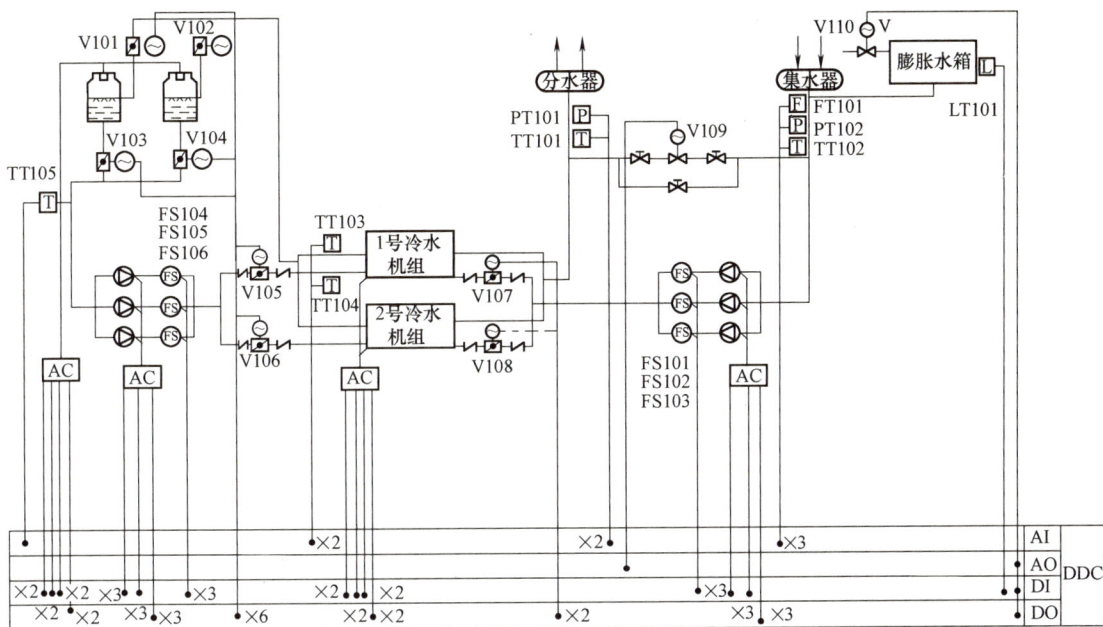

图 13-6　常见的冷源监控系统

冷源系统包括冷水机组、冷却水系统、冷冻水系统三个部分，冷水机组提供冷冻水，冷冻水系统通过冷冻水泵和管道将冷冻水输送至空调用户，冷却水系统提供冷却水，对制冷剂进行冷却。

热源系统主要用来供暖，常见的热源有蒸汽、热水和电热。热交换系统是热源常见的系统，其作用是为生活用水、空调及供暖系统提供热水。热交换系统的监控原理如图 13-7 所示。

### 2. 供暖通风与空气调节系统（HVAC）的监控

供暖通风与空气调节系统是建筑中设备最多、系统最复杂、能耗最大的系统。其设备除冷热源系统外，还有通风系统设备、新风机组、空调机组、风机盘管等。

通风系统设备的作用是将建筑物室内污浊的空气直接或净化后排至室外，并将新鲜的空气补充进室内，保证室内人员的热舒适和需要的新鲜空气量。

通风系统设备的监控内容主要有：监测各风机的运行状态，自动、手动状态及累计运行时间；按照使用时间来控制风机的定时启、停；监测风机的故障报警信号；根据服务区域的风量平衡和压力等参数控制风机的启停台数和转速；在地下停车库，根据车库内 CO 浓度或车辆数监测控制通风机的运行台数和转速；对于变配电室等发热量和通风量较大的机房，根据使用情况或室内温度监测控制风机的启停、运行台数和转速；对排风（排烟）风机进行切换控制，正常时，低速运行排风，当发生火灾时，由消防联动控制系统强制切换到高速运行状态进行排烟。

新风机组是空调系统中保证室内空气质量的关键设备，其能耗较大。新风机组的功能是从室外抽取新鲜空气，经过过滤、除湿（或加湿）、降温（或升温）等处理后通过风机送入室内，改善室内空气质量。新风机组监控原理如图 13-8 所示。

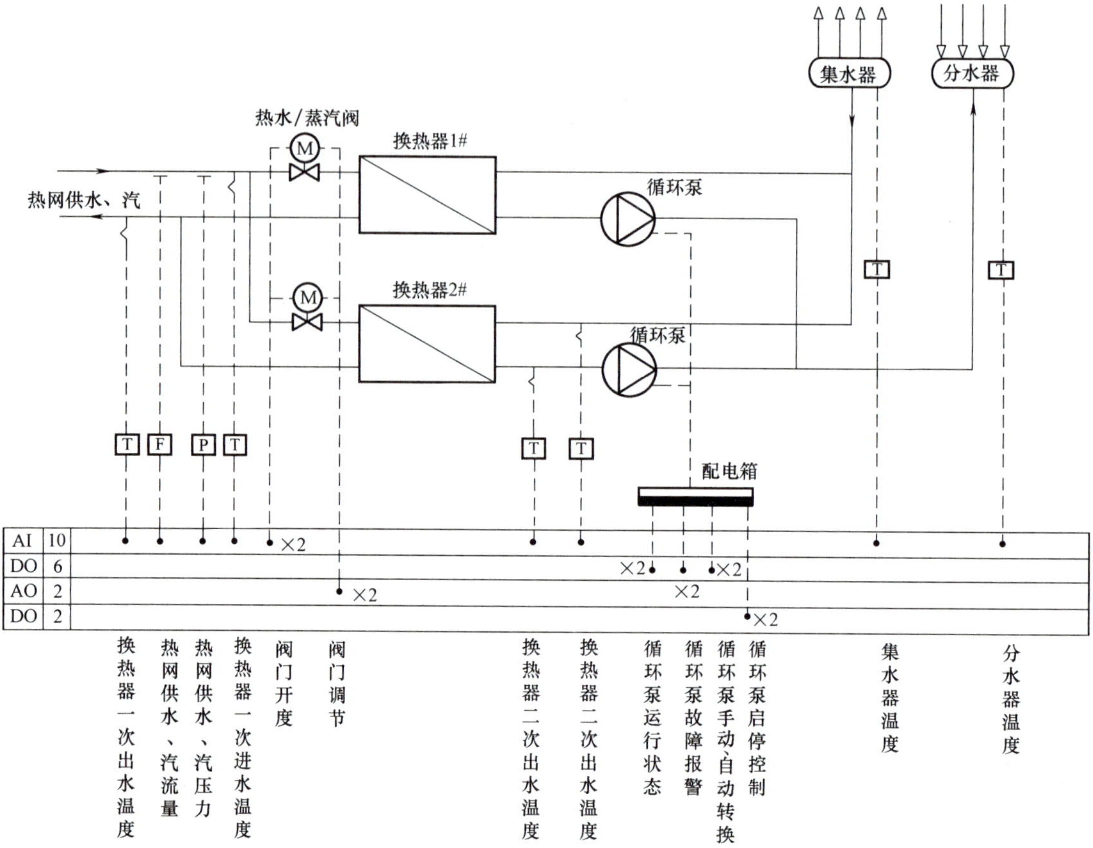

图 13-7　热交换系统的监控原理

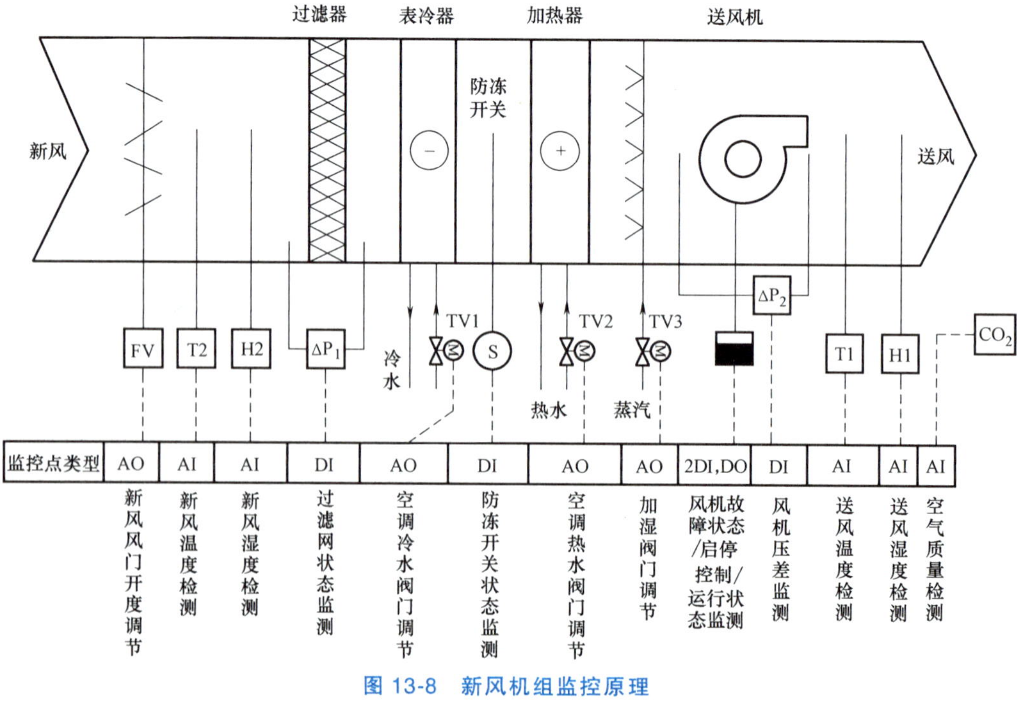

图 13-8　新风机组监控原理

空调机组比新风机组增加了回风系统和排风系统，广泛分布于建筑的各个区间，为各空间提供空调冷热量。空调机组监控原理如图 13-9 所示。

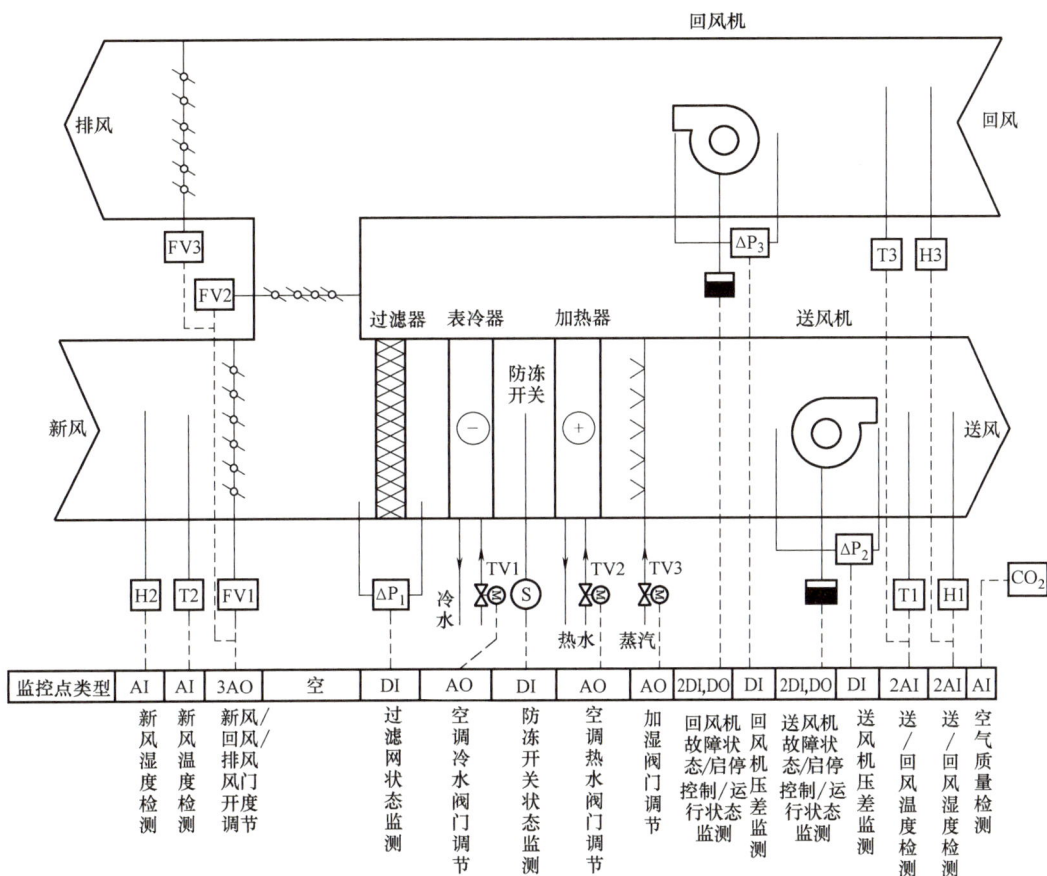

图 13-9　空调机组监控原理

风机盘管是半集中式空调系统中的空气局部处理装置，由冷、热盘管和风机组成。它通过温控器控制冷、热盘管的两通阀或三通阀，从而控制冷、热盘管水路的通、断。

风机盘管的监控内容有：由开关式温度控制器自动控制电动水阀通、断，手动三速开关控制风机高、中、低三种风速转换；风机启停应与电动水阀联锁，两管制冬夏均运行的风机盘管宜设手动控制冬夏季切换开关；控制要求高的场所，宜由专用的风机盘管微控制器控制；微控制器应提供四管制的热水阀、冷冻水阀连续调节和风机三速控制，冬、夏季自动切换两管制系统；微控制器应提供以太网或现场总线通信接口，构成开放式现场网络层；联网型的风机盘管微控制器应能通过建筑设备监控系统来控制风机盘管的启、停和进行温度调节，亦可采用自成系统的设备。联网型风机盘管监控原理如图 13-10 所示。

供暖通风和空气调节系统的能耗占建筑能耗的 55% 以上，供暖通风和空气调节系统的节能控制就是通过对暖通空调系统的制冷机组、热源设备、冷冻水泵、冷却水泵、冷却塔、空气处理末端装置等进行控制。暖通空调系统的节能控制方法有：当冷热源、供暖通风及空气调节等系统的负荷变化较大或调节阀（风门）阻力损失较大时，各系统的水泵和风机宜采用变频调速控制。

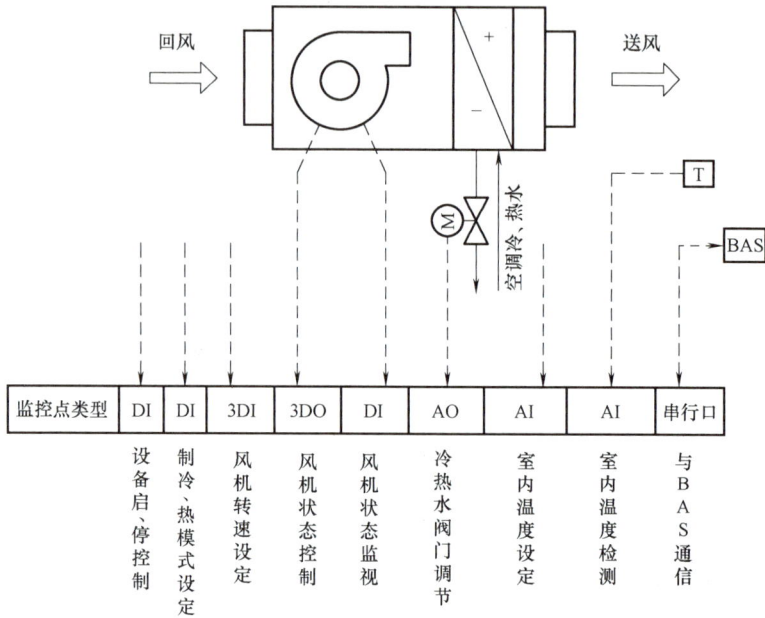

图 13-10　联网型风机盘管监控原理

（1）冷源的节能措施

1）当根据冷量控制冷冻水泵、冷却水泵、冷却塔运行台数时，水泵及冷却塔风机宜采用调速控制。

2）根据制冷机组对冷却水温度的要求，监控系统应按与制冷机适配的冷却水温度自动调节冷却塔风机转速。

3）当空调系统冷量很大，末端设备数量较多时，可通过调节二级冷冻水压力和冷冻水泵运行台数进行节能控制。

（2）热源的节能措施

1）采取回水温度法、热负荷控制法控制锅炉机组的启停、台数及投入运行的热水泵台数、转速。

2）采取回水温度法、热负荷控制法控制热交换器的台数和投入运行的热水泵台数、转速。

3）根据二次侧供水温度调节一次侧水和蒸汽阀，控制热交换器产生的二次侧热水供水温度在设定值范围内。

（3）空调系统的节能措施

1）在不影响舒适度的情况下，温度设定值宜根据昼夜、作息时间、室外温度等条件自动设定。

2）根据室内外空气焓值条件，自动调节新风量的节能运行。

3）采用室内二氧化碳（$CO_2$）浓度的检测来自动调节新风量，在保证舒适度的前提下采用最小新风量控制。

4）控制空调设备的最佳启、停时间，控制负荷间歇运行。

5）在建筑物预冷或预热期间，按照预先设定的自动控制程序启动或停止送新风。

6）控制夜间新风注入。

7）在过渡季节进行零能量区域控制。

### 3. 给水排水监控系统

水是人们日常生活和生产活动不可缺少的物质之一。给水排水监控系统的任务是实现建筑内部用水安全可靠的供应和污水及时的排放，节约能源，实现给水排水系统科学有效的管理，给人们提供安全、舒适的生活与工作环境。

给水排水监控系统的主要功能是通过计算机对系统中的水位、各种水泵工作状态和管网压力进行实时监测，按照一定要求控制水泵的运行方式、运行台数及相应阀门的动作，以达到需水量和供水量之间的平衡，使污水及时排放。

建筑物生活给水系统按照给水方式可分为高位水箱给水系统和恒压给水系统。高位水箱给水系统监控原理如图 13-11 所示，恒压给水系统监控原理如图 13-12 所示。

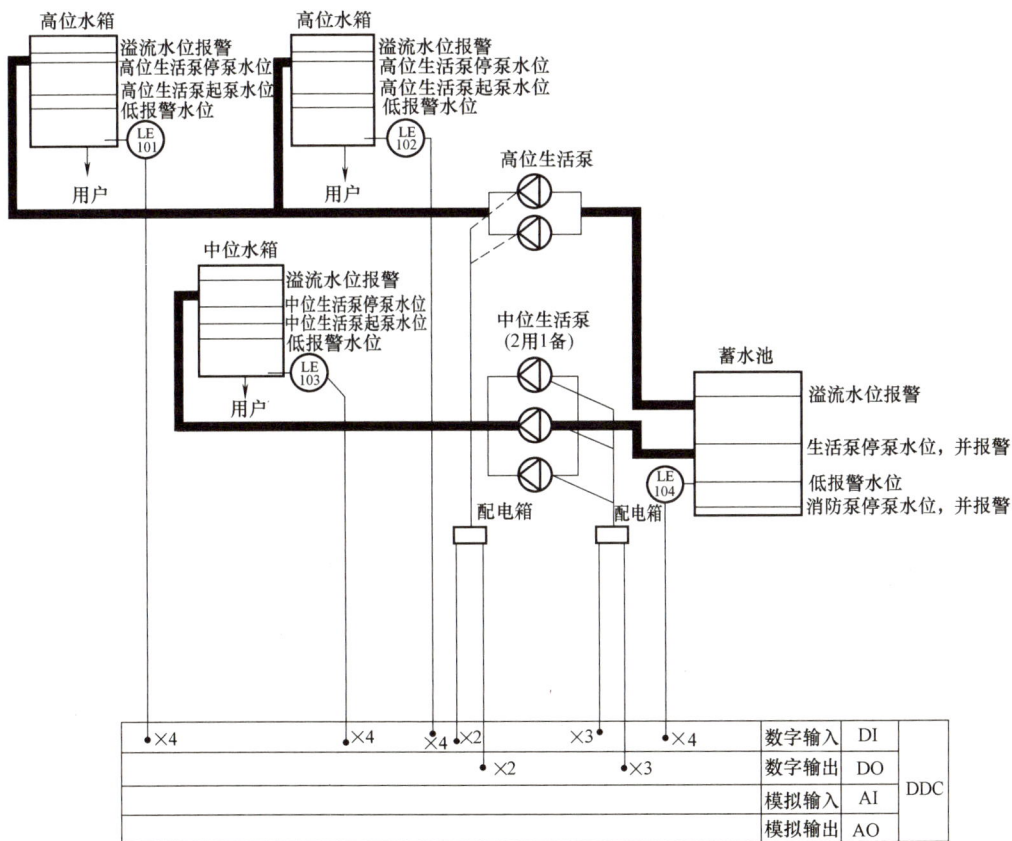

图 13-11 高位水箱给水系统监控原理

排水系统监控主要对建筑物地下室的污水集水井、污水处理池和排水泵进行监控。排水系统监控原理如图 13-13 所示。

### 4. 供配电监测系统

供配电系统对由城市电网供给的电能进行变换处理、分配，向建筑物内的各种用电设备提供电能。供配电系统的安全、可靠运行对于保证建筑物内人身和设备财产安全，保证建筑智能化各子系统的正常运行，具有极其重要的作用。

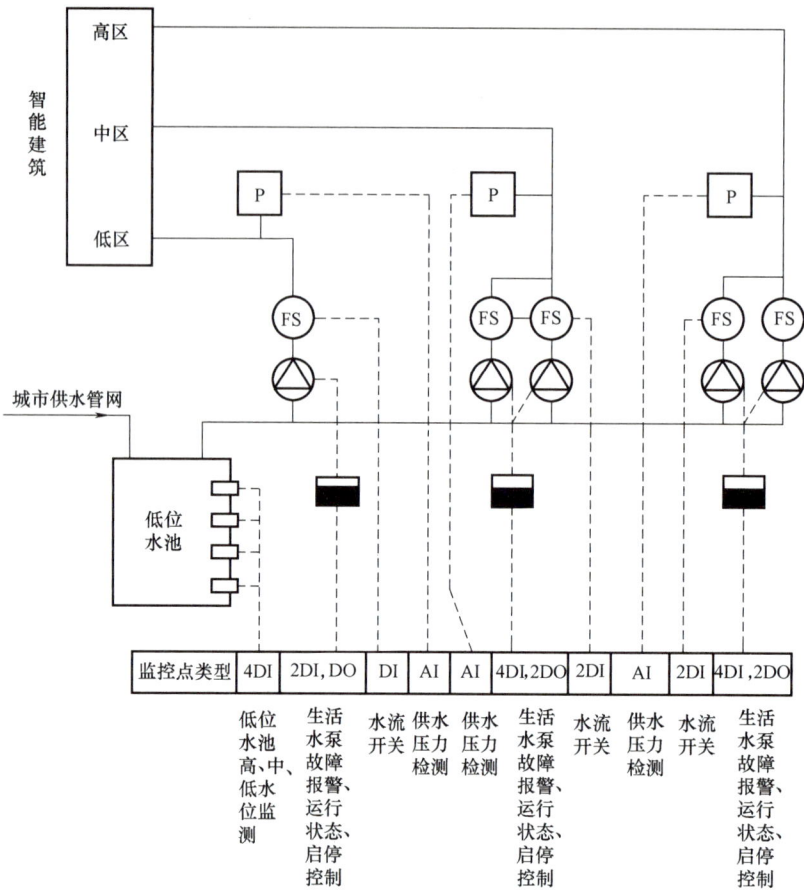

图 13-12　恒压给水系统监控原理

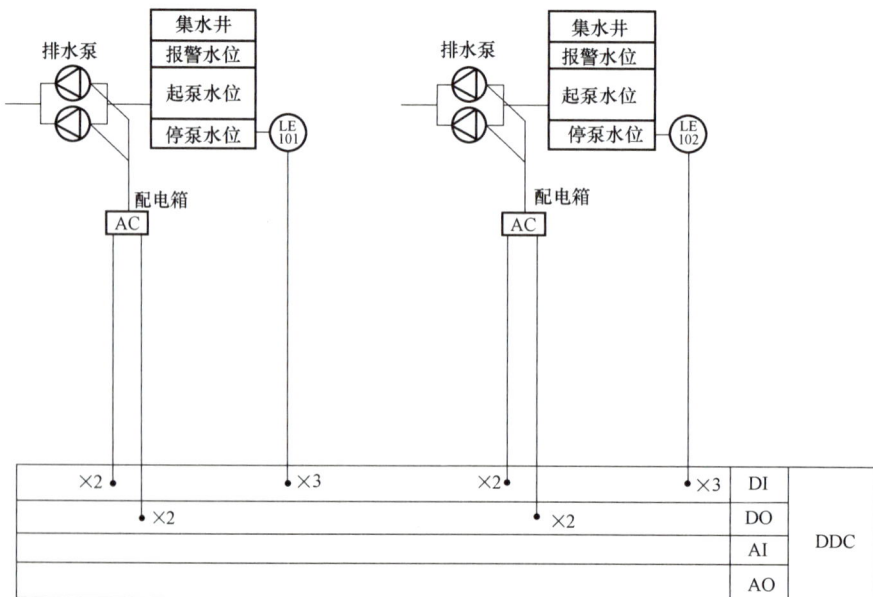

图 13-13　排水系统监控原理

供配电监测系统的基本功能有：高压开关与主要低压开关的状态监视及故障报警；高压与低压主母排的电压、电流及功率因数测量；电能计量；变压器温度监测及超温报警；备用及应急电源的手动/自动状态、电压、电流及频率监测；主回路及重要回路的谐波监测与记录。

在建筑设备监控系统中，供配电监测系统的主要任务是实现对供配电设备的监测，通常监测信号由装设在系统中或有关设备上的电压互感器、电流互感器、温度传感器及开关设备辅助触点上获得，经过隔离、变送、A/D 转换后，送入现场监测装置。高压和低压配电系统的监测原理如图 13-14 和图 13-15 所示。

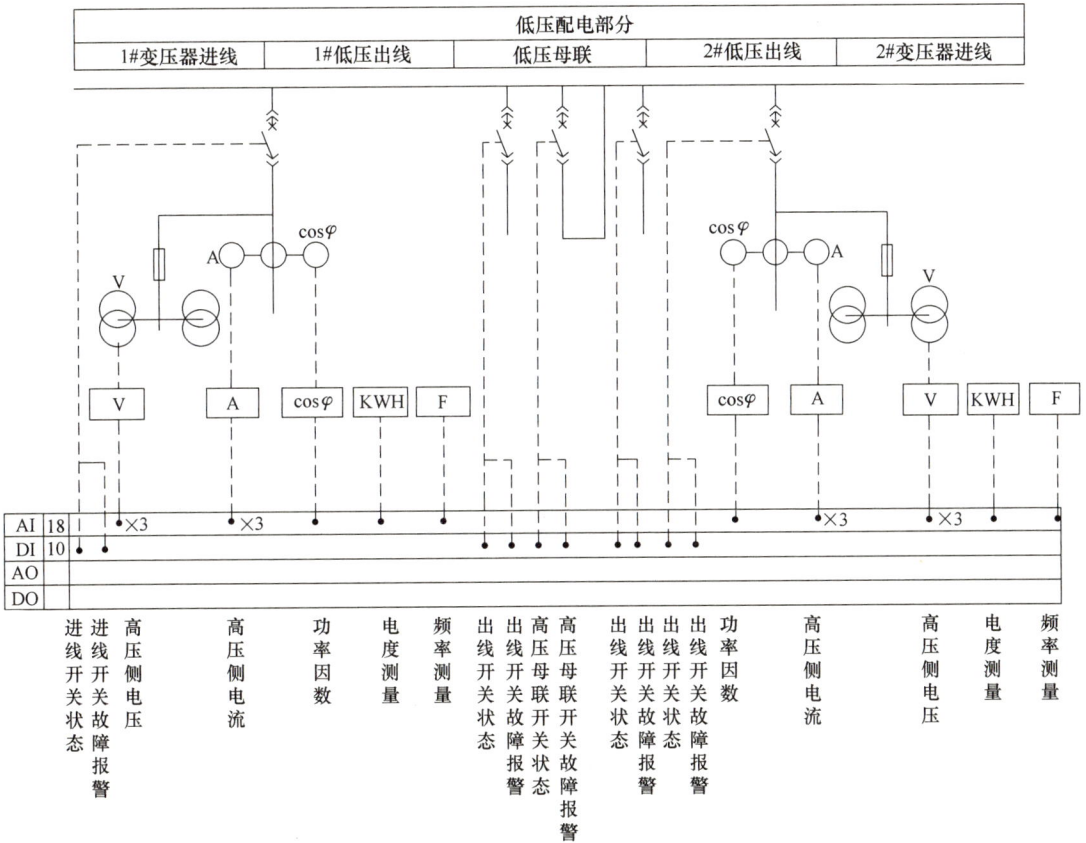

图 13-14　高压配电系统的监测原理

### 5. 照明监控系统

在现代化建筑中，照明系统可以烘托建筑造型、美化环境，是营造良好、舒适的光环境的重要手段。照明用电仅次于空调用电，照明节能非常重要。

照明监控的意义：保证照明质量，实现照明节能。

照明监控系统多采用分布智能照明控制方式，如图 13-16 所示，其控制功能灵活、丰富，而且节约能源，延长灯具寿命，提高照明质量。

照明监控系统的功能主要有：中央监控（在监控屏幕上仿真照明灯具的布置情况，显示各灯组的开灯模式和开、关状态，调节照明的现场效果）；场景预设；根据室内外光线自动调节亮度；定时、时序控制灯，并统计灯具启动时间；软启动、软关断；自动、手动转换；设置与其他系统连接的接口（如建筑设备监控系统），以提高综合管理水平。

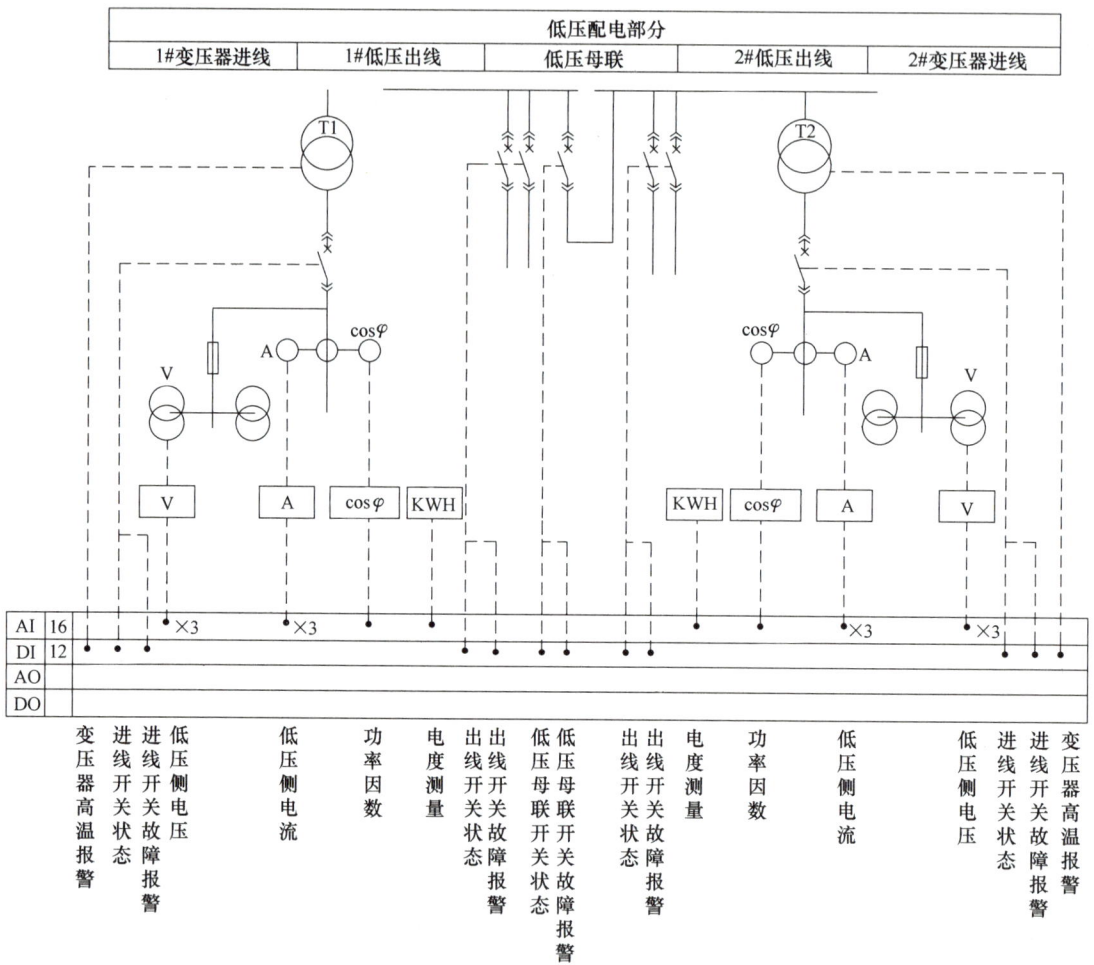

图 13-15　低压配电系统监测原理图

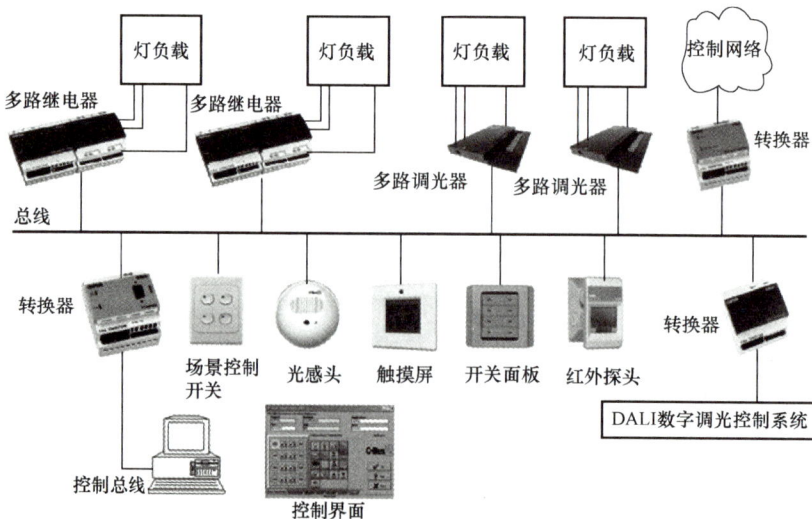

图 13-16　照明监控系统

#### 6. 电梯系统

电梯及自动扶梯是现代建筑中非常重要的楼宇交通工具之一。对电梯控制系统的要求是：安全可靠，起、制动平稳，感觉舒适，平层准确，候梯时间短，节约能源。电梯控制一般由电梯生产厂家成套供应，包括电梯控制器、群控器和楼层显示器等。建筑设备监控系统只监测它们的运行情况和故障信息。电梯和自动扶梯系统运行参数的监测可通过第三方设备的通信接口进行。

建筑设备监控系统对电梯与自动扶梯的监测功能应包括：

1）监测电梯和自动扶梯的启停、上下行和故障状态。

2）监测电梯的层门开门状态和楼层信息。

3）监测自动扶梯有人、无人状态和无人时的运行状态。

4）监测电梯与自动扶梯的故障报警状态。

5）发生火灾或地震灾害时，普通电梯直驶首层、放客，切断电梯电源；消防电梯由应急电源供电，在首层待命。

电梯系统的监控原理如图 13-17 所示。

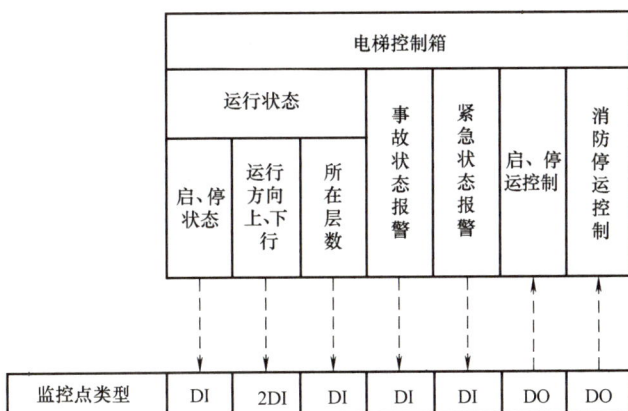

图 13-17　电梯系统的监控原理

## 13.3　公共安全系统

公共安全系统是指为维护公共安全，运用现代科学技术，具有应对危害社会安全的各类突发事件的综合技术防范或安全保障功能的系统，包括火灾自动报警系统、安全技术防范系统和应急响应系统等。公共安全系统的基本组成如图 13-18 所示。

安全技术防范系统以建筑物被防护对象的防护等级、建设投资及安全防范管理工作的要求为依据，综合运用安全防范技术、电子信息技术和信息网络技术等，构成先进、可靠、经济、适用和配套的安全技术防范体系。

火灾自动报警系统采用现代检测技术，自动控制技术和计算机技术对火灾进行早期探测和自动报警，确保人身安全，最大限度地减少财产的损失。

应急响应系统是指为应对各类突发公共安全事件，提高应急响应速度和决策指挥能力，有效预防、控制和消除突发公共安全事件的危害，具有应急技术体系和响应处置功能的应急

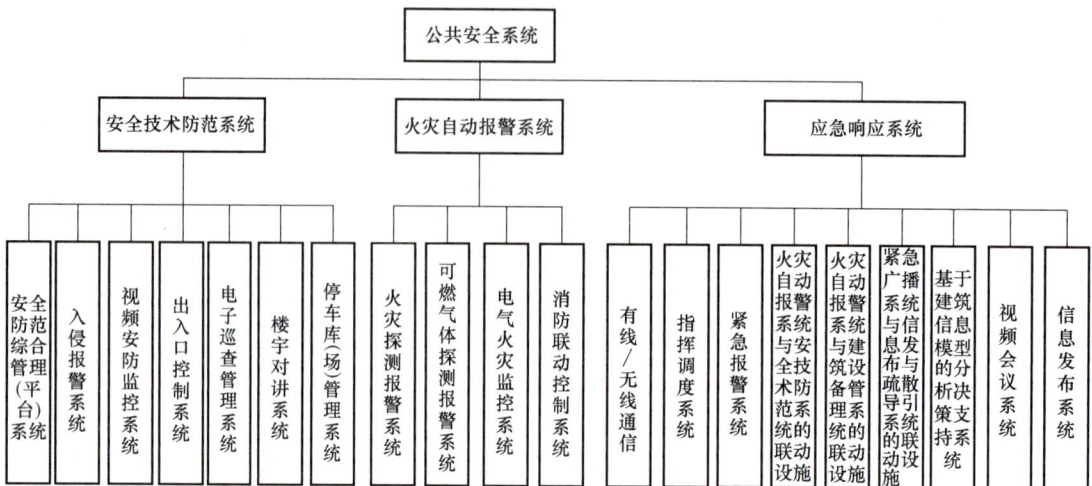

**图 13-18 公共安全系统的基本组成**

响应保障机制或履行协调指挥职能的系统。应急联动系统具有对火灾、非法入侵等事件进行准确探测和本地实时报警，对自然灾害、重大安全事故、公共卫生事件和社会安全事件实现本地报警和异地报警、指挥调度、紧急疏散与逃生导引、事故现场紧急处置等功能。应急联动系统一般包括有线或无线通信、指挥、调度系统、多路报警系统、消防-建筑设备联动系统、消防-安防联动系统和应急广播-信息发布-疏散导引联动系统等。

本节主要介绍安全技术防范系统和火灾自动报警系统。

## 13.3.1 安全技术防范系统

安全技术防范系统是公共安全系统的组成要素之一，是以安全为目的，综合运用实体防护、电子防护等技术构成的防范系统。主要功能是保障建筑物内的人员生命财产安全以及重要的文件、资料、设备的安全。安全技术防范系统由安全防范综合管理系统和相关子系统组成，子系统包括视频监控系统、控制和显示系统、数字视频监控系统、出入口控制系统，电子巡查管理系统、入侵报警系统、楼宇对讲系统和停车库（场）管理系统等。

### 1. 安全防范综合管理系统

安全防范综合管理系统是对安全防范系统的各子系统及相关信息系统进行集成，实现实体防护系统、电子防护系统和人力防范资源的有机联动、信息的集中处理与共享应用、风险事件的综合研判、事件处置的指挥调度、系统和设备的统一管理与运行维护等功能的硬件和软件组合。

安全防范综合管理系统的主要功能有：

（1）集中监视与管理　通过统一的管理界面集中监视与管理各子系统，记录、显示系统运行状况和报警信息，调阅和查询系统运行历史情况，提高突发事件的响应能力。

（2）分散控制　满足自成网络可独立运行的子系统的接入，这些子系统在集成平台管理时能够独立工作，单独控制，以保证系统的可靠性。某一子系统发生故障不会影响其他子系统的正常工作。

（3）系统联动　以各子系统的状态参数为基础，实现子系统的相关联动，发挥最大的安全效益。入侵报警系统应与视频监控系统联动，当发生报警时，联动装置应能启动摄像、录音、辅助照明等装置，并自动进入实时录像状态。视频监控系统应与火灾自动报警系统联动，在火灾情况下，可自动将监视图像切换至现场画面，监视火灾趋势，向消防人员提供必要的信息。

（4）优化运行　自动处理数据，在事件发生时，可以自动联动地显示图像，直观而方便地对数据进行处理，保证系统处于最优化的运行状态。

### 2. 视频监控系统

视频监控系统是利用视频技术探测、监视监控区域并实时显示、记录现场视频图像的电子系统。其主要作用是在公共场所、主要设备间、重要的部门设置监控设备进行实时的摄像监控；通过显示器实时、准确、形象地反映建筑内各个监控点设备的运行和人员的出入活动情况，随时了解建筑内的主要地点和设备的安全状态；一旦监测到危险情况，及时产生相应的预警信号，便于管理人员做出处理决策，保证建筑物安全。视频监控系统又称闭路电视监控系统。视频监控系统应与入侵报警系统、出入口控制系统和火灾自动报警系统联动。

视频监控系统主要由摄像机等前端设备、传输系统、控制系统显示设备（如监视器）和记录设备等组成，其系统组成结构如图 13-19 所示。

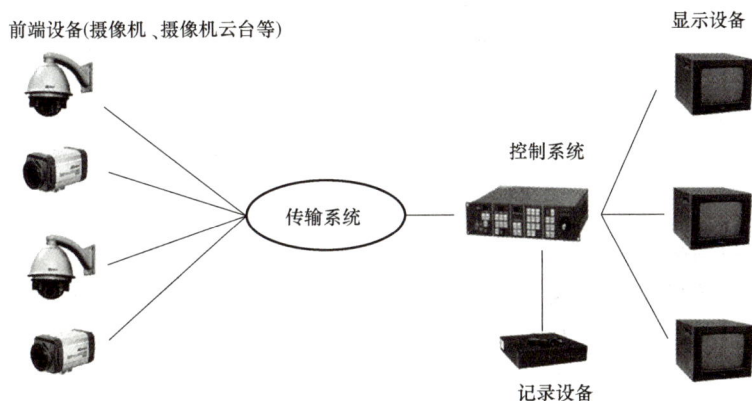

图 13-19　视频监控系统组成结构

（1）前端设备　安装在监视区域现场的设备称为前端设备。在视频监控系统中较常用的前端设备包含摄像机、摄像机云台、摄像机镜头、摄像机防尘罩、摄像机安装架、系统解码器、报警器等。摄像机用来摄取监控区域的实时图像信息；摄像机云台是支撑和固定摄像机的装置，也可用来控制摄像机的旋转，包括水平方向的旋转和垂直方向的旋转；摄像机镜头是安装在摄像机前端的成像装置，其作用是把观察目标的光像呈现在摄像机的靶面上；摄像机防尘罩起隐蔽、防护作用，主要功能是保护摄像机不受到尘埃和雨水等的损害。目前一体化摄像机代表了摄像机向数字化、一体化方向的发展，使用越来越广泛。一体化摄像机集防护罩、全方位高速预置云台、多倍变焦镜头和解码器于一体，安装、使用都十分方便。

（2）传输系统　视频监控系统的前端设备与控制中心间的信号传输包括：摄像机将视频信号通过视频信号线传输到控制中心，以及控制中心将发给云台、摄像机镜头等的控制信号传输到前端译码器。因此，传输系统包含视频信号传输系统和控制信号传输系统。

1）视频信号传输系统。视频信号的传输可以采用同轴电缆、光纤和双绞线。同轴电缆基带传输方式用于摄像机与控制中心距离较近时（几百米范围内）；双绞线传输（又称为视频平衡传输方式）适用于远距离传输；光纤传输方式适用于传输距离特别远或者保密要求比较高的干线系统。

2）控制信号传输系统。控制信号的传输分为直接传输、多线编码的间接传输、通信编码的间接传输、同轴视控传输等。

（3）控制和显示系统　视频监控系统的控制部分是整个系统的核心组成部分，负责对系统内各个设备（包括摄像机、摄像机云台、摄像机镜头）进行控制，前端的视频图像信号通过视频信号线传输到控制中心，通过图像显示设备显示，监控中心根据需要，发出控制信号，调整摄像机镜头的焦距和光圈大小、控制摄像机云台转动（自动巡视的摄像机云台可以自动旋转调整，不需要控制命令）获取合适的监控图像。

视频监控系统的显示记录部分的主要作用是将摄像机传输的视频信号转换成图像，在监视设备上显示，并根据需要将监视录像记录下来。显示设备可采用监视器、液晶平板显示器、背投影显示墙等，宜采用彩色显示设备。图像存储可采用数字技术或网络存储技术，数据录像设备应满足相应技术指标，图像记录设备硬盘容量应满足要求。

（4）数字视频监控系统　数字视频监控系统是除显示设备外的视频设备之间以数字视频方式进行传输的监控系统。由于其使用数字网络传输，所以又称为网络视频监控系统。

数字视频监控系统的应用主要有数字硬盘录像、以计算机技术为平台的多媒体监控系统和网络化远程视频监控。

### 3. 出入口控制系统

出入口控制系统（又称为门禁系统）是指利用自定义符识别和（或）生物特征等模式识别技术对出入口目标进行识别，并控制出入口执行机构启闭的电子系统。

出入口控制系统可以为建筑物内的每一个用户设定一定的权限，规定其允许出入的区域，系统可以通过管理软件修改和取消用户权限，或者按照要求增加新的用户，用户在进出出入口控制系统的门禁控制点时，系统记录相应的人员进出信息。

出入口控制系统由前端识读装置与执行机构、传输系统、处理与控制设备以及相应的系统软件组成，具有放行、拒绝、记录、报警等基本功能。疏散通道上设置的出入口控制装置必须与火灾自动报警系统联动，在火灾或紧急疏散状态下，出入口控制装置应处于开启状态。出入口控制系统的原理如图13-20所示。

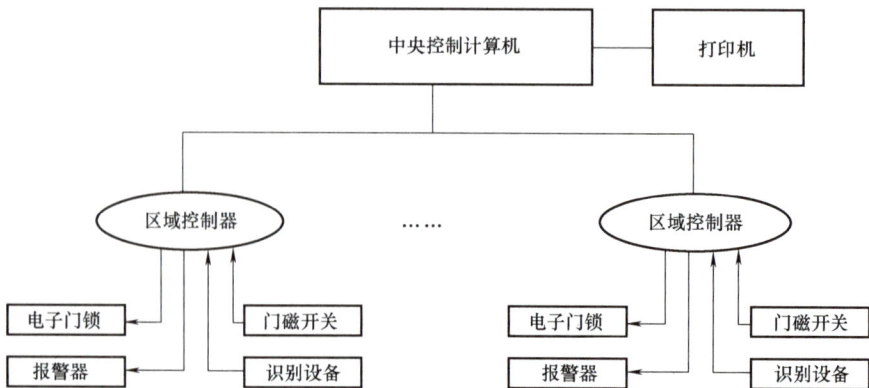

图 13-20　出入口控制系统原理

中央控制计算机装有出入口管理软件，实现对整个出入口控制系统的控制和管理，同时与其他的系统进行联网控制。

区域控制器分散控制各个出入口，识别进出人员的身份信息，控制出入，并将现场的各种出入信息及时传到中央控制计算机。当系统主机故障或通信线路故障时，区域控制器应能独立工作。

识别设备（读卡器、指纹机、掌纹机、视网膜识别机、面部识别机等）和检测及执行装置（门磁开关、电子门锁、报警器、出门按钮）应保证操作的有效性和可靠性，宜具有防尾随等措施。

系统宜独立组网运行，并宜具有与入侵报警系统、视频监控系统联动的功能。

### 4. 电子巡查管理系统

电子巡查管理系统是对巡查人员的巡查路线、方式及过程进行管理和控制的电子系统。

电子巡查管理系统的主要功能是保证巡查人员能够按照一定的顺序和时间对巡查点进行巡查，并保证巡查人员的安全。巡查点一般设在建筑物出入口、楼梯前室、电梯前室、停车库（场）、重要部位附近、主要通道及其他需要设置的地方。

电子巡查管理系统的工作过程是在巡查路线上设置巡查开关或者读卡器，巡查人员在系统预先设定的时间内到达巡查点，用专用的巡查开关钥匙开启巡查开关或者读卡，巡查点向控制中心发出"巡查到位"的信号，控制中心记录巡查点的系统编号和巡查到达时间。

如果在规定的时间内，若巡查点未向控制中心发出"巡查到位"的信息，则巡查点发出报警信号，由邻近巡查人员赶往该巡查点查看具体情况，保障巡查人员的生命安全，如果巡查人员未按照规定的顺序完成巡查，未巡视的巡查点会发出"未巡视"的信号，控制中心也会做相应的记录。

电子巡查管理系统按照信息传输的方式可以分为在线式电子巡查管理系统和离线式电子巡查管理系统。对实时巡查要求高的建筑物，宜采用在线式电子巡查系统。其他可采用离线式电子巡查系统。在线式电子巡查系统宜独立设置，也可作为出入口控制系统或入侵报警系统的内置功能模块配合识读装置，达到实时巡查的目的。

### 5. 入侵报警系统

入侵报警系统是指利用传感器技术和电子信息技术探测非法进入或试图非法进入设防区域的行为，和由用户主动触发紧急报警装置发出报警信息、处理报警信息的电子系统。

入侵报警系统由前端探测设备、传输设备、控制设备、显示记录设备等组成。入侵报警系统的组成如图 13-21 所示。

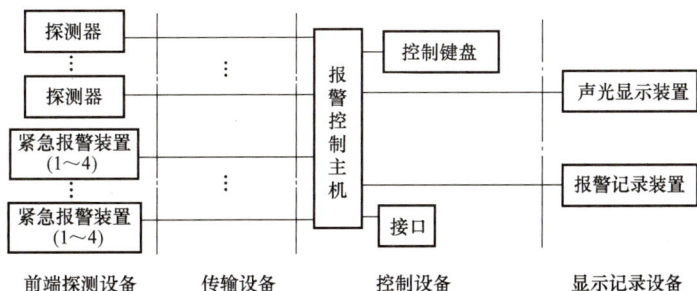

图 13-21　入侵报警系统的组成

入侵报警系统宜与视频安防监控系统、出入口控制系统等联动。入侵报警系统应能进行本地报警，同时具有异地报警的相应接口，系统应具有自检、故障报警、防破坏报警等功能。

### 6. 楼宇对讲系统

楼宇对讲系统是指采用（可视）对讲方式确认访客，对建筑物（群）出入口进行访客控制与管理的电子系统，又称访客对讲系统。楼宇对讲系统由访客呼叫机、用户接收机、管理机、电源等组成。访客呼叫机与用户接收机之间、多台管理机之间、管理机与访客呼叫机之间、管理机与用户接收机之间应具有双向对讲功能，楼宇对讲系统应能限制通话时长。管理机具有优先通话功能，且具有设备管理和权限管理功能。访客呼叫机应具有密码开锁功能，宜具有识读感应卡开锁功能。用户接收机应具有遥控开锁功能，宜具有报警求助功能和监视功能。楼宇对讲系统应具有与安防监控中心联网的接口。用户接收机报警求助信号应能直接传至管理机，报警求助信号同时应传至安防监控中心。

### 7. 停车库（场）管理系统

停车库（场）管理系统是对人员和车辆进、出停车库（场）进行登录、监控以及人员和车辆在库（场）内的安全，实现综合管理的电子系统。

停车库（场）管理系统由车辆自动识别系统、收费系统和保安监控系统三个子系统组成。一般包括入口控制机、出口控制机、入口道闸、出口道闸、车辆探测器、摄像机等设备。停车库（场）管理系统原理如图13-22所示。

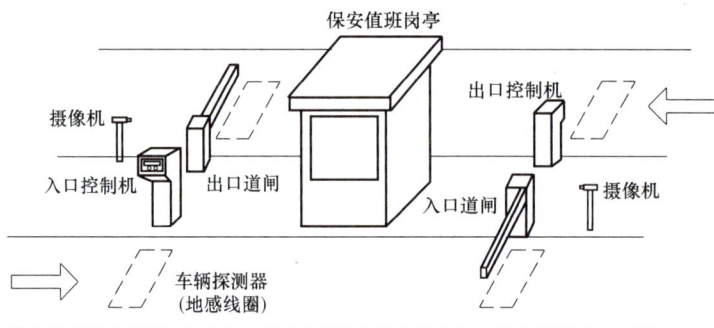

**图 13-22 停车库（场）管理系统示意图**

停车库（场）管理系统应与火灾自动报警系统联动，在火灾等应急情况下联动打开挡车器。

## 13.3.2 火灾自动报警系统

火灾自动报警系统是公共安全系统中非常重要的组成部分。火灾自动报警系统是指探测火灾早期特征、发出火灾报警信号，为人员疏散、防止火灾蔓延和启动自动灭火设备提供控制与指示的消防系统。火灾自动报警系统的宗旨是"以防为主，防消结合"。其主要作用是通过自动化手段实现早期火灾探测，及时发现并报告火情，联动控制自动消防设施，控制火灾的发展，确保人身安全和减少财产损失，将火灾消灭在萌芽状态。

火灾自动报警系统包括火灾探测报警系统、可燃气体探测报警系统、电气火灾监控系统和消防联动控制系统。

### 1. 火灾探测报警系统

火灾探测报警系统由火灾触发装置、火灾报警控制器和火灾警报及显示装置组成。

火灾触发装置：能够自动或手动产生火灾报警信号的器件，主要包括火灾探测器和手动火灾报警按钮。火灾探测器根据探测火灾参数的不同分为感烟式、感温式、感光式和复合式火灾探测器；根据探测方式的不同可分为阈值探测、智能探测和图像探测等；按探测器结构分为点型、线型和吸气型。

火灾报警控制器：接收火灾探测器发送的火灾报警信号，迅速、正确地进行转换和处理，并以声、光等形式指示火灾发生的具体部位，与应急联动系统的灭火装置、防火减灾装置一起构成完备的火灾自动报警与自动灭火系统。

火灾警报装置：用以发出声、光火灾报警信号，最基本的火灾警报装置是火灾警报器和警铃，火灾警报装置以声、光等方式向报警区域发出火灾警报信号，以警示人们采取安全疏散、灭火救灾措施。火灾显示装置有火灾显示盘和消防控制室图形显示装置。

火灾警报及显示装置的工作过程如下：对火灾发生进行早期探测和自动报警，显示火灾发生区域，实时记录火灾地点、时间及有关火警信息，在确定报警之后，依据预先设定的程序联动消防装置，并将消防设备的动作情况反馈到控制器的显示盘上。

火灾自动报警系统形式的选择应符合下列规定：

仅需要报警，不需要联动自动消防设备的保护对象宜采用区域报警系统。

不仅需要报警，同时需要联动自动消防设备，且只设置一台具有集中控制功能的火灾报警控制器和消防联动控制器的保护对象，应采用集中报警系统，并应设置一个消防控制室。

设置两个及以上消防控制室的保护对象，或已设置两个及以上集中报警系统的保护对象，应采用控制中心报警系统。

火灾自动报警系统形式如图 13-23 所示。

### 2. 可燃气体探测报警系统

（1）可燃气体探测报警系统的组成　可燃气体探测报警系统应独立设置，可燃气体探测器不应接入火灾报警控制器的探测器回路。当可燃气体的报警信号需要接入火灾自动报警系统时，应由可燃气体报警控制器接入。可燃气体探测报警系统由可燃气体报警控制器、可燃气体探测器和火灾声光警报器等组成。图 13-24 为可燃气体探测报警系统示意图。

可燃气体报警控制器的报警信息和故障信息，应在消防控制室图形显示装置或起集中控制作用的火灾报警控制器上显示，但该类信息与火灾报警信息的显示应有区别。

（2）可燃气体探测器的设置　探测气体密度小于空气密度时，可燃气体探测器应设置在被保护空间的顶部；探测气体密度大于空气密度时，可燃气体探测器应设置在被保护空间的下部；探测气体密度与空气密度相当时，可燃气体探测器可设置在被保护空间的中间部位或顶部。

（3）可燃气体报警控制器的设置　有消防控制室时，可燃气体报警控制器可设置在保护区域附近；无消防控制室时，可燃气体报警控制器应设置在有人值班的场所。

### 3. 电气火灾监控系统

（1）电气火灾监控系统组成　电气火灾监控系统由电气火灾监控器、接口模块、剩余电流式电气火灾探测器、测温式电气火灾探测器和故障电弧探测器组成。

电气火灾监控系统用于具有电气火灾危险的场所。

电气火灾监控器的报警信息和故障信息应在消防控制室图形显示装置或起集中控制作用的火灾报警控制器上显示，但该类信息与火灾报警信息的显示应有区别。

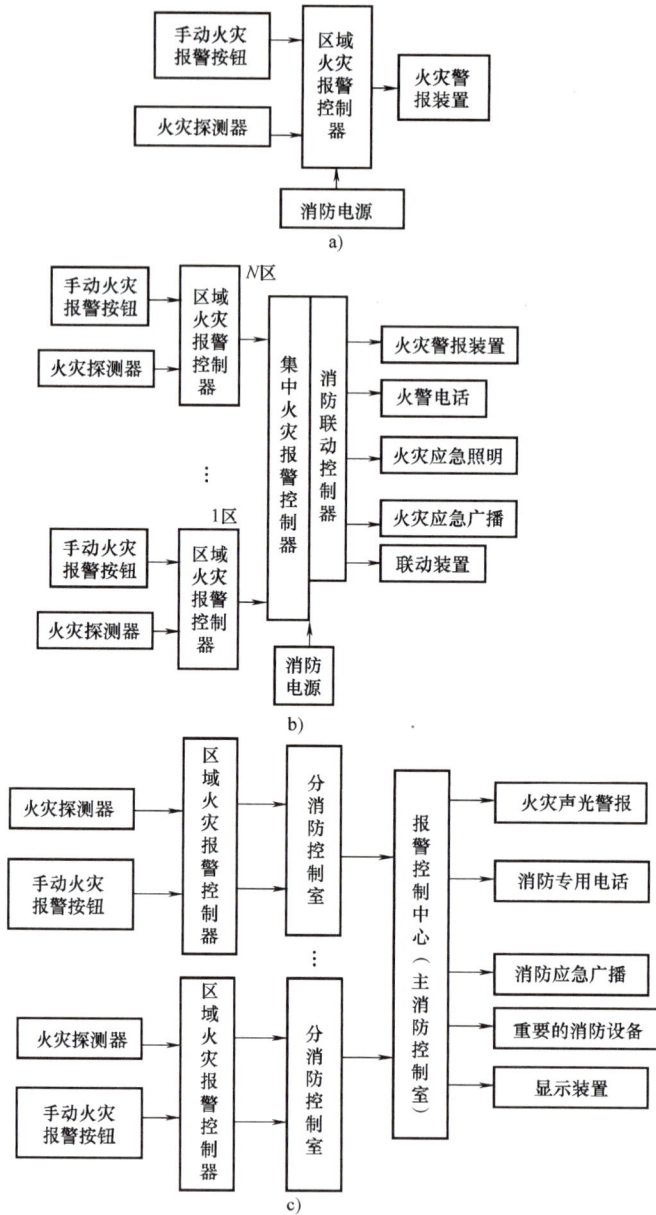

图 13-23　火灾自动报警系统形式

a）区域报警系统　b）集中报警系统　c）控制中心报警系统

电气火灾监控系统的设置不应影响供电系统的正常工作，不宜自动切断供电电源。

（2）剩余电流式电气火灾探测器设置　剩余电流式电气火灾探测器的设置符合如下规定：计算电流为 300A 及以下时，宜在变电所低压配电室或总配电室集中测量；300A 以上时，宜在楼层配电箱进线开关下端口测量；当配电回路为封闭母线槽或预制分支

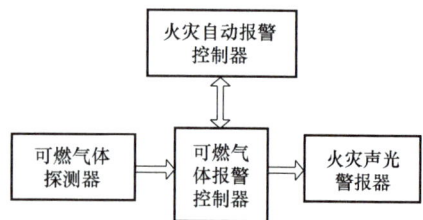

图 13-24　可燃气体探测报警系统示意图

电缆时，宜在分支线路总开关下端口测量；建筑物为低压进线时，宜在总开关下分支回路上测量。探测器报警值宜为 300mA。

（3）测温式电气火灾监控探测器设置　测温式电气火灾监控探测器应设置在电缆接头、端子、重点发热部件等部位。对保护对象为 1000V 及以下的配电线路，测温式电气火灾监控探测器应采用接触式布置；保护对象为 1000V 以上的供电线路，测温式电气火灾监控探测器宜选择光栅光纤测温式或红外测温式电气火灾监控探测器。光栅光纤测温式电气火灾监控探测器应直接设置在保护对象的表面。报警值宜按所选电缆最高耐温的 70%~80% 设定。

### 4. 消防联动控制系统

火灾发生时，消防联动控制系统根据火灾信息联动逻辑关系，按一系列预定的指令控制消防联动装置动作，启动有关消防设备实施防火灭火，控制的对象有灭火设备，防、排烟设备，阻止烟、火势蔓延的防火隔断设备，疏散引导设备，消防通信设备及相关的建筑设备和安防设备等。

消防联动控制器应能按设定的控制逻辑向各相关的受控设备发出联动控制信号，并接受相关设备的联动反馈信号。

消防水泵、防烟和排烟风机的控制设备，除应采用联动控制方式外，还应在消防控制室设置手动直接控制装置。

需要火灾自动报警系统联动控制的消防设备，其联动触发信号应采用两个独立的报警触发装置报警信号的"与"逻辑组合。

消防联动控制系统的组成如图 13-25 所示。

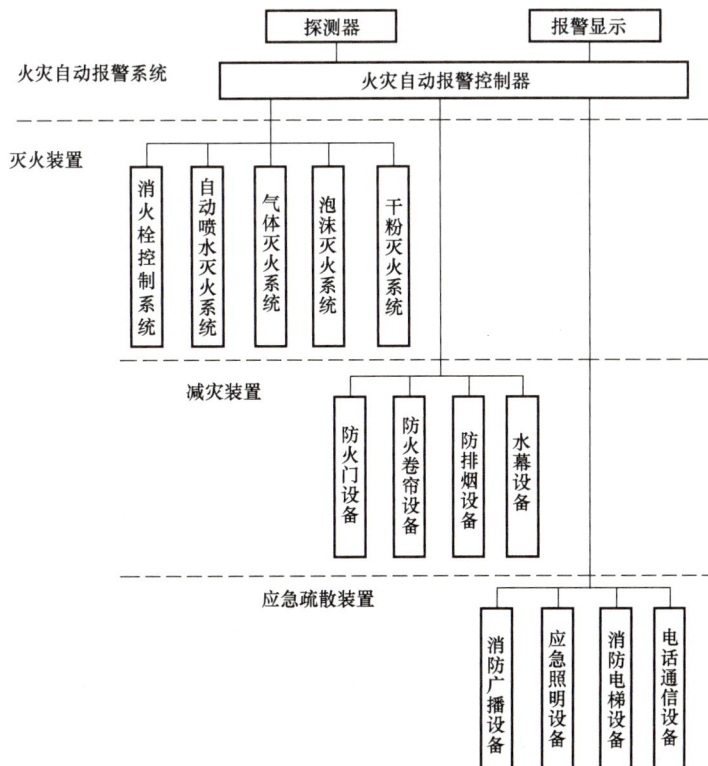

图 13-25　消防联动控制系统的组成

（1）灭火装置 灭火装置可分为水灭火装置和其他常用灭火装置。水灭火装置又分消火栓灭火系统和自动喷水灭火系统。其他常用灭火装置分为气体灭火系统、干粉灭火系统、泡沫灭火系统、蒸汽灭火系统和移动式灭火器等。

（2）减灾装置 常用的减灾装置有防排烟控制系统及阻止烟火势蔓延的防火门和防火卷帘等。

1）防排烟控制系统。火灾产生的烟雾对人的危害非常严重，一方面着火时产生的一氧化碳是造成人员死亡的主要原因，另一方面火灾时产生的烟雾遮挡人的视线，使人辨不清方向，无法紧急疏散。所以，火灾发生后，要迅速排出烟气，并防止烟气进入非火灾区域。

防排烟控制系统是消防联动控制系统的重要组成部分，其主要作用是防止有毒有害气体侵入电梯前室、避难层和人员疏散通道等部位，防止有毒有害气体扩散蔓延。

防排烟设备主要包括正压风机、排烟风机、正压送风阀、防火阀、排烟阀等。

排烟阀一般设在排烟口处，平时处于关闭状态。当火情发生时，报警控制器接收到火灾探测器发出的火灾信号后，在发出声光报警的同时，对联动控制器发出指令，控制开启排烟阀及送风阀，排烟阀及送风阀动作后启动相关的排烟风机和送风机，同时关闭相关范围内的空调风机及其他送、排风机，以防止火灾的蔓延。在排烟风机吸入口处装设有排烟阀和防火阀，当排烟风机启动时，此阀门同时打开，进行排烟，当排烟温度达到280℃时，装设在阀口上的温度熔断器动作，将阀门自动关闭，同时联锁关闭排烟风机。

2）防火门和防火卷帘。火灾时，为防止火势扩散蔓延，需用防火墙、防火楼板、防火门、防火阀和防火卷帘等防火分隔措施。

设在疏散通道上的电动防火门平时处于开启状态，火灾时火灾报警控制器或消防联动控制器将设置在防火门两侧的两个独立的探测器或一只火灾探测器与一只手动火灾报警按钮的报警信号发出，并联动控制防火门关闭，同时将关闭信号反馈至消防控制室。

防火卷帘主要应用于商场、营业厅、建筑物内的中庭以及门洞宽度较大的场所，用来分隔出防火分区。防火卷帘的设置与防火门要求相同，也应在防火卷帘的两侧装设不同类型的专用火灾探测器和设置手动控制按钮及人工升降装置。防火卷帘分为在疏散通道上设置的防火卷帘和在非疏散通道上设置的防火卷帘两种，其控制方式不同。疏散通道上设置的防火卷帘的动作规则为：联动控制方式时，防火分区内任意两只独立的感烟火灾探测器或任意一只专门用于联动防火卷帘的感烟火灾探测器的报警信号应联动控制防火卷帘下降至距楼板面1.8m处；任意一只专门用于联动防火卷帘的感温火灾探测器的报警信号应联动控制防火卷帘下降到楼板面；在卷帘的任意一侧距卷帘纵深0.5~5m处应设置不少于两只专门用于联动防火卷帘的感温火灾探测器。手动控制方式时，应由防火卷帘两侧设置的手动控制按钮控制防火卷帘的升降。

非疏散通道上设置的防火卷帘的动作规则为：联动控制方式时，应由防火卷帘所在防火分区内任意两只独立的火灾探测器发出报警信号，作为防火卷帘下降的联动触发信号，并应联动控制防火卷帘直接下降到楼板面。手动控制方式时，应由防火卷帘两侧设置的手动控制按钮控制防火卷帘的升降，并应能在消防控制室内的消防联动控制器上手动控制防火卷帘的降落。

防火卷帘的动作信号和相关探测器报警信号都应反馈至消防联动控制器。

（3）应急疏散装置 建筑物的应急疏散装置有疏散楼梯、疏散通道、安全出口等。消防疏散通道门一般采用电磁力门锁集中控制方式，平时楼层疏散门锁闭，发生火灾时，消防报警系统联动打开疏散通道门。专用的应急疏散装置有应急照明、火灾紧急广播系统、消防专用电话通信系统、消防电梯及高层建筑的避难层和直升机停机坪等。

1）应急照明包括备用照明（用于正常照明失效时仍需继续工作或暂时继续工作的场合，如消防控制室、配电室等重要技术用房）、安全照明（用于火灾时因正常电源突然中断将导致人员伤亡的潜在危险场所，如医院内的重要手术室、急救室等）和疏散诱导（标志）照明（是指用以指示通道安全出口，使人们迅速安全疏散至室外或某一安全地区而设置的照明，疏散照明一般设置在建筑物的疏散走道和公共出口处）。

集中控制型消防应急照明和疏散指示系统由火灾报警控制器或消防联动控制器启动应急照明控制器实现。

当确认火灾后，由发生火灾的报警区域开始，顺序启动全楼疏散通道的消防应急照明和疏散指示系统。

2）火灾紧急广播系统。火灾紧急广播系统在火灾发生时用于指挥火灾现场人员紧急疏散，指挥消防人员灭火。其一般与建筑物内的正常广播系统合用，平时按照正常程序广播节目、音乐等，当发生火灾时，消防控制室将正常广播系统强制切换至紧急广播系统。

消防应急广播系统的联动控制信号应由消防联动控制器发出，当确认火灾后，应同时向全楼进行广播。

3）消防专用电话通信系统。消防专用电话通信系统是与普通电话分开的独立系统，系统的设置是为了保证火灾发生时，消防控制室能直接与火灾报警器设置点及其他重要场所通话，迅速实现对火灾的人工确认，并可及时掌握火灾现场情况，应急指挥，组织灭火。

火灾紧急通话点一般设置在消火栓及区域显示屏处，在建筑物的主要场所及机房等处还应设置紧急通话插孔。消防控制中心设置有与值班室、消防水泵房、总配电室、空调机房、电梯机房直通的对讲电话，同时设有向当地消防部门直接报警的专用中继线，能与 119 直通。

4）消防电梯。消防电梯供消防人员进行扑救火灾时使用，高层建筑必须设有专用或兼用的消防电梯，轿厢内应设置能直接与消防控制室通话的专用电话。

发生火灾时，消防控制室对电梯及消防电梯进行联动控制，由火灾自动报警系统的联动模块发出指令，不管电梯处于何种状态，电梯上的按钮将失去控制作用，全部电梯（消防、客用、货用）下行并停于底层（或电梯转换层），电梯门自动打开，待梯内人员疏散后，自动切断非消防电梯电源，消防电梯处于待命状态。电梯运行状态信息和停于首层或转换层的反馈信号传送给消防控制室显示器。

5）避难层和直升机停机坪。对超高层建筑（高度超过 100m）还需设置避难层和直升机停机坪等。

避难层是保障超高建筑消防安全的一项重要措施，一旦发生火灾，可供由于疏散路线远，或疏散通道被烟火封堵，或因伤残、体弱而无法及时疏散到室外的人员临时避难使用。一般 100m 以上的建筑，从底层起每隔 15 层左右设一个避难层，在避难层应设消防电梯出口、消防专线电话、消火栓和消防卷盘。封闭式避难层还应设独立的防烟设施及应急广播和应急照明等。

## 13.4 信息设施系统

信息设施系统（Information Facility System）是为满足建筑物的应用与管理对信息通信的需求，将各类具有接收、交换、传输、处理、存储和显示等功能的信息系统整合，形成建筑物公共通信服务综合基础条件的系统。

信息设施系统的组成如图 13-26 所示。

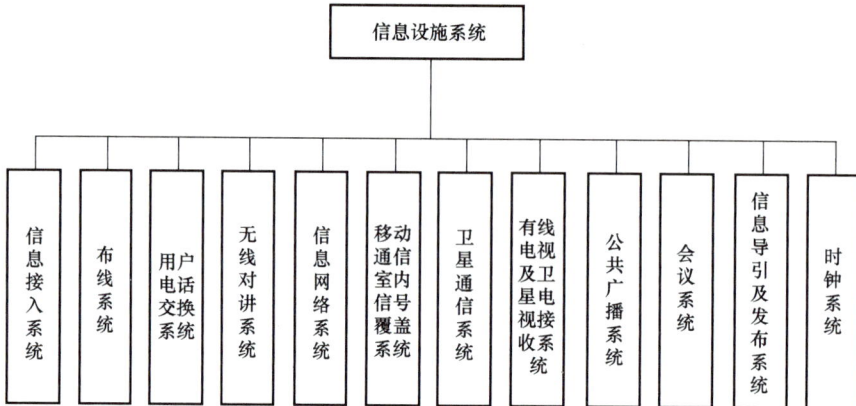

图 13-26 信息设施系统组成

### 13.4.1 信息基础设施

#### 1. 信息接入系统

信息接入系统是信息设施系统中的重要内容，其作用是利用接入网将建筑物外部的公共信息网或专用信息网的接入系统引入建筑物内，提供电话（一般电话、会议电话、可视电话）、数据、多媒体等应用，满足建筑物内用户各类信息通信业务的需求。

信息接入系统根据接入传输媒介的不同分为有线接入和无线接入两种方式。

有线接入网应采用光纤接入方式，无线接入网宜采用宽带无线接入方式。

#### 2. 布线系统

布线系统是指能够支持电子信息设备相连的各种缆线、跳线、接插软线和连接器件组成的系统。

建筑物与建筑群综合布线系统（GCS）是建筑物或建筑群内的传输网络，由支持信息电子设备相连的各种缆线、跳线、接插软线和连接器件组成，支持语音、数据、图像、多媒体等多种业务信息的传输。

综合布线系统应为开放式网络拓扑结构，应能支持语音、数据、图像、多媒体等业务信息传递的应用。

综合布线系统采用模块化设计和分层星形网络拓扑结构。

综合布线系统由七个独立的模块组成，其结构如图 13-27 所示。综合布线系统的七个功能模块分别为工作区、配线子系统（水平子系统）、干线子系统（垂直子系统）、建筑群子系统、进线间、设备间及管理。

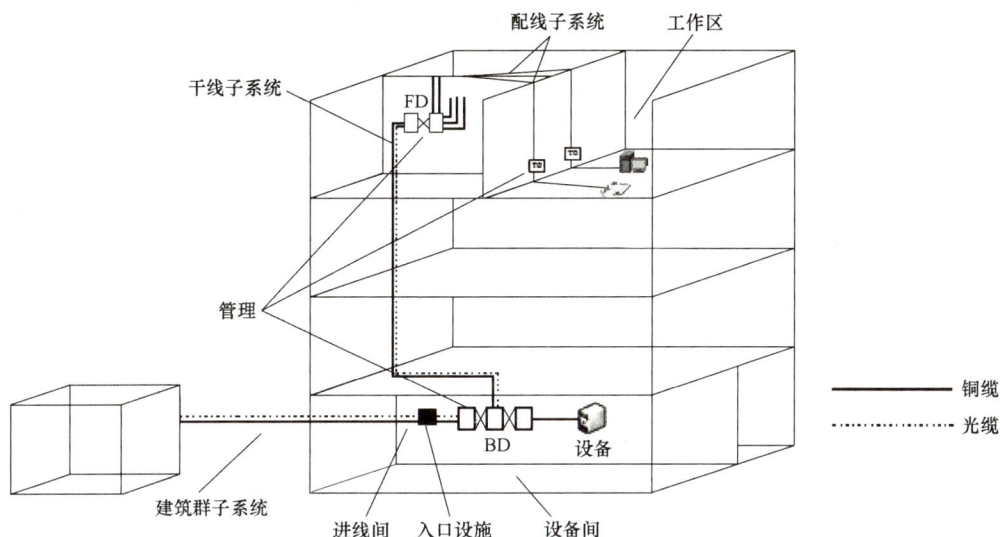

图 13-27　综合布线系统结构

建筑群子系统由连接多个建筑物之间的主干电缆和光缆、建筑群配线设备（CD）及设备缆线和跳线组成，其功能是将一个建筑物中的通信电缆延伸到建筑群中另外一些建筑物内的通信设备和装置上。

干线子系统（垂直子系统）由设备间至电信间（楼层接线间）的干线电缆和光缆、安装在设备间的建筑物配线设备（BD）及设备缆线和跳线组成，功能是提供设备间至各楼层接线间的干线电缆路由。

配线子系统（水平子系统）由工作区的信息插座模块、信息插座模块至电信间配线设备（FD）的配线电缆和光缆、电信间的配线设备及设备缆线和跳线等组成，其作用是将干线子系统线路延伸到用户工作区，并端接在信息插座上。水平子系统一般采用 4 对双绞线，在有高速率应用的场合可采用光缆，即光纤到桌面。

一个独立的需要设置终端设备（TE）的区域划分为一个工作区。工作区由配线子系统的信息插座模块（TO）延伸到终端设备处的连接缆线及适配器组成。工作区的服务面积及信息点的数量按不同建筑物的应用功能确定。设置的信息插座可支持电话机、数据终端及监视器等终端设备。

设备间是在每幢建筑物的适当地点进行网络管理和信息交换的场地。对于综合布线系统，设备间主要安装建筑物配线设备 BD。电话交换机、计算机主机设备及入口设施也可与配线设备安装在一起。

管理是指对工作区、电信间、设备间、进线间的配线设备、缆线、信息插座模块等设施按一定的模式进行标识和记录。规模较大的综合布线系统可采用计算机进行管理，简单的综合布线系统一般按图样资料进行管理。

进线间是建筑物外部通信和信息管线的入口部位，并可作为入口设施和建筑群配线设备的安装场地。进线间主要作为室外电缆、光缆引入楼内的成端与分支及光缆的盘长空间位置。

**3. 移动通信室内信号覆盖系统**

移动通信室内信号覆盖系统应满足室内移动通信用户语音及数据通信业务需求。室内信号覆盖系统应设置在民用建筑内，对移动通信信号遮挡损耗较强或通信信号盲区的场所。

（1）移动通信室内信号覆盖系统的工作原理　移动通信室内信号覆盖系统的工作原理是将基站的信号通过有线方式直接引入室内的每一个区域，再通过小型天线将基站信号发送出去，同时将接收的室内信号放大后送到基站，从而消除室内覆盖盲区，保证室内区域拥有理想的信号覆盖，为楼内的移动通信用户提供稳定、可靠的室内信号，改善建筑物内的通话质量，从整体上提高移动网络的服务水平。

移动通信室内信号覆盖系统如图13-28所示。

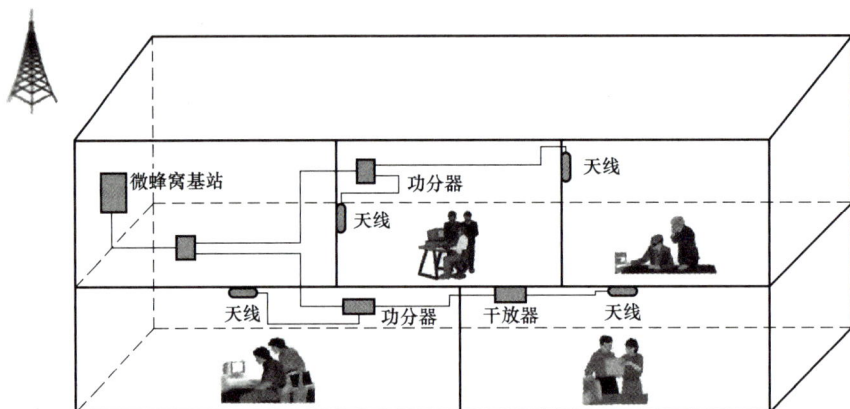

图 13-28　移动通信室内信号覆盖系统应用图

（2）移动通信室内信号覆盖系统的组成　移动通信室内信号覆盖系统由信号源设备和室内天馈线分布系统两部分组成。

信号源设备主要有微蜂窝、宏蜂窝基站设备或室内直放站设备。

室内天馈线分布系统主要由合路设备、有源或无源宽带信号设备、天线及缆线等组成。

#### 4. 卫星通信系统

卫星通信利用地球同步卫星上所设的微波转发器（中继站），将设在地球上的若干个终端站（地球站）构成通信网，实现长距离、大容量的区域通信乃至全球通信。

卫星通信系统通过在建筑物上配置的卫星通信系统天线接收来自卫星的信号，为建筑物提供与外部通信的一条链路，使建筑物内的通信系统更完善、全面，满足建筑的使用业务对语音、数据、图像和多媒体等信息通信的需求。

甚小口径卫星通信系统（VSAT）可由通信卫星转发器、主站、终端站和系统网管设施组成。甚小口径卫星通信系统网络的拓扑结构可分为星状网、网状网和混合网。甚小口径卫星通信系统地面固定端站宜直接设置在用户使用地点或设置在用户使用地点附近。

### 13.4.2　语音应用支撑系统

语音应用支撑系统主要包括用户电话交换系统和无线对讲系统。

#### 1. 用户电话交换系统

用户电话交换系统可按业务使用需求分为用户电话交换机系统、调度交换系统、会议电话系统和呼叫中心系统。用户电话交换系统由用户电话交换机、话务台、终端及辅助设备组成。用户电话交换机可提供普通电话通信、ISDN通信和IP通信等业务，用户终端分为普通电话终端、ISDN 终端和 IP 终端等。用户电话交换机应根据用户使用语音、数据、图像、多媒体通信业务功能需要，提供与用户终端、专网内其他通信系统、公网等连接的通信业务接口。

调度交换系统由调度交换机、调度台、调度终端及辅助设备组成。会议电话系统由会议电话汇接机、会议电话终端及辅助设备组成。呼叫中心系统由电话交换机、各类服务器群、话务座席、局域网交换机、防火墙、路由器等设备组成。呼叫中心系统远端节点则由电话交换机远端设备、话务座席、局域网交换机、防火墙、路由器等设备组成。

### 2. 无线对讲系统

数字无线对讲系统采用一台或多台固定数字中继台及室内天馈线分布系统进行通信组网或可采用多个手持台（数字手持对讲机）进行单频通信组网。

固定数字中继台及室内天馈线分布系统可由固定数字中继信道主机、合路器、分路器、宽带双工器、干线放大器、功率分配器、耦合分支器、射频同轴电缆或光缆、近端光信号发射器、远端光接收射频放大器、室内或室外天线、数字对讲机等组成。

无线对讲系统具有机动灵活，操作简便，语音传递快捷，使用经济等特点，是实现生产调度自动化和管理现代化的基础手段。

## 13.4.3　数据应用支撑设施

数据应用支撑设施主要是信息网络系统。

### 1. 信息网络系统的功能及分类

信息网络系统通过传输介质和网络连接设备将分散在建筑物中具有独立功能的计算机系统连接起来，通过功能完善的网络软件实现网络信息和资源共享，为用户提供高速、稳定、实用和安全的网络环境，实现系统内部的信息交换及系统内部与外部的信息交换，使智能建筑成为信息高速公路的信息节点。

信息网络系统还是实现建筑智能化系统集成的支撑平台，各个智能化系统通过信息网络有机地结合在一起，形成一个相互关联、协调统一的集成系统。

### 2. 信息网络系统的组成

信息网络系统由硬件和软件两部分组成。

硬件可分为资源子网和通信子网，资源子网是用于执行用户程序和作业的数据终端设备，如连接在网络上的计算机、打印机及其他输入输出设备；通信子网主要用于传输信息，而不执行用户程序，它包括传输介质、通信设备和通信控制设备等。

信息网络系统的软件包括网络通信协议、网络操作系统等。

### 3. 信息网络系统的硬件

（1）网络服务器　为网络提供服务和进行管理的计算机系统，由于整个网络的用户都依靠不同的服务器提供不同的网络服务，网络服务器是网络资源管理和共享的核心。

（2）客户计算机　连接到计算机网络上实现网络访问与应用的计算机，是网络数据主要的发生和使用的场所，其上运行的软件使网络用户可以访问一个或多个服务器上的数据和设备。

（3）通信介质　分为有线介质和无线介质，有线介质包括双绞线和光纤等，无线介质媒体包括红外线、无线电、微波及卫星。

（4）网络适配器　网络接口卡或网卡。

（5）网络连接设备　调制解调器、网桥、网关、路由器、交换设备等。

**4. 网络连接和互联设备**

1）中继器（转发器或重复器），将收到的信号放大后输出，用于连接和延展同型局域网。

2）集线器（HUB），将分散的网络线路集中在一起，从而将各个独立网络分段线路集中在一个设备中。

3）交换机，在通信系统中完成信息交换功能的设备。

4）网桥起到数据接收、地址过滤与数据转发的作用，用来实现多个网络系统之间的数据交换。

5）路由器（Router）是用来实现路由选择功能的媒介系统设备，用来连接多个逻辑上分开的网络，能在复杂的网络中自动进行路径选择和对信息进行存储与转发。

6）网关是将两个使用不同协议的网络段连接在一起的设备，其作用是对两个网络段中使用不同传输协议的数据进行互相翻译、转换，使得网络中的任意一节点通过网关都可以与另一网络中的节点进行通信。

**5. 信息网络系统的软件**

1）网络通信协议软件。网络通信协议软件是在通过通信网进行信息或数据交换时，每一个连接在网络中的节点都必须遵守预先约定的一些规则、标准或规范，它规定了计算机信息交换过程中信息的格式和意义。

2）网络操作系统。网络操作系统是使网络上的各个计算机能方便有效地共享网络资源，为网络用户提供所需要的各种服务的软件和有关协议的集合。

3）网络应用系统。

**6. 控制网络**

1）控制网络是应用于控制领域的网络，其作用是将各种现场控制设备连接起来，在实现分散控制的同时，能够达到集中监视、集中管理和资源共享的目的。

2）控制网络传输的主要是现场数据，因此对可靠性和实时性要求比信息网络高。

3）实时数据传输和系统响应是控制网络最基本的要求，一般情况下，控制系统的响应时间要求为 0.01~0.5s，而信息网络的响应时间要求为 2.0~6.0s。

4）由于现场环境可能比较恶劣，控制网络必须保证数据的完整性和可靠性，能够长时间、连续可靠地传输数据。

## 13.4.4 多媒体应用支撑设施

多媒体应用支撑设施主要包括有线电视及卫星电视接收系统、公共广播系统、会议系统、信息导引及发布系统和时钟系统。

**1. 有线电视及卫星电视接收系统**

有线电视系统（CATV）接收来自城市有线电视光节点的光信号，由光接收机将其转换成射频信号，通过传输分配系统传送给用户，也可以建立自己独立的前端系统，通过引向天线和卫星天线接收开路电视信号和卫星电视信号，经前端处理后送往传输分配系统。

卫星电视广播与有线电视传输网相结合形成的星网结合模式，是实现广播电视覆盖的最佳方式，也可成为信息网络的基础框架，有线电视网络已经演变成具有综合信息传输能力、能够提供多功能服务的宽带交互式多媒体网络。

（1）有线电视系统的组成　有线电视系统由信号源、前端系统、干线传输系统和分配系统四个部分组成，如图 13-29 所示。

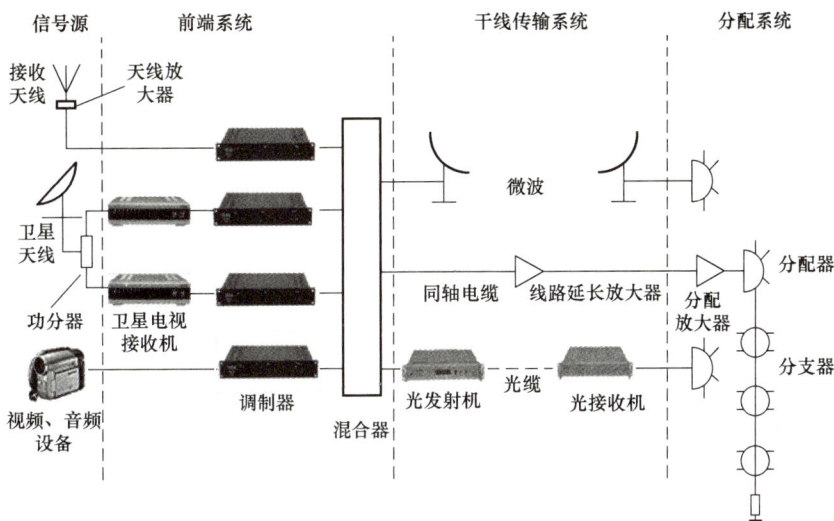

图 13-29 有线电视系统组成

信号源为系统提供各种各样的信号，主要有卫星发射的模拟和数字电视信号、当地电视台发射的开路电视信号、微波台转发的微波信号以及电视台自办的电视节目等。主要器件有接收天线、卫星天线、微波天线、视频设备（摄像机、录像机）、音频设备等。

前端系统的作用是对信号源提供的信号进行必要的处理和控制，并输出高质量的信号给干线传输系统，其内容主要包括：信号的放大、信号频率的配置、信号电平的控制、干扰信号的抑制、信号频谱分量的控制、信号的编码、信号的混合等。主要器件有：前端放大器、信号处理器、调制器、解调器、混合器等。

干线传输系统的任务是将前端系统接收并处理过的电视信号传送到分配网络，在传输过程中根据信号电平的衰减情况合理设置电缆补偿放大器，干线部分的主要器件有：电缆或光缆、干线放大器、线路延长放大器等。

分配系统的功能是将干线传输来的电视信号通过电缆分配到每个用户，分配系统的主要设备有分配器、分支器、分配放大器和用户终端，对于双向电视系统，还有调制解调器（Cable Modem，CM）和数据终端（Cable Modem Termination System，CMTS）等设备。

（2）有线电视系统的传输介质及设备

1）传输介质。传输和分配 CATV 信号的介质有同轴电缆、光缆及微波，根据不同的环境条件和要求构成不同的网络拓扑结构。

同轴电缆是用介质使内、外导体绝缘且保持轴心重合的电缆，由内导体、绝缘介质、外导体（屏蔽层）和护套组成。

光缆以光波作为载体传送信号，损耗小，传输距离远，通信容量大，不受电磁干扰，抗干扰性强，信号质量好，保真度高。目前光缆-同轴电缆混合组网（HFC）方式已成为有线电视系统干线传输的主流技术。

微波是一种高频率、短波长的电磁波，微波波段对应的频率范围为 300MHz～300GHz。采用微波作为传输介质实现电视广播的覆盖，不需敷设电缆或光缆，节约大量的财力、物力，且避免了长距离传输电缆线路上干线放大器串联过多造成的信号质量下降，具有传送质量高，传输距离远、传送覆盖面广、投资少、建网时间短、便于维护等特点，适用于地形复杂、架设光缆困难的地区和大、中城市个人用户或单位用户接收。

2）接收天线。天线是一种向空间辐射电磁波或者从空间接收电磁波能量的装置。电视接收天线作为有线电视系统接收开路信号的设备，其作用是将从空间接收到的电磁波转换成在传输线中传输的射频电压或电流输送给系统前端。电视接收天线的种类很多，在 CATV 系统中，最常用的是八木天线（又称引向天线）。

3）混合器。混合器是一种将多个输入信号合并成为一个组合输出信号的装置，利用它可以将多个单频道电视信号、FM 信号、导频信号等组合在一起，形成一个复合视频信号，再用一根同轴电缆传送出去，达到多路复用的目的。

4）放大器。按放大器在系统中的位置划分，放大器可分为前端放大器和线路放大器两类。前端放大器包括天线放大器、频道放大器；线路放大器包括在传输系统中使用的干线放大器和在分配系统中使用的分配放大器、线路延长放大器和楼层放大器。

5）分配器。分配器的作用是将一路输入的电视信号平均分成几路输出，主要应用于前端、干线、分支线和用户分配网络。CATV 系统中常用的是二分配器、三分配器、四分配器和六分配器。

6）分支器。分支器也是一种将一路输入电视信号分成几路输出的器件，但不是将输入电视信号平均分配，而是仅仅取出一小部分信号馈送给支干线，大部分信号给主干线继续传送。分支器也是一种无源器件，可应用于干线、支干线、用户分配网络。

（3）有线电视的传输网络——光纤-同轴电缆混合网络　光纤-同轴电缆混合网络（Hybrid Fiber/Cable TV Network，HFC），采用光缆将前端的电视信号传输到小区节点，再用同轴电缆分配网络将信号送到用户家中。

HFC 用光纤代替同轴干线电缆，借助于光纤的低损耗特性和宽带特性，可以把网络的覆盖范围做得很大，而且省去了一连串的干线放大器，有效地提高了系统的可靠性和图像质量，大大改善了网络性能。

HFC 的结构如图 13-30 所示。

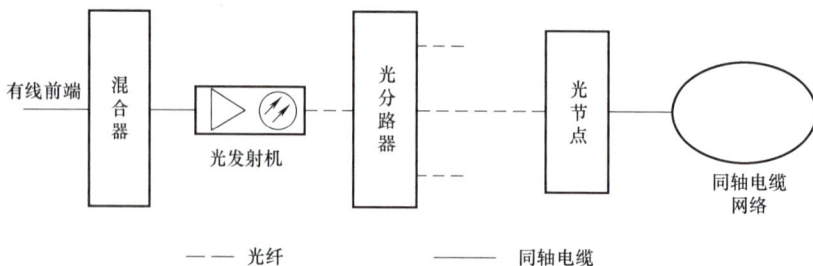

图 13-30　HFC 的结构

## 2. 公共广播系统

公共广播系统用于发布事务性广播、提供背景音乐以及用于寻呼和强行插入灾害性事故紧急广播等，是城乡及现代都市中各种公共场所不可或缺的组成部分，正向智能化和网络化方向发展。

公共广播系统按广播的内容分为业务广播、背景广播和紧急广播。

1）业务广播是以业务及行政管理为主的语言广播，主要应用于办公建筑、商店建筑、教育建筑、交通建筑等场所。

2）背景广播以欣赏性音乐类广播为主，主要用于星级旅馆及大型公共场所等建筑物。背景广播的范围是背景音乐和客房节目广播，任务是为人们提供欣赏音乐类节目，以服务为主要宗旨。

3）紧急广播是为了应对突发公共事件所设置的广播，紧急广播包含消防应急广播。消防应急广播主要用于火灾时通知人们迅速撤离危险场所。

公共广播应采用单声道播放，并能实时发布语音广播，且应有一个广播传声器处于最高广播优先级。公共广播系统可选用无源终端方式、有源终端方式或无源终端和有源终端混合方式。

**3. 会议系统**

会议系统采用计算机技术、通信技术、自动控制技术及多媒体技术实现对会议的控制和管理，提高会议效率，目前已广泛应用于会议中心、政府机关、企事业单位和宾馆酒店等。会议系统主要包括电子会议系统和会议电视系统。

（1）电子会议系统　电子会议系统包括会议设备总控制系统，发言、表决系统，多媒体信息显示系统，扩声系统，会议签到系统，会议照明控制系统，同声传译系统，视频跟踪系统，监控报警系统和网络接入系统等。电子会议系统结构如图 13-31 所示。

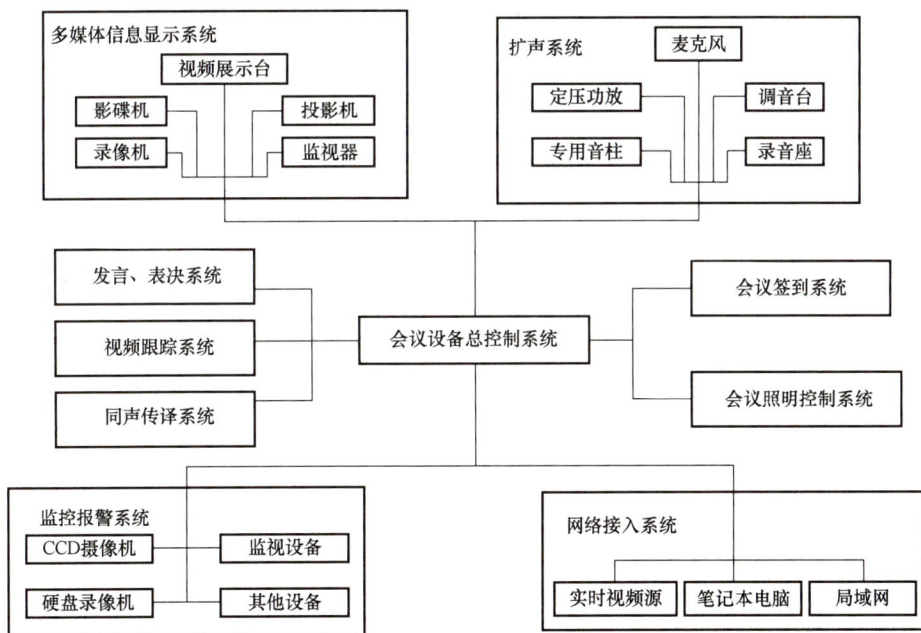

图 13-31　电子会议系统结构

（2）会议电视系统　会议电视是一种交互式的多媒体信息业务，用于异地间进行音像会议，其特点是在同一传输媒介上传输图像、语音、数据等多种媒体信息，并在多个地点之间实现交互式通信。会议电视系统应满足本地会场与远端会场交互式实时通信的要求，可按用户使用需求构建双方或多方会议电视系统。会议电视系统的基本功能有：在显示设备上能收看对方或多方会议的现场图像、数据文本，能监察发送的图像与数据文本，能收看到当前会议系统网络上运行的实时数据信息；能进行流畅的交互式语音与图像沟通。

#### 4. 信息导引及发布系统

信息导引及发布系统为公众或来访者提供信息发布和查询等功能，满足人们对信息传播直观、迅速、生动、醒目的要求。信息导引及发布系统主要包括播控中心单元、数据资源库单元、传输单元、播放单元和显示查询单元等。信息导引及发布系统的显示查询单元采用LED 模组拼装矩阵显示装置或液晶显示屏（LCD）等显示方案，播放单元则需具有数据缓存功能，播控中心单元由服务器、控制器、多制式信号采集接口、应用软件等组成，数据资源库单元具有信息采集、节目制作、数据存储和播放记录等功能。

#### 5. 时钟系统

时钟系统为有时基要求的系统提供同步校时信号。时钟系统由 GPS 天线、GPS 母钟、网络时间服务器、TCP/IP 网络、子钟、路由器和交换器、需要时基信号的系统组成。时钟系统组成如图 13-32 所示。

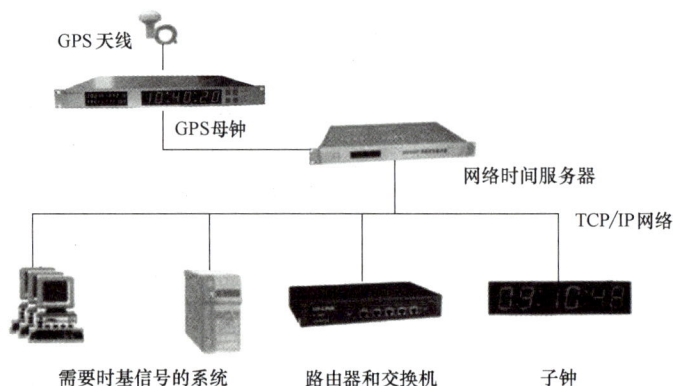

图 13-32　时钟系统组成

时钟系统的母钟可包括中心母钟和二级母钟，母钟单元采用主钟、备钟的配置方式。子钟单元显示形式可为指针式或数字式，子钟单元应具有独立计时功能，平时跟踪母钟单元工作。时钟系统应采用一种或几种标准时间作为系统的时间基准。

## 13.5　信息化应用系统

信息化应用系统是指以信息设施系统和建筑设备管理系统等智能化系统为基础，为满足建筑物的各类专业化业务、规范化运营及管理的需要，由多种类信息设施、操作程序和相关应用设施等组合而成的系统。

信息化应用系统主要包括公共服务系统、智能卡应用系统、物业运营管理系统、信息设施运行管理系统、信息安全管理系统等通用型信息化应用系统，以及符合该类建筑主体业务通用功能和专业功能的通用业务和专业业务系统。信息化应用系统的组成如图 13-33 所示。

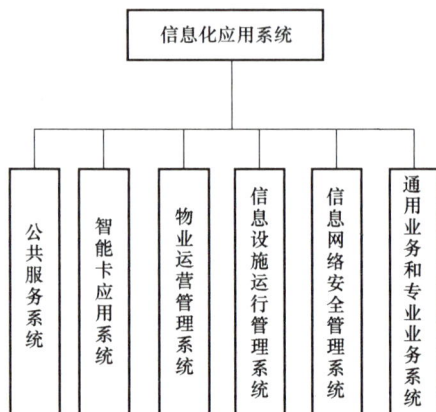

图 13-33　信息化应用系统组成

### 13.5.1　通用型信息化应用系统

#### 1. 物业运营管理系统

物业运营管理系统采用计算机技术，通过计算机网络、数据库及专业软件对物业经营和运行维护实施即时、规范、高效的管理。

物业运营管理系统根据物业管理的业务流程和部门情况，将物业管理业务分为空间管理、固定资产管理、设备管理、器材家具管理、能耗管理、文档管理、保安消防管理、服务监督管理、房屋租赁管理、物业收费管理、环境管理、工作项管理等不同的功能模块，实现物业管理信息化，提高工作效率和服务水平，使物业管理正规化、程序化和科学化。

#### 2. 公共服务系统

公共服务系统具有访客接待管理和公共服务信息发布等管理功能，并具有将各类公共服务事务纳入规范运行程序的管理功能。访客管理系统通过子访客预约、通知、签入、签出，与能快速录入来访人员证件信息、图像信息的访客管理一体机、门禁、智能会议等应用集成，实现访客自动预约、自助签入和签出、智能迎宾、门授权及导航、访客统计等多种智能应用。公共服务信息发布系统基于信息设施系统，集合各类公共及业务信息的接入、采集、分类和汇总，并建立数据资源库，通过触摸查询、大屏幕信息发布、Internet 查询等，向建筑物内公众提供信息检索、查询、发布和导引等服务。

#### 3. 信息设施运行管理系统

信息设施运行管理系统是对建筑物各类信息设施的运行状态、资源配置等相关信息进行监测、分析、处理和维护的管理系统，目的是实现对建筑信息设施的规范化高效管理。

信息设施运行管理系统主要包括信息基础设施层、系统运行服务层、应用管理层。信息基础设施层由基础硬件支撑平台（网络、服务器、存储备份等）和基础软件支撑平台（操作系统、中间件、数据库等信息设施）组成；系统运行服务层由信息设施运行综合分析数据库和若干相应的系统运行支撑服务模块组成；应用管理层由设施维护管理、系统运行管理及主管协调管理人员通过职能分工、权限分配规定，提供系统面向业务的全面保障。

#### 4. 智能卡应用系统

智能卡应用系统是将不同类型的 IC 卡管理系统连接到一个综合数据库，通过综合性的管理软件，实现统一的 IC 卡管理功能，具有身份识别、门钥、重要信息系统密钥等功能，并具有消费、计费、票务管理、资料借阅、物品寄存、会议签到等其他相关管理功能。

智能卡应用系统包括门禁管理子系统、考勤管理子系统、消费管理子系统、巡更管理子系统、停车场管理子系统、电梯控制管理子系统等。

智能卡应用系统结构如图 13-34 所示。

#### 5. 信息网络安全管理系统

信息网络安全管理系统通过采用各种技术（防火墙、加密、虚拟专用机、安全隔离和病毒防治等）和管理措施，使网络系统正常运行，确保经过网络传输和交换的数据不会发生增加、修改、丢失和泄露等。信息网络安全管理系统应符合国家现行有关信息安全等级保护标准的规定。

信息网络安全管理技术和措施如下：

1）防火墙，用于加强网络之间的访问控制，限制外界用户对内部网络的访问，管理内

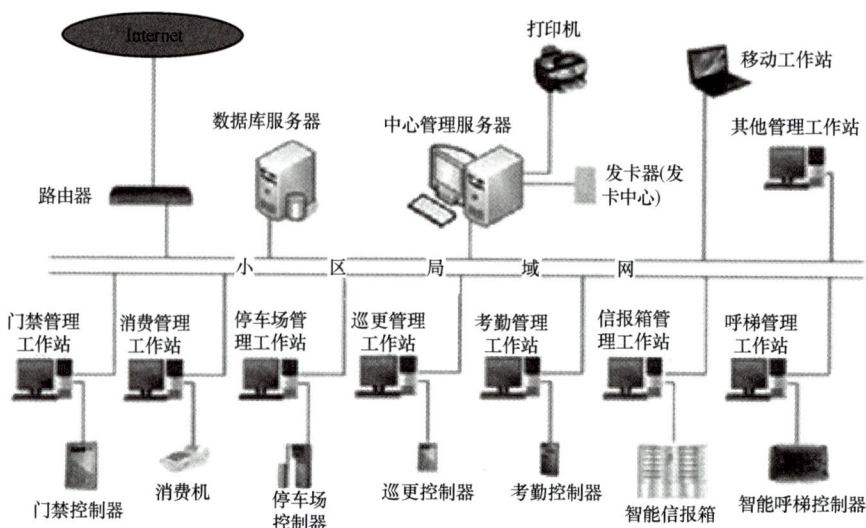

图 13-34　智能卡应用系统结构

部用户访问外界网络的权限，防止外部攻击、保护内部网络，解决网络边界的安全问题。

2）加密，通过对网络数据的加密来保障网络的安全可靠性，而非依赖网络中数据通道的安全性来实现网络系统的安全。

3）虚拟专用网，是在公用网络上建立虚拟专用网络，即整个 VPN 网络的任意两个节点之间的连接并没有传统专网所需的端到端的物理链路，而是架构在公用网络服务商所提供的网络平台（如 Internet）之上的逻辑网络，用户数据在逻辑链路中传输。

4）安全隔离和病毒防治，是把有害攻击隔离在可信网络之外，并保证可信网络内部信息不外泄，实现网间信息的安全交换。

### 13.5.2　通用业务和专业业务系统

通用业务和专业业务系统分为通用业务系统和专业业务系统。通用业务系统是符合该类建筑主体业务通用运行功能的应用系统，它运行在信息网络上，实现各类基本业务处理办公方式的信息化，具有存储信息、交换信息、加工信息及形成基于信息的科学决策条件等基本功能，并显现该类建筑物普遍具备基础运行条件的功能特征，通常是满足该类建筑物整体通用性业务条件状况功能的基本业务办公系统。专业业务系统是以该类建筑通用业务应用系统为基础（基本业务办公系统），根据不同的建筑种类，以满足其所承担的具体工作职能及工作性质的基本功能为目标而设立的信息化应用系统，按建筑的不同类别，可分为商业建筑信息化应用系统、文化建筑信息化应用系统、体育建筑信息化应用系统、医院建筑信息化应用系统、学校建筑信息化应用系统等。

## 13.6　智能化集成系统

### 13.6.1　智能化集成系统

智能化集成系统是指为实现建筑物的运营及管理目标，基于统一的信息平台，以多种类智能化信息集成方式，形成的具有信息汇聚、资源共享、协同运行、优化管理等综合应用功能的系统。

智能化集成系统的功能体现在两个方面，一方面是以满足建筑物的使用功能为目标，确保对各类系统监控信息资源的共享和优化管理，在实现子系统自身自动化的基础上，优化各子系统的运行，实现子系统与子系统之间关联的自动化；另一方面是实现对各子系统集中监视和管理，将各子系统的信息统一存储、显示和管理在同一平台上，用相同的环境，相同的软件界面进行集中监视，实现建筑中的信息资源和任务的综合共享与全局一体化的综合管理，使决策者便于把握全局，及时做出正确的判断和决策。

智能化集成系统通过统一的信息平台将不同功能的建筑智能化系统集成，实现集中监视和综合管理的功能，其结构如图 13-35 所示。

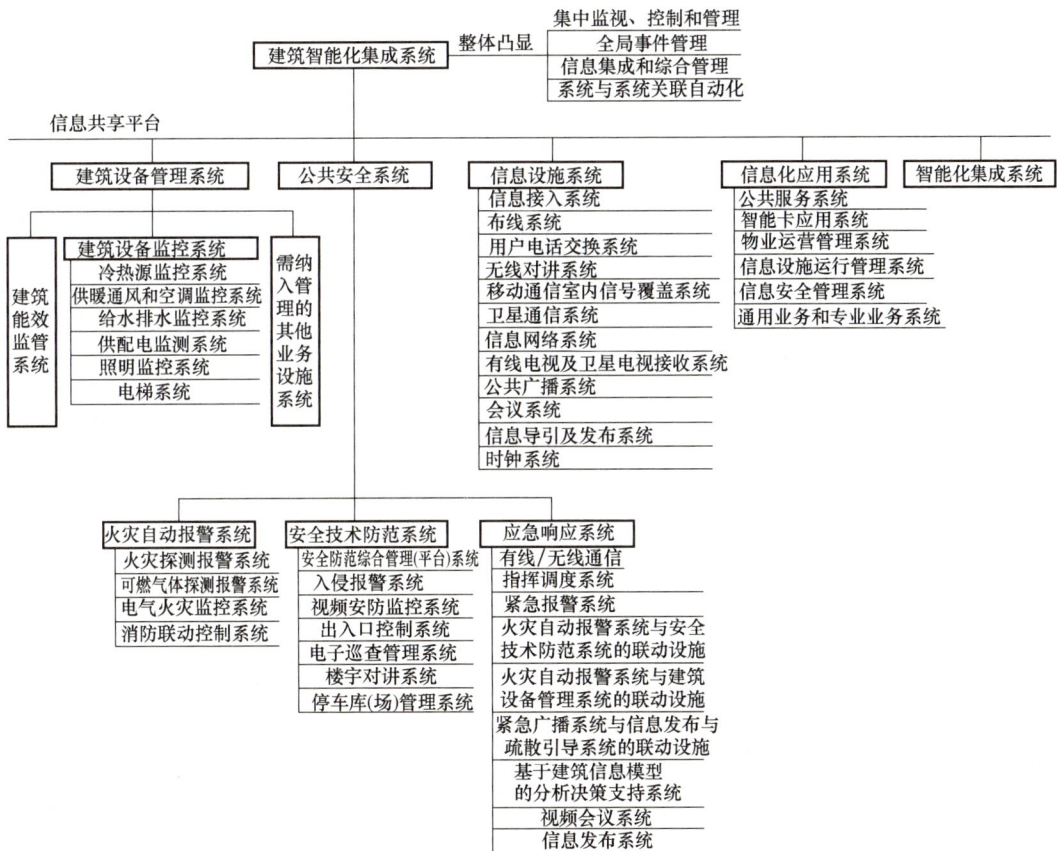

**图 13-35　智能化集成系统结构**

目前系统集成的技术手段主要有采用协议转换方式、采用开放式标准协议、采用开放数据库互连技术、采用 OPC 技术。

## 13.6.2　采用协议转换方式实现系统集成

具有不同通信协议的互联网络可以采用协议转换器（网关）把需要集成的各智能化系统进行协议转换后集成。

网关的功能是建立集成平台与被控设备间的通信，一方面接收集成平台的命令，将控制命令进行格式转换后下达给被控设备，另一方面采集被控设备的数据，将数据进行数据格式转换后上传给集成平台。

利用网关实现系统集成如图 13-36 所示。

### 13.6.3　采用开放式标准协议实现系统集成

采用开放性标准协议，使不同厂家的系统设备都能够互联、互换和互操作，实现系统间的无缝集成是智能化系统集成的最佳解决方案。目前在智能建筑领域主要有两个开放式标准协议：BACnet 和 LonTalk。

### 13.6.4　采用开放数据库互联技术实现系统集成

开放数据库互联（Open Database Connectivity，ODBC）是微软公司推出的一种应用程序访问数据库的标准接口，也是解决异种数据库之间互联的标准，

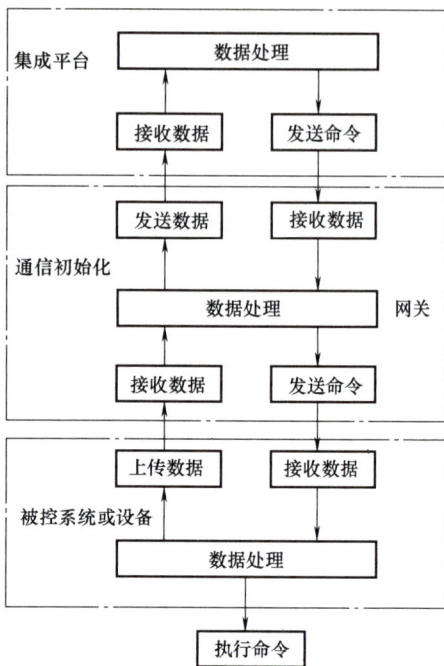

图 13-36　利用网关实现系统集成

用于实现异构数据库的互联，目前已被大多数数据库厂商接受，大部分的数据库管理系统（DBMS）都提供了相应的 ODBC 驱动程序，使数据库系统具有良好的开放性，已成为客户端访问服务器数据库的应用程序编程接口（Application Programming Interface，API）标准。

采用 ODBC 及其他开放分布式数据库技术实现系统集成，实现不同子系统之间的综合数据共享、信息交互，应用程序通过 ODBC 访问多个异构数据库。

### 13.6.5　采用 OPC 技术实现系统集成

OPC（OLE for Process Control）是微软公司的对象链接和嵌入技术（Object Linking Embedding，OLE）在过程控制方面的应用，OLE 是用于应用程序之间的数据交换及通信的协议，允许应用程序链接到其他软件对象中。

OPC 以 OLE 技术为基础，为实现自动化软硬件的互操作性提供一种规定，提供信息管理域应用软件与实时控制域进行数据传输的方法（应用软件访问过程控制设备数据的方法），解决应用软件与过程控制设备之间通信的标准问题。

## 复习思考题

13-1　建筑智能化系统主要由哪些系统组成？

13-2　空调机组的监控与新风机组有何不同？试从监控内容与其功能两方面进行说明。

13-3　建筑物给水系统按照给水方式可分为哪些类型？

13-4　供配电监测系统有哪些基本功能？

13-5　什么是综合布线系统？其结构特点是什么？

13-6　有线电视系统由哪几部分组成？

13-7　公共广播系统由哪几部分组成？各部分具有什么功能？

13-8　常见的网络连接和互联设备有哪些？

13-9　公共安全系统的三个子系统是什么？

13-10　火灾自动报警系统包括哪些内容？

13-11　安全防范系统包括哪些子系统？

13-12　什么是信息化应用系统？

13-13　实现系统集成的方法都有哪些？

# 参 考 文 献

[1] 万建武. 建筑设备工程 [M]. 3 版. 北京：中国建筑工业出版社，2019.

[2] 高明远，岳秀萍，杜震宇. 建筑设备工程 [M]. 4 版. 北京：中国建筑工业出版社，2016.

[3] 丁云飞. 物业设施设备工程 [M]. 北京：中国建筑工业出版社，2017.

[4] 吴小虎，闫增峰，李祥平. 建筑设备 [M]. 3 版. 北京：中国建筑工业出版社，2018.

[5] 刘源全，刘卫斌. 建筑设备 [M]. 3 版. 北京：北京大学出版社，2017.

[6] 朱颖心. 建筑环境学 [M]. 4 版. 北京：中国建筑工业出版社，2016.

[7] 清华大学建筑节能研究中心. 中国建筑节能年度发展研究报告 2019 [M]. 北京：中国建筑工业出版社，2019.

[8] 全国高等学校建筑学学科专业指导委员会. 高等学校建筑学专业本科指导性专业规范：2013 年版 [M]. 北京：中国建筑工业出版社，2013.

[9] 高等学校工程管理和工程造价学科专业指导委员会. 高等学校工程管理专业本科指导性专业规范 [M]. 北京：中国建筑工业出版社，2015.

[10] 高等学校工程管理和工程造价学科专业指导委员会. 高等学校工程造价专业本科指导性专业规范：2015 年版 [M]. 北京：中国建筑工业出版社，2015.

[11] 高等学校房地产开发与管理和物业管理学科专业指导委员会. 高等学校房地产开发与管理本科指导性专业规范：2016 年版 [M]. 北京：中国建筑工业出版社，2016.

[12] 高等学校房地产开发与管理和物业管理学科专业指导委员会. 高等学校物业管理本科指导性专业规范：2016 年版 [M]. 北京：中国建筑工业出版社，2016.

[13] 中华人民共和国住房和城乡建设部. 建筑给水排水设计标准：GB 50015—2019 [S]. 北京：中国计划出版社，2019.

[14] 中华人民共和国住房和城乡建设部. 建筑中水设计标准：GB 50336—2018 [S]. 北京：中国建筑工业出版社，2018.

[15] 中华人民共和国住房和城乡建设部. 供暖通风与空气调节术语标准：GB/T 50155—2015 [S]. 北京：中国建筑工业出版社，2015.

[16] 中华人民共和国住房和城乡建设部. 城镇燃气工程基本术语标准：GB/T 50680—2012 [S]. 北京：中国建筑工业出版社，2012.

[17] 中华人民共和国住房和城乡建设部. 机械工业工程设计基本术语标准：GB/T 51218—2017 [S]. 北京：中国计划出版社，2017.

[18] 全国消防标准化技术委员会基础标准分技术委员会. 消防词汇 第 5 部分：消防产品：GB/T 5907.5—2015 [S]. 北京：中国标准出版社，2015.

[19] 中华人民共和国住房和城乡建设部. 供配电系统设计规范：GB 50052—2009 [S]. 北京：中国计划出版社，2010.

[20] 全国电梯标准化技术委员会. 电梯、自动扶梯、自动人行道术语：GB/T 7024—2008 [S]. 北京：中国标准出版社，2009.

[21] 中华人民共和国住房和城乡建设部. 建筑照明设计标准：GB 50034—2013 [S]. 北京：中国建筑工业出版社，2014.

[22] 中华人民共和国住房和城乡建设部. 建筑物防雷设计规范：GB 50057—2010 [S]. 北京：中国计划出版社，2011.

[23] 中华人民共和国住房和城乡建设部. 建筑节能基本术语标准：GB/T 51140—2015 [S]. 北京：中国建筑工业出版社，2016.

[24] 中华人民共和国住房和城乡建设部. 绿色建筑评价标准：GB/T 50378—2019 [S]. 北京：中国建筑工业出版社，2019.

[25] 中华人民共和国卫生部. 生活饮用水卫生标准：GB 5749—2006 [S]. 北京：中国标准出版社，2007.

[26] 全国城镇给水排水标准化技术委员会. 城市污水再生利用 城市杂用水水质：GB/T 18920—2020 [S]. 北京：中国标准出版社，2020.

[27] 中华人民共和国住房和城乡建设部. 锅炉房设计标准：GB 50041—2020 [S]. 北京：中国计划出版社，2020.

[28] 中华人民共和国住房和城乡建设部. 民用建筑供暖通风与空气调节设计规范：GB 50736—2012 [S]. 北京：中国

建筑工业出版社, 2012.

[29] 中华人民共和国住房和城乡建设部. 汽车库、修车库、停车场设计防火规范: GB 50067—2014 [S]. 北京: 中国计划出版社, 2015.

[30] 中华人民共和国住房和城乡建设部. 建筑设计防火规范 (2018 年版): GB 50016—2014 [S]. 北京: 中国计划出版社, 2018.

[31] 中国建筑标准设计研究院.《建筑设计防火规范》图示: 18J811-1 [S]. 北京: 中国计划出版社, 2018.

[32] 中华人民共和国住房和城乡建设部. 建筑防烟排烟系统技术标准: GB 51251—2017 [S]. 北京: 中国计划出版社, 2018.

[33] 中国建筑标准设计研究院.《建筑防烟排烟系统技术标准》图示: 15K606 [S]. 北京: 中国计划出版社, 2018.

[34] 中华人民共和国住房和城乡建设部. 民用建筑设计统一标准: GB 50352—2019 [S]. 北京: 中国建筑工业出版社, 2019.

[35] 全国暖通空调及净化设备标准化技术委员会. 供暖、通风、空调、净化设备术语: GB/T 16803—2018 [S]. 北京: 中国标准出版社, 2018.

[36] 全国制冷标准化技术委员会. 制冷术语: GB/T 18517—2012 [S]. 北京: 中国标准出版社, 2013.

[37] 全国家用电器标准化技术委员会. 房间空气调节器: GB/T 7725—2004 [S]. 北京: 中国标准出版社, 2005.

[38] 中华人民共和国住房和城乡建设部. 公共建筑节能设计标准: GB 50189—2015 [S]. 北京: 中国建筑工业出版社, 2015.

[39] 中华人民共和国住房和城乡建设部. 民用建筑隔声设计规范: GB 50118--2010 [S]. 北京: 中国建筑工业出版社, 2011.

[40] 中华人民共和国建设部. 暖通空调制图标准: GB/T 50114—2010 [S]. 北京: 中国建筑工业出版社, 2011.

[41] 中华人民共和国住房和城乡建设部. 城镇燃气设计规范 (2020 年版): GB 50028—2006 [S]. 北京: 中国标准出版社, 2020.

[42] 北京市城市管理委员会. 燃气室内工程设计施工验收技术规范: DB11/T 301—2017 [S]. 北京: 石油工业出版社, 2018.

[43] 中华人民共和国建设部. 城镇燃气输配工程施工及验收规范: CJJ 33—2005 [S]. 北京: 中国建筑工业出版社, 2005.

[44] 中国标准化协会, 中国五金制品协会. 家用燃气快速热水器: GB 6932—2015 [S]. 北京: 中国标准出版社, 2015.

[45] 中华人民共和国建设部. 燃气容积式热水器: GB 18111—2000 [S]. 北京: 中国标准出版社, 2000.

[46] 全国电工术语标准化技术委员会. 电工术语 发电、输电及配电 通用术语: GB/T 2900.50—2008 [S]. 北京: 中国标准出版社, 2008.

[47] 全国电压电流等级和频率标准化技术委员会. 标准电压: GB/T 156—2017 [S]. 北京: 中国标准出版社, 2017.

[48] 全国电工术语标准化技术委员会, 全国变压器标准化技术委员会. 电工术语 变压器、调压器和电抗器: GB/T 2900.95—2015 [S]. 北京: 中国标准出版社, 2016.

[49] 中华人民共和国住房和城乡建设部. 机械工业工程设计基本术语标准: GB/T 51218—2017 [S]. 北京: 中国计划出版社, 2017.

[50] 中华人民共和国住房和城乡建设部. 建筑电气工程电磁兼容技术规范: GB 51204—2016 [S]. 北京: 中国计划出版社, 2017.

[51] 全国电压电流等级和频率标准化技术委员会. 电能质量 术语: GB/T 32507—2016 [S]. 北京: 中国标准出版社, 2016.

[52] 全国电压电流等级和频率标准化技术委员会. 电能质量 供电电压偏差: GB/T 12325—2008 [S]. 北京: 中国标准出版社, 2009.

[53] 全国电压电流等级和频率标准化技术委员会. 电能质量 电力系统频率偏差: GB/T 15945—2008 [S]. 北京: 中国标准出版社, 2008.

[54] 全国电压电流等级和频率标准化技术委员会. 电能质量 公用电网谐波: GB/T 14549—1993 [S]. 北京: 中国标准出版社, 1994.

[55] 全国电压电流等级和频率标准化技术委员会. 电能质量 三相电压不平衡：GB/T 15543—2008 [S]. 北京：中国标准出版社，2009.

[56] 中华人民共和国住房和城乡建设部. 住宅建筑电气设计规范：JGJ 242—2011 [S]. 北京：中国建筑工业出版社，2012.

[57] 中华人民共和国住房和城乡建设部. 民用建筑电气设计标准：GB 51348—2019 [S]. 北京：中国建筑工业出版社，2020.

[58] 中华人民共和国住房和城乡建设部. 20kV 及以下变电所设计规范：GB 50053—2013 [S]. 北京：中国计划出版社，2014.

[59] 中华人民共和国住房和城乡建设部. 电力工程电缆设计标准：GB 50217—2018 [S]. 北京：中国计划出版社，2018.

[60] 中华人民共和国住房和城乡建设部. 低压配电设计规范：GB 50054—2011 [S]. 北京：中国计划出版社，2012.

[61] 全国电工术语标准化技术委员会. 电工术语 低压电器：GB/T 2900.18—2008 [S]. 北京：中国标准出版社，2009.

[62] 上海电器科学研究院、上海电科电器科技有限公司. 低压熔断器 第 1 部分：基本要求：GB 13539.1—2015 [S]. 北京：中国标准出版社，2016.

[63] 中华人民共和国住房和城乡建设部. 智能建筑设计标准：GB 50314—2015 [S]. 北京：中国计划出版社，2015.

[64] 中华人民共和国住房和城乡建设部. 火灾自动报警系统设计规范：GB 50116—2013 [S]. 北京：中国计划出版社，2014.

[65] 中华人民共和国住房和城乡建设部. 有线电视网络工程设计标准：GB/T 50200—2018 [S]. 北京：中国计划出版社，2018.

[66] 中华人民共和国住房和城乡建设部. 综合布线系统工程设计规范：GB 50311—2016 [S]. 北京：中国计划出版社，2017.

[67] 中华人民共和国住房和城乡建设部. 安全防范工程技术标准：GB 50348—2018 [S]. 北京：中国计划出版社，2018.

[68] 全国建筑物电气装置标准化技术委员会. 电击防护 装置和设备的通用部分：GB/T 17045—2020 [S]. 北京：中国标准出版社，2020.

[69] 中华人民共和国住房和城乡建设部. 建筑物防雷设计规范：GB 50057—2010 [S]. 北京：中国计划出版社，2011.

[70] 陆耀庆. 实用供热空调设计手册 [M]. 2 版. 北京：中国建筑工业出版社，2008.

[71] 北京照明学会照明设计专业委员会. 照明设计手册 [M]. 3 版. 北京：中国电力出版社，2016.

[72] 陆亚俊. 暖通空调 [M]. 3 版. 北京：中国建筑工业出版社，2015.

[73] 赵荣义，范存养，薛殿华，等. 空气调节 [M]. 4 版. 北京：中国建筑工业出版社，2009.

[74] 全国勘察设计注册工程师公用设备专业管理委员会秘书处. 全国勘察设计注册公用设备工程师暖通空调专业考试复习教材 [M]. 3 版. 北京：中国建筑工业出版社，2018.

[75] 章熙民，朱彤，安青松，等. 传热学 [M]. 6 版. 北京：中国建筑工业出版社，2014.

[76] 谭羽非，吴家正，朱彤. 工程热力学 [M]. 6 版. 北京：中国建筑工业出版社，2016.

[77] 中国建筑标准设计研究院. 民用建筑工程暖通空调及动力设计深度图样：2009 年合订本 [M]. 北京：中国计划出版社，2009.

[78] 李志生. 看实例学暖通空调设计与识图 [M]. 北京：中国建筑工业出版社，2015.

[79] 王东萍. 建筑设备与识图 [M]. 北京：机械工业出版社，2018.

[80] 莫岳平，翁双安. 供配电工程 [M]. 2 版. 北京：机械工业出版社，2015.

[81] 黄民德，郭福雁. 建筑供配电与照明：下册 [M]. 2 版. 北京：中国建筑工业出版社，2017.

[82] 李玉云. 建筑设备自动化 [M]. 2 版. 北京：机械工业出版社，2016.

[83] 王娜. 智能建筑概论 [M]. 2 版. 北京：中国建筑工业出版社，2017.

[84] 赵晓宇. 建筑设备监控系统工程技术指南 [M]. 北京：中国建筑工业出版社，2016.

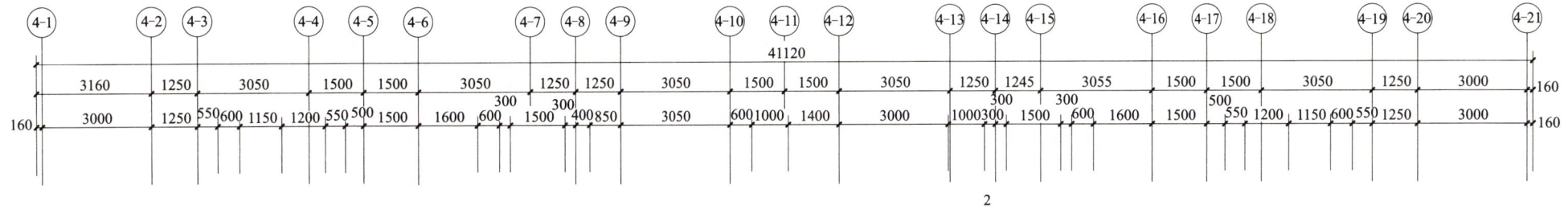

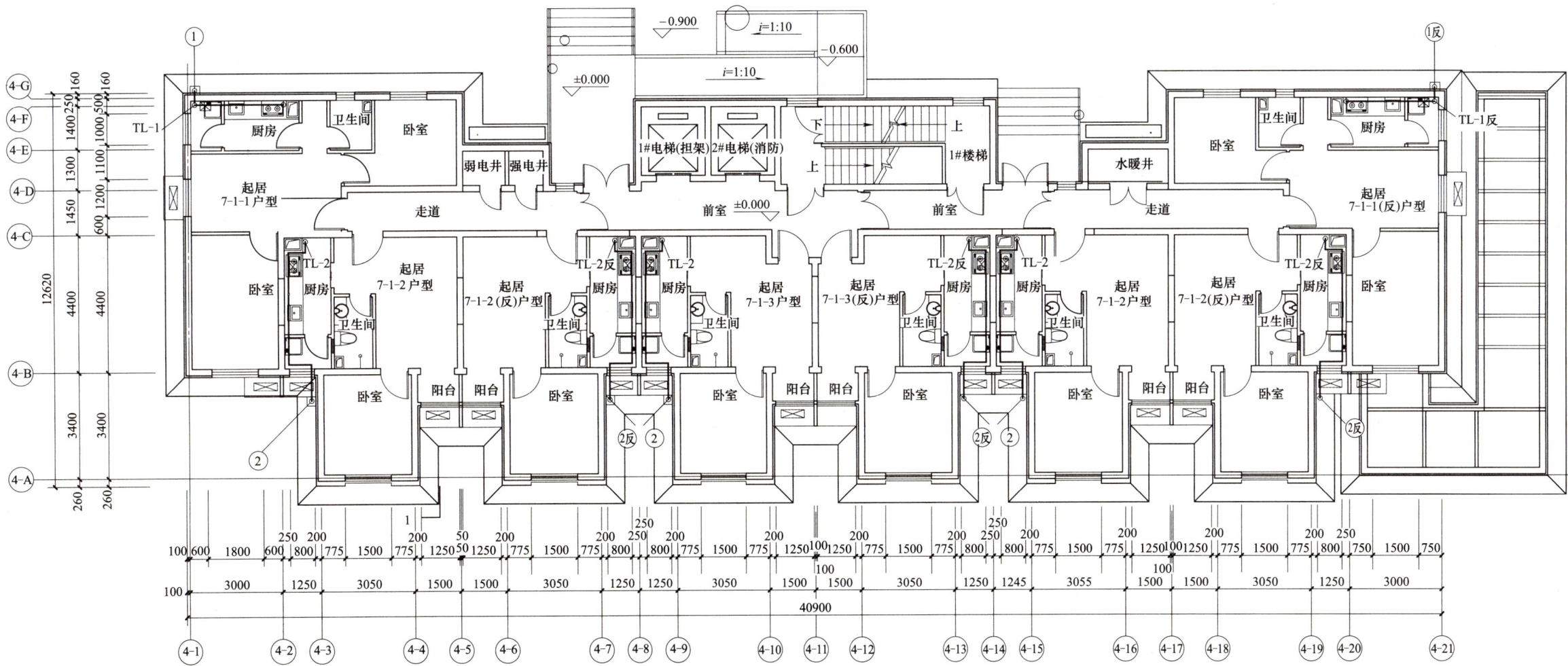

图 9-10  4#楼首层燃气管道平面图

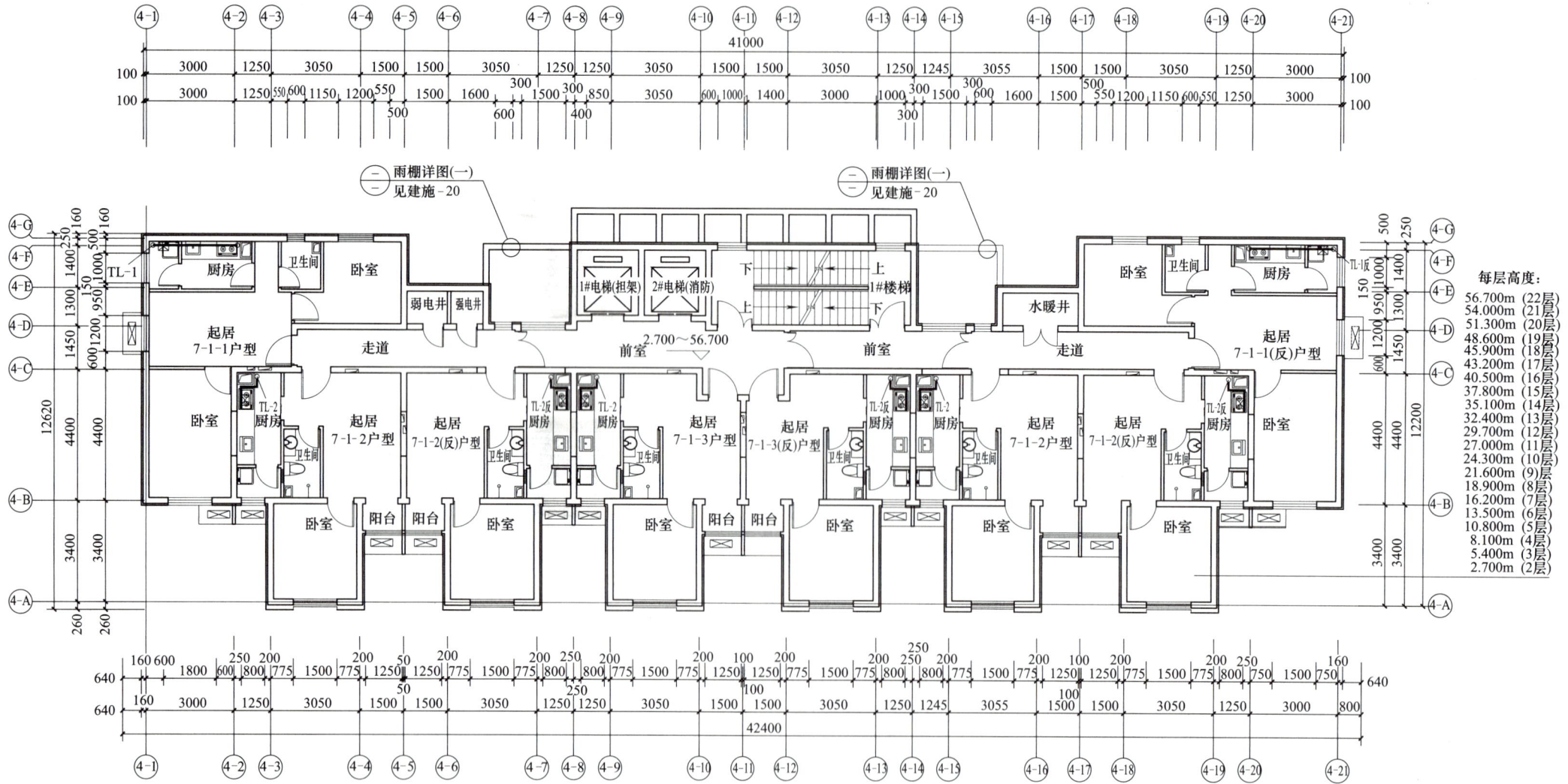

北

每层高度：
56.700m (22层)
54.000m (21层)
51.300m (20层)
48.600m (19层)
45.900m (18层)
43.200m (17层)
40.500m (16层)
37.800m (15层)
35.100m (14层)
32.400m (13层)
29.700m (12层)
27.000m (11层)
24.300m (10层)
21.600m (9层)
18.900m (8层)
16.200m (7层)
13.500m (6层)
10.800m (5层)
8.100m (4层)
5.400m (3层)
2.700m (2层)

| 审定 | 审核 | 设计 | 阶段 | 施工图 | 工程 | ××市××房地产投资有限公司 | 图名 | 4#楼2~22层平面图 | 工程号 | |
|------|------|------|------|--------|------|----------------------------|------|------------------|--------|------|
| 项目负责人 | 校核 | 制图 | 日期 | 2016年4月 | 名称 | 天然气工程 | | | 设计号 | 图号 |

图 9-11　4#楼 2~22 层燃气管道平面图

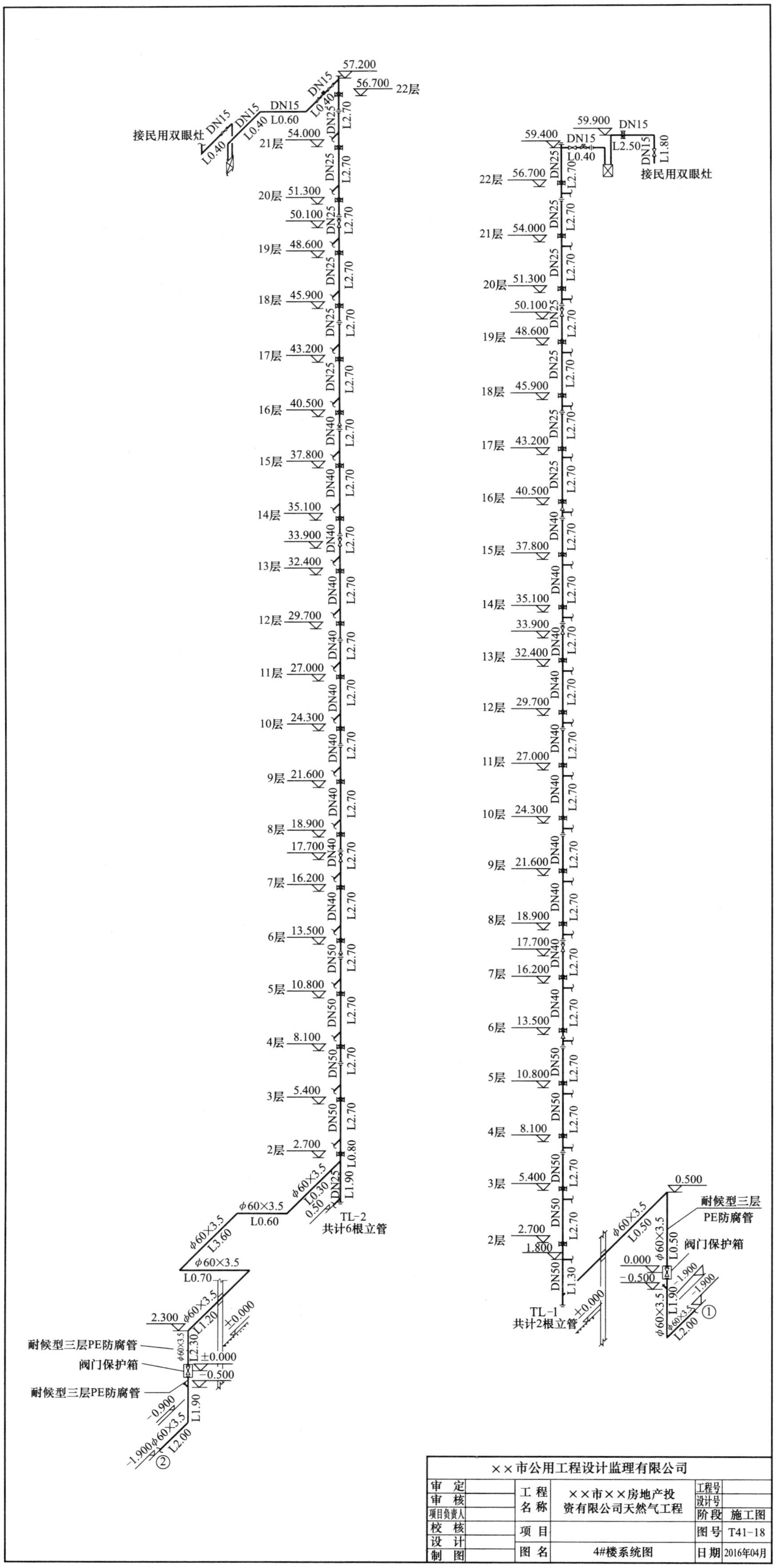

图 9-12 4#楼燃气管道系统图（TL-1 立管）

一、设计依据

1. 工程概况:

本次设计对象——"××公司综合楼",建筑面积约为9800m²,地上10层,地下1层。-1层主要为设备用房,首层设营业厅、档案室、校表室等,第2层设办公室及接待室,第3~5层设办公室、会议室及接待室等,第6~9层设有办公室、接待室、复印室、阅览室、活动室等,第10层为电梯机房、水箱间、楼梯间等。建筑主体高度为40.6m。地下室层高4.8m,地上首层高4.8m,第2~8层高度均为3.9m,第9层3.6m,第10层高3.6m。

2.《民用建筑电气设计标准》(GB 51348—2019) 5.《建筑物防雷设计规范》(GB 50057—2010)

3.《低压配电设计规范》(GB 50054—2011)  6.《20kV及以下变电所设计规范》(GB 50053—2013)

4.《供配电设计规范》(GB 50052—2009)  7.《建筑电气制图标准》(GB/T 50786—2012)

二、设计范围

1. 低压供电系统  2. 动力配电系统  3. 照明配电系统  4. 防雷接地系统

5. 与其他专业设计的分工:

1)室外照明系统,由专业厂家设计,本设计仅预留电源。

2)凡需二次装修的部分,一般照明只配电至照明配电箱,具体灯具布置由装修部门完成。

三、供电设计

1. 负荷等级:

消防泵、喷淋泵、排烟风机、消防电梯、应急照明和消防中心等消防负荷为一级负荷,办公部分客梯等为二级负荷,其余为三级负荷。

2. 本工程在-1层设有变配电室,一路10kV高压供电,一路0.4kV低压供电,保证一、二级负荷供电,高低压供电系统结线形式及运行方式由供电部门完成,高压计量,低压补偿,补偿后的功率因数为0.9以上。

3. 低压配电系统采用放射式及树干式混合供电,对重要负荷和大容量电力负荷采用放射式供电,其余为树干式。消防负荷采用双电源末端自动切换,两路电源分别来自变电所不同母线。

一级负荷:采用双电源供电并在末端互投。

二级负荷:采用双电源供电并在末端互投。

三级负荷:采用单电源供电。

4. 配电室内低压配电柜均为上出上进。

四、接地保护

1. 本楼在配电室内设有总等电位联结端子箱,采用建筑物基础主筋作为接地极,要求设备外壳、进户金属管道、金属门窗、保护线(包括插座的保护线)均与总等电位联结。

2. 室内配电系统为TN-S(三相五线制)系统,保护接零线与电源共管敷设。

3. 卫生间作局部等电位联结:卫生间内的器壁及地板中结构钢筋均可靠焊接(或绑扎)并与卫生间所有金属物(上、下水管)一起可靠联结。

4. 本工程所有配电箱金属外壳与接地线连接。

五、线路敷设

1. 由配电室引出的电缆沿水平电缆桥架至电气管道井,然后沿管道井内垂直桥架敷设至各层,出管道井的动力照明线均穿钢管沿地、沿墙、顶棚暗敷或沿桥架在吊顶内暗敷。配电室、电气竖井、地下室、屋顶机房处的电缆桥架上应涂防火涂料,中间加隔板,使向一级负荷供电的双路电源电缆位于隔板两侧。

2. 消防配电线路当采用暗敷设时,应敷设在不燃烧体结构内,且保护层厚度不宜小于30mm。当采用明敷设时,应采用金属管或电缆桥架上涂防火涂料保护。

六、照明设计

1. 在电梯机房、变配电室、值班室设事故照明,电源引自双电源切换箱,电梯前室、疏散楼梯间、公共走廊设应急照明和疏散照明,电源引自应急照明配电箱。1~10层照明电源从电气管井的预分支电缆接电。

2. 照明采用树干式供电,电源引自电气管井的预分支电缆。

七、防雷

1. 本工程为二类防雷设施。

2. 避雷带安装详见屋面层避雷带平面图,接地做法详见-1层接地网平面图。

3. 所有屋顶金属构件均需与避雷带连接,电梯轨道应与接地装置连接。

八、施工要求

1. 施工时请与其他专业密切配合,要求施工单位在土建施工时按照强电和结构施工图做好预留孔洞和预埋管线的工作。

2. 电缆桥架水平采用悬吊安装,管道井内沿墙垂直安装。

| 序号 | 图例 | 名称 | 规格 | 单位 | 备注 |
|---|---|---|---|---|---|
| 1 | AL | 照明配电箱 | 见设计说明 | 台 | 距地1.5m明装 |
| 2 | ALB | 事故照明配电箱 | 见设计说明 | 台 | 距地1.5m明装 |
| 3 | AT | 电源自动切换箱 | 见设计说明 | 台 | 距地1.5m明装 |
| 4 | AP | 动力配电箱 | 见设计说明 | 台 | 距地1.5m明装 |
| 5 | ⊗W | 电梯梯道壁灯 | 24W | 盏 | 嵌入安装 |
| 6 | | 壁装双管荧光灯 | 2×36W | 盏 | 距地2.7m安装 |
| 7 | | 应急疏散指示标识灯(向左) | 4W | 盏 | 距吊顶0.3m吊装 |
| 8 | | 应急疏散指示标识灯(向右) | 4W | 盏 | 距吊顶0.3m吊装 |
| 9 | | 应急疏散指示标识灯(向左、向右) | 4W | 盏 | 距吊顶0.3m吊装 |
| 10 | ⊗C | 吸顶灯 | 24W | 盏 | 吸顶安装 |
| 11 | | 荧光灯 | 36W | 盏 | 吸顶安装 |
| 12 | ⊗ | 普通灯 | 24W | 盏 | 吸顶安装 |
| 13 | | 自带电源的应急照明灯 | 4W | 盏 | 吸顶安装 |
| 14 | | 墙上座灯 | 12W | 盏 | 距洗手台0.5m嵌入安装 |
| 15 | | 双管荧光灯 | 2×36W | 盏 | |
| 16 | | 嵌入式长格栅灯具 | 3×36W | 盏 | 吸顶安装 |
| 17 | ⊗EN | 密闭防潮吸顶灯 | 11.4W | 盏 | 吸顶安装 |
| 18 | | 单相三极带开关密闭防潮插座 | 250V  10A | 个 | 距地1.5m暗装 |
| 19 | | 排风机密闭防潮插座 | 250V  10A | 个 | 距地2.5m安装 |
| 20 | | 双联二三极暗装插座 | 250V  10A | 个 | 距地0.3m安装 |
| 21 | R | 热水插座 | 4kW | 个 | 距地2.0m暗装 |
| 22 | EX | 防爆开关 | 250V  10A | 个 | 距地1.3m暗装 |
| 23 | | 双控单极开关 | 250V  10A | 个 | 距地1.3m暗装 |
| 24 | | 单极开关 | 250V  10A | 个 | 距地1.3m暗装 |
| 25 | | 三极开关 | 250V  10A | 个 | 距地1.3m暗装 |
| 26 | | 双极开关 | 250V  10A | 个 | 距地1.3m暗装 |
| 27 | EN | 密闭防水单联单控开关 | 250V  10A | 个 | 距地1.3m暗装 |

| 专业 | | 设计项目 | | 审阅 | |
|---|---|---|---|---|---|
| 设计 | | 图名 | | 图号 | 03 |
| 审核 | | | | 日期 | |

图 11-10  设计说明

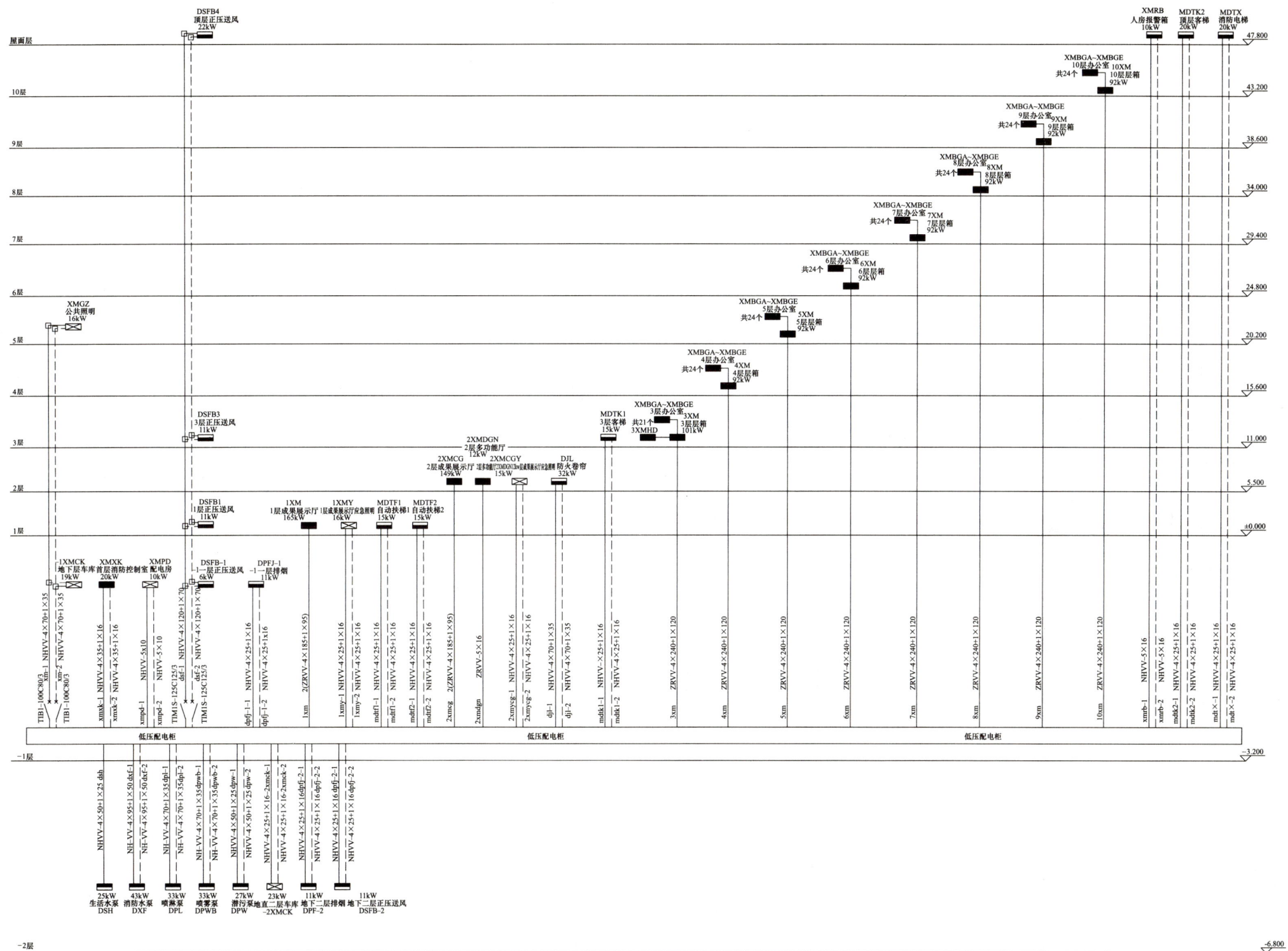

图 11-11 竖向配电系统图

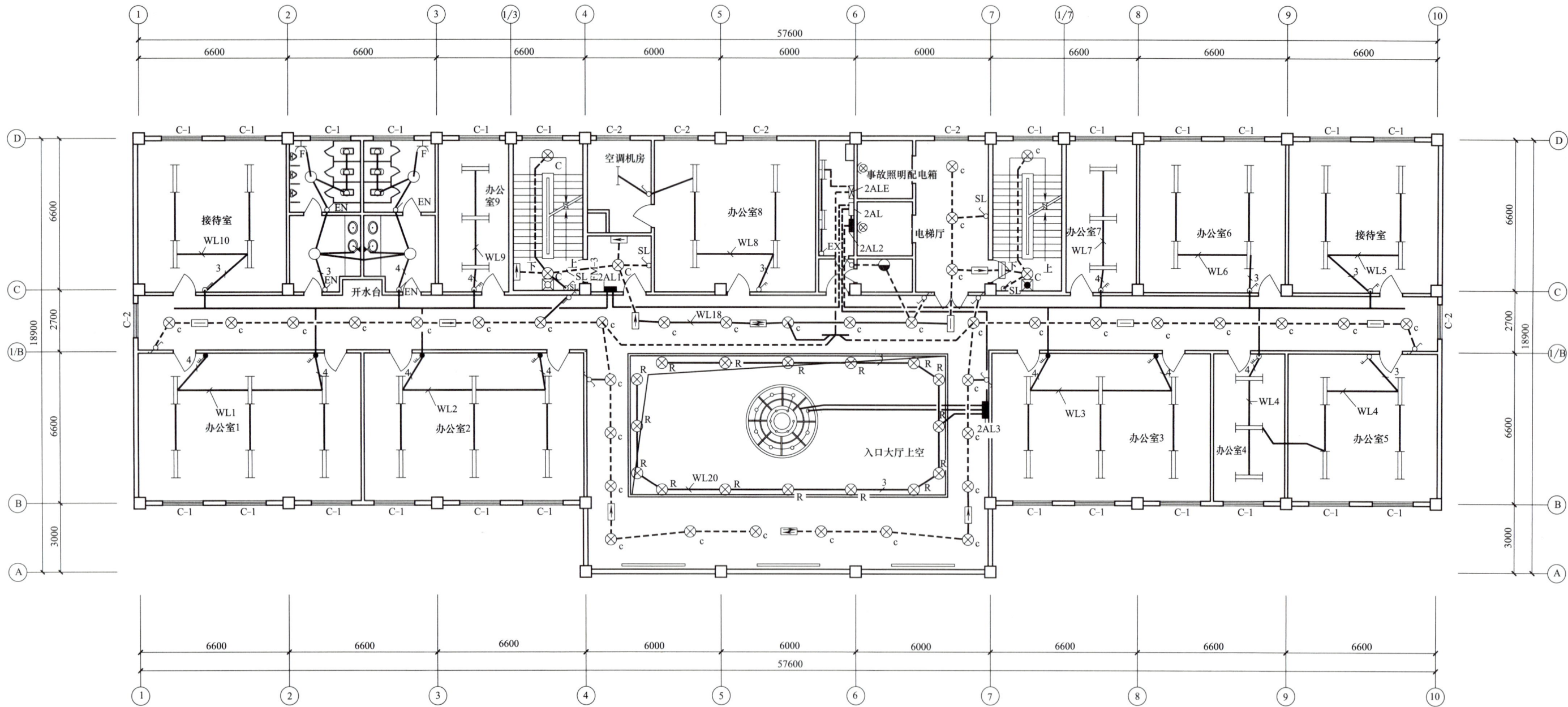

**图 11-15　照明平面图**